Béryl du Gardin

**Dynamique hydrique et biogéochimique d'un sol à porosité bimodale**

Béryl du Gardin

# Dynamique hydrique et biogéochimique d'un sol à porosité bimodale

## Cas des systèmes ferralsols-podzols d'Amazonie

**Presses Académiques Francophones**

**Imprint**

Any brand names and product names mentioned in this book are subject to trademark, brand or patent protection and are trademarks or registered trademarks of their respective holders. The use of brand names, product names, common names, trade names, product descriptions etc. even without a particular marking in this work is in no way to be construed to mean that such names may be regarded as unrestricted in respect of trademark and brand protection legislation and could thus be used by anyone.

Cover image: www.ingimage.com

Publisher:
Presses Académiques Francophones
is a trademark of
Dodo Books Indian Ocean Ltd. and OmniScriptum S.R.L publishing group

120 High Road, East Finchley, London, N2 9ED, United Kingdom
Str. Armeneasca 28/1, office 1, Chisinau MD-2012, Republic of Moldova, Europe
Printed at: see last page
**ISBN: 978-3-8416-2852-7**

Zugl. / Agréé par: Toulon, Université du Sud-Toulon-Var, 2004

Copyright © Béryl du Gardin
Copyright © 2015 Dodo Books Indian Ocean Ltd. and OmniScriptum S.R.L publishing group

# Remerciements

Je remercie mon directeur de thèse, le professeur Yves Lucas, pour ce travail mené avec lui. Avec son enthousiasme communicatif, sa curiosité d'esprit et sa compétence, il m'a transmis une part de ses connaissances en pédologie générale et des résultats de ses recherches sur les ferralsols-podzols d'Amazonie. Il a accueilli inlassablement mes interrogations, mes objections, mes hypothèses et mes découvertes, ce qui fut l'occasion de discussions animées et passionnantes ; il a complété mes recherches bibliographiques. Il a permis l'acquisition des données supplémentaires faites pour cette thèse, en organisant la campagne de prélèvement en Amazonie et les mesures dans divers laboratoires en France... et en participant au pelletage !

J'adresse ma reconnaissance à toute l'équipe de l'ancien Laboratoire des Echanges Particulaires aux Interfaces et son directeur François Resch, pour leur accueil dans une équipe pluridisciplinaire de physiciens, chimistes, biologistes et pédologue, avec une mention spéciale pour Claire Germain, dont j'ai partagé le bureau pendant trois ans et qui pour m'y accueillir a décidé d'y arrêter de fumer. J'ai ainsi eu l'agrément de travailler dans un cadre privilégié, avec une vue superbe sur le Mont Coudon.

Je remercie aussi les différents chercheurs et doctorants du Laboratoire des Echanges Particulaires aux Interfaces et d'autres laboratoires de l'Université de Toulon (LSSET et RCMO). Leur écoute critique, lors des exposés intermédiaires faits au cours de ma thèse, a permis de m'aider à organiser ma démarche de recherche. Je pense en particulier à Olivier Le Calvé, Serge Despiau, Stéphane Mounié et surtout le professeur Philippe Fraunié, qui a suivi de près mes recherches pendant les premiers mois de ma thèse.

J'ai apprécié l'accueil fait à l'INRA Orléans par Sophie Cornu, Ary Bruand et Philippe Quetin, quand je leur ai apporté les échantillons destinés aux mesures de surface spécifique et de conductivité hydraulique. La collaboration avec l'INRA s'est ensuite prolongée avec Patrick Bertuzzi à Avignon, qui a accueilli avec intérêt mes objections et a mis à ma disposition les données brutes de mesures de conductivité hydraulique et les résultats intermédiaires, afin que je puisse travailler à améliorer la fin du traitement de ces données.

Une collaboration chaleureuse, même si elle ne s'est faite que par courrier électronique, avec Martin Hodnett, chercheur de l'Institute of Hydrology de Wallingford, m'a permis l'accès à ses données de conductivité hydraulique. Je remercie également Michel Grimaldi, de L'IRD Rennes, qui a également accepté de mettre à ma disposition toutes ses données de porosimétrie, par injection de mercure ou par désorption d'eau; leur traitement a abouti à la rédaction d'un article en commun.

Je remercie aussi l'accueil fait à l'Institut de Géologie de Strasbourg par Bertrand Fritz, Arnaud Clément et Frédéric Gérard qui ont accepté de me fournir leur modèle géochimique et d'engager une collaboration. Celle-ci n'a pas débouché de mon fait, car ma thèse s'est ensuite focalisée sur le modèle hydrodynamique et je n'ai pas pu développer plus avant la modélisation géochimique. Benoit Jaillard, chercheur à l'INRA Montpellier, m'a accueillie cordialement pour discuter au sujet de la modélisation géochimique au voisinage des racines, ainsi que Guilhem Bourrié et Fabienne Trolard, chercheurs de l'INRA détachés au CEREGE à Aix, au sujet de l'aluminium polymère et de la rouille verte dans les sols. J'ai aussi pu m'informer auprès de Marc Benedetti, chercheur à l'université de Paris-Jussieu, au sujet de la modélisation de la complexation entre matière organique et métaux, dans les sols, ou Philippe Davy, sur certains aspects de géomorphologie.

Une hospitalité chaleureuse m'a été accordée au Brésil par les différents amis et anciens collègues d'Yves Lucas lors de notre campagne de mesures. Je remercie particulièrement le professeur Carvalho et son épouse pour leur hospitalité, leurs efforts pour me parler lentement et pour comprendre mon mauvais "portugnol". J'ai été touchée aussi par l'accueil amical de Christine Bourotte, doctorante d'origine française devenue brésilienne d'adoption.

Je tiens à ajouter, après la soutenance de thèse, tous mes remerciements aux membres du jury pour leur présence, leur lecture assidue d'un mémoire relativement épais, leurs remarques et leurs encouragements enthousiastes pour mes travaux de recherche. Je remercie aussi Lionel Mercury, chercheur à Orsay sur les nanocristaux, pour sa présence lors de ma soutenance de thèse et ses remarques pertinentes sur l'hydrophilie des surfaces minérales et la taille des pores.

Je suis reconnaissante envers Dominique Grésillon, directeur des études de l'Ecole Polytechnique, qui m'a permis d'obtenir une allocation de recherche et de monitorat de l'Ecole. Ayant déjà suivi une autre formation complémentaire à la sortie de l'Ecole Polytechnique, aux Mines de Paris, je n'en bénéficiais pas de façon automatique. Grâce à cette allocation spéciale, j'ai pu faire mon doctorat dans l'université de mon choix.

Je souhaite ensuite adresser mes remerciements pour l'aide technique apportée. Je pense à Sébastien Paris qui m'a initiée à l'utilisation du logiciel de traitement de texte "Latex". Je remercie particulièrement mon mari Vincent du Gardin, qui a inlassablement réinstallé tous les logiciels dont j'avais besoin, cherché les mises à jour sur internet, à chaque changement d'ordinateur, chaque déménagement, chaque virus... La rédaction itinérante de ma thèse, faite après le départ de Toulon, interrompue par deux contrats de travail à Ifremer et un congé maternité, a mis à contribution sa persévérance. Il a également réussi à trouver un moyen détourné pour traduire les figures issues d'Excel en format .eps incorporable dans Latex, alors que j'avais interrogé en vain à ce sujet de nombreux connaisseurs de Latex, y compris sur site internet.

Plus fondamentalement, je veux remercier ici tous ceux qui, sur mon parcours, ont éveillé en moi sens critique, curiosité, rigueur logique, désir de connaître, de découvrir, de comprendre et d'apprendre, sans oublier la joie de transmettre, d'enseigner, de former. Il s'agit d'abord de mes chers parents, professeurs tous les deux. Merci Maman pour vos qualités pédagogiques, votre patience, votre enthousiasme, votre capacité à s'adapter à chacun. Merci Papa dont les longues explications sur tout ce que nous rencontrions sont parfois restées totalement obscures pour moi (nous disions : "oui, oui" pour ne pas prolonger...), mais qui d'autres fois, quand j'avais les prérequis pour comprendre, étaient une source fulgurante d'éclaircissement.

Je pense aussi aux différents professeurs qui ont contribué à mon orientation vers la recherche et l'enseignement scientifique, par leurs encouragements directs ou simplement par leur enthousiasme et leur compétence. Parmi eux, je nommerai madame Poisson, qui a éveillé en moi l'attrait pour la géologie en classe de 4ème ; le professeur Marc Souriau, de l'Observatoire Midi-Pyrénées à Toulouse qui a encadré mon stage de fin d'études de l'Ecole Polytechnique ; Bernard Beaudoin, sédimentologue au centre de recherche de Fontainebleau et Michel Tessier, pédologue à l'INRA de Versailles, qui enseignent aux Mines de Paris.

Je pense maintenant à toutes les personnes aux côtés desquelles j'ai travaillé à l'Université de Toulon, les doctorants Roberta Bruschi-Gloaguen, Adriana Candusso, Delphine Crocci, Magali Ferez, Cédric Garnier, Thomas Gloaguen, Justine Gourdeau, Natacha Jean, Christine Lafon, Christophe de Luigi, Marc Mallet, Laurent Massouh, Anne Meuret, Rudy Nicolau, Sébastien Paris, les chercheurs déjà nommés ainsi que Jean-Louis Jamet, Sylvain Ouillon, Nathalie Patel, Jacques Piazzola, Vincent Rey, Gilles Tedeschi, Gilbert Torri, sans oublier le technicien du LEPI, Tathy Missamouh, la bibliothécaire, la secrétaire, le gardien de nuit, dont la compagnie chaleureuse a agrémenté ces années.

J'adresse un grand merci pour tous ceux qui ont assumé avec compétence et affection la garde de nos enfants, dont le nombre n'a cessé d'augmenter. Cette aide m'a permis de consacrer à ma thèse toute l'énergie nécessaire. Je pense à mes parents et à mes beaux-parents, à certains frères et belles-soeurs, à Tante Clo, avec une mention particulière pour Maman. J'adresse à nos chères petites têtes blondes, Silvère, Marc, Priscille et Ambroise mes félicitations pour leur patience et leur compréhension, qui pourraient être résumées par cette phrase de notre aîné : "Et Maman, de toutes façons, quand tu auras fini ta thèse, tu auras toujours un autre travail à faire ?" Et cette phrase de notre demoiselle en fin de rédaction : "Maman, vas-y, ton ordinateur s'ennuie sans toi !"

Quant à mon mari, pour son soutien, son écoute, sa patience, son amour, je ne sais comment dire merci. Je lui dédie ce travail.

# Avant-Propos

Il était une fois une thèse dont le sujet devait s'intituler : **Modélisation hydrodynamique et biogéochimique des ferralsols-podzols d'Amazonie.**

Dans ces sols, l'érosion se fait par fonte géochimique et non par arrachement mécanique de matière en surface, le ruissellement étant très faible. Ce sujet très ambitieux avait pour but ultime d'expliquer comment cette fonte géochimique conduit à des reliefs concaves, alors que l'érosion mécanique de surface conduirait à des reliefs convexes. Entre-temps, Magaldi et al. en 2002 [146] ont observé la géomorphologie des sols argileux d'Italie, ainsi que leur micro-morphologie ; ils ont alors émis l'hypothèse suivante, selon laquelle les versants argileux, au cours de leur évolution, évoluent d'une forme convexe vers une forme concave, en passant par la forme rectiligne, sous l'effet des écoulements superficiels et hypodermiques.

Les systèmes ferralsol-podzol d'Amazonie forment en effet des versants concaves, dits en "demi-orange", avec des plateaux bordés de versants où les pentes sont très fortes en bas de versant, jusqu'à 40%. (A l'inverse, les versants convexes sont ceux où les pentes maximales sont près des sommets). Les têtes de vallées sont en V, tandis que vers l'aval s'étalent de larges vallées plates.

L'étude s'est orientée vers les systèmes ferralsol-podzol du Nord de Manaus, pour deux raisons. D'une part leur simplicité minéralogique laisse espérer une modélisation géochimique simple. En effet, ils ne contiennent que quartz, kaolinite, gibbsite, et quelques oxydes ferro-titaniques. D'autre part, leur très grande épaisseur en fait un lieu d'étude privilégié des mécanismes de pédogenèse. En effet, cette pédogenèse a modifié le substratum sur au moins 20 m d'épaisseur.

Les études géochimiques antérieures montrent l'importance du recyclage biologique dans la composition minéralogique de ces sols. En effet, c'est par la présence d'un recyclage biologique important du silicium, quantifié ensuite par S. Cornu [65], que Y. Lucas *et al.* [140] expliquent le maintien d'un horizon kaolinitique (silicate d'alumine) au-dessus d'un horizon gibbsitique (hydroxyde d'aluminium). Une modélisation géochimique de ces sols ne peut pas s'affranchir du rôle de la biosphère. Je me suis donc intéressée au bilan de ce recyclage biologique et à la modélisation hydrodynamique du pompage racinaire.

Cette thèse, axée sur la modélisation, devait s'appuyer sur les nombreuses études déjà réalisées sur ces sols. Il est vite apparu cependant que des données manquaient pour alimenter la modélisation, en particulier des données de porosité totale du sol en conditions naturelles (humide et non séché), des données de conductivité hydraulique en conditions peu humides et des données sur la composition de la solution du sol dans la porosité fine (l'eau matricielle). J'ai eu alors la joie de "sortir de mes calculs" pour réaliser quelques prélèvements et mesures.

Le traitement des données de conductivité hydraulique et leur confrontation aux résultats de granulométrie et de porosimétrie disponibles ont occupé une part importante de cette thèse. Cela m'a conduit à déterminer des fonctions de pédotransfert entre granulosité, porosité, conductivité hydraulique, tortuosité. J'ai ensuite interprété ces résultats en termes d'agencement géométrique des constituants solides du sol et ses variations pour les différents horizons du sol.

La composition de l'eau matricielle s'est révélée très différente de celle de l'eau libre. Ce résultat, nouveau pour ces sols, a pu être acquis grâce à l'utilisation d'une marmite à pression pour l'extraction d'eau matricielle. Cette marmite avait été élaborée et mise au point par mon directeur de thèse, Yves Lucas, juste avant son départ du Brésil pour la France. Depuis, elle prenait la poussière dans un coin d'un laboratoire de géochimie de São Paōlo, le NUPEGEL (Nucleo de Pesquisa em Geoquimica da Litosfera).

J'ai alors orienté mes travaux sur l'explication de ce fait imprévu. Comment la composition de l'eau matricielle peut-elle être si différente de celle de l'eau libre, sur ces ferralsols si compacts, où à l'oeil nu on ne voit quasiment pas de macropores interconnectés ? Je me suis intéressée à la quantification, dans ces sols, des échanges d'eau et de solutés entre porosité fine et porosité large, qui seraient assez rapides, si l'on suit la modélisation classique de ces échanges.

Durant mes mesures de volume de sol humide ou sec, j'ai été impatiente devant la lenteur préconisée pour imbiber entièrement une motte de sol. Yves Lucas m'a dit alors : "Il faut absolument éviter de piéger de l'air, sinon il ne s'en ira que très lentement. Cet air piégé ne "sort" que par dissolution dans l'eau puis diffusion en phase dissoute." Je me suis alors rendue compte qu'un tel phénomène n'est jamais explicité dans les modèles hydrodynamiques classiques du sol. J'ai cherché à quantifier ce phénomène. Il contribue à expliquer les résultats mesurés, par le rôle de barrière, cloisonnant l'eau du sol, joué par la phase gazeuse du sol.

Parallèlement à cela, une question lancinante m'a occupé l'esprit pendant ma thèse : "Comment l'eau des sols peu humides peut-elle être à une pression négative sous l'effet des forces de capillarité, sans caviter (c'est-à-dire se vaporiser en masse) ?"

Une rapide discussion avec mon père Philippe Martinot-Lagarde, physicien, à ce sujet, a décoincé cet apparent paradoxe. Il m'a dit : "L'eau liquide sous pression négative ? Cela ne me choque pas, l'eau peut être dans un état métastable. L'eau n'est pas un gaz parfait !"

Je me suis alors lancée dans la quantification de ce phénomène de cavitation dans les sols. J'ai abouti au résultat selon lequel la cavitation, si elle est amorcée, est stoppée par confinement géométrique. Ce résultat, partiellement décrit par quelques scientifiques américains (physiciens des sols ou physiologues des plantes) et utilisé depuis en France uniquement par quelques physiologues des plantes, a une portée beaucoup plus générale que la science du sol ou des plantes car il s'énonce ainsi : "A des conditions de pression et température correspondant généralement à un état métastable, un fluide peut être stable, même s'il y a des amorces de changement de phase, par simple confinement géométrique."

Un autre résultat de cette quantification de la cavitation est que dans les sols, les "débuts de cavitation" expliquent une faible hystérésis entre désorption d'eau et humectation. Cela justifie, seulement pour les pores les plus fins (de taille inframicrométrique) *a posteriori*, l'hypothèse souvent faite, dans les modèles hydrodynamiques, d'une courbe identique entre humectation et désorption d'eau, quand l'humectation est très lente.

A l'inverse, la sève brute des plantes, quand elle est à très basses pressions, par suite de son évaporation au niveau des feuilles, est à proprement parler dans un état métastable, car les canaux de sève sont trop larges pour réaliser son confinement géométrique par capillarité. Elle cavite parfois, comme le prouvent des enregistrements sonores.

Ainsi, les principales avancées scientifiques apportées par cette thèse répondent à la question scientifique suivante :

**Rôle de la phase gazeuse dans le fonctionnement hydrodynamique et biogéochimique d'un sol quelconque.**

# Sommaire

Vous trouverez dans cet ouvrage le contenu suivant :

pages
1 Remerciements
5 **Avant-Propos**
9 Sommaire, table des matières, des figures et des tableaux

    Partie I   **Données**
23   1. Contexte géoclimatique et bilan des apports au sol
53   2. La phase solide du sol
79   3. L'espace poral
99   4. La conductivité hydraulique
137   5. Interfaces solide-liquide et composition de l'eau du sol

    Partie II   **Modèle**
163   1. Hydrodynamique à un compartiment : la porosité du sol
225   2. Hydrodynamique à deux compartiments : porosité et racines
235   3. Hydrodynamique à deux compartiments : porosité fine et large
263   4. Transport des éléments par l'eau
295   5. Biogéochimie : généralités
313   6. Evolution biogéochimique des ferralsols-podzols étudiés

    Partie III   **Interprétations**
341   1. Interprétations des relations entre phase solide et espace poral
371   2. Eau porale à pression négative : pourquoi ne cavite-t-elle pas ?
421   3. Echanges d'eau et d'air entre porosité fine et large

431 **Bilan et Perspectives**
437 **Annexes**
472 Références bibliographiques

# Table des matières

## I Données      21

### 1 Contexte      23
    1.1 Géologie, géomorphologie et pédologie . . . . . . . . . . . . 23
        1.1.1 Situation géographique . . . . . . . . . . . . . . . . 23
        1.1.2 Contexte géologique . . . . . . . . . . . . . . . . . 25
        1.1.3 Morphologie du relief . . . . . . . . . . . . . . . . . 28
        1.1.4 Formations pédologiques . . . . . . . . . . . . . . . 29
    1.2 Climat et végétation . . . . . . . . . . . . . . . . . . . . . 33
        1.2.1 Climat . . . . . . . . . . . . . . . . . . . . . . . . . 33
        1.2.2 Végétation . . . . . . . . . . . . . . . . . . . . . . 34
        1.2.3 Racines : poids et longueur . . . . . . . . . . . . . 35
    1.3 Les échanges de matière entre la biosphère, l'atmosphère et le sol . . . . . . . . . . . . . . . . . . . . . . . . . . . . . . 41
        1.3.1 Le bilan hydrique . . . . . . . . . . . . . . . . . . . 43
        1.3.2 Les apports dissous ou particulaires au sol . . . . . 46
        1.3.3 Les apports grossiers de la biosphère au sol . . . . . 48
        1.3.4 Bilan des apports au sol . . . . . . . . . . . . . . . 50

### 2 La phase solide du sol      53
    2.1 Granulométrie de la fraction < 2 mm . . . . . . . . . . . . 53
    2.2 La matière organique (MO) solide du sol . . . . . . . . . . 64
        2.2.1 Teneur en MO solide . . . . . . . . . . . . . . . . . 64
        2.2.2 Extractibilité de la MO solide . . . . . . . . . . . . 67
        2.2.3 Age de la MO solide . . . . . . . . . . . . . . . . . 67
    2.3 Composition minéralogique. . . . . . . . . . . . . . . . . . 70
        2.3.1 Composition minéralogique et teneurs en oxydes . . 70
        2.3.2 Teneurs en Al et Fe amorphes, corrélations avec les teneurs en C organique solide et en lutite . . . . . . 73

|       |       |                                                              |     |
|-------|-------|--------------------------------------------------------------|-----|
|       | 2.4   | Taille et forme de chaque type de minéral . . . . . . . . .  | 74  |
|       |       | 2.4.1 Les quartz . . . . . . . . . . . . . . . . . . . . . . | 74  |
|       |       | 2.4.2 Les kaolinites . . . . . . . . . . . . . . . . . . . . | 75  |
|       |       | 2.4.3 Les gibbsites. . . . . . . . . . . . . . . . . . . . . | 77  |
| **3** | **Espace poral** |                                                 | **79** |
|       | 3.1   | Généralités et notations . . . . . . . . . . . . . . . . . . | 79  |
|       |       | 3.1.1 Pression matricielle . . . . . . . . . . . . . . . . . | 79  |
|       |       | 3.1.2 Nomenclature des pores selon leur taille . . . . . .   | 81  |
|       |       | 3.1.3 Notations pour décrire le spectre de porosité . . . .  | 81  |
|       | 3.2   | Espace poral des 2 m supérieurs des formations Nord-Manaus   | 85  |
|       |       | 3.2.1 Description des données . . . . . . . . . . . . . .    | 85  |
|       |       | 3.2.2 Interprétation des données . . . . . . . . . . . . .   | 88  |
|       | 3.3   | Comparaison de l'espace poral sur échantillon sec ou humide  | 90  |
|       | 3.4   | Espace poral des horizons profonds . . . . . . . . . . . .   | 93  |
|       |       | 3.4.1 Comparaison des données mesurées ou calculées . .      | 93  |
|       |       | 3.4.2 Description de la porosité du fond meuble et des nodules . . . . . . . . . . . . . . . . . . . . . . . . . | 95  |
|       |       | 3.4.3 Interprétation de la porosité du fond meuble et des nodules . . . . . . . . . . . . . . . . . . . . . . . . . | 96  |
| **4** | **Conductivité hydraulique** |                                     | **99** |
|       | 4.1   | Définition et notations . . . . . . . . . . . . . . . . . .  | 99  |
|       |       | 4.1.1 Loi de Darcy . . . . . . . . . . . . . . . . . . . . . | 99  |
|       |       | 4.1.2 Conservation de la masse d'eau . . . . . . . . . . .   | 101 |
|       |       | 4.1.3 Expériences de détermination de la conductivité hydraulique . . . . . . . . . . . . . . . . . . . . . . . . | 101 |
|       |       | 4.1.4 Données disponibles . . . . . . . . . . . . . . . . .  | 102 |
|       | 4.2   | Conductivité hydraulique sur sol très humide . . . . . . . . | 102 |
|       |       | 4.2.1 Conductivité hydraulique des ferralsols de plateau .   | 102 |
|       |       | 4.2.2 Conductivité hydraulique des pentes et vallées . . .   | 106 |
|       | 4.3   | Conductivité hydraulique sur sol assez humide (MEL) . . .    | 106 |
|       |       | 4.3.1 Présentation de la MEL . . . . . . . . . . . . . . .   | 109 |
|       |       | 4.3.2 Limites de la méthode MEL actuelle . . . . . . . .     | 114 |
|       |       | 4.3.3 Amélioration des calculs MEL . . . . . . . . . . . .   | 119 |
|       | 4.4   | Estimation de la conductivité hydraulique de la porosité résiduelle. . . . . . . . . . . . . . . . . . . . . . . . . | 132 |

| | | |
|---|---|---|
| 4.5 | Récapitulatif des conductivités hydrauliques mesurées | 134 |

## 5 Interfaces solide-liquide et composition de l'eau du sol  137
- 5.1 Interface et interactions surfaces solides - solution aqueuse  138
  - 5.1.1 surface spécifique  138
  - 5.1.2 Capacité d'échange cationique (CEC)  139
  - 5.1.3 Aluminium échangeable  142
- 5.2 Composition de l'eau matricielle du ferralsol et des pompages racinaires  142
  - 5.2.1 Eau matricielle du ferralsol  142
  - 5.2.2 Composition globale des pompages racinaires  143
- 5.3 Composition de l'eau libre  143
  - 5.3.1 Contexte  144
  - 5.3.2 Teneurs en silicium, aluminium et carbone organique  148
  - 5.3.3 Réactivité de la MO en solution  150
  - 5.3.4 Mesures indirectes de la part de Si, Al ou Fe complexé avec la MO dissoute  152
  - 5.3.5 Particules en suspension dans l'eau libre  155
- 5.4 Comparaison matière solide - à l'interface - en solution  156

# II Modèle  159

## 1 Hydrodynamique à un compartiment : la porosité  163
- 1.1 Loi de Darcy  163
- 1.2 Conservation de la masse d'eau  164
  - 1.2.1 Remarque de vocabulaire à propos de la saturation du sol en eau  164
- 1.3 Conditions aux limites  165
- 1.4 Courbes de porosité et de conductivité hydraulique  168
  - 1.4.1 Hypothèse  168
  - 1.4.2 Approches descriptive ou prédictive  170
- 1.5 Courbe de porosité  171
  - 1.5.1 Notations  171
  - 1.5.2 Forme générale  172
  - 1.5.3 Indice de fluide  175
  - 1.5.4 Taille moyenne du premier mode de porosité  175

|       | 1.5.5 | Largeur du premier mode de porosité . . . . . . . . | 178 |
|---|---|---|---|
|       | 1.5.6 | Volume de pores résiduels . . . . . . . . . . . . . | 178 |
|       | 1.5.7 | Volume de micropores . . . . . . . . . . . . . . . | 180 |
|       | 1.5.8 | Volume de mésopores et de macropores . . . . . . | 182 |
|       | 1.5.9 | Domaine d'application des fonctions de pédotransfert établies . . . . . . . . . . . . . . . . . . . . . . | 186 |
| 1.6 | Courbe de conductivité hydraulique . . . . . . . . . . . . | | 187 |
|       | 1.6.1 | Synthèse bibliographique des divers modèles utilisés | 187 |
|       | 1.6.2 | Choix d'un modèle . . . . . . . . . . . . . . . . . | 197 |
|       | 1.6.3 | Détermination empirique de la tortuosité . . . . . | 201 |
|       | 1.6.4 | Fonction de pédotransfert concernant la tortuosité . | 208 |
|       | 1.6.5 | Calcul de la tortuosité au sens de Mualem . . . . | 213 |
| 1.7 | Résultats escomptés avec ce modèle à un compartiment . . | | 215 |
|       | 1.7.1 | Domaine d'application de ce modèle . . . . . . . . | 215 |
|       | 1.7.2 | Expériences et mesures disponibles pour la validation | 216 |
|       | 1.7.3 | Conclusion . . . . . . . . . . . . . . . . . . . . . | 219 |

## 2 Hydrodynamique double : porosité et racines — 225

| 2.1 | Loi de Darcy, conservation de la masse d'eau et conditions aux limites . . . . . . . . . . . . . . . . . . . . . . . . . . | | 225 |
|---|---|---|---|
| 2.2 | Prélèvement racinaire . . . . . . . . . . . . . . . . . . . . | | 226 |
|       | 2.2.1 | Validité de cette modélisation, confrontée à des expérimentations . . . . . . . . . . . . . . . . . . | 228 |
|       | 2.2.2 | Perspectives d'amélioration de ce modèle . . . . . | 231 |

## 3 Hydrodynamique double : porosité fine et large — 235

| 3.1 | Modèle de double porosité dérivé de la loi de Darcy . . . . | | 237 |
|---|---|---|---|
|       | 3.1.1 | Modélisation d'une double porosité . . . . . . . . | 237 |
|       | 3.1.2 | Hydrodynamique dans une double porosité . . . . | 239 |
|       | 3.1.3 | Modification et application de ce modèle . . . . . | 240 |
| 3.2 | Surface spécifique du sol . . . . . . . . . . . . . . . . . . | | 246 |
|       | 3.2.1 | Surface spécifique du sol total déduite de porosimétrie | 246 |
|       | 3.2.2 | Surface spécifique des lutites et porosité résiduelle . | 247 |
|       | 3.2.3 | Application aux surfaces minérales ou d'échange bordant la porosité large . . . . . . . . . . . . . . . . | 250 |
| 3.3 | Utilisation du modèle hydrodynamique à double porosité . | | 251 |
|       | 3.3.1 | Description du contexte . . . . . . . . . . . . . . | 251 |

3.3.2 Calcul . . . . . . . . . . . . . . . . . . . . . . . . . 252
3.3.3 Résultats . . . . . . . . . . . . . . . . . . . . . . . 256
3.3.4 Interprétation . . . . . . . . . . . . . . . . . . . . . 260

**4 Transport des éléments par l'eau 263**
4.1 Transport à deux concentrations dans une porosité simple 264
4.1.1 Modélisation de l'hydrodynamique . . . . . . . . . 264
4.1.2 Modélisation du transport en solution . . . . . . . . 266
4.2 Modèle à double porosité et deux concentrations . . . . . . 272
4.3 Application aux ferralsols étudiés . . . . . . . . . . . . . . 272
4.3.1 Contexte . . . . . . . . . . . . . . . . . . . . . . . . 273
4.3.2 Calculs . . . . . . . . . . . . . . . . . . . . . . . . . 276
4.3.3 Application numérique . . . . . . . . . . . . . . . . 279
4.3.4 Résultats . . . . . . . . . . . . . . . . . . . . . . . 282
4.3.5 Conclusion . . . . . . . . . . . . . . . . . . . . . . . 291
4.3.6 Confrontation à des expériences . . . . . . . . . . . 291

**5 Biogéochimie : généralités 295**
5.1 Modèles numériques de géochimie existants . . . . . . . . . 295
5.2 Équilibres chimiques dans la solution du sol . . . . . . . . 296
5.2.1 Activité des ions en solution dans la porosité du sol 296
5.2.2 Spéciation du silicium en solution . . . . . . . . . . 297
5.2.3 Spéciation de l'aluminium en solution . . . . . . . . 298
5.2.4 Le fer . . . . . . . . . . . . . . . . . . . . . . . . . . 298
5.2.5 Complexation des métaux par la matière organique dissoute . . . . . . . . . . . . . . . . . . . . . . . 299
5.3 Réactions à l'interface solide/liquide du sol . . . . . . . . . 299
5.3.1 Réactions de dissolution/précipitation des minéraux présents . . . . . . . . . . . . . . . . . . . . . . . 299
5.3.2 Vitesse des réactions de dissolution ou précipitation 303
5.3.3 Autres échanges à l'interface solide-solution du sol . 310

**6 Evolution biogéochimique des ferralsols-podzols étudiés 313**
6.1 Spéciation des éléments en solution . . . . . . . . . . . . . 313
6.1.1 Modalités du calcul de spéciation . . . . . . . . . . 313
6.1.2 Complexation Aluminium-MO calculée . . . . . . . 315
6.1.3 Interprétation de la spéciation des eaux . . . . . . . 317

- 6.2 Evolution biogéochimique des ferralsols et podzols ..... 320
  - 6.2.1 L'horizon 0 à 20 cm ..... 321
  - 6.2.2 L'horizon 20 à 40 cm ..... 322
  - 6.2.3 Interprétation des variations avec la saison et la teneur en lutite ..... 325
  - 6.2.4 Mobilité de l'aluminium et du silicium ..... 326
- 6.3 Interprétation de la composition des pompages racinaires . 327
- 6.4 Evolution biogéochimique des horizons profonds ..... 329
  - 6.4.1 Observations basées sur la composition de l'eau de nappe ..... 329
  - 6.4.2 Interprétation de la morphologie des minéraux ... 330
  - 6.4.3 Evolution des kaolinites, gibbsites et oxydes métalliques ..... 331
  - 6.4.4 Vitesse observée de dissolution des quartz ..... 332
  - 6.4.5 Dynamique de la matière organique solide du sol .. 333
  - 6.4.6 Différence entre ferralsol profond et podzol ..... 334
- 6.5 Conclusion : rôle de la phase gazeuse dans la protection des minéraux ..... 335
  - 6.5.1 Séparation eau libre/eau matricielle ..... 335
  - 6.5.2 Fragmentation au sein de l'eau matricielle ..... 336

# III Interprétations 337

## 1 Interprétation des PDF entre phase solide et espace poral 341
- 1.1 PDF entre spectres de granulosité et de porosité ..... 341
  - 1.1.1 Assemblage primaire de particules d'une seule gamme de taille ..... 341
  - 1.1.2 Assemblage des lutites en agrégats ..... 343
  - 1.1.3 Mélange de particules de deux gammes de taille .. 343
- 1.2 PDF entre taille des minéraux et des pores ..... 347
  - 1.2.1 Taille des lutites et des pores résiduels secs ..... 348
  - 1.2.2 Taille des pores larges et espacement entre eux ... 357
- 1.3 PDF entre spectre de porosité et conductivité hydraulique 358
  - 1.3.1 Signification de la tortuosité au sens de Burdine .. 358
  - 1.3.2 Interprétation des résultats de tortuosité au sens de Burdine ..... 359

|       | 1.3.3 | Comparaison entre courbe de tortuosité au sens de Burdine et courbe de porosité . . . . . . . . . . . | 363 |
|---|---|---|---|
|       | 1.3.4 | Interprétation des résultats de tortuosité au sens de Mualem . . . . . . . . . . . . . . . . . . . . . . | 365 |
|       | 1.3.5 | Proposition d'un nouveau modèle de conductivité hydraulique . . . . . . . . . . . . . . . . . . . . . | 368 |

**2 Eau porale à pression négative**   **371**

  2.1 États de l'eau : liquide ou vapeur . . . . . . . . . . . . . . 373
      2.1.1 Equation d'état de l'eau . . . . . . . . . . . . . . 373
      2.1.2 Déstabilisation de l'eau liquide métastable . . . . . 374
      2.1.3 Eau métastable dans les sols . . . . . . . . . . . . 376
  2.2 Équilibre à l'interface liquide-gaz . . . . . . . . . . . . . . 376
  2.3 Description de la cavitation de l'eau libre . . . . . . . . . . 377
      2.3.1 Hypothèses . . . . . . . . . . . . . . . . . . . . . 377
      2.3.2 Conditions d'équilibre . . . . . . . . . . . . . . . 378
      2.3.3 Évolution d'une bulle de teneur en air sec donnée . 381
      2.3.4 Devenir d'une bulle stable sous l'effet de la variation de sa teneur en air sec . . . . . . . . . . . . . . . . 386
      2.3.5 Conclusion . . . . . . . . . . . . . . . . . . . . . . 393
  2.4 Cavitation de l'eau porale . . . . . . . . . . . . . . . . . . 395
      2.4.1 Forme d'une bulle en milieu poral . . . . . . . . . 395
      2.4.2 Evolution d'une bulle en milieu poral de teneur en air sec donnée . . . . . . . . . . . . . . . . . . . . 396
      2.4.3 Influence des échanges air dissous-air sur les bulles en milieu poral . . . . . . . . . . . . . . . . . . . . 404
      2.4.4 Remarques . . . . . . . . . . . . . . . . . . . . . . 406
  2.5 Conséquences de cette étude de la cavitation en milieu poral 407
      2.5.1 Blocage géométrique d'une cavitation pourtant amorcée . . . . . . . . . . . . . . . . . . . . . . . . . . 408
      2.5.2 Présence d'air piégé dans les sols . . . . . . . . . . 409
      2.5.3 Hystérésis entre désorption et adsorption d'eau par un sol . . . . . . . . . . . . . . . . . . . . . . . . . 410
      2.5.4 Cavitation de la sève brute dans les plantes en période sèche . . . . . . . . . . . . . . . . . . . . . . 411
  2.6 Autres études sur la cavitation de l'eau des sols et plantes 411
      2.6.1 Cavitation en eau libre . . . . . . . . . . . . . . . 412

|     | 2.6.2 | Cavitation en eau porale . . . . . . . . . . . . . . . | 413 |
| --- | --- | --- | --- |
|     | 2.6.3 | Cavitation de la sève dans les plantes . . . . . . . . | 414 |
|     | 2.6.4 | Conséquence pour la cavitation dans les sols et les plantes . . . . . . . . . . . . . . . . . . . . . . . . . . | 417 |

## 3 Échanges d'eau et d'air entre porosité fine et large     421

|     |     |     |     |
| --- | --- | --- | --- |
| 3.1 | Observation de piégeage d'air . . . . . . . . . . . . . . . . . | | 421 |
| 3.2 | Description des phénomènes . . . . . . . . . . . . . . . . . | | 423 |
|     | 3.2.1 | Autres études . . . . . . . . . . . . . . . . . . . . . | 423 |
|     | 3.2.2 | Positions relatives possibles de l'eau et l'air du sol . | 424 |
|     | 3.2.3 | Phénomènes ayant lieu après piégeage d'air dans l'eau du sol . . . . . . . . . . . . . . . . . . . . . . . | 425 |
| 3.3 | Evacuation d'air piégé dans une double porosité . . . . . . | | 426 |
|     | 3.3.1 | Equations fondamentales . . . . . . . . . . . . . . . | 426 |
|     | 3.3.2 | Application numérique . . . . . . . . . . . . . . . . | 428 |
| 3.4 | Conclusion . . . . . . . . . . . . . . . . . . . . . . . . . . | | 429 |

## 4 Bilan et Perspectives     431

|     |     |     |     |
| --- | --- | --- | --- |
| 4.1 | Résultats concernant les ferralsols-podzols . . . . . . . . . | | 432 |
| 4.2 | Résultats de méthodologie en sciences du sol . . . . . . . . | | 432 |
|     | 4.2.1 | Extraction d'eau matricielle . . . . . . . . . . . . . | 432 |
| 4.3 | Avancées conceptuelles en sciences du sol . . . . . . . . . . | | 433 |
|     | 4.3.1 | Nouveau modèle de conductivité hydraulique . . . . | 433 |
|     | 4.3.2 | Echanges de solutés entre porosité fine et large . . . | 434 |
|     | 4.3.3 | Rôle de la phase gazeuse dans la statique et la dynamique de l'eau et des solutés du sol . . . . . . . . | 434 |
| 4.4 | Perspectives . . . . . . . . . . . . . . . . . . . . . . . . . . | | 436 |

# IV    Annexes     437

## A   Interprétation des mesures de $^{14}C$     439

| A.1 | Système fermé . . . . . . . . . . . . . . . . . . . . . . . . . | 439 |
| --- | --- | --- |
| A.2 | Système accumulatif . . . . . . . . . . . . . . . . . . . . . | 440 |
| A.3 | Système transitoire . . . . . . . . . . . . . . . . . . . . . . | 440 |
| A.4 | Système transitoire puis accumulatif . . . . . . . . . . . . | 441 |
| A.5 | Composition isotopique variable du $CO_2$ atmosphérique . . | 442 |

**B  Mesures de volume total de sol**     **443**
- B.1 Méthode . . . . . . . . . . . . . . . . . . . . . . . . . . 443
- B.2 Précautions et détails pratiques . . . . . . . . . . . . . 444
- B.3 Résultats . . . . . . . . . . . . . . . . . . . . . . . . . 444

**C  Extraction d'eau résiduelle par marmite à pression**     **447**
- C.1 Dispositif expérimental . . . . . . . . . . . . . . . . . . 447
- C.2 Résultats sur les teneurs en eau . . . . . . . . . . . . . 449
- C.3 Résultats sur les débits d'eau . . . . . . . . . . . . . . 449
- C.4 Résultats sur la chimie de l'eau extraite : pH, teneurs en Si, Al, Fe . . . . . . . . . . . . . . . . . . . . . . . . . . . 451

**D  Intégrales pour le calcul de la conductivité hydraulique**     **453**
- D.1 Intégrale I utile pour le calcul de la tortuosité . . . . . . 453
  - D.1.1 Intégrale $I$ entre deux données très proches . . . . . 454
  - D.1.2 Dans les pores résiduels . . . . . . . . . . . . . . . 455
  - D.1.3 Dans les micropores . . . . . . . . . . . . . . . . . 455
  - D.1.4 Dans les mésopores . . . . . . . . . . . . . . . . . 455
  - D.1.5 Dans les macropores . . . . . . . . . . . . . . . . . 456
- D.2 Intégrale J utile pour le calcul de la conductivité hydraulique 456
  - D.2.1 Pour les pores résiduels . . . . . . . . . . . . . . . 456
  - D.2.2 Pour les micropores . . . . . . . . . . . . . . . . . 458
  - D.2.3 Pour les mésopores . . . . . . . . . . . . . . . . . 459
  - D.2.4 Pour les macropores . . . . . . . . . . . . . . . . . 460

**E  Calculs d'intégrales pour les échanges entre deux porosités 461**
- E.1 Coefficients géométriques . . . . . . . . . . . . . . . . . 461
  - E.1.1 Distance $a_e$ . . . . . . . . . . . . . . . . . . . . 461
  - E.1.2 Intégrales $E$ et $F$ pour calculer $a_e$ . . . . . . . . 462
  - E.1.3 Surface volumique $S_e$ . . . . . . . . . . . . . . . . 463
  - E.1.4 Tortuosité *stricto sensu* moyenne pour le calcul du coefficient de diffusion . . . . . . . . . . . . . . . . 464
- E.2 Intégrale $L$ pour le calcul du temps de transfert d'eau . . . 465
  - E.2.1 Remplissage des micropores depuis les mésopores . 465
  - E.2.2 Remplissage des mésopores depuis les macropores . 467

**F Calculs sur les volumes et surfaces des pores et minéraux 469**
    F.1  Surface spécifique d'un ellipsoïde de révolution . . . . . . . 469
    F.2  Largeur moyenne d'un pore et de ses différentes puissances  470
          F.2.1  Cas d'une distribution lognormale de largeurs . . . 471
          F.2.2  Cas d'une distribution réelle de largeurs de pore . . 471

# Première partie

# Données

# Chapitre 1

# Contexte

Voici le contexte géologique et bioclimatique des sols amazoniens étudiés, ainsi que le bilan des apports de l'atmosphère et de la biosphère au sol.

## 1.1 Géologie, géomorphologie et pédologie

### 1.1.1 Situation géographique

Les systèmes de sols ferralsols-podzols recouvrent une part importante du bassin amazonien, à savoir tout le bassin de l'Amazone (voir figure 1.1), sauf :
- Les bords du fleuve et son delta, formés d'alluvions récentes ;
- Une bande d'affleurements de formation paléozoïque, de 30 à 80 km de large, longeant la rive Nord de l'Amazone, et une autre similaire, longeant à 200 km de distance la rive sud de l'Amazone ;
- Le triangle délimité par la ligne de crête des Andes à l'ouest, le rio Madeira au sud-est et le rio Negro au nord, recouverts de sols sur alluvions récentes ou sur sédiment "Solimões" riche en micas et minéraux calciques.

Les sols de cette zone exclue sont moyennement à fortement fertiles, tandis que les ferralsols-podzols sont peu fertiles, selon Eyrolle [86] figure 725.

Nous étudierons ici plus particulièrement les ferralsols-podzols de la région Nord-Manaus, développés sur sédiment Crétacé. D'autres ferralsols-podzols similaires se sont développés sur socle cristallin, ainsi en Guyane Française, selon Lucas *et al.* [139].

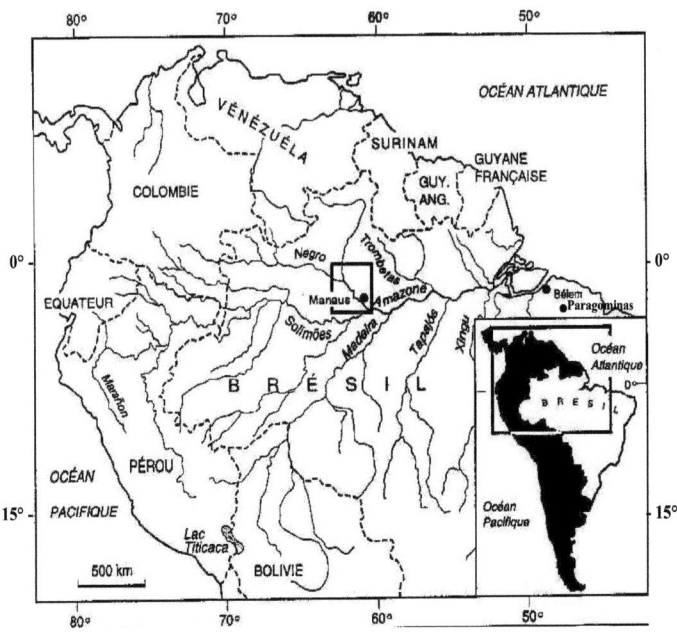

FIG. 1.1 – **Carte de l'Amazonie.**

Les cartes 1.2 et 1.3 montrent la position des prélèvements effectués sur ces sols dans le cadre de cette thèse, ainsi que la position des prélèvements d'autres auteurs, dont les résultats sont utilisés dans cette thèse. Leur liste est récapitulée au tableau 1.1.

TAB. 1.1 – *Liste des sites de prélèvement*

| abrévia[0] | description | mesures, auteur |
|---|---|---|
| Duke B. Branco | Réserve naturelle, pluviosité enregistrée en continu, bassin du rio Barro Branco | eau rivière, Eyrolle [86] |
| Bassin versant du Tarumã Mirim. | | |
| TMC | Tarumã Mirim Clair, en amont | |
| TMN | Tarumã Mirim Noir, petit affluent | eau rivière, Eyrolle [86] |
| TM | Tarumã Mirim, à mi-versant | |
| TMA | Tarumã Mirim Aval | eau rivière, Furch [91] |
| Sites accessibles depuis la piste ZFII (d'ouest en est) | | |
| ZEFI | déclivité du plateau de ferralsol en amont du bassin du rio Cuieiras | eau source, Eyrolle [86] / eau rivière, Furch [91] |

| | | |
|---|---|---|
| B3 | Bacia 3, réserve naturelle de l'INPA sur le plateau ferrallitique | biosphère, sol, eau libre, Cornu [65] |
| BM | Bacia Modelo, plateau en amont du rio Tarumã Açu<br>I, II III : transects de versants "courts"<br>IV : transect de versant "mi-long" | sol, Lucas [137] |
| FF | Fosse de 1,5 m creusée dans ferralsol sous forêt dense | sol, eau matricielle, cette thèse |
| Sites accessibles depuis la route BR174 (du sud au nord). | | |
| C2 | Coupe de route en bordure sud des ferralsols de plateaux | sol, Lucas [137] |
| Fu | ferme expérimentale Fucada sur ferralsol de plateau | sol, eau libre, Chauvel et al. [58] ; eau libre, Piccolo et al. [169] ; eau de puits, Cornu [65] |
| Campina | Réserve naturelle de l'INPA podzols et quelques ferralsols | |
| | dans les podzols nus | eau de puits, Cornu [65]<br>eau de source, Eyrolle [86] |
| | FP : Fosse de 1,8 m dans un podzol humique recouvert de forêt claire "Campinarana" | biosphère, sol, eau libre, Cornu [65]<br>sol, cette thèse |
| V-VI | transect de versant long | sol, Lucas [137]<br>sol, MO, Bravard [38] |
| CEPLAC | zone étudiée par l'administration de la zone franche de Manaus | |
| C3 | Coupe de route du substratum au sol de transition | sol, Lucas [137] |
| C1 | Coupe de route du substratum au ferralsol de plateau | sol, Lucas [137]<br>sol, cette thèse |
| Faz. Dim. | Fazenda Dimona, ferme d'élevage, située à 100 km de Manaus (hors carte), et la forêt dense adjacente, sur ferralsols | eau in situ, Hodnett et al. [115] à [114] |
| "biosphère" désigne des prélèvements de transprécipitations, de litière, de racines. | | |
| "eau libre" désigne l'eau du sol recueillie dans des lysimètres. | | |
| Porosimétrie par Grimaldi : par désorption d'eau sur sols de B3, C3, FP ; par intrusion de mercure sur B3, Fucada et autres ferralsols, C1 [106] et FP. | | |
| L'INPA désigne l'Instituto National de Pesquisa da Amazonia, de Manaus. | | |

## 1.1.2 Contexte géologique

L'Amazonie brésilienne est composée de deux cratons formés lors des orogenèses gondwaniennes, vers -2 000 Ma (il y a environ 2 000 millions

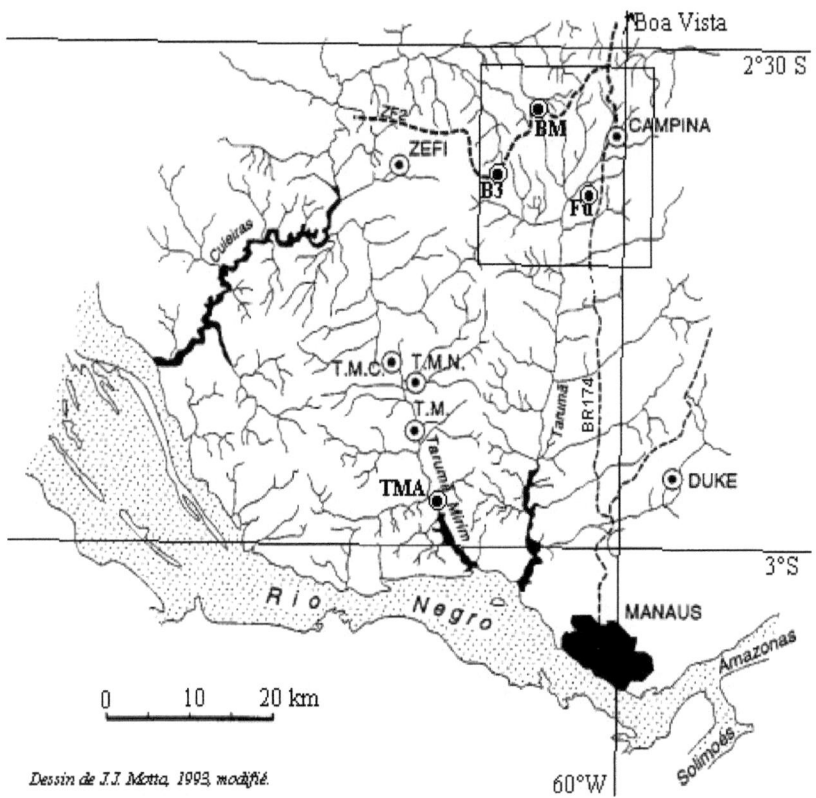

FIG. 1.2 – **Carte de la région Nord-Manaus**. *Pour la description des lieux de prélèvements et leurs abréviations, voir au tableau 1.1. Le rectangle est agrandi en carte 1.3.*

d'années) puis vers -700 à -500 Ma : le craton guyanais au Nord et le craton brésilien au sud , selon Bezerra [26] ou Elmi et Babin [85]. Le bassin inter-cratonique de l'Amazone a été rempli par des sédiments marins lors de transgressions au primaire.

L'ouverture de l'Atlantique Sud, pendant le crétacé (de -130 à -65 Ma), a provoqué une subsidence de ce bassin. L'orogenèse andine (au crétacé) puis laramienne (début tertiaire) entoure ce bassin de reliefs élevés à l'est. Le bassin inter-cratonique de l'Amazone a ainsi été rempli par des sédiments continentaux au crétacé selon Daemon [76] et au tertiaire selon Caputo *et al.* [51] et Putzer [175] : formations Alter do Chaõ, Solimões.

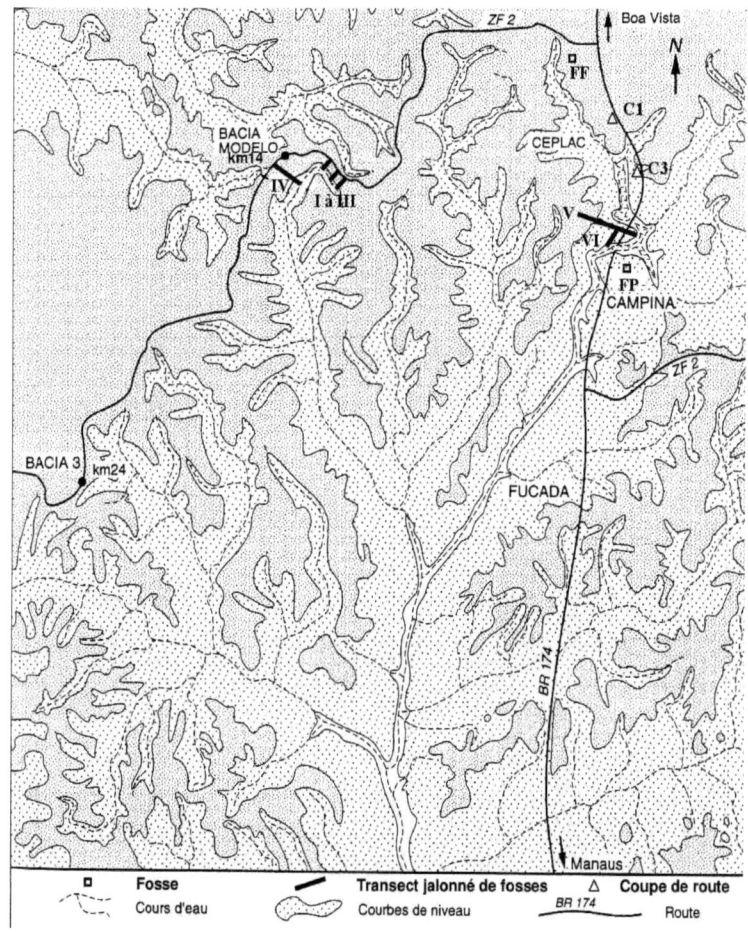

FIG. 1.3 – **Carte de la zone étudiée et lieux de prélèvements.** Cette carte est l'agrandissement du rectangle figurant sur la carte précédente. Les prélèvements et mesures effectués dans le cadre de cette thèse proviennent des sites FF (fosse de 1,5 m dans un ferralsol sous forêt dense), FP (fosse de 1,8 m dans un podzol humique sous forêt dite Campinarana) et de la coupe C1 (du substratum au ferralsol).

**Substratum Alter do Chaõ** Dans le sous-bassin de l'Amazone où se situe notre étude, le substratum Alter do Chaõ affleure. En amont, dans le sous-bassin du Solimões, il est recouvert par des dépôts plus récents. Le substratum sablo-argileux Alter do Chaõ est composé de 50 à 70% de quartz, de 30 à 50% de kaolinite, d'environ 1% d'hématite et d'oxydes de titane ou minéraux lourds en faible quantité et irrégulièrement répartis. Il présente des microstrates de quartz souvent recoupées par des îlots argileux (centimétriques à métriques) ou des raies rouges subhorizontales d'hématite (d'épaisseur centimétrique) [137].

A la profondeur de 20 m sous les plateaux, une transformation du sédiment est déjà observable, comme en témoigne la présence de macrocristaux plurimillimétriques de kaolinite qui ne peuvent pas être d'origine sédimentaire. Leur composition en isotopes stables de l'oxygène est en équilibre avec les eaux météoritiques [99], elles sont vraisemblablement d'origine pédologique. La roche mère sédimentaire intacte est probablement située encore plus profondément ; elle n'a pas encore été échantillonnée, faute de forage assez profond. C'est pourquoi nous parlons ici de "substratum" et non de "sédiment" pour désigner les couches rencontrées en-dessous de 15 à 20 m de profondeur sous les plateaux.

**Couches superficielles** Au-dessus, on observe une couche riche en nodules gibbsitiques et ferrugineux (la teneur massique en gibbsite atteint 25%) puis en kaolinite (jusqu'à 85%) sur les plateaux, ou bien une couche riche en sable (jusqu'à 95%) au niveau des fonds de vallée. Ces couches proviennent soit de la transformation pédologique *in situ* du substratum Alter do Chaõ, soit de dépôts sur ce substratum. L'hypothèse autochtone semble de plus en plus confirmée par une série de travaux, (Boulet *et al.* [32], Lucas [139], Chauvel *et al.* [61], Giral *et al.* [99], Cornu [65] etc...) dans laquelle s'inscrit cette thèse. Nous détaillerons donc ces profils sous la terminologie d'horizons pédologiques et non de couches sédimentaires.

### 1.1.3 Morphologie du relief

Les ferralsols-podzols du bassin amazonien forment des plateaux argileux occupés par la forêt et des fonds de vallée sableux plats occupés par les rivières ou une végétation basse et clairsemée. Entre plateau et fond de vallée, les versants ont une morphologie variable selon la distance à la tête de vallée, d'après Lucas ([139] graph.3), comme l'illustre aussi la carte 1.3. En tête de vallée, le fond de vallée est étroit (une centaine de mètres), les versants sont courts (100 à 300 m de long environ) de pente moyenne 20 à 40%, maximale en bas de versant où elle atteint 30 à 60% : ce sont les reliefs dits en demi-oranges, souvent rencontrés sous climat tropical humide. Quand on s'éloigne de la tête de vallée, le fond de vallée s'élargit jusqu'à plusieurs kilomètres, les versants deviennent plus longs (500 à 1 500 m de long environ), avec une pente de 5 à 7% et pour les plus longs un replat en milieu de versant.

### 1.1.4 Formations pédologiques

Les formations étudiées ici, à 60 km au Nord de Manaus, ont été décrites en détails (Chauvel *et al.* [61] ; Bravard et Righi [39] [40]; Lucas [137] ; Cornu [65]). Elles sont très similaires à celles décrites par Ranzani [176] et Correa [66]. Leur description détaillée, sur toute leur hauteur, résumée dans les paragraphes suivants, provient essentiellement des travaux de Lucas [137].

**Sols ferrallitiques de plateaux**  Ces sols comportent trois groupes d'horizons (voir figure 1.4).
- L'ensemble inférieur est formé du substratum Alter do Chaõ décrit plus haut, en début de transformation pédologique. Il a conservé un litage horizontal.
- L'ensemble médian a des structures verticales. Nous le désignerons ici par "saprolithe". En bas, des colonnettes blanches alternent avec des tubules roses légèrement microagrégés et légèrement enrichis en gibbsite et oxydes de fer. Au centre, des nodules gibbsitiques blancs se forment sans transition nette et des nodules ferrugineux rouges de forme allongée s'individualisent. En haut, la matrice homogène jaune-rougeâtre de kaolinite, quartz, gibbsite, goethite et nodules gibbsitiques baigne une structure rigide de nodules ferrugineux noirs ou rouges coalescents ; cette structure rigide forme les parois de prismes verticaux hexagonaux accolés (hexagones d'environ 8 cm de côté, parois d'environ 6 mm d'épaisseur). Au sein de cette structure, les quartz dissous sont remplacés *in situ* par du plasma kaolinite-gibbsite-goethite, par des macrocristaux de gibbsite dans les nodules gibbsitiques, ou

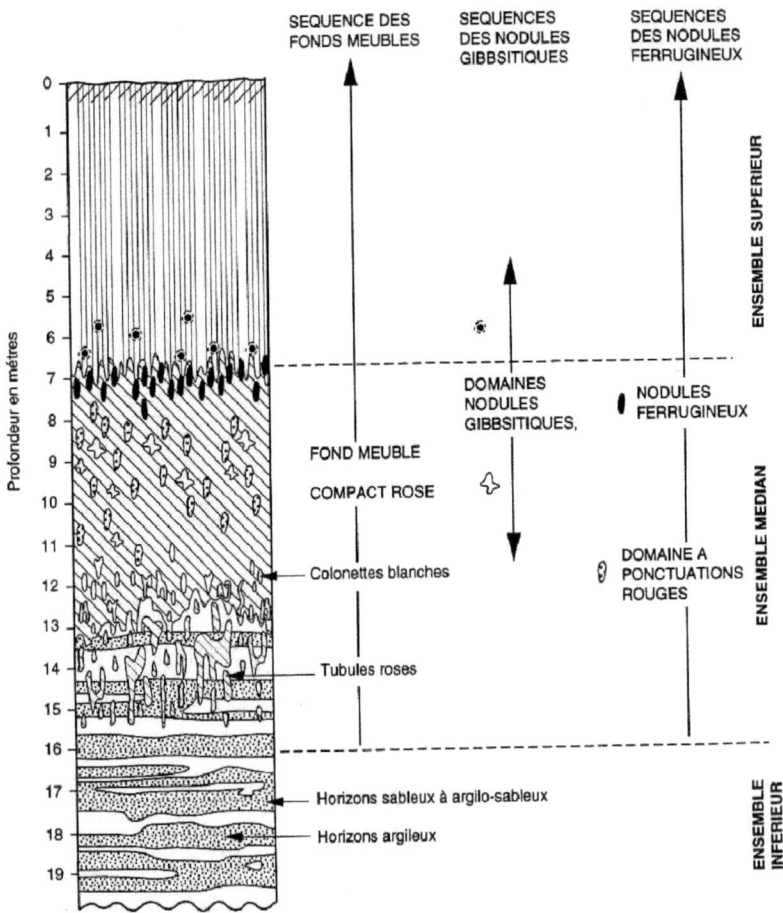

FIG. 1.4 – *Coupe d'un ferralsol de plateau jusqu'au substratum, région Nord-Manaus*, reproduite d'après Lucas, coupe C1 [137].

bien par des vides revêtus d'hématite dans les nodules ferrugineux. Au sommet de cet ensemble, les nodules ferrugineux sont morcelés et gibbsitisés : les vides et l'hématite sont remplacés *in situ* respectivement par de la gibbsite macrocristalline et un plasma kaolinite-hématite ou kaolinite-goethite, qui s'appauvrit progressivement en fer.
- L'ensemble supérieur est d'aspect homogène jaune-rougeâtre. Nous le désignerons par "sol ferrallitique" ou "ferralsol", au sens strict. Il est riche en kaolinite ; il comporte quartz, gibbsite, goethite et nodules gibbsitiques ; il est pénétré par les racines des plantes. Les nodules gibbsitiques diminuent en taille puis disparaissent 1 à 2 m au-dessus de la base de cet ensemble. L'argile est microagrégée dans les 3 à 4 m supérieurs. Un horizon fortement microagrégé vers 0,6 m de profondeur, attribué à l'activité des termites, est surmonté d'un horizon plus compact vers 0,2 m de profondeur appelé "semelle de labour biologique". L'horizon superficiel est fortement microagrégé, riche en matière organique et en racines ; il est relativement appauvri en argile.

**Sols de versant**  Du plateau vers le fond de vallée :
- L'ensemble médian voit son épaisseur diminuer et ses contours s'infléchir en suivant la courbure du versant, en discordance sur le litage horizontal du substratum. Le faciès à tubules roses et colonnettes blanches persiste sur tout le versant ; il est parfois remplacé pendant 2 à 10 m par un horizon très argileux, puis est remplacé en bas de versant par un faciès jaune hydromorphe. Les nodules gibbsitiques et ferrugineux sont remplacés par un faciès friable beige à revêtements de pores ocre vif à goethite, d'abord disposé en taches, puis dispersé dans la matrice jaune-rougeâtre. Le long du versant, cette fonte des nodules concerne d'abord les nodules ferrugineux en formation, puis les nodules gibbsitiques et le réseau rigide de nodules ferrugineux.
- L'ensemble supérieur, que nous désignerons par "sol de transition" s'amincit jusqu'à 1 à 2 m d'épaisseur. La teneur en argile de tous les horizons décroît, la couleur passe progressivement de jaune-rougeâtre homogène à beige, ou gris en présence de matière organique, les microagrégats présentent des fissures, l'horizon fortement poreux s'enfonce jusqu'à 0,8 à 1,2 m de profondeur, l'horizon plus compact s'enfonce à 0,4 m de profondeur.

– Ces transformations, en particulier la fonte des nodules, le passage à une teneur en argile inférieure à 50% dans tous les horizons et l'amincissement des horizons, ont lieu d'autant plus haut sur le versant que celui-ci est long, soit dans le quart supérieur des versants longs et dans le quart inférieur des versants courts de tête de vallée.

**Podzols de bas de versant**   Leur description se résume ainsi.
– En profondeur, les discontinuités des couches du substratum Alter do Chão sont soulignées par des accumulations de matière organique.
– Au-dessus de ce substratum, des horizons sableux alternent irrégulièrement avec des horizons sablo-argileux à tubules verticales roses et glosses sableuses, reliques de strates sédimentaires argileuses.
– Au-dessus, les horizons podzoliques de sable blanc contiennent 80 à 99% de quartz millimétriques, 15 à 0,5% de kaolinite, 1 à 0,1% de gibbsite et goethite. Des niveaux sombres y sont présents, en strates subhorizontales + ou - marquées, qui se prolongent parfois sur le quart inférieur des versants. Ces niveaux, appelés horizons Bh en pédologie, correspondent à une accumulation conjointe de fer, argile et matière organique (jusqu'à 1% de teneur massique en C organique). De tels niveaux sombres sont observés en frange au niveau de la transition linguiforme avec les sols de versants, le long des lignes d'isoteneur en argile d'environ 15%.
– Des podzols peu étendus de fond de vallée étroite vers les podzols géants, la teneur en argile décroît, la taille des quartz décroît (M. Grimaldi, comm. pers.), l'épaisseur de l'ensemble podzolique croît, la profondeur de ses horizons d'accumulation croît (de 40 cm jusque 7 m de profondeur), l'âge de la matière organique retenue augmente (de $180 \pm 80$ ans à $2840 \pm 90$ ans, d'après Bravard [38]).

## 1.2 Climat et végétation

### 1.2.1 Climat

Le climat est équatorial humide. La température moyenne est de 26°C. La température varie peu autour de cette moyenne. Les pluies sont réparties sur toute l'année, avec cependant une pluviosité environ trois fois plus faible en saison sèche (juin à octobre) qu'en saison des pluies (novembre à mai).

**Origine des vents et des pluies** En saison humide, les alizés, venant du nord-est, et les vents de convergence intertropicale, venant du nord, apportent une forte pluviosité. En saison sèche, les masses d'air viennent de l'hémisphère sud selon Hjelmfelt [112]; les pluies, moins abondantes, sont apportées par des vents d'ouest. Les pluies d'origine océanique ne représentent que 52% selon Marques *et al.* [147] à 68% selon Dall'Olio [77] des pluies totales. S'y ajoutent les pluies provenant de l'évaporation des eaux continentales et de la transpiration de la végétation, aux échelles régionale et locale. La répartition annuelle des vitesses et directions de vents peut être obtenue auprès de l'USGS (Société de Géophysique des Etats-Unis).

**Pluviosité totale** Météo France indique une moyenne annuelle, sur les trente dernières années, de 1805 mm/an, à partir des données d'une station urbaine (Manaus). En forêt la pluviosité est sensiblement supérieure grâce aux pluies d'origine locale ; en effet l'évapotranspiration accrue, due à la présence de la forêt, induit un cycle hydrique local qui s'ajoute au cycle hydrique d'échelle régionale. D'après Lesack [133], la pluviosité en forêt (Reserva Duke) de 1966 à 1983 fut de 2410 mm/an en moyenne, avec un minimum de 2000 mm/an et un maximum de 2800 mm/an. D'après Salati [189], sur cette même période, à Manaus, ou d'après Nimer [162] entre 1966 et 1987, la pluviosité moyenne fut 2100 mm/an. De mars 1993 à mars 1994, Cornu [65] a même enregistré 3100 mm/an de pluie sur les plateaux et 2940 mm/an sur les fonds de vallées. La pluviosité connaît donc une grande variabilité interannuelle, les années sèches, comme 1991 et 1992, étant bien corrélées avec la présence de *El Niño Southern Oscillation*, d'après Philander [168] (cité par [120]).

**Répartition des pluies**  La pluviosité est assez régulièrement répartie. Les périodes sans pluie durent au plus trois jours en saison des pluies et 8 jours en saison sèche. Le nombre de mois secs, c'est-à-dire recevant moins de 100 mm/mois de pluie, vaut en moyenne deux à trois mois, selon Nimer [162].

**Ensoleillement**  Salati [189] indique que les périodes d'ensoleillement représentent en moyenne annuelle la moitié de la durée du jour, mais cela ne donne pas de valeur précise de la puissance solaire reçue au sol. Meteo Brazil dispose peut-être de telles données.

**Humidité relative de l'air**  Elle a été estimée par le projet Radam Brazil en 1976 [41] entre 80 et 85%. L'USGS, Meteo Brazil ou la thèse d'Oliveira citée par Chauvel [61] ont peut-être enregistré des données plus récentes.

**Températures**  La température est légèrement moindre (1 à $2^oC$) en forêt qu'en zone urbaine, probablement à cause d'une plus grande humidité relative de l'air. La variation diurne a une amplitude moyenne de $8{,}7^oC$ en dehors de la forêt et de moins de $4^oC$ sous couvert forestier selon Chauvel *et al.* [61]. La variation saisonnière, avec un maximum au mois de septembre-octobre et un minimum au mois de février-mars-avril, a une amplitude moyenne de 2 à $3^oC$ seulement. Les températures extrêmes enregistrées sont respectivement $16^oC$ lors de l'arrivée, assez rare, d'anticyclones polaires sur la région et $38^oC$ en fin de saison sèche (septembre-octobre).

## 1.2.2 Végétation

Elle a été décrite par Anderson [6], Guillaumet [108] et Prance [174]. Les sols argileux des plateaux sont recouverts d'une forêt dense sempervirente, la canopée atteint 30 m de hauteur environ, la diversité des espèces végétales est grande. Avec la diminution de la teneur en argile, la hauteur des arbres diminue progressivement et la diversité des espèces décroît, mais le peuplement reste dense. La végétation est appelée alors campinarana ; les arbres font environ 4 m de hauteur. En bas de versant, la campinarana est parfois remplacée par la campina, végétation clairsemée d'origine probablement anthropique, où le sol est à nu, sans litière.

### 1.2.3 Racines : poids et longueur

**Quantité de racines**

**Forêt sur ferralsol** La quantité de racines des forêts sur ferralsol, mesurée par divers auteurs, est récapitulée à la figure 1.5, et résumée par les tableaux 1.2 et 1.3.

Pour les données (**d,e**), la séparation du sol et des racines fines par flottation puis tri manuel sous microscope n'a pas été faite, et la distinction entre racines fines et grosses était à 2 mm au lieu de 1 mm. De ce fait, parmi la masse de racines fines, des racines très fines ont pu être omises, les racines entre 1 et 2 mm ont été ajoutées et des grains minéraux fins ont pu être pesés avec les racines. La comparaison avec les données des autres auteurs montre que les longueurs de racines fines sont nettement sous-évaluées, et que les masses de racines fines ou grossières sont similaires, les différents biais cités se compensant.

TAB. 1.2 – *Masse de racines fines /$kg.m^{-2}$*

| profondeurs /m | Paragominas saison humide (**a**) | Nord-Manaus saison sèche (**b,c,f**) | Nord-Manaus saison humide(**d,e,g**) |
|---|---|---|---|
| 0 à 0,1 | 0,43 ± 0,04 | 0,66 ± 0,27 | 1,0 ± 0,4 |
| 0 à 0,2 | 0,51 ± 0,06 | 1 ± 0,4 | 1,3 ± 0,5 |
| 0 à 0,4 | 0,56 ± 0,07 | 1,14 ± 0,45 | 1,53 ± 0,55 |
| 0,4 à 1,2 | 0,12 ± 0,04 | 0,17 ± 0,07 | 0,18 ± 0,10 |
| 1,2 à 3,2 | 0,10 ± 0,01 | 0,16 ± 0,07 | |
| > 3,2 | 0,08 ± 0,02 | 0,215 ± 0,025 | |
| total | 0,86 ± 0,14 | 1,685 ± 0,615 | |
| moyenne ± écart-type ; (**a,b,c,d,e,f,g**) renvoient à la légende de la figure 1.5 ||||

TAB. 1.3 – *Masse de grosses racines /$kg.m^{-2}$*

| profondeurs /m | Paragominas saison humide (**a**) | Nord-Manaus saison sèche (**f**) | Nord-Manaus saison humide (**d,e,g**) |
|---|---|---|---|
| 0 à 0,1 | 1,9 ± 0,6 | 1,4 ± 0,9 | 2,1 ± 1,2 |
| 0 à 0,2 | 2,05 ± 0,62 | 2,5 ± 1,3 | 3,5 ± 2,1 |
| 0 à 0,4 | 2,14 ± 0,65 | 3,3 | 4,6 ± 2,5 |
| 0,4 à 1,2 | 0,2 ± 0,09 | | 0,64 ± 0,07 |
| 1,2 à 3,2 | 0,11 ± 0,02 | | |
| > 3,2 | 0,17 ± 0,1 | | |
| moyenne ± écart-type ; (**a,d,e,f,g**) renvoient à la légende de la figure 1.5 ||||

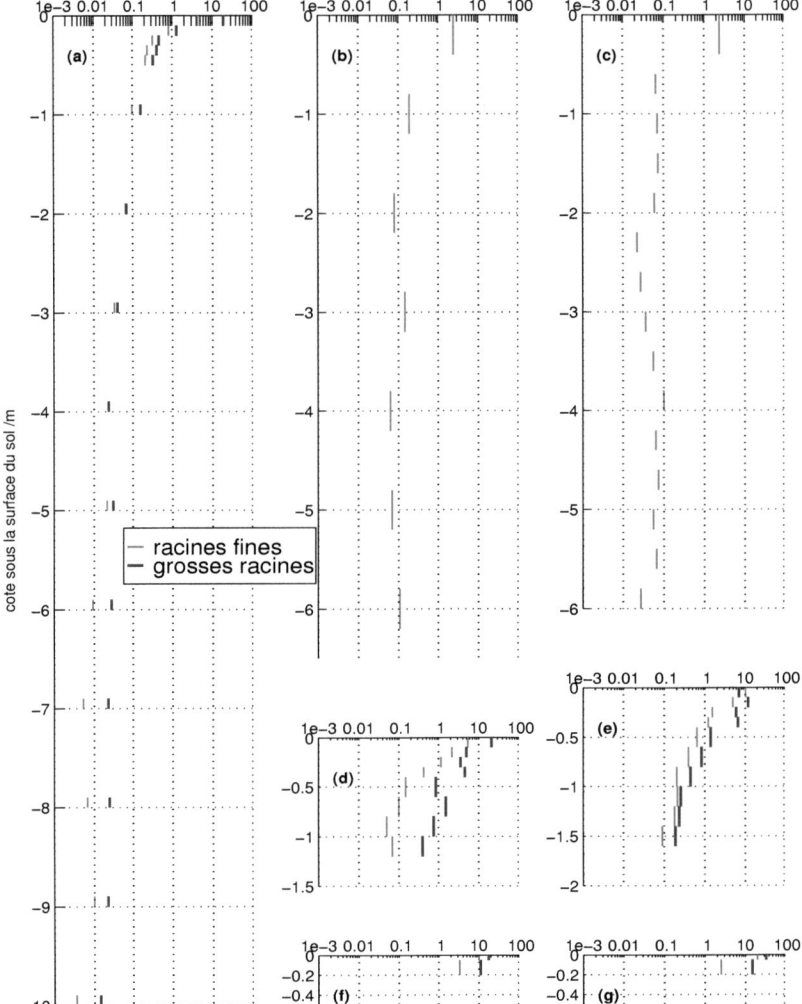

FIG. 1.5 – **Masse racinaire de forêt sur ferralsol** (/kg de racines.$m^{-3}$ de sol). Limite entre racines fines et grosses au diamètre 1 mm (pour **(d,e)**, limite à 2 mm). Prélèvements et mesures: **(a)** par Nepstad et al. [158], fin de saison humide (juin 1986) à Paragominas (Amazonie orientale, plus sèche), moyennes de 2 prélèvements. **(b)** par Chauvel et al. [62], fin de saison sèche (nov. 1991) à ZFII. **(c)** même date, par Desjardins et al. [78], au Rio Urubu. **(d,e)** 2 prélèvements contigus simultanés, probablement saison humide, par Chauvel et al. [61], à ZFII. **(f)** saison sèche (octobre), et **(g)** saison humide (avril), par Luizaõ [143], à Fazenda Fucada, en 1987, moyennes de 6 prélèvements. **(a,b,c,f,g)** Séparation entre sol et racines fines par flottation puis tri manuel sous microscope.

Les racines s'enfoncent très profondément dans le sol, aussi bien en Amazonie orientale (au moins 10 m à Paragominas) qu'en Amazonie centrale (au moins 6 m au nord de Manaus). Dans ces deux sites, il n'y a vraisemblablement pas de racines au-delà du niveau induré, qui se situe vers 10 m de profondeur à Paragominas et vers 6 à 7 m de profondeur à Manaus. A Paragominas en saison humide ainsi qu'à Manaus en saison sèche, $20 \pm 5\%$ des racines fines se trouvent au-dessous de 1,2 m de profondeur. Ceci est d'autant plus remarquable qu'à Manaus, la saison sèche étant peu marquée, cette importante biomasse racinaire profonde ne semblait pas indispensable à l'alimentation hydrique des plantes, comme le remarque Nepstad et al. [159]. A Paragominas, 10% des grosses racines sont au-dessous de 1,2 m de profondeur. La quantité de grosses racines en profondeur est certainement non négligeable aussi en Amazonie Centrale car le type de végétation de ces forêts est similaire. A toutes profondeurs et pour toutes les tailles de racines, la biomasse racinaire à Paragominas vaut entre un tiers et deux tiers de celle de Nord-Manaus. Dans le mètre supérieur de sol au nord de Manaus, la biomasse racinaire est plus importante en saison humide qu'en saison sèche. Cette différence s'atténue de la surface vers 1 m de profondeur. Les données ici ne permettent pas d'affirmer que cette tendance saisonnière s'inverse aux profondeurs supérieures, mais cela est très probable.

**Renouvellement racinaire de forêt sur ferralsol** Le renouvellement racinaire annuel peut être évalué de trois façons : (i) variation saisonnière maximale de biomasse racinaire, (ii) somme des incréments mensuels positifs de biomasse racinaire, (iii) somme de la biomasse racinaire colonisant mensuellement une motte de terre introduite, sans racines.

Pour les 20 cm supérieurs du sol, le tableau 1.4 donne un renouvellement des racines fines sous forêt tropicale humide dense de 39 à 74% de la masse maximale de racines fines, avec une valeur médiane de 60%, soit un renouvellement de 100% par rapport au poids moyen de racines fines.

Pour les grosses racines des horizons supérieurs, le renouvellement est aussi élevé. Cela semble étonnant car en faisant la moyenne de la soixantaine d'études rassemblées par Gill et Jackson [97] pour forêts sous climats tempérés, le taux de renouvellement annuel de racines fines vaut aussi 60 à 75% de leur masse maximale, mais le taux de renouvellement des grosses racines vaut $1/7^{eme}$ de celui des racines fines. A Manaus [143], la dispersion des mesures à un moment donné est du même ordre que les écarts saisonniers. Les écarts de biomasse racinaire observés peuvent être partiellement imputables à l'hétérogénéité spatiale plutôt qu'à de réels effets saisonniers. En Inde d'après Sundarapandian et Swamy [203], les écarts saisonniers sont largement significatifs devant la dispersion des mesures à chaque saison ; cet important renouvellement des grosses racines provient peut-être d'un contraste saisonnier de pluviosité beaucoup plus marqué qu'à Manaus. Dans le cadre de cette thèse, nous cherchons à évaluer le recyclage des éléments par la végétation sans risquer de le surestimer. Nous adopterons un rapport 1/4 entre les taux de renouvellement des racines grossières et fines pour cette forêt tropicale.

TAB. 1.4 – *Renouvellement racinaire par rapport à la masse maximale de racines de chaque taille, par faibles profondeurs.*

| lieu, référence | P /mm .an$^{-1}$ | renouvellt racines fines | | | renouvellt grosses rac. | | | |
|---|---|---|---|---|---|---|---|---|
| | | méth. | méd. | min-max | méth. | méd. | min-max | |
| Himalaya, Inde [188] | 1710 | (ii) | 0,443 | 0,39-0,49 | | | | revue |
| Puerto Rico [73] | 3810 | (iii) | 0,736 | | | | | biblio. |
| Meghalaya, Inde [11] | 2500 | (ii) | | 0,6-0,69 | (ii) | | 0,73-0,78 | par |
| Puerto Rico [73] | 3810 | (iii) | 0,591 | | | | | [97] |
| Kodayar, Inde [203] | 3146 | (i), (ii), (iii) | 0,6 | 0,45-1,47 | (i), (ii) | 0,73 | 0,56-0,92 | prof< 25cm |
| Fazenda Fucada N-Manaus [143] | 2440 | (i) | 0,43 | 0,35-0,50 | (i) | 0,6 | 0,34-0,72 | prof< 20cm |
| méd. = médiane ; méth. = méthode (i), (ii) ou (iii) : voir dans le texte | | | | | | | | |

En profondeur, les mesures à Paragominas par Nepstad *et al.* [158] et [159] de quantité de racines fines sous forêt intacte et sous pâturage créé par déboisement artificiel de forêt permettent d'y évaluer la vitesse de dégradation des racines (voir tableau 1.5). Avec l'hypothèse d'une décroissance exponentielle avec le temps, la décroissance de la masse de grosses racines serait de 20% en un an. Les grosses racines étant sujettes à une dégradation plus lente que les racines fines de par leur forme plus massive, cela nous indique que la décroissance annuelle de 11 à 17% des racines fines est sous-estimée. Il est possible que les racines fines mesurées ici sous pâturage soient dues à une repousse récente de quelques arbres épars dans le pâturage, ou soient le reliquat d'anciennes grosses racines pas encore totalement dégradées.

TAB. 1.5 – *Décroissance de la biomasse racinaire profonde après déboisement en Amazonie Orientale, Paragominas.*

| Réf[ce] | dates déboisement - mesure | ratio biomasse pâture/forêt, prof>2,5m | | | | cste de temps $(\tau/\text{an})$ [1] | |
|---|---|---|---|---|---|---|---|
| | | mesuré | | calculé après 1 an [1] | | | |
| | | racines fines | grosses racines | racines fines | grosses racines | racines fines | grosses racines |
| [158] | 1961 - 1986 | $\frac{1}{67}, \frac{1}{99}, \frac{1}{35}$ | $\frac{1}{232}$ | 0,83 à 0,87 | 0,80 | 5,4 à 7 | 4,6 |
| [159] | 1969 - 1992 | $\frac{1}{25}, \frac{1}{90}, \frac{1}{18}$ | | 0,83 à 0,89 | | 5,5 à 8,6 | |

[1] en supposant une décroissance exponentielle de la biomasse racinaire $m_{rac}$ avec le temps $t$: $m_{rac}(t) = m_{rac}(0) e^{-\frac{t}{\tau}}$.

Si on suppose qu'en profondeur les conditions physico-chimiques n'ont pas fondamentalement changé avec le déboisement, le pourrissement des racines mortes a lieu à la même vitesse avant ou après déboisement. Les racines vivantes avant déboisement voient leur dégradation accélérée par ce déboisement. La baisse de biomasse racinaire en un an sous pâturage est donc supérieure ou égale au renouvellement racinaire annuel sous forêt. Nous retiendrons la valeur maximale de 20% de renouvellement annuel de la masse de grosses racines au-delà de 2,5 m de profondeur. La valeur minimale de renouvellement de ces grosses racines est celle liée à la longévité des arbres, elle vaut environ 1% d'après Hallé et al. [111]. Si on admet un rapport 4 entre le renouvellement des racines fines et celui des grosses racines, nous obtenons un renouvellement des racines fines de 20 à 80%, et des grosses racines de 5 à 20%. Ces données montrent que le renouvellement racinaire en profondeur reste significatif. Pour la suite, nous utiliserons la biomasse et le renouvellement racinaire du tableau 1.6, où les données mesurées ont été complétées en profondeur moyennant quelques hypothèses.

TAB. 1.6 – *Biomasse et renouvellement racinaire sur ferralsol en Amazonie Centrale, Nord-Manaus (données et hypothèses).*

| masse /kg.m$^{-2}$ | saison sèche | | saison humide | |
|---|---|---|---|---|
| profondeurs /m | racines fines | grosses racines | racines fines | grosses racines |
| 0 à 0,1 | 0,66 | 1,4 | 1 | 2,1 |
| 0,1 à 0,2 | 0,33 | 1,1 | 0,3 | 1,4 |

| | | | | | |
|---|---|---|---|---|---|
| 0,2 à 0,4 | 0,14 | 0,8 | 0,23 | 1,1 | |
| 0,4 à 1,2 | 0,17 | *0,55* [3] | 0,18 | 0,64 | |
| 1,2 à 3,2 | 0,16 | *0,15* [3] | *0,1* [1] | *0,13* [2] | |
| > 3,2 | 0,21 | *0,22* [3] | *0,15* [1] | *0,2* [2] | |

| | renouvell$^t$ racines /kg.m$^{-2}$.an$^{-1}$ | | renouvell$^t$ racines /%.an$^{-1}$ | |
|---|---|---|---|---|
| profondeurs /m | racines fines | grosses racines | racines fines | grosses racines |
| 0 à 0,1 | 1 | 0,52 | *120* [1] | 30 |
| 0,1 à 0,2 | 0,3 | 0,32 | *100* [1] | 25 |
| 0,2 à 0,4 | 0,15 | 0,19 | *80* [1] | *20* [3] |
| 0,4 à 1,2 | *0,1* [1] | *0,09* [3] | *60* [1] | *15* [3] |
| 1,2 à 3,2 | *0,06* [1] | *0,02* [3] | *50* [1] | *12* [3] |
| > 3,2 | *0,07* [1] | *0,02* [3] | *40* [1] | 10 |

Chiffres droits: données des tableaux 1.2 et 1.3
Chiffres en italiques: valeurs calculées à partir des hypothèses [1], [2], puis [3]:
[1] le renouvellement des racines fines excède la différence saisonnière, il décroît de 100% en surface à 40% en profondeur;
[2] en saison humide, la part profonde (> 1,2 m) des grosses racines (10% à Paragominas) est la moitié de la part profonde des racines fines (20% à Paragominas, *12*% à Manaus);
[3] le renouvellement des grosses racines égale la différence saisonnière, il décroît de 30% en surface à 10% en profondeur.

**Forêt sur podzol** Pour la forêt sur podzol, la quantité totale de racines fines ou grosses au-dessus de 40 cm de profondeur égale environ 80% de celle sur ferralsol, mais la moitié des racines fines, et la majorité des grosses racines, se trouvent au-dessus des horizons minéraux, dans le mat racinaire, d'après Klinge [123] ou Luizão [143] [142] (voir le tableau 1.7).

La faible quantité de grosses racines de 0 à 40 cm de profondeur laisse à penser que les racines s'y enfoncent beaucoup moins que dans le ferralsol de plateau. En l'absence de données disponibles à notre connaissance, nous supposerons qu'au-delà de 2 m de profondeur sous Campinarana, il n'y a pas de racines.

TAB. 1.7 – *Densité de racines de forêt sur podzol comparée à celle sur ferralsol.*

| rapports de masses racinaires (/kg.m$^{-2}$) | podzol (mat) / ferralsol 0 - 40 cm | podzol 0 - 40 cm / ferralsol 0 - 40 cm | podzol 0 - 20 cm / ferralsol 0 - 20 cm |
|---|---|---|---|
| racines < 2 mm | 43% | 43% | 55% |
| racines > 2 mm | 68% | 12% | 12% |
| auteur | [123] | [143], [142] | |

**Longueur des racines**

Les racines les plus actives en ce qui concerne les échanges avec la solution du sol sont les racines les plus fines, de diamètre inférieur à 1 mm voire à 0,5 mm. Leur longueur totale, donnée à la figure 1.6, est un bon indicateur du volume de sol directement concerné par les échanges racinaires (pompage et exsudats racinaires). La comparaison des données de longueur et de masse de racines fines donne un diamètre moyen des racines fines variant selon la profondeur de 0,2 à 0,35 mm (sauf pour **(d,e)** où ce diamètre moyen vaut 0,8 à 0,95 mm ; cette différence est liée à une méthode de tri entre sol et racines fines moins poussée).

**Activité des racines profondes**

Les mesures de J. Lehmann [129] concernent l'arbre *vismia spp.* poussant dans une forêt secondaire naturelle sur ferralsol (forêt repoussée naturellement après un déboisement). De l'eau contenant du phosphore ou de l'azote radioactif est versée en surface du sol ou à 150 cm de profondeur dans des tranchées autour d'un arbre. Le prélèvement dans le deuxième cas vaut 50% de celui dans le premier cas pour le phosphore, ou 14% pour l'azote. Ainsi, 14 à 50% des prélèvements racinaires de cet arbre se font sous 150 cm de profondeur. Ceci montre que les racines profondes observées dans les ferralsols sous forêt ont une activité de pompage racinaire significative.

De même, les mesures de traçage au tritium sur ferralsol sous forêt dense par Rozanski *et al.* [187], décrites plus longuement en p.216, montrent une perte de 40% du tritium total entre octobre 1990 et mai 1991, tandis que le pic de la distribution du tritium se déplace de 1,5 à 3,5 m de profondeur. Chauvel *et al.* [63] en concluent que le pompage racinaire est significatif à ces profondeurs, même en saison humide.

## 1.3 Les échanges de matière entre la biosphère, l'atmosphère et le sol

Au passage à travers l'atmosphère et le couvert végétal (désigné aussi par le mot "canopée"), la composition de la pluie se modifie. Il s'agit alors de transprécipitations. Au sol, de même que dans les collecteurs (pluvio-

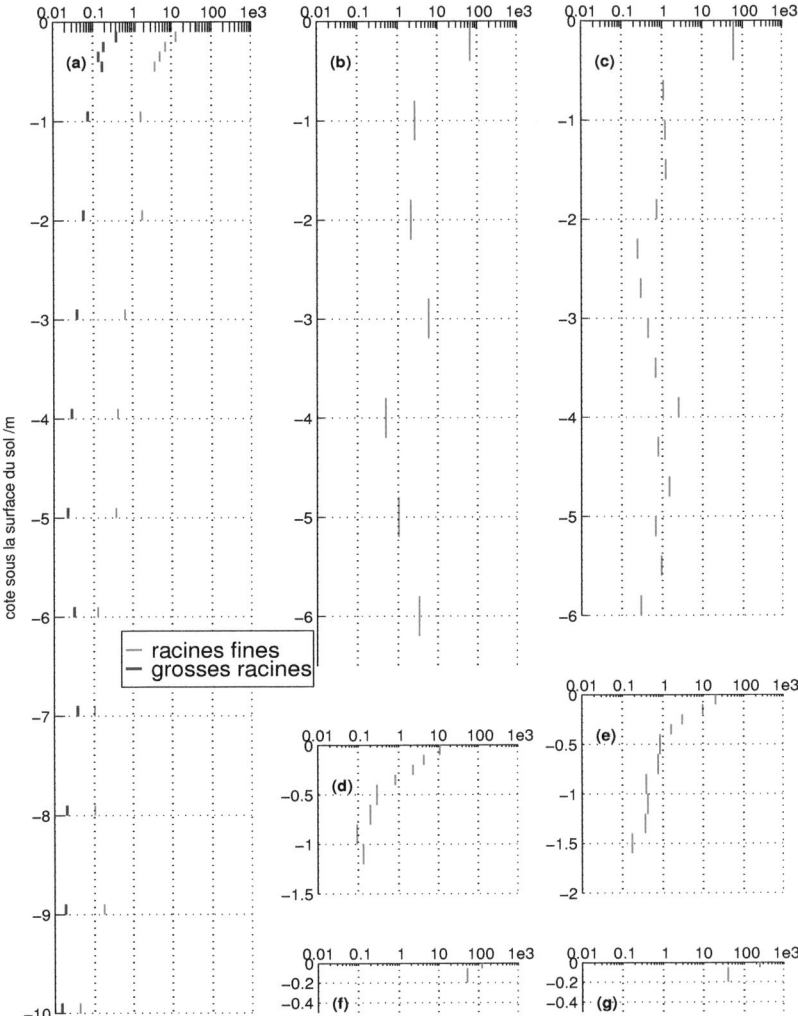

FIG. 1.6 – **Longueur des racines de forêt sur ferralsol** *(/km de racines.$m^{-3}$ de sol). Limite entre racines fines et grosses au diamètre 1 mm pour tous les auteurs. Prélèvements et mesures : voir légende de la figure 1.5.*

mètres posés à terre et cônes sur les troncs d'arbre), les transprécipitations se mélangent encore à des dépôts secs fins. L'analyse chimique a lieu sur deux fractions obtenues à partir de ce mélange : les dépôts dissous et les dépôts particulaires. Par ailleurs, les plantes et animaux déposent de la matière grossière au sol : feuilles, branches, fruits, troncs, excréments, animaux morts... qu'on séparera en litière fine et litière grossière.

En sens inverse, les racines extraient du sol de l'eau et des éléments dissous qui sont acheminés vers les parties aériennes où l'essentiel de cette eau est évapotranspirée ; la faune et le vent sont susceptibles de remonter dans les arbres de la matière minérale et organique provenant de la surface du sol. En bas de versant, une partie de l'eau du sol, chargée d'éléments dissous et particulaires, quitte celui-ci pour rejoindre la rivière.

### 1.3.1 Le bilan hydrique

**Pluie interceptée, transprécipitations et ruissellement**

Les résultats résumés dans ce paragraphe proviennent essentiellement du chapitre 2 de la thèse de Cornu [65]. Le volume des écoulements de tronc représente 1% de la pluie en forêt sur podzol à 2% en forêt sur ferralsol. Le volume annuel des autres transprécipitations représente partout 75 à 91% de la pluie annuelle. Le reste de la pluie, intercepté par la canopée, est assimilé ou/et évaporé sans atteindre le sol. La quantité d'eau interceptée lors d'une pluie varie de 8% de la pluie pour une pluie forte et abondante à 34% pour une pluie fine et peu abondante selon Franken *et al.* [90]. Cependant, la quantité annuelle de pluie interceptée varie peu (400±50mm pour les deux forêts). Ainsi la part de la pluie interceptée est plus grande lors des années sèches (25% selon Leopoldo *et al.* [131] cité par [65]) ; 20% selon Franken et Leopoldo [89]), que lors des années très humides (12% en 1993-94 [65]).

La quantité d'eau ruisselante est faible ici parce que le couvert végétal est continu aux endroits de forte pente et que les très fortes pluies sont assez rares. L'étude pluviométrique et hydrographique de Lesack [132] sur un petit bassin versant montre que la part d'eau arrivant rapidement à la rivière atteint 5% de la pluie des plus forts orages et représente annuellement 3% de la pluie. Cette quantité n'est pas significativement supérieure à la part de pluie tombant sur le fond de vallée du bassin versant étudié.

Ainsi le ruissellement sur de longues distances, ou l'arrivée à la rivière d'eau qui ne s'est pas infiltrée dans le sol, peut être négligé ici, même au niveau des moyennes et fortes pentes (> 10%), qui représentent environ la moitié de la superficie des bassins versants étudiés. Ceci est confirmé par l'absence de ruissellement observé sur des versants dont la pente va jusqu'à 18%, par Hodnett [113]. Nous supposerons donc que toutes les transprécipitations s'infiltrent dans le sol, sauf si la porosité du sol est totalement remplie d'eau, ce qui a lieu sur le fond de vallée lors des événements pluvieux importants.

**L'évapotranspiration**

Nous avons récapitulé au tableau 1.8 les données d'évapotranspiration de la littérature, qui proviennent de bilans hydriques à l'échelle d'un bassin versant ou d'une case lysimétrique. $ET$ désigne l'évapotranspiration, $P$ la pluviosité et $D$ le drainage. Dans le cas d'un bassin versant, ce drainage se décompose en $DR$ drainage par la rivière, $DI$ drainage par inféroflux (écoulement de la nappe phréatique) et $DS$ variation de stockage d'eau dans le sol. Le bilan s'écrit ainsi :

$$P = ET + D \quad \text{et} \quad D = DR + DI + DS \qquad (1.1)$$

TAB. 1.8 – *Mesures d'évapotranspiration*

| lieu (voir Figs 1.1 à 1.3), date et référence | méthode | $P$ /mm.an−1 | Mesure |
|---|---|---|---|
| Barro Branco, 1977 et 1981, Bacia Modelo, 1980, N.-Manaus [89] | bilan bassin versant | 2080 ; 2510 ; 2090 | ET+DI+DN 1675 ; 1642 ; 1548 |
| Igarape Mota, affluent du Lac Calado, 80km NW-Manaus, 1984, [132] | | 2870 | ET 1121 ± 224 |
| Forêt sur ferralsol, Reserva Duke, N Manaus, 1983 à 1985, [193] | modèle micrométéo | 2447 | ET 1320 |
| Forêts tropicales de basse altitude, monde, [45] | revue biblio. (22 ET) | | ET 1311 à 1440 |
| sur ferralsol, Paragominas, Amazonie Orientale, 1991 à 1994, [120] | bilan cases lysimétriques | 1100 à 1810 | ET (forêt) 1540±300 ET (pâture) 1380 ± 340 |
| P = pluie, ET = Evapotranspiration, DI = Inféroflux, DN = Rechargement de la nappe. | | | |

L'eau évapotranspirée $ET$ provient soit de la pluie interceptée $PI$, soit d'eau du sol pompée par les racines $PR$ : $ET = PI + PR$. La variation de l'évapotranspiration en provenance d'eau du sol, $PR$, entre années sèches et humides n'est pas prévisible *a priori*. Deux effets s'opposent : la sécheresse de l'air augmente la différence de pression de vapeur d'eau à la surface des feuilles, ce qui tend à augmenter $PR$, mais le peu d'eau disponible au niveau des racines freine le pompage racinaire, ce qui tend à diminuer $PR$. Quand la saison sèche est marquée (comme à Paragominas), $ET$ augmente avec la pluviosité, d'après Bruijnzeel [45] ou Jipp *et al.* [120]. Quand la saison sèche est peu marquée (comme à Manaus), $ET$ ne varie pas significativement avec la pluviosité, d'après Bruijnzeel [45] ou Franken et Leopoldo [89]. La comparaison des données [89] avec celles de Lesack [132] semblerait cependant indiquer qu'à Manaus $ET$ diminue quand la pluviosité augmente. Le drainage souterrain ($DI$ et $DS$) ne suffit pas à expliquer cette différence car pour [132] $DI$ et $DS$ ne sont pas très importants (respectivement 42 et $+57$ mm.an$^{-1}$). Ceci provient peut-être d'une variation dans la proportion de sol recouvert de forêt/sol à nu dans les bassins versants étudiés par ces auteurs ([132] et [89]).

Nous retiendrons la valeur de $ET$ = 1380 mm.an$^{-1}$ [45]. Nous supposerons que la quantité de carbone organique produite annuellement par photosynthèse est un bon indice de l'activité biologique des plantes et donc de $PR$. Cette production est de 11% inférieure pour la forêt sur podzol que pour celle sur ferralsol (voir légende de la figure 1.8 p.52). Nous supposerons donc que pour la forêt sur podzol, $ET$ vaut 1270 mm.an$^{-1}$. Là où le sol est à nu, il n'y a ni pluie interceptée, ni pompage racinaire d'eau du sol, mais seulement évaporation à partir du sol. D'après [113], l'évaporation sur podzol nu cause une diminution de 0,5 mm/jour de l'eau porale du premier mètre du sol en l'absence de pluie, soit une évaporation de 180 mm/an. Une quantité annuelle similaire peut provenir de l'évaporation, juste après les pluies, d'eau temporairement stockée dans les couches superficielles. Cela conduirait à une évaporation annuelle sur sol nu d'environ 400 mm/an, égale à $PI$ en forêt.

## 1.3.2 Les apports dissous ou particulaires au sol

### Les apports venant de l'atmosphère

**Les aérosols** L'atmosphère amazonienne comporte une concentration en aérosols parmi les plus faibles du monde. La composition de ces aérosols a une variation saisonnière marquée, d'après l'étude bibliographique de Cornu [65], chapitre 1. En saison sèche, leur origine est biologique et régionale, ils sont riches en C, N, O, K, Ca, P, S, Cl, leur concentration décroît avec l'altitude. En saison des pluies, surtout de février à mai, leur origine est lointaine, minérale (poussières sahariennes riches en Si) ou marine (aérosols atlantiques riches en Cl, Na, K), leur concentration croît avec l'altitude et avec l'importance de la perturbation météorologique. Ils se déposent au sol directement, sont lessivés par les pluies ou encore se déposent sur la canopée puis sont lessivés par les transprécipitations.

**La composition des pluies** Les pluies sont naturellement légèrement acides, le pH moyen varie de 4,6 à 5,3 selon les auteurs cités par [65], donc reste inférieur à la valeur 5,6 d'équilibre du $CO_2$ atmosphérique avec l'eau pure. La composition des pluies est très homogène sur les différents pluviomètres d'une même parcelle pour une pluie donnée. Elle subit cependant de fortes variations d'une pluie à l'autre, sans pour autant présenter de variabilité saisonnière significative, sauf pour $H^+$ et $K^+$ (plus concentrés en saison des pluies) et $SO_4^{2-}$ (plus concentré en saison sèche, à cause des feux de forêt) d'après les mesures de [65], chap.1. La teneur des pluies en matériel particulaire (venant d'aérosols insolubles) est mal connue. Elle pourrait atteindre 50% de la teneur des transprécipitations en matériel particulaire, d'après les mesures de Cornu [65], qui d'après leur auteur, restent à confirmer.

### Les apports fins ou dissous venant de la canopée

Nous nous basons ici sur les mesures de Cornu [65], enregistrées lors d'une année particulièrement pluvieuse (1993 - 1994). Il en résulte les apports élémentaires annuels totaux résumés sur les figures 1.7 et 1.8 p.51. Nous supposerons qu'aux années plus sèches, ces apports restent similaires, l'activité biologique de la forêt (plantes et faune) n'étant jamais paralysée car la saison sèche est peu marquée.

**Description chimique des dépôts dissous et particulaires**  Le pH des écoulements de tronc n'est pas significativement différent de celui de la pluie. Le pH des autres transprécipitations est légèrement plus élevé que celui de la pluie, surtout sous forêt basse (Campinarana), qui a donc un pouvoir tampon significatif. Le passage de la canopée est responsable d'une part importante des dépôts dissous annuels : 9/10 de Ca, 3/4 de Si et $NH_4$, 1/2 de K, Na, et du COD, 1/3 de Al, Cl, $SO_4$, 1/6 de Fe. Environ 80% des dépôts particulaires sont de la matière organique, on note aussi la présence de kaolinite et parfois de quartz. La teneur en Si des dépôts particulaires n'est pas connue ; elle est probablement au moins égale à celle en Al.

**Les variations saisonnières des dépôts dissous ou particulaires**  La composition des dépôts dissous ou particulaires au sol a une variabilité saisonnière plus nette que celle de la pluie. Les rapports donnés au paragraphe précédent varient beaucoup au cours des mois. En début et milieu de saison sèche, la canopée a tendance à libérer de la matière dissoute et particulaire, qui sont probablement des débris accompagnant des chutes de feuilles. En début de saison humide, la canopée a tendance à libérer beaucoup de matière dissoute, probablement suite à une activité biologique intense, et à solubiliser ou stocker temporairement les dépôts atmosphériques particulaires.

**Les remontées du sol vers la biosphère**

Les remontées d'eau et d'éléments dissous se font par les racines. Notre sujet d'étude étant le fonctionnement du sol, nous ne chercherons pas à expliciter les remontées par la faune et le vent $FV$ qui sont de la matière prélevée à la surface du sol, laquelle matière revient à la surface du sol avec les transprécipitations ou la litière fine. Nous supposerons que la quantité de $FV$ est inférieure à la fraction particulaire des transprécipitations augmentée de la fraction "résidu" de la litière fine (voir § 1.3.3). La fraction particulaire des transprécipitations a par ailleurs aussi une origine atmosphérique (aérosols), mal quantifiée. Ainsi nous pouvons affirmer que le pompage racinaire est au moins égal aux apports dissous des transprécipitations, diminués de ceux de la pluie et ajoutés aux apports de litière (sans le résidu).

### 1.3.3 Les apports grossiers de la biosphère au sol

Des débris végétaux, et dans une moindre mesure des débris animaux, se déposent toute l'année au-dessus de la surface du sol, alimentant la litière. Cette litière s'incorpore progressivement au sol sous l'action chimique et mécanique des pluies, de l'oxygène atmosphérique et de la microfaune du sol. La dégradation des racines apporte aussi de la matière au sol, sur toute sa profondeur.

**La production de litière**

**Quantité et composition des apports de litière fine** D'après Klinge [122] [124] et Luizaõ [141] [142], la litière fraîche fine des deux forêts comporte des feuilles (65 à 80%), du petit bois (8 à 15%), des parties reproductrices (fruits-fleurs, 5 à 13%) et un résidu de particules fines difficiles à identifier, de poids non négligeable (2 à 15%), mais susceptible de comporter des minéraux du sol, dont nous ne tiendrons pas compte. Le poids total de litière fine produite annuellement en forêt sur ferralsol ou sur podzol vaut respectivement $0,8\,kg.m^{-2}.an^{-1}$ et $0,7\,kg.m^{-2}.an^{-1}$ (valeurs médianes des données de [122], [124], [141], [142]).

La composition des feuilles des deux forêts, selon Cornu, ([65] p.165) est similaire, sauf les teneurs en Si et Ca qui sont respectivement 5 et 2 fois plus élevées sur ferralsol que sur podzol. Par rapport aux feuilles sur ferralsol, le petit bois sur ferralsol contient moins de Si (1/6) et les fruits-fleurs contiennent moins de Si (1/17), de Mn (1/2) et de Al (1/4). La composition du petit bois et des parties reproductrices sur podzol n'étant pas connue, je l'ai calculée en supposant que le rapport des teneurs par rapport aux feuilles était le même dans les deux forêts.

**La production de litière grossière** La litière grossière se compose de branches et de troncs.

Sur ferralsol, d'après la revue bibliographique de Cornu ([65] p.161), la chute de branches vaut $0,76\,kg.m^{-2}.an^{-1}$ et celle de troncs $0,26\,kg.m^{-2}.an^{-1}$. Les teneurs en C et Fe sont inférieures à celles de la litière fine. La teneur en Si des branches est celle du petit bois, celle des troncs est triple. La teneur en Al est supposée être celle du petit bois.

Pour le podzol, j'ai supposé que le rapport des productions de litière grossière entre les deux types de forêts est le même que le rapport des chutes de petit bois, soit 0,83 selon Luizaõ [141] ; j'ai supposé aussi que le rapport des teneurs en Si, Al, Fe, C par rapport à la fraction "feuilles" est le même dans les deux types de forêts.

Les apports annuels de litière fine et grossière sont récapitulés sur les figures 1.7 et 1.8.

**Rythme de production et de décomposition de la litière fine**  La variation saisonnière suivante a été observée par Cornu [65] : la production de litière est deux fois plus importante en saison sèche qu'en saison des pluies. La teneur en C, N, Si, Al, Fe de la litière fraîche varie peu selon les saisons, celle en Ca, Mg, Mn est environ deux fois plus importante en saison sèche qu'en saison des pluies. D'après les expériences de décomposition de sachets de litière *in situ* [65], la décomposition de la litière par la faune et les micro-organismes du sol suit les tendances suivantes : elle est légèrement plus rapide en saison humide qu'en saison sèche et elle est nettement plus rapide sur ferralsol que sur podzol.

TAB. 1.9 – *Vitesse de décomposition de la litière fine, d'après [65], p.151.*

| $\tau$ /an | saison sèche | saison humide |
|---|---|---|
| sur ferralsol | 2,0 | 1,8 |
| sur podzol | 3,5 | 2,8 |
| $\tau$ calculé en supposant que la masse de litière $m_{lit}$ décroît exponentiellement avec le temps $t$ : $m_{lit}(t) = m_{lit}(0).e^{-t/\tau}$ ||| 

**Les racines**

Les racines apportent deux types de matière au sol : sous forme d'exsudats racinaires (apports dissous, difficiles à chiffrer, que nous n'expliciterons pas) et sous forme de racines mortes qui se désagrègent, s'humifient ou servent de nourriture aux organismes vivants du sol. Si la forêt est en équilibre, l'apport par dégradation de racines égale le renouvellement racinaire (évalué p.35). L'analyse chimique des racines par Cornu [65] montre qu'elles sont appauvries en Mg et surtout en Ca par rapport à la litière. Par contre elles semblent enrichies en Fe, Si, Al, Ti sauf les racines au milieu du mat racinaire du podzol. Cet enrichissement est probablement dû à des minéraux restés accrochés aux racines même après leur lavage.

Nous attribuerons donc à toutes les racines du podzol la composition de celles du centre de son mat racinaire et à toutes les racines du ferralsol la composition de sa litière fine, en ce qui concerne les teneurs en Fe, Si, Al, Ti pour le calcul des flux de matière résumés sur les figures 1.7 et 1.8.

### 1.3.4 Bilan des apports au sol

Le bilan hydrique montre qu'environ la moitié de la pluie repart vers l'atmosphère sous forme d'évapotranspiration, l'autre moitié rejoignant l'hydrosphère via la circulation dans le sol puis l'écoulement vers les cours d'eau au niveau des sources. Les flux d'eau incorporée dans la matière organique (litière, renouvellement racinaire) sont négligeables devant les autres flux d'eau.

Evaluons les apports nets d'origine lointaine, par opposition aux flux d'éléments dus au recyclage local du sol via la canopée. Ce flux extérieur est compris entre le flux des pluies ($P$) et celui des transprécipitations ($TP$, pour tenir compte des apports lointains solides apportés par le vent, déposés sur la canopée, puis lessivés par les transprécipitations). Ce flux extérieur représente donc $1/2$ à $4/10^e$ du flux de Fe, $1/4$ à $1/6^e$ de celui de Al et $1/17^e$ (pour le podzol) à $1/50^e$ (pour le ferralsol) du flux de Si arrivant à la surface du sol.

La production de biomasse a lieu pour $1/3$ au niveau des parties aériennes des plantes (litières) et $2/3$ sous la surface du sol (renouvellement racinaire). A titre de comparaison, sous climat tempéré, la part souterraine de la production de biomasse varie entre $1/3$ et $1/2$ selon Gill et Jackson [97].

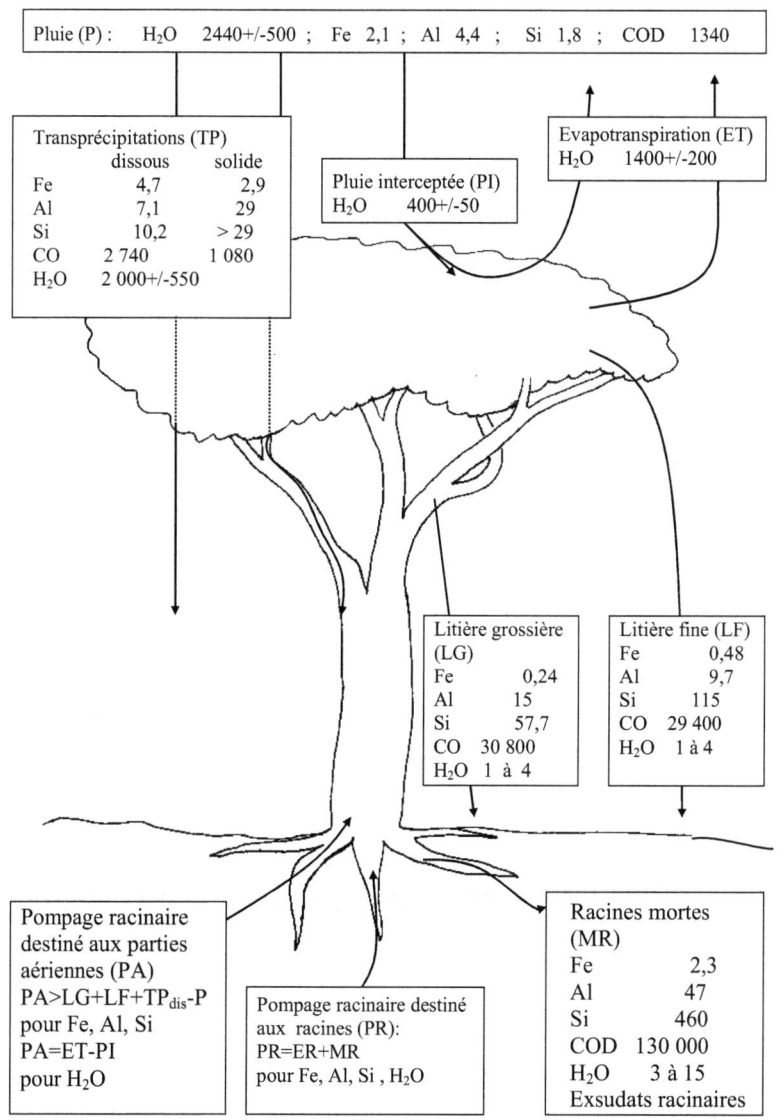

FIG. 1.7 – ***Échanges de matière entre le ferralsol, l'atmosphère et la biosphère***. Unités: flux d'eau /mm.an$^{-1}$, soit /l.m$^{-2}$.an$^{-1}$; autres flux /mmol.m$^{-2}$.an$^{-1}$. Références: **(P)** pluies: eau selon Lesack et Melack [133], éléments dissous selon Cornu [65] p. 131. **(PI)** pluie interceptée [65] p.119, Franken et Leopoldo [89]. **(TP)** transprécipitations: eau par différence (P-PI), éléments dissous ou solides [65] p.131. **(ET)** évapotranspiration selon Bruijnzeel [45]. **(MR)** dégradation de racines: quantité voir p.39, composition de la litière fine [65] p.142. **(LF,LG)** litières fine ou grossière sans le résidu: [65] p.165.

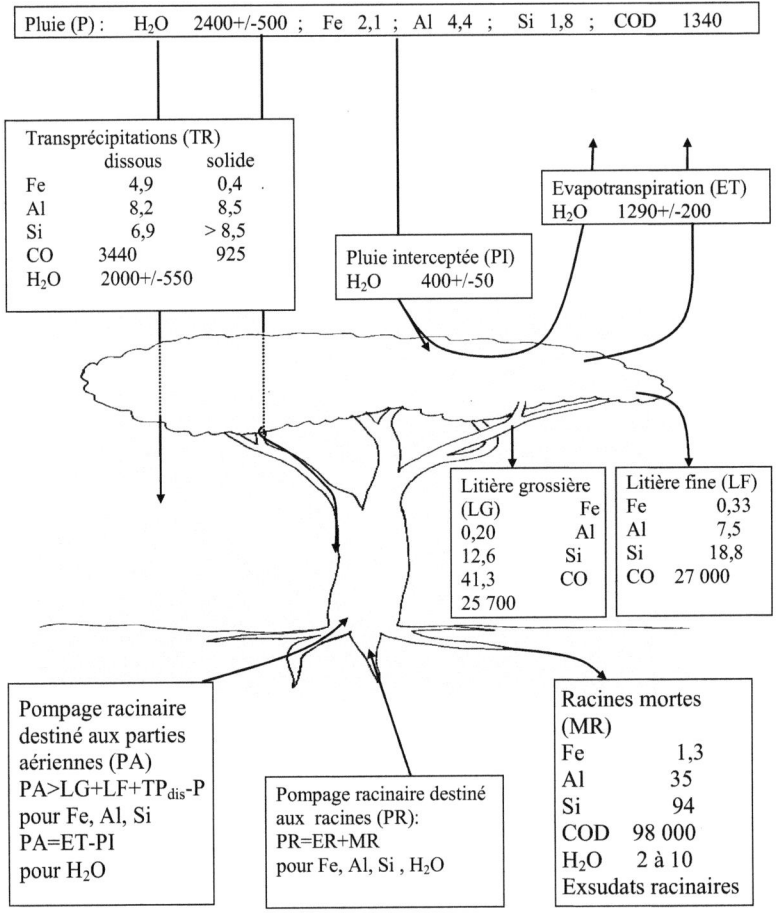

FIG. 1.8 – *Échanges de matière entre le podzol recouvert de campinarana, l'atmosphère et la biosphère.* Unités : flux d'eau /mm.an$^{-1}$, soit /l.m$^{-2}$.an$^{-1}$ ; autres flux /mmol.m$^{-2}$.an$^{-1}$. Références : **(P)** pluies : eau selon Lesack et Melack [133], éléments disssous selon Cornu [65] p. 131. **(PI)** pluie interceptée [65] p.119, Franken et Leopoldo [89]. **(TP)** transprécipitations : eau par différence (P-PI), éléments dissous ou solides [65] p.131. **(LF, LG)** litières fine ou grossière sans le résidu : modifié d'après [65], voir p.48. **(ET)** évapotranspiration, voir §1.3.1 p.44. **(RM)** dégradation de racines : quantité §1.6 p.39, composition des racines du centre du mat racinaire [65] p.207.

# Chapitre 2

# La phase solide du sol

Voici les données connues sur la phase solide des ferralsols-podzols d'Amazonie Centrale.

La phase solide du sol est constituée de grains minéraux et de matière biologique. Cette matière biologique est vivante ou morte, végétale ou animale, de toutes tailles. Nous avons déjà décrit les racines des plantes (vivantes ou mortes non fragmentées) et la litière (posée au-dessus des premiers horizons minéraux). Nous n'étudierons pas la macrofaune du sol. Nous appellerons "matière organique du sol" le reste, de taille < 2 mm, plus ou moins lié aux grains minéraux. La surface du sol, à partir de laquelle sont mesurées les profondeurs, est l'interface entre les premiers horizons minéraux et la litière (ou l'atmosphère en l'absence de litière).

## 2.1 Granulométrie de la fraction < 2 mm

Nous distinguons cinq classes granulométriques :
- La lutite, de taille inférieure à 2 $\mu$m, terme de sédimentologie, souvent appelée argile granulométrique en pédologie. Nous garderons le terme d'argile pour désigner l'argile minéralogique, c'est-à-dire les phyllosilicates d'aluminium. En effet la lutite contient non seulement des argiles, mais aussi d'autres types minéralogiques comme des oxydes d'aluminium et de fer.
- Le limon fin, de taille comprise entre 2 $\mu$m et 20 $\mu$m,
- Le limon grossier, de taille comprise entre 20 $\mu$m et 50 $\mu$m,
- Le sable fin, de taille comprise entre 50 et 200 $\mu$m,
- Le sable grossier, de taille comprise entre 200 $\mu$m et 2 000 $\mu$m.

La granulométrie consiste à effectuer un fractionnement par tamisage jusqu'à 20 µm ; ces tailles correspondent généralement à la plus grande des dimensions du grain. Pour les tailles inférieures à 20 µm, le fractionnement a été effectué par sédimentométrie ; la taille correspond alors au diamètre de la sphère subissant le même frottement dans l'eau.

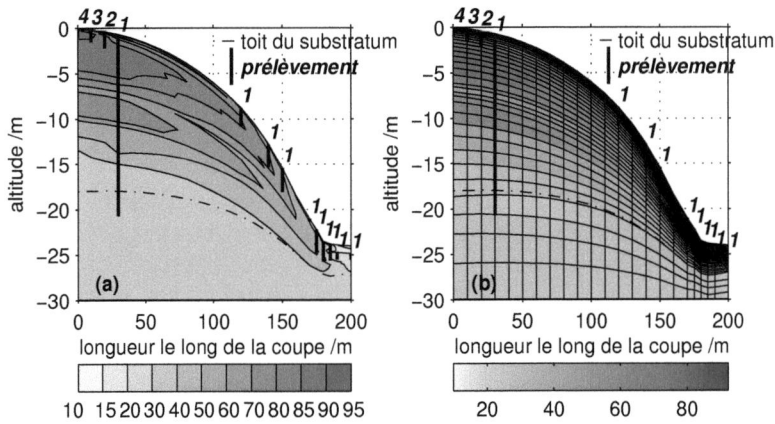

FIG. 2.1 – **Teneur massique en lutite, exprimée en pourcentage, sur un versant court** (versant I sur la carte 1.3 p.27). Prélèvements et mesures de **1** Lucas [137], **2** Cornu [65], **3** Bravard [38], **4** Grimaldi [106]. Interpolations verticales puis latérales (voir le texte)

### Données de granulométrie

Les figures 2.1 à 2.4 donnent un récapitulatif des mesures faites par divers auteurs sur les mêmes versants, interpolées verticalement et latéralement par la méthode détaillée aux paragraphes suivants. En allant du substratum vers les horizons superficiels, la teneur en lutite croît sur les plateaux, décroît dans les fonds de vallée ; la teneur en sables suit une évolution opposée ; la teneur en limons, déjà faible dans le substratum, décroît partout. La transition entre le sol de plateau et celui de fond de vallée est en forme de langues, l'appauvrissement en argile ayant lieu en surface et vers 3 à 6 m de profondeur.

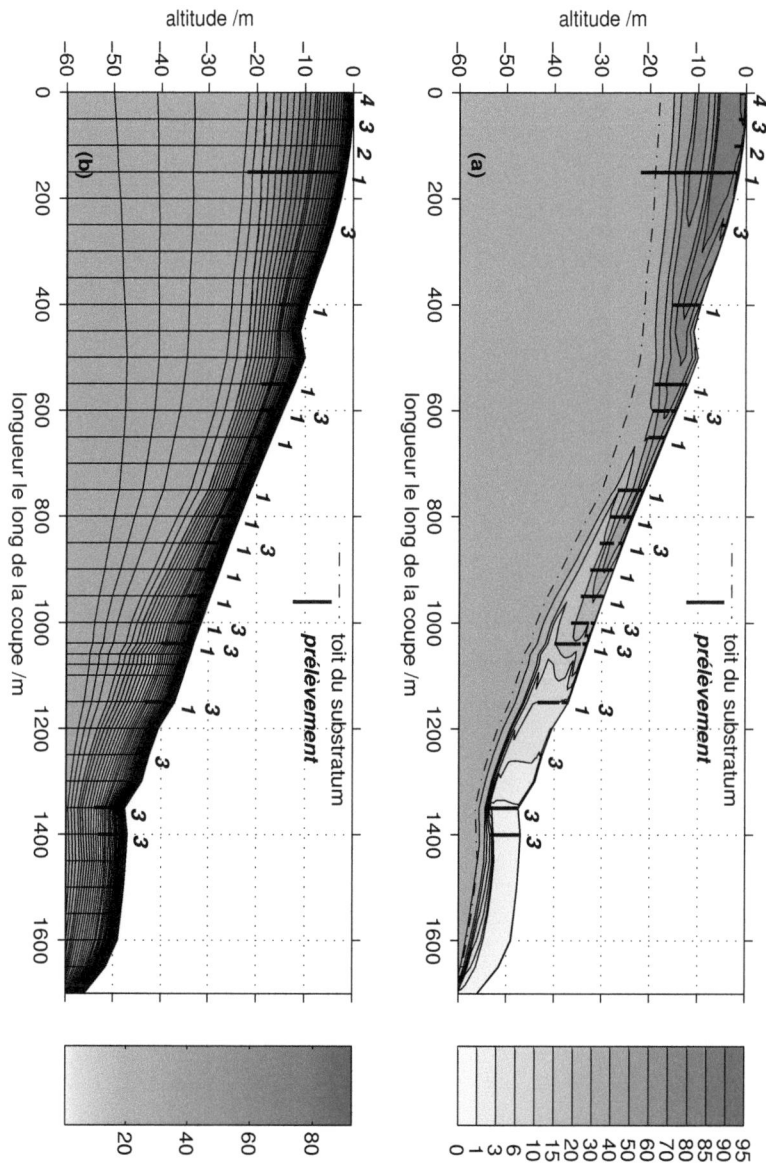

FIG. 2.2 – **Teneur massique en lutite, exprimée en pourcentage, sur un versant long** *(transect V de la carte 1.3 p.27). Prélèvements et mesures de* **1** *[137],* **2** *[65],* **3** *[38],* **4** *[106]. Interpolations verticales puis latérales (voir le texte).*

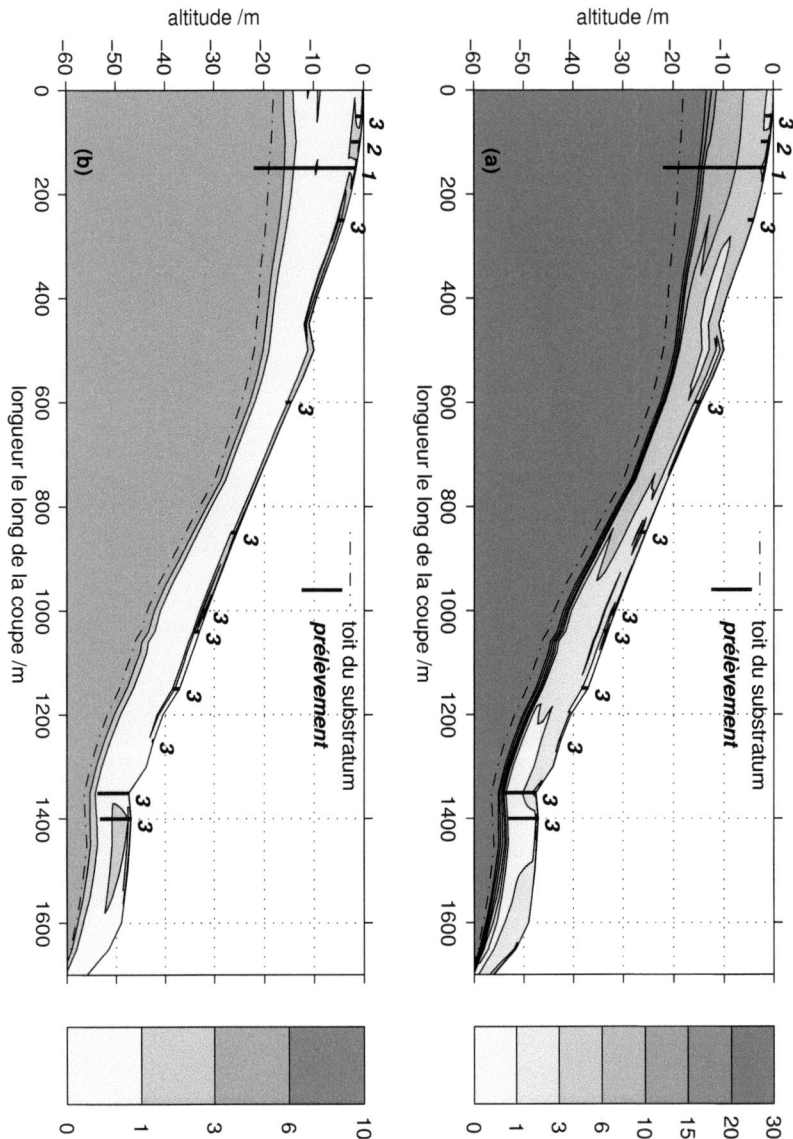

FIG. 2.3 – **Teneur massique en limon fin (a) ou limon grossier(b), exprimées en pourcentage, sur un versant long** *(transect V de la carte 1.3 p.27). Prélèvements et mesures de* **1** *[137],* **2** *[65],* **3** *[38]. Interpolations verticales puis latérales, puis ajustement à 100% de matière solide totale (voir le texte).*

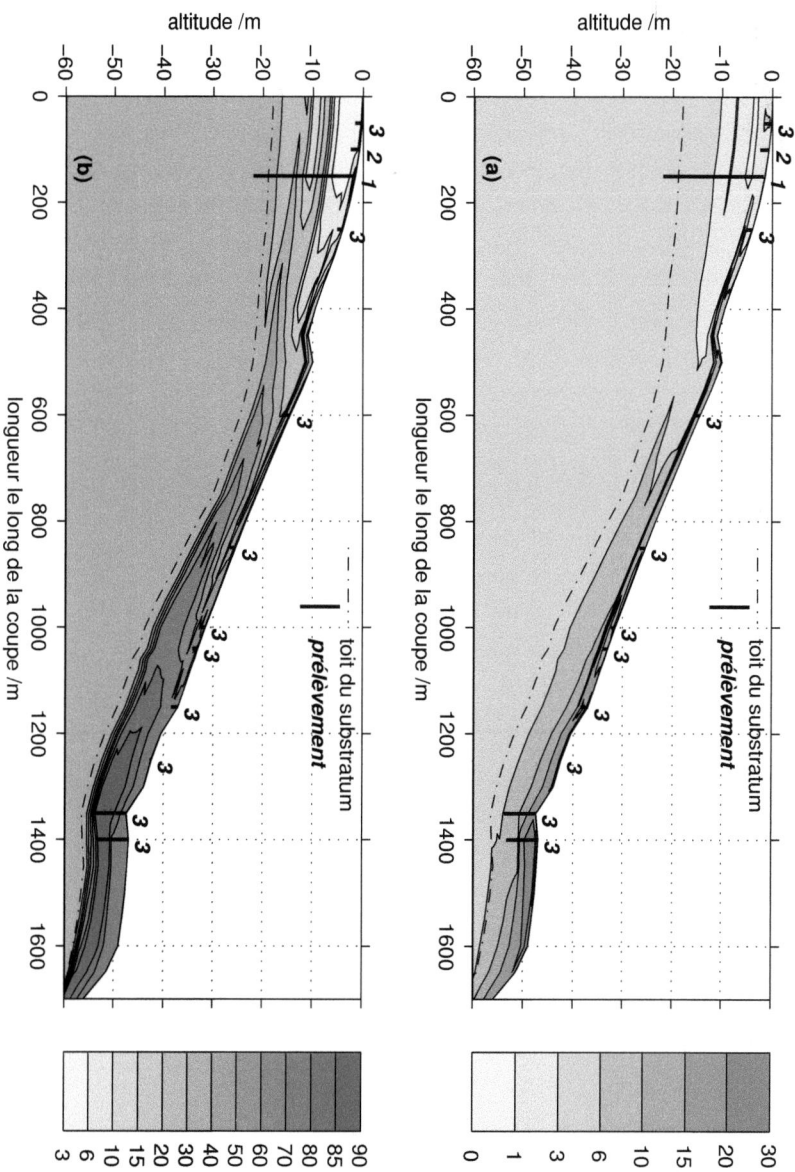

FIG. 2.4 – **Teneur massique en sable fin(a) ou sable grossier(b), exprimées en pourcentage, sur un versant long** *(transect V de la carte 1.3 p.27). Prélèvements et mesures de **1** [137], **2** [65], **3** [38]. Interpolations verticales puis latérales, puis ajustement à 100% de matière solide totale (voir le texte).*

**Dispersion des mesures entre les différents auteurs**

Un décalage méthodologique éventuel ne peut être évalué que pour les horizons de surface, (profondeur inférieure à 2 m), où je dispose simultanément de données de plusieurs auteurs. Je l'ai évalué en comparant, d'un auteur à l'autre, la moyenne des mesures pour chaque type de sol. Pour les limons seulement, le décalage entre auteurs est significatif devant la dispersion de ce paramètre pour un auteur et un sol donnés. Il vaut 1 à 2% de la masse totale de solide, soit près de 50% de chaque fraction limoneuse. Grimaldi [106], Chauvel *et al.* [61] et Bravard [38] mesurent davantage de lutite ou sable fin et moins de limons que Lucas [137] et Cornu [65]. Ce décalage est probablement induit par des variations dans la méthode de fractionnement. Ainsi, une partie importante des fractions limoneuses peut correspondre ici à la matière organique du sol, que certaines méthodes de fractionnement éliminent préalablement, ou à des petits agrégats ou des macrocristaux fragiles de kaolinite, qu'une autre méthode de fractionnement (avec passage aux ultra-sons, d'après M. Grimaldi, comm. pers.) aura séparé, les comptant dans la fraction lutite.

**Dispersion des mesures dans chaque horizon**

Hormis une dispersion de 1 à 2% de la masse sèche totale, sur les fractions lutite, limons et sable fin, d'origine probablement méthodologique (voir au paragraphe précédent), la dispersion des mesures donnée au tableau 2.1 reflète probablement la variabilité du matériau naturel.

TAB. 2.1 – *Dispersion des granulométries de [137], [65], [38], [106].*

| | | sol de plateau | | sol de transition | | podzol humique | sédiment |
|---|---|---|---|---|---|---|---|
| | | ensemble supérieur | ensemble médian | 1 | 2 | | |
| lutite | médiane | 87,2 | 74,7 | 45,8 | 38,2 | 3,3 | 35,0 |
| | min | 75,6 | 49,6 | 35,0 | 20,0 | 1,0 | 22,0 |
| | max | 92,4 | 86,3 | 60,0 | 52,0 | 5,4 | 38,0 |
| | écart-type | 2,3 | 12,7 | 3,8 | 3,4 | 0,9 | 6,0 |
| limon fin | médiane | 4,0 | 11,3 | 3,7 | 1,6 | 0,7 | 26,0 |
| | min | 0,9 | 4,9 | 2,2 | 0,6 | 0,2 | 4,0 |
| | max | 7,3 | 29,0 | 4,1 | 2,2 | 1,5 | 52,0 |
| | écart-type | 1,8 | 5,2 | 1,1 | 0,8 | 0,3 | 20,0 |
| limon | médiane | 0,9 | 0,8 | 1,7 | 0,7 | 0,4 | 3,4 |
| | min | 0,2 | 0,5 | 1,5 | 0,2 | 0,1 | 0,5 |

| | | | | | | | |
|---|---|---|---|---|---|---|---|
| grossier | max | 2,0 | 1,0 | 2,0 | 1,0 | 2,0 | 8,5 |
| | écart-type | 0,5 | 0,2 | 0,3 | 0,4 | 0,2 | 3,5 |
| sable fin | médiane | 2,2 | 2,3 | 12,6 | 13,4 | 15,0 | 5,6 |
| | min | 0,8 | 1,2 | 11,8 | 11,5 | 8,6 | 2,0 |
| | max | 3,7 | 4,3 | 13,5 | 14,6 | 23,3 | 9,0 |
| | écart-type | 0,6 | 1,1 | 0,9 | 1,6 | 1,6 | 2,6 |
| sable grossier | médiane | 6,5 | 15,3 | 44,9 | 59,0 | 78,0 | 30,0 |
| | min | 3,8 | 6,4 | 36,0 | 45,0 | 62,0 | 1,0 |
| | max | 12,5 | 40,0 | 48,0 | 67,0 | 90,0 | 67,0 |
| | écart-type | 1,7 | 11,6 | 6,1 | 10,9 | 3,0 | 26,3 |

L'écart-type donné ici provient de la moyenne des écart-types à chaque profondeur, sauf pour le sédiment, où c'est l'écart-type des 5 données mesurées par Lucas [137], toutes profondeurs confondues.

La variabilité de la granulosité de la roche mère est élevée pour toutes les fractions granulométriques, surtout pour la fraction limon fin et la fraction sable grossier. Cette variabilité s'atténue partout avec la proximité de la surface.

**Interprétation des données granulométriques**

La transition progressive, en forme de langues imbriquées, entre le plateau argileux et le fond de vallée sableux est cohérente avec une origine pédologique de ces matériaux. Les zones appauvries en lutite correspondent probablement aux zones de circulation principale de l'eau du sol : tous les horizons du fond de vallée et les horizons de subsurface du versant. La variabilité de la fraction limon fin de la roche mère correspond à l'observation de macrocristaux de kaolinite irrégulièrement répartis, celle de la fraction sable grossier à l'observation de lentilles sableuses décimétriques à décamétriques. L'atténuation de la variabilité de la granulosité avec la proximité de la surface est typique d'une homogénéisation de la roche mère par pédogenèse.

Si le sol sableux des bas de versants et des vallées avait une origine uniquement alluviale, sa transition avec le matériau en place devrait être nette, en forme de cuvette. Les variations de sa granulosité devraient être en forme de lentilles ou chenaux imbriqués, et non en forme de langues issues du plateau. Son recouvrement par des couches plus argileuses devrait être discontinu, et non systématique, dû à des glissements de terrain le long des versants les plus abrupts.

**Calcul des fractions granulométriques**

Les données concernant la lutite étant plus nombreuses que celles concernant les autres fractions minéralogiques, en particulier pour les profondeurs 2 à 6 m du sol de transition, j'ai procédé comme suit.
- Interpolations verticales et latérales selon la méthode détaillée plus loin, de chaque fraction granulométrique seule.
- En chaque point du profil, ajustement par simple homothétie sur les fractions limoneuses et sableuses, afin que la somme de (limon fin + limon grossier + sable fin + sable grossier) et de lutite égale bien 100%.

Les figures 2.5 et 2.6 donnent les teneurs en limons et sables avant cet ajustement, à titre de comparaison.

**Méthode d'interpolation**

J'ai suivi l'algorithme suivant pour effectuer les interpolations.
- Maillage fait de verticales, et de courbes subhorizontales, dites horizons, qui suivent la topographie. Ce maillage est tracé sur les figures 2.1 p.54 , **(b)**, et 2.2 p.55, **(b)**.
- Affectations de chaque donnée mesurée au noeud du maillage le plus proche.
- Interpolation linéaire verticale, en fonction de la profondeur, entre les données mesurées.
- Affectation de la mesure faite sur le substratum à tous les noeuds situés en-dessous du "toit du substratum".
- Interpolation linéaire latérale, en fonction de l'abscisse, entre les données mesurées ou déjà interpolées de même horizon.

**Définition du maillage et du toit du substratum**

L'algorithme d'interpolation nécessite de définir à toute abscisse la profondeur du toit du substratum. La densité du maillage doit être suffisante pour refléter correctement les variations spatiales du paramètre mesuré. Le tracé des horizons du maillage doit refléter au mieux celui des horizons pédologiques. Pour répondre à ces exigences, j'ai procédé comme suit.
- Définition manuelle des profondeurs des noeuds aux deux bords laté-

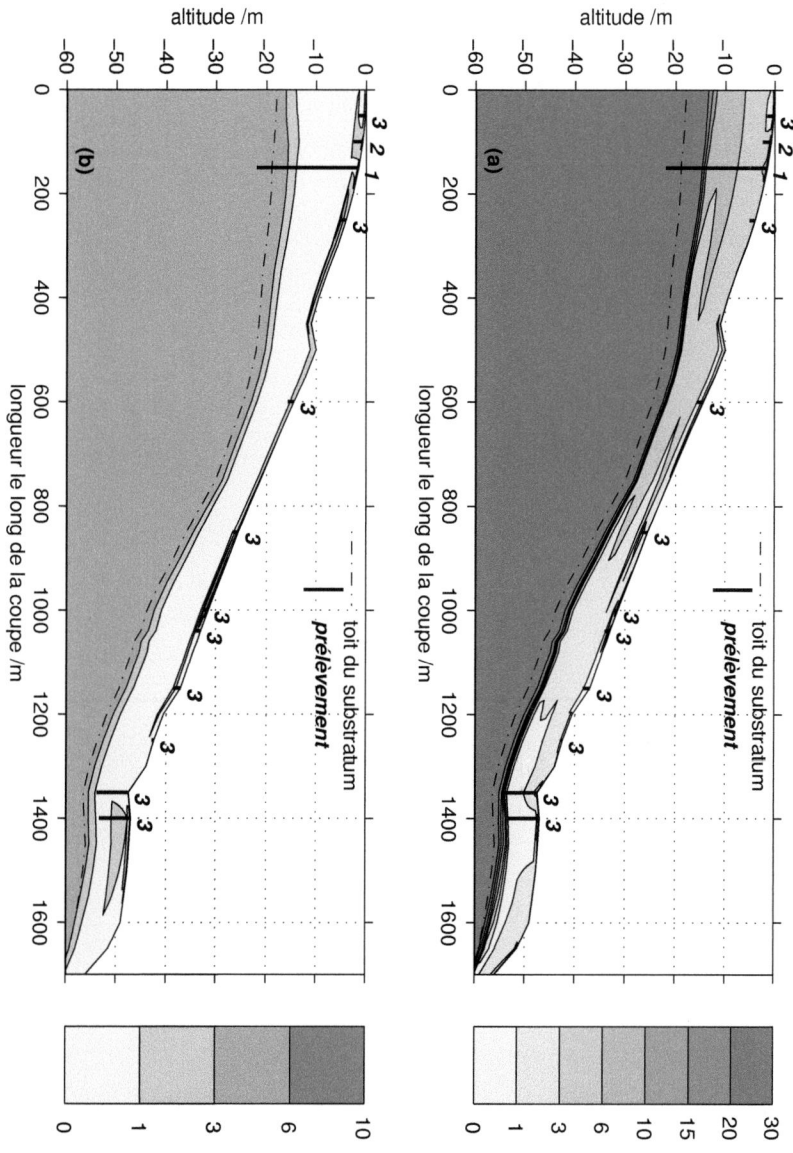

FIG. 2.5 – **Teneurs en limon fin (a) ou grossier (b)** : figure 2.3 p.56 avant ajustement à 100% de matière solide totale.

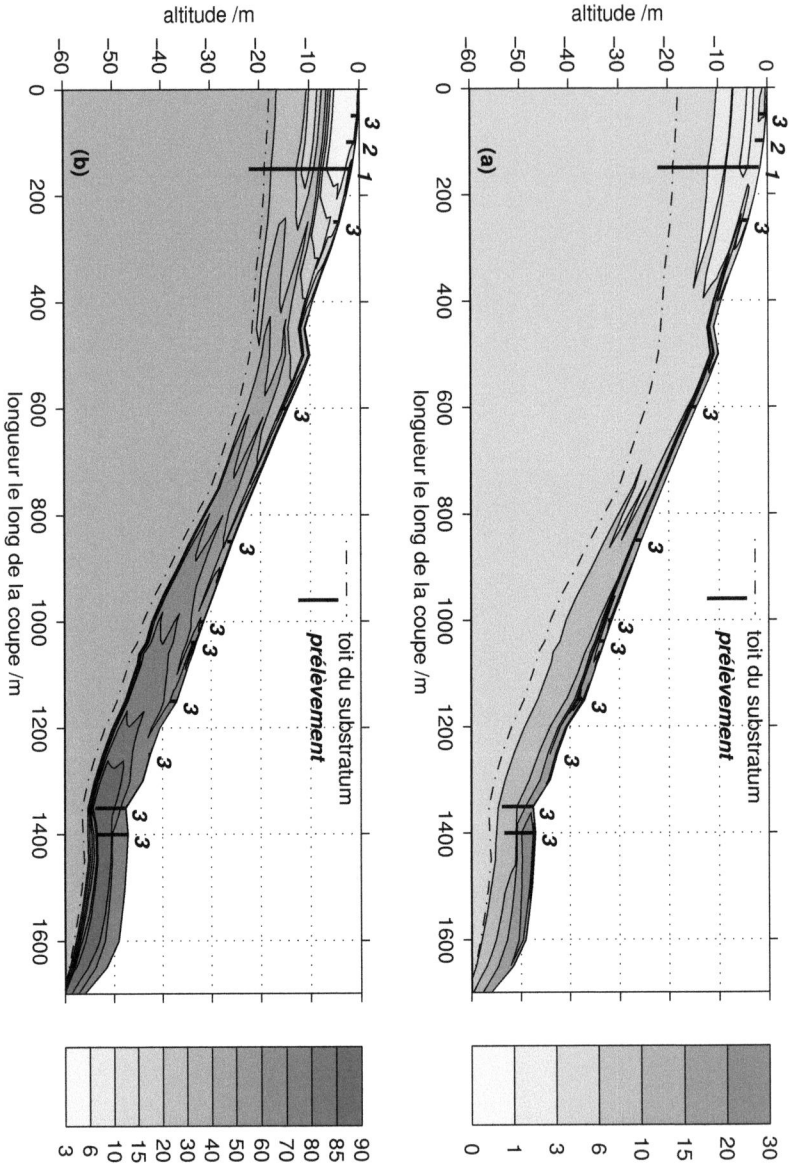

FIG. 2.6 – **Teneurs en sable fin (a) ou grossier (b)** : figure 2.4 p.57 avant ajustement à 100% de matière solide totale.

raux du domaine.
- Définition manuelle de la profondeur du toit du substratum aux deux bords et en quelques points caractéristiques ou connus.
- Interpolation linéaire selon l'abscisse des profondeurs relatives du toit du substratum, par rapport à la base du domaine.
- Interpolation linéaire selon l'abscisse d'un rapport de distances verticales au noeud et au toit du substratum pour chaque noeud du maillage. Il s'agit des distances par rapport à la surface du sol pour les noeuds au-dessus du toit du substratum, ou des distances par rapport à la base du domaine pour les noeuds situés au-dessous.
- Modification de toutes les profondeurs, pour atténuer en profondeur les effets du relief local.

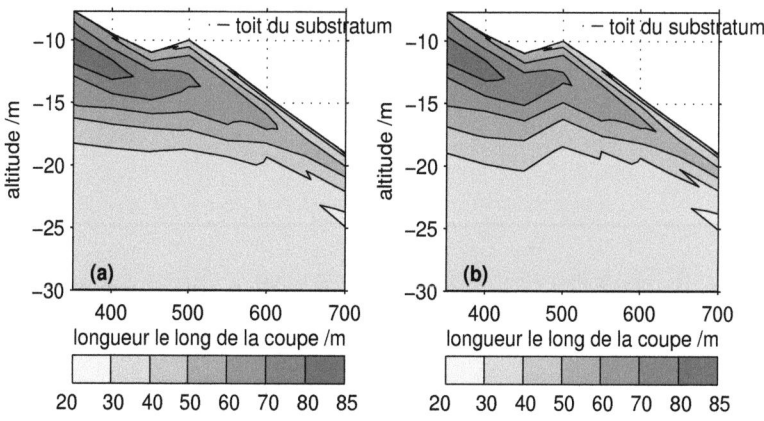

FIG. 2.7 – *Illustration de l'utilité d'une modification du maillage pour atténuer en profondeur les effets du relief local.* (a) Agrandissement d'une partie de la figure 2.2 p.55. (b) Idem avec le toit du substratum et le maillage définis sans atténuation du relief local.

La figure 2.7 agrandit une partie du graphe de la figure 2.2 et permet de comparer le maillage et l'interpolation de données quand cette modification est faite (a) ou non (b). Elle illustre bien l'utilité de cette modification, car il est hautement improbable qu'à 20 m de profondeur les horizons pédologiques n'aient pas encore amorti l'inflexion observable sur le relief local à l'abscisse 500 m. Cette modification consiste à définir les profondeurs des noeuds à partir de l'altitude de surface moyennée sur 5 noeuds latéralement, tant que les profondeurs obtenues excèdent la différence d'altitude maximale entre 5 noeuds consécutifs de surface, puis l'altitude moyennée sur 3 noeuds tant qu'elles excèdent la différence d'altitude maximale entre trois noeuds de surface, puis l'altitude du noeud superficiel sus-jacent pour les noeuds restants. La modification inverse a été effectuée sur les profondeurs données par l'utilisateur, avant interpolation linéaire entre ces données. Ainsi ces profondeurs entrées manuellement restent inchangées en fin de calcul. Par cette modification, les horizons de subsurface sont épaissis en cas de relief local en bosse et amincis en cas de relief local en creux.

## 2.2 La matière organique (MO) solide du sol

### 2.2.1 Teneur en MO solide

**Données disponibles**

La figure 2.8 récapitule et interpole les données connues sur un versant long, où $C$ désigne la teneur massique en carbone organique, rapportée à la masse de sol sec : $C = \frac{m_C}{m_{solide}}$. Les données de Lucas [137] Bravard [38] Chauvel [62] et Cornu [65] proviennent des sites récapitulés au tableau p.24, celles de Nepstad [159] proviennent d'un site similaire sous climat légèrement plus sec, en Amazonie Orientale (Paragominas). Pour les horizons des 2 mètres superficiels (Figure 2.8, **(b)**), l'allure des courbes de $C$ est similaire, mais [65] et surtout [38] mesurent une épaisseur des différents horizons nettement moindre que celle donnée par [137], [62] ou [159]. Cette divergence s'explique par des divergences de méthode de mesure, et/ou par l'hétérogénéité naturelle de la teneur en MO. En effet, Cornu [65] a montré que la dispersion de ses mesures croissait de la surface vers la profondeur : l'écart-type sur 10 mesures de $C$ varie de 0,2% en surface à 0,9% à 20 cm de profondeur.

**Description des teneurs en MO solide**

Ces sols sont pauvres en MO. Pour les 5 premiers centimètres, $C$ vaut $(3,5\pm0,2)\%$ pour les ferralsols et décroît jusqu'à $(1,1\pm0,1)\%$ pour les podzols ; une seule donnée excède 4% [38] ; en-dessous de 50 cm de profondeur,

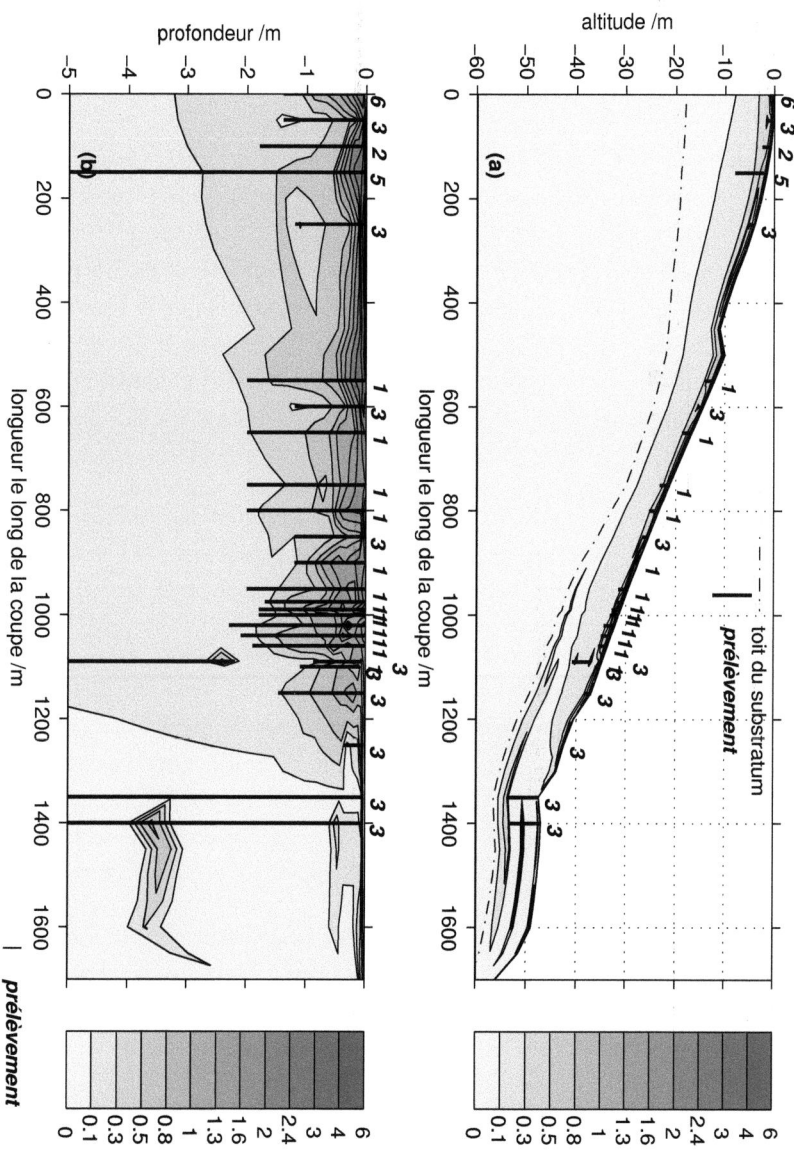

FIG. 2.8 – **Teneur massique en Carbone Organique d'un versant long** (transect V de la carte 1.3 p.27), exprimée en pourcentage de la masse sèche du sol, notée C. Prélèvements et mesures de **1** [137], **2** [65], **3** [38] **5** [159] **6** [62]. Interpolations verticales puis latérales. **(b)** agrandit les 5 m superficiels de la coupe **(a)**

$C$ n'excède jamais 1,3%. A titre de comparaison, pour les 10 premiers cm des sols bruns de climat tempéré, $C$ vaut 5 à 6%, selon Duchaufour [82]. La teneur en MO décroît verticalement avec la profondeur, et latéralement du plateau au fond de vallée.

En bas de versant, des horizons d'accumulation (Bh), moins pauvres en MO que les horizons sus-jacents, de plus en plus profonds, sont observés. Le premier Bh apparaît quand la teneur en lutite est inférieure à 40% à toutes profondeurs. En s'éloignant du plateau, la profondeur du Bh passe de 0,3 à 0,6 m, sa teneur $C$ passe de 1,5% à 0,5%, tandis que la teneur en lutite dans ce Bh passe de 30% à 1%. Quand la teneur en lutite devient inférieure à 15% à toutes profondeurs, un deuxième Bh apparaît vers 2 à 4 m de profondeur où $C \approx 0{,}9\%$, puis un troisième vers 5 à 7 m de profondeur où $C \approx 0{,}5\%$.

Dans le ferralsol profond, Nepstad [159], sous climat légèrement plus sec (Paragominas), a mesuré des teneurs non négligeables en MO jusqu'au saprolithe : respectivement 0,23% et 0,14% de carbone organique à 4 et 6,5 m de profondeur.

La quantité totale de carbone organique solide dans le sol, jusque vers 7 m de profondeur, diminue donc de 26 $\text{kg}_{CO}.\text{m}^{-2}$ dans le ferralsol à 17 $\text{kg}_{CO}.\text{m}^{-2}$ dans le podzol humique et 8 $\text{kg}_{CO}.\text{m}^{-2}$ dans le podzol géant. La part de MO localisée dans le premier mètre superficiel est respectivement 10,5 ; 8 et 2 $\text{kg}_{CO}.\text{m}^{-2}$. Rappelons ici que la litière n'est pas comptée dans ces chiffres car elle ne fait pas partie de ce qui est appelé sol ; elle est considérée posée sur le sol.

Les données de Silver et al. [194], restreintes au mètre superficiel de sols anciens de la plaine amazonienne, donnent 11 et 10 $\text{kg}_{CO}.\text{m}^{-2}$ respectivement dans le sol argileux et sableux. Elles correspondent environ à celles rassemblées ici pour le ferralsol et le podzol humique, mais omettent le podzol étendu. Elles omettent également la part stockée plus profondément, qui est similaire. Par ailleurs, ces auteurs appliquent à ces sols le modèle global "Century" et obtiennent que les sols argileux stockent dans les 20 cm superficiels deux fois plus de carbone organique que les sols sableux, ce qui correspond bien à nos données pour des podzols suffisamment lessivés.

## 2.2.2 Extractibilité de la MO solide

A teneur en MO égale, celle du podzol colle aux doigts et pas celle du ferralsol, selon Cornu [65]. Le traitement au pyrophosphate de sodium (à 0,1 mol.l$^{-1}$ par Bravard [38]) permet d'extraire 29 à 32% de la MO du ferralsol, 29 à 42% de la MO du sol de transition et 28 à 98% de la MO des podzols. Cette extractibilité croît avec la profondeur et le degré de podzolisation pour les podzols.

La quantité de MO solide non-extractible est ainsi d'autant plus importante que la teneur en lutite est élevée. Mentionnons toutefois que parmi cette lutite, la kaolinite a une capacité de rétention de matière organique nettement inférieure à celle des oxydes de fer, goethite ou hématite, d'après Benke et al. [23] qui ont effectué des mesures sur sols tropicaux brésiliens de surface spécifique similaire.

## 2.2.3 Age de la MO solide

Des mesures de $\Delta^{14}C$ ont été faites sur la matière organique (tableau 2.3), permettant d'évaluer son âge. L'âge habituellement évalué, appelé âge apparent, est celui qu'aurait la MO dotée de la même teneur en $^{14}C$, si elle avait été apportée en une seule fois et était ensuite restée stockée en système fermé dans le sol. Cependant le sol n'est vraisemblablement pas un système fermé, car l'eau qui le draine est susceptible d'apporter et d'exporter de la matière. Le sol peut être un système accumulatif (avec des apports continus et sans d'exports) ou un système transitoire (apports et exports continus). Par ailleurs, plus la matière organique est ancienne, plus elle est humifiée et appauvrie en éléments labiles, donc moins elle est susceptible d'être exportée. Cette propriété peut être schématisée par un modèle mixte : transitoire pour la matière organique jeune et accumulatif pour la matière organique ancienne, avec un âge arbitraire de "coupure" entre MO jeune et ancienne. Ces divers systèmes sont détaillés à l'annexe A, avec l'expression analytique permettant de déduire l'âge initial, l'âge moyen, la part de MO jeune, le taux de renouvellement annuel et le temps caractéristique d'exportation. Le tableau 2.2 donne, à partir d'une seule mesure de $\Delta^{14}C$, divers âges et temps caractéristiques pour ces diverses hypothèses.

TAB. 2.2 – *Ages de la MO selon diverses hypothèses à partir d'une mesure de* $^{14}C$.

| profondeur 5 à 8 m, $\Delta^{14}C$ =**-85%**, d'après [159]. MO "jeune" d'âge < $t_0$ =*600* ans ||||||
|---|---|---|---|---|---|
| système | $t$ début (/1000 ans) | âge moyen ($t_m$/1000 ans) | part de MO jeune (/%) | renouvell$^t$ (/‰.an$^{-1}$) | exportation (/‰.an$^{-1}$) |
| fermé | **10** $^o$ | 10.900 $^o$ | 0.00 $^o$ | 0.00 $^o$ | |
| accumulatif | **38.2** $^o$ | 19.1 $^o$ | 1.57 $^p$ | 0.03 $^o$ | |
| transitoire | *100* | 22.2 $^o$ | 1.81 $^p$ | 0.029 $^o$ | 0.029 $^o$ |
|  | *1000* | 22.5 $^o$ | 1.83 $^p$ | 0.031 $^o$ | 0.031 $^o$ |
|  | *10 000* | 22.5 $^o$ | 1.83 $^p$ | 0.031 $^o$ | 0.031 $^o$ |
|  | *100 000* | 22.5 $^o$ | 1.83 $^p$ | 0.031 $^o$ | 0.031 $^o$ |
| mixte | *100* | 44.6 $^o$ | 10.25 $^o$ | 0.76 $^i$ | 7.41 $^p$ |
| transitoire | *1000* | 418 $^o$ | 14.07 $^o$ | 1.78 $^i$ | 12.7 $^p$ |
| et | *10 000* | 4 170 $^o$ | 14.26 $^o$ | 2.42 $^i$ | 12.7 $^p$ |
| accumulatif | *100 000* | 41 800 $^o$ | 14.14 $^o$ | 2.98 $^i$ | 21.3 $^p$ |
| **Chiffres gras** : mesure ; *chiffres en italique* : hypothèse ; chiffres normaux : calcul. ||||||
| Variation avec $t_0$ : $^o$indépendant , $^p$environ proportionnel, $^i$environ inversement proportionnel. ||||||
| Notations et méthodes de calcul : voir Annexe A. ||||||

Comparons l'âge $t$, depuis le début des apports de MO, avec des âges connus ou évalués par ailleurs. Un calcul comparant la composition moyenne du substratum, des sols de plateau, et des solutions exportées, par Lucas [137], situe le début de pédogenèse il y a 120 à 13 Ma. Si le début de pédogenèse coïncide avec la fin des apports sédimentaires, il aurait eu lieu il y a 135 Ma (début du crétacé) à 23 Ma (fin du Paléogène). Le début des apports de MO est donc nettement plus ancien que 10 000 à 40 000 ans. La MO des sols, même à 7 m de profondeur, n'est donc ni en système fermé, ni en système accumulatif. La MO des sols est donc en système ouvert en entrée et en sortie. En effet, elle reçoit des apports de MO fraîche par l'eau d'infiltration, les exsudats racinaires et les racines mortes, elle subit des départs par l'eau d'infiltration et la minéralisation de MO en $CO_2$.

Comparons ces apports et ces sorties avec les flux connus ou évalués par ailleurs. En profondeur, le flux de carbone organique dissous ou particulaire dans l'eau d'infiltration vaut environ 0,2 $g_{CO}.m^{-2}.an^{-1}$ dans les ferralsols et 3 $g_{CO}.m^{-2}.an^{-1}$ dans les podzols, d'après la composition de l'eau de source donnée en pp.147 et 145.

Évaluons l'apport lié aux racines du ferralsol à partir des données de Nepstad *et al.* à Paragominas [158] [159]. Prenons comme rapport entre masse sèche de matière organique $m_{MO}$ et masse de carbone organique $m_{CO}$ celui des sucres simples (cellulose, amidon ou glucose), soit 2,7. Supposons que le démantèlement des racines mortes et les exsudats racinaires représentent annuellement 50% du poids moyen de racines fines ajouté à 15% du poids moyen de grosses racines. Le renouvellement racinaire apporterait environ $5\,g_{CO}.m^{-2}.an^{-1}$ pour les racines profondes (sous 5 à 8 m de profondeur, d'après p.36) pour le ferralsol. Cela correspond à $(0{,}23\pm0{,}1)\%$ de la masse de carbone organique du ferralsol à cette profondeur. L'apport lié aux racines profondes dans le podzol serait un à deux ordres de grandeur inférieur à celui dans le ferralsol.

Ces résultats nous conduisent à privilégier le modèle "transitoire pour la MO jeune puis accumulatif pour la MO vieille" avec une limite $t_0 = 600$ ans entre MO jeune et vieille. La teneur en MO jeune est alors de 14% (tableau 2.2, ce qui concorde avec l'ordre de grandeur de 13% donné par le calcul simplifié de Nepstad et al. [159]. Les données de teneur en $^{14}C$ conduisent donc aux résultats suivants en terme de renouvellement annuel de la MO (tableau 2.3).

TAB. 2.3 – *Renouvellement annuel de la MO d'après les mesures de $^{14}C$ de Nepstad et al. [159] et Bravard [38].*

| auteur et site | prof. (/m) | $\Delta^{14}C$ (/%) | âge apparent (c'est-à-dire âge $t$/an si système fermé) | système trans./acc. avec $t=20$ Ma et $t_0=600$ ans | |
|---|---|---|---|---|---|
| | | | | part de MO jeune (/%) | renouvellement annuel (/%) |
| . | 0.30 | $11.7 \pm 5.2$ | $15 \pm 267$ | $100.00 \pm 0.57$ | $10.72 \pm 48.56$ |
| [159] | 0.40 | $-19.0 \pm 7.6$ | $1207 \pm 539$ | $75.98 \pm 7.02$ | $1.78 \pm 0.22$ |
| Parago- | 0.60 | $-33.8 \pm 7.6$ | $2364 \pm 661$ | $62.25 \pm 7.08$ | $1.39 \pm 0.19$ |
| minas | 1.00 | $-68.3 \pm 7.6$ | $6583 \pm 1401$ | $29.96 \pm 7.14$ | $0.60 \pm 0.16$ |
| ferralsol | 3.10 | $-81.0 \pm 5.2$ | $9516 \pm 1609$ | $18.00 \pm 4.91$ | $0.34 \pm 0.10$ |
| plateau | 5.00 | $-87.9 \pm 4.5$ | $12102 \pm 2238$ | $11.49 \pm 4.26$ | $0.20 \pm 0.08$ |
| . | 8.10 | $-83.8 \pm 7.9$ | $10430 \pm 3054$ | $15.36 \pm 7.46$ | $0.28 \pm 0.15$ |
| [38] | 0.20 | $-3.1 \pm 1.4$ | $180 \pm 80$ | $90.55 \pm 1.22$ | $2.30 \pm 0.05$ |
| Manaus | 0.20 | $-8.2 \pm 1.1$ | $490 \pm 70$ | $85.92 \pm 1.02$ | $2.11 \pm 0.04$ |
| podzols | 4.00 | $-39.1 \pm 1.0$ | $2840 \pm 90$ | $57.32 \pm 0.90$ | $1.26 \pm 0.02$ |
| Notations et méthodes de calcul : voir Annexe A. | | | | | |
| Pour les podzols de Manaus, les trois mesures concernent des Bh de teneurs respectives en lutite 26 ; 5 et 0,9%. | | | | | |

Le renouvellement de MO croît des horizons de surface vers les horizons profonds ; pour une profondeur donnée, il augmente des sols de plateaux vers les podzols.

Pour le ferralsol, le renouvellement de MO, rapide en surface, devient beaucoup plus lent à partir de 40 cm de profondeur, et ralentit ensuite faiblement jusqu'à plusieurs mètres de profondeur. Cela corrobore les mesures de Chauvel et al. [61] : la proportion d'humine vaut 20% en surface, puis augmente peu jusqu'à 40 cm de profondeur, puis passe rapidement à 70% sous 40 cm de profondeur. Il y a donc entre 30 et 40 cm de profondeur une transition assez nette entre MO assez jeune et rapidement renouvelée, au-dessus, et MO plus ancienne, plus stable, plus humifiée et moins renouvelée, en-dessous. Pour le podzol, cette transition est située vers 10-20 cm de profondeur.

Remarquons que l'âge apparent moyen du carbone organique particulaire mesuré à l'embouchure de l'Amazone, 1 258 ans d'après Raymond [177], est dans la gamme d'âges apparents de la MO solide des horizons Bh des podzols étudiés ici. On peut citer aussi pour comparaison l'âge des arbres les plus anciens mesurés en forêt amazonienne par datation au $^{14}C$ du coeur de troncs abattus, 1 400 ans d'après Chambers et al. [56].

## 2.3 Composition minéralogique

Nous ne détaillons pas ici la composition minéralogique des versants étudiés. Nous donnons simplement :
- La plage de valeurs mesurées pour le substratum et la couverture superficielle, du ferralsol au podzol, par Bravard [38], Lucas [137] et Cornu [65] ;
- Les teneurs en solides à base d'aluminium et de fer de structure amorphe et leur corrélation avec les teneurs en carbone organique ou en lutite.

### 2.3.1 Composition minéralogique et teneurs en oxydes

Les tableaux 2.4 et 2.5 récapitulent la plage de valeurs mesurées par d'autres auteurs. Nous n'avons pas recopié ici les valeurs individuelles mesurées, déclinées selon la profondeur, voire selon le faciès en cas d'horizon hétérogène.

TAB. 2.4 – *Composition minéralogique de la fraction < 2 mm, en % massique du sol total sec*

| horizons (prof.) | kaolinite (K) | gibbsite (G) | goethite (GO) | autres minéraux | auteur |
|---|---|---|---|---|---|
| substratum | 29 à 99 | 0 | 0 | 0 à 71 (hors K, G, GO) | [137] |
| saprolithe (9 à 14 m) | 60 à 97 | 0 à 10 | 0 | 12 à 40 (hors K, G, GO) | [137] |
| nodulaire (6 à 8 m) | 63 à 72 | 22 à 25 | 0 | 6 à 12 (hors K, G, GO) | |
| ferralsol (0 à 3 m) | 78 à 83 | 9 à 11 | 0 à 3,5 | 5 à 7 (hors K, G, GO) | |
|  | 61 à 73 [1] | 1,6 à 3,8 [1] | 5 à 9 [1] | 17 à 25 [1] | [38] |
|  | 67 à 86 | 4 à 7 | 2 à 2,5 | 4 à 13 (Q+SA) 2,9 à 3,4 (A) | [65] |
| sol transition | 17 à 50 [1] | 0,8 à 1,3 [1] | 2,6 à 4,1 [1] | 46 à 79 [1] | [38] |
| podzol | 0,8 à 2 | 0 à 1,1 | 0 à 0,2 | 88 à 97 (Q) 0 à 5 (SA) 0,1 à 0,3 (A) | [65] |
|  | 1,6 à 14 [1] | 0,7 à 2,8 [1] | 0,3 à 3,6 [1] | 76 à 98 [1] | [38] |

Q, SA et A désignent respectivement le quartz, la silice amorphe et l'anatase.
[1] teneur en K, G ou GO de taille lutite seulement. La colonne "autres minéraux" regroupe toute la fraction de taille limon ou sable.
[38] Tableau 23 (teneurs en minéraux) et Annexe II (teneurs en lutite);
[137] Annexe I p.1 et 2; [65] pp.189 et 190.

TAB. 2.5 – *Teneurs en oxydes de la fraction < 2 mm, en % massique du sol total sec*

| horizons | $Al_2O_3$ | $SiO_2$ | $Fe_2O_3$ | $TiO_2$ | autres oxydes, auteur |
|---|---|---|---|---|---|
| substratum | 17 à 19 | 80 à 81 | 0,4 à 0,5 | 0,4 à 0,5 | [38] |
|  | 11 à 48 [2] | 51 à 87 [2] | 0,4 à 0,5 | 0,7 à 1,3 | |
| saprolithe (9 à 14 m) | 44 à 59 35 (nod.) | 36 à 53 | 1 à 6 25 (nod.) | 0,5 à 2,7 | [137] |
| nodulaire (6 à 8 m) | 49 à 51 28 (nod.) | 42 à 45 21 (nod.) | 2,6 à 3,3 49 (nod.) | 1 à 3 | |
| ferralsol (0 à 3 m) | 34 à 40 28 à 34 | 54 à 60 38 à 43 | 2,6 à 4,2 3,3 à 3,9 | 2,2 à 3,3 2,6 à 3 | [38] CaO 0,06 à 0,09 MgO 0,02 à 0,04 $N_2O$ 0,01 à 0,06 Zr 0,19 à 0,27, [65] |
| sol transition | 5 à 15 | 81 à 92 | 1 à 1,9 | 0,6 à 1,4 | [38] |
| podzol | 0,1 à 4 0,2 à 8 (Bh) | 89 à 99,6 | 0,06 à 1,5 0,1 à 1,7 | 0,07 à 1,1 | [38] |

|   | 0,4 à 1,7 | 94 à 98 | 0 à 0,12 | 0,1 à 0,27 | CaO 0,03 à 0,09 |
|---|---|---|---|---|---|
|   |   |   |   |   | MgO 0,01 à 0,02 |
|   |   |   |   |   | N$_2$O 0,01 à 0,05 |
|   |   |   |   |   | Zr 0,01 à 0,025 [65] |

nod. ou Bh désignent des teneurs rencontrées localement, respectivement dans un nodule ferrugineux ou dans un niveau d'accumulation des podzols.
Pour $^2$ le résidu est très élevé. Le minimum ou maximum donné ici est calculé en supposant que le résidu est entièrement composé soit de quartz, soit de kaolinite.
[38] Tableau 16 ; [137] Annexe 1 pp.1 et 2 ; [65] pp.184 et 186.

| Formes de l'aluminium et du fer | | | | | |
|---|---|---|---|---|---|
| horizons | Al amorphe | Fe amorphe | Fe oxyde | Fe silicate | auteur |
| ferralsol | 0,18 à 0,42 | 0,01 à 0,24 | 0,8 à 1,4 | 1,2 à 3,3 | [38] |
| sol transition | 0,09 à 0,24 | 0,02 à 0,17 | 0,3 à 0,9 | 0,5 à 1,0 | Tab. |
| podzol | 0,02 à 0,5 | 0,01 à 0,3 | 0,02 à 0,6 | 0,01 à 0,6 | 18 |

Ces données mettent en évidence la forte hétérogénéité du substratum et son homogénéisation progressive par pédogenèse quand on va du substratum à la surface du sol. La composition moyenne du substratum serait d'environ 60% de quartz, 40% de kaolinite et 1% d'hématite.

Du substratum vers le ferralsol, on constate un enrichissement relatif en aluminium, fer et titane, accompagné d'un appauvrissement relatif en silicium. Par contre, du substratum vers le podzol, il y a enrichissement relatif en silicium et dans une moindre mesure en fer, accompagné d'un appauvrissement relatif très marqué en aluminium.

En examinant ces données dans le détail, on s'aperçoit que dans le ferralsol, la gibbsite est plus abondante que la goethite selon Lucas [137] ou Cornu [65] alors que selon Bravard [38] la goethite est la plus abondante des deux. D'après les teneurs totales en fer données par la mesure d'oxydes de fer après surchauffe à 1000°C, les teneurs données par Bravard en goethite semblent surestimées.

Par ailleurs, parmi les formes de silice, on rencontre également des phytolithes. Ce sont des cristaux d'opale formés dans les tissus végétaux, de forme et taille pouvant caractériser le type de végétal. Ils sont libérés dans le sol lors de la décomposition de ces végétaux. Sur les versants étudiés, ils ont été observés au MEB dans le podzol par Cornu [65]. Dans le ferralsol, ils ont été décrits comme "forestiers" et quantifiés par Alexandre *et al.* [4] : leur abondance décroît de 0,5% à 0,03% entre la surface et 1,8 m de profondeur.

Dans le ferralsol, on observe deux maxima locaux de teneur en kaolinite, un vers 3 m de profondeur [137] puis un autre peu marqué, vers 0,4 à 0,6 m [38] [65]. La teneur en quartz, minimale entre 3 et 5 m de profondeur (5% [137]), augmente progressivement au-dessus, jusqu'à atteindre près de 12% à la surface du sol. Le rapport quartz/kaolinite suit une évolution similaire, avec un minimum vers 2 à 3 m de profondeur. Quant à la gibbsite, sa teneur augmente progressivement de bas en haut, du substratum jusqu'à l'horizon nodulaire, soit vers 7,5 m de profondeur, pour diminuer ensuite progressivement au-dessus [137]. Les teneurs en gibbsite comme en goethite, dans les 2 m superficiels, sont stables [65].

### 2.3.2 Teneurs en Al et Fe amorphes, corrélations avec les teneurs en C organique solide et en lutite

Voici les régressions log-linéaires à partir des données de Bravard ([38], tableaux 18 et 21). A gauche, régressions sur l'ensemble du versant, à droite, régressions sur la partie amont du versant ($f_{lutite} > 0{,}15$) :

$$Fe_{amorphe} = e^{-2.61 \pm 1.10} \qquad Fe_{amorphe} = e^{-2.44 \pm 0.93} \qquad (2.1\text{a})$$

$$Fe_{amorphe} = C^{0.53} e^{-2.2 \pm 0.92} \qquad Fe_{amorphe} = C^{0.76} e^{-2.17 \pm 0.67} \qquad (2.1\text{b})$$

$$Fe_{amorphe} = C^{0.62} f_{lut}^{-0.11} e^{-1.9 \pm 0.9} \qquad Fe_{amorphe} = C^{0.79} f_{lut}^{-0.49} e^{-0.34 \pm 0.58} \qquad (2.1\text{c})$$

$$Al_{amorphe} = e^{-2.0 \pm 0.88} \qquad Al_{amorphe} = e^{-1.8 \pm 0.55} \qquad (2.1\text{d})$$

$$Al_{amorphe} = C^{0.31} e^{-1.74 \pm 0.77} \qquad Al_{amorphe} = C^{0.39} e^{-1.7 \pm 0.45} \qquad (2.1\text{e})$$

$$Al_{amorphe} = C^{0.31} f_{lut}^{0.086} e^{-2.0 \pm 0.77} \qquad Al_{amorphe} = C^{0.36} f_{lut}^{0.42} e^{-3.2 \pm 0.34} \qquad (2.1\text{f})$$

La teneur en matière organique explique le quart de la variance des teneurs en Al amorphe et Fe amorphe quand la teneur en lutite excède 15%, et le 1/8 de cette variance sur l'ensemble du profil. Cette faible valeur (1/8) s'explique par le fait que les accumulations de C et plus encore celles de Al et Fe amorphe sont très localisées dans le podzol, sur des épaisseurs de 4 à 10 cm. Sur les résultats, souvent ces pics ne coïncident pas. Ceci ne prouve pas forcément un décalage réel, mais peut être un artefact lié à la taille des échantillons prélevés, ou au décalage éventuel de profondeur entre deux prélèvements.

La présence de lutite est corrélée à une augmentation des teneurs en Al amorphe (1/5 de variance) et une diminution de celles en Fe amorphe (1/10 de variance), pour le sous-échantillon des horizons comportant plus de 15% de lutite. Cependant sur l'ensemble du versant, la teneur en lutite explique une part négligeable des variations de teneur en Al et Fe amorphe. Le fait d'exclure ou non de la fraction lutite les amorphes Al et Fe de taille lutite ne modifie pas les résultats ci-dessus.

Par souci de simplicité, nous retiendrons que la teneur en Al et Fe amorphe se déduit de la teneur en CO solide dans le sol. Autrement dit, ces données ne démontrent pas de propriétés différentes de la MO du podzol par rapport à celle du ferralsol, concernant l'abondance d'aluminium et de fer sous forme amorphe dans le sol.

## 2.4 Taille et forme de chaque type de minéral

### 2.4.1 Les quartz

**Observations et mesures**

D'après les observations au microscope de Lucas [137], les quartz ont une forme environ sphérique percée de nombreuses cavités, fentes ou points de dissolution ; la densité de ces figures de dissolutions s'intensifie de la base du profil vers la surface du ferralsol. Par ailleurs, hormis pour l'horizon nodulaire, les quartz constituent l'essentiel de la fraction sableuse du sol. Nous pouvons donc déduire leur taille de l'analyse du fractionnement des sables ([137] annexe 1 p.3) : leur taille s'étend de $50\,\mu$m à $2$ mm, avec une taille centrale de $360\,\mu$m et la moitié de la masse de sable provient de la fraction entre $175$ et $620\,\mu$m. Leur taille moyenne reste quasiment inchangée du substratum vers la surface du sol. L'analyse des photos de lames minces [137] montre qu'à $18$ m de profondeur, le diamètre de la sphère ayant même surface spécifique avoisine $30\,\mu$m et vers $13$ à $12$ m de profondeur, $15\,\mu$m, à cause des nombreuses figures de dissolution.

Des observations moins détaillées permettent de dire que la taille des quartz et leurs figures de dissolutions restent similaires le long des versants courts, du ferralsol au podzol. Par contre, au niveau du podzol géant, les quartz deviennent beaucoup plus petits et plus lisses (toucher farineux, d'après M. Grimaldi, comm. pers.).

## 2.4.2 Les kaolinites

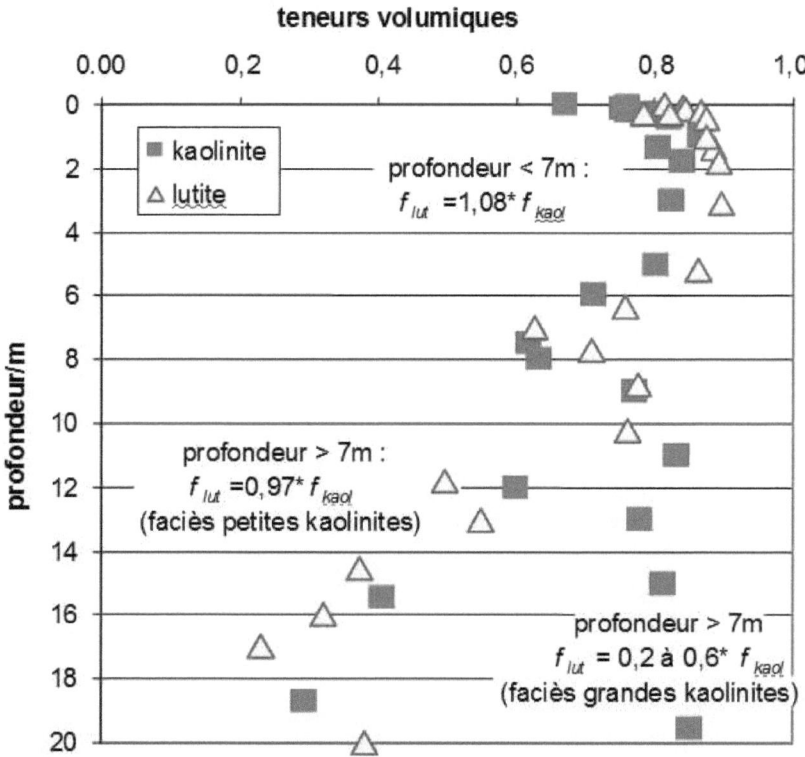

FIG. 2.9 – **Evolution comparée des teneurs en lutite et kaolinite, sur ferralsol de plateau.** *Prélèvements et mesures de [137] sur la coupe C1 pour les profondeurs 3 à 20 m, ou de [65] dans un plateau proche pour les profondeurs 0 à 2 m.*

**Observations**

Les observations au microscope par Lucas [137] montrent que le substratum contient deux familles de kaolinites : de grands cristaux de 1 à 5 $\mu$m, et de petites kaolinites de moins de 0,05 à 0,2 $\mu$m. Les petites kaolinites sont en forme de plaquettes ou lentilles à la surface lisse et aux bords assez arrondis, avec un rapport petit diamètre/grand diamètre d'environ 5, la taille ci-dessus mentionnée étant celle du grand diamètre. Les grandes kaolinites sont constituées de plaquettes (hexagonales en bas de profil, arrondies en haut, selon Lucas, comm. pers.) assemblées en forme d'accordéon.

La teneur en grandes kaolinites diminue du substratum vers l'horizon nodulaire, au-dessus duquel toutes les kaolinites sont de petite taille. Ces observations sont confirmées par l'évolution avec la profondeur de la teneur en kaolinite et de celle en lutite (voir fig 2.9). La mesure optique par Giral [98] de la taille des kaolinites de ces profils semble indiquer que la famille de grandes kaolinites est abondante sur toute la hauteur du profil. Il semble que pour ces mesures, les grandes kaolinites observées au-dessus de 9 m de profondeur correspondent à de petits agrégats de kaolinite non dissociés par le protocole expérimental.

**Taille des kaolinites déduite des surfaces spécifiques**

Nous avons déduit la taille des kaolinites à partir de mesures de surface spécifique sur sol total, pour le ferralsol, à partir des hypothèses suivantes :
– Kaolinites, oxydes métalliques et matière organique du sol sont supposés avoir même surface spécifique moyenne à chaque profondeur,
– Les quartz ont une surface spécifique inférieure à celle de sphères de 1 $\mu$m de diamètre.

La première hypothèse repose sur le fait que la matière organique et les oxydes métalliques sont de taille similaire à celle des kaolinites et représentent au plus 1/4 de la teneur massique en kaolinite aux profondeurs concernées, qui excluent l'horizon nodulaire. Ainsi le biais introduit par cette hypothèse ne devrait pas être trop important. La deuxième hypothèse repose sur les observations en lame mince des quartz (§ précédent).

Les surfaces spécifiques sur sol total remanié ont été mesurées par méthode au $N_2$ par Ph. Quetin à l'INRA Orléans. Nous en avons déduit le diamètre équivalent $D_{eq}$, qui est le diamètre de particules sphériques ayant même surface spécifique. Les kaolinites ont environ une forme de lentille (ellipsoïdale) dont le grand diamètre $D$ vaut 5 fois le petit diamètre, ce qui donne :

$$D = 2{,}73.D_{eq} \qquad (2.2)$$

Le détail du calcul figure en Annexe F.1. Les résultats sont donnés au Tableau 2.7.

TAB. 2.7 – *Taille moyenne des kaolinites déduite de la surface spécifique du sol total.*

| profondeur/m (sur coupe C1 p.30) | surface spécifique sol total | | teneur en quartz | diamètre de sphère $D_{eq}$/nm de la surf. spé. des kaolinites | |
|---|---|---|---|---|---|
| | /m².g$^{-1}$ | erreur ± | % masse | minimum | maximum |
| 0,15 | 31,6 | 0,043 | 9,3 | 66 | 67 |
| 0,3 | 45,5 | 1,382 | 7,7 | 45 | 48 |
| 0,65 | 32,6 | 0,061 | 6,3 | 66 | 66 |
| 1,05 | 32,0 | 0,075 | 6,1 | 67 | 68 |
| 2,8 | 28,8 | 0,054 | 4,7 | 76 | 76 |
| 4,5 | 25,6 | 0,051 | 5 | 85 | 86 |
| 9 | 15,3 | 0,03 | 12,3 | 132 | 135 |
| Mesures de surface spécifique au $N_2$ par Ph. Quetin à l'INRA Orléans | | | | | |
| Teneurs en quartz au même site [137], [65] | | | | | |
| Densité réelle du sol au même site [106] : 2,61 à 2,65 | | | | | |

### 2.4.3 Les gibbsites

Au microscope d'après Lucas [137], les cristaux de gibbsite sont de taille variable, de 0,1 µm à 0,1 mm. On trouve de petites gibbsites dans le fond meuble ou les nodules gibbsitiques, de grandes gibbsites dans les nodules ferrugino-gibbsitiques.

# Chapitre 3

# Espace poral

## 3.1 Généralités et notations

L'espace existant entre les particules solides du sol s'appelle l'espace poral, ou porosité. Cette porosité est occupée par divers fluides : la solution du sol (liquide), l'atmosphère du sol (gazeuse), éventuellement des liquides non miscibles avec l'eau (hydrocarbures, liquides gras d'origine biologique...). La taille des pores constituant la porosité détermine les propriétés hydriques d'un sol : les pores fins retiennent l'eau par capillarité, les pores larges laissent l'eau circuler rapidement.

### 3.1.1 Pression matricielle

En pratique, on ne mesure pas la taille des pores, mais la surpression nécessaire pour y injecter du mercure $\Delta P_{Hg,vide} > 0$ (sur échantillon sec) ou la dépression nécessaire pour en extraire l'eau $\Delta P_{eau,air} < 0$ (sur échantillon humide). La loi de Laplace et Jurin décrit l'équilibre entre les forces de capillarité, qui sont dues à la tension de surface des fluides aux trois interfaces fluide 1 - fluide 2, fluide 1 - solide, fluide 2 - solide. Elle donne la taille $r$ du pore, inversement proportionnelle à la différence de pression entre les deux fluides :

$$\Delta P_{1,2} = P_1 - P_2 = -\frac{2\sigma_{1,2}\cos(\alpha_{1,2,solide})}{r} \tag{3.1}$$

Nous avons utilisé cette loi avec une tension de surface $\sigma_{eau,air}$ de 0,073 N/m et $\sigma_{Hg,vide}$ de 0,480 N/m et un angle de contact $\alpha_{eau,air,sol}$ nul et $\alpha_{Hg,vide,sol}$

de 141°. Pour les modèles de pore cylindrique ou de pore en forme de fente plane, cette taille $r$ correspond respectivement au rayon du pore ou à sa largeur d'ouverture. Pour un pore réel, à la géométrie complexe, cette taille correspond aux resserrements de ce pore, et cette "taille d'entrée de pores" est différente de sa "taille de sortie" en raison des effets d'hystérésis. Un pore réel, de section plutôt polygonale, peut d'ailleurs être partiellement plein, comme le notent Tuller et Or [215]. Nous expliciterons plus précisément ce qu'est la taille d'un pore au sens de la porosimétrie à la p.351.

La pression matricielle d'un sol (notée $\Delta P_m$) est définie ainsi :

- Quand le sol est rempli d'eau et d'air, la pression matricielle est la différence de pression nécessaire pour extraire de l'eau de ce sol, qui égale la différence de pression entre la pression dans l'eau et la pression dans l'air de ce sol : $\Delta P_m = P_{eau} - P_{air}$. Quand les surfaces du sol sont hydrophiles, $\Delta P_m$ est négatif.

- Quand toute la porosité est remplie d'eau, on prend comme référence $P_{air}$ la pression atmosphérique dans l'air à même altitude et $\Delta P_m$ devient positif.

Quand la porosité est remplie d'eau et d'air, en conditions naturelles, l'air est souvent connecté à l'air atmosphérique et donc $P_{air}$ avoisine $10^5$ Pa. La pression absolue dans l'eau $P_{eau}$ varie alors de $-1,5.10^8$ Pa à $+10^5$ Pa, si la taille maximale $r$ des pores remplis d'eau varie de 10 nm à 1 mm. Pour un lecteur non coutumier des milieux poreux, une pression isotrope négative dans un fluide peut sembler choquante. C'est pourtant parfaitement possible parce que l'eau n'est pas un gaz parfait et que la tension de surface de l'eau et la géométrie de l'espace poral empêchent la cavitation. Je démontre cela en partie III. Une pression négative signifie simplement que l'eau exercera une force d'attraction sur toute paroi fictive qu'on y introduirait. Les propriétés physico-chimiques de l'eau sous pression fortement négative sont d'ailleurs sensiblement différentes de celles de l'eau libre sous pression positive : activité de l'eau, solubilité des minéraux, pression de vapeur saturante ... [206]. Nous en reparlerons plus loin.

### 3.1.2 Nomenclature des pores selon leur taille

Nous adopterons la nomenclature suivante, regroupant les pores en trois catégories en fonction de leurs propriétés hydrodynamiques.

- *Les pores résiduels*, qui contiennent l'eau résiduelle, que les racines des plantes ne peuvent pas extraire par succion, de taille $r$ inférieure à $0,1\,\mu$m (soit une pression matricielle de l'eau $\Delta P_m < -1,5$ MPa). En conditions naturelles, l'eau ne peut en être extraite que par évaporation.

- *Les micropores*, qui contiennent l'eau biodisponible, c'est-à-dire extractible par les plantes ($r > 0,1\,\mu$m, soit $\Delta P_m > -1,5$ MPa, limite dite "point de flétrissement permanent") et retenue dans le sol par capillarité même quelques heures après la pluie ($r < 10\,\mu$m, soit $\Delta P_m < -15$ kPa, limite dite "capacité au champ"). L'estimation de cette deuxième limite varie selon la texture du sol et les auteurs (4 ou $5\,\mu$m en moyenne selon Lozet et Mathieu [136] ou Luxmoore [144], $14,5\,\mu$m selon van den Berg et al. [221]).

- *Les méso- et macropores*, qui jouent un rôle essentiel dans la conductivité hydraulique quand ils sont remplis d'eau car l'eau s'y écoule rapidement par gravité : en quelques heures ou quelques minutes pour les mésopores ($10\,\mu$m$< r <100\,\mu$m, soit -15 kPa$< \Delta P_m <$-1,5 kPa), en quelques secondes pour les macropores ($r > 0,1$ mm). Les macropores sont généralement définis comme susceptibles d'être le siège de flux d'eau préférentiels ; l'estimation de leur taille minimale varie selon les sols et les auteurs entre 0,06 mm et 2 mm selon Buczko et al. [47].

Nous parlerons aussi de "pores fins", qui contiennent l'eau matricielle, à écoulement très lent et qui doit être extraite par des méthodes particulières (distillation sous vide ou extraction dans une marmite à pression). Les autres pores seront dits "pores larges", contenant l'eau libre, qui peut être récoltée simplement par gravité, dans des lysimètres. La limite entre pores fins et larges n'est pas fixée *a priori* ici ; elle avoisine la limite entre micropores et mésopores.

### 3.1.3 Notations pour décrire le spectre de porosité

Pour décrire le volume total de pores, on parle de porosité $f$ ou d'indice de fluide $e$, respectivement par référence au volume total de sol $V_{tot}$ ou au volume de solide $V_{solid}$ :

$$f = \frac{V_{fluide}}{V_{tot}} \quad \text{et} \quad e = \frac{V_{fluide}}{V_{solid}} \qquad (3.2)$$

Pour décrire les volumes d'eau et d'air dans le sol $V_{eau}$ et $V_{air}$ en fonction de la pression matricielle $\Delta P_m$, ou le volume de vide dans le sol $V_{vide}$ en fonction de la pression de mercure $P_{Hg}$, nous utiliserons respectivement l'indice d'eau $n$, l'indice d'air $a$ et l'indice de vide partiel $u$, définis par rapport au volume de solide :

$$n = \frac{V_{eau}}{V_{solid}} \quad , \quad a = \frac{V_{air}}{V_{solid}} \quad \text{et} \quad u = \frac{V_{vide}}{V_{solid}} \qquad (3.3)$$

Par soustraction entre deux indices $n$ ou $u$ pour deux pressions différentes sur le même échantillon, nous obtenons respectivement les indices de pores résiduels, micropores, mésopores, sur échantillon sec ou humide : $u_{res}$, $u_{micro}$, $u_{meso}$, $n_{res}$, $n_{micro}$, $n_{meso}$. Par soustraction entre le volume total de fluide et le volume d'eau dans les autres pores, nous obtenons le volume de macropores et d'air résiduel (air dans les pores non-connectés, peu abondants ici, bulles d'air piégées lors de l'imbition, air lié aux surfaces organiques hydrophobes du sol) : $n_{macro} + a_{res} = e_{humid} - n_{res} - n_{micro} - n_{meso}$; $u_{macro} = e_{sec} - u_{res} - u_{micro} - u_{meso}$.

La courbe $u$ ou $n$ en fonction de la taille maximale $r$ des pores remplis respectivement d'eau ou de vide s'appelle la courbe de porosité. La courbe dérivée, où $r$ est en échelle logarithmique, $\frac{dn}{d\log(r/r_0)}$ (et de même pour $u$), s'appelle le spectre de porosité. Quand le spectre de porosité est en forme de lobe (c'est-à-dire croissant puis décroissant), la courbe de porosité est en forme de "S" couché, on peut l'approcher par une fonction de type Brutsaert [46] :

$$n = \frac{n_{max}}{1 + (r_A/r)^{\nu_A}} \qquad (3.4)$$

Les deux paramètres $r_A$ et $\nu_A$ ont une signification : $r_A$ est la taille moyenne des pores de ce lobe, $\lambda_A = \frac{\log(3)}{\nu_A}$ est la largeur de ce lobe et l'intervalle $[\log(r_A) - \lambda_A, \log(r_A) + \lambda_A]$ rassemble la moitié du volume de pores $n_{max}$.

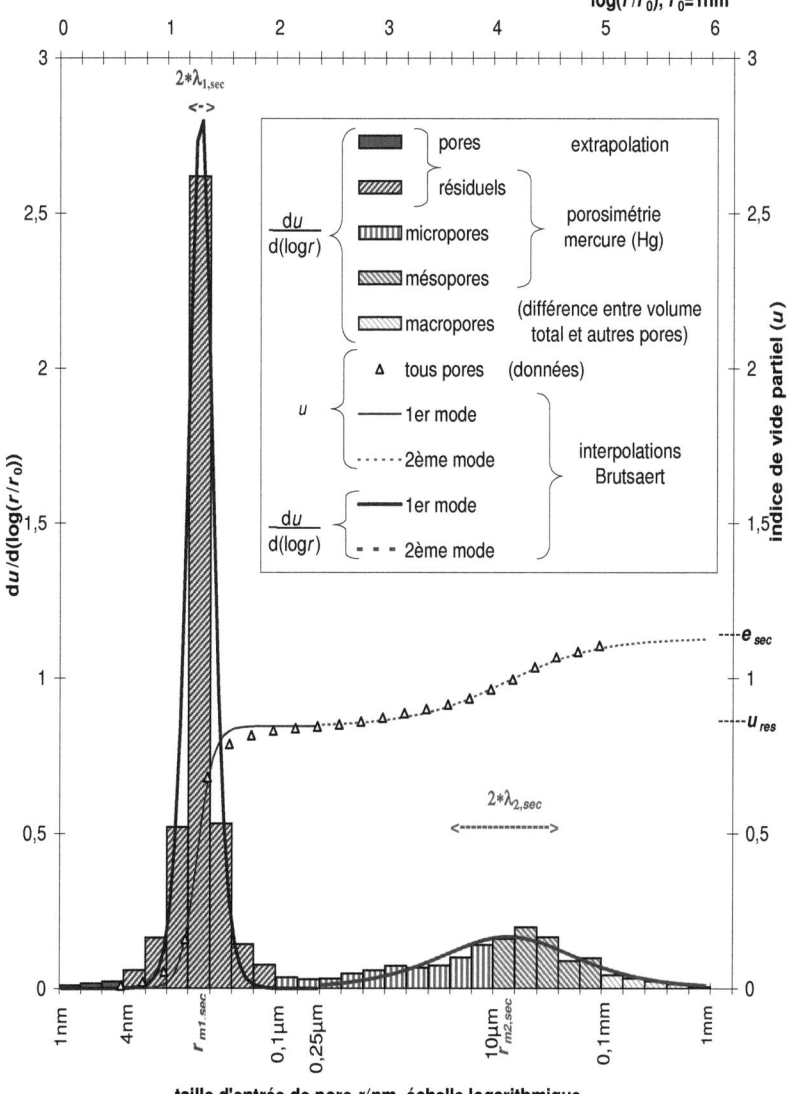

FIG. 3.1 – **Porosité du ferralsol**, profondeur 1,4 m, échantillons séchés, déjà publié [81]. Notations : p.82. Les triangles sont les données de la courbe de porosité, l'histogramme en donne la dérivée appelée spectre de porosité. Leurs courbes interpolatrices de type Brutsaert sont notées respectivement en traits fin (courbe de porosité) ou gras (spectre de porosité). Le volume de pores nanométriques secs est faible, grâce à une faible teneur en lutite fine, ce qui permet d'extrapoler le volume de pores entre 1 et 4 nm par un petit triangle.

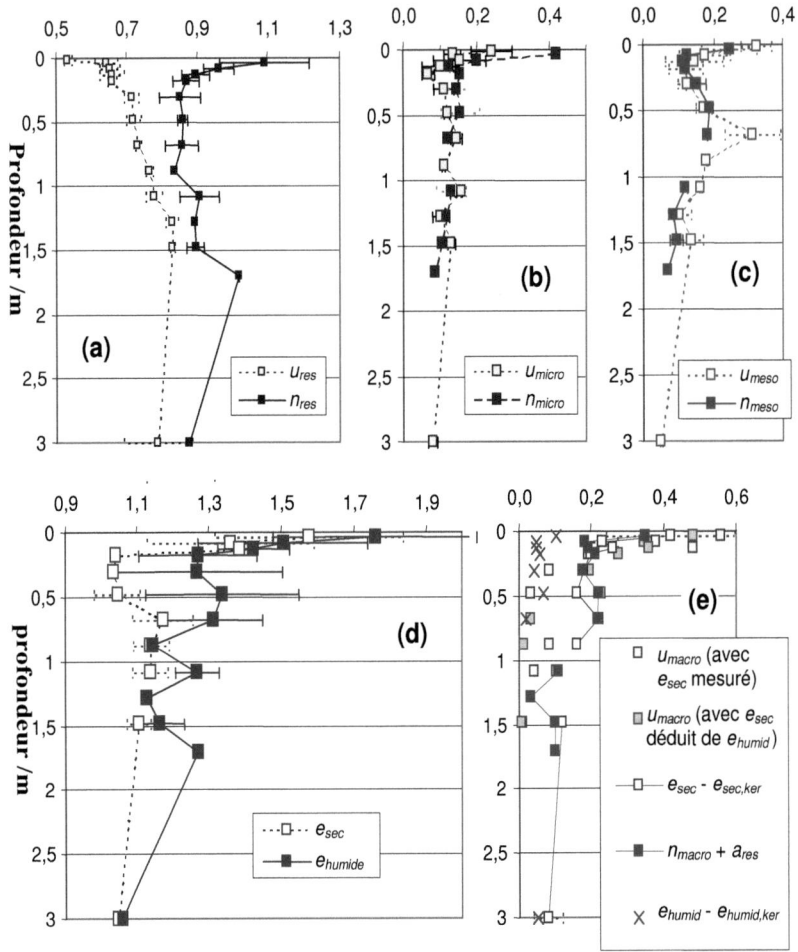

FIG. 3.2 – **Porosité du ferralsol**, profondeurs 0 à 2 m, sol sec et sol humide, déjà publié [81]. Indice de (**a**) pores résiduels (**b**) micropores (**c**) mésopores (**d**) fluide (**e**) macropores. En cas de plusieurs mesures, le signe donne la moyenne et la barre horizontale donne l'écart-type. Notations : p.82.

## 3.2 Espace poral des 2 m supérieurs des formations Nord-Manaus

Pour les deux premiers mètres du ferralsol, du sol de transition et du podzol, une étude détaillée de la porosité a déjà été publiée [81], que nous reproduisons partiellement ici. Nous y référons le lecteur au sujet des méthodes de prélèvement et de mesure, la description et l'interprétation de la dispersion des mesures et de leur interpolation par des fonctions paramétrées de type Brutsaert [46]. Il s'agit de porosimétrie au mercure que nous désignerons par PIM (sur échantillon séché à l'étuve) et de porosimétrie par désorption d'eau (sur échantillon humide, par aspiration puis par évaporation sous atmosphère contrôlée) faites par M. Grimaldi, M. Sarrazin et M. Hodnett. Ces mesures on été comparées avec les mesures de volume total du sol sec ou humide, faites dans le cadre de cette thèse avec la méthode à la paraffine et au kérosène (voir Annexe B).

### 3.2.1 Description des données

Les ferralsols étudiés ici ont des propriétés hydriques particulières, qu'on ne retrouve pas en zone tempérée mais qu'on retrouve largement en zone tropicale, dont l'Amazonie (Arruda *et al.* [10], van den Berg *et al.*[221], Tomasella *et al.* [210], Bui *et al.* [48]). Leur porosité résiduelle est abondante, leur microporosité est particulièrement faible, tandis que dans les horizons de surface, leur porosité large est relativement forte. Toutes les classes de porosité ont leur maximum à la surface, un minimum local entre 0,1 et 0,3 m de profondeur (horizon plus compact), puis un maximum local vers 0,4 à 0,6 m de profondeur pour la méso- et macroporosité. Au-delà de 1 m de profondeur, la porosité résiduelle se stabilise, tandis que la micro-, méso- et macroporosité continuent à décroître légèrement (voir figures 3.1 et 3.2).

Sur le versant, quand la teneur en lutite vaut 30 à 45%, les courbes ont même allure que celles du ferralsol de plateau, avec approximativement une porosité résiduelle deux fois plus faible, une mésoporosité deux fois plus élevée et une macroporosité trois fois plus élevée (voir figure 3.3). Les horizons sont plus épais : l'horizon compact est vers 0,4 m à 0,6 m de profondeur, l'horizon avec nombreux méso-macropores est vers 0,8 à 1,2 m

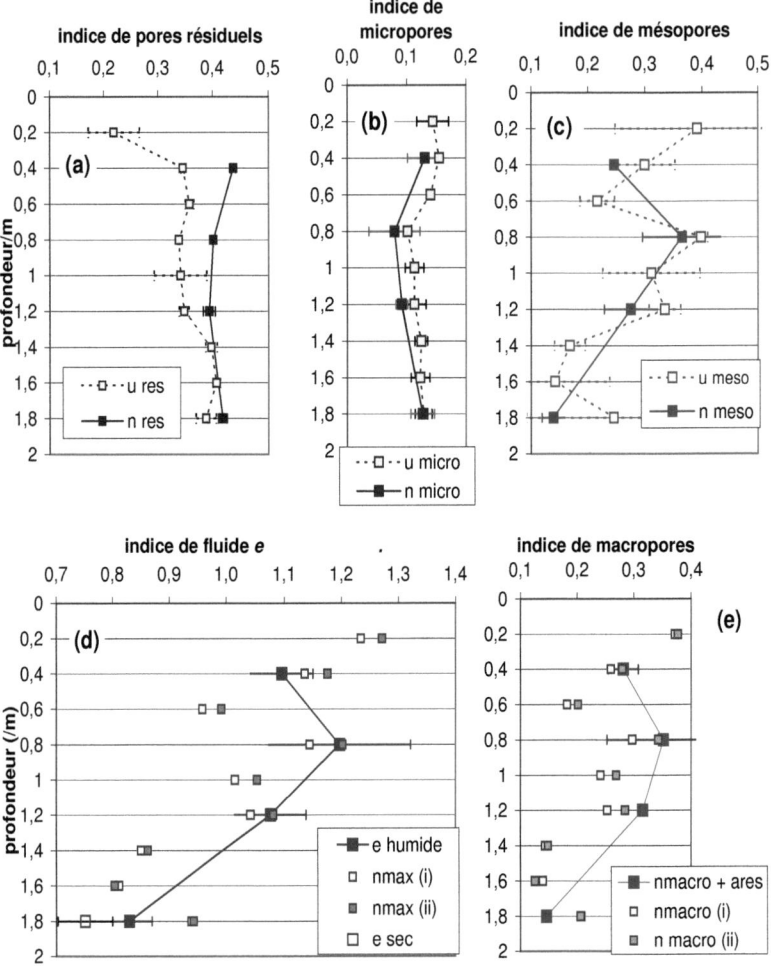

FIG. 3.3 – **Porosité du sol de transition**, profondeurs 0 à 2 m, teneur en lutite 30 à 45%, sol sec (PIM [106] ou [60]) et sol humide (mesures de M. Grimaldi, non publiées). Indice de **(a)** pores résiduels **(b)** micropores **(c)** mésopores **(d)** fluide **(e)** macropores. En cas de plusieurs mesures, le signe donne la moyenne et la barre horizontale donne l'écart-type. Notations : p.82. Les valeurs (i) et (ii) ne sont pas des données mais sont déduites de PIM à partir des relations des tableaux 3.1 et 3.2 p.92, **(i)** Calcul de la porosité totale accessible $n_{max}$ d'abord, puis de la macroporosité par soustraction : $n_{max} = 1{,}04 * u_{max} + 5{,}5 * C$ avec $u_{max} = u_{res} + u_{micro} + 1{,}4.u_{meso} + 12.C$ puis $n_{macro} = n_{max} - n_{res} - n_{micro} - n_{meso}$. **(ii)** Calcul de la macroporosité d'abord, puis de la porosité totale accessible par addition : $n_{macro} = 0{,}8.u_{meso} + 4.C$ puis $n_{max} = n_{res} + n_{micro} + n_{meso} + n_{macro}$.

de profondeur.

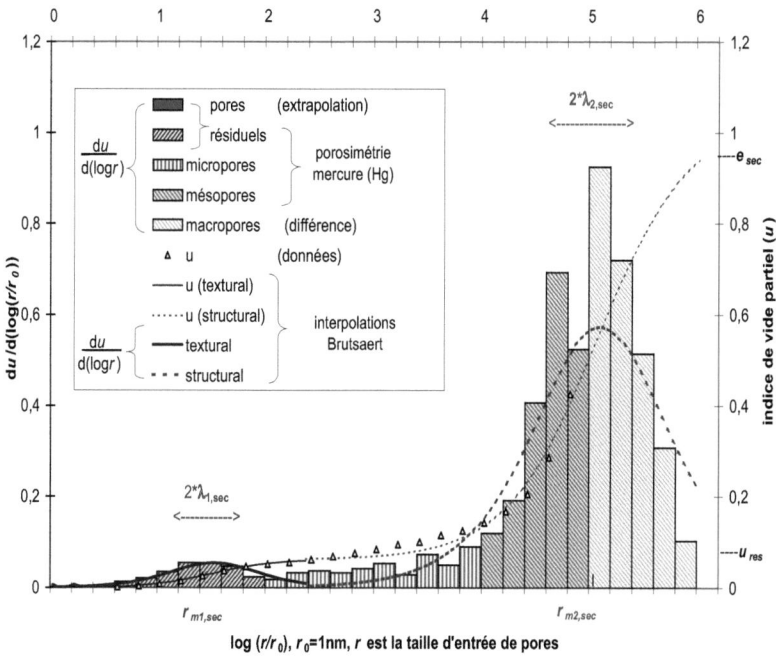

FIG. 3.4 – **Spectre de porosité du podzol humique**, teneur en lutite 3,5%, profondeur 0,4 m, échantillons séchés, déjà publié [81]. Notations de la p.82.

En bas de versant, pour le podzol, la porosité résiduelle et la microporosité sont faibles, la méso-macroporosité devient prépondérante (voir figures 3.4 et 3.5).

Tous les sols de ce versant ont peu de pores autour de la taille $r_{creux} = 0{,}25\,\mu$m. Cette taille sépare le spectre de porosité en deux modes. Pour les pores du premier mode, c'est-à-dire ceux qui sont plus petits que $r_{creux}$, la courbe de porosité est très bien approchée par une courbe de type Brutsaert [46]. Pour les pores du deuxième mode, plus grands que $r_{creux}$, une courbe de ce type n'est pas bien adaptée. Il faudrait introduire un autre paramètre, souvent noté $m$ proposé par van Genuchten [223], pour tenir compte de la dissymétrie de ce deuxième mode. Nous avons essayé de le faire, mais ces nombreux paramètres n'ont alors plus de signification physique directe ; leurs variations avec la profondeur sont très irrégulières, comme le montrent les résultats de Tomasella et al. [209] sur ces sols. Il

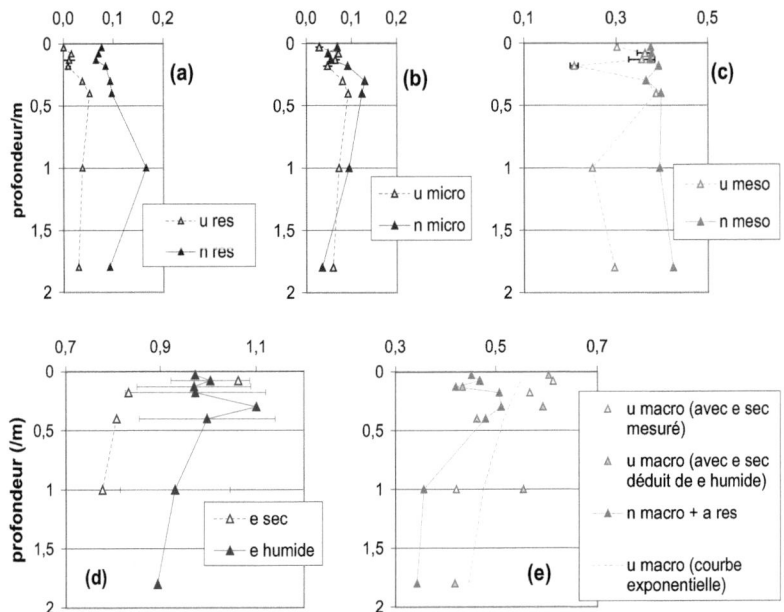

FIG. 3.5 – **Porosité du podzol**, profondeurs 0 à 2 m, teneur en lutite 1 à 5%, sol sec et sol humide, déjà publié [81]. Indice de **(a)** pores résiduels **(b)** micropores **(c)** mésopores **(d)** fluide **(e)** macropores. En cas de plusieurs mesures, le signe donne la moyenne et la barre horizontale donne l'écart-type. Notations de la p.82.

est donc difficile de les interpoler verticalement ou de les prédire à partir d'autres caractéristiques du sol (granulosité, proximité de la surface, teneur en matière organique), comme le souligne Bastet [18] à propos d'autres sols. Dans l'optique de modélisation de ce travail de thèse, nous préférerons décrire les pores du deuxième mode par les volumes de micropores, mésopores, macropores, plutôt que par les paramètres d'une courbe analytique.

### 3.2.2 Interprétation des données

La porosité résiduelle est formée principalement par l'agencement des particules d'argile et la matière organique fine (observations au microscope électronique à balayage, par Chauvel [57]). On observe de très bonnes corrélations entre le volume de porosité résiduelle sur échantillon sec et la

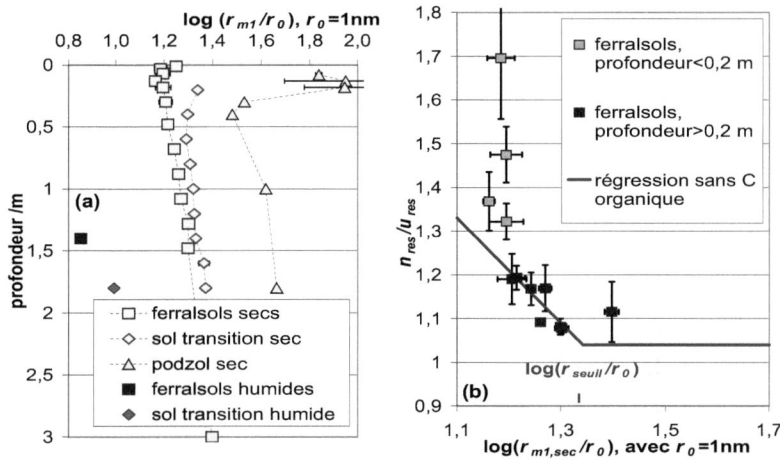

FIG. 3.6 – **Premier mode de porosité**, profondeurs 0 à 2 m, sol sec et sol humide, déjà publié [81]. **(a)** rayon moyen de pores du 1er mode **(b)** contraction de la porosité résiduelle par séchage en fonction de ce rayon moyen. En cas de plusieurs mesures, le signe donne la moyenne et la barre donne l'écart-type. Notations p.82.

teneur en lutite ainsi qu'entre la taille moyenne de pores du premier mode $r_{m1,sec}$ et la taille moyenne des particules de lutite donnée par mesures BET (voir pp.178 et 247 en partie II).

La faible microporosité est corrélée à la faible teneur en limons et sable fin. Elle cause une faible quantité d'eau biodisponible, ce qui est un handicap pour le développement des végétaux et explique probablement le profond enracinement de la forêt malgré un climat humide.

La méso-macroporosité des sols contenant plus de 30% de lutite est due à la microagrégation de lutite, les particules de sable quartzeux et les nodules gibbsitiques restant enrobés dans la matrice de lutite.[1] Dans le podzol, la méso- macroporosité est due à l'agencement des grains de quartz, la lutite formant de petits agrégats interstitiels ou des revêtements, selon Cornu [65].

Au niveau compacté (nommée "semelle de labour biologique" par Chauvel et al. [61]), se retrouvent à la fois la lutite la plus fine (figure 3.6 p.89 ; Cornu [65] Fig.58), un minimum local de micro- et mésoporosité (figure 3.2

---

[1]. voir pp.341 et suivantes, l'interprétation de cette limite à 30% de lutite.

p.84) et de concentration en racines (d'après Chauvel *et al.* [61]). Ces caractères peuvent résulter de la translocation des particules les plus fines, issues de la surface, qui s'accumuleraient à la base de l'horizon fortement pédoturbé en obturant en partie la microporosité. La concentration racinaire relativement faible est à la fois cause et conséquence d'une faible micro- et mésoporosité (peu d'eau biodisponible, faible pénétrabilité du sol). Remarquons aussi que le niveau plus compact coïncide avec la transition entre une MO relativement jeune au-dessus et une MO plus vieille en dessous (voir p.67). On peut y voir une confirmation de l'interprétation de ce niveau compact. La forte pédoturbation sus-jacente permet la pénétration de MO jeune, en provenance de la litière, dans le sol jusqu'à ce niveau compact.

Le niveau fortement méso- et macroporeux correspond à une concentration de l'habitat des termites sur les plateaux [61]. Sur les versants, ce niveau est probablement encore lié à l'habitat des termites. La diminution de teneur en lutite peut expliquer l'augmentation de la profondeur où l'humidité est suffisante pour les termites. De plus, des flux hydriques latéraux peuvent s'y localiser et contribuer à entretenir ce niveau plus méso- et macroporeux.

## 3.3 Comparaison de l'espace poral sur échantillon sec ou humide

Cette comparaison conduit aux résultats suivants, déjà publiés [81].
– Des fonctions de pédotransfert ont été établies, permettant de décrire le volume poral en conditions naturelles (c'est-à-dire humide) à partir du volume poral sec (mesuré par porosimétrie mercure, méthode beaucoup plus facile et rapide à mettre en oeuvre), voir tableau 3.1. La contraction par séchage de la porosité résiduelle est d'autant plus importante que ces pores sont étroits (voir figure 3.6(**b**) p.89). Ceci conduit à une unique fonction de pédotransfert pour la porosité résiduelle de tous les sols étudiés (tableau 3.2), que nous utiliserons de préférence à celle du tableau 3.1 dans ce travail.
– Dans le domaine des pores fins, ces fonctions de pédotransfert reflètent aussi les artefacts liés aux méthodes de mesure. La méthode par désorption d'eau, interprétée à partir de la loi de Laplace, surestime le

volume de pores les plus fins (de taille nanométrique, inférieurs à 2 nm [84]), car l'eau qui semble être retenue dans ces pores par capillarité est en partie retenue par la physisorption sur les surfaces minérales de pores plus larges. La porosimétrie par injection de mercure, (PIM), interprétée à partir de la loi de Laplace, surestime le volume de pores de taille micrométrique, car le volume de mercure injecté aux pressions correspondantes ne correspond pas seulement au remplissage des pores micrométriques, mais aussi à la compression de pores plus fins (dont le volume sera ensuite sous-estimé). Le séchage à l'étuve peut aussi avoir conduit à la contraction de la porosité résiduelle tout en créant des fentes de dessiccation micrométriques, d'après l'étude de Bruand et Prost [44] sur un sol similaire, avec une teneur en lutite de 56%, constitué d'argiles non gonflantes (82% d'illite et kaolinite), de quartz, d'oxydes et pauvre en matière organique (1%). Balbino *et al.* en 2001 [14] ont conduit une étude similaire à la nôtre sur ces ferralsols, limitée aux pores de taille inférieure à 1,5 $\mu$m et aux horizons superficiels. Ils observent aussi une contraction par séchage, légèrement plus faible que celle observée ici. Ils omettent de mentionner les artefacts de mesure. Ils interprètent la contraction liée à la présence de matière organique comme une réorganisation des molécules organiques lors de la dessiccation.

– Cette étude nous renseigne sur la structure de ces sols et leurs conditions de formation. La porosité résiduelle voit ses propriétés varier progressivement verticalement et latéralement (volume et taille moyenne ; modification de ces paramètres entre PIM et désorption d'eau), ce qui correspond à l'homogénéisation de la fraction fine du sol par pédogenèse. La porosité large et la porosité totale des sols argileux (au moins 30% de lutite), augmente avec la proximité de la surface et sa contraction par séchage augmente aussi. Pour le podzol, la porosité augmente très peu avec la proximité de la surface et sa contraction par séchage diminue, chose inattendue. Ainsi la pédoturbation (cycles sec-humide, creusement par les racines et la faune) et la présence de matière organique fragilise et aère la structure compacte du ferralsol, alors qu'elle consolide la structure du podzol. Ceci montre que les horizons profonds du podzol ont une structure lâche, lacunaire, qui est cohérente avec l'hypothèse d'une formation *in situ* par éluviation de l'argile présente dans le substratum Alter-do-Chaõ.

TAB. 3.1 – *Fonctions de pédotransfert : régressions linéaires entre volumes poraux secs et humides et teneur massique en carbone organique solide C.*

| | Ferralsols et sol de transition (de 85 à 30 % de lutite) | Podzol humique Bh à 40 cm de profondeur) |
|---|---|---|
| Porosité résiduelle | $n_{res} = 1{,}06.u_{res} + 11{,}3.C \pm 0{,}05$ | $n_{res} = 1{,}04.u_{res} + 6.C \pm 0{,}07$ |
| Microporosité | $n_{micro} = a.u_{micro} + 5.C \pm 0{,}05$ avec $a = 0{,}8$ (ferralsol) ou $a = 0{,}9$ (sol de transition, podzol) | |
| Mésoporosité | $n_{meso} = 0{,}8.u_{meso} + 2.C \pm 0{,}05$ | $n_{meso} = \dfrac{1{,}5z + 3z_1}{z + 3z_1}.u_{meso} \pm 0{,}045$ |
| Macroporosité | par soustraction ou $n_{macro} = 0{,}96.n_{meso} + 4.C \pm 0{,}05$ ; $n_{macro} = 0{,}92.(e_{sec} - e_{sec,ker}) \pm 0{,}04$ ; $n_{macro} = 0{,}8.u_{meso} + 4.C \pm 0{,}04$ | par soustraction ou $n_{macro} = 0{,}96.n_{meso} + 13.C \pm 0{,}06$ ou $n_{macro} = 1{,}2.u_{meso} + 6.C \pm 0{,}03$ |
| Indice de fluide | $e_{humid} = 1{,}04.e_{sec} + 5{,}5.C \pm 0{,}13$ | $e_{humid} = \dfrac{1{,}1z + 3z_1}{z + 3z_1}.e_{sec} + 5{,}5.C$ $\pm 0{,}014$ |
| Contraction du volume total | de 7% en surface à 2% pour z>0,4m | de 1% en surface à 2% vers z=0,2m puis 5% pour $z \geqslant z_1$ |
| | $u_{macro}$ calculé par différence entre mesures sur différents échantillons est trop imprécis pour pouvoir en déduire $n_{macro}$. | |
| | $e_{sec,ker}$ est l'indice de vide total mesuré par la méthode au kérosène *cf.* Annexe B. | |

TAB. 3.2 – *Fonctions de pédotransfert utilisant le rayon moyen d'entrée de pores du premier mode $r_{m1}$. (valable de 1 à 80% de teneur en lutite).*

| Rayon moyen d'entrée de pores du premier mode ($r_{m1}$) | $\dfrac{r_{m1,humid}}{r_{creux}} = \left(\dfrac{r_{m1,sec}}{r_{creux}}\right)^{1{,}39}$ avec $r_{creux} = 0{,}25\,\mu m$ |
|---|---|

| Porosité résiduelle | $n_{res} = \left(1{,}04 + p.\log\left(\dfrac{r_{seuil}}{r_{m1,sec}}\right)\right).u_{res} + 6.C \pm 0{,}07$ |
|---|---|
| | $p = 1{,}2$ si $r_{m1,sec} < r_{seuil}$ avec $r_{seuil} = 22\,\text{nm}$<br>$p = 0$ si $r_{m1,sec} > r_{seuil}$ |

## 3.4 Espace poral des horizons profonds : du ferralsol au substratum

Pour les horizons du ferralsol au-delà de 2 m de profondeur, du saprolithe sous-jacent et jusqu'au substratum, nous disposons de données de porosimétrie au mercure par Grimaldi et Chauvel [106] [60] et de quelques données de volume total (Annexe B et Lucas [137]). Nous supposerons que les teneurs en matière organique, très faibles de toutes façons, sont similaires à celles mesurées à Paragominas par Nepstad et al. [159]. En appliquant les fonctions de pédotransfert définies précédemment, nous obtenons les valeurs indiquées à la figure 3.7.

### 3.4.1 Comparaison des données mesurées ou calculées

Le volume total de pores humides accessibles $n_{max}$ évalué à partir des données de PIM avec les fonctions de pédotransfert des sols argileux semble légèrement sous-évalué : il correspond plutôt aux mesures de volume poral sec $e_{sec}$ qu'aux mesures de volume poral humide $e_{humid}$ (voir figure 3.7(**d**), méthode de calcul (i) ou (ii)). Deux phénomènes peuvent expliquer ce décalage :

- A l'intérieur des nodules gibbsitiques et ferrugineux, relativement abondants à ces profondeurs, peut se trouver un volume de pores inaccessibles ($a_{res}$) non négligeable. Sa valeur maximale est reportée sur le tableau 3.3, elle reste inférieure au décalage observé.
- Les mesures de volume total ont montré, aux profondeurs 6,5 et 7 m, que le sol se contractait beaucoup par séchage (7%), comme les échantillons de podzol au-delà de 40 cm de profondeur. En utilisant les fonctions de pédotransfert définies pour le podzol profond, nous obtenons

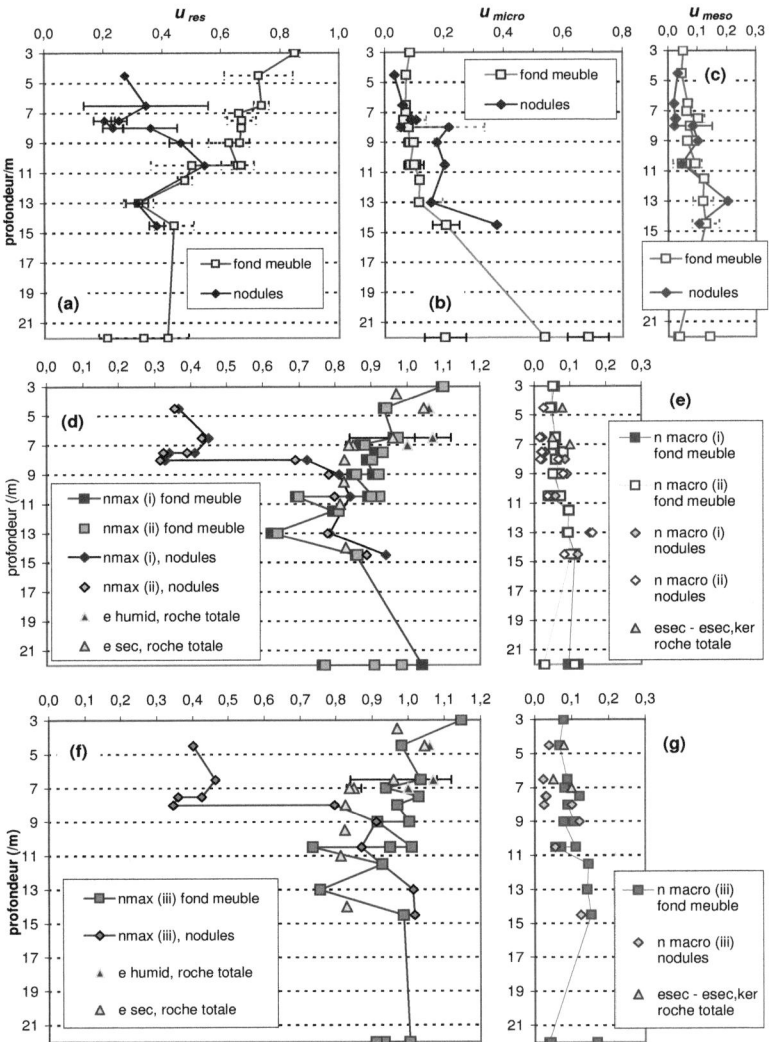

FIG. 3.7 – **Porosité du ferralsol profond jusqu'au substratum**, profondeurs 3 à 22 m. Indice de **(a)** pores résiduels **(b)** micropores **(c)** mésopores **(d)** fluide **(e)** macropores. *(a,b,c)* Données de porosimétrie mercure (PIM). En cas de plusieurs mesures, le signe donne la moyenne et la barre horizontale donne l'écart-type. *(d,e,f,g)* Mesures de volume total (voir Annexe B). Les données *(i)*, *(ii)* et *(iii)* sont déduites de PIM par les relations des tableaux 3.1 et 3.2. **(i),(ii)** voir légende de la figure 3.3 p.86. **(iii)** Calcul de la macroporosité d'abord, puis de la porosité totale accessible par addition, en utilisant cette fois les relations définies pour le podzol profond : $n_{macro} = 1,2.u_{meso} + 4.C$ puis $n_{max} = n_{res} + n_{micro} + n_{meso} + n_{macro}$. Notations p.82.

94

un volume de pores accessibles $n_{max}$ plus correct pour les profondeurs 4 à 13 m (voir figure 3.7(f), méthode de calcul notée (iii)). Ces fonctions de pédotransfert s'appliqueraient ici quelle que soit la teneur en lutite, pour les horizons soumis à une pédogenèse partielle : circulation d'eaux météoritiques sans pédoturbation significative.

TAB. 3.3 – *Calcul du volume maximum de pores inaccessibles liés aux nodules.*

|  |  profondeurs /m | 3 | 5 | 6 | 7 | 7,7 | 8,8 | 10,2 | 11,7 | 13 |
|---|---|---|---|---|---|---|---|---|---|---|
| fractions | sable+limon gros. | **5,3** | **8,3** | **17,7** | **28,5** | **20,5** | **15,1** | **17,7** | **44,4** | **24,7** |
| masses | quartz $f_Q$ | **5,1** | **5** | **5,8** | **12** | **13,5** | **12,3** | **14,7** | **40,3** | **22,5** |
| (/%) | nod. maxi [1] | 0,3 | 4,1 | 14,9 | 20,6 | 8,8 | 3,5 | 3,8 | 5,1 | 2,8 |
| [137] | nod. ferrugineux | *0,0* | *0,0* | *4,8* | *10,0* | *5,8* | *2,5* | *3,8* | *5,1* | *2,8* |
|  | nod. gibbsitiques | *0,3* | *4,1* | *10,1* | *10,6* | *3,0* | *1,0* | *0,0* | *0,0* | *0,0* |
| densité | nod. ferrugineux |  |  |  | **3,15** | **2,97** | **2,7** | **2,65** |  | **2,64** |
| solide | nod. gibbsitiques |  |  |  | **2,51** | **2,54** |  |  |  |  |
| [106] | fond meuble | **2,62** | **2,61** | **2,61** | **2,61** | **2,62** | **2,62** | **2,63** |  | **2,63** |
| fractions | $n_{max}$ nod. ferr. (i) |  |  |  |  | 0,34 | 0,72 | 0,83 | 0,81 | 0,78 |
| volumes | $n_{max}$ nod. gib. (i) |  |  | 0,37 | 0,45 | 0,43 | 0,41 | 0,33 |  |  |
| (/1) | $a_{res,max}$ roche tot[2] | 0,000 | 0,008 | 0,028 | 0,034 | 0,024 | 0,010 | 0,015 | 0,020 | 0,010 |
| **en gras : mesures** ;  *en italique : hypothèses ;*  normal : calcul. |||||||||||
| [1] vaut $(f_{sab} + f_{limg} - f_Q)/(1 - p)$, où $p = 0{,}2$ est la part maximale de quartz au sein des nodules. |||||||||||
| [2] en supposant $a_{res}/n_{max}$ égal à *0,5* dans les nodules tandis que $a_{res}$ est supposé *nul* dans les fonds meubles. |||||||||||

L'évaluation du volume de macropores à partir des données de PIM correspond bien à la différence de volume poral sec mesuré par méthode à la paraffine ou au kérosène (voir Figure 3.7(e)). La précision des mesures ne permet pas de valider préférentiellement une des méthodes de calcul utilisées ici (i), (ii), ou (iii).

### 3.4.2 Description de la porosité du fond meuble et des nodules

Le fond meuble voit sa porosité évoluer du substratum vers les horizons superficiels :

– Sa porosité résiduelle augmente globalement, de 0,4 dans le substratum à 0,85 vers 3 m de profondeur. Une diminution locale vers 13 m et une augmentation brusque vers 7 m sont significatives devant la

dispersion des mesures.
- Sa microporosité diminue fortement du substratum à 13 m, tout en devenant beaucoup plus homogène, puis diminue légèrement de 13 m à 8 m, puis reste stable.
- Sa méso-macroporosité augmente légèrement du substratum à 13 m de profondeur, tout en devenant plus homogène, puis décroît légèrement jusque vers 10 m de profondeur, puis reste stable.
- Son volume poral total s'homogénéise jusque vers 7 m de profondeur, sans varier significativement si ce n'est une diminution locale vers 14 m. Au-dessus de 7 m, il augmente.

La porosité des nodules ferrugineux, de 15 à 7 m de profondeur, et des nodules gibbsitiques, de 8 à 4 m de profondeur, a certaines différences significatives par rapport à celle du fond meuble :
- De 15 à 11 m, la micro-, méso- et macroporosité des nodules (qui sont alors des nodules ferrugineux en formation) est plus importante.
- De 11 à 8 m, la microporosité des nodules (ferrugineux) est plus importante, leur porosité résiduelle est plus faible, leur méso-macroporosité est similaire à celle du fond meuble.
- De 8 à 4 m, les nodules (gibbsitiques, ou ferrugineux en voie de gibbsitisation) voient leur porosité dans toutes les classes de taille devenir significativement plus faible que celle du fond meuble, la taille moyenne des pores du premier mode (40 à 50 nm) étant cependant plus élevée que dans le fond meuble (29 à 31 nm).

Ces tendances s'observent quelle que soit la méthode de calcul du volume poral total et du volume de macropores. La roche totale a une porosité similaire à celle du fond meuble, les nodules représentant moins de 20% de la roche totale entre 6 et 8 m, et moins de 5% ailleurs.

### 3.4.3 Interprétation de la porosité du fond meuble et des nodules

L'hétérogénéité de la porosité du substratum correspond à l'hétérogénéité de sa minéralogie et de sa granulosité. La diminution de la microporosité et l'augmentation de la méso-macroporosité correspondent à des dissolutions sur les grains de quartz et à la dissolution complète des macrocristaux de kaolinite. L'augmentation de la porosité résiduelle aux dépends

des autres classes de porosité correspond au remplissage des minéraux dissous, *in situ*, par des microcristaux de kaolinite et de gibbsite. L'augmentation de la porosité totale au-dessus de 7 m peut être conjointement due aux phénomènes suivants :
- Les dissolutions deviennent plus importantes que les cristallisations (fonte biogéochimique sans tassement),
- La pression de poussée des racines dilate globalement le sol vers le seul espace libre, donc vers la surface du sol. La porosité frayée par une racine n'est que partiellement comblée ensuite après le pourrissement ou démantèlement de cette racine.
- La faune peut créer de la porosité en creusant des galeries dans le sol et en rejetant en surface du sol la matière creusée.

Quant aux nodules, l'analyse de leur porosité correspond parfaitement aux observations minéralogiques et morphologiques résumées à la p.29. Les nodules ferrugineux se forment par revêtements de cavités de quartz dissous, sans les remplir entièrement, d'où une micro-, méso et macro-porosité importantes. Dans les nodules gibbsitiques, micro- ou macro-cristaux de gibbsite remplissent l'espace densément, plus encore que le plasma kaolinite-gibbsite du fond meuble. Les macrocristaux de gibbsite apparaissent seulement lors de la gibbsitisation de nodules ferrugineux, autrement dit dans des pores larges certes, mais peu connectés au reste de la porosité. Cette répartition suggère que les oxydes de fer sont stables par rapport aux eaux de circulation rapide, tandis que la gibbsite est stable par rapport aux eaux confinées, de circulation lente.

# Chapitre 4

# Conductivité hydraulique

## 4.1 Définition et notations

### 4.1.1 Loi de Darcy

Dans un sol, l'eau est soumise aux forces de gravité, ce qui tend à la faire s'écouler de haut en bas. Pour un sol rempli d'eau et d'air, l'eau est également soumise aux forces de capillarité; pour un sol uniquement rempli d'eau, l'eau est également soumise aux forces de pression transmises par l'eau. Une définition générale de la conductivité hydraulique $K$ est donnée par la Loi de Darcy:

$$\vec{U} = -\overline{\overline{K}}.\overrightarrow{\text{grad}}(H) \quad \text{où} \quad H = h + z = \frac{\Delta P_m}{\rho_w g} + z \quad \text{et} \quad \overline{\overline{K}} = \overline{\overline{k}}.\frac{\rho_w g}{\eta} \quad (4.1)$$

que nous détaillons aux paragraphes suivants.

**Vitesse de Darcy**

La vitesse de Darcy $\vec{U}$ représente la vitesse moyenne du fluide si celui-ci avançait sur tout le volume de sol. La vitesse microscopique moyenne d'avancée du fluide $\vec{u}$ vérifie $\vec{U} = \theta.\vec{u}$, où $\theta = \frac{V_{eau}}{V_{tot}}$ désigne la teneur volumique en eau. $\theta$ reste inférieure ou égale à la porosité $f = \frac{V_{fluide}}{V_{tot}}$.

**Charge hydraulique**

La charge hydraulique $H$ est la somme du potentiel gravitaire $z$ et du potentiel matriciel $h$. Les potentiels $H$, $h$, $z$ sont exprimés en distance

(/m ou /mCE c'est-à-dire mètres de colonne d'eau). Ces potentiels correspondent respectivement à la pression totale $P_{tot}$, à la pression matricielle $\Delta P_m$ (définie p.79) ou à la pression gravitaire $P_g$ exprimées en Pascals :

$$P_{tot} = \rho_w g.H \quad \Delta P_m = \rho_w g.h \quad \text{et} \quad P_g = \rho_w g.z \qquad (4.2)$$

où $\rho_w$ est la masse volumique de l'eau et $g$ l'accélération de la pesanteur.

$z$ est simplement l'altitude, avec un axe des $z$ orienté positivement vers le haut. Les potentiels $z$ et $H$ sont donc définis à une constante additive près, qui dépend de l'altitude choisie comme origine (où $z = 0$).

Par contre, le potentiel matriciel $h$ est défini de façon absolue :
– En surface de la nappe phréatique, $h = 0$. Les pressions dans l'eau et l'air à même altitude sont égales ($\Delta P_m = 0$ c'est-à-dire $P_{eau} = P_{air}$).
– Au-dessus de la nappe phréatique (dite zone *vadose* en anglais), où la porosité est remplie d'eau et d'air, $h < 0$. La pression dans l'eau y est inférieure à celle dans l'air à cause des forces de capillarité, car les surfaces hydrophiles minérales exercent une traction sur l'eau.
– Dans la nappe phréatique, $h > 0$, à cause du poids de la colonne d'eau sus-jacente.

**Gradient de charge hydraulique**

La variation $\vec{F} = -\overrightarrow{\text{grad}}(H)$ de la charge hydraulique est la force qui fait se mouvoir l'eau du sol, somme des forces de gravité et des forces de capillarité (si $h < 0$) ou de pression transmise par l'eau (si $h > 0$). La force $F$ est sans dimension ; elle correspond à la force volumique $F_v$ exprimée en N.m$^{-3}$ :

$$F_v = \rho_w g.F \qquad (4.3)$$

A l'équilibre, $\overrightarrow{\text{grad}}(H) = \vec{0}$ sur tout le profil de sol. Le potentiel matriciel $h$ correspond alors exactement à la distance verticale entre l'horizon considéré et la surface de la nappe phréatique sous-jacente (si $h < 0$) ou sus-jacente (si $h > 0$).

**Conductivité hydraulique**

La conductivité hydraulique ainsi définie $\overline{\overline{K}}$ dépend de la masse volumique $\rho$ du fluide et de sa viscosité dynamique intrinsèque $\eta$. Ce qui est véritablement caractéristique du sol, c'est la perméabilité intrinsèque $\overline{\overline{k}}$. Cependant nous parlerons ici de conductivité hydraulique du sol, car son unité ($/\mathrm{m.s}^{-1}$) est parlante, en sous-entendant que le fluide est de l'eau ou une solution aqueuse très diluée, à 20$^o$C. Une augmentation de $K$ d'environ 12% sera nécessaire pour en déduire la conductivité hydraulique avec de l'eau à 26$^o$C, d'après Mohrath et al. [155].

La conductivité hydraulique est donc définie comme le coefficient matriciel d'une loi apparemment linéaire entre la force motrice de l'eau $\vec{F}$ et son mouvement d'ensemble $\vec{U}$. Mais ce coefficient $\overline{\overline{K}}$ dépend de la teneur en eau $\theta$, ce qui rend la loi de Darcy non-linéaire. Des mesures expérimentales sont nécessaires pour déterminer cette conductivité hydraulique et ses variations en fonction de la teneur en eau $\theta$.

### 4.1.2 Conservation de la masse d'eau

Les variations temporelles de la teneur en eau $\theta$ permettent de déterminer les variations spatiales de la vitesse de Darcy $U$, d'après la loi de conservation du volume d'eau :

$$\frac{\partial \theta}{\partial t} + \mathrm{div}(\vec{U}) = 0 \qquad (4.4)$$

### 4.1.3 Expériences de détermination de la conductivité hydraulique

Les expériences de détermination de $\overline{\overline{K}}$ se font sur un écoulement unidimensionnel, en supposant que le sol est localement homogène et que l'éventuelle anisotropie de $\overline{\overline{K}}$ a pour directions principales la direction de l'écoulement et le plan orthogonal. Ainsi pour un écoulement vertical, la loi de Darcy et la loi de conservation de l'eau projetées sur l'axe des $z$ (axe vertical positif vers le haut) deviennent alors :

$$U_z = -K_{zz}.\frac{\partial H}{\partial z} = -K_{zz}.\left(\frac{\partial h}{\partial z}+1\right) = K_{zz}.F_z \quad \text{et} \quad \frac{\partial \theta}{\partial t} + \frac{\partial U_z}{\partial z} = 0 \qquad (4.5\mathrm{a})$$

$$\text{soit en omettant les indices } z \quad U = K.F \quad \text{et} \quad \frac{\partial \theta}{\partial t} + \frac{\partial U}{\partial z} = 0 \qquad (4.5\mathrm{b})$$

Quand une pluie abondante a rempli d'eau toute la porosité du sol et tant que cette zone remplie d'eau n'a pas atteint la nappe phréatique, la pression matricielle est nulle dans cette zone. Cette eau n'est soumise qu'aux forces de gravité, le gradient de charge hydraulique vaut 1 et est dirigé verticalement. La conductivité hydraulique verticale égale alors la vitesse descendante de Darcy $U_z = -K_{zz}$. C'est souvent ce qui a lieu lors des mesures de conductivité hydraulique sur sol très humide.

### 4.1.4 Données disponibles

Nous présenterons ici trois séries de mesures de conductivité hydraulique des sols de Nord-Manaus :
- des mesures *in situ*, sur sol très humide ($r > 15\,\mu$m soit $\Delta P_m > -10$ kPa) sur ferralsol recouvert de forêt par Barros *et al.* [17], ou de pâturage par ces mêmes auteurs [17] ou par Tomasella et Hodnett [209], et sur fond de vallée [132] ;
- des mesures en laboratoire par l'INRA (Orléans, Avignon), sur sol assez humide ($r$ entre 1 et 100 $\mu$m soit $\Delta P_m$ entre -145 et -1,45 kPa), sur échantillons de ferralsol sous forêt non remaniés, prélevés dans le cadre de cette thèse ;
- une mesure en laboratoire dans une marmite à pression sur échantillon remanié assez sec ($r$ entre 20 et 90 nm, soit $\Delta P_m$ entre -7,3 et -1,6 MPa), effectuée dans le cadre de cette thèse.

## 4.2 Conductivité hydraulique sur sol très humide

### 4.2.1 Conductivité hydraulique des ferralsols de plateau

#### Influence du type de végétation

Certains pâturages ont une conductivité hydraulique similaire à celle du ferralsol sous forêt, tandis que d'autres ont une conductivité hydraulique dix fois plus faible entre 20 et 60 cm de profondeur, conduisant à une hydromorphie, comme l'ont montré Barros *et al.* [17]. Ce tassement et cette hydromorphisation semblent être liés à une exploitation intensive du pâturage (nombreux bovins à l'hectare et utilisation de tracteurs lourds).

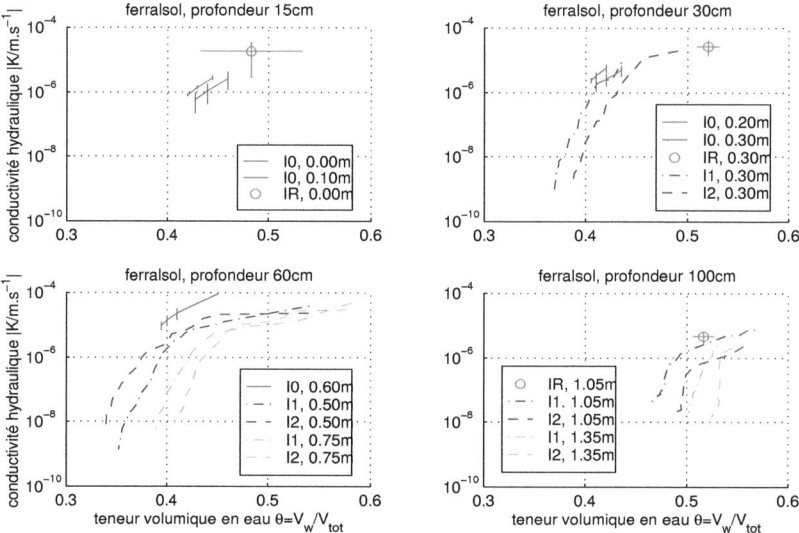

FIG. 4.1 – **Conductivité hydraulique verticale du ferralsol très humide, selon la teneur en eau**, profondeurs 0 à 1,25 m, mesures in situ. Références : **(I0)** ferralsol sous forêt, mesures à l'infiltromètre à succion contrôlée [17], moyenne et écart-type pour K pour 3 mesures à chaque succion. **(IR, I1, I2)** ferralsol sous pâturage, à Fazenda Dimona, [209]. **(IR)** mesures au perméamètre circulaire, moyennes et écarts-type pour $\theta$ et pour K pour 6 à 10 emplacements de mesure à chaque profondeur. **(I1, I2)** deux profils dans un pâturage, par la Méthode de Profil Instantané (IPM), où $\theta$ est mesuré par sonde à neutrons et h est mesuré par manomètre à mercure.

La comparaison des données de Barros et al. [17] sous forêt et de Tomasella et Hodnett [209] sous pâturage (voir figures 4.1 et 4.2) indique que le ferralsol du pâturage en question a une conductivité hydraulique similaire à celle du ferralsol sous forêt. Il a en effet fait l'objet d'une mise en pâture raisonnée (déboisement manuel et faible densité d'occupation par les bovins).

### Influence de l'abscisse choisie : teneur en eau ou taille des pores

Ces figures montrent que les différentes mesures de $K$ coïncident beaucoup mieux lorsque $K$ est donné en fonction du potentiel matriciel $h$ (ou de la taille maximale des pores remplis d'eau $r$), que lorsque $K$ est donné

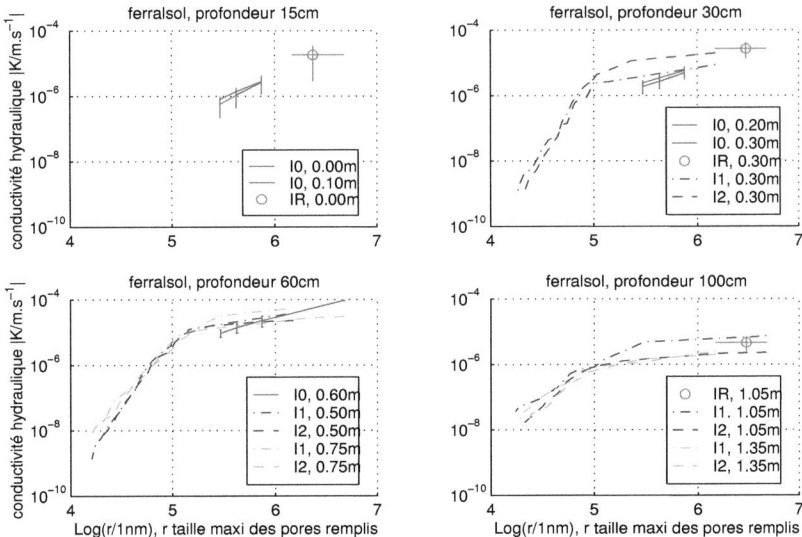

Fig. 4.2 – *Conductivité hydraulique verticale du ferralsol très humide, selon la taille maximale des pores remplis d'eau*. voir légende de la figure 4.1

en fonction de la teneur en eau $\theta$. Trois explications à cela :

– Calibrage des mesures : la mesure de teneur en eau par sonde à neutrons est précise en valeurs relatives, mais imprécise en valeurs absolues, le calibrage étant malaisé.

– Variabilité de la composition du sol : par exemple une augmentation locale de teneur en lutite fera augmenter la teneur en eau résiduelle, sans faire augmenter $K$ car cette eau circule très lentement.

– Air piégé, c'est-à-dire dans des pores de taille inférieure à $r$ : il fera diminuer la teneur en eau sans tellement diminuer $K$. Comme le sol est rapidement recouvert d'eau préalablement aux mesures d'infiltration, le volume d'air total est important (1/10 à 1/4 de la porosité). Le volume d'air piégé est variable et non négligeable. La courbe de désorption d'eau $h(\theta)$ ou $r(\theta)$ à une profondeur donnée ne sera pas la même pour les différentes expériences, selon la part d'air piégé. Pour que cette courbe soit reproductible, il faudrait une lente imbition des échantillons, qui évite le piégeage d'air.

Ainsi, la conductivité hydraulique $K$ est essentiellement déterminée par la taille maximale $r$ des pores remplis d'eau.

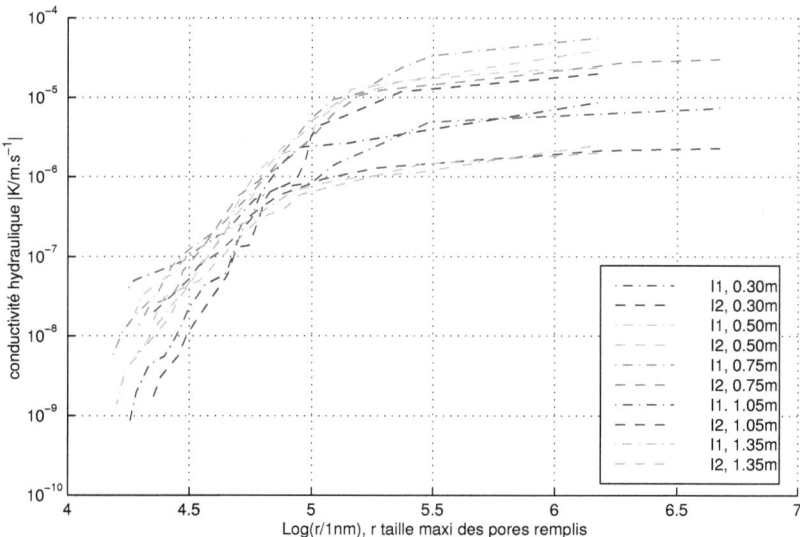

FIG. 4.3 – **Conductivité hydraulique verticale du ferralsol très humide, selon la taille des pores remplis.** *voir légende de la figure 4.1 p.103.*

**Influence de la profondeur**

La figure 4.3 montre que la fonction $K(r)$ n'est pas identique à toutes profondeurs. Le volume de pores de taille proche de $r$ semble jouer un rôle significatif. Les faibles valeurs de $K$ à 30 cm de profondeur pour $r < 10^{4.7}$ nm s'expliquent par le faible volume de micro- et mésopores en cette "semelle de labour biologique". Les fortes valeurs de $K$ vers 60 cm de profondeur pour $r > 10^5$ nm s'expliquent par le grand volume de macropores en cet "horizon des termites", qui fait que ce sol, malgré de fortes teneurs en lutite, a une conductivité hydraulique élevée quand il est très humide ce qui est caractéristique d'un sol sableux. L'épaisseur de cet "horizon des termites" varie selon les emplacements : sur le profil I1, il s'étend de 50 à 90 cm de profondeur, tandis que sur le profil I2, il s'étend de 30 à 75 cm de profondeur.

Remarquons également que les courbes $K(r)$ en double échelle logarithmique ont toutes la même allure ; elles sont formées de deux portions linéaires, une portion fortement croissante avant la taille $r = 10^{4,8}$ à $10^{5,4}$ nm, une autre lentement croissante ensuite.

Nous verrons en partie II quelle courbe analytique convient le mieux pour approcher $K(r)$, et comment elle peut se déduire de la courbe de désorption d'eau $r(\theta)$ ou de la granulosité.

### 4.2.2 Conductivité hydraulique des pentes et vallées

Nous ne disposons malheureusement pas de données de conductivité hydraulique sur les sols de transition ou les podzols de bas de versant. Les mesures *in situ* dans le fond de vallée par Lesack [132] donnent des conductivités hydrauliques dans le sens de l'écoulement d'inféroflux peu variables entre l'aval et l'amont de la rivière, légèrement plus faibles vers 2 m de profondeur qu'au-dessus ou en-dessous. Leur valeur médiane vaut $1,5.10^{-5}$ m.s$^{-1}$, valeur que nous considérerons comme la conductivité hydraulique horizontale dans le substratum quand toute sa porosité est remplie d'eau.

TAB. 4.1 – *Conductivité hydraulique subhorizontale sous le fond de vallée [132].*

| | | profondeur | site 1 | site 2 | site 3 |
|---|---|---|---|---|---|
| Conductivité hydraulique dans la | | 1 m | $3,72.10^{-5}$ | $6,66.10^{-6}$ | $2,42.10^{-5}$ |
| nappe dans le sens de l'inféroflux | | 2 m | $9,88.10^{-6}$ | $2,25.10^{-5}$ | $4,61.10^{-6}$ |
| ($K_{max}$/m.s$^{-1}$) | | 4 m | $3,73.10^{-5}$ | $1,07.10^{-5}$ | $1,49.10^{-5}$ |
| altitude / site 1 | | | 0 m | 1,32 m | 3,26 m |
| distance / site 1 | | | 0 m | 100 m | 252 m |
| Les 3 sites sont sur le même cours d'eau Igarape Mota, 80 km au NW de Manaus. | | | | | |

## 4.3 Conductivité hydraulique sur sol assez humide (MEL)

Nous présentons ici la méthode par évaporation en laboratoire (MEL) telle qu'elle a été mise au point par l'INRA Avignon par Tamari *et al.* [204] et Morath *et al.* [155]. Nous illustrons cette présentation par les résultats les moins bruités concernant nos échantillons de ferralsol de plateau recouvert de forêt dense : l'échantillon prélevé entre 10 et 20 cm et celui prélevé vers 60 cm de profondeur. Je propose ensuite trois améliorations possibles dans le traitement des données, que j'ai mises en oeuvre ici pour

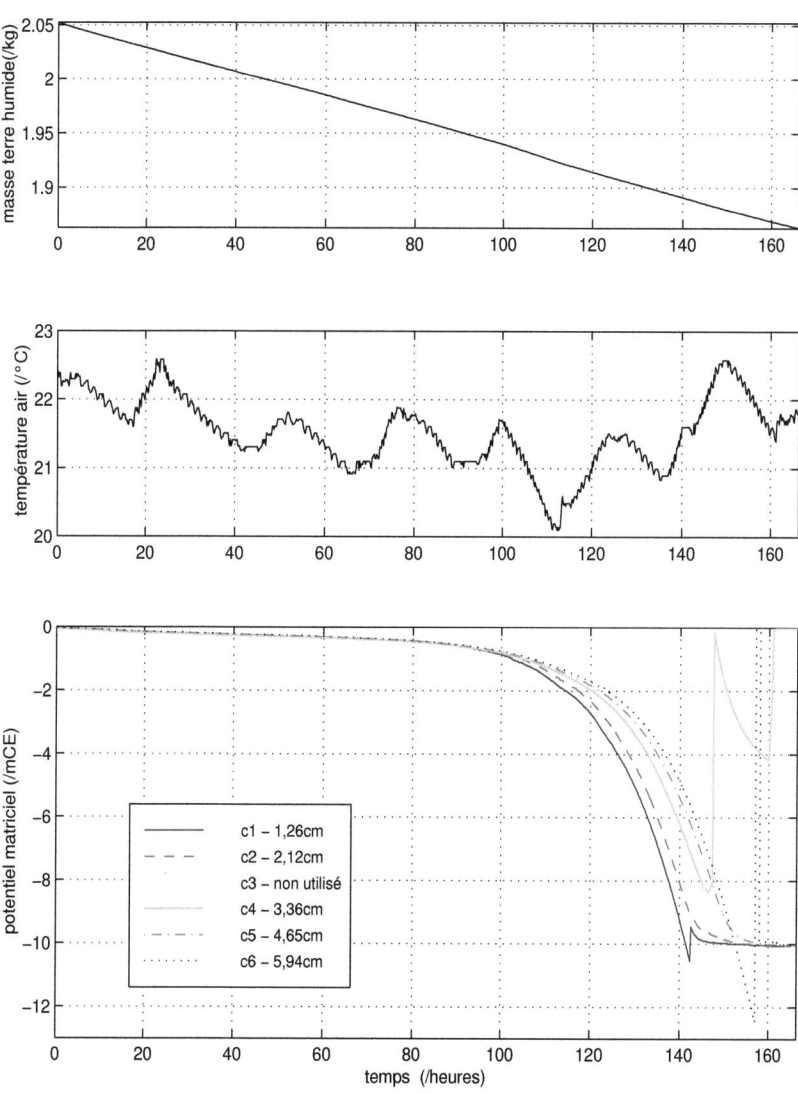

FIG. 4.4 – **Mesures de la MEL, exemple du ferralsol sous forêt à 10-20 cm de profondeur.** Enregistrement de la masse totale, de la température et des pressions dans l'eau porale. La position des tensiomètres est donnée par la distance verticale à la surface supérieure de l'échantillon.

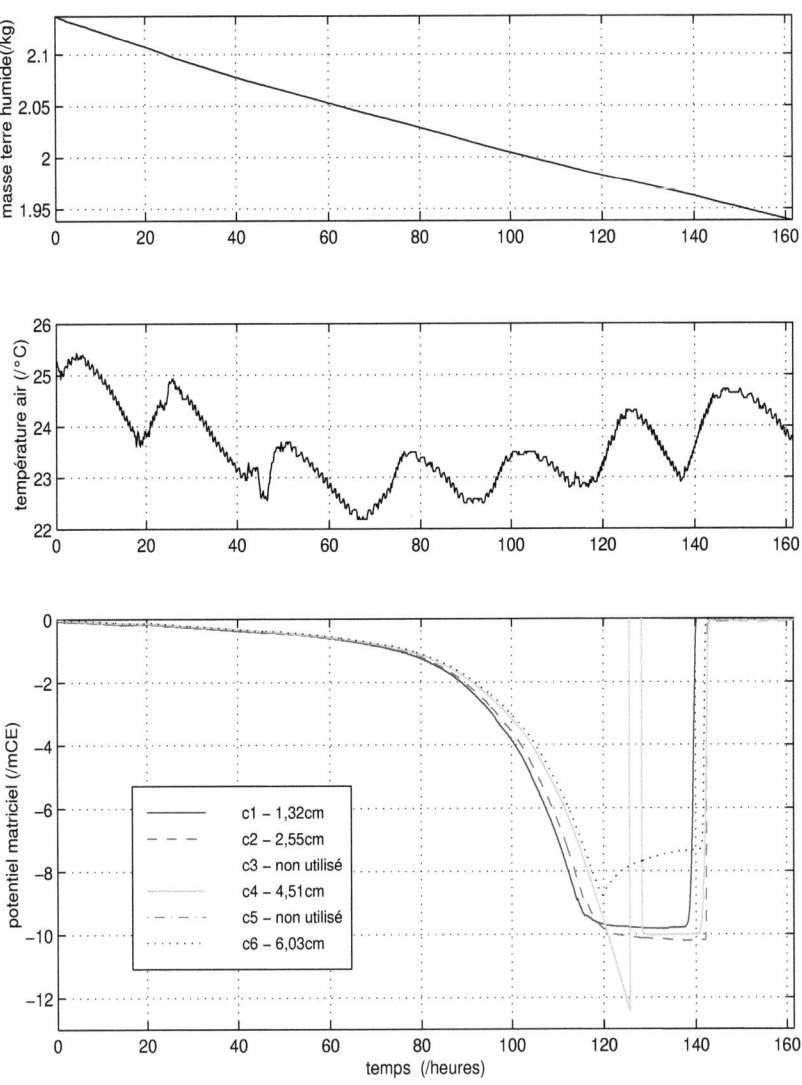

FIG. 4.5 – *Mesures de la MEL, exemple du ferralsol sous forêt à 60 cm de profondeur. Même légende que la figure 4.4.*

les données des ferralsols de Nord-Manaus.

## 4.3.1 Présentation de la MEL

**Calcul de conductivités hydrauliques individuelles**

La MEL utilise des échantillons cylindriques de sol non remanié, prélevés dans un cylindre métallique de hauteur 7 cm et de diamètre 15 cm environ. Le sol est supposé homogène. Sa porosité est initialement remplie d'eau par une imbibition progressive par en bas, en 3 semaines. Le cylindre de sol est soumis à une évaporation sous atmosphère contrôlée à partir de sa surface supérieure, qui engendre des flux hydriques ascendants. La température est enregistrée en continu pour permettre une correction adéquate des mesures de pression matricielle. L'échantillon est placé sur une balance, ce qui permet un enregistrement continu de la masse totale. Le poids sec est déterminé en fin d'expérience après étuvage. La pression dans l'eau porale à 6 altitudes différentes est mesurée par des tensiomètres à eau et enregistrée en continu ; on en déduit la pression matricielle $h$, connaissant la position verticale de ces tensiomètres. Les figures 4.4 et 4.5 donnent un exemple des données acquises ainsi toutes les 10 minutes pendant toute l'expérience.

Un calcul d'optimisation à partir de ces données permet de définir *a posteriori* les paramètres :

- d'une courbe de rétention d'eau $h(\theta)$ ou bien $r(\theta)$, voir par exemple à la figure 4.6(a,b);
- d'une courbe de teneur en eau $\theta_i(z)$ à chaque pas de temps $t_i$ : fonction en marches d'escaliers dans la méthode Wind originelle [229], fonctions splines depuis [204], non explicitées ici.

A partir de ces courbes de teneur en eau, de la loi de Darcy et de la conservation du volume d'eau (voir équation 4.5b p.101), indépendamment de tout modèle de conductivité hydraulique, des couples de valeurs individuelles de teneur en eau et de conductivité hydraulique $(\theta_{i,j}, K_{i,j})$ sont déterminés à chaque pas de temps $t_i$ et pour une dizaine à une trentaine de tranches horizontales d'altitudes $z_j$ et de même surface $S_{col}$ :

$$\theta_{i,j} = \theta_i(z_j) \quad \text{et} \quad K_{i,j} = \frac{U_{i,j}}{F_{i,j}} \tag{4.6}$$

$U_{i,j}$ est la vitesse de Darcy ascendante de l'eau en $z_j$ entre $t_i$ et $t_{i+1}$ :

$$U_{i,j} = \frac{-1}{S_{col}.(t_{i+1} - t_i)} \cdot \left( \int_0^{z_j} \theta_{i+1}(z) dz - \int_0^{z_j} \theta_i(z) dz \right) \qquad (4.7)$$

$F$ est la force verticale d'advection de l'eau. Les flux hydriques étant vers le haut et l'axe des z étant orienté vers le haut, $U$ et $F$ sont *a priori* positifs. $F_{i,j}$ est évaluée à partir de $h_{i,i+1,j,j+1}$, qui est la moyenne arithmétique ou logarithmique de la pression matricielle aux altitudes $z_j$ et $z_{j+1}$ et aux instants $t_i$ et $t_{i+1}$, et de même pour $h_{i-1,i,j,j+1}$. Ces pressions matricielles $h$ sont déduites des courbes de teneur en eau $\theta_i(z)$ et de la courbe de désorption d'eau $h(\theta)$ :

$$F_{i,j} = -\frac{h_{i,i+1,j,j+1} - h_{i-1,i,j,j+1}}{0,5 * (z_{i+1} - z_{i-1})} - 1 \qquad (4.8)$$

TAB. 4.2 – *Calculs de MEL : exemple du ferralsol à 10-20 cm et à 60 cm de profondeur.*

|  |  | ferralsol 10-20 cm | | ferralsol 60 cm | |
|---|---|---|---|---|---|
|  |  | $1^{er}$ trait$^t$ | $2^e$ trait$^t$ | $1^{er}$ trait$^t$ | $2^e$ trait$^t$ |
| temps conservés /heures |  | 1 à 142 | 16 à 140 | 1 à 118 | 20 à 114 |
| courbes $\theta(z)$ | paramètres | valeurs (a) | valeurs (b) | valeurs (a) | valeurs (b) |
| spline - | $\theta_r$ | 0,40454 | 0,402 | 0,352 | 0,344 |
| polynôme $3^e$ degré ; | $\theta_s$ | 0,5554 | 0,608 | 0,497 | 0,508 |
| courbes $\theta(\psi)$ de van | $n$ | 1,7998 | 1,684 | 1,52 | 1,417 |
| Genuchten [223] [1] | $\alpha/m^{-1}$ | 5,523 | 10,667 | 6,13 | 8,983 |
| couples $(F,U)$ conservés |  | $F > 5$ et $U > 0$ | $F > 0$ et $U > 0$ | $F > 5$ et $U > 0$ | $F > 0$ et $U > 0$ |
| courbe $K(\theta)$ | paramètres | valeurs (c) | valeurs (d) | valeurs (c) | valeurs (d) |
| de Mualem- | $\theta_r$ | *0,384* | *0,402* | *0,352* | *0,337* |
| van Genuchten | $\theta_s$ | *0,5554* | *0,722* | *0,497* | *0,519* |
| [156], [224] [2] | $n$ | 2,22 | 3,46 | 2,1297 | 1,5305 |
|  | $K_s/m.s^{-1}$ | 4,27E-07 | 5,19E-06 | 1,73E-06 | 2,33E-05 |
| courbe $K(\psi)$ | paramètres | valeurs (e) | valeurs (f) | valeurs (e) | valeurs (f) |
| de Mualem- | $\alpha/m^{-1}$ | 1,4503 | 3,8913 | 3,596 | 42,57 |
| van Genuchten | $n$ | 1,2333 | 1,1972 | 1,1506 | 1,1313 |
| [156], [224] [3] | $K_s/m.s^{-1}$ | 4,05E-07 | 4,53E-06 | 1,48E-05 | 4,59E-03 |

équations des courbes utilisées, dont les paramètres ont été optimisés pour minimiser les écarts quadratiques sur $\theta$ [1], ou sur $\log(K/K_0)$ [2], [3] :

[1] courbe "de van Genuchten":

$$\theta(\phi) = \theta_r + \frac{\theta_s - \theta_r}{(1 + (\alpha.\psi)^n)^{1-1/n}}$$

courbes "de Mualem-van Genuchten":

[2] $$K(\theta) = K_s * \left(\frac{\theta - \theta_r}{\theta_s - \theta_r}\right)^{0,5} * \left[1 - \left(1 - (\frac{\theta - \theta_r}{\theta_s - \theta_r})^{n/(n-1)}\right)^{1-1/n}\right]^2$$

[3] $$K(\phi) = K_s * \frac{\left[1 - (\alpha\psi)^{n-1} * (1 + (\alpha\psi)^n)^{\frac{1}{n}-1}\right]^2}{[1 + (\alpha\psi)^n]^{0,5*(1-1/n)}}$$

Les lettres (a,b,c,d,e,f), renvoient aux graphes des figures 4.6 ou 4.7

**Incertitudes et dispersion des mesures**

Les conductivités hydrauliques individuelles ($\theta_{i,j}$, $K_{i,j}$) ainsi obtenues sont très dispersées (exemple : figure 4.6(c,d,e,f)). Cette grande dispersion s'explique ainsi, d'après Tamari et al. [204]. La conductivité hydraulique $K$ est calculée par le quotient (équation 4.6 p.109) de deux grandeurs a priori positives : la vitesse de Darcy verticale ascendante d'eau $U$ et la force d'advection verticale ascendante de l'eau $F$. Si on suppose que les bruits de mesure induisent une répartition gaussienne de $U$ et de $F$, leur quotient $K = U/F$ a une répartition très étalée, nettement non gaussienne [204], surtout lorsque les incertitudes sur le dénominateur $F$ sont importantes (de l'ordre de grandeur de $F$ ou plus, ce qui est le cas ici sur sol très humide).

Pour pallier cette grande dispersion des valeurs de $K$, la méthode MEL actuelle supprime les valeurs de $K$ provenant de valeurs de $F$ non significativement différentes de 0 (car elles conduisent à de très grandes valeurs de $K$), en plus des valeurs de $K$ issues de valeurs de $F$ ou $U$ négatives (car "n'ayant pas de sens physique"). Ensuite, les paramètres d'une courbe analytique $K(\theta)$ ou $K(h)$ sont définis en minimisant par la méthode des moindres carrés l'écart entre cette courbe analytique et les données. Ces écarts sont exprimés en échelle normale $\Delta K$, ou en échelle logarithmique $\Delta(\log(K/K_o))$, selon le choix de l'utilisateur.

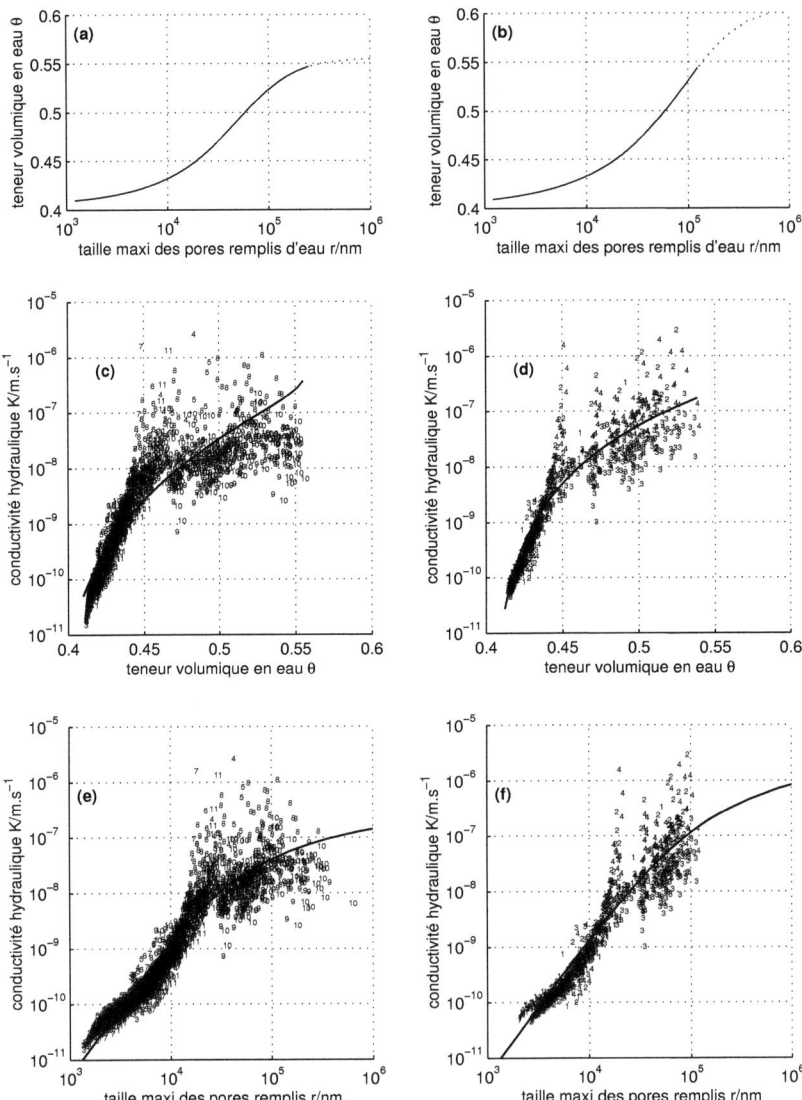

FIG. 4.6 – *Calculs de la Méthode par Evaporation en Laboratoire, exemple du ferralsol sous forêt à 10-20 cm de profondeur. (a,c,e) premier traitement, (b,d,f) deuxième traitement, à partir des mêmes données. (a,b) courbes de désorption d'eau. (c,d,e,f) données de conductivité hydraulique $K$ en fonction de la teneur en eau $\theta$ ou la taille maxi des pores remplis d'eau $r$, pour quelques couches de sol, repérées par un numéro par couche de sol, et courbes interpolatrices. Pour le choix des données retenues, des équations et des paramètres de ces courbes, voir tableau 4.2.*

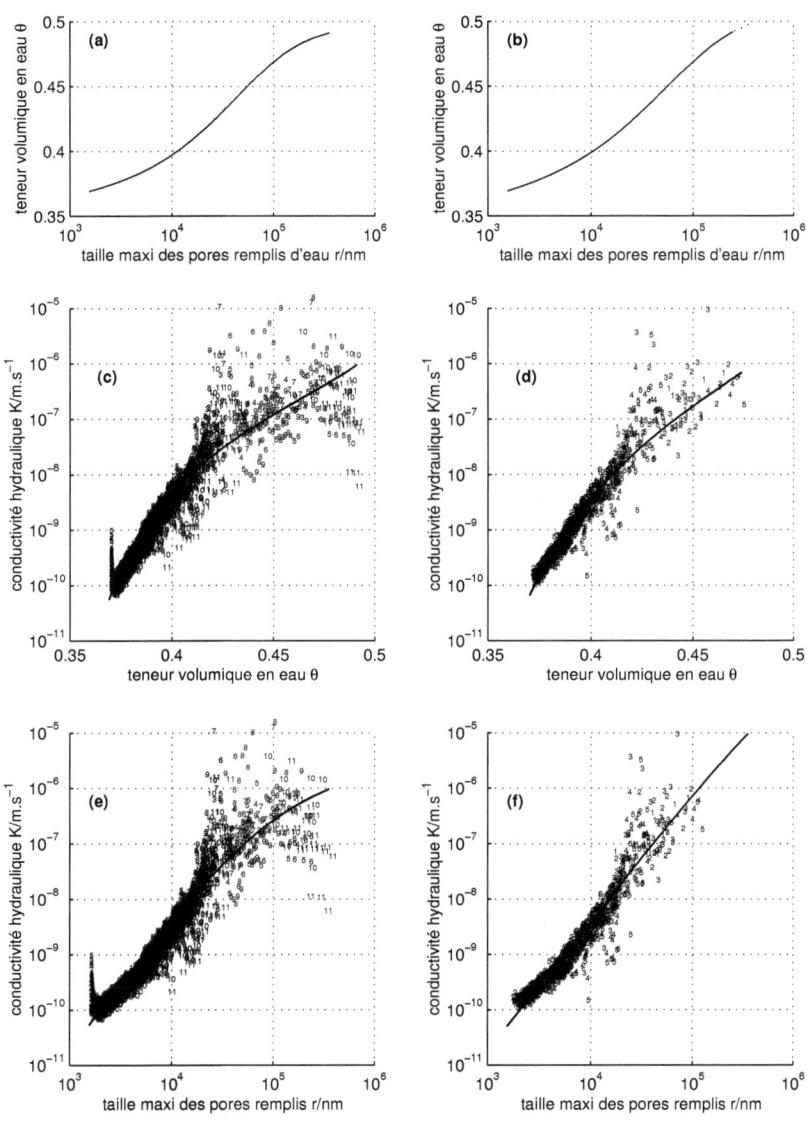

FIG. 4.7 – **Calculs de la Méthode par Evaporation en Laboratoire, exemple du ferralsol sous forêt à 60 cm de profondeur.** *Même légende que la figure 4.6*

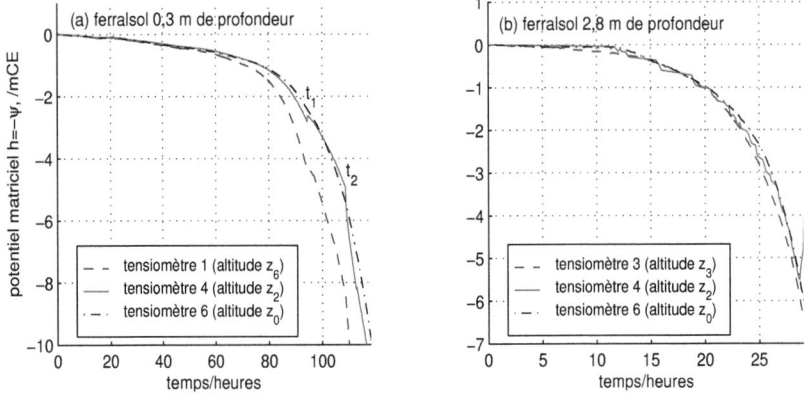

FIG. 4.8 – **Mesures MEL sur ferralsol**, par l'INRA Orléans, août 2000. **Exemples de données de pression matricielle bruitées.** (a) Le tensiomètre 4 dérive entre $t_1$ et $t_2$, à cause d'une entrée d'eau accidentelle à partir du tensiomètre 3, non reproduit ici, en $t_1$. (b) Le tensiomètre central, mal calibré, est instable. (a,b) Dans ces deux cas, on constate que si des gradients de pression matricielle sont surévalués : (a) entre $t_1$ et $t_2$ et entre $z_2$ et $z_4$, alors simultanément d'autres sont sous-évalués : (a), mêmes instants, entre $z_0$ et $z_2$. L'algorithme actuel n'éliminera que des valeurs de $F$ sous-évaluées, donc des valeurs de $K$ surévaluées.

### 4.3.2 Limites de la méthode MEL actuelle

La méthode actuelle fonctionne de manière robuste pour la détermination de la courbe de désorption d'eau $h(\theta)$, dans le domaine des valeurs de $\theta$ rencontrées pendant l'expérience. En ce qui concerne la détermination des courbes de conductivité hydraulique $K(\theta)$ et $K(h)$, la MEL a les inconvénients suivants.

#### Biais induit par la suppression de certaines valeurs de $K$

Supprimer les valeurs surévaluées de $K$ (en supprimant les valeurs nulles ou proches de 0 de $F$) sans supprimer les valeurs sous-évaluées de $K$ conduit à une sous-estimation globale de $K$ sur sol très humide, comme l'a montré [204] sur des données synthétiques et comme l'illustrent les figures 4.8 p.114 et 4.6(c) p.112.

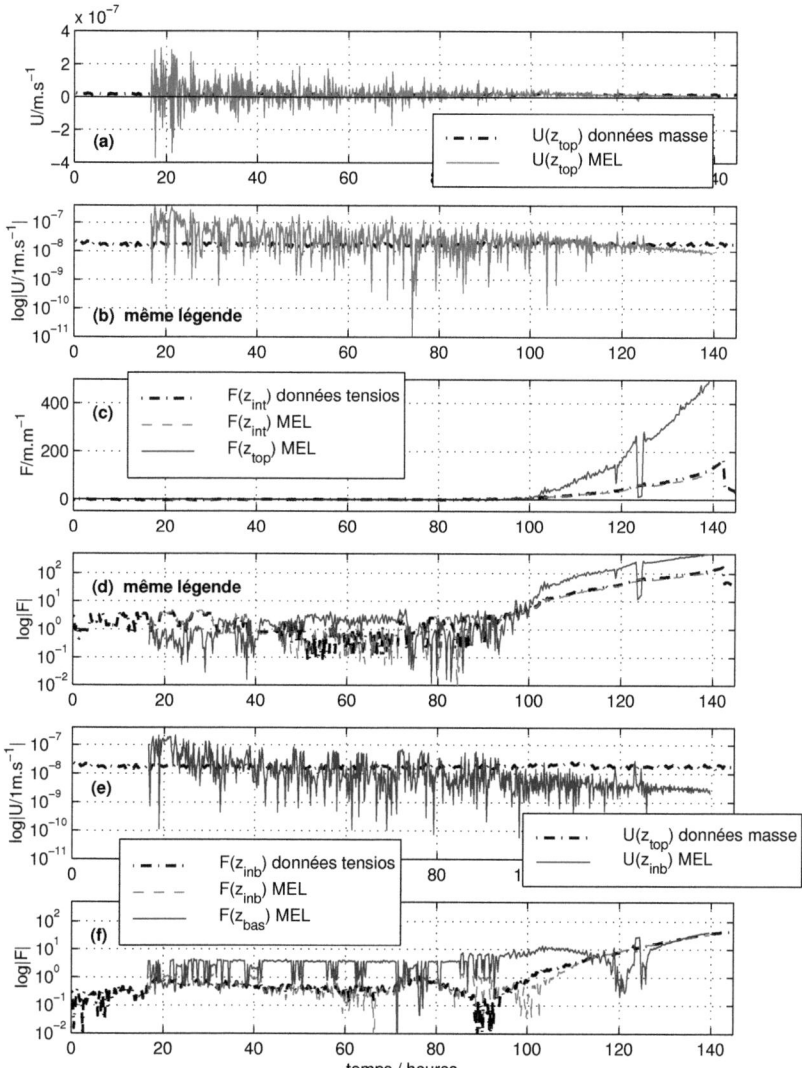

FIG. 4.9 – **Résultats intermédiaires des calculs de la Méthode d'Evaporation en Laboratoire (MEL), exemple du ferralsol à 10-20 cm de profondeur.** Evolution temporelle du flux hydrique $U$ ou de la force motrice de l'eau $F$ en quelques altitudes dans l'échantillon : $z_{bas}$ en bas, $z_{inb}$ au milieu entre les deux tensiomètres du bas, $z_{int}$ au milieu entre les deux tensiomètres du haut, $z_{top}$ en haut de l'échantillon. Comparaison des résultats intermédiaires du calcul MEL avec la valeur de $U(z_{top})$ obtenue directement à partir des données de masse totale de l'échantillon, ou les valeurs de $F(z_{inb})$ ou $F(z_{int})$ obtenues directement par différence entre les pressions matricielles mesurées par les tensiomètres encadrants.

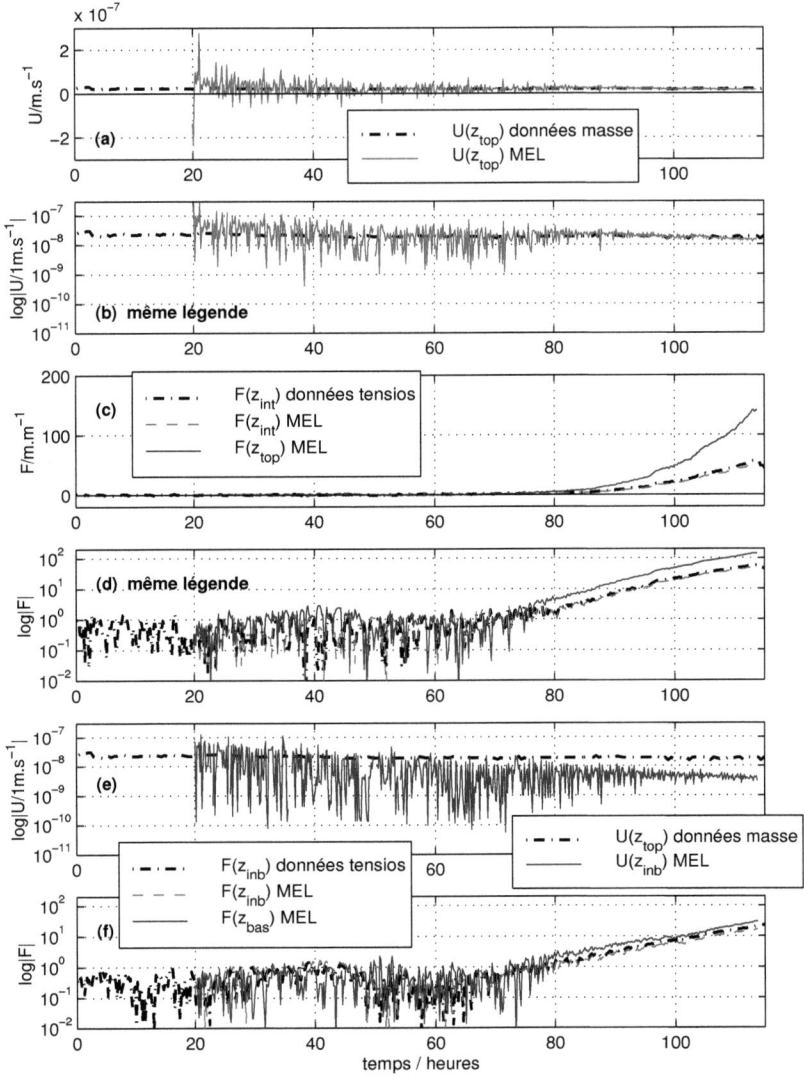

FIG. 4.10 – **Résultats intermédiaires des calculs de la Méthode d'Evaporation en Laboratoire (MEL), exemple du ferralsol à 60 cm de profondeur.** Légende voir figure 4.9.

## Biais induit par l'utilisation d'une courbe analytique pour moyenner les résultats de $K$

Résumer les nombreuses valeurs individuelles de $K$ obtenues par une courbe est nécessaire. Il serait intéressant d'y parvenir sans recourir à une courbe analytique, c'est-à-dire sans imposer *a priori* la forme de cette courbe. Les figures 4.6, 4.7 et le tableau 4.2 illustrent bien le fait que de légères modifications dans le nombre de données retenues induit une grande modification des paramètres des courbes $K(\theta)$ et $K(\psi)$ ($K_s$ varie de 2 ordres de grandeur!) alors que les données individuelles $K$ sont peu modifiées.

## Pesée en continu de l'échantillon non utilisée dans le calcul

Dans le calcul des flux d'eau $U$, la MEL utilise la donnée de flux nul en bas de l'échantillon, mais curieusement la donnée de flux non nul $U_M$ à la surface supérieure, mesurée avec précision par la balance, n'est pas utilisée dans le calcul :

$$U_M = \frac{1}{\rho_w S_{col}} \cdot \frac{\partial M}{\partial t} \qquad (4.9)$$

où $M$ est la masse totale de l'échantillon.

La MEL calcule $U(t_i, z_j)$ à partir de la différence de teneurs en eau entre $\theta_i(z)$ et $\theta_{i+1}(z)$ pour $z \leq z_j$. Les erreurs de mesure des tensiomètres causent des erreurs sur ces courbes de teneur en eau. Ces erreurs sont petites devant les teneurs en eau mais sont du même ordre que la différence entre deux courbes consécutives. Ceci explique une très grande dispersion des valeurs de $U$, observable dès le bas de l'échantillon (voir figures 4.9 et 4.10, $U(z_{inb})$ et $U(z_{top})$, ce dernier varie de $-10 * U_M$ à $10 * U_M$ !!). Cette dispersion diminue, tout en restant importante, dans la deuxième partie des expériences, quand les tensions mesurées par les différents tensiomètres se distinguent nettement les unes des autres, soit respectivement $t > 95\,\mathrm{h}$ ou $t > 75\,\mathrm{h}$ pour les figures 4.9 et 4.10.

Cette instabilité des valeurs de $U$ obtenues serait évitée si on utilisait la valeur connue du flux hydrique en haut de l'échantillon et si $U$ était calculé par la différence entre deux courbes $\theta_i(z)$ plus éloignées dans le temps. Le fait que la MEL supprime du calcul les valeurs nulles ou négatives de $U$ ne permet pas d'atténuer cette grande dispersion.

**Calcul indirect des gradients de pression matricielle**

Dans le calcul de la force motrice de l'eau $F$, la MEL ne calcule pas directement les gradients de pression matricielle à partir des données de pression matricielle, mais à partir des potentiels matriciels $h$ déduits des courbes de teneur en eau $\theta_i(z)$ et de la courbe de désorption d'eau $h(\theta)$.

Cela a l'avantage d'effectuer un certain lissage de ces gradients de potentiel (exemple figure 4.9, $F(z_{inb})$ vers $t = 90\,\mathrm{h}$), et une extrapolation de ceux-ci au-dessus du tensiomètre du haut et en-dessous du tensiomètre du bas (exemple figure 4.10, $F(z_{bas})$ et $F(z_{top})$ pour $t > 75\,\mathrm{h}$).

Cela a par contre l'inconvénient d'être une méthode peu robuste, où ces nombreux calculs ont parfois l'effet inverse du lissage escompté, le résultat oscille (exemple figure 4.9, $F(z_{inb})$ vers $t = 60$ et $100\,\mathrm{h}$) ou même diverge (même figure, $F(z_{bas})$ et $F(z_{top})$ vers $t = 124\,\mathrm{h}$), même avec au départ des données tensiométriques peu bruitées. Pour pallier cela, les utilisateurs de MEL, pour calculer $K$, enlèvent souvent les valeurs de $U$ et $F$ des tranches au-dessus du tensiomètre du haut et en-dessous du tensiomètre du bas. Cette suppression élimine les conséquences sur $F$ d'une mauvaise extrapolation par $\theta_i(z)$ dans ces tranches, mais cela n'élimine pas ses conséquences sur les $U_{i,j}$, qui sont calculés à toute hauteur par l'intégrale de $\theta_i(z)$ de $z = z_{bas}$ à $z_j$.

**Présentation des modifications proposées ici**

Je propose les modifications suivantes dans le traitement des données :

– Une méthode pour lisser les données d'un tensiomètre bruité sans modifier les autres tensiomètres ni induire de décalage entre le tensiomètre lissé et les autres, afin de limiter avant tout calcul les bruits de mesure de potentiel ;

– Une méthode pour diminuer la dispersion des valeurs de $U$, utilisant pour $U$ la donnée mesurée exactement du flux hydrique en haut d'échantillon ;

– Une méthode robuste pour moyenner les données individuelles de $K$ qui fonctionne quelle que soit la répartition de ces valeurs (gaussienne ou non) et qui permet donc de garder toutes les valeurs de $K$ avant de faire la moyenne.

### 4.3.3 Amélioration des calculs MEL

**Lissage des données d'un tensiomètre**

La MEL prévoit la possibilité de lisser par moyenne glissante tous les tensiomètres en même temps. Quand un seul tensiomètre est bruité (exemple : figure 4.8(b) p.114), l'information initiale est mieux préservée si on ne lisse que celui-là. Cependant, un lissage par moyenne glissante de toute courbe la rend légèrement plus rectiligne, ce qui induit un décalage artificiel entre le tensiomètre lissé et les tensiomètres non lissés. Les courbes des différents tensiomètres ayant toutes la même allure, je propose d'effectuer la moyenne glissante non pas du potentiel du tensiomètre à lisser, mais de la différence entre celui-ci et celui d'un tensiomètre proche peu bruité (exemple : figure 4.11).

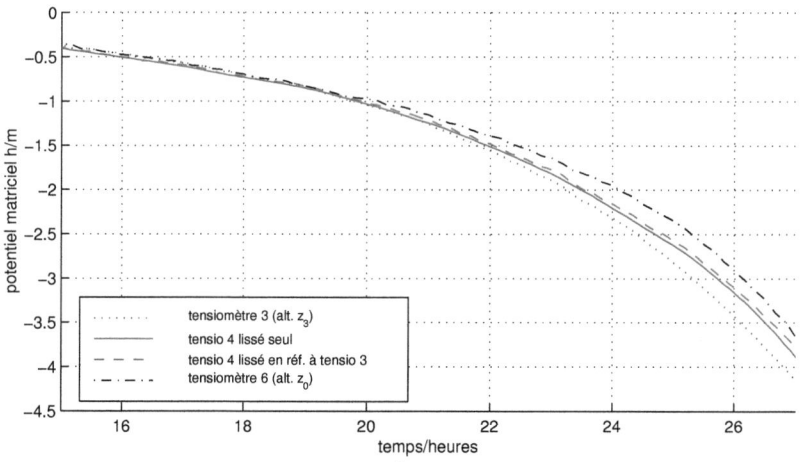

FIG. 4.11 – *__Lissage des données d'un tensiomètre bruité.__* Échantillon de ferralsol sous forêt à 2,8 m de profondeur. Le tensiomètre n°4 non lissé est sur la figure 4.8(b) p.114. Les lissages sont effectués par moyennes glissantes sur une fenêtre temporelle très large, de 3h20, soit 21 données. Le lissage du tensiomètre n°4 seul induit un léger décalage de la courbe vers l'intérieur de sa courbure, par rapport au lissage par référence au tensiomètre n°3. Pour un lissage sur 3, 5 ou 7 données, ce décalage serait négligeable devant les différences de potentiel entre deux tensiomètres.

Un des rapporteurs, lors de la soutenance, a fait l'objection suivante : il a craint que cette méthode de lissage introduise un biais. Je donne ici en réponse une justification plus "mathématique" de cette méthode. Notons comme dans l'exemple de la figure 4.11, $h(z_3)$ le potentiel matriciel mesuré par le tensiomètre bruité et $h(z_4)$ le potentiel matriciel mesuré par le tensiomètre peu bruité pris en référence. Quand on lisse le tensiomètre bruité seul par moyenne glissante sur une fenêtre temporelle de largeur $T$, notons cela $h_{lis}(z_3) = moy_T[h(z_3)]$, l'erreur introduite est de l'ordre de la courbure moyenne de la courbe $h(z_3)$ sur la fenêtre de lissage. Quand on lisse un tensiomètre par moyenne glissante de la différence entre ce tensiomètre bruité et un autre tensiomètre peu bruité, on effectue l'opération suivante : $h_{lis,4}(z_3) = h(z_4) + moy_T[h(z_3) - h(z_4)]$. L'erreur introduite est de l'ordre de la courbure moyenne de la courbe différence, soit la courbe $(h(z_3) - h(z_4))$, sur la largeur de la fenêtre de lissage. Les courbes des différents tensiomètres ayant des courbures analogues, cette courbe différence est beaucoup plus rectiligne et sa courbure est certainement moindre que celle de la courbe $h(z_3)$.

La seule réelle objection à cette méthode est qu'elle reporte sur la courbe lissée $h_{lis,4}(z_3)$ les éventuelles irrégularités de la courbe du tensiomètre pris en référence, soit $h(z_4)$. Elle ne doit donc être appliquée que si le potentiel matriciel donné par le tensiomètre de référence est fiable. Sinon, il faut garder la méthode actuelle consistant à lisser tous les tensiomètres, en utilisant la même fenêtre de lissage pour tous, afin que la déformation du lissage, qui rend les courbes plus rectilignes, soit la même pour tous et que les différences de potentiel, utilisées dans la suite du traitement de données, ne soient pas biaisées.

**Amélioration du calcul des flux hydriques** $U$

**Moyenne temporelle**  Une moyenne temporelle glissante permet de lisser les variations temporelles de $U$ à chaque altitude. Notons la moyenne glissante simple $U'$ et celle pondérée $U''$, définies par les relations suivantes dans le cas d'une fenêtre temporelle sur 4 données :

$$U'_{i,j} = \frac{U_{i-1,j} + U_{i,j} + U_{i+1,j}}{3} = \frac{-1}{3.S_{col}.\delta t} \cdot \int_{z_0}^{z_j} (\theta_{i+2} - \theta_{i-1})(z) dz \tag{4.10a}$$

$$U_{i,j}'' = \frac{U_{i-1,j} + 2.U_{i,j} + U_{i+1,j}}{4} = \frac{-1}{4.S_{col}.\delta t} \cdot \int_{z_0}^{z_j} (\theta_{i+2} + \theta_{i+1} - \theta_i - \theta_{i-1})(z) dz \tag{4.10b}$$

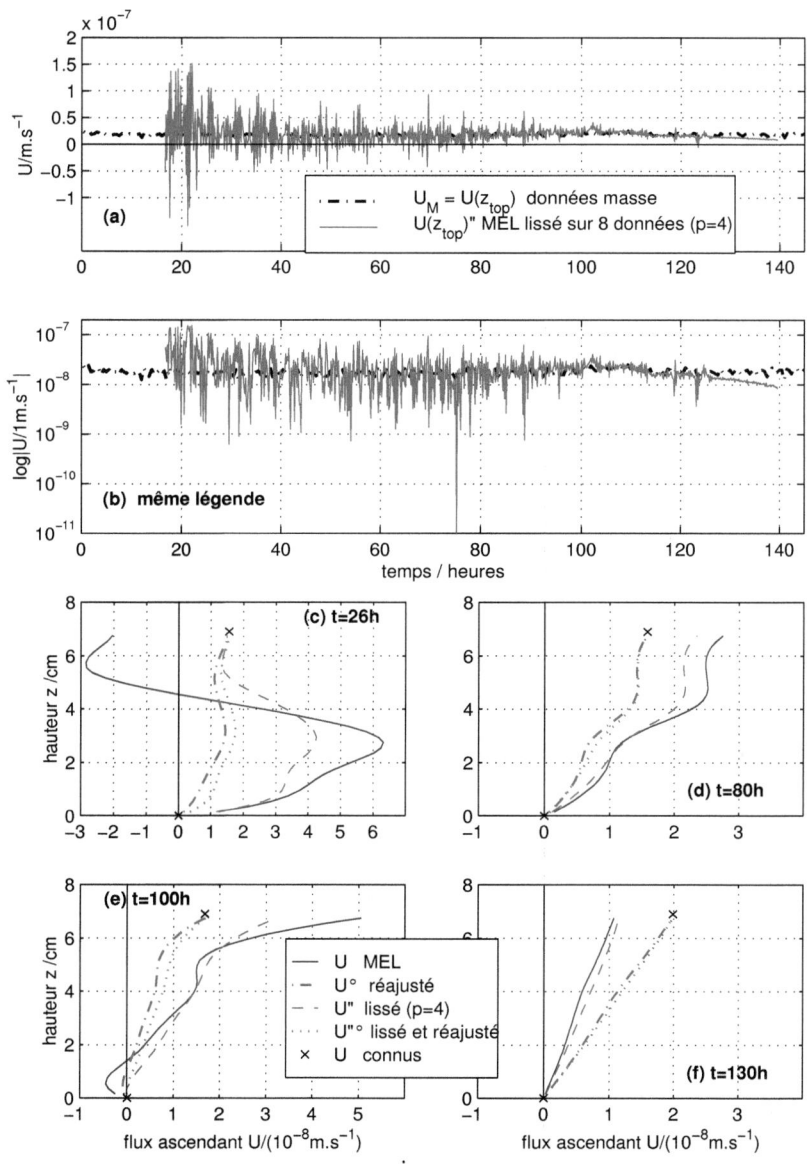

FIG. 4.12 – **Amélioration du calcul des flux hydriques, exemple du ferralsol sous forêt à 10-20 cm de profondeur.** $U"$ désigne une moyenne glissante pondérée des résultats de MEL, sur une fenêtre temporelle correspondant à $2p$ données (voir équation 4.11c p.123). $U°$ désigne le réajustement de la courbe $U(z)$ connaissant le flux hydrique $U_M$ tout en haut de l'échantillon (voir équation 4.12 p.123).

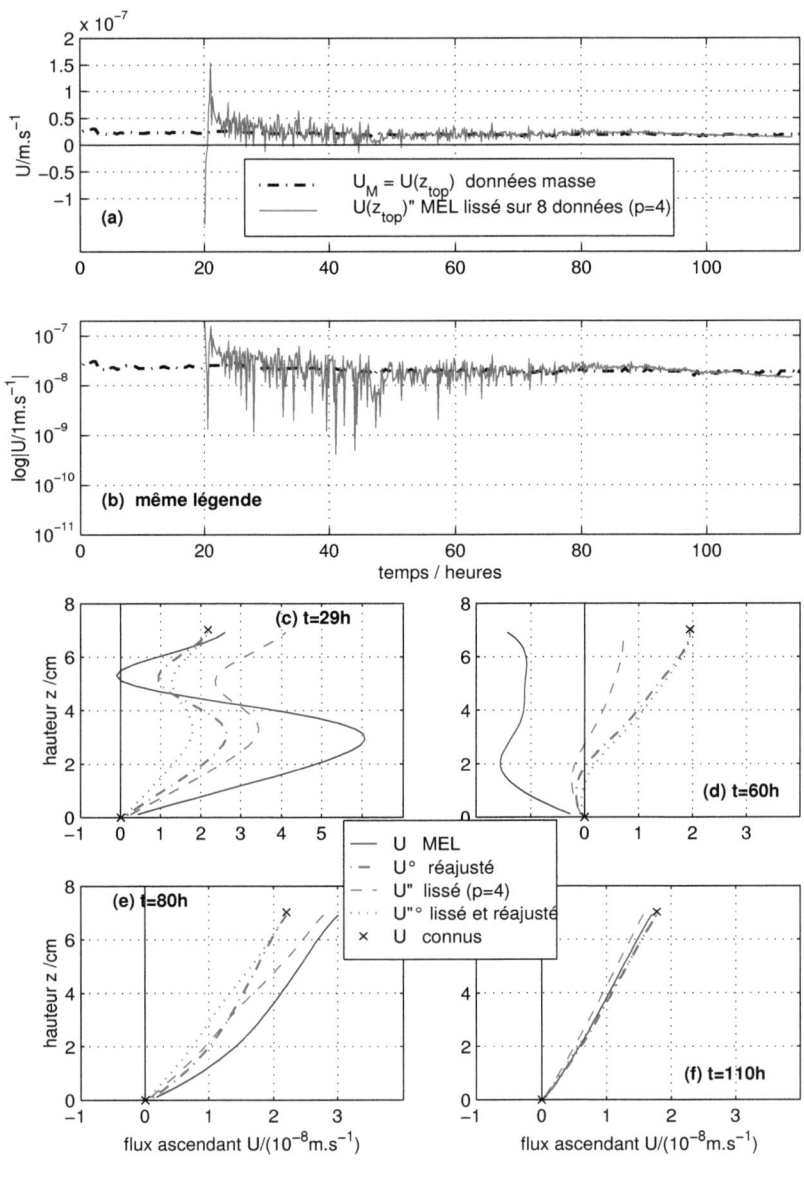

FIG. 4.13 – **Amélioration du calcul des flux hydriques, exemple du ferralsol sous forêt à 60 cm de profondeur.** *Même légende que la figure 4.12).*

où $\delta t$ est l'intervalle de temps entre deux enregistrements de données. Supposons que l'intégrale de $z_0$ à $z_j$ de teneur en eau, issue du calcul MEL, est une variable gaussienne d'écart-type $\frac{\delta t}{2}\sigma$. Alors $U$ est gaussienne d'écart-type $\sigma$. Les moyennes glissantes simple $U'$ ou pondérée $U"$ sont alors gaussiennes aussi, d'écart-type respectifs $\frac{1}{3}\sigma$ ou $\frac{1}{2\sqrt{2}}\sigma$.

Les moyennes glissantes avec une fenêtre temporelle sur $2p$ données s'écrivent :

$$U'_{i,j} = \frac{U_{i-p+1,j} + \cdots + U_{i+p-1,j}}{2p-1} = \frac{-1}{(2p-1).S_{col}.\delta t} \cdot \int_{z_0}^{z_j} (\theta_{i+p} - \theta_{i-p+1})(z)dz \quad (4.11a)$$

$$U_{i,j}" = \frac{U_{i-p+1,j} + 2.U_{i-p+2,j} + \cdots + p.U_{i,j} + \cdots + 2.U_{i+p-2,j} + U_{i+p-1,j}}{p^2} \quad (4.11b)$$

$$= \frac{-1}{p^2.S_{col}.\delta t} \cdot \int_{z_0}^{z_j} (\theta_{i+p} + \cdots + \theta_{i+1} - \theta_i - \cdots - \theta_{i-p+1})(z)dz \quad (4.11c)$$

Leurs écarts-types respectifs sont alors $\frac{1}{2p-1}\sigma$ et $\frac{1}{p\sqrt{p}}\sigma$. Ainsi en utilisant la moyenne $U"$, la dispersion des valeurs de $U$ est divisée par 8 si une fenêtre temporelle sur 8 données ($p = 4$) est utilisée, comme sur les figures 4.12 et 4.13, graphes (a,b). Diminuer la dispersion des valeurs de $U$ ne suffit cependant pas. Ces figures montrent en effet que la valeur moyenne de $U$ calculé par MEL en haut d'échantillon est surestimée en début d'expérience et sous-estimée en fin d'expérience. Ces biais sont probablement la conséquence du fait que la courbe $h(\theta)$ a une forme analytique imposée.

**Modification du profil vertical de $U$ en utilisant le flux d'eau $U_M$ mesuré en haut d'échantillon** Par ailleurs, que cette moyenne temporelle sur les valeurs de $U$ ait été effectuée ou non, il est possible de corriger l'évolution verticale de $U$ à chaque instant en utilisant la donnée mesurée du flux d'eau à la surface supérieure de l'échantillon, notée $U_M$ (voir équation 4.9 p.117).

Je propose d'utiliser l'évolution de $U_{i,j}$ en fonction de $z_j$ pour déterminer l'allure de la courbe réajustée $\dot{U}_{i,j}$ se raccordant à $U_M$ en $z = z_{top}$ :

$$\dot{U}_{i,j} = U_M \left[ \frac{U_{i,j}}{U_{i,max}} + \frac{z_j}{z_{top}} \left( 1 - \frac{U_{i,jtop}}{U_{i,max}} \right) \right] \quad \text{où}$$

$$U_{i,max} = a.\max(|U_{i,j} - l_i|, U_M/a) \quad \text{et} \quad l_i = 1/2[\max(U_{i,j}) - \min(U_{i,j})] \quad (4.12)$$

Les figures 4.12 et 4.13, graphes (c,d,e,f) montrent des exemples de cet ajustement spatial de $U$. Une courbe $U(z)$ qui varie de 0 en $z_{bas}$ à $U_M$ en $z_{top}$ en restant dans l'intervalle $[0,U_M]$ ne subit aucune modification par ce réajustement si $a \leq 2$, elle est rendue plus rectiligne si $a > 2$. Après ce réajustement, $-\frac{2.U_M}{a} < \dot{U}_{i,j} < (1 + \frac{2}{a}) * U_M$. Je choisis donc $a = 2$. Cela n'évite pas que certaines valeurs de $U$ soient nulles ou négatives, mais cela permet que les ordres de grandeur de $U$ soient réalistes, que la valeur de $U$ en haut d'échantillon soit correcte, et qu'une courbe "juste" ne subisse aucune modification. Les figures illustrent le fait qu'avec $a = 2$ ce réajustement corrige assez bien les courbes et permet de se dispenser du lissage temporel sur $U$.

### Amélioration des données de force motrice de l'eau $F$

Comme pour $U$, une moyenne glissante temporelle, pondérée ou non, pourrait être effectuée sur $F$. Si je suppose que $F$ calculé par MEL est une variable gaussienne d'écart-type $\sigma$, l'écart-type de la moyenne glissante simple ou pondérée sur $p$ valeurs consécutives de $F$ sera $\frac{\sigma}{\sqrt{p}}$. En effet, $F$ ne provenant pas d'une dérivée en fonction du temps, l'écart-type sur $F$ diminue plus lentement que celui de $U$ avec le nombre de valeurs de $F$ entrant dans cette moyenne. Il faudrait donc utiliser une fenêtre temporelle très large pour lisser significativement les valeurs de $F$, avec le risque de propager très loin une erreur de mesure ponctuelle.

Un lissage des valeurs de $F$ verticalement à chaque instant n'a pas lieu d'être, puisque le calcul MEL effectue déjà un tel lissage, quand il détermine les courbes $\theta_i(z)$ par fonction polynôme-spline ou en escalier. Pour que les extrapolations faites par cette courbe au-dessus du tensiomètre du haut et en-dessous du tensiomètre du bas ne divergent pas comme le montre la figure 4.4 (p.107, graphes (c,d,f), courbes $F(z_{bas})$ et $F(z_{top})$ vers $t = 124$ h), il faudrait soit effectuer un lissage des données des tensiomètres avant tout calcul, soit imposer davantage la forme de la courbe $\theta_i(z)$. On peut par exemple imposer que la dérivée de cette courbe soit décroissante ou préférer une forme de courbe analytique plus simple que celle de polynôme-spline ; mais de telles contraintes ont l'inconvénient d'introduire encore des présupposés dans le calcul.

Pour ces raisons, je n'ai pas modifié le calcul de $F$. J'ai simplement testé si la suppression des couples $(U,F)$ provenant des tranches à l'extérieur des tensiomètres extrêmes modifiait ou non les résultats.

## Moyenne des conductivités hydrauliques $K$ obtenues

La méthode MEL résume les données de conductivités hydrauliques individuelles $K$ obtenues, en ajustant les paramètres d'une courbe $K(\theta)$ ou $K(h)$ par la méthode des moindres carrés sur les valeurs de $K$ ou de $\log(K/K_o)$ avec $K_o = 1\,\mathrm{m.s^{-1}}$. En dehors du biais introduit par le choix du type de courbe analytique, cela revient à effectuer une moyenne arithmétique ou logarithmique sur les valeurs individuelles de $K$. Pour effectuer valablement une moyenne arithmétique ou logarithmique, il faudrait que les valeurs $K$ obtenues aient une répartition respectivement normale (c'est-à-dire gaussienne) ou lognormale. $K$ n'a sûrement pas une répartition normale [204] et il n'est pas certain que sa répartition soit lognormale.

Par ailleurs, il me semble important d'utiliser dans le calcul de $K$ les données nulles ou négatives de $U$ ou $F$. En effet, la présence de telles valeurs a un sens statistique ; elle traduit le fait que la valeur "réelle" est proche de zéro et que les incertitudes sur les déterminations de $F$ ou $U$ sont plus grandes que cette valeur "réelle". Si on supprime les données négatives ou nulles, la moyenne obtenue pour $U$ ou pour $F$ sera inévitablement surestimée.

$K$ étant obtenu par le quotient de $U$ par $F$, $K(\theta)$ est donc la pente moyenne du graphe $U$ en fonction de $F$, si dans ce graphe on rassemble tous les couples de valeurs $(F,U)$ obtenues pour environ la même teneur en eau $\theta$. J'ai d'abord pensé à calculer cette pente moyenne $K(\theta)$ par la méthode des moindres carrés dans le graphe $(F,U)$. Cependant cette méthode présente deux inconvénients :

- La méthode des moindres carrés donne le plus de poids aux données où $U^2$ et $F^2$ sont les plus grands, or pour $F$, ce sont les valeurs les moins exactes.
- $U$ et $F$ étant toutes deux déterminées avec incertitude, il faut minimiser les écarts entre la droite finale $U = K_{moyen}F$ et les données $(U,F)$ à la fois selon $U$ et selon $F$. Il faut donc adimensionner $U$ et $F$ pour pouvoir additionner des écarts selon $U$ et selon $F$. La valeur $K_{moyen}$ obtenue varie en fonction des valeurs $U_0$ et $F_0$ choisies pour adimensionner.

Je propose donc de résumer les valeurs individuelles $K$ obtenues pour environ la même teneur en eau $\theta$ par la valeur médiane de $K$, c'est-à-dire la $p^{eme}$ valeur parmi $(2p-1)$ valeurs de $K$ correspondant à cette teneur en eau et classées par ordre croissant. Cette méthode simple et robuste admet n'importe quelle répartition pour $K$, comme pour $U$ et $F$. Plus exactement, pour tenir compte des valeurs nulles ou négatives de $U$ et de $F$, j'ai classé les $(2p-1)$ couples de valeurs $(U,F)$ ainsi : d'abord ceux où $F > 0$ ou $U \leq 0$, par $U/F$ croissant, puis ceux où $U > 0$ et $F < 0$, par $U/F$ croissant. Autrement dit, cela revient à transformer les couples $(U,F)$ en $(-U,-F)$ quand $U$ et $F$ sont négatifs, puis à classer tous les couples par valeur croissante de l'angle entre l'axe des $F$ et la demi-droite issue de $(0,0)$ et passant par $(F,U)$ (angles variant de $-\frac{\pi}{2}$ à $\pi$). $K_med$ est la valeur de $U/F$ pour le couple $(F,U)$ d'angle médian.

J'ai comparé $K_{med}$ avec d'autres méthodes de détermination d'une valeur moyenne, dans différents cas, résumés dans le tableau suivant :

TAB. 4.4 – *Procédures proposées pour moyenner les conductivités hydrauliques individuelles issues de MEL.*

| Prétrait[t] sur $U$ | les $(U,F)$ | les $(U,F)$ issus du calcul MEL sans modification |
| | les $(U^o,F)$ | idem où $U$ est recalibré en $U^o$ connaissant $U_M$ |
| choix sur les couples $(U,F)$ conservés | cas (a) | tous les $(U,F)$ |
| | cas (b) | les $(U,F)$ où $U/F > 0$ |
| | cas (c) | les $(U,F)$ où $U > 0$, $F > 0$, et $U/F$ de $10^{-12}$ à $10^{-3}$m.s$^{-1}$ |
| | cas (d) | les $(U,F)$ où $U > 0$, $F > 1$ |
| | cas (a,b,c,d) | les $(U,F)$ issus de toutes les couches de sol |
| | (a',b',c',d') | les $(U,F)$ issus de l'intérieur des tensiomètres extrêmes |
| Nombre de couples $(U,F)$ par calcul de $K$ moyen | | de $2n_c$ à $50n_c$, $n_c$ étant le nombre de couches de calcul, donc de couples $(U,F)$ calculés à chaque temps |
| type de moyenne effectuée sur les $(U,F)$ | $K_{ari}$ | moyenne des $U/F$ | correcte si $F$ précis et $U$ variable gaussienne. |
| | $K_{inv}$ | inverse de la moyenne des $F/U$ | correcte si $U$ précis et $F$ variable gaussienne. |
| | $K_{log}$ | $10^{m_l}$, où $m_l$ est la moyenne des $\log|U/F|$ | correcte si $|U/F|$ variable lognormale. |
| | $K_U$ $=\frac{\sum UF}{\sum F^2}$ | pente moyenne du graphe $(F,U)$ en supposant $F$ correct et en minimisant les écarts quadratiques sur $U$ | revient à faire la moyenne des $U/F$ pondérés par les $F^2$, or les valeurs élevées de $F^2$ sont les moins fiables... |
| | $K_F$ $=\frac{\sum U^2}{\sum UF}$ | pente moyenne du graphe $(F,U)$ en supposant $U$ correct et | revient à l'inverse de la moyenne des $F/U$ pondérés par les $U^2$, or les $U^2$ |

126

| | | | |
|---|---|---|---|
| | | en minimisant les écarts quadratiques sur $F$ | élevés sont assez fiables, quand il s'agit de $U^o$. |
| | $K_{med}$ | pente médiane du graphe $(F,U)$, où $(F,U)$ est changé en $(-F, -U)$ si les deux sont négatifs, et inchangé sinon | |

Les résultats sont les suivants, concernant les deux échantillons pris comme exemple jusqu'ici. Le fait d'exclure ou non les données des tranches extérieures aux tensiomètres extrêmes ne modifie quasiment pas les résultats. Les cas (b) et (c) donnent des résultats quasi-identiques. Quand on augmente le nombre de couples $(U,F)$ entrant dans chaque calcul de $K$ moyen, l'ampleur des oscillations pour $K_{inv}$, $K_{ari}$, $K_U$, $K_F$, $qK_{med}$ diminue, puis change peu au-dessus de 300 à 400 valeurs. Nous montrons donc sur les graphes seulement les cas (a), (b), (d), sans exclure les données extérieures aux tensiomètres extrêmes, avec ou sans re-calibrage de $U$ en $U^o$, avec 349 couples $(U,F)$ par valeur moyenne de $K$. Nous comparons les résultats obtenus avec les données d'infiltration *in situ* (IPM) exposées précédemment, pour valider ces résultats dans le domaine des faibles succions. (voir figures 4.14 et 4.15). Cette comparaison est pertinente quand $K$ est tracé en fonction de la pression matricielle $h$ ou de la taille des pores $r$, mais ne le serait pas pour $K(\theta)$. En effet lors de la MEL l'imbition préalable est beaucoup plus lente que pour une IPM, la quantité d'air piégé est beaucoup plus faible et donc les courbes $h(\theta)$ sont différentes.

Les résultats permettent de classer les moyennes de la moins stable à la plus stable : $K_{inv} \prec K_{ari} \prec K_U \preceq K_F \preceq K_{med} \prec K_{log}$. Si on utilise seulement 21 couples $(U,F)$ par moyenne, $K_{log}$ est inchangée tandis que les autres moyennes ont même allure mais oscillent davantage, surtout pour $r > 10^4$ nm. Par ailleurs, $K_{inv}$ est partout nettement sous-estimée, $K_U$ l'est un peu moins, $K_{log}$ est sous-estimée aux fortes teneurs en eau ($r > 2.10^4$ nm). $K_{ari}$ au cas (b) et (c), $K_F$ et $K_{med}$ au cas (a) ont un comportement analogue : valeurs correctes aux faibles teneurs en eau, valeurs surestimées aux teneurs en eau intermédiaires, puis valeurs sous-estimées aux fortes teneurs en eau. La plage de valeurs surestimées est plus large pour $K_{ari}$ (de $r = 1,4.10^4$ à $4.10^4$ nm) que pour les deux autres (de $r = 2,2.10^4$ à $4.10^4$ nm), et la surestimation est plus grande pour $K_F$ que pour $K_{med}$. Le re-calibrage de $U$ cause une augmentation de $K$ d'un facteur 2 environ, quelle que soit la méthode de calcul de $K$, pour les faibles teneurs en eau ($r \simeq 2.10^3$ nm). Il atténue la surestimation de $K_{ari}$,

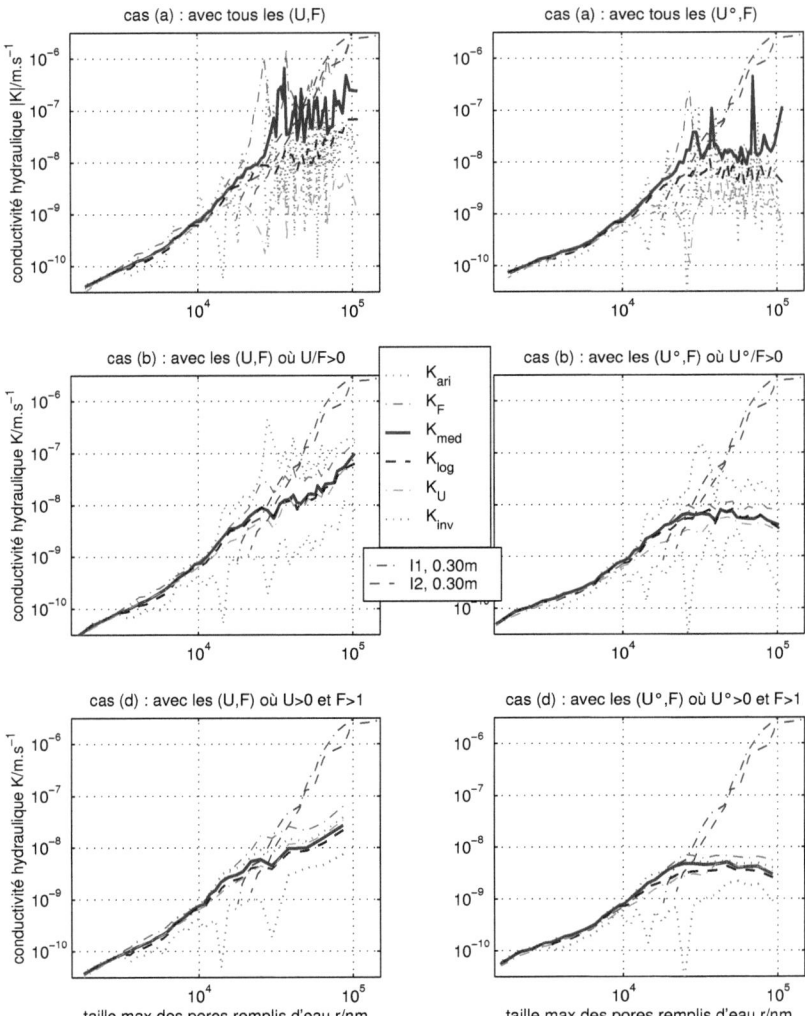

FIG. 4.14 – **Moyennes des conductivités hydrauliques issues de MEL, exemple du ferralsol sous forêt à 10-20 cm de profondeur.** Les moyennes sont calculées à partir de $35*10$ valeurs individuelles $(U,F)$ ou $(\dot{U},F)$ issues du calcul MEL tel quel ou avec re-calibrage des flux hydriques $U$ en $U^{\circ}$. 35 est le nombre de tranches verticales de calcul MEL à chaque instant. $K_{ari}$, $K_{inv}$, $K_{log}$ désignent respectivement la moyenne arithmétique, inverse, logarithmique des $U/F$. $K_U$, $K_F$ désignent la pente moyenne du graphe des $(F,U)$, déterminée en minimisant soit les écarts quadratiques sur $U$, soit ceux sur $F$. $K_{med}$ désigne la pente médiane du même graphe. Sur ces six graphes, les deux courbes I1 et I2 issues de mesures IPM (voir légende de la figure 4.1 p.103) ont été reportées pour permettre des comparaisons.

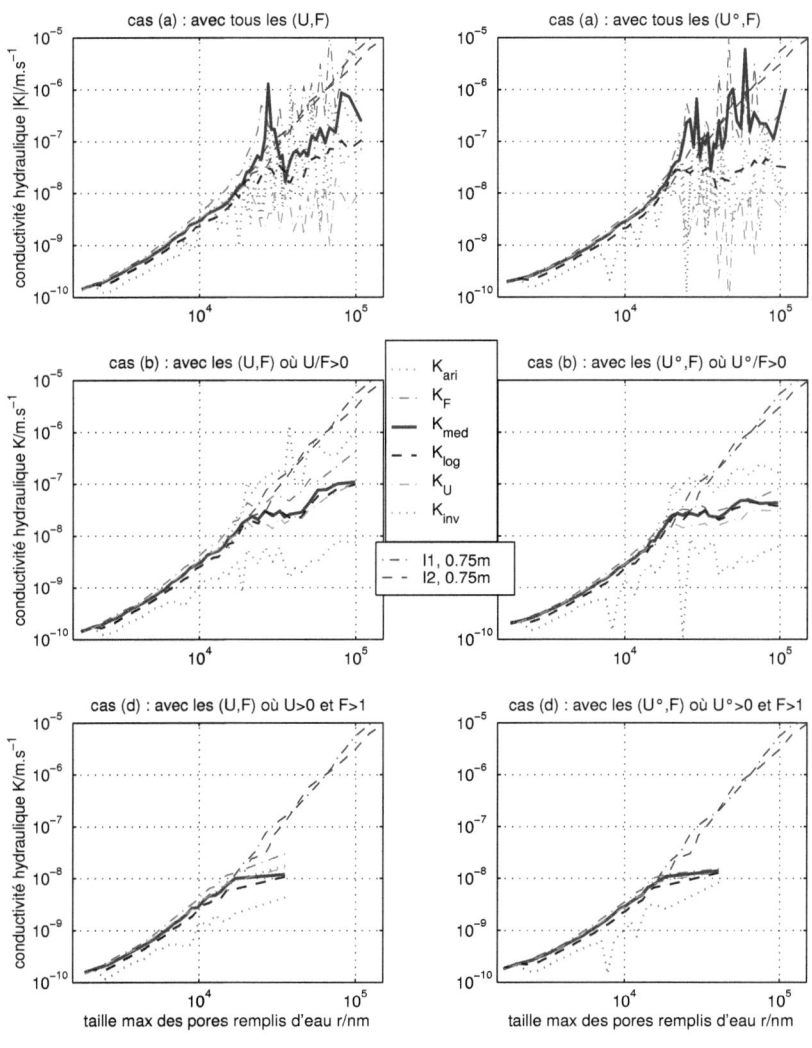

FIG. 4.15 – *Moyennes des conductivités hydrauliques issues de MEL, exemple du ferralsol sous forêt à 60 cm de profondeur.* Même légende que la figure 4.14.

$K_F$ et $K_{med}$ aux teneurs en eau intermédiaires. Le fait d'exclure les couples $(U,F)$ où $F < 1$ (cas (d)) stabilise toutes les courbes en abaissant toutes les valeurs $K$ pour $r > 10^4$ nm.

**Conclusions sur la méthode MEL**

Les résultats précédents me mènent aux conclusions suivantes :
- Le re-calibrage de $U$ connaissant le flux hydrique en surface $U_M$ est indispensable. Il permet de corriger les erreurs liées aux calculs MEL et les biais causés par le fait que la courbe $h(\theta)$ a une forme analytique imposée. (Ce calibrage nécessite de conserver toutes les valeurs de $U$, même négatives).
- La moyenne logarithmique $K_{log}$ est la plus robuste ; elle donne des valeurs précises aux faibles teneurs en eau (ici $r < 10^4$ nm), puis légèrement sous-estimées (ici jusqu'à $r = 2.10^4$ nm), pourvu qu'on utilise aussi les faibles valeurs de $F$ (cas (a), (b), ou (c)). En cas de données incomplètes ou très bruitées, elle est à préférer.
- La médiane $K_{med}$, faite à partir de toutes les valeurs (cas (a)), est la meilleure estimation de $K$ aux fortes teneurs en eau qu'on puisse obtenir à partir des mesures MEL jusqu'à $r = 2.10^4$ nm (figure 4.16) avec des données initiales bruitées, ou jusqu'à $r = 4.10^4$ nm (figure 4.14), voire même jusqu'à $r = 6.10^4$ nm (figure 4.15) avec des données initiales très peu bruitées.

Remarquons qu'à la figure 4.15, les valeurs de $K_{med}$ obtenues pour $r = 6.10^4$ nm oscillent bien autour de la valeur $K = 10^{-6}$ m.s$^{-1}$ mesurée par IPM. Sachant que l'ordre de grandeur de $U$ est $10^{-8}$ m.s$^{-1}$, cela signifie que ce calcul donne une valeur moyenne de $F$ oscillant entre 0,003 et 0,03 qui est pertinente. Cette précision est remarquable, elle provient de valeurs très fiables des tensiomètres. Les autres figures montrent que les résultats sur $K$ ne sont plus pertinents quand $K$ dépasse $3.10^{-8}$ m.s$^{-1}$, soit quand la valeur moyenne de $F$ à mesurer devient inférieure à 0,5.

**Remarque sur les flux hydriques**

Nous avons défini le flux hydrique $U_M$ transitant dans la couche supérieure de l'échantillon par différence de teneur en eau entre deux instants (équation 4.9 p.117). En toute rigueur, ce flux vérifie $U_M = U_D + U_v$, où

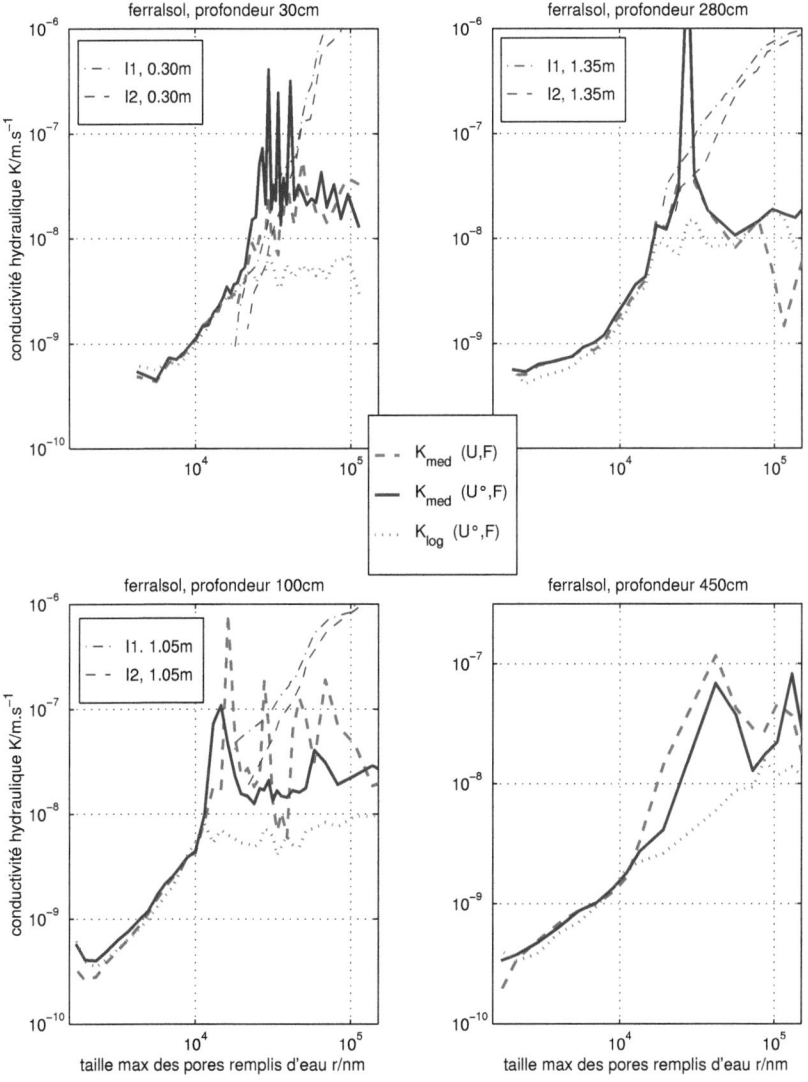

FIG. 4.16 – **Moyennes des conductivités hydrauliques issues de MEL, ferralsol sous forêt aux profondeurs 30, 100, 280, 450 cm.** Même légende que la figure 4.14. La comparaison avec les données IPM (I1 et I2) valide la valeur de conductivité hydraulique $K_{med}(U^\circ,F)$, pour $r < 2.10^4$ nm (ou seulement $r < 10^4$ nm pour l'échantillon à 100 cm de profondeur, dont les données initiales sont très bruitées).

$U_D$ est le flux de Darcy, d'eau liquide, et $U_v$ est le flux de vapeur d'eau, s'échappant de l'échantillon par l'atmosphère du sol. On ne peut quantifier $U_v$, et encore moins ses variations au cours de l'expérience. On sait donc simplement que le flux $U_D$ utile pour calculer $K$ vérifie $U_D \leqslant U_M$. Cette remarque vaut aussi pour les calculs MEL, où $U$ est calculé par différence de teneur en eau entre deux instants, en supposant que l'eau évacuée l'a été entièrement en phase liquide. Tous ces calculs supposent que le flux de vapeur d'eau $U_v$ est nul, ils sous-estiment donc $U_v$ et surestiment $U_D$ et $K$. Pour les mesures IPM, ce phénomène n'a pas lieu car l'atmosphère du sol en place n'est pas asséchante ; en effet, à l'équilibre, l'humidité relative excède 99% tant que les pores résiduels sont remplis d'eau, à 27°C, selon Tardy et Novikoff [206]. Cela explique que les courbes $K_{med}$ et $K_F$ ont même allure que celles des mesures IPM mais sont décalées vers les $K$ élevés.

Une autre observation confirme le fait que le flux de vapeur d'eau $U_v$ n'est pas négligeable et qu'il varie au cours de l'expérience. Pour tous les échantillons de ferralsol, nous avons remarqué qu'autour du potentiel $h \approx -0.5\,\mathrm{mCE}$ (soit $r \approx 3.10^4\,\mathrm{nm}$), les courbes de pressions matricielles se resserrent, la valeur moyenne des gradients de potentiel $F_{moyen}$ a un minimum local, tandis que $U_M$ ne varie pas. Or $K$ est forcément une fonction strictement décroissante quand $r$ décroît, $K$ ne peut pas avoir de maximum local. Il semble que de $r \approx 6.10^4\,\mathrm{nm}$ à $r \approx 3.10^4\,\mathrm{nm}$, l'évacuation de l'eau par évaporation vers l'atmosphère du sol puis diffusion en phase gazeuse $U_v$ augmente par rapport à l'évacuation par circulation en phase liquide $U_D$. La surévaluation de $K$ par $K_{med}$ ou $K_F$ pour $r \approx 3.10^4\,\mathrm{nm}$ pourrait donc être due à une surestimation de $U$ et non à un artefact de ces méthodes de calcul de la moyenne. Pour des sols où l'évacuation en phase gazeuse reste faible, par exemple des sols faiblement macroporeux, on peut espérer que $K_{med}$ calculé à partir de $U^o$ ne surestimera pas $K$.

## 4.4 Estimation de la conductivité hydraulique de la porosité résiduelle

Pour extraire l'eau contenue dans la porosité résiduelle, nous avons utilisé une marmite à pression, que nous avons partiellement remplie de sol remanié (voir Annexe C). L'azote sous pression introduit en haut de la

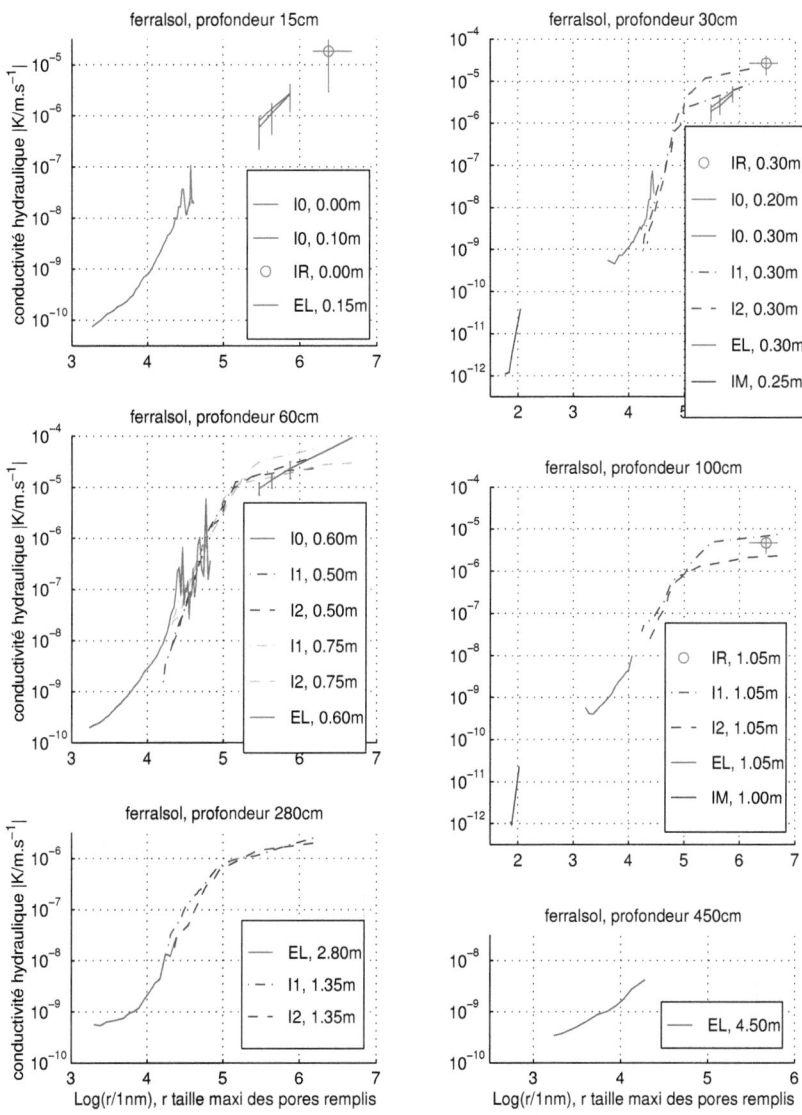

FIG. 4.17 – **Récapitulatif des données de conductivité hydraulique de ferralsol sous forêt.** *IR, I0, I1, I2* : données sur sol très humide, voir légende de la figure 4.1 p.103. *EL* : données MEL, où K est calculé par la méthode de la médiane sur 35*10 valeurs individuelles de K, et où les flux de Darcy U ont été recalibrés ($U^o$) à partir de la variation mesurée en continu de la masse totale de l'échantillon. *IM* : estimations grossières de conductivité hydraulique lors de l'extraction d'eau résiduelle en marmite à pression.

marmite chasse cette eau vers le petit orifice central en bas de la marmite, où règne la pression atmosphérique. Le débit d'extraction d'eau donne la valeur du flux hydrique vertical descendant $U$ dans le sol en bas de marmite. Connaissant la pression d'azote, la pression atmosphérique, la taille maximale des pores encore remplis d'eau et l'épaisseur de terre dans la marmite, on détermine l'ordre de grandeur des gradients de pression dans le sol.

Les conductivités hydrauliques obtenues ainsi (voir tableau C.2, annexe C) s'étagent de $10^{-12}$ m.s$^{-1}$ à $4.10^{-11}$ m.s$^{-1}$. Elles sont dispersées autour de l'estimation faite en Partie II à partir des mesures et du modèle de Revil & Cattles [178] : 3 à $11.10^{-12}$ m.s$^{-1}$. Ces résultats préliminaires sont donc très encourageants. Un système de mesure en continu de la pression de l'eau porale pendant l'extraction d'eau semble impossible à mettre en oeuvre vues les très fortes surpressions appliquées dans l'air et les pressions matricielles très basses. Une extraction d'eau progressive, où l'on attendrait d'avoir un débit d'extraction nul avant d'élever la pression d'azote, puis des mesures de teneur en eau de chaque couche de sol en fin d'extraction, centimètre par centimètre, pourraient déjà améliorer les estimations faites ici.

## 4.5 Récapitulatif des conductivités hydrauliques mesurées

La figure 4.17 récapitule les conductivités hydrauliques mesurées aux différentes profondeurs du ferralsol.[1] Nous constatons qu'en double échelle logarithmique, la partie rectiligne des courbes IPM de $r = 10^5$ nm à $10^{4,3}$ nm se prolonge d'après les mesures MEL jusqu'à $r = 10^4$ nm, puis s'incurve légèrement, jusque $r = 10^3$ nm. Cette faible pente de $K$ semble se prolonger d'ailleurs jusqu'en $r = 10^2$ nm et peut s'expliquer par la faible

---

1. Pour les données de laboratoire (MEL), la température a été mesurée avec précision lors des mesures et la conductivité hydraulique donnée ici est celle à 20°C. Pour les autres données, la température n'a pas été mesurée mais était vraisemblablement stable le temps de la mesure. Elle devait avoisiner 20°C pour l'extraction sous pression, faite dans un laboratoire climatisé. Elle était proche de la température naturelle du sol pour les mesures d'infiltration *in situ* (données IPM), soit autour de 26°C. L'effet des corrections de température qu'il aurait fallu appliquer est donc faible devant les autres incertitudes de mesure.

quantité de micropores (de $r = 10^2$ nm à $10^4$ nm).

# Chapitre 5

# Interfaces solide-liquide et composition de l'eau du sol

Nous nous intéressons d'abord à la réactivité des surfaces du sol, minérales ou organiques :

- nous exposons les données de surface spécifique mesurées dans le cadre de cette thèse ;
- nous résumons les données de capacité d'échange cationique du sol total ou de sa matière organique solide, et d'aluminium échangeable, acquises par Bravard [38].

Nous exposons ensuite les données disponibles sur la composition de l'eau du sol :

- Les données sur l'eau interstitielle extraite avec une marmite à pression, dans les ferralsols, dans le cadre de cette thèse ;
- La composition globale de l'eau pompée par les racines des plantes des ferralsol ou des podzols, déduite de la quantification du recyclage biologique annuel ;
- Pour comparaison, nous rassemblons les données de composition de l'eau libre des ferralsols-podzols, au Nord de Manaus, mesurées par d'autres auteurs. Il s'agit des études de Furch [91], de Chauvel *et al.* [58] et de Piccolo *et al.* [169] ansi que des thèses de Eyrolle [86] et Cornu [65].

Nous interpréterons les compositions mesurées, en termes de spéciation des éléments en solution, en termes d'équilibre ou de déséquilibre minéral/solution, en termes d'échanges entre les porosités et en termes d'évolution globale du profil, dans la partie II.

La distinction entre "dissous" et "particulaire en suspension" est prise par le critère arbitraire habituel de taille, de part et d'autre de la taille de filtration $0,45\,\mu$m.

## 5.1 Interface et interactions surfaces solides - solution aqueuse

### 5.1.1 surface spécifique

Les données de surface spécifique, mesurées par méthode BET au $N_2$ par Ph Quetin à l'INRA Avignon sur nos échantillons, sont récapitulées au tableau 2.7 p. 77. Notons que d'après l'étude de Brantley et Mellott [37], cette méthode de mesure est très imprécise quand la surface spécifique est inférieure à $1\,\text{m}^2.\text{g}^{-1}$ ; les surfaces spécifiques données par adsorption de $N_2$ sont jusqu'à 50% plus grandes que celles mesurées par adsorption de Kr. Ainsi, la mesure de surface spécifique du podzol ($0,017\,\text{m}^2.\text{g}^{-1}$) n'est pas fiable. Par ailleurs, Echeverría et al. [84] montrent que la contribution à la surface spécifique des nanopores de taille inférieure à 2 nm est sous-estimée par les mesures d'adsorption de $N_2$, pour des raisons de cinétique de diffusion trop lente. Sur les ferralsols étudiés ici, d'après les porosimétries au mercure, de tels pores sont rares.

Pour la surface spécifique, elle est essentiellement déterminée par la teneur en lutite. La surface spécifique du podzol n'étant pas bien connue, le rôle éventuel des amorphes (Al et Fe) n'est pas déterminable ici.

En effet, une forte corrélation entre surface spécifique et porosité résiduelle a été observée par Chung et Alexander sur 16 sols différents [64]. Or ici la corrélation entre porosité résiduelle et teneur en lutite est très forte (voir p.171, en partie II).

D'après Bigorre et al., 2000, [27], surface spécifique et isotherme d'adsorption à -107 MPa renseignent seulement sur les propriétés de surface des argiles, les matières organiques étant alors déshydratées. A -1,6 MPa, argiles et MO additionnent leurs propriétés d'hydratation. Ici les mesures ont été faites sur sol séché à l'étuve, donc à un potentiel plutôt proche de -107 MPa.

## 5.1.2 Capacité d'échange cationique (CEC)

**Corrélations avec la matière organique, la granulosité et les teneurs en Al et Fe amorphes**

La capacité d'échange cationique du sol entier a été déterminée sur sol morcelé dans une solution à pH 7, en employant l'acétate d'ammonium comme agent d'échange, par Bravard [38]. Elle varie de 0 à 11 meq.hg$^{-1}$. Elle décroît de la surface vers la profondeur dans les ferralsols; elle décroît du ferralsol au podzol le long des versants.

Voici les régressions linéaires à partir des données de Bravard ([38], Annexe II et tableaux 3, 18, 19), entre la capacité d'échange cationique $CEC$ et les teneurs en lutite $f_{lut}$, matière organique solide $C$, fer et aluminimum amorphes Fe$_{amor}$ et Al$_{amor}$. La taille moyenne des grains de lutite est prise en compte ici à partir de la taille moyenne $r_{m1}$ des pores du premier mode de porosité, déduite des porosimétries au mercure faites par M. Grimaldi sur d'autres échantillons prélevés sur le même versant [106] (voir p.85).

$$CEC = (2{,}63 \pm 2{,}587) \text{ meq.hg}^{-1} \tag{5.1a}$$

$$CEC = (274C \pm 1{,}091) \text{ meq.hg}^{-1} \tag{5.1b}$$

$$CEC = (1{,}65 + 3{,}0 f_{lut} \pm 2{,}454) \text{ meq.hg}^{-1} \tag{5.1c}$$

$$CEC = (247C + 1{,}2 f_{lut} \pm 1{,}029) \text{ meq.hg}^{-1} \tag{5.1d}$$

$$CEC = (247C + 1{,}2 f_{lut} + 0.01(1 - f_{lut}) \pm 1{,}027) \text{ meq.hg}^{-1} \tag{5.1e}$$

$$CEC = (251C + 0{,}6 f_{lut} \times \frac{r_{m0}}{r_{m1}} \pm 1{,}039) \text{meq.hg}^{-1} \quad \text{avec} \quad r_{m0} = 30 \text{ nm} \tag{5.1f}$$

$$CEC = (248C + 1{,}4(f_{lut} - Fe_{amor} - Al_{amor})... \\ + 178{,}6 Fe_{amor} - 162{,}0 Al_{amor} \pm 1{,}017) \text{ meq.hg}^{-1} \tag{5.1g}$$

Les régressions linéaires ci-dessus entre CEC, teneur en MO, en lutite, en Fe amorphe et en Al amorphe montrent que la CEC est essentiellement corrélée à la teneur en matière organique solide (qui explique 58% de sa variance, équations 5.1a et 5.1b) et dans une moindre mesure à la teneur en lutite. Ceci est illustré sur la figure 5.1. La lutite seule explique 5% de la variance de la CEC (équation 5.1c) ou 2% de variance supplémentaire quand on tient compte aussi de la matière organique (équation 5.1d). La prise en compte de la taille moyenne des lutites, faite ici via le paramètre

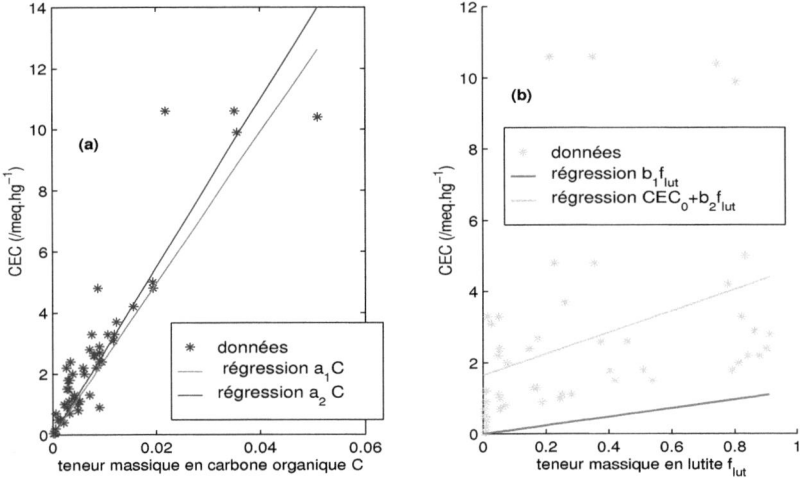

FIG. 5.1 – **Comparaison entre capacité d'échange cationique (CEC) et teneurs en matière organique et en lutite, pour les ferralsols-podzols.** Mesures par Bravard [38]). **(a)** : Comparaison entre CEC et teneur en matière organique C. $a_1 = 247(meq.hg^{-1})$ et $a_2 = 274(meq.hg^{-1})$ **(b)** : Comparaison entre CEC et teneur en lutite $f_{lut}$. $b_1 = 1,2(meq.hg^{-1})$ ; $CEC_0 = 1,65(meq.hg^{-1})$ et $b_2 = 3,0(meq.hg^{-1})$

$r_{m1}$, ne contribue pas à expliquer les variations de la CEC (équation 5.1f). La contribution des limons et sables (de teneur $1 - f_{lut}$) ne devient significative que si la teneur en matière organique et en lutite sont très faibles ($C < 0,0001$ et $f_{lut} < 0,01$, équation 5.1e). La prise en compte des teneurs en Al amorphe et Fe amorphe n'améliore pas significativement la détermination de la CEC (moins de 0,5% de variance supplémentaire expliquée, équation 5.1g). Nous retiendrons donc comme pertinente l'équation 5.1e pour prédire la capacité d'échange cationique à partir de la granulosité et de la teneur en matière organique.

D'après Bravard, la CEC et la surface spécifique du podzol seraient dues non seulement à l'argile mais aussi aux amorphes (Al et Fe). Les régressions linéaires faites ici sur ses données montrent que parmi les lutites, le rôle de ces amorphes sur la CEC n'est pas significativement différent de celui des argiles.

### Comparaison avec d'autres études

Par ailleurs, une forte corrélation entre CEC et teneur en MO a également été observée par Chung et Alexander, sur 16 sols différents [64].

Sur des argiles sans matière organique, Revil et al., 1998, [179] récapitulent les données de surface spécifique et de CEC à partir de divers auteurs et montrent que ces grandeurs sont proportionnelles. Les kaolinites ont des surfaces spécifiques entre 9 et 30 m$^2$.g$^{-1}$ et des CEC entre 2 et 7 meq.hg$^{-1}$. Toutes argiles confondues, ils donnent la relation suivante, qui correspond à une densité de charge de 1 à 3 charge par nm$^2$ :

$$CEC = as_s \quad \text{avec} \quad 1,7.10^{-3}(\text{meq.m}^{-2}) \leqslant a \leqslant 5.10^{-3}(\text{meq.m}^{-2}) \quad (5.2)$$

La surface spécifique $s_s$ est exprimée en m$^2$.g$^{-1}$. On en déduit la surface spécifique $S_s$ exprimée en m$^{-1}$ connaissant la densité $\rho_s$ de la phase solide du sol : $S_s = s_s\rho_s$.

Comparons nos résultats à ceux de Revil et al.. Nos ferralsols ont une fraction lutite essentiellement composée de kaolinite (associée à des oxydes métalliques, en particulier de la gibbsite) et ont une surface spécifique et une CEC similaires à la kaolinite pure. Leur surface spécifique vaut entre 15 et 45 m$^2$.g$^{-1}$ et leur $CEC$ entre 1 et 10 meq.hg$^{-1}$. Cependant, d'après l'équation 5.1d extrapolée à la lutite pure ($C = 0$ et $f_{lut} = 1$), sa CEC serait faible, seulement 0,17 à 2,23 meq.hg$^{-1}$. Autrement dit, l'équation 5.1f extrapolée au cas sans matière organique ($C = 0$), en utilisant la relation illustrée sur la figure p.248 en partie II reliant surface spécifique et rayon moyen de pores $r_{m1}$ déduit de porosimétrie au mercure, aboutit à l'équation de Revil et al. 5.2, mais avec un coefficient $a$ plus faible : $a = 5,4.10^{-4}(\text{meq.m}^{-2})$.[1] Cela correspondrait donc à une densité d'une charge pour 3 nm$^2$. Cette faible réactivité des lutites des ferralsols étudiés est-elle imputable aux faibles taux de substitution des kaolinites ou à la présence des oxydes métalliques ? La présence de matière organique adsorbée sur les lutites limite-t-elle leur réactivité ? Ou encore, les mesures citées par Revil et al. concernent-elles vraiment des argiles exemptes de matière organique ?

Quelle qu'en soit la raison, nous constatons donc une CEC faible des ferralsols-podzols étudiés. Cette pauvreté chimique, en terme de fertilité pour les plantes, est accentuée par le fait suivant. Seulement 0,7 à 5,0% de ces sites cationiques sont occupés par des cations Ca$^{2+}$, Mg$^{2+}$, K$^+$ ou

---

1. Nous avons utilisé ici la densité de solide $\rho_s = 2,62$ g.cm$^{-3}$ [106].

Na$^+$. Les autres sites sont occupés, selon le pH, par des ions aluminium ou des ions H$^+$, d'après les mesures de Bravard [38]. Or Ca$^{2+}$, Mg$^{2+}$, K$^+$ sont des nutriments majeurs pour les plantes, tandis que l'aluminium est potentiellement toxique, selon la revue de Lucas [138].

### 5.1.3 Aluminium échangeable

Bravard [38] a mesuré l'aluminium échangeable du sol solide, immergé dans une solution où le chlorure de potassium est utilisé comme agent d'échange. La quantité d'Al$^{3+}$ échangeable vaut 0,1 à 2,5 meq.hg$^{-1}$; elle décroît avec la profondeur dans le ferralsol, et décroît du ferralsol vers le podzol.

## 5.2 Composition de l'eau matricielle du ferralsol et des pompages racinaires

### 5.2.1 Eau matricielle du ferralsol

**Protocole de collecte**

L'eau matricielle a été collectée par extraction dans une marmite à pression, sur sol remanié conservé en sac plastique, quelques jours après prélèvement (voir annexe C). La chimie de l'eau extraite est significativement différente de celle de l'eau dé-ionisée utilisée pour humecter les joints de la marmite à pression : l'eau dé-ionisée avait un pH de 4,5 tandis que l'eau extraite avait un pH de 6,5 à 7 (voir Tableau C.3 de l'annexe). Si toutefois l'eau dé-ionisée a eu un effet de dilution sur l'eau matricielle du sol, cet effet peut être évalué à partir des teneurs en Fe de l'eau dé-ionisée et de l'eau extraite : en effet, la teneur en Fe de l'eau matricielle est forcément positive ou nulle. L'eau extraite sous moins de 1,7 MPa du sol à 0,25 m de profondeur contient donc au maximum 39% d'eau dé-ionisée. L'eau extraite ensuite sous des pressions supérieures risque moins d'avoir subi une dilution. Nous reproduisons ici la composition de l'eau matricielle, en supposant une dilution par l'eau dé-ionisée à 39% pour la première eau et à 10% pour la seconde.

TAB. 5.1 – *Composition de l'eau résiduelle extraite du ferralsol sous forêt par marmite à pression, corrigée de la dilution par l'eau déionisée du laboratoire.*

| concentrations | Si ($/\mu$mol.l$^{-1}$) | Al ($/\mu$mol.l$^{-1}$) | Fe ($/\mu$mol.l$^{-1}$) | pH |
|---|---|---|---|---|
| ferralsol 0,25 m $P_N$ < 1,7 MPa | 68 à 85 | 1,2 à 1,5 | **0,00** | 6,8 à 7,3 |
| ferralsol 0,25 m $P_N$ > 3 MPa | 70 à 78 | 1,2 à 1,4 | 0,60 à 0,68 | 6,3 à 6,8 |
| ferralsol 1 m $P_N$ < 1,7 MPa | 66 à 83 | 2,8 à 3,5 | 1,1 à 1,4 | 6,5 à 7,0 |
| ferralsol 1 m $P_N$ > 3 MPa | 88 à 98 | 6,8 à 7,6 | 2,7 à 3,0 | 6,8 à 7,3 |
| Hypothèse : la première eau extraite contenait 39% d'eau déionisée du laboratoire, et la deuxième eau 10%. ||||
| $P_N$ désigne la surpression d'azote utilisée pour l'extraction. ||||
| Les fourchettes de valeurs tiennent compte des incertitudes sur les mesures. ||||

**Récapitulatif**

D'après les mesures faites précédemment, que l'eau matricielle ait ou non été diluée lors de son extraction, elle contient 56 à 98 $\mu$mol.l$^{-1}$ de silicium, 1,3 à 7,6 $\mu$mol.l$^{-1}$ d'aluminium, 0 à 3,0 $\mu$mol.l$^{-1}$ de fer.

### 5.2.2 Composition globale des pompages racinaires

La composition globale des pompages racinaires a été déduite des bilans de recyclage végétal résumés aux figures pp.51 et 52. Elle est illustrée sur les figures pp. 145 à 147.

Pour évaluer la quantité d'eau pompée par les racines à destination des racines, (via ou non la partie aérienne des plantes), nous avons supposé ici que toutes les transprécipitations étaient pompées par les racines. Ceci n'est qu'un ordre de grandeur, l'eau des fortes pluies pouvant transiter vers la nappe sans être pompée par une seule racine, ou à l'inverse la même eau de pluie peut être absorbée, excrétée, réabsorbée plusieurs fois par les racines.

## 5.3 Composition de l'eau libre

Rappelons que nous rassemblons ici les données acquises par d'autres auteurs, afin d'établir des comparaisons.

## 5.3.1 Contexte

### Occurrence d'eau libre

L'eau libre de la zone *vadose* a été récoltée avec des lysimètres. Celle de la nappe a été échantillonnée au niveau de puits, de sources et de rivières.

Les pluies faibles sont arrêtées par la canopée ou les 10 premiers cm du sol, où elles sont ré-évaporées, ou absorbées par la porosité fine du sol ou la biosphère. Les pluies moyennes ou fortes occasionnent des flux d'eau libre qui peuvent être récoltés dans les lysimètres. Sur ferralsol, les pluies permettant une infiltration d'eau libre dans le sol ont une hauteur minimale de 3 à 6 mm, selon l'état hydrique du sol et l'intensité de la pluie, d'après Cornu [65]. Sur podzol humique, cette hauteur minimale vaut 9 mm, tandis que sur sol nu (sans couvert végétal ni litière), cette hauteur minimale est nulle. La profondeur d'infiltration des flux d'eau libre dépend de l'état hydrique du sol, du débit et de la durée de la pluie. Sur ferralsol, elle atteint en général 40 cm de profondeur d'après Cornu [65] voire 1,2 à 1,5 m d'après Piccolo *et al.* [169] ou même exceptionnellement elle peut atteindre 2 m de profondeur (Hodnett *et al.*, [113]). Plus bas et jusqu'à la proximité de la nappe, le drainage a lieu par circulation dans la porosité fine, les lysimètres restent secs.

### Lieux et conditions d'échantillonnage de l'eau libre

La position des sites de prélèvements figure sur les cartes pp.26 et 27.

**Eau libre des sols**  Les prélèvements de novembre 87 correspondent aux premières grosses pluies après la saison sèche, par Chauvel *et al.* [58], sur ferralsol. Ils ont enregistré jusqu'en janvier 88 les teneurs en Al, Si et $NO_3^-$, mais sans mesurer le pH.

Englobant cette période, de février 87 à mai 88, des prélèvements et des mesures de pH ont été effectués en continu dans la ferme de FUCADA, sur ferralsol recouvert de forêt dense, par Piccolo *et al.* [169]. Par ailleurs, des mesures de pH ont été effectuées sur ferralsol de plateau par Chauvel *et al.* [61] à une date non précisée, antérieure à novembre 85.

Ces données sont comparées à celles acquises en 93 et 94 par Cornu [65], seule à avoir aussi mesuré systématiquement les teneurs en carbone organique dissous.

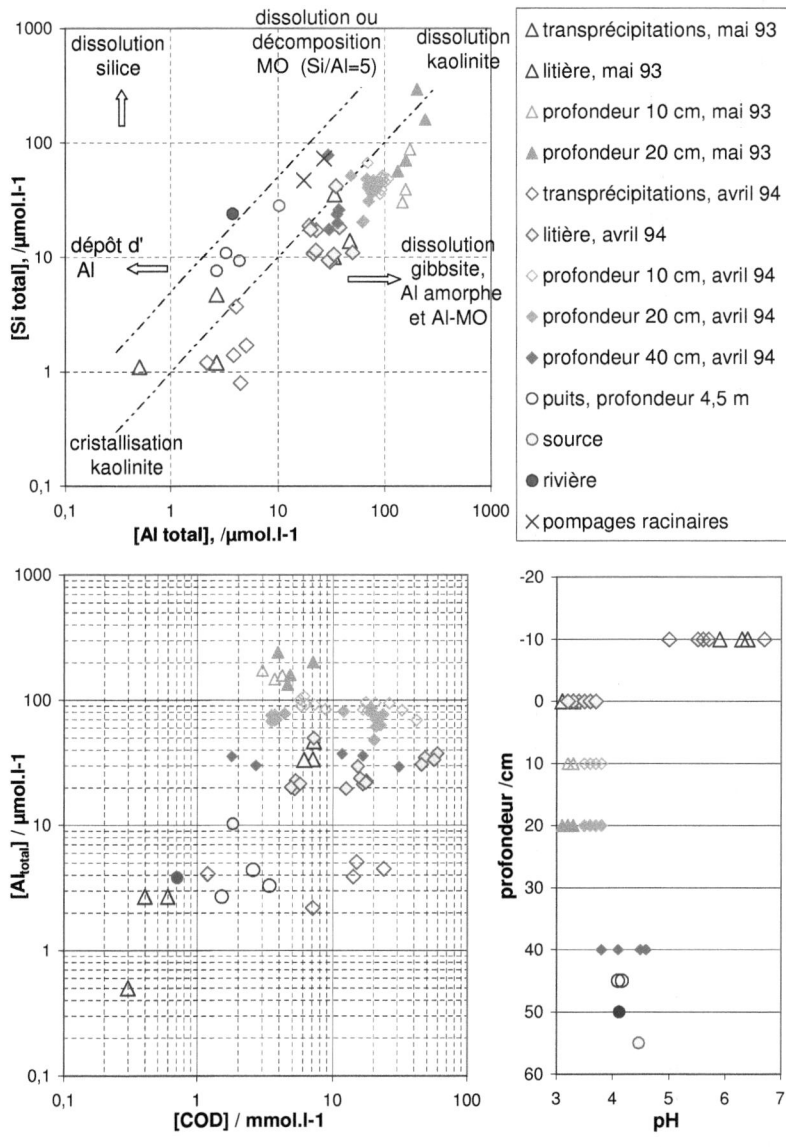

FIG. 5.2 – *pH et teneurs en silicium, aluminium et carbone organique dissous des eaux du podzol*. Mesures sur l'eau libre recueillie dans des lysimètres en mai 93 et avril 94, par Cornu [65]. Mesures trimestrielles d'eau d'un puits par Cornu [65]. Mesures de l'eau de source ou de rivière par Eyrolle [86]. Estimation de la teneur en Si et Al de la matière organique du sol et des pompages racinaires à partir des bilans récapitulés à la figure p.52.

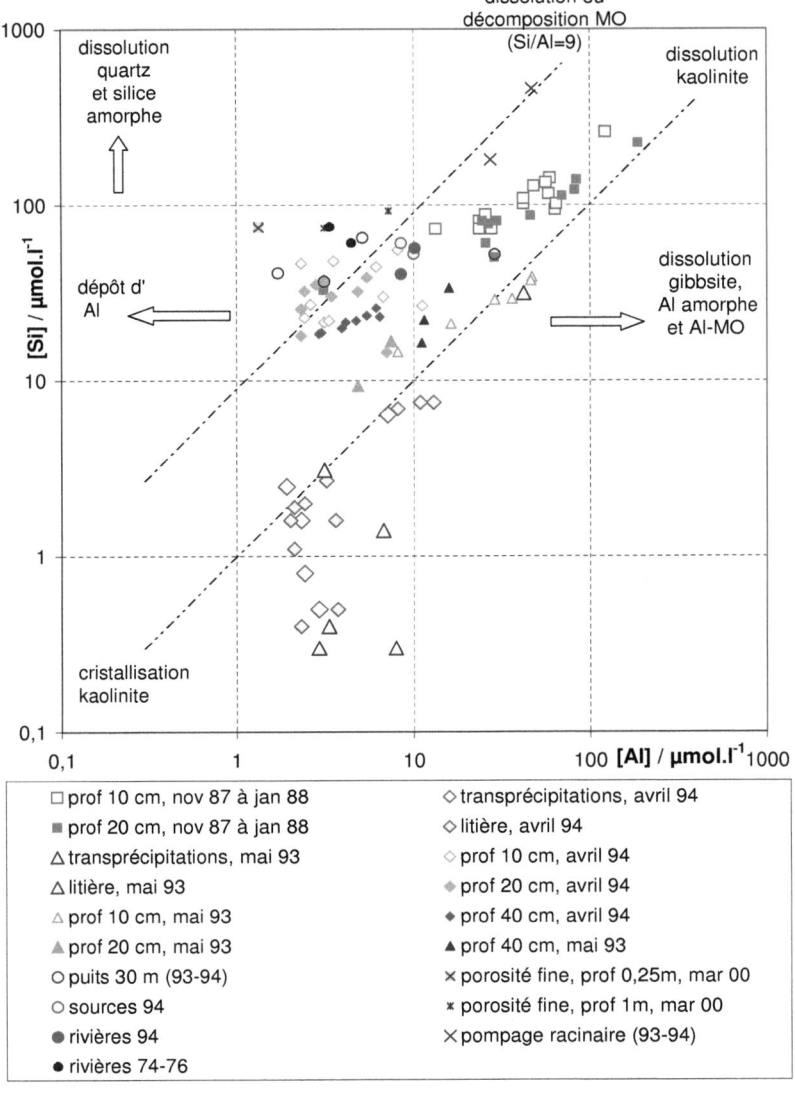

Fig. 5.3 – **Teneurs en Al et Si dissous des eaux du ferralsol.** *Mesures directes de la composition élémentaire de l'eau. Eau libre recueillie dans des lysimètres : en 87-88 par Chauvel et al. [58], en 93-94 par Cornu [65]. Eau de puits prélevée par Cornu [65]. Eau de source ou de rivière, prélevée par Eyrolle avant 94 [86] ou par Furch en 74-76 [91]. Mesures en mars 2000 : eau matricielle extraite en marmite à pression dans le cadre de cette thèse. Estimation de la teneur en Al et Si de la matière organique du sol et de l'eau pompée par les racines à partir des bilans annuels de la figure p.51.*

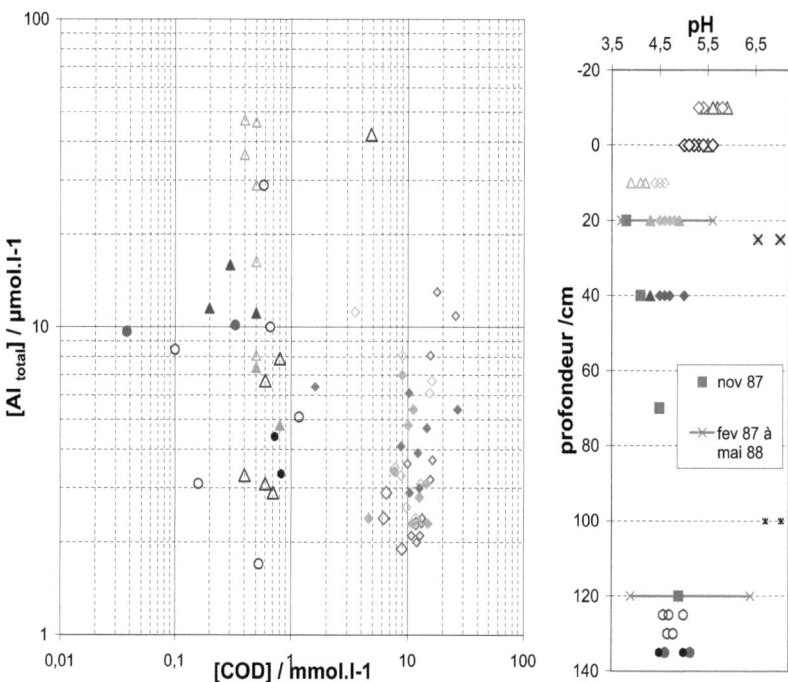

Fig. 5.4 – **Teneur en aluminium total et en carbone organique dissous des eaux du ferralsol**. *Mêmes graphismes et mêmes auteurs que la figure 5.3. Les prélèvements de Chauvel et al. ont été effectués en 1985 ou avant [61], tandis que ceux de Piccolo et al. datent de février 87 à mai 88 [169].*

Ceux de mai 93 correspondent à un mois de pluviosité moyenne (260 mm sur le ferralsol, 220 mm sur le podzol humique, [65] p. 79), en fin d'une saison humide moyenne. Aux profondeurs prélevées, les micropores étaient pleins, ainsi qu'une partie des mésopores. Le pF valait 1,5 à 2,2 dans le ferralsol ou 1,4 à 1,8 dans le podzol humique ([65], p. 263) ; les plus grands pores remplis d'eau ont donc comme taille 10 à 45 $\mu$m.

Les prélèvements d'avril 94 correspondent à un mois de forte pluviosité sur un sol déjà probablement très humide, en une fin de saison humide aux pluies particulièrement abondantes. En effet, la pluviosité a été de 450 mm en avril précédés de 490 mm en mars sur le ferralsol ; 600 mm en avril précédés de 360 mm en mars sur le podzol humique. L'état hydrique du sol n'a pas été mesuré.

**Eau des puits, sources et rivières** Les puits ont été échantillonnés tous les trois mois, de juin 93 à mai 94, par Cornu [65]. Celui concernant les ferralsols est un forage de 30 m dans le domaine de FUCADA. Celui concernant les podzols est un forage de 4,5 m dans la réserve biologique "Campina", sur podzol occupant l'aval d'un versant long, recouvert de forêt plus basse et clairsemée que la "Campinarana".

Trois prélèvements de sources et trois prélèvements de rivières ont été effectués, en fin de saison sèche avant 1994, par Eyrolle [86].

Les deux sources mentionnées dans les figures concernant les ferralsols sont "ZEFI II" et "DUKE". "ZEFI II" est située dans un léger creux du plateau ferrallitique tandis que "DUKE" est en bas d'un versant court où la partie podzolisée, entre la source et le pied du plateau ferrallitique, occupe une largeur inférieure à 1 km. La source mentionnée sur le graphe des podzols est située dans la réserve "Campina" mentionnée plus haut ; le podzol occupe alors environ 10 km de large entre la source et les sols argileux du versant.

La rivière mentionnée dans le graphe des podzols est un petit rio coloré dit "Tarumã Mirim Noir" qui draine des zones podzolisées. La rivière mentionnée pour les ferralsols en 1994 est le Tarumã Mirim. Elle a été échantillonnée près de l'amont (point "Tarumã Mirim Clair"), où elle draine une vallée peu incisée dans des sols argileux recouverts de végétation herbacée peu dense. Elle a aussi été échantillonnée plus en aval (point "Tarumã Mirim"), après sa confluence avec le rio cité précédemment, le "Tarumã Mirim Noir".

Les données de Furch [91] sont aussi mentionnées et concernent la moyenne des prélèvements mensuels de rivières pendant au moins deux ans, de 1974 à 1976. Il s'agit pour les ferralsols de la rivière Tarumã Mirim, plus en aval que le prélèvement d'Eyrolle, ainsi qu'un rio issu du plateau ferrallitique près de la "ZEFI II".

## 5.3.2 Teneurs en silicium, aluminium et carbone organique

**Evolution en fonction de la profondeur**

Aussi bien pour le ferralsol que pour le podzol, les teneurs en silicium, aluminium et matière organique de l'eau libre augmentent à la traversée de la canopée et de la litière, voire dans les horizons sous-jacents ; ils diminuent ensuite jusqu'à la nappe ou les sources.

Il y a donc d'abord lessivage de matière, puis dépôt de celle-ci dans les horizons sous-jacents.

Pour le carbone organique, le lessivage principal a lieu à la traversée de la canopée et de la litière. Pour Si et Al, le lessivage principal a lieu dans les 10 à 20 cm supérieurs du sol. La localisation du niveau principal lessivé correspond donc au premier niveau traversé par la pluie qui contienne en abondance l'élément lessivé.

Pour Si, dans le ferralsol, les teneurs, faibles vers 40 cm de profondeur, augmentent ensuite entre ce niveau et la nappe. Ainsi, pour Si, après le dépôt entre 10 et 40 cm de profondeur, a lieu un deuxième lessivage en dessous, moins intense que le premier.

### Evolution en fonction de la saison

Plus le sol est humide et les pluies abondantes, plus les teneurs maximales en carbone organique dissous sont élevées.

Pour Si, Al et l'acidité, c'est l'inverse : les teneurs maximales sont atteintes lors des pluies de début de saison humide, sur sol relativement sec (novembre 88). Des teneurs intermédiaires sont atteintes en mai 93 (fin de saison humide normale). Les teneurs les plus basses sont relevées en avril 94, en fin de saison humide particulièrement pluvieuse.

### Evolution du rapport Si/Al

Dans le ferralsol, le rapport Si/Al ne cesse de croître, des transprécipitations (où il vaut 0,1 à 1) à la nappe (où il vaut 5 à 30). Dans le podzol, on observe la même évolution, mais moins marquée. Le rapport Si/Al stagne entre 0,3 et 1 des transprécipitations jusque 40 cm de profondeur, puis il évolue vers 2 à 6 au niveau de la nappe.

### Rôle des pompages racinaires, de l'eau matricielle et de la décomposition de matière organique sur l'eau libre

La décomposition de matière organique libère des éléments dans la solution du sol, avec un rapport Si/Al élevé, qui vaut 9 dans le ferralsol et 5 dans le podzol.

A l'inverse, le pompage racinaire participe à la diminution du rapport Si/Al dans l'eau du sol superficiel. En effet, les racines pompent davantage de Si que de Al.

Quant à l'eau matricielle, les échanges d'eau et de solutés entre porosité fine et large tendent à équilibrer la composition de l'eau matricielle et de l'eau libre. Pour le ferralsol, aux profondeurs mesurées, l'eau matricielle est à pH nettement plus élevé que l'eau libre, davantage concentrée en Si et aussi concentrée en Al. Elle a un rapport Si/Al très élevé (13 à 60). Les échanges avec l'eau libre tendent donc à enrichir l'eau libre en Si et à atténuer son acidité. La différence observée ici entre ces compositions nous permettra en partie II de quantifier ces échanges.

### 5.3.3 Réactivité de la MO en solution

**Densité de sites actifs sur la MO en solution**

Eyrolle [86] a mené deux types de mesures sur la matière organique dissoute dans les eaux prélevées sur les ferralsols-podzols étudiés ici, pour déterminer la réactivité de cette matière organique vis-à-vis des cations : une mesure de capacité de fixation du cuivre (par voltamétrie différentielle à impulsion par redissolution, dite DPASV) et un titrage acido-basique.

**Calibrage des mesures par fixation de cuivre**  Pour des échantillons de divers sites en Amazonie, Eyrolle a comparé le nombre de sites de fixation du cuivre déterminés par DPASV et celui déterminé par potentiométrie avec une électrode sélective aux ions Cu (dite ISE). Ces mesures ont été effectuées après ultrafiltration en cascade de la solution étudiée. La densité de sites actifs est donc déterminée pour chaque classe de taille de matière organique dissoute.

Le tableau suivant montre que le nombre de sites de fixation du cuivre déterminé par DPASV est beaucoup moins important que celui déterminé par ISE, surtout pour les molécules organiques de petite taille. D'après la revue faite par Eyrolle ([86], p.184), la DPASV ne détecte que les complexes métallo-organiques très stables, tandis que l'ISE les détecte tous. Par ailleurs, les sites stables de complexation (de constante $K=10^{-6}$ à $10^{-8}$) ont une occurrence en forme de cloche, étant nettement plus nombreux dans les colloïdes organiques de taille moyenne que chez ceux de petite ou grande taille ; quant aux sites labiles de complexation (de constante $K=10^4$ à $10^6$), leur occurrence décroît avec la taille des colloïdes organiques, ils sont 40 à 1000 fois plus fréquents chez les plus petits colloïdes que chez les plus grands colloïdes.

TAB. 5.2 – *Comparaison du nombre de sites de fixation du cuivre sur la matière organique dissoute, par DPASV ou par ISE.*

| classe de taille | < 5 kDa | de 5 à 20 kDa | de 20 à 100 kDa | de 100 kDa à 0,2 µm | de 0,2 à 0,45 µm |
|---|---|---|---|---|---|
| rapport du nombre de sites fixés par ISE / par DPASV d'après Eyrolle [86] | ? | 29 à 44 | 10 à 28 | 8 à 16 | 8 à 16 |
| facteur correctif choisi ici | 80 | 36 | 17 | 11 | 11 |
| kDa signifie kiloDalton, c'est une unité de filtration, environ proportionnelle à la taille de ce qui est filtré. 5 kDa correspond à une taille de 2 à 3 nm. ||||||

**Résultats pour les ferralsols-podzols étudiés** Nous récapitulons ici les résultats d'Eyrolle [86]. Nous avons ajouté, pour indication, le nombre total de sites actifs qui auraient été mesurés par ISE aux ions $Cu^{2+}$, déduits des mesures par DPASV, à l'aide du tableau précédent.

TAB. 5.3 – *Réactivité de la matière organique dissoute, par DPASV aux ions Cuivre ou par titrage acide-base, d'après Eyrolle [86]*

| sites /meq.$g_{COD}^{-1}$ | ferralsol | ferralsol-podzol | | podzol étendu | |
|---|---|---|---|---|---|
| type de mesure | source ZEFI II | source Duke | rivières TM Clair | source Campina | rivière TM Noir |
| | | | TM | | |
| DPASV au $Cu^{2+}$ | 0,96 | 0,73 | 0,37 | 0,5 | 0,64 | 1,53 |
| ISE au $Cu^{2+}$ [1] | 32,5 | 25,5 | 12 | 8,6 | 17,4 | 39,8 |
| sites acides $pKa$ 3,4 à 3,8 | 3,8 | 3,8 | | 2 | 2,8 | 2,4 |
| tous sites acides [2] | 16,5 | 16,2 | | 12,6 | 11,9 | 17,3 |
| COD /mmol.$l^{-1}$ | 0,1 | 0,66 | 0,037 | 0,33 | 1,83 | 0,71 |
| TM désigne le rio Tarumã Mirim. Les sites de prélèvements sont donnés au § 5.3.1. ||||||
| [1] déduit des mesures DPASV et des facteurs correctifs du tableau 5.2. ||||||
| [2] Les sites acides mesurés ont des $pKa$ variant de 3,4 à 10,8. ||||||

Ces résultats montrent que la mesure de réactivité de la matière organique dépend fortement du cation ($Cu^{2+}$ ou $H^+$) et de la méthode utilisée. Pour un même protocole de mesure, les variations d'un échantillon à l'autre sont cependant cohérentes.

La matière organique la plus réactive est celle de la rivière des zones podzolisées ("TM Noir"). La matière organique la moins réactive est celle des rivières issues de zones où les ferralsols sont prépondérants ("TM" et "TMC").

Pour l'eau des sources, le contraste entre ferralsol et podzol est moins important et est en sens opposé. La réactivité de la matière organique dissoute diminue des sources issues des ferralsols vers celles issues des podzols. Il semble donc qu'une fois dans la rivière, divers phénomènes (présence de lumière, vitesse et turbulence de l'eau accrue...) modifient la réactivité de la matière organique.

Nous retiendrons que pour l'eau des sources, selon la méthode d'évaluation, la réactivité de la matière organique varie de près d'un ordre de grandeur de part et d'autre de 8 meq.$g_{COD}^{-1}$ pour le ferralsol ou de 5 meq.$g_{COD}^{-1}$ pour le podzol étendu. Ces valeurs sont la moyenne logarithmique des mesures acido-basique, DPASV et "équivalent-ISE".

### 5.3.4 Mesures indirectes de la part de Si, Al ou Fe complexé avec la MO dissoute

**Ultrafiltrations de l'eau des sources et rivières**

Eyrolle a réalisé un fractionnement de la matière en solution dans ses échantillons (eaux de source et de rivières), par ultrafiltrations en cascade, puis a analysé la composition de chaque ultrafiltrat.

Les teneurs en matière organique sont très bien corrélées avec les teneurs en Ca et assez bien corrélées avec celles en Mg, un peu moins bien corrélées avec celles en fer, mal corrélées avec celles en aluminium et non-corrélées avec celles en silicium.

TAB. 5.4 – *Composition de l'eau ultrafiltrée des sources et rivières, Eyrolle [86].*

| éléments | C orga. | Ca | Mg | Fe | Al | Si |
|---|---|---|---|---|---|---|
| dissous tot. (/$\mu$mol.l$^{-1}$) | 37 à 1900 | 0,5 à 1,5 | 0,4 à 3 | 0,9 à 6 | 8 à 11 | 21 à 65 |
| part fine [1] (TMC) | 80 | 95 | 99 | 63 | 100 | 100 |
| part fine [1] (sources et autres rivières) | 7 à 35 | 10 à 47 | 14 à 80 | 29 à 99 | 53 à 100 | 92 à 100 |
| [1] Parmi la quantité dissoute totale de cet élément ($< 0{,}45\,\mu$m), part en % dans la fraction la plus fine ($< 5$ kDa, soit une taille inférieure à 2 à 3 nm). TMC désigne le rio Tarumã Mirim Clair. Les sites sont décrits p. 144. |||||||

Les mauvaises corrélations sont liées à une proportion de Ca, Mg, Fe Al ou Si plus importante que celle du COD dans la fraction la plus fine (voir au tableau 5.4). Quant au silicium, il est quasiment entièrement contenu dans la fraction la plus fine, avec parfois une faible portion dans la fraction la plus large (0,2 à 0,45 $\mu$m), qui peut aussi être des microcristaux de silice.

Eyrolle en conclut que le magnésium et le calcium sont essentiellement sous forme complexée avec la matière organique dissoute ; qu'une part importante du fer l'est également ; que l'aluminium est faiblement voire non-complexé avec la matière organique ; que le silicium est uniquement sous forme libre. Elle en conclut également que aluminium et silicium en solution (taille <0,45 $\mu$m) ne sont pas sous la forme de gels aluminosiliciques, qui seraient de taille supérieure à 5 kDa.

Nous pouvons ajouter qu'une complexation significative de l'aluminium en solution reste compatible avec les données d'Eyrolle, à la condition que la complexation de l'aluminium se fasse préférentiellement sur les sites actifs de la fraction la plus fine de la matière organique. Le COD est en effet en quantité suffisante dans l'ultrafiltrat le plus fin pour complexer tout l'aluminium de cet ultrafiltrat, sauf pour les rivières des ferralsols ("Tarumã Mirim Clair" et "Tarumã Mirim").

### Fixation d'aluminium et de fer *in situ*, dans le sol

Bravard [38] a mené des expériences de fixation d'aluminium et de fer sur de la résine cationique ou chélatante ou de la vermiculite, introduites par sachets dans le sol.

La part d'aluminium complexé dans l'eau libre (fixé sur la résine chélatante) varie entre 12% et 130% de la part d'aluminium cationique (fixé par la résine cationique). Elle décroît avec la profondeur et décroît quand la teneur en lutite diminue, le long du versant. Supposons que les deux résines ont la même capacité d'échange avec la solution du sol et que l'aluminium total est soit complexé (complexe chargé ou non) soit sous forme de cation libre. Alors la part d'aluminium complexé avec la matière organique vaut 11 à 57% de l'aluminium dissous total, avec une moyenne de 29%.

Pour le fer, avec les mêmes hypothèses, ces expériences le montrent sous forme complexée à 15 à 90%, avec une moyenne à 56%.

Bravard suppose cependant que l'essentiel de l'aluminium en solution est complexé avec la matière organique ; elle interprète ses résultats par la présence de complexes alumino-organiques de grande taille, qui pour cette raison ne seraient pas fixés par la résine chélatante, mais seraient retenus puis dégradés par la résine cationique qui fixerait ensuite l'aluminium cationique seul. Cette interprétation est rendue peu probable d'après les mesures ultérieures d'Eyrolle citées précédemment. Les complexes organiques de grande taille (de taille supérieure à 0,2 $\mu$m) représentent en effet moins de 25% de la masse de matière organique dissoute dans l'eau libre des ferralsols et moins de 35% pour les podzols ; parallèlement, moins de 5% de l'aluminium dissous se retrouve dans cette même fraction d'ultrafiltration.

Quant aux expériences sur des sachets de vermiculite, la quantité d'aluminium fixée, qui correspond à de l'aluminium non complexé, est relativement faible. Elle est 2 à 9 fois plus importante en saison sèche qu'en saison des pluies. Cette variation saisonnière suit les variations saisonnières de teneur en Al total en solution récapitulées ici. Cependant dans cette expérience, aucune mesure-étalon ne permet de comparer les teneurs fixées sur la vermiculite à l'aluminium total présent en solution ; on ne peut donc rien en déduire sur la part d'aluminium complexé dans la solution.

**Corrélations observées dans l'eau libre entre matière organique dissoute et aluminium dissous**

Sur les figures pp.145 et 147, l'ensemble des teneurs en carbone organique dissous ne sont pas corrélées à celles en aluminium total.

En effet, les teneurs en carbone organique suivent une évolution avec la profondeur décalée de celle de l'aluminium (maximum atteint dès la surface du sol et non vers 10 cm de profondeur), et surtout, une évolution inverse avec l'état d'humectation du sol : c'est lors de la période la plus humide (avril 1994) que les teneurs en matière organique sont les plus importantes.

Cependant, lors de la saison la plus humide (avril 94), pour les eaux du ferralsol, se dégage une faible corrélation positive entre teneurs en matière organique et en aluminium : $[Al] = k[COD]$ avec $10^{-4} \leqslant k \leqslant 6.10^{-4}$. Ceci peut signifier une mise en solution significative de l'aluminium par complexation avec la matière organique dissoute et est cohérent avec les expériences de Bravard citées ci-dessus. Le ferralsol superficiel, en saison humide, correspond aux teneurs les plus importantes en aluminium complexé qu'elle ait mises en évidence.

### 5.3.5 Particules en suspension dans l'eau libre

Nous récapitulons rapidement ici les teneurs transportées sous forme particulaire, définies par différence entre les teneurs dans les eaux recueillies, avant et après filtration à 0,45 $\mu$m.

Dans les transprécipitations et l'eau recueillie en surface du sol, sous la litière, ce transport est non négligeable et nous en avons tenu compte dans les calculs de bilan de recyclage par la biosphère (figures pp.51 et 52).

Ensuite, dans le sol lui-même, le transport particulaire par l'eau d'infiltration est de faible importance devant celui en phase dissoute (au maximum quelques % selon Cornu [65]). Nous ne l'avons pas détaillé car les particules transportées par l'eau du sol sont rares et n'interviennent ni dans les équilibres chimiques minéraux/solution du sol, ni dans le pompage racinaire car seuls les éléments dissous peuvent traverser la membrane racinaire. Si elles interviennent dans les échanges d'eau et de solutés entre porosités fine et large, c'est indirectement, par dépôts ou re-mobilisations qui modifient l'espace poral. S'y ajoute vraisemblablement un transport "sec" de particules, non pas par l'eau d'infiltration, mais par la pédoturbation, qui n'a pas été quantifié.

TAB. 5.5 – *Part du transport particulaire dans l'eau des sources, Eyrolle [86]*

| carbone organique | silicium | aluminium | fer |
|---|---|---|---|
| 8 à 12 % | 8 à 20 % | négligeable (ferralsols) 50 % (podzol "Campina") | négligeable |

Enfin, dans l'eau des sources d'après Eyrolle [86], la part de matière transportée sous forme particulaire est parfois non négligeable (voir tableau 5.5). Une part de ces particules provient vraisemblablement d'une mobilisation mécanique de matière au voisinage de la source, où les vitesses de l'eau augmentent localement ; il s'agit du phénomène de "suffosion". Cette matière est composée de silice dans le ferralsol. Elle est constituée de micro-quartz voire d'autres formes cristallines de silice. Dans le podzol étendu ("Campina"), son rapport Si/Al vaut 0,5. Elle peut contenir un mélange de micro-quartz, de kaolinites, de gibbsites et d'imogolite voire de gels amorphes silico-alumineux [86].

## 5.4 Comparaison matière solide - à l'interface - en solution

Nous donnons ici les ordres de grandeur de l'abondance de carbone organique, de silicium et d'aluminium dans les sols étudiés. Il en ressort que l'état en solution (dissous ou particulaire en suspension) est à considérer comme un état transitoire très minoritaire, même s'il contribue parfois de façon prépondérante au transport de matière.

**Aluminium**

L'aluminium se situe dans les minéraux solides, adsorbé sur les surfaces minérales, ou en solution dans l'eau du sol. L'abondance décroît de trois ordres de grandeur entre aluminium solide et aluminium adsorbé et encore de trois ordres de grandeur entre aluminium adsorbé et aluminium en solution.

En effet, la quantité moyenne d'aluminium solide vaut plusieurs moles par $dm^3$ de sol dans le ferralsol ou quelques dixièmes de mole dans le podzol; l'aluminium échangeable, à l'interface solide-solution, vaut quelques millimoles par $dm^3$ de sol; enfin l'aluminium dissous dans l'eau du sol représente plusieurs micromoles par $dm^3$ de sol.

**Silicium**

Le silicium n'est pas présent sous forme ionique adsorbée, sauf très transitoirement, au cours du mécanisme de réaction de dissolution ou précipitation d'un minéral siliceux. Son abondance dans le sol solide ou dans la solution du sol est du même ordre de grandeur que celle de l'aluminium.

**Matière organique**

Pour la matière organique, nous n'avons pas fait de distinction entre matière organique solide et matière organique adsorbée sur les surfaces minérales. En pratique, la matière organique du sol peut être simplement mécaniquement intercalée entre les surfaces minérales, sans aucune adhérence physico-chimique (par exemple pour les composés organiques hydrophobes), ou peut-être plus ou moins fortement liée aux surfaces minérales, comme le montrent les divers taux d'extraction obtenus par Bravard [38], selon le type de sol et la méthode d'extraction.

La quantité de carbone organique solide du sol, cumulé sur tout le profil, avoisine la dizaine de kg.m$^{-2}$ (p.64). La quantité cumulée de carbone organique dissous est de l'ordre de la dizaine de g.m$^{-2}$. Il y a donc trois ordres de grandeur de décalage entre la quantité de MO solide et celle de MO en solution.

La matière organique dissoute est plus réactive que la MO solide: la densité de sites vaut 6 à 8 meq/g$_{CO}$ pour la MO dissoute (p.151) contre 2,5 meq.g$_{CO}^{-1}$ pour la MO solide (équation 5.1d p.139 en prenant $C = 1$).

# Deuxième partie

# Modèle

Présentons ici diverses modélisations du fonctionnement hydrobiogéochimique d'un sol quelconque et leur application aux ferralsols-podzols étudiés dans la région Nord-Manaus.

Trois modélisations sont présentées ici, qui diffèrent par le nombre de "compartiments" du sol où circule l'eau :
- modèle à un compartiment : la porosité du sol.
- modèle à deux compartiments : la porosité du sol et les racines des plantes.
- modèle à deux compartiments : la porosité fine du sol, la porosité large du sol.

Le modèle à trois compartiments (la porosité fine, la porosité large, les racines des plantes) serait une combinaison des deux derniers modèles.

L'application de ces modèles aux sols de Manaus se limite à :
- La définition de lois de comportement : distribution de taille de pores et conductivité hydraulique définies à partir de la granulométrie, la teneur en matière organique et la profondeur.
- Des calculs analytiques de temps caractéristiques des échanges d'eau et de solutés entre porosité fine et porosité large.

Remarquons que la taille de séparation pertinente entre pores "fins" et pores "larges" n'est pas définie *a priori* ; elle découlera de la quantification des échanges d'eau et de solutés.

La comparaison entre les données existantes à Manaus et les calculs des temps caractéristiques des échanges entre les porosités fine et large montrent que la modélisation "classique" de ces échanges les surestime nettement (deux à trois ordres de grandeur). C'est pourquoi, plutôt que de pousser plus avant la modélisation "classique" sur un profil maillé, j'ai cherché, en partie III, à expliquer cette surestimation et à proposer des pistes pour une modélisation plus fidèle de ces échanges.

# Chapitre 1

# Hydrodynamique à un compartiment : la porosité

## 1.1 Loi de Darcy

La loi de Darcy définit la vitesse d'écoulement d'eau dans le sol $\vec{U}$ en fonction de la charge hydraulique du sol $H$ et de la conductivité hydraulique du sol $K$. Les variations de charge hydraulique d'un endroit à l'autre du sol, $\overrightarrow{\mathrm{grad}} H$, sont les forces qui mettent l'eau en mouvement : les forces de gravité, $\overrightarrow{\mathrm{grad}} z$, qui font couler l'eau de haut en bas et les forces de pression ou de capillarité, $\overrightarrow{\mathrm{grad}} h$, qui font déplacer l'eau des zones de forte pression vers celles de basse pression. La vitesse de l'eau ainsi mise en mouvement dépend de l'espace poral (quantité, taille et tortuosité des pores) qui détermine la conductivité hydraulique du sol $K$. Cette conductivité hydraulique peut être différente dans les différentes directions (horizontales et verticale), on la note donc sous forme matricielle $\overline{\overline{K}}$. D'où l'énoncé suivant :

$$\vec{U} = -\overline{\overline{K}}.\overrightarrow{\mathrm{grad}}(H) \quad \text{où} \quad H = h + z \qquad (1.1)$$

La conductivité hydraulique $\overline{\overline{K}}$ et la pression matricielle du sol $h$ dépendent de la teneur en eau du sol $\theta$. Ces dépendances sont caractéristiques d'un sol donné et d'un fluide donné (ici l'eau) ; nous les nommerons "lois de comportement". Nous renvoyons le lecteur en partie I (p.99) pour une explication plus complète des unités des grandeurs utilisées et des variations de $h$ et de $\overline{\overline{K}}$.

## 1.2 Conservation de la masse d'eau

La conservation de la masse d'eau s'écrit :

$$\frac{\partial \theta}{\partial t} + \mathrm{div}(\vec{U}) = 0 \qquad (1.2)$$

$\theta$ est la teneur en eau du sol, soit le volume d'eau divisé par le volume total de sol.

### 1.2.1 Remarque de vocabulaire à propos de la saturation du sol en eau

En hydrogéologie, on parle souvent de sol *saturé* (sous-entendu en eau) ou de sol *insaturé* (sous-entendu en eau) ou encore de *saturation* de la porosité en divers fluides : eau, air, hydrocarbures... J'ai préféré éviter ces termes dans cette thèse car ils me semblent impropres.

En effet, dans de nombreux domaines, comme par exemple en géochimie, les mots "saturation", "sous-saturation", "sursaturation" ont une signification précise qui n'a pas du tout les mêmes propriétés que la saturation de la porosité en eau, comme le résume le tableau ci-après :

TAB. 1.1 – *"Saturation" en géochimie ou en hygrogéologie.*

| "saturation" en géochimie, exemple de la saturation d'une solution en $H_4SiO_4^o$ par rapport au quartz. | "saturation" en hydrogéologie, exemple de la saturation en eau. |
|---|---|
| La saturation fait référence à une autre phase : La solution est saturée en $H_4SiO_4^o$ par rapport au quartz signifie que la solubilité du quartz est atteinte ($100\,\mu\mathrm{mol.l}^{-1}$). | La saturation ne fait référence à rien d'extérieur : La porosité est saturée en eau signifie que tout le volume poral est rempli par de l'eau. |
| Il n'y a pas de mutuelle exclusion : Une solution peut simultanément être saturée en $H_4SiO_4^o$ par rapport au quartz et en $O_2$ dissous par rapport à l'atmosphère du sol. | Il y a mutuelle exclusion : La porosité d'un sol ne peut pas simultanément être saturée en eau et saturée en air. |

| | |
|---|---|
| La sursaturation est possible: En l'absence de germes de cristallisation, une solution peut être sursaturée en $H_4SiO_4^o$ par rapport au quartz. | La sursaturation est impossible: Le volume d'eau dans le sol ne peut en aucun cas dépasser le volume poral de ce sol. |
| Rien ne complète une sous-saturation: Quand une solution est sous-saturée en $H_4SiO_4^o$ par rapport au quartz, il n'y a pas forcément un autre soluté qui complète pour avoir 100 $\mu$mol.l$^{-1}$ de solutés au total. | Toute sous-saturation a un complément: Quand la porosité est insaturée en eau, le volume poral non occupé par l'eau est forcément occupé par un autre fluide (air ou autre). |

Ainsi, en géochimie, le mot "saturation" est utilisé à propos de la dissolution d'un gaz ou d'un minéral dans un solvant, alors qu'en hydrogéologie, il décrit un phénomène de remplissage de toute la porosité par une ou plusieurs phases fluides distinctes.

Il semble plus pertinent de parler d'*écoulement monophasique* dans la nappe phréatique, où toute la porosité est remplie d'eau, et d'*écoulement diphasique* (eau + air) dans le reste du sol. La partie du sol où la porosité est remplie d'air et d'eau s'appelle la frange capillaire quand elle surmonte une nappe phréatique; si ce n'est pas le cas on peut employer le terme plus général de zone *vadose* en faisant un néologisme à partir de l'anglais. Cette terminologie explicite mieux, à mon sens, le fait que l'air du sol en zone *vadose* n'est pas seulement une absence d'eau, mais est un fluide à part entière, qui a des propriétés bien définies de composition, pression, solubilité dans l'eau, diffusivité dans l'eau quand il est dissous dans l'eau... Nous en reparlerons en partie III.

## 1.3 Conditions aux limites

Pour le calcul de l'hydrodynamique d'un versant (voir figure 1.1), les conditions aux limites peuvent être les suivantes.
- à la maille A: $H = z$; $U_x$ donné par le modèle.
- en surface du sol: pluie infiltrée dans le sol (vers le bas) $U_z = +PR - D$; $H$ donné par le modèle.
- base de la simulation (en $z = 0$): $U_z = 0$; $H$ donné par le modèle.
- bords latéraux de la simulation, soit le milieu de plateau ($x = 0$) et sous la rivière ($x = L_x$ sauf la maille A): $U_x = 0$; $H$ donné par le

modèle.

Si $P$ est la pluie totale, $P = PI + R + D$ où $PI$ est la pluie interceptée par la canopée, $R$ est le ruissellement, $D$ est la pluie infiltrée dans le sol (drainage). Si $ET$ est l'évapotranspiration totale, $ET = PI + PR$, où $PR$ est le pompage racinaire total. Ici $R$ est quasi-nul, donc $PR - D \simeq ET - P$.

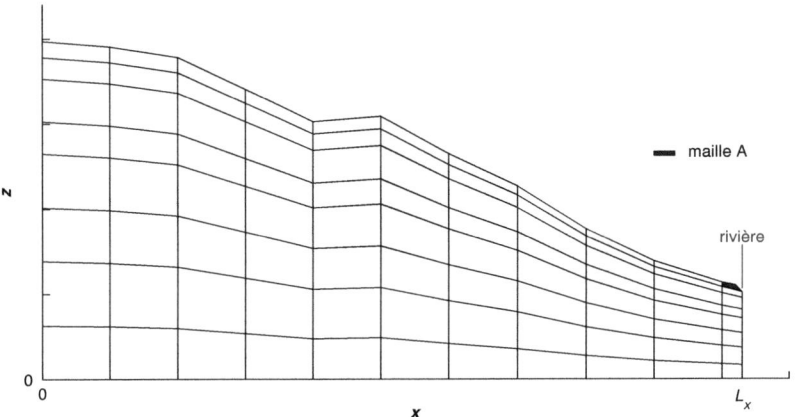

FIG. 1.1 – *Schématisation d'un versant maillé.*

Ainsi, toutes les conditions aux limites sont des conditions en flux ($U$ et $U_{pl}$ sont précisés) sauf à la rivière où il y a une condition limite en charge hydraulique. Les entrées et sorties d'eau se font en surface et à la rivière.

Ce modèle revient à faire comme si toute l'eau pompée par les plantes l'était par leurs racines superficielles et que cette eau n'avait aucune interaction avec le sol. Une modélisation plus fidèle du pompage racinaire sera présentée p. 225.

On globalise ici à la maille A tous les départs d'eau selon la direction non modélisée $y$ : l'eau visible en surface (flux de la rivière) et l'eau s'écoulant dans la porosité du sol sous la rivière (inféroflux). Pour qu'une telle simulation soit réaliste, il faut que la base de la simulation soit située suffisamment en profondeur, bien en-dessous du niveau le plus bas atteint par la surface de la nappe phréatique.

**Pluie et pluie interceptée**

Pour un calcul en moyenne annuelle ou pluri-annuelle, la pluie totale annuelle mesurée pourra être utilisée, ainsi que la pluie interceptée totale annuelle et l'évapotranspiration annuelle mesurées localement ou par bilan hydrique sur un bassin versant. Le calcul hydrodynamique donne alors le niveau moyen annuel de la nappe phréatique.

Pour calculer les variations intra-annuelles de la nappe, il faut utiliser l'histogramme mensuel, hebdomadaire, voire journalier des pluies $P$. L'histogramme des pluies interceptées $PI$ pourra s'en déduire. $PI$ varie de 12% de $P$ pour périodes humides ou fortes pluies à 25% de $P$ pour périodes sèches ou petites pluies. $PI$ ne doit excéder $P$ à aucun pas de temps du calcul, et la somme annuelle des $PI$ doit être celle mesurée annuellement.

**Evapotranspiration réelle**

L'évapotranspiration potentielle ($ETP$) est déterminée par des caractéristiques de l'ensoleillement et de l'atmosphère : température, humidité de l'air, vitesse du vent, durée et intensité de l'ensoleillement...

Quand le sol est sec, la forêt manque d'eau, les plantes ferment partiellement les pores de leurs feuilles, l'évapotranspiration réelle ($ET$) est inférieure à l'évapotranspiration potentielle : $ET < ETP$. Une fonction d'évapotranspiration est proposée ici, à partir des données de Laio, 2001 [128], à la figure 1.2. Dans cette première modélisation où le pompage racinaire est schématisé à la surface, on pourra considérer que $H_{sol}$ représente la charge hydraulique dans la maille la plus superficielle du modèle. Remarquons donc qu'alors le pompage racinaire s'annule quand le sol devient extrêmement sec : $PR = ET - PI = 0$ quand $H_{sol} < H_{lim}$.

Des formules empiriques existent pour déterminer $ETP$, qui ne sont d'ailleurs pas toujours fiables (Formule de Turc, de Thornwaite...). Il semble plus pertinent, en zone humide comme à Manaus, d'adopter pour $ETP$ la valeur maximale des estimations de $ET$ par mesures de bilans hydriques.

La fonction d'évapotranspiration de Laio est établie dans le cadre d'un modèle de pompage racinaire plus élaboré, similaire à celui que nous présenterons à la p.225. Elle est écrite sous la forme $ET = g(\theta_{sol})$ et non $ET = f(H_{sol})$. Elle est applicable alors uniquement à un sol donné. J'ai défini ici $H_{lim}$, $H_0$ et $H_1$ à partir des valeurs $\theta_{lim}$, $\theta_0$ et $\theta_1$ de Laio et de la

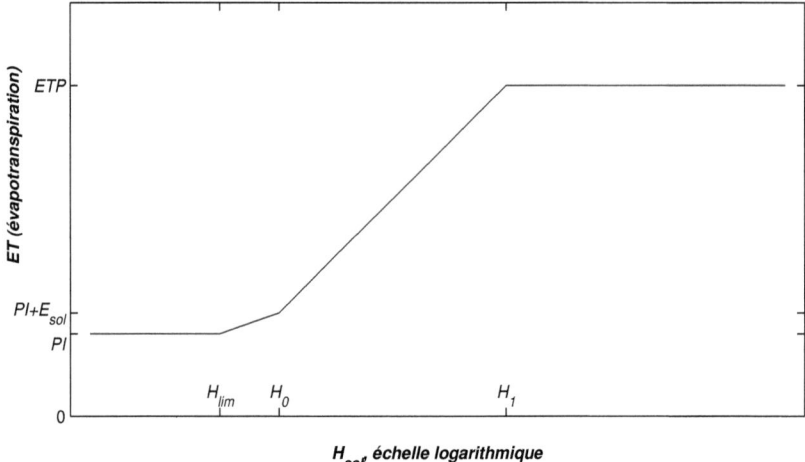

FIG. 1.2 – *Fonction d'évapotranspiration, dérivée du modèle de Laio, 2001 [128]. Valeurs remarquables : $H_{lim} = -1000$ mCE (soit pF=5) ; $H_0 = -300$ mCE (soit pF=4,5) ; $H_{lim} = -3$ mCE (soit pF=2,5) ; $E_{sol}$ est l'évaporation seule, son estimation varie de 30mm/an (soit $1.10^{-9}$ m.$s^{-1}$) d'après [128] en Italie à 180 mm/an (soit $6.10^{-9}$ m.$s^{-1}$) d'après Hodnett 1997 [113] à Manaus. De toutes façons, la valeur de $E_{sol}$ n'est pas essentielle ; seul son ordre de grandeur importe dans la simulation.*

courbe de désorption d'eau du sol étudié par Laio (courbe $h(\theta)$), afin de pouvoir l'appliquer à un sol quelconque. En effet, la fermeture des pores des feuilles des plantes en cas de sécheresse est déterminée par l'accessibilité de la ressource en eau $H_{sol}$ et non par la quantité d'eau dans le sol $\theta$.

## 1.4 Courbes de porosité et de conductivité hydraulique

### 1.4.1 Hypothèse

**Enoncé**

Dans ce modèle à un compartiment, nous faisons l'hypothèse suivante pour le sol contenu dans une maille donnée du modèle : **Si un pore est rempli d'eau, tout pore plus petit est également rempli d'eau.**

Cette hypothèse est très forte car elle a comme corollaires :
- Il existe une taille maximale $r$ des pores remplis d'eau. Tout pore de taille inférieure est rempli d'eau et tout pore de taille supérieure est rempli d'air.
- A teneur en eau donnée, la répartition de l'eau dans les pores du sol est la même si l'on est en train d'assécher ce sol que si on est en train de le réhumecter. Autrement dit, on néglige ici les effets d'hystérésis.

Notre hypothèse signifie qu'il n'y a alors pas de bulle d'air dans des pores plus petits que $r$. Passons en revue les phénomènes qui peuvent contredire cette hypothèse car ils sont source de bulles d'air coincées et/ou d'hystérésis entre sorption et désorption.

**Phénomènes pouvant contrer cette hypothèse**

Les effets d'hystérésis ont trois causes possibles : la présence de bulles d'air coincées, l'effet "bouteille d'encre" et un autre effet que nous nommerons l'effet "impasse".

L'effet "bouteille d'encre" s'énonce ainsi : un pore large entouré de pores fins, non relié aux autres pores larges, ne se videra de son eau par écoulement qu'au moment de l'assèchement d'un des pores fins qui l'entourent. Ce pore large sera donc vide à l'humectation alors qu'il sera plein lors de l'assèchement, pour une même valeur de $h$. Nous ne chercherons pas dans cette thèse à modéliser l'effet "bouteille d'encre". Je montre par ailleurs en partie III qu'il ne peut pas avoir lieu dans les pores les plus fins, à cause du phénomène de cavitation.

J'appelle ici l'effet "impasse" un effet opposé à l'effet bouteille d'encre. Il s'énonce ainsi : un pore fin accessible uniquement via des pores larges ne se remplira par écoulement d'eau à l'humectation qu'au moment du remplissage d'un des pores larges qui l'entourent. Ainsi, ce pore fin sera vide à l'humectation alors qu'il sera plein lors de l'assèchement, pour une même valeur de $h$. Cet effet n'a pas lieu si le pore fin est connecté aux autres pores fins par les éventuels "coins" des pores larges qui l'entourent, qui jouent le rôle de "petits pores", d'après le modèle de pores polygonaux (voir p.195). Par ailleurs, lors de l'imbibition, la condensation de vapeur d'eau dans le pore fin peut permettre de le remplir et annuler l'effet "impasse" ; la condensation est favorisée par une amorce de condensation, par exemple un film d'eau adsorbée sur les surfaces du pore fin.

Les effets "bouteille d'encre" et "impasse" sont faibles dans un sol meuble fait de particules subarrondies non cémentées où tout pore est accessible par plusieurs chemins. L'effet bouteille d'encre peut cependant être important dans les nodules présents à mi-hauteur dans le profil.

Les bulles d'air coincées peuvent avoir trois origines : elles peuvent perdurer au voisinage de surfaces hydrophobes, elles peuvent provenir du phénomène de cavitation lors de la dernière phase d'assèchement (voir en partie III) ou elles peuvent s'être formées mécaniquement, coincées entre l'eau de pluie nouvellement infiltrée et l'eau déjà présente dans le sol. Elles seront donc d'autant plus fréquentes que le sol est riche en surfaces hydrophobes et que l'imbibition est massive et soudaine (voir p.421).

**Cas où cette hypothèse est valide**

L'hypothèse retenue dans ce chapitre est souvent valide lors de l'assèchement du sol ou lors d'une très lente imbibition de celui-ci à partir d'un état non entièrement asséché, où les surfaces minérales ont gardé un film d'eau adsorbée et en l'absence de surfaces hydrophobes. C'est donc lors d'une forte pluie dans les horizons les plus superficiels (susceptibles de contenir de la matière organique localement hydrophobe) que cette hypothèse sera la moins vérifiée et qu'il serait nécessaire de faire appel au modèle "à double porosité" (voir au §3).

La pression matricielle $h$ est déterminée par la taille d'entrée $r$ des pores les plus gros remplis d'eau, d'après la loi de Laplace et Jurin, citée à la p.79. Avec l'hypothèse avancée ici, il existe une unique relation $\theta(h)$ pour chaque horizon du sol entre la pression matricielle du sol $h$ et sa teneur en eau $\theta$. Nous appelons ici "courbe de porosité" la relation $\theta(h)$ établie par désorption d'eau. Elle est caractéristique d'un horizon donné d'un sol. Nous utiliserons la même relation en cas d'humectation du sol.

De même il existe alors une unique relation donnant la conductivité hydraulique $K$ de ce sol en fonction de sa teneur en eau $K(\theta)$ ou de sa pression matricielle $K(h)$.

## 1.4.2 Approches descriptive ou prédictive

Il faut distinguer deux types d'approche :
- L'approche descriptive consiste à chercher à décrire la relation $\theta(h)$,

$K(h)$ ou $K(\theta)$ par une équation analytique, quand on connaît suffisamment de données.

– L'approche prédictive consiste à prévoir la courbe de désorption d'eau ou de conductivité hydraulique à partir d'autres données, sur l'espace poral ou sur la composition du sol. On parle alors de "fonctions de pédotransfert" (PDF). Les données de base peuvent être la granulométrie du sol, la proximité de la surface ou sa teneur en matière organique, la dimension fractale issue par exemple d'analyse d'images du réseau poral, et pour la conductivité hydraulique, la courbe de désorption d'eau et la conductivité hydraulique de nappe (quand toute la porosité est remplie d'eau).

Nous privilégierons ici l'approche prédictive en la validant à partir des horizons où tout est connu : les données permettant la prédiction (granulométrie, profondeur et teneur en MO) et les données à prédire (courbe de désorption d'eau et de conductivité hydraulique).

## 1.5 Courbe de porosité

### 1.5.1 Notations

La porosité est caractérisée par la courbe de porosité qui donne la quantité d'eau dans le sol en fonction de la pression matricielle de celle-ci. La dérivée de cette courbe s'appelle le spectre de porosité, il donne le volume de pores dans chaque classe de taille de pores.

Pour décrire la quantité d'eau, la teneur en eau $\theta$ se rapporte au volume total de sol, qui peut varier ; nous lui préférerons ici l'indice d'eau $n$, rapporté au volume de solide, qui ne change pas avec l'humidité du sol. De même, utilisons l'indice de fluide, $e$, rapporté au volume de solide, plutôt que la porosité $f$ :

$$\theta = \frac{V_{eau}}{V_{total}} \qquad n = \frac{V_{eau}}{V_{solide}} \qquad n = \theta(1+e) \qquad e = \frac{V_{eau} + V_{air}}{V_{solide}} \quad (1.3)$$

De plus, les fractions granulométriques se rapportent à la phase solide totale du sol. Les fonctions de pédotransfert établies pour $n$ seront donc plus clairement interprétables en termes d'agencement de plein et de vide que si nous les établissions pour $\theta$.

Utilisons ici la taille d'entrée des pores les plus grands remplis d'eau $r$ plutôt que la pression matricielle $h$. Les deux sont reliées par la loi de Laplace et Jurin. En effet, pour l'interprétation des fonctions de pédotransfert, il est plus parlant de comparer la taille des particules minérales avec la taille des pores créés entre eux qu'avec la pression matricielle de l'eau y séjournant.

Ainsi, nous décrirons la courbe de porosité sous la forme $n(r)$ qui pourra ensuite être traduite en une fonction $\theta(h)$.

### 1.5.2 Forme générale

**Pour les ferralsols-podzols**

L'étude de la porosité des sols de Manaus me conduit à proposer la forme analytique suivante pour la courbe de porosité, comme l'illustre la figure 1.3:

$r_0 < r < r_1$ alors $n = n_{res} \dfrac{1 + \left(\frac{r_{m1}}{r_1}\right)^{\nu_{m1}}}{1 + \left(\frac{r_{m1}}{r}\right)^{\nu_{m1}}}$ avec $\nu_{m1} = \dfrac{\log(3)}{\lambda_{m1}}$ (1.4a)

$r_1 < r < r_2$ alors $n = n_{res} + \dfrac{n_{micro}}{4}\left[\log\left(\dfrac{r}{r_1}\right)\right]^2$ (1.4b)

$r_2 < r < r_3$ alors $n = n_{res} + n_{micro} + n_{meso}\log\left(\dfrac{r}{r_2}\right)$ (1.4c)

$r_3 < r < r_4$ alors $n = n_{res} + n_{micro} + n_{meso} + n_{macro}\left[1 - \dfrac{1}{4}\left(\log\left(\dfrac{r_4}{r}\right)\right)^2\right]$ (1.4d)

$r_4 < r$ alors $n = n_{res} + n_{micro} + n_{meso} + n_{macro}$ (1.4e)

Les limites $r_0 = 1$ nm; $r_1 = 0{,}1$ $\mu$m; $r_2 = 10$ $\mu$m; $r_3 = 100$ $\mu$m définissent la taille inférieure respectivement des pores résiduels, micropores, mésopores, macropores comme nous les avons déjà utilisées en partie I, p.81. La limite supérieure des macropores rencontrés dans ces sols est environ $r_4 = 10^7.r_0 = 1$ cm.

Cette courbe analytique est donc définie par les 6 paramètres suivants:
- les volumes de pores rapportés au volume de solide $n_{res}$, $n_{micro}$, $n_{meso}$, $n_{macro}$;
- la taille moyenne des pores du premier mode de porosité $r_{m1}$;
- La largeur moyenne de ce lobe $\lambda_{m1}$;

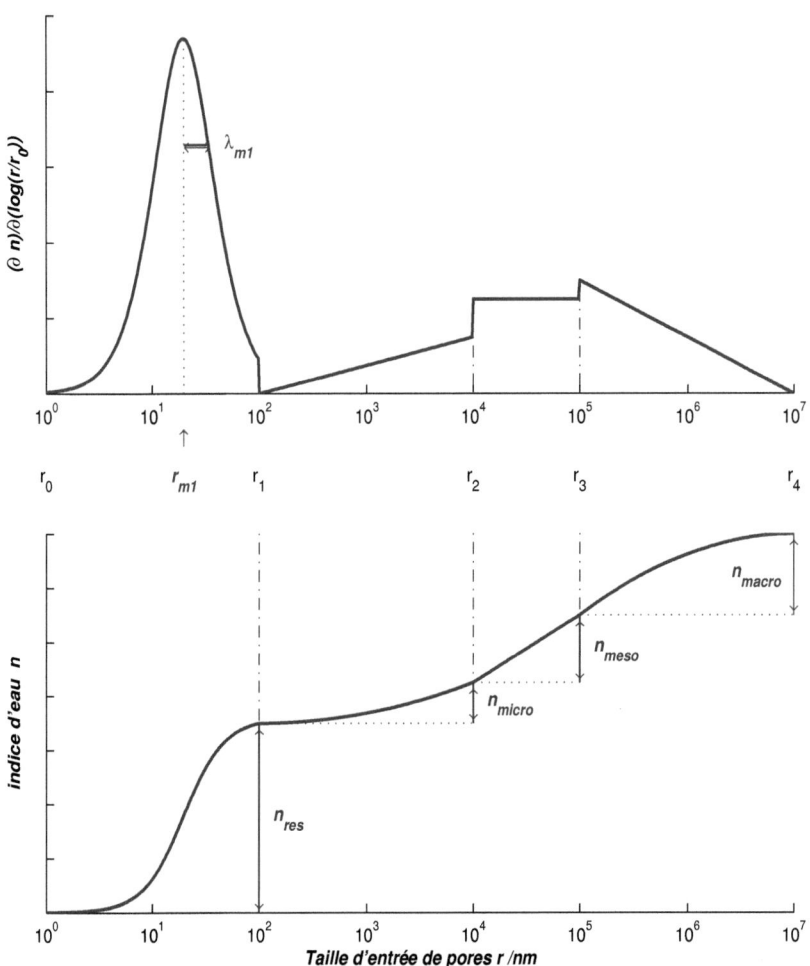

FIG. 1.3 – *Schématisation du spectre de porosité (en haut) et de la courbe de porosité (en bas) pour les sols du système ferralsol-podzol d'Amazonie.*

S'y ajoute l'indice de fluide $e$ pour pouvoir établir la courbe de porosité $\theta(h)$. Les fonctions de pédotransfert expliquées dans les § suivants déterminent ces 7 paramètres à partir des données granulométriques, de la teneur en MO et de la profondeur.

Le premier mode de porosité, jusqu'à la taille $r_{creux} = 0{,}25$ µm, a toujours une forme en cloche assez symétrique sur les mesures disponibles, ce qui a motivé le choix d'une portion de courbe de Brutsaert (équation 1.4a) pour les pores résiduels (jusqu'à $r_1 = 0{,}1$ µm). La forme générale d'une courbe de Brutsaert est donnée par l'équation 3.4 p.82. Le choix d'un spectre triangulaire pour les micropores (équation 1.4b) est motivé par le fait que les petits micropores sont très peu abondants pour tous les échantillons mesurés dans ces formations ferralsols-podzols. Le choix d'un spectre rectangulaire pour les mésopores (équation 1.4c) s'explique car les spectres de mésopores mesurés sont parfois croissants, parfois décroissants, parfois en lobe, de pente peu marquée. Le choix d'un spectre triangulaire pour les macropores (équation 1.4d) est motivé par les quelques expériences où le spectre de macroporosité est connu (voir à la figure p.206), où il est décroissant. Pour les autres échantillons, le volume de macropores a été estimé par différence entre le volume total et le volume de pores plus petits (pores résiduels à mésopores).

**Pour le substratum**

Le substratum est riche en macrocristaux de kaolinite de taille "limon fin". Le spectre de porosité n'a pas de creux prononcé autour de 0,25 µm. Les échantillons argileux, riches en lutite et limon, ont un spectre de micropores décroissant. Les échantillons sableux ont un spectre de micropores assez plat, selon les porosimétries au mercure de Grimaldi [106].

L'équation 1.4b est alors remplacée par :

$$n = n_{res} + \frac{n_{micro}}{2} \log\left(\frac{r}{r_1}\right) \quad \text{faciès sableux du substratum} \tag{1.5a}$$

$$\text{ou} \quad n = n_{res} + n_{micro} \left[1 - \frac{1}{4}\left(\log\left(\frac{r_2}{r}\right)\right)^2\right] \quad \text{faciès argileux du substratum} \tag{1.5b}$$

La profondeur du toit du substratum est définie le long du profil par interpolation des profondeurs où un sondage ou une coupe a été fait, voir p.60.

### 1.5.3 Indice de fluide

Le volume total du sol dépend *a priori* de l'état d'humectation du sol. Autrement dit $e$ dépend de $r$. Cependant ici la teneur en matière organique est faible, la teneur massique en carbone organique culmine à 3,6%. Par ailleurs, l'argile présente, essentiellement de la kaolinite, est non gonflante. La contraction du sol par séchage ne dépasse pas 10% du volume total (voir à la p.90 et au tableau 3.1 p.92). Cette contraction a lieu surtout en fin de séchage, soit pour $r < \sqrt{r_0 r_1}$ ou $n < n_{res}/2$.

Le climat étant humide, nous supposerons qu'une telle aridité ne sera pas atteinte. On supposera donc $e$ constamment égal à sa valeur maximale :

$$e = n_{res} + n_{micro} + n_{meso} + n_{macro} + a_{res} \tag{1.6}$$

$a_{res}$ est l'indice d'air résiduel, de l'ordre de quelques % en cas d'imbibition lente, qu'on peut prendre constamment égal à 2% pour la modélisation.

### 1.5.4 Taille moyenne du premier mode de porosité

La taille moyenne du premier mode de porosité $r_{m1}$ (sur échantillon humide) se déduit de cette taille moyenne sur échantillon séché $r_{m1,sec}$ comme nous l'avons montré en partie I. Cette relation est rappelée au tableau 1.2, à la deuxième ligne. Elle signifie que par séchage, la taille des pores résiduels augmente homothétiquement vers $r_{creux} = 0{,}25\ \mu$m.

A son tour, la taille moyenne des pores du premier mode secs $r_{m1,sec}$ peut se déduire de la teneur en lutite et en matière organique, selon la relation donnée au tableau 1.2, à la première ligne. Cette relation montre que dans le système ferralsol-podzol, les pores résiduels sont d'autant plus fins que les teneurs en lutite et en matière organique sont élevées. La taille des pores du premier mode est par ailleurs liée à celle des lutites, ce que nous montrerons à la p.247. Les lutites sont donc d'autant plus fines qu'elles sont abondantes et situées près de la surface.

TAB. 1.2 – *Fonctions de pédotransfert donnant les paramètres de la courbe de porosité à partir de la granulosité et la teneur en carbone organique $C$.*

| paramètre | Fonction de pédotransfert | figure |
|---|---|---|
| taille moyenne des pores fins secs $r_{m1,sec}$ | $\log\left(\frac{r_{m1,sec}}{r_0}\right) = 1{,}9 - 12.C - 0{,}6.f_{lut} \pm 0{,}17$ | |
| taille moyenne des pores fins $r_{m1}$ | $\log\left(\frac{r_{m1}}{r_0}\right) = -0{,}935 + 1{,}39\log\left(\frac{r_{m1,sec}}{r_0}\right)$ | 1.4(a) |
| largeur du lobe de porosité fine $\lambda_{m1}$ | $\lambda_{m1} = 0{,}27 - 0{,}18\left[\log\left(\frac{r_{m1,sec}}{r_0}\right) - 1{,}9\right]^2$ | 1.4(d) |
| volume de pores résiduels $n_{res}$ | $n_{res} = \left[1{,}04 + p\log\left(\frac{r_{seuil}}{r_{m1,sec}}\right)\right].0{,}87.f_{lut} + 6.C \pm 0{,}07$<br>avec $p = 1{,}2$ si $r_{m1,sec} < r_{seuil}$<br>et $p = 0$ sinon, avec $r_{seuil} = 22\,\text{nm}$ | 1.5 p.179<br>3.6(b)<br>p.89 |
| volume de micropores $n_{micro}$ | $n_{micro} = 0{,}95(f_{limf} + f_{limg} + f_{sabf})^{1,4} + 0{,}05f_{lut} + 7{,}3.C \pm 0{,}04$ | 1.6 p.181 |
| Volume de mésopores $n_{meso}$ et de macropores $n_{macro}$ | * à la surface<br>$n_{meso} = 0{,}25 + 0{,}17.f_{sabg}$<br>$n_{macro} = 0{,}34 + 0{,}13.f_{sabg}(\pm 0{,}01)$<br>* au niveau compact<br>$z_{surface} - z_{compact} = 0{,}1 + 3{,}7.f_{lut}^{1,5}(1 - f_{lut})^{2,2}$<br>$n_{meso} = 0{,}08 + 0{,}33.f_{sabg} + 0{,}07f_{sabg}(1 - f_{sabg})$<br>$n_{macro} = 0{,}16 + 0{,}28.f_{sabg} + 0{,}11f_{sabg}(1 - f_{sabg})$<br>* au niveau lâche<br>$z_{surface} - z_{lache} = 0{,}15 + 0{,}35.f_{lut} + 2{,}6.f_{lut}^{0,9}(1 - f_{lut})^{1,6}$<br>$n_{meso} = 0{,}15 + 0{,}21.f_{sabg} + 0{,}47f_{sabg}(1 - f_{sabg})$<br>$n_{macro} = 0{,}20 + 0{,}35.f_{sabg}(\pm 0{,}008)$<br>* en profondeur $z_{surface} - z_{prof} > 1{,}8\,\text{m}$<br>$n_{meso} = 0{,}18 + 0{,}14.f_{sabg} + 0{,}14.\tanh\left(\frac{f_{sabg} - 0{,}67}{0{,}1}\right) \pm 0{,}04$<br>$n_{macro} = 0{,}13 + 0{,}16.f_{sabg} + 0{,}08.\tanh\left(\frac{f_{sabg} - 0{,}67}{0{,}1}\right) \pm 0{,}03$<br>* à une profondeur intermédiaire $z$ avec $z_1 < z < z_2$<br>si $n_{meso}$ ou $n_{macro}$ vaut $n_1$ en $z_1$ et $n_2$ en $z_2$ alors en $z$<br>il vaut $n$ avec $\log\left(\frac{n}{n_1}\right) / \log\left(\frac{n_2}{n_1}\right) = \log\left(\frac{z}{z_1}\right) / \log\left(\frac{z_2}{z_1}\right)$ | 1.7 p.183 |
| indice de fluide $e$ | $e = n_{res} + n_{micro} + n_{meso} + n_{macro} + a_{res}$<br>avec $a_{res} \simeq 2\%$ | |

$f_{lut}$, $f_{limf}$, $f_{limg}$, $f_{sabf}$, $f_{sabg}$ sont les fractions volumiques du sol sec respectivement en lutite, limon fin, limon grossier, sable fin et sable grossier.
$C$ est la teneur massique en carbone organique du sol sec.
±... indique l'écart-type de cette relation.

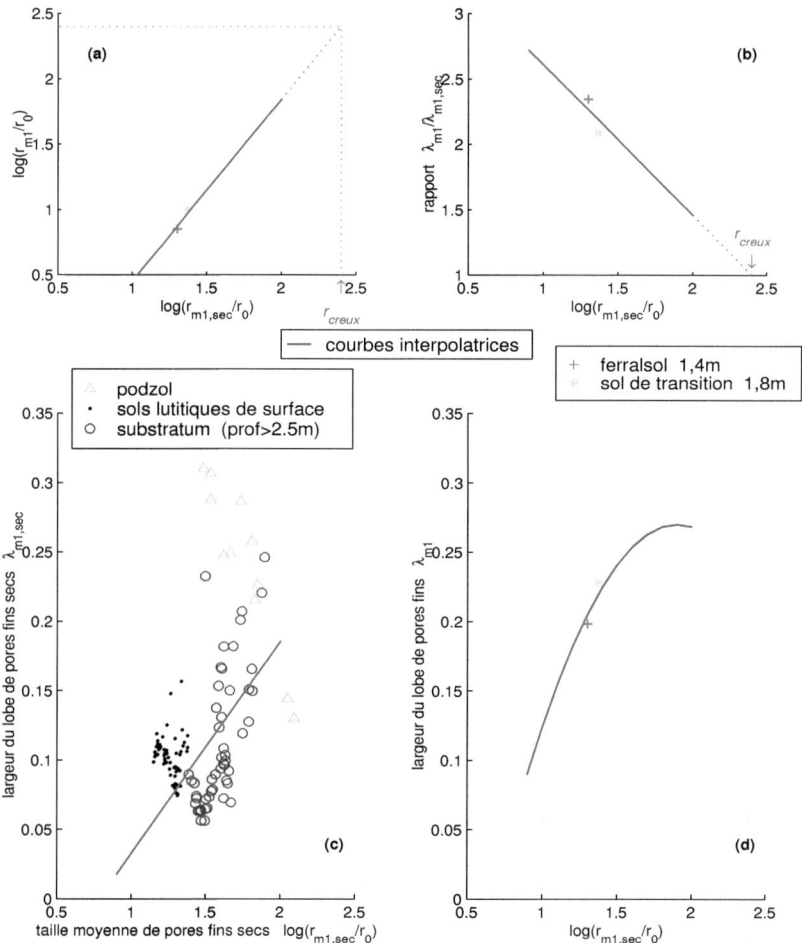

Fig. 1.4 – **Fonctions de pédotransfert déterminant la forme du spectre de porosité résiduelle pour les sols du système ferralsol-podzol d'Amazonie.** A partir de la taille moyenne des pores du premier mode secs $r_{m1,sec}$ mesurée par porosimétrie mercure (PIM): **(a)** taille moyenne des pores du premier mode $r_{m1}$; **(d)** largeur du premier mode de porosité $\lambda_{m1}$. Les équations des interpolations sont dans le texte. **(a,b)**: Interpolation déterminée par (i) la comparaison des deux spectres humides avec les spectres secs de PIM et (ii) l'hypothèse selon laquelle la porosité formée par les lutites les plus grossières ne se déforme pas par séchage: $r_{m1} = r_{m1,sec} = r_{creux} = 0{,}25$ μm et $\lambda_{m1} = \lambda_{m1,sec}$. **(c)** Ces données de PIM sont assez dispersées autour de la droite de régression linéaire, surtout pour le podzol. Ceci n'est pas gênant. Le volume de pores résiduels du podzol est si faible que la forme exacte de sa courbe de porosité résiduelle importe peu. L'interpolation du graphe **(d)** découle de celles des graphes **(b,c)**.

177

## 1.5.5 Largeur du premier mode de porosité

La largeur du premier mode de porosité $\lambda_{m1}$ (sur sol humide) n'est pas un paramètre essentiel pour l'hydrodynamique du sol. Pour simplifier les calculs, on peut prendre la valeur constante $\lambda_{m1} = 0{,}21$ qui est la moyenne des valeurs obtenues pour les deux spectres humides : 0,198 et 0,228.

On peut aussi affiner la valeur de $\lambda_{m1}$ à partir des spectres secs issus de porosimétrie mercure :

$$\lambda_{m1} = \left[3{,}76 - 1{,}15 \log\left(\frac{r_{m1,sec}}{r_0}\right)\right] \lambda_{m1,sec} \quad (1.7a)$$

$$\text{puis} \quad \lambda_{m1,sec} = 0{,}15 \log\left(\frac{r_{m1,sec}}{r_0}\right) - 0{,}12 \quad (1.7b)$$

$$\text{soit} \quad \lambda_{m1} = 0{,}27 - 0{,}18 \left[\log\left(\frac{r_{m1,sec}}{r_0}\right) - 1{,}9\right]^2 \quad (1.7c)$$

Les notations sont expliquées au tableau 1.2.

Les relations 1.7a 1.7b et 1.7c sont illustrées à la figure 1.4 respectivement sur les graphes **(b)**, **(c)** et **(d)**.

## 1.5.6 Volume de pores résiduels

La quantité de lutite est proportionnelle à l'indice de vides résiduels sur échantillon sec issu de porosimétrie au mercure $u_{res}$. Ceci est vrai sur toute la gamme de teneur en lutite rencontrée ici, soit de 0,4 à 92% de lutite (voir à la figure 1.5) :

$$u_{res} = 0{,}87 . f_{lut} \pm 0{,}05 \quad (1.8)$$

où $u_{res}$ désigne le volume de pores résiduels sur échantillon sec et $f_{lut}$ le volume de lutite, tous deux rapportés au volume total de matière sèche. Cette corrélation est meilleure que les corrélations obtenues avec les fractionnements suivants de la granulosité et de l'espace poral :

– pores résiduels humides déduits de la teneur en lutite :

$$n_{res} = 0{,}94 . f_{lut} \pm 0{,}09 \quad (1.9)$$

– pores résiduels secs et une partie des micropores, déduits de la teneur en lutite et en limon fin $f_{limf}$ :

$$u_{res} = 0{,}85.(f_{lut} + 0{,}28 * f_{limf}) \pm 0{,}09 \quad (1.10\text{a})$$
$$u_{res} + u_{0{,}1-0{,}25\mu m} = 0{,}93.f_{lut} \pm 0{,}08 \quad (1.10\text{b})$$
$$u_{res} + u_{0{,}1-0{,}25\mu m} = 0{,}88.(f_{lut} + 0{,}28 * f_{limf}) \pm 0{,}07 \quad (1.10\text{c})$$

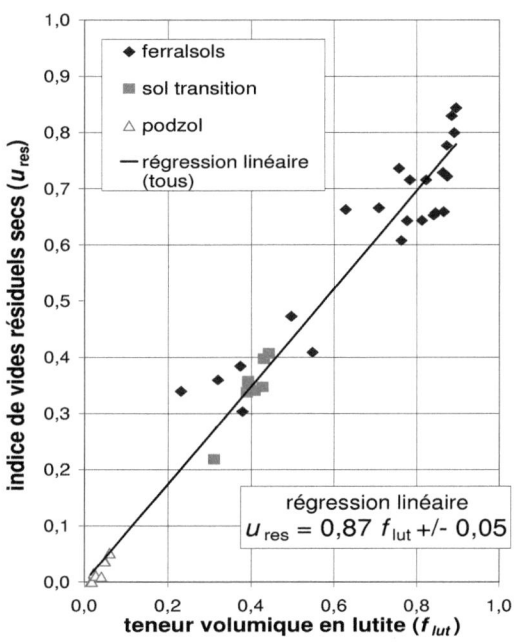

FIG. 1.5 – **Comparaison entre teneur en lutite et volume de pores résiduels sur échantillon sec, sur les différents sols du profil étudié.** Prélèvements de [137] sur la coupe C1 pour les profondeurs 3 à 20 m, ou de [65] dans le plateau adjacent, le sol de transition et un podzol humique pour les profondeurs 0 à 2 m. Granulométries par ces auteurs, porosimétrie au mercure par Grimaldi [106].

### Interprétation

La bonne corrélation entre teneur en lutite et volume de pores résiduels secs suggère que la porosité ménagée entre les grains de lutite, sur sol sec, constitue l'essentiel de la porosité résiduelle. Ceci donne une relation entre taille des grains minéraux et taille d'entrée des pores ménagés entre eux, que nous avons cherché à expliquer en partie III, p.341. Ces résultats ont d'ailleurs contribué à notre décision de placer à $r_1 = 0{,}1$ μm la limite entre pores résiduels et micropores. Une bonne corrélation entre lutite et porosité résiduelle est souvent rencontrée, ainsi par Chung et Alexander sur 16 sols différents [64]. D'après la revue de van den Berg *et al.* [221] concernant divers sols tropicaux, la teneur en eau résiduelle $\theta_{res}$ dépend linéairement de la teneur en lutite $f_{lut}$, avec un coefficient variant entre 0,28 et 0,50 ; elle dépend aussi de la teneur en matière organique, et dans une moindre mesure, de la teneur en limon fin. Pour les sols étudiés dans cette thèse, notre équation 1.9 revient à $\theta_{res} = 0{,}43 f_{lut}$ pour une valeur moyenne de l'indice de fluide total ($e = 1{,}2$), ce qui concorde bien avec les résultats cités précédemment [221].

Par ailleurs, les moins bonnes corrélations obtenues avec la porosité résiduelle humide qu'avec la même porosité sèche s'expliquent par le fait que la présence d'eau fait d'autant plus augmenter la porosité résiduelle que les lutites présentes sont fines et que la teneur du sol en matière organique est élevée. Ceci a été montré en partie I, à la p.90.

Retenons donc la relation 1.8 donnant le volume de pores résiduels secs à partir de la teneur en lutite. Nous la combinons avec la relation établie en partie I entre porosité résiduelle sèche et humide. En résulte la relation citée au tableau 1.2 p.175.

**Conclusion**

La porosité résiduelle est due à l'agencement primaire des grains de lutite. Les corrélations citées ici montrent que sur échantillon sec, cet agencement est invariant le long du profil, et que sur échantillon humide, il est d'autant plus lâche que les lutites sont petites et que la teneur en matière organique du sol est élevée.

### 1.5.7 Volume de micropores

Nous avons vu précédemment que la corrélation entre volumes de pores résiduels secs et teneur en lutite était très bonne, avec un coefficient de proportionnalité proche de 0,9. Or les lutites ont pour diamètre maximum 2 μm et les pores résiduels ont pour taille maximale 0,1 μm. Nous avons donc cherché s'il existait une telle corrélation entre les teneurs en limon fin (2 à 20 µm), limon grossier (20 à 50 µm), sable fin (50 à 200 µm) et les volumes de micropores secs de tailles correspondantes, soit 20 fois plus petites : 0,1 à 1 µm, 1 à 2,5 µm, 2,5 à 10 µm. Cependant ces corrélations ne sont pas meilleures que celles concernant la microporosité complète. Nous avons donc globalement pris en compte la teneur en limon fin, limon grossier et sable fin.

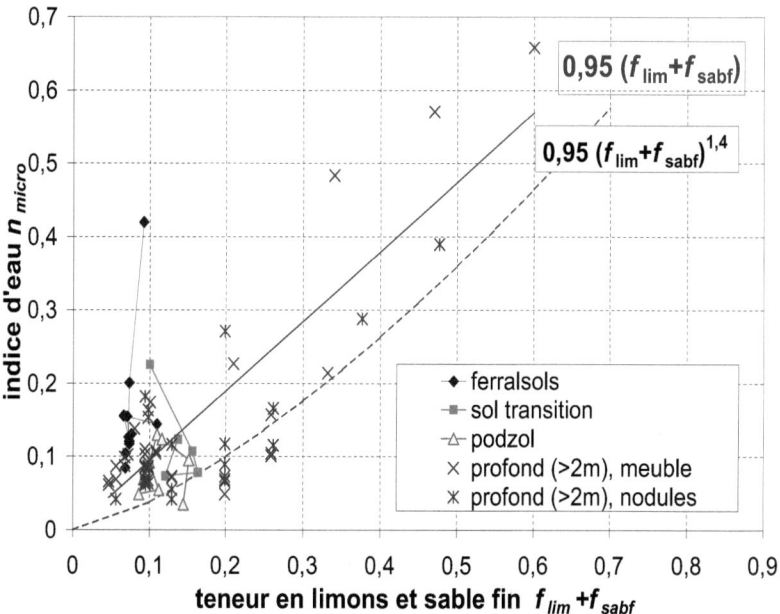

FIG. 1.6 – **Teneurs en limons et sable fin comparées au volume de micropores**, *sur les différents sols du profil étudié. Pour les données superficielles, à savoir le ferralsol, le sol de transition et un podzol humique, prélèvements et granulométries de S. Cornu, 1995 [65], mesures de $n_{micro}$ par désorption d'eau par M. Grimaldi. Pour le ferralsol profond, prélèvements sur la coupe C1, granulométries par Y. Lucas [137] et porosimétrie mercure par Grimaldi [106] donnant $u_{micro}$; ensuite $n_{micro}$ a été calculé par les fonctions de pédotransfert établies en partie I (p.92).*

La tendance générale donnée par régression linéaire pour les échantillons du ferralsol profond (profondeur >2 m) est illustrée à la figure 1.6 :

$$n_{micro} = 0{,}95(f_{limf} + f_{limg} + f_{sabf}) \tag{1.11}$$

Pour les échantillons superficiels, le volume de micropores du ferralsol, du sol de transition et du podzol sont respectivement plus élevé, égal ou plus faible que celui déduit de la droite de régression précédente. Par ailleurs, pour un sol donné, le volume de micropores est plus élevé en présence de matière organique. Cette corrélation est souvent rencontrée, ainsi par Chung et Alexander, sur 16 sols différents [64].

Ces observations ont guidé notre définition de la fonction de pédotransfert citée au tableau 1.2 p.175. L'exposant 1,4 diminue la contribution des limons et sable fin à la microporosité sauf pour une teneur en limons et sable fin proche de 1. La contribution de la teneur en lutite détermine un volume de micropores croissant du podzol au ferralsol profond ou au sol de transition, puis de ceux-ci au ferralsol superficiel.

Les corrélations entre granulosité et microporosité sur échantillon sec ne sont pas meilleures que celles sur échantillon humide. Nous avons donc retenu la relation donnant directement $n_{micro}$ à partir de la granulosité.

### 1.5.8 Volume de mésopores et de macropores

Ces volumes dépendent non seulement de la granulosité du sol mais aussi de la profondeur, la structure du sol variant avec la profondeur. Tout au long du profil, on observe la même évolution de bas en haut :

– Les horizons profonds (profondeur > 1,8 m) sont peu poreux.
– Le volume de méso- et macropores augmente jusqu'à un niveau intermédiaire appelé ici $z_{lache}$.
– Puis ils diminuent jusqu'à un niveau intermédiaire appelé ici $z_{compact}$ (semelle de labour biologique, selon l'expression de Chauvel, [61] ).
– Puis ils augmentent jusqu'à la surface du sol.

Aux trois sites investigués (ferralsol, sol de transition et podzol), la teneur en sable grossier suit l'évolution suivante en fonction de la profondeur : elle augmente des horizons profonds au niveau lâche, diminue un peu jusqu'au niveau compact, pour augmenter à nouveau ensuite. Dans le graphe du volume de méso- et macropores en fonction de la teneur en sable grossier, on décrit une courbe en forme de "pli couché dextre" quand on va des horizons profonds à la surface du sol en un site donné, comme l'indique la figure 1.7. Le graphe des mésopores seuls ou des macropores seuls est similaire à ce graphe.

(a)

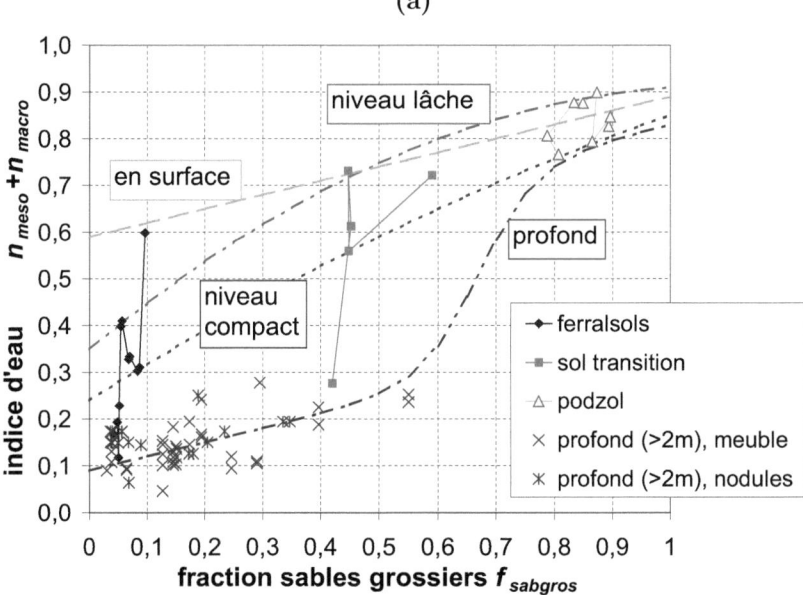

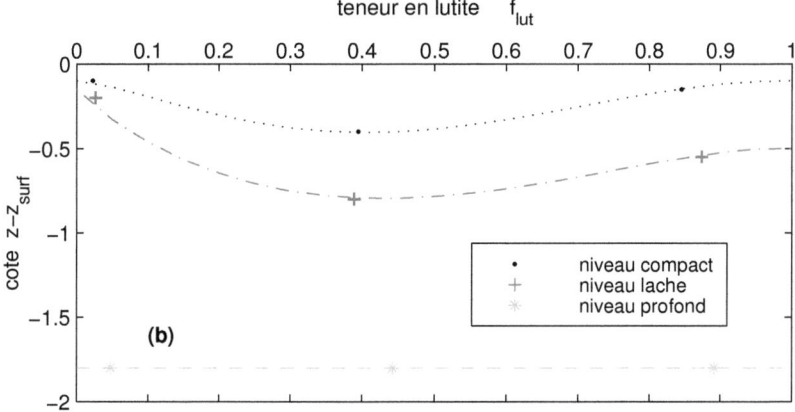

FIG. 1.7 – *(a) Teneur en sable grossier comparée au volume de méso- et macropores*, sur les différents sols du profil étudié. Origine des données identique à celle concernant la figure 1.6. Les volumes poraux humides $n_{meso}$ et $n_{macro}$ du ferralsol profond ont été déduits des fonctions de pédotransfert établies en partie I p.92 et des mesures de volume total du sol humide faites dans le cadre de cette thèse à l'annexe B. *(b) Profondeurs caractéristiques de la variation des volumes de méso- et macropores*. Les courbes interpolatrices sont en pointillés. L'explication des notations et l'équation des interpolations sont au tableau 1.2 p.175.

Nous avons donc établi au tableau 1.2 p.175 une fonction de pédotransfert pour chacune de ces quatre profondeurs caractéristiques : niveau profond, niveau compact, niveau lâche, en surface. La profondeur du niveau compact et du niveau lâche variant le long du profil, les valeurs de $z_{lache}$ et de $z_{compact}$ sont données en fonction de la teneur en lutite. A une profondeur intermédiaire entre ces profondeurs caractéristiques, les volumes de méso- et macropores sont ensuite définis par une régression loglinéaire.

**Le niveau lâche**

Pour le ferralsol, le niveau lâche a déjà été décrit, notamment par Chauvel et al. [61] ou Hodnett et Tomasella [113]... Il correspond à une concentration de l'habitat des termites.

Son approfondissement pour le sol de transition a été observé aussi bien sur les données citées ici, issues des mesures de Cornu [65] que sur les données de M. Hodnett. En effet pour un sol de bas de versant, il a mesuré in situ les teneurs en eau et les potentiels matriciels. Ses mesures montrent que la teneur en eau de ce sol à pression matricielle nulle est maximale entre 80 et 140 cm de profondeur. Ce sol contiendrait 30 à 40% de lutite si on se base sur les teneurs en eau à la pression matricielle la plus basse enregistrée ($h = -10^5$ Pa soit pF= 3,1). Nous n'avons pas incorporé ces données ici car la granulosité du sol en ce site n'a pas été mesurée.

L'approfondissement du niveau lâche le long du versant provient peut-être de dissolutions minérales par des circulations latérales de l'eau. Il provient peut-être aussi de l'approfondissement de l'habitat des termites. En effet quand le sol est moins riche en lutite, les termites trouvent vraisemblablement l'humidité souhaitée à une plus grande profondeur.

Pour le podzol, l'augmentation de méso- et macroporosité entre le niveau profond et le niveau lâche est faible. Cette différence peut simplement s'expliquer par le tassement gravitaire du sol solide. En effet, tout horizon est tassé par le poids des horizons sus-jacents transmis par les contacts entre particules solides du sol.

**Le niveau compact**

Pour le ferralsol, le niveau compact a été nommé "semelle de labour biologique" [61]. Cette expression se réfère au niveau compact couramment rencontré sur des sols agricoles labourés, appelé "semelle de labour". Pour ces sols agricoles, le tassement est dû au passage d'engins agricoles et est de plus en plus prononcé en se rapprochant de la surface. Le morcellement du sol par la charrue contrecarre ce tassement, il crée une importante macroporosité sur toute la profondeur d'action de cette charrue. La "semelle de labour" se trouve donc juste en-dessous de l'horizon labouré.

Sur les ferralsols d'Amazonie, des phénomènes naturels, accumulés sur des dizaines d'années, occasionnent un niveau compact intermédiaire similaire à cette "semelle de labour". Le labour est remplacé par la pédoturbation, c'est-à-dire la bioturbation et les cycles d'humectation-dessèchement. En général cette pédoturbation aère les sols compacts, c'est-à-dire qu'elle augmente leur méso- et macroporosité ; tandis qu'elle tasse les sols de structure très lâche.[1] Le tassement par les engins agricoles est remplacé par celui de la pluie et la gravité. En effet tout horizon du sol est tassé par le poids des horizons sus-jacents.[2] De plus la pluie infiltrée et la gravité entraînent les particules fines du sol superficiel vers le bas à travers la porosité du sol, conduisant à l'obstruction de celle-ci. Ce dernier phénomène semble important ici car au niveau compact se trouvent les lutites les plus fines du profil (de taille $< 0,2$ $\mu$m) et la plus faible microporosité, qu'elles peuvent avoir obstruée vu leur taille. Ensuite, la faible méso- et macroporosité peut être une conséquence de cette faible microporosité : peu d'eau biodisponible occasionne peu de développement racinaire, peu d'activité microbienne et de macrofaune. Cette faible méso- et macroporosité peut ensuite être auto-entretenue, un horizon très compact étant mal pénétrable par les racines et la faune.

De nombreux autres sols naturels ont ainsi un niveau compact à la base de l'horizon superficiel très pédoturbé. Pour les ferralsols d'Amazonie, ce niveau compact est d'autant plus remarquable qu'il surmonte un horizon plus lâche, l'"horizon des termites".

L'approfondissement de ce niveau compact le long du versant suit l'approfondissement du niveau lâche. Le long du versant, la teneur en lutite diminue, le volume de méso- et macropores augmente. Les particules fines superficielles peuvent alors être entraînées plus profondément, ce qui ex-

---

1. Certaines faunes ont l'effet inverse, tassant des sols déjà compacts, la terre de leurs déjections étant très tassée et obstruant les galeries creusées auparavant, comme le montrent Chauvel *et al.* [59].

2. Par ailleurs si le couvert végétal est incomplet, l'impact des gouttes de pluie tasse le premier centimètre superficiel du sol, formant ce qu'on appelle une "croûte de battance".

pliquerait l'approfondissement du niveau compact.

Pour le podzol, le niveau compact est très proche de la surface du sol. Or pour le podzol, les échantillons prélevés en-dessous de 40 cm de profondeur se contractent significativement au séchage à l'étuve (voir au tableau 3.1 p.92). Une telle contraction est étonnante pour des horizons presque exclusivement sableux. Elle signifie que ces horizons ont une structure particulièrement lâche, qui serait sujette à se contracter naturellement si le sol venait à se dessécher jusqu'à ces profondeurs. Par suite, le niveau compact sus-jacent est probablement simplement dû à des séchages naturels périodiques qui auront tassé la structure très lâche initiale. En surface, au-dessus du niveau compact, la forte concentration de matière organique, de faune et de racines semble responsable d'une méso- et macroporosité à nouveau abondante. La faible épaisseur de ce niveau d'abondance racinaire et faunique s'explique par la faible fertilité du podzol : acidité, pauvreté en nutriments minéraux.

### 1.5.9 Domaine d'application des fonctions de pédotransfert établies

Les fonctions de pédotransfert établies ici n'ont pas de portée générale, elles sont liées à la composition du substratum et à sa pédogenèse. En effet, divers auteurs, comme Bruand et Bastet [43] [18], ont montré que la précision d'une fonction de pédotransfert est accrue quand elle est établie et appliquée pour un type de pédogenèse donné.

Les fonctions de pédotransfert établies ici sont valables sur les sols étudiés, et *a priori* sur tout sol composé essentiellement d'un mélange de quartz millimétriques et de kaolinites micrométriques, en proportions variables, pauvre en matière organique, sous climat intertropical humide. Sous un autre climat, la pédoturbation serait probablement moins intense, surtout en ce qui concerne le "niveau lâche" dû en partie à la présence de termites et de fourmis. De tels sols couvrent, sur le craton sud-américain ou sur le craton africain, des surfaces considérables (plusieurs fois la surface de la France).

**Autres fonctions de pédotransfert**

Notons que Tomasella *et al.* [210] ont également établi des fonctions de pédotransfert à partir de leurs données sur ces ferralsols, conjointement avec de nombreux autres sols brésiliens. Leurs données ne concernent pas les pores résiduels. Le spectre de porosité ainsi restreint aux micro-, méso- et macropores est alors unimodal. Ils ont ajusté une fonction analytique de van Genuchten [223] sur leurs données et ont ensuite proposé des fonctions de pédotransfert pour estimer les paramètres de cette courbe à partir de la granulosité, de la porosité totale... Ils montrent que les fonctions de pédotransfert obtenues sont significativement différentes de celles établies à partir de sols tempérés et que cette différence s'explique par la faible teneur en limon dans les sols tropicaux ayant subi une pédogenèse longue et intense.

Van den Berg *et al.* [221] ont récapitulé diverses fonctions de pédotransfert établies à partir de données sur les sols tropicaux. Ils ont comparé la précision de deux types de fonctions de pédotransfert utilisant les mêmes données initiales (granulométrie et teneur en matière organique) : celles prédisant la teneur en eau à quelques potentiels matriciels caractéristiques ou celles prédisant les paramètres d'une courbe de porosité analytique du type de van Genuchten [223]. Ils ont montré que la première méthode est plus fiable ; en effet, elle ne préjuge pas de l'allure globale de la courbe de porosité à obtenir. C'est pourquoi nous avons adopté cette démarche, plutôt que celle de Tomasella *et al.*.

## 1.6 Courbe de conductivité hydraulique

### 1.6.1 Synthèse bibliographique des divers modèles utilisés

Nous faisons un rapide inventaire des modèles de conductivité hydraulique utilisés couramment, pour justifier le choix du modèle adopté ici. Ces modèles utilisent souvent la teneur en eau réduite pour caractériser l'état d'humectation du sol, que nous noterons ici $S_e$ :

$$S_e = \frac{\theta - \theta_{res}}{\theta_{max} - \theta_{res}} \quad (1.12)$$

$\theta$, $\theta_{max}$ et $\theta_{res}$ désignent respectivement la teneur en eau du sol, sa valeur maximale et sa valeur quand seule la porosité résiduelle est remplie d'eau. Les modèles utilisant $S_e$ comme variable ne prédisent donc pas la conductivité hydraulique d'un sol où $\theta < \theta_{res}$.

Pour une approche descriptive, toute expression analytique peut être utilisée pour calculer la conductivité hydraulique : courbe exponentielle (loi d'Archie, 1942) $K = K_{max} \cdot S_e^\lambda$, courbe polynomiale, courbe en "S" de van Genuchten [223] : $S_e = \left(1 + \left(\frac{K_{max}}{K}\right)^n\right)^{-m}$, courbe dite de "van Genuchten-Mualem" [224] : $K = K_{max} \cdot S_e^a \cdot \left[1 - \left(1 - S_e^{1/m}\right)^m\right]^2$ avec $a$ valant souvent 0,5, ou une autre courbe. Les paramètres n'ont pas forcément de signification physique, et peuvent être définis indépendamment des paramètres ($\theta_{res}$, $\theta_{max}$, $n$, $m$, $\lambda$) définis pour la courbe de désorption d'eau. L'utilisateur choisira le type de courbe se rapprochant le mieux des données dont il dispose.

Pour une approche prédictive, il importe d'utiliser le "meilleur" modèle, en fonction du type de sol et des données dont on dispose sur ce sol. C'est cette approche que nous voulons privilégier ici.

**Modèles prédictifs sans courbe de désorption d'eau**

Certains modèles utilisent uniquement les teneurs en eau résiduelle et maximale. Ils dérivent de la loi d'Archie, avec $\lambda = 3.5$ (Averjanov [12]), ou $\lambda = 3$ (Irmay [119]). Ils ne sont bien adaptés que pour des sols sableux.

D'autres modèles cherchent simplement à prédire la conductivité hydraulique maximale. Ahuja et al. [3] la prédisent par une loi puissance de la porosité effective, avec un exposant variant entre 4 et 5 et une constante multiplicative qui dépend du type de sol. Ils appellent porosité effective le volume de pores de taille supérieure à 4 $\mu$m (soit une pression matricielle supérieure à -33 kPa).

D'autres auteurs utilisent la porosité totale et la taille et/ou forme des particules solides du sol pour prédire la conductivité hydraulique maximale. Le modèle très connu de Kozeny en 1927 [125] modifiée par Carman en 1937 [52] prédit ainsi la conductivité hydraulique maximale à partir de la surface spécifique $S$ du sol, ou du diamètre $d$ des grains sphériques ayant même surface spécifique :

$$K_{max} = \frac{\theta_{max}^3}{2b(1-\theta_{max})^2 S^2} = \frac{\theta_{max}^3 d^2}{72b(1-\theta_{max})^2} \qquad (1.13)$$

Le coefficient correcteur empirique $b$ est souvent pris tel que $72b = 180$.

La relation de Kozeny-Carman a été améliorée par Revil et Cathles, 1999 [178], à deux points de vue :

- Pour un sol ayant des grains d'une seule taille $d$, la dépendance de $K_{max}$ en fonction de la porosité totale $\theta_{max}$ varie en fonction de la forme des grains, qui détermine la valeur de l'exposant de cémentation, $m$ :

$$K_{max} = \frac{\theta_{max}^{3m} d^2}{24} \qquad (1.14)$$

Les diverses déterminations possibles de l'exposant de cémentation $m$, par la géométrie des grains, par des mesures de $K_{max}$ pour diverses valeurs de la porosité, ou par des mesures de conductivité électrique, donnent des résultats similaires. Pour cela, dans le cas des argiles, il faut veiller à séparer la conductivité électrique du fluide de la conductivité électrique des interfaces solide-fluide, d'après Revil et Leroy, 2001 [180].

- Pour un sol formé d'un mélange binaire, (soit du sable d'une taille donnée avec une argile donnée d'une taille donnée), la conductivité hydraulique maximale n'est pas donnée par la porosité totale ni par la taille moyenne des grains de ce mélange. Selon la proportion entre lutite et sable dans ce mélange, la conductivité hydraulique maximale est celle de ce sable pur ou de cette lutite pure, corrigée respectivement par le rapport entre la porosité totale du mélange et celle du sable pur, ou par la teneur en lutite. Cette correction est affectée d'un "exposant de cémentation de mélange" déterminé par les proportions de ce mélange (voir [178]).

Les prédictions du modèle de Revil et Cathles sont en très bon accord avec les mesures. En effet, on s'attend à ce que la conductivité hydraulique du milieu dépende de la forme des grains minéraux. Plus radicalement, on s'attend à ce que le modèle de Kozeny-Carman ne soit pas adapté à des sols de granulosité étalée. Par exemple, un ajout de quelques pourcents de lutite dans un sable diminuera légèrement sa porosité et sa conductivité hydraulique, tout en augmentant d'au moins un ordre de grandeur sa surface spécifique.

Le modèle de Revil et Cathles prédit uniquement la conductivité hydraulique maximale. On peut le généraliser aux sols en zone hors nappe (zone *vadose*), en assimilant les pores remplis d'air à des solides. C'est ainsi que nous avons utilisé les résultats de Revil et Cathles pour compléter et valider nos mesures de conductivité hydraulique résiduelle, quand seuls les pores ménagés entre les kaolinites sont remplis d'eau.

Leur modèle concernant les mélanges lutite-sable n'est cependant pas applicable tel quel aux sols étudiés ici, pour deux raisons :
– Leur modèle concerne des lutites non agrégées, ménageant donc des pores dans une seule gamme de taille ;
– Leur modèle concerne un sable bien classé, alors que les sols étudiés ici, en plus de lutites bien classées, sont composés d'un mélange étalé de limons et sables.

Les autres modèles prédictifs, cités ci-après, utilisent non pas la granulosité des sols, mais toute la courbe de porosité $h(\theta)$.

**Modèle de Burdine**

Ce modèle [49] approxime l'espace poral par un ensemble de cylindres de rayons et de longueurs variables, juxtaposés. Il applique la loi de Poiseuille pour chaque cylindre. D'où la prédiction suivante pour la conductivité hydraulique dans l'espace poral rempli d'eau, réécrite sous forme d'intégrale :

$$K_{max} = K_0 \int_0^{\theta_{max}} \frac{r^2 d\theta}{r_0^2 . \tau(r)^2} \qquad (1.15)$$

$K_0$ et $r_0$ sont respectivement une conductivité hydraulique et une taille de pores de référence. $\tau(r)$ est la tortuosité des pores de rayon $r$, c'est-à-dire le rapport entre la longueur du chemin parcouru par l'eau dans ces pores et la longueur effectivement parcourue "en ligne droite". $\tau(r)$ est élevé au carré ici car plus les pores sont tortueux, plus la longueur des pores cylindriques équivalents est grande, et moins ils sont nombreux à volume total donné $d\theta$ de pores de ce rayon.

Pour la conductivité hydraulique avec une teneur en eau $\theta_i < \theta_{max}$, l'intégrale se borne à cette valeur, avec en plus un facteur correctif global $X'(\theta_i)$ qui traduit le fait que la tortuosité du chemin dans les pores de rayon d'entrée $r$ augmente lorsque la teneur en eau globale dans l'échantillon diminue, car alors certaines connections entre pores de rayon $r$ sont rompues, à la traversée de pores plus grands qui seraient vidés de leur eau :

$$K_i = K_0.X'(\theta_i)^2.\int_0^{\theta_i} \frac{r^2 d\theta}{r_0^2.\tau(r)^2} \quad (1.16)$$

Des formules empiriques pour $\tau(r)$ et pour $X'(\theta)$ sont données pour des échantillons de réservoirs pétroliers, analysés par porosimétrie au mercure :

$$\tau(r) = 5\exp(-0{,}4.r) + 1{,}83 \quad \text{puis} \quad X'(\theta) = S_e \quad (1.17)$$

L'auteur ne donne pas l'unité employée pour $r$ dans l'expression de $\tau(r)$, que l'on devrait plutôt écrire : $\tau(r) = 5\exp(-0{,}4\frac{r}{r'}) + 1{,}83$, $r'$ étant une taille de pores de référence. Sur le graphe 1.10(a) p.207, cette relation est illustrée en supposant $r' = 10$ $\mu$m. Les études de validation de ce modèle par d'autres auteurs, comparées avec des mesures de conductivité hydraulique et d'autres modèles, considèrent souvent $X'(\theta) = S_e$ mais $\tau(r)$ constant, alors que la détermination expérimentale de $X'(\theta)$ est dépendante de la relation adoptée pour $\tau(r)$.

**Modèle de Mualem**

Mualem, en 1976 [156], cherche à améliorer cette modélisation, en traduisant le fait qu'un pore n'a pas, dans la réalité, un rayon constant. Il considère une tranche de milieu poreux d'épaisseur R comme une double rangée de cylindres, connectés ou non. Pour deux cylindres connectés, de rayons respectifs $r_1$ et $r_2$, et de longueurs respectives proportionnelles à leur rayon, la vitesse de Poiseuille est proportionnelle à $r_1 * r_2$ et à un facteur correctif $T(R,r_1,r_2)$ qui tient compte des effets de la tortuosité. La probabilité d'avoir deux cylindres connectés de rayons respectifs $r_1$ et $r_2$ dépend de la quantité de pores dans chacune de ces deux tailles et d'un facteur correctif $G(R,r_1,r_2)$ qui traduit les corrélations entre la géométrie de chacune des deux faces de la tranche d'épaisseur R. D'où l'expression :

$$K = K_0 \int_0^R \left( \int_0^R T(R,r_1,r_2) G(R,r_1,r_2) r_2 d\theta \right) r_1 d\theta \quad (1.18)$$

Il suppose ensuite que l'on peut globalement rendre compte des effets de tortuosité et de corrélation entre les faces par un facteur $T(R).G(R)$ placé devant l'intégrale :

$$K = K_0 T(R) G(R) \int_0^R r_1 d\theta \int_0^R r_2 d\theta \qquad (1.19)$$

Il suppose que ce facteur correctif est une puissance de $S_e$, et détermine expérimentalement l'exposant. Il utilise pour cela une cinquantaine de sols différents, dont les spectres de porosité sont définis ainsi : la partie sèche du spectre de porosité est modélisée par une courbe de Brooks et Corey ($h = S_e^\mu$) et la partie la plus humide est décrite par une ligne brisée reliant exactement les points de mesure. Le facteur correctif obtenu est le suivant :

$$G(R)T(R) = S_e^{0,5} \qquad (1.20)$$

Mualem mentionne ensuite que la courbe de conductivité hydraulique prédite est très sensible à la valeur de teneur en eau résiduelle $\theta_r$ et à la forme exacte du spectre de porosité en domaine très humide. Mais il ne précise pas si ces données proviennent de porosimétrie au mercure (sur échantillon sec) ou de désorption d'eau. Les auteurs utilisant ensuite le modèle de Mualem [156], comme par exemple van Genuchten [224], ont souvent tendance ensuite à modéliser tout le spectre de porosité par une seule expression analytique. Cela se justifie uniquement si cette expression analytique reproduit fidèlement la forme du spectre en domaine très humide. En effet, la prédiction de la conductivité hydraulique est d'autant plus juste que la courbe analytique utilisée pour décrire la courbe de porosité est juste. Pour un sol où le spectre de porosité est plurimodal (ici nos ferralsols, par exemple, ont un spectre bimodal), certains auteurs utilisent une expression analytique (du type van Genuchten ou une autre) pour chaque mode, ainsi Durner en 1994 [83].

Même avec une courbe de porosité fidèlement décrite, au besoin de façon plurimodale, le modèle de Mualem représente mal l'augmentation de conductivité hydraulique en conditions très humides. De nombreux auteurs, cités dans la revue de Šimůnek *et al.* de 2003 [196], ont utilisé le modèle de Mualem "dans le domaine capillaire", puis une fonction empirique, où $K$ croît environ linéairement avec la teneur en eau, en conditions très humides, dit "domaine non-capillaire".

### Généralisation de ces modèles

D'autres auteurs ont par ailleurs proposé des variantes au modèle de Burdine ou de Mualem. Ces modèles supposent tous que le réseau poreux est un assemblage de cylindres de diverses tailles. L'introduction de facteurs correctifs de tortuosité et de connectivité permet d'adapter ces modèles au milieu poreux réel. Snyder en 1996 [198] donne une expression généralisée de ces modèles :

$$K(\theta) = K_0 \theta^a \left\{ \int_0^\theta \frac{(\theta - \xi)^\eta}{[h(\xi)]^{\frac{2}{\delta} + \nu}} d\xi \right\}^\delta \qquad (1.21)$$

où $K_0$, $a$, $\eta$, $\nu$ et $\delta$ sont des paramètres empiriques positifs.

### Modèles prédictifs fractaux

**Fractales déterministes** Ces modèles donnent une signification physique à la loi empirique d'Archie, en déterminant l'exposant à partir des caractéristiques géométriques de la porosité vue comme un objet fractal, comme l'expose la revue faite par Gomendy *et al.* en 1996 [100]. Ces caractéristiques peuvent être obtenues par analyse d'images de lames minces de sol. Ainsi Muller et MacCauley [157] donnent $K_{max}$ en fonction de la porosité totale $\theta_{max}$ et de $D$, la dimension fractale hiérarchique de l'interface solide-pore :

$$K_{max} = K_0 . \theta_{max}^{(2-D)D} \qquad (1.22)$$

Cependant le milieu poreux du sol n'est pas hiérarchique ; un pore fin peut déboucher sur une large cavité. D'autres grandeurs observables, comme la dimension spectrale ou la longueur de corrélation entre pores de même taille, permettent de quantifier la connectivité des pores du sol. Ainsi d'autres auteurs donnent la conductivité hydraulique du sol en zone *vadose* comme une fonction puissance du rayon de pores $r$ ou de la jauge géométrique du modèle $L$, à partir de $D_m$ la dimension fractale de masse solide et $d_s$ la dimension spectrale :

$$K(r) = r^{(-D_m/d_s)(2-d_s)} \quad \text{d'après Gouyet [101]} \qquad (1.23a)$$
$$K = L^{D_m - 2(D_m/d_s) - (12-D)D} \quad \text{d'après Crawford [71]} \qquad (1.23b)$$

Ces modèles se heurtent à deux problèmes. D'une part le passage d'une jauge géométrique à une pression capillaire est complexe, ce qui rend difficile toute comparaison entre ces modèles et les données de désorption d'eau ou de porosimétrie au mercure. Sur des ferralsols similaires à ceux étudiés dans cette thèse, (avec 20 à 30% de lutite) Bui *et al.*, 1989 [48] mesurent un diamètre moyen de pores 30% plus grand par désorption d'eau que par analyse d'image, pour les deux modes (pores résiduels et micro-mésopores). De même, sur des agrégats de sols, Hallett *et al.*, 1998 [110] montrent que la dimension fractale déterminée par analyse d'image sur lame mince ou épaisse (algorithme de comptage de blocs) diffère de celle déterminée par porosimétrie au mercure. D'autre part ces modèles postulent que le milieu poreux du sol est fractal, dans toute la gamme d'échelles contribuant à la conductivité hydraulique, ce qui est démontré pour des sols sableux (Toledo *et al.*, 1990 [208]), ou certains sols limoneux (Rieu et Sposito, 1991 [182]), mais est loin d'être vrai pour tous les sols.

**Volumes préfractaux de diverses conformations** Le sol est modélisé comme un assemblage fractal de volumes élémentaires, souvent des cubes, pleins ou vides, formant un pavage de l'espace, qu'on appelle volumes préfractaux pores-solides (PSF), selon l'approche de Perrier *et al.* [166]. Un PSF est "préfractal"; il est fractal uniquement dans une certaine gamme de tailles, de la taille du grain le plus petit (de l'ordre du dixième de micron) à la taille d'un volume élémentaire représentatif contenant les grains et pores les plus grands de ce sol (de l'ordre du millimètre). On construit le PSF en divisant un cube élémentaire en $n^3$ cubes plus petits, $n$ étant entier. Parmi ces $n^3$ cubes, certains (au nombre de $n_S$) sont solides, d'autres ($n_P$) vides, tandis que les cubes restants ($n^3 - n_S - n_P$) sont "indéterminés". Ils seront divisés dans l'étape suivante de la même manière que le cube élémentaire initial, jusqu'à ce que les cubes "indéterminés" atteignent la taille minimale voulue et soient alors considérés solides. Ainsi, un PSF est déterminé par les tailles minimale et maximale des grains du sol, la porosité de ce sol, ainsi que l'arrangement spatial relatif entre pleins et vides (conformation).

Cependant, dans un PSF, le volume de pores ou de solides d'une taille donnée doit être une fonction croissante du logarithme de cette taille (ce qui est souvent le cas des sols sableux). Un PSF ne modélise donc correctement que de tels sols. P. Lehmann, en 2003 [130], complexifie le modèle PSF. Il donne successivement trois valeurs au couple $(n_P; n_S)$ dans la construction du PSF. Ce PSF "triple" a donc une dimension fractale différente dans chacun de ces trois domaines. Ce PSF "triple" a un spectre de granulosité et de porosité en dents de scie, avec trois maxima locaux successifs. Il peut alors modéliser correctement quasiment la porosité de tous les sols usuels. Cependant une telle modélisation nécessite d'optimiser de nombreux paramètres à partir des données granulo- et porosimétriques disponibles ($n$, la taille du cube initial, trois couples $(n_P, n_S)$ et le nombre d'itérations fractales pour chacun de ces couples).

La modélisation PSF du sol permet ensuite de calculer certaines propriétés du sol comme sa conductivité thermique ou hydraulique. Souvent, l'arrangement relatif des pleins et vides du sol n'étant pas connue, on calcule la moyenne de cette propriété pour une centaine de conformations théoriques différentes. Bernabe et Revil [24] proposent une méthode pour effectuer une telle moyenne, par sommation de l'énergie dissipée par frottement lors de l'écoulement dans le réseau.

Lehmann [130] a montré que son modèle PSF (triple) permettait ainsi de prédire la conductivité thermique des sols, dont la porosité (40% du volume total) serait remplie d'air, d'eau et/ou de glace. Selon la conformation (solides-vides), il obtient un facteur 16 entre les valeurs minimale et maximale, tandis que la plupart des autres valeurs sont proches de la moyenne logarithmique (écart-type de 5%). Cette moyenne est une bonne prédiction uniquement si on prend une conductivité thermique empiriquement affaiblie pour les grains entourés de pores remplis d'air, pour tenir compte du fait que dans un sol réel, les grains, non-cubiques, ont une plus faible surface de contact que des cubes empilés.

Il nous semble vain de chercher à prédire ainsi la conductivité hydraulique pour des ferralsols, pour lesquels un modèle PSF double ou triple serait requis, avec probablement aussi des corrections empiriques pour tenir compte du fait que les pores et grains réels ne sont pas cubiques.

### Modèle de Markus Teller et Dani Or

La modélisation traditionnelle de la porosité du sol la représente comme un assemblage de cylindres et de fentes et conditionne le remplissage par l'eau uniquement selon les forces de capillarité. Alors un pore de rayon donné, selon l'état d'humectation du sol, est soit entièrement rempli d'eau, soit entièrement vide.

Le modèle de Tuller et Or, publié entre 1999 et 2001, [163] [215] [216], apporte deux modifications :
- Ils considèrent le milieu poreux comme un ensemble de prismes à base de polygones réguliers (triangle, carré, hexagone, octogone...), ainsi que de fentes. Avec cette géométrie polygonale, les pores peuvent être partiellement remplis d'eau (dans les coins), ce qui reproduit beaucoup mieux ce qui se passe dans la réalité.
- Par ailleurs, ces auteurs quantifient explicitement les phénomènes d'adsorption d'eau en films sur les surfaces minérales, c'est-à-dire sur les faces des pores (fentes ou polygones) non entièrement remplis d'eau. Ils quantifient également la part d'écoulement d'eau se faisant par ces films. Ils obtiennent que l'écoulement par pores pleins (dit "écoulement capillaire") devient négligeable devant l'écoulement par films d'eau, en conditions humides (domaine des macropores).

Par contre, la connection entre pores anguleux de diverses tailles n'est pas quantifiée ; ces pores sont considérés parallèles les uns aux autres, connectés uniquement via des fentes planes.

Les équations qui en résultent sont assez compliquées, mais l'ajustement avec les données réelles est très prometteur. Ce modèle, utilisé pour l'instant seulement par quelques auteurs (comme Bachmann et van der Ploeg en 2002 [13]), apporte pourtant à mon avis une contribution majeure à la modélisation des écoulements d'eau dans les sols. Je regrette de n'avoir pas pu l'appliquer aux données des ferralsols de Manaus dans le cadre de cette thèse.

**Modèles d'écoulement par vagues**

L'écoulement d'eau dans les macropores est parfois modélisé de façon ondulatoire, comme l'ont proposé Germann et Beven en 1985 [96]. Une telle modélisation permet par exemple, sans modéliser l'air explicitement, de rendre compte du phénomène de "nappe perchée" temporaire (qui dure le temps que l'air des horizons sous-jacents s'évacue). Cependant, comme le soulignent Šimůnek *et al.*, 2003 [196], cette modélisation prédit seulement un écoulement gravitaire, vertical vers le bas ; elle exclut donc l'influence des forces capillaires, qui induisent des remontées capillaires ou des flux latéraux.

Nous n'avons pas appliqué ce type de modélisation aux ferralsols étudiés ici.

### Influence de la température

La conductivité hydraulique, comme nous l'avons déjà mentionné en partie I, varie notablement en fonction de la densité et la viscosité du fluide considéré, qui dépendent de la composition de ce fluide et de sa température. (voir Mohrath et al. 1997 [155] ; Bachmann et van der Ploeg 2002 [13]).

Pour les sols étudiés, il s'agit d'eau contenant toujours de faibles concentrations en solutés. Par ailleurs la température varie très peu en cette zone équatoriale, au cours de la journée comme au cours de l'année. Elle est de plus proche des températures 20 à 26$^o$C utilisées pour les mesures de conductivité hydraulique en laboratoire.

Nous ne nous préoccuperons donc pas ici de corrections de $K$ en fonction de la composition de l'eau ni de la température.

## 1.6.2 Choix d'un modèle

### Travaux antérieurs sur ces sols

La démarche descriptive a été appliquée par Tomasella et Hodnett sur leurs données de conductivité hydraulique *in situ*, sur sols très humides (données IPM), réalisées sur les ferralsols de Nord-Manaus, utilisées aussi dans cette thèse. Ils ont ajusté sur ces données une courbe exponentielle [211] ou une courbe de "van Genuchten-Mualem" [209]. Ces ajustements donnent les renseignements suivants :
- Pour ces sols, l'exposant $\lambda$ de la courbe exponentielle de la conductivité hydraulique peut se déduire de l'exposant de la courbe de porosité, selon une relation linéaire établie à partir de nombreux autres sols ;
- Pour ces sols, une courbe de "van Genuchten-Mualem" [224] s'ajuste encore plus mal sur les données qu'une simple courbe exponentielle. Le paramètre $a$ "encaisse" l'inadéquation de ce modèle à ces données, en variant de -5 à +5 entre deux horizons pourtant peu différents et peu éloignés.

Par ailleurs, ils ont établi la relation entre conductivité hydraulique maximale et porosité effective (pores de taille inférieure à 4 $\mu$m). Ils ont montré qu'à porosité effective égale, la conductivité maximale de ces sols est nettement supérieure à celle des autres sols brésiliens mesurés [211]. Cela est probablement explicable par la forme particulière du spectre de porosité. En effet, le spectre de porosité de ces ferralsols est bimodal, il comporte très peu de micropores. A porosité effective égale, la taille moyenne des pores concernés est probablement plus grande sur ces ferralsols que sur les autres sols.

Ainsi, nous retiendrons que les formulations usuelles pour déduire la conductivité hydraulique maximale à partir de la porosité effective ne s'appliquent pas sur ces ferralsols. Par ailleurs, une simple courbe exponentielle ajuste bien les données IPM sur ces sols, mais risque de ne pas être pertinente en conditions plus sèches.

**Critère de choix**

La conductivité hydraulique d'un milieu poreux dépend :
- du volume de pores dans chaque classe de taille de pores
- de la tortuosité et connectivité de chaque classe de taille de pores.

Supposer que l'on peut globalement rendre compte des effets de tortuosité et connectivité par un facteur correctif placé avant l'intégrale, sous forme de loi puissance, c'est faire implicitement l'une des hypothèses suivantes :
- soit le milieu a une géométrie fractale sur toute la gamme de pores (ce qui revient à supposer que la tortuosité et connectivité sont les mêmes pour toutes les tailles de pores)
- soit la tortuosité et connectivité moyennes varient régulièrement, selon une loi puissance, dans toute la gamme de taille de pores.

**Paramètres pertinents**

Nous avons vu précédemment que pour les fonctions de pédotransfert entre granulosité et porosité, le volume de référence le plus simple était le volume $V_{solide}$ de la phase solide du sol. Nous avions donc caractérisé les volumes poraux remplis d'eau par leur indice $n$, où $n = V_{eau}/V_{solide}$.

La conductivité hydraulique du sol est la vitesse de Darcy de l'eau du sol quand le gradient de charge hydraulique vaut 1, autrement dit le débit moyen d'eau par unité de surface de sol total, quand l'eau du sol est soumise uniquement à la gravité. Le volume de référence pertinent est cette fois le volume total de sol. Nous exprimons donc ici les volumes poraux remplis d'eau par les teneurs en eau $\theta$, où $\theta = V_{eau}/V_{total}$.

Par ailleurs, la conductivité hydraulique maximale d'un sol dépend de sa teneur en eau maximale $\theta_{max}$. Mais la conductivité hydraulique $K(\theta)$ à la teneur en eau $\theta < \theta_{max}$ ne doit pas, dans un modèle prédictif, dépendre de la teneur en eau maximale $\theta_{max}$. Démontrons-le ici. Supposons deux sols ayant exactement la même géométrie de pores jusqu'à la taille de pores $r$ correspondant à la teneur en eau $\theta$. Ces deux sols ont donc exactement la même conductivité hydraulique $K(\theta)$. Pourtant la géométrie et le volume total des pores de taille supérieure à $r$ peuvent être très différents entre ces deux sols. Nous rejoignons donc ici la constatation de Snyder [198] qui prédit $K$ sans faire appel à $K_{max}$ ni à $\theta_{max}$.

### Résultats expérimentaux sur la tortuosité

**Tortuosité de la micro-, méso- et macroporosité** Les modèles listés précédemment se basent essentiellement sur des données de conductivité hydraulique où la porosité résiduelle reste entièrement remplie d'eau ($\theta > \theta_{res}$). Dans ce domaine, en réservoir pétrolier, Burdine, [49], a déterminé une tortuosité, de l'ordre de 2 dans la grande porosité, de l'ordre de 7 dans la porosité plus fine, avec une transition relativement abrupte entre les deux (équation 1.17 p.191 et figure 1.10 p. 207). Ceci tend à montrer que le milieu poreux est non-fractal, ou plus exactement qu'il est constitué de plusieurs domaines fractaux. Pour les sols, en surface, ce phénomène est probablement accentué, par la présence de grands pores biologiques bien connectés et peu tortueux (racines, galeries) ou des cavités mal connectées (terriers). Les résultats d'analyse d'images tendent à confirmer ce résultat. Ils montrent que le milieu poreux du sol est souvent non-fractal. Gomendy *et al.* [100] disent que la méso-macroporosité a une géométrie interconnectée relativement déterministe, alors que la microporosité a une géométrie plus aléatoire. Quand la teneur en lutite et limons est faible, il n'y a qu'un domaine fractal, celui de la méso-macroporosité, ce qui explique qu'alors le modèle d'Averjanov, ou les modèles fractaux, sont adéquats.

### Tortuosité et conductivité hydraulique de la porosité résiduelle

La tortuosité et la perméabilité de la porosité résiduelle ont été déterminées lors de mesures de la perméabilité hydroélectrique des argiles et en particulier de la kaolinite : travaux de Vane et Zang, Revil, Leroy et Cathles [225], [178] et [180]. Le modèle déjà cité [178], établi à partir de ces mesures, donne la perméabilité quand toute la porosité est remplie d'eau, en fonction de la taille des grains (équation 12 de [178]). Il fait appel au facteur de cémentation $m$ qui dépend de la forme des grains. Les kaolinites des ferralsols étudiés ici ont la forme d'un ellipsoïde-lentille de rapport 5 entre grand et petit diamètre, ce facteur vaut $m = 2,1$. D'après Brown, cité dans [225], les kaolinites ont une forme d'ellipsoïde avec $m = 1,9$, ce qui confirme notre résultat. Pour d'autres kaolinites [178], l'exposant de cémentation $m$ vaut entre 2,3 et 3,1.

Appliqué aux kaolinites des deux premiers mètres de profondeur des ferralsols étudiés, de diamètre équivalent 45 à 70 nm (voir au tableau 2.7 p.77), ce modèle donne une perméabilité de 5 à $13.10^{-19}$ m$^2$ pour ces kaolinites seules et non agrégées. Il faut multiplier par la teneur en lutite affectée de l'exposant de cémentation du sable, soit 1,7 [178], pour obtenir la perméabilité de la porosité résiduelle de ces sols. On obtient donc une conductivité hydraulique résiduelle, dans les deux premiers mètres des ferralsols étudiés, de 3 à $11.10^{-12}$ m.s$^{-1}$ pour de l'eau à 25°C. Les valeurs approximatives évaluées dans cette thèse (1 à $40.10^{-12}$ m.s$^{-1}$, voir à l'annexe C) sont dispersées autour de ces valeurs.

Ce modèle [180] définit la tortuosité à partir de la porosité $\theta_{max}$, la porosité interconnectée $\phi$ et l'exposant de cémentation $m$ :

$$\frac{\theta_{max}}{\tau^2} = \phi^m \quad (1.24)$$

Pour de la kaolinite pure non agrégée, la seule porosité est la porosité résiduelle et elle est bien interconnectée : $\theta_{max} = \theta_{res} = \phi = 0,9/1,9 = 0,47$. La tortuosité de la porosité résiduelle vaudrait donc 1,5. Quant à Vane & Zang, 1997, ils donnent dans ce cas une tortuosité faible également : 1,25 [225].

**Conclusion**

Il n'est pas pertinent de juxtaposer des valeurs de tortuosité déduites de mesures et de modèles différents. La tortuosité déduite d'analyses d'images ne recouvre probablement pas la même réalité physique que la tortuosité déduite de la confrontation de mesures de conductivité hydraulique et de porosité à l'aide du modèle de Mualem ou de Burdine, ni que la tortuosité déduite de mesures hydroélectriques.

La revue bibliographique précédente montre simplement que la porosité du sol n'est probablement pas fractale depuis les pores résiduels jusqu'aux macropores. Autrement dit, pour un sol rempli d'air et d'eau (en zone hors nappe), la variation de la tortuosité n'est probablement pas simplifiable à une fonction puissance de la teneur en eau ou de la taille des pores les plus grands remplis d'eau.

Nous n'avons pas cherché à ajuster les nombreux paramètres empiriques de la loi généralisée de Snyder [198]. Nous avons préféré utiliser la modélisation plus simple de Burdine, en déterminant la fonction de tortuosité (au sens de Burdine, généralisée à toute la gamme de tailles de pores) par inversion des données disponibles. Nous pourrons ensuite calculer partout la conductivité hydraulique en fonction de la teneur en eau du sol, en utilisant le modèle de Burdine avec cette tortuosité empirique.

Cette tortuosité empirique, déterminée par inversion de données, permettra aussi de rendre compte, pour les sols étudiés, d'autres phénomènes que l'écoulement capillaire (écoulement par films adsorbés, écoulements turbulents dans les macropores...); phénomènes qui ne sont pas prédits par le modèle de Burdine ou Mualem utilisés avec une tortuosité constante.

### 1.6.3 Détermination empirique de la tortuosité

**Définition de la tortuosité calculée ici**

Nous nous sommes inspirés du modèle de Burdine exposé p.190, en le généralisant à toute la gamme de tailles de pores. Pour cela, il ne faut pas utiliser la teneur en eau réduite $S_e$, qui oblige à rester dans la gamme de teneurs en eau où la porosité résiduelle reste remplie d'eau : $\theta > \theta_{res}$. Il faut utiliser la teneur en eau $\theta$. La fonction de correction de tortuosité $X'(\theta)$ deviendrait donc $\theta/\theta_{max}$. Cependant, pour que la conductivité hydraulique de référence $K_0$ soit bien toujours la même pour tous les horizons, afin que le modèle de Burdine soit un modèle prédictif, la conductivité hydraulique $K(\theta)$ ne doit pas dépendre de $\theta_{max}$, comme nous l'avons démontré au §1.6.2 p.198. Adoptons donc comme fonction de correction de tortuosité $X'(\theta) = \theta$, ou plutôt $X'(\theta) = \theta'^a$ avec $a > 0$. Nous chercherons donc à déterminer expérimentalement l'exposant $a$ et la tortuosité $\tau(r)$, tels que la conductivité hydraulique $K'$ à la teneur en eau $\theta'$ vérifie :

$$K' = K_0 \theta'^a \int_{r_0}^{r'} \left(\frac{r}{r_0 \tau(r)}\right)^2 d\theta(r) \qquad (1.25)$$

**Calcul de la tortuosité**

A partir des données de conductivité hydraulique et de teneur en eau, nous avons calculé la tortuosité au sens de Burdine des pores des ferralsols de Nord-Manaus. Les résultats sont présentés à la figure 1.8 p.205. Le mode de calcul a été le suivant :

- (1) Lissage des données par simple tri, pour que les données de teneur en eau $\theta$ et de conductivité hydraulique $K$ soient bien des fonctions croissantes de la pression matricielle $h$ (donc de la taille maximale des pores remplis d'eau $r$).
- (2) Calcul de la tortuosité entre chaque donnée (à la taille de pores $r'$) et la donnée précédente (à la taille de pores $r"$). La "donnée précédente" est remplacée par la moyenne des données précédentes en cas de données rapprochées (soit la moyenne en $r" = r'/1,2$ des données dans l'intervalle $[r'/1,4 \ r'[$).
- (3) Calcul de la tortuosité dans l'intervalle $[r'/3 \ r']$ précédant la donnée de conductivité hydraulique la plus sèche (à la taille $r'$).

Si la taille maximale des pores remplis d'eau passe de $r"$ à $r'$, nous noterons les teneurs en eau correspondantes $\theta"$ et $\theta'$ et les conductivités hydrauliques $K"$ et $K'$. La tortuosité moyenne au sens de Burdine des pores de taille comprise entre $r"$ et $r'$ sera alors :

$$\tau = \sqrt{\frac{K_0 I}{\frac{K'}{\theta'^a} - \frac{K"}{\theta"^a}}} \qquad \text{avec} \qquad I = \int_{r"}^{r'} \left(\frac{r}{r_0}\right)^2 d\theta(r) \qquad (1.26)$$

Nous affectons cette tortuosité aux pores de taille $\sqrt{r"r'}$. Tant que $K_0$ n'a pas été choisi, ces calculs donnent la tortuosité à une constante multiplicative près. L'exposant $a > 0$ valait 2 dans le cas du modèle de Burdine avant la généralisation que j'en ai faite ici.

En effet, la tortuosité au carré se déduit de l'augmentation de conductivité hydraulique entre deux tailles $r$. Il faut donc que cette différence soit positive pour qu'une tortuosité soit calculable, d'où le lissage (1).

De plus, pour que la différence calculée entre deux mesures de $K$ soit significative, il faut qu'elle soit grande devant les erreurs de mesure sur $K$. Il faut donc calculer cette différence sur des intervalles suffisamment grands de $r$, d'où le choix du calcul (2). La moyenne effectuée au calcul (2) est logarithmique pour $r"$ et $K"$; elle est arithmétique pour $\theta"$. Ce mode de calcul a de plus l'avantage de fournir autant de valeurs de tortuosité qu'on dispose de mesures de conductivité hydraulique. Ainsi, les tortuosités moyennes effectuées ensuite auront tenu compte de toutes les données avec un poids égal.

Enfin, le calcul (3) se justifie car l'essentiel de la conductivité hydraulique d'un sol est due à la circulation de l'eau dans les pores les plus grands remplis d'eau à ce moment-là (de taille $r'$). On calcule cette fois la tortuosité moyenne sur toute la gamme de taille de pores $r < r'$. Cette tortuosité moyenne est celle des pores dans l'intervalle $[r'/3 \ r']$ car environ 90% de l'intégrale $I$, et donc 95% de $\sqrt{I}$, provient de cet intervalle. Autrement dit, le calcul (3) consiste à appliquer l'équation 1.26 sur un intervalle $[r" \ r']$ relativement large. La borne inférieure de cet intervalle est $r" = r_0$ où $K"/\theta"^a = 0$ et $\theta" = 0$, ou bien $r" = r_1$ où $\theta" = \theta_{res}$ et $K" = K_{res}$. La conductivité hydraulique $K_{res}$ de la porosité résiduelle est évaluée à $3.10^{-11}$ m.s$^{-1}$ d'après les mesures par infiltration dans une marmite à pression, exposées à l'annexe C. Cette évaluation est confirmée par Revil & Cattles, 1999 [178] (voir p. 199).

La formulation de l'intégrale $I$ varie selon que l'intervalle de calcul $[r" \ r']$ est dans les pores résiduels, les micropores, les mésopores ou les macropores. Ces formulations sont détaillées dans l'Annexe D.

**Estimation des volumes poraux**

Les volumes de pores résiduels, micropores, mésopores et macropores sont nécessaires pour le calcul de l'intégrale $I$ (équation 1.26). Ils seront d'ailleurs utiles aussi dans la définition de la tortuosité interpolée (équations 1.29b à 1.29g p.211).

Il sont déduits quand c'est possible des mesures de teneur en eau faites simultanément aux mesures de conductivité hydraulique. Mais les potentiels matriciels correspondants n'ont pas toujours été atteints pendant les mesures de $K$. Dans ce cas, ces volumes sont évalués à partir des données connues sur ces échantillons, complétées par celles d'autres échantillons du même horizon, en supposant que le spectre de porosité a la forme schématique donnée à la p.172. La figure 1.9 donne les points de mesure, complétés par les courbes continues issues de cette évaluation.

### Calcul de tortuosités moyennes

Les tortuosités calculées ci-dessus ont été récapitulées sur la figure 1.10(**a**) p.207. Sur cette figure, pour chaque couple $(r,\tau)$ calculé précédemment, est dessiné un point en $(r',\tau')$ qui est la moyenne logarithmique des données disponibles sur l'intervalle $[r/1,4 \ \ r]$.

Pour traduire la variation de tortuosité avec la profondeur, nous avons calculé le rapport $\frac{\tau'(r_2)}{\tau'(r_2)_{moy}}$. Il s'agit de la tortuosité moyenne autour de $r_2$ à une profondeur donnée (une par graphe de la figure 1.8) divisée par sa valeur toutes profondeurs confondues (graphe (**a**) de la figure 1.10). Ces rapports sont dessinés à la figure 1.10(**b**) en fonction de la teneur en matière organique de l'horizon du sol concerné.

### Résultats

L'étude bibliographique présentée précédemment laissait présager une tortuosité faible pour les pores résiduels, importante pour les pores intermédiaires, puis faible pour les pores larges. Les résultats présentés à la figure p.205 montrent bien une tortuosité faible pour les pores résiduels, croissante dans le domaine des micropores, puis décroissante dans le domaine des mésopores (plus exactement pour $4 < log(r/r_0) < 4,9$). Mais ils montrent que pour les macropores, cette tortuosité est croissante, jusqu'à des valeurs très élevées (elle avoisine 80). Nous chercherons à interpréter ces résultats en partie III.

Ces résultats apportent les informations principales suivantes :
- La tortuosité déduite de diverses méthodes de mesure de conductivité hydraulique (infiltration *in situ*, évaporation en laboratoire) se raccorde bien.

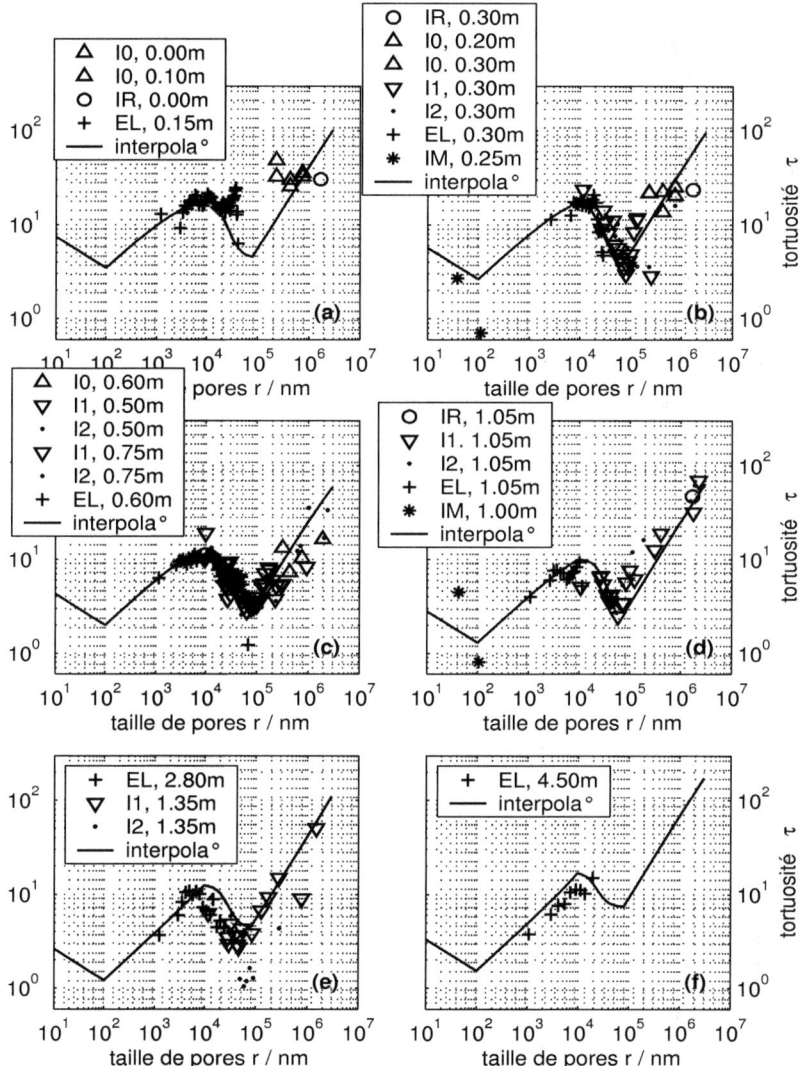

FIG. 1.8 – **Tortuosité de la porosité au sens de Burdine généralisé, déduite de mesures de conductivité hydraulique et de teneurs en eau sur un même échantillon de sol.** I0, IR, I1, I2: mesures par infiltration in situ par Hodnett et Tomasella: IR [209]; I1 et I2 [113]; ou par Barros et al. pour I0 [17]. EL: mesures par évaporation en laboratoire, faites par l'INRA et analysées dans cette thèse en partie I. IM: évaluation grossière de la conductivité hydraulique lors d'une extraction d'eau dans une marmite à pression, faite à l'annexe C. La méthode de calcul de la tortuosité est donnée à la p.202, avec ici l'exposant $a = 0$. Les équations des courbes interpolatrices sont à la p.208.

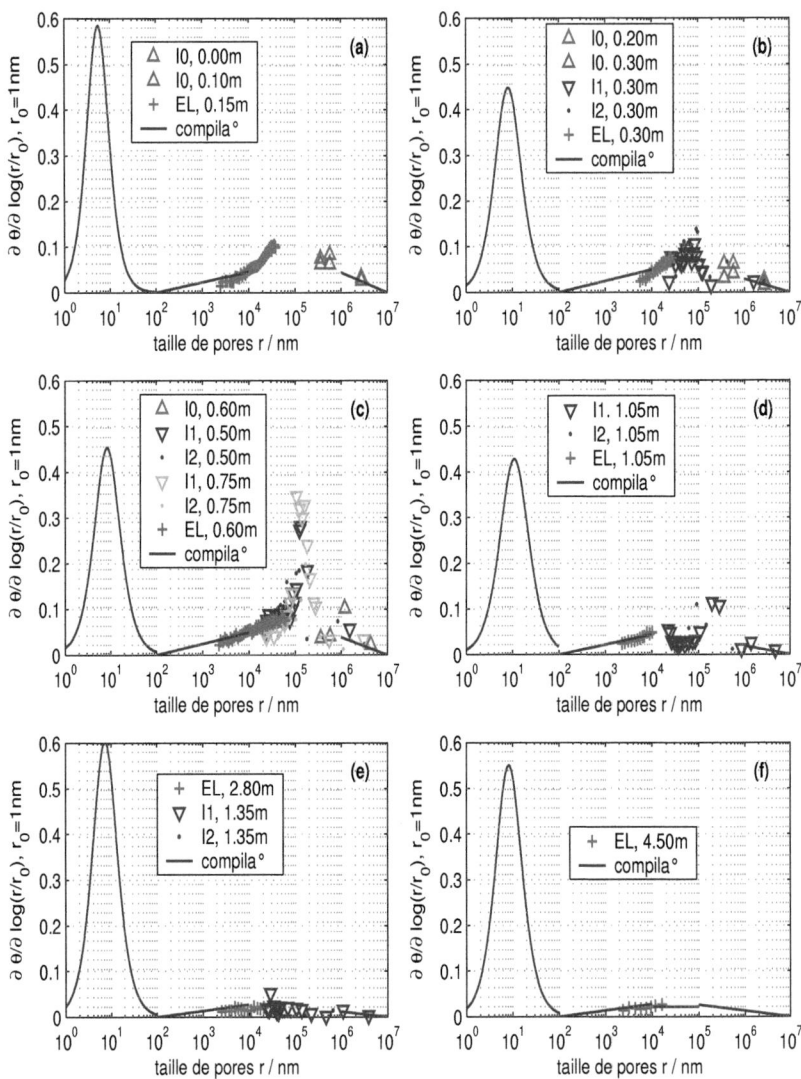

FIG. 1.9 – **Spectres de porosité déduits des mesures de teneurs en eau lors des expériences de mesure de conductivité hydraulique.** Les notations et références de ces expériences sont celles de la figure 1.8. $r$ désigne la taille d'entrée des pores ; $\theta$ désigne la teneur volumiaue en eau du sol. Les courbes interpolatrices se déduisent des données présentées ici et de la forme analytique de la figure 1.3, elle-même déduite de la compilation de toutes nos données sur ces sols.

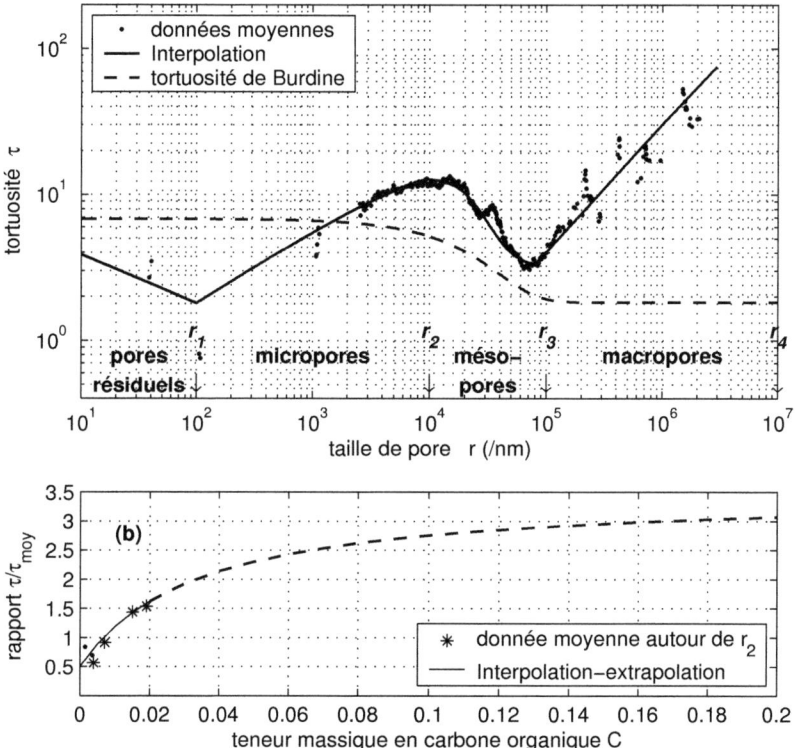

Fig. 1.10 – **Variation de la tortuosité moyenne (au sens de Burdine)** *(a)* avec la taille des pores ou *(b)* avec l'horizon du sol, caractérisé par sa teneur en matière organique. La courbe de Burdine décrit l'équation 1.17 p.191. L'interpolation en fonction de la taille des pores est décrite par les équations 1.27a à 1.27e en p.209. L'interpolation en fonction de C est décrite à l'équation 1.29a en p.211.

- La tortuosité varie selon la taille des pores, et ces variations sont similaires aux diverses profondeurs examinées.

- La tortuosité moyenne (toutes tailles de pores confondues) diminue quand la profondeur augmente.

Ainsi, il sera possible d'établir une courbe de tortuosité valable sur ces sols et de prédire ensuite la conductivité hydraulique à l'aide du modèle de Burdine.

## 1.6.4 Fonction de pédotransfert concernant la tortuosité

**Remarque préliminaire sur l'exposant** $a$

Le modèle le plus simple et pertinent serait un modèle où l'essentiel des phénomènes physiques sont décrits et prédits, tandis que les paramètres empiriques (ici $\tau(r)$) sont des fonctions simples ou, mieux, des constantes. Concernant l'exposant $a$ qui figure dans l'équation 1.26 p.202, nous proposons de le choisir tel que les valeurs calculées de $\tau$ soient les moins variables. Or quand $a$ prend respectivement les valeurs 0 0,5 et 2, le rapport entre les valeurs maximales et minimales de $\tau$ calculé est respectivement 98, 11 et 125. Si l'on excepte le domaine des macropores, ce rapport devient respectivement 30 31 et 33. Nous pourrions donc prendre $a = 0$ (pas de correction de la tortuosité) ou bien $a = 0,5$ (ce qui ressemblerait au résultat de Mualem). Nous avons tout simplement choisi ici de prendre $a = 0$.

Nous pouvons expliquer ainsi ce choix : la tortuosité des pores de taille $r$ diminue certainement quand les pores de taille supérieure (entre $r$ et $r' > r$) sont également remplis d'eau. Mais si $r'$ est proche de $r$, cette diminution est faible. Par ailleurs, si $r'$ est grand devant $r$, la contribution des pores de taille $r$ à la conductivité hydraulique $K(r')$ est négligeable. La correction de tortuosité proposée par Burdine, $X'(\theta)$, ne semble donc pas essentielle à une bonne prédiction de la conductivité hydraulique.

**Objectifs de l'interpolation**

Les résultats de tortuosité sont interpolés ici par une expression analytique respectant les trois objectifs suivants :

- Etre le plus proche possible des données.
- Avoir une forme analytique telle que l'intégrale donnant $K$ soit explicitable, afin d'éviter toute intégration numérique dans la modélisation.
- Avoir un prolongement qui donne des valeurs réalistes pour les conditions où l'on ne dispose pas ou peu de données ici (tortuosité des pores résiduels, cas des sols riches en matière organique, ou avec une microporosité importante...).

**Interpolation de la tortuosité moyenne**

La fonction de pédotransfert donnant la tortuosité moyenne est la suivante, illustrée à la figure 1.10 p.207 :

$$r_0 < r < r_1 \quad \text{alors} \quad \tau_{moy}(r) = \tau_1 \left(\frac{r}{r_1}\right)^{-1/3} \tag{1.27a}$$

$$r_1 < r < r_2 \quad \text{alors} \quad \tau_{moy}(r) = \tau_2 \Bigg/ \sqrt{1 + \left(\frac{\tau_2^2}{\tau_1^2} - 1\right)\frac{r_1}{r} - \frac{\tau_2^2 r_1}{\tau_1^2 r_2}} \tag{1.27b}$$

$$r_2 < r < r_3' \quad \text{alors} \quad \tau_{moy}(r) = \tau_2 \sqrt{\frac{1 + \frac{\tau_3}{100\tau_2}\left(\frac{r}{r_2}\right)^4}{1 + \frac{\tau_2}{100\tau_3}\left(\frac{r}{r_2}\right)^4}} \tag{1.27c}$$

$$r_3' < r < r_4 \quad \text{alors} \quad \tau_{moy}(r) = \tau_3 \sqrt{\frac{1 - \left(\frac{r_3'}{r_4}\right)^\beta}{\left(1 - \frac{\tau_3^2}{\tau_4^2}\right)\left(\frac{r_3'}{r}\right)^\beta + \frac{\tau_3^2}{\tau_4^2} - \left(\frac{r_3'}{r_4}\right)^\beta}} \tag{1.27d}$$

$$\text{avec} \quad \tau_1 = 1{,}8 \quad \tau_2 = 13 \quad \tau_3 = 3{,}3 \quad \tau_4 = 175 \quad \text{et} \quad \beta = 7/4 \tag{1.27e}$$

Nous avons noté ici $r_3' = 10^{4,9} r_0$. Les tortuosités $\tau_1$, $\tau_2$, $\tau_3$ et $\tau_4$ sont les valeurs prises par $\tau_{moy}$ respectivement en $r_1$, $r_2$, $r_3'$ et $r_4$.

Ces équations donnent la tortuosité de Burdine permettant de calculer la conductivité hydraulique $K'$ en $r'$ avec l'expression suivante :

$$K' = K_0 J \quad \text{avec} \quad K_0 = 3.10^{-13} \text{m.s}^{-1} \quad \text{et} \quad J = \int_{r_0}^{r'} \left(\frac{r}{r_0 \tau(r)}\right)^2 d\theta(r) \tag{1.28}$$

Dans le domaine des mésopores et macropores, cette fonction de pédotransfert est une simple interpolation des nombreuses données disponibles. Dans le domaine des micropores, la fonction de pédotransfert relie les données disponibles à la tortuosité des pores résiduels déterminée ci-dessous.

Dans le domaine des pores résiduels, les données utilisées ici sont peu nombreuses et peu précises, elles ne sont qu'une évaluation de la conductivité hydraulique. La fonction de pédotransfert s'inspire de la tortuosité selon Vane & Zang, cités par Revil & Leroy, 2001 [180], exposée ici à l'équation 1.24 p.200. Quand la porosité résiduelle est remplie partiellement d'eau et d'air, la porosité interconnectée vaut alors la teneur en eau $\theta < \theta_{res}$. Pour un facteur de forme $m$ proche de 2, $\tau$ serait donc inversement proportionnel à $\theta$. Nous avons cependant préféré définir $\tau$ par une fonction puissance de $r$, pour simplifier le calcul ultérieur de $K$. Les valeurs de conductivité hydraulique sur sol très sec ($r < 10 r_0$) ne nous intéressent pas ici, le climat étant humide. Nous avons donc choisi la fonction $\tau = \frac{\sqrt{f}}{\theta_{res}}(\frac{r_1}{r})^{1/3}$ qui donne la tortuosité de Vane et Zang quand toute la porosité résiduelle est remplie d'eau (soit $r = r_1$) et qui donne une tortuosité double quand la moitié de la porosité résiduelle est remplie d'eau (soit $\theta = \theta_{res}/2$ et donc $r \simeq r_{m1} \simeq r_1/10$).

Nous avons choisi ici la valeur de la constante $K_0$ afin que la tortuosité la plus élevée calculée dans le domaine des pores résiduels corresponde à celle déduite précédemment du modèle de Vane et Zang.

Nous avons respecté dans ces fonctions d'interpolation le fait que la tortuosité au sens de Burdine généralisé n'est définie qu'à une constante multiplicative près tant que la valeur de $K_0$ n'a pas été choisie. En effet, si on multiplie les tortuosités $\tau_1$, $\tau_2$ $\tau_3$ et $\tau_4$ par un même nombre positif $b$, alors pour tout $r$, $\tau(r)$ défini ici est multiplié aussi par $b$. Si de plus on divise $K_0$ par $b^2$, les conductivités hydrauliques résultantes sont inchangées.

Remarquons que la tortuosité moyenne calculée ici décroît d'un facteur 3,8 dans le domaine des mésopores (de 12,6 à 3,3 selon l'équation 1.27c p.209). Ceci se rapproche du résultat expérimental de Burdine dans des réservoirs pétroliers, où il avait établi que la tortuosité décroissait de 7 dans les pores fins à 2 dans les pores larges.

Les expressions choisies ici pour $\tau(r)$ et pour la courbe de porosité $\theta(r)$ rendent l'intégrale $J$ explicitable partout sauf pour la porosité résiduelle. Nous avons cependant calculé l'intégrale $J$ explicitement en approximant le spectre de porosité résiduelle par deux triangles accolés. Les expressions résultantes sont à l'annexe D.

**Interpolation de la tortuosité des différents horizons**

Hormis la présence de matière organique, la tortuosité $\tau(r)$ dépend *a priori* des deux phénomènes suivants :
- La forme et le type d'agencement des minéraux bordant les pores de taille $r$, ainsi que l'abondance de ces pores.
- Peut-être aussi la géométrie et l'abondance des autres pores remplis d'eau, soit les pores de taille $r' < r$.

En effet, comme nous l'avons déjà fait remarquer plus haut, les pores de taille supérieure à $r$ n'apportent aucune contribution à la conductivité hydraulique $K(r)$. Ils ne peuvent donc pas influer sur $\tau(r)$. Si ces pores étaient remplis de matière solide, $K(r)$ serait inchangé.

Les sols étudiés ici ont une minéralogie très simple : lutite essentiellement kaolinitique, à la forme ellipsoïdale bien régulière ; sable essentiellement quartzeux, de forme subarrondie avec de nombreuses cavités. Les variations de $\tau$ dues à l'agencement et la forme des minéraux pourra probablement se traduire par une variation de $\tau$ en fonction de $r$.

Par ailleurs, plus la porosité est abondante, plus la tortuosité est faible. Mais de quel volume poral s'agit-il surtout ? La tortuosité $\tau(r)$ dépend-elle surtout du volume des pores de taille très proche de $r$, soit $d\theta(r)$ ? Ou dépend-elle de tout le volume de pores remplis d'eau, soit $\theta(r)$ ? La tortuosité calculée ici $\tau(r)$ semble surtout dépendre du volume de pores dans l'intervalle entre $r/A$ et $r$, avec $A$ valant environ 100. En effet, si l'on excepte les macropores (dont nous reparlerons en partie III), la tortuosité maximale calculée ici l'est pour $r = r_2$, soit à la limite entre micropores et mésopores. Or le minimum du spectre de porosité est bien avant cela, vers 0,25 $\mu$m= $r_2/40$.

La tortuosité des pores de chaque horizon est interpolée avec les mêmes fonctions que la tortuosité moyenne (équations 1.27a à 1.27d). Nous adaptons à chaque horizon la valeur des tortuosités $\tau_1$, $\tau_2$ $\tau_3$ et $\tau_4$ respectivement en $r_1$, $r_2$, $r'_3$ et $r_4$. Voici les fonctions adoptées :

$$\gamma = \frac{0{,}5 + 105.C}{1 + 30.C} \quad (1.29\text{a})$$

$$\tau_1 = \gamma \frac{0{,}5}{\theta_{res}} \quad (1.29\text{b})$$

$$\tau_2 = \gamma \frac{0{,}95}{(\theta_{res} - \theta(r_m))/4 + \theta_{micro}} \quad \text{avec} \quad r_m = 10 r_0 \quad (1.29\text{c})$$

$$\tau_3 = \gamma \frac{0{,}29}{0{,}8\theta_{micro} + \theta_{meso}} \quad \text{ou bien} \quad (1.29\text{d})$$

$$\tau_3 = \gamma \frac{0{,}29}{0{,}6\theta_{micro} + \theta_{meso}} \quad \text{substratum sableux} \quad (1.29\text{e})$$

$$\tau_3 = \gamma \frac{0{,}29}{0{,}4\theta_{micro} + \theta_{meso}} \quad \text{substratum fin} \quad (1.29\text{f})$$

$$\tau_4 = \gamma \frac{12}{0{,}25\theta_{meso} + \theta_{macro}} \quad (1.29\text{g})$$

Tout d'abord, la croissance de la tortuosité avec la proximité de la surface a été exprimée à partir de la teneur massique en carbone organique $C$. En effet, la présence de matière organique est probablement responsable de cette augmentation de la tortuosité. La fonction d'interpolation entre les données disponibles aurait pu être une simple droite (voir à la figure 1.10(**b**) p.207). Mais son prolongement vers des fortes teneurs en matière organique semblait peu réaliste. La fraction rationnelle choisie (équation 1.29a) permet de faire plafonner la valeur de $\gamma$ à 3,5. Pour la teneur en matière organique maximale rencontrée sur les sols étudiés ($C = 3{,}6\%$), la valeur maximale de $\gamma$ vaudra 2,2.

La tortuosité $\tau(r)$ est prise ici inversement proportionnelle au volume poral entre $r/100$ et $r$, ajouté à un quart du volume poral entre $r/100$ et $r/1000$. Les équations 1.29d à 1.29f tiennent compte d'un spectre de micropores triangulaire croissant pour les ferralsols-podzols, constant ou triangulaire décroissant pour le substratum.

Ces fonctions d'interpolations concordent bien avec les tortuosités calculées pour les ferralsols (voir à la figure 1.8 p.205). En particulier, la tortuosité des macropores, indispensable pour une estimation correcte de la conductivité hydraulique maximale, est bien reproduite. Notons accessoirement que l'augmentation de tortuosité dans le domaine des micropores, variable selon les échantillons, est elle aussi bien reproduite.

Ce résultat est plus qu'une "bonne interpolation de données" en vue d'une modélisation numérique. Il ouvre la voie à un nouveau modèle de conductivité hydraulique, dérivé de celui de Burdine, avec une tortuosité $\tau(r)$ définie comme le quotient d'une fonction $\phi(r)$ par le volume poral dans les deux ou trois décades précédant $r$. La fonction $\phi(r)$ contiendrait les autres contributions à la tortuosité ; elle serait moins variable que $\tau(r)$. Nous interpréterons et généraliserons ce modèle en partie III.

**Conductivité hydraulique maximale**

La conductivité hydraulique maximale d'un sol est atteinte quand toute sa porosité est remplie d'eau, soit ici en $r_4 = 10^7$ nm. Cependant, dans le domaine des macropores, la tortuosité au sens de Burdine croît très rapidement, ce qui ralentit beaucoup la croissance de la conductivité hydraulique dans ce domaine. Le choix, arbitraire ici, de placer en $r_4$ la taille maximale des pores du sol, influe peu sur la valeur de la conductivité hydraulique maximale.

## 1.6.5 Calcul de la tortuosité au sens de Mualem

A titre de comparaison, le modèle de Mualem cité p.192 a également été généralisé à toute la gamme de taille de pores, c'est-à-dire aussi aux pores résiduels. La conductivité hydraulique $K'$ à la teneur en eau $\theta'$ s'écrit alors :

$$K' = K_0 \theta'^a \left( \int_{r_0}^{r'} \frac{r d\theta(r)}{r_0 \tau_M(r)} \right)^2 \qquad (1.30)$$

La tortuosité $\tau_M(r)$ introduite ici permet de généraliser le modèle de Mualem [156]. Son calcul empirique a été conduit exactement comme celui de la tortuosité au sens de Burdine généralisé, exposé en p. 202, à partir des mêmes données. La tortuosité moyenne des pores plus petits que $r$ où $K(r)$ est la plus faible conductivité hydraulique mesurée a cette fois été affectée à la taille $r/3$ et non $r/\sqrt{3}$ car l'intégrale $\int_0^{r'} r d\theta(r)$ dans le modèle de Mualem croît moins vite que l'intégrale $\int_0^{r'} r^2 d\theta(r)$ du modèle de Burdine. Les résultats sont illustrés sur les figures 1.11 et 1.12. L'exposant $a$ vaudrait 0,5 d'après Mualem avant cette généralisation. L'allure générale des résultats obtenus ressemble à ceux concernant la tortuosité au sens de Burdine.

Évaluons comme précédemment, p.208, la pertinence de ce modèle pour ces sols en fonction de la variabilité des tortuosités obtenues. Si l'exposant $a$ prend respectivement les valeurs 0, 0,5 et 2, le rapport entre les tortuosités maximales et minimales calculées vaut respectivement 1824, 2094 et 3270. Si l'on excepte les macropores, ce rapport devient respectivement 78, 79 et 84. La fonction $\sqrt{\theta}$ placée devant l'intégrale dans le modèle de Mualem généralisé n'apporte donc aucune amélioration. De plus, le modèle de Mualem nécessite d'être corrigé par une tortuosité encore plus variable que dans le cas du modèle de Burdine.

Nous chercherons en partie III à interpréter pourquoi le modèle de Mualem généralisé à toutes les tailles de pores n'apporte pas d'amélioration par rapport au modèle de Burdine, dans le cas des ferralsols étudiés ici. Cela nous a conduits à déterminer des fonctions d'interpolation pour la tortuosité de Burdine, plutôt que pour celle de Mualem.

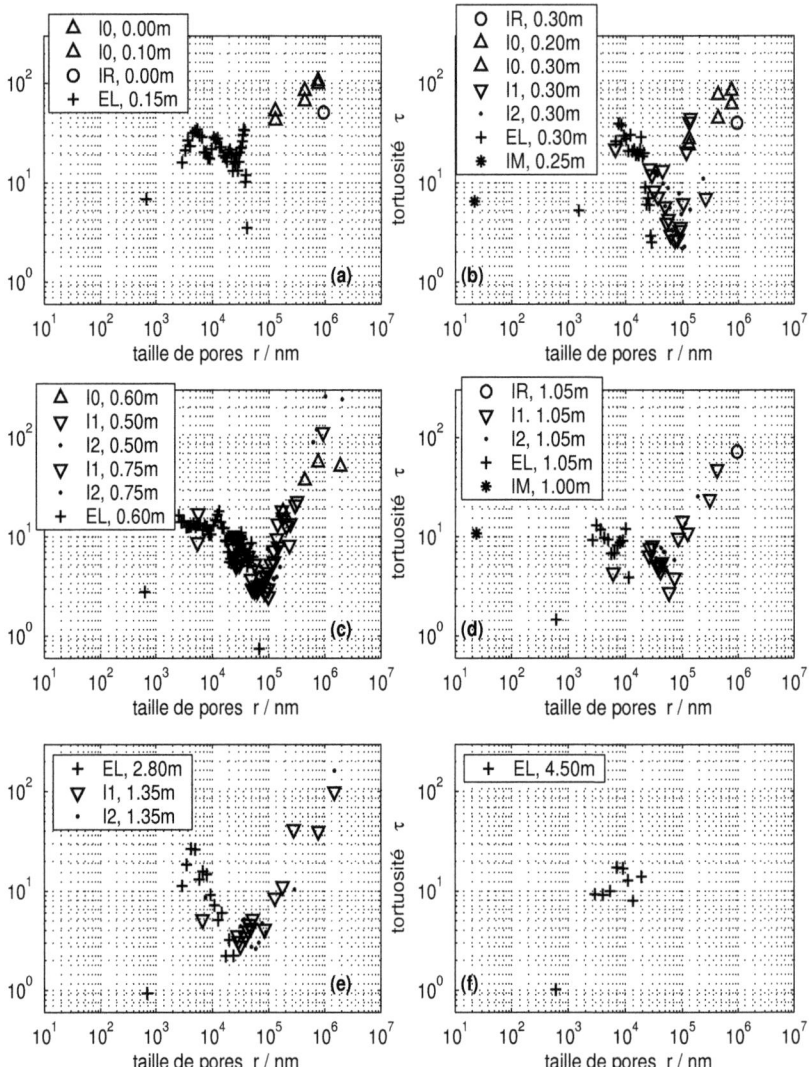

FIG. 1.11 – **Tortuosité de la porosité au sens de Mualem généralisé, déduite de mesures de conductivité hydraulique et de teneurs en eau sur un même échantillon de sol.** *Les données sont les mêmes que celles utilisées pour le calcul de la tortuosité au sens de Burdine exposées à la figure 1.8 p.205. La tortuosité au sens de Mualem généralisé est définie à l'équation 1.30.*

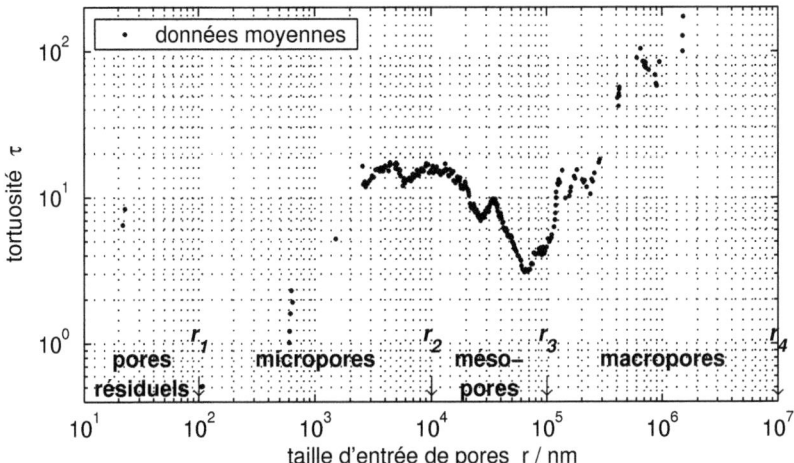

FIG. 1.12 – *Variation de la tortuosité moyenne (au sens de Mualem généralisé) avec la taille des pores.*

## 1.7 Résultats escomptés avec ce modèle à un compartiment

### 1.7.1 Domaine d'application de ce modèle

Ce modèle suppose, comme nous l'avons déjà écrit, que l'équilibrage des pressions dans l'eau du sol a eu le temps de se faire. Il suppose en effet que si un pore de taille $r$ est rempli d'eau, tout pore de taille inférieure à $r$ est également rempli d'eau. Il ne pourra pas permettre de modéliser le régime transitoire d'écoulement de l'eau juste après une pluie, en surface du sol. La durée et la profondeur de ce régime transitoire sera déterminée au chapitre 3.

Par ailleurs, le pompage racinaire n'est pas modélisé explicitement ici. Le calcul proposé ici fait comme si tout le pompage racinaire avait lieu à la surface du sol et que seule la différence (pluie - pluie interceptée - pompage racinaire) s'infiltrait dans le sol. La teneur en eau des horizons du sol où a vraiment lieu le pompage racinaire sera donc sous-estimée ici.

Un tel modèle est vraisemblablement fiable pour donner l'évolution du niveau de la nappe phréatique sur des échelles de temps mensuelles, annuelles ou pluriannuelles. En particulier, ce modèle devrait permettre d'étudier la propagation jusqu'à la nappe des cycles pluviométriques saisonnier ou pluriannuel El Niño - la Niña. Au bout de combien de mois ou d'années après une période sèche la nappe atteint-elle son niveau minimal ? Ces cycles sont-ils partiellement ou complètement amortis lors de leur propagation vers la profondeur ? A partir de quelle intensité et quelle durée une sécheresse met-elle en péril la survie de la forêt ?

### 1.7.2 Expériences et mesures disponibles pour la validation

**Eau lysimétrique**

L'eau lysimétrique récoltée par divers auteurs (voir p.144) après chaque pluie, entre 0 et 0,4 m de profondeur, voire exceptionnellement jusqu'à 1,2 m de profondeur, est récoltée dans la ou les journées suivant cette pluie. Il en résulte une vitesse d'infiltration de $5.10^{-7}$ à $5.10^{-6}$, voire $10^{-5}$ m.s$^{-1}$, aussi bien dans le ferralsol que dans le podzol.

**Traçage au tritium**

Un traçage au tritium a été mené par Rozanski *et al.* [187] cité par [63], avec 3 mesures de teneurs en tritium dans le profil de sol, jusqu'à 13 mois après l'injection. Ils ont observé une distribution unimodale du tritium à chaque date, atteignant au plus 5 m de profondeur. L'avancée moyenne du pic de tritium donne des valeurs de la vitesse moyenne d'infiltration entre deux prélèvements qui varie autour de $8.10^{-8}$ m.s$^{-1}$ (voir tableau 1.3) :

TAB. 1.3 – *Mesure d'infiltration sur ferralsol sous forêt dense par traçage au tritium d'après [187].*

| dates | Profondeur (/m) | | | Vitesse d'infiltration (/m.s$^{-1}$) | | |
|---|---|---|---|---|---|---|
| | queue (1/3) | pic | précurseur (1/3) | queue (1/3) | pic | précurseur (1/3) |
| 18 juin 1990 | 0,32 | 1,0 | 1,83 | | $1,5.10^{-7}$ | $3.10^{-7}$ |
| 9 oct 1990 | 1,1 | 1,5 | 2,0 | $8.10^{-8}$ | $5.10^{-7}$ | $1,3.10^{-8}$ |
| 1 mai 1991 | 2,8 | 3,4 | 4,0 | $1,1.10^{-7}$ | $9,7.10^{-8}$ | $1,1.10^{-7}$ |
| Injection le 19 avril 1990 d'eau tritiée, repoussée vers 20 cm de profondeur par un abondant arrosage d'eau. | | | | | | |

– La distribution reste groupée : pour une période donnée, le pic, son

précurseur à une teneur 1/3 et sa queue à la même teneur ont des vitesses d'infiltration qui diffèrent au plus d'un ordre de grandeur;
- La vitesse d'infiltration du pic est environ trois fois plus lente en saison sèche (juin à octobre 1990) qu'en saison humide (deux autres périodes).

### Onde saisonnière de remplissage de la porosité en eau

Les mesures hebdomadaires de teneur en eau dans le ferralsol sous forêt, par Hodnett *et al.* [116], près de Fazenda Dimona (voir lieux de prélèvements p.24), montrent un décalage temporel entre la pluviosité et le degré d'humectation des sols. Ainsi, la longue période de faible pluviosité, de janvier à juin 1993, est suivie par une baisse de teneur en eau dans le sol entre juillet et octobre 1993, alors que les pluies ont repris. Ensuite, le retour de pluies abondantes provoque la recharge en eau du niveau 0 à 2 m du sol avec 4 mois de décalage, puis celle du niveau 2 à 3,6 m du sol avec plus de 7 mois de décalage. Des mesures similaires en février et mars 1992 par Hodnett *et al.* [113] montrent une avancée de la vague de recharge en eau de 0,3 m jusqu'à 1,3 m de profondeur en 6 semaines. La vitesse descendante de l'onde saisonnière de remplissage de la porosité vaut donc 1 à $3.10^{-7}$ m.s$^{-1}$. Ceci est en accord avec les mesures de traçage au tritium citées précédemment.

### Teneur en eau en fin de saison sèche ou de saison humide

Cabral [50] cité par [63] a mesuré la teneur en eau *in situ* jusqu'à 7 m de profondeur respectivement en fin de saison humide (6 juillet 1991) et en fin de saison sèche (22 novembre 1991). Ces mesures sont résumées sur le tableau 1.4. A partir de la figure p.84, nous constatons que les teneurs en eau en fin de saison sèche correspondent au remplissage des pores résiduels et de la moitié à la totalité des micropores. Les teneurs en fin de saison humide correspondent au remplissage de la porosité totale, sauf à la profondeur 3,5 à 5,5 m.

Si nous comparons avec les mesures de teneur en eau par Hodnett données ensuite, celles de Cabral semblent surestimées, peut-être à cause d'un problème de calibrage de mesures. Les teneurs en eau de Cabral nécessiteraient d'être confirmées par des mesures de pression matricielle. Elles apportent déjà une information précieuse concernant la variation relative de teneur en eau avec la profondeur, jusqu'à une profondeur rarement mesurée (6,5 m), en fin de saison humide ou sèche.

TAB. 1.4 – *Indice d'eau n dans le ferralsol jusqu'à 6,5 m de profondeur, en fin de saison sèche et en fin de saison humide, modifié d'après Cabral [50].*

| prof. (/m) | 0,2 à 0,3 | 0,3 à 1 | 1 à 1,8 | 1,8 à 2,8 | 2,8 à 3,5 | 3,5 à 5,5 | 5,5 à 6,5 |
|---|---|---|---|---|---|---|---|
| 6 juil. 1991 | 1,5 | 1,38 | 1,34 | 1,31 | 1,3 | 0,98 | 1,14 |
| 22 nov. 1991 | 1,08 | 1,03 | 1,06 | 1,08 | 1,1 | 0,96 | 0,84 |
| $n$ désigne le quotient du volume d'eau par le volume de sol solide sec ||||||||
| Les teneurs massiques en eau ont été traduites en indice d'eau à partir de la densité réelle du ferralsol mesurée par Grimaldi. ||||||||

### Teneur en eau hebdomadaire dans le mètre superficiel de ferralsol

Les mesures hebdomadaires déjà citées de Hodnett et al. [113] donnent les teneurs en eau extrêmes et moyennes récapitulées au tableau 1.5. D'après ces mesures, seuls les pores résiduels restent remplis d'eau en fin de saison sèche des années 1990 et 1991. (Les saisons sèches de 1992 et surtout 1993 ont beaucoup moins asséché ce ferralsol). Les teneurs en eau maximales, en saison humide, dans le premier mètre de sol, restent nettement en-dessous du remplissage entier de la porosité.

TAB. 1.5 – *Mesures extrêmes et moyennes de teneur en eau dans le ferralsol entre 0 et 1 m de profondeur; remplissage des pores et conductivités hydrauliques $K$ correspondants.*

| indice d'eau ($n$) d'après Hodnett et al. [113] | | pores remplis d'eau d'après figure p.84 | $K$ (/m.s$^{-1}$) d'après figure p.133 |
|---|---|---|---|
| minimum | 0,86 | pores résiduels | $2.10^{-11}$ |
| moyen saison sèche | 0,96 | rés. et moitié des micropores | $4.10^{-10}$ |
| moyen | 0,99 | rés. et micropores | $2.10^{-9}$ |
| moyen saison humide | 1,03 | idem et qques mésopores | $1.10^{-8}$ |
| maximum | 1,08 | idem et moitié des mésopores | $1.10^{-7}$ |
| $n$ est le quotient du volume d'eau par le volume de sol solide sec; il est déduit de la teneur volumique en eau mesurée par Hodnett et al. d'octobre 90 à décembre 93 et des densités réelle et apparente du ferralsol mesurées par Grimaldi. ||||

Si on utilise le modèle hydrodynamique de porosité simple et les données récapitulées sur les figures pp.84 et 133, ces teneurs en eau correspondent au remplissage des pores et aux conductivités hydrauliques donnés au tableau 1.5.

Par ailleurs, plus profondément, une fois durant ces 3 années, le 28 mars 1991, a été observée une nappe perchée temporaire (pression matricielle positive ou nulle et porosité entièrement remplie d'eau), dont la surface supérieure était à 1,2 m de profondeur sur les plateaux. D'autre part, sur le versant, aux profondeurs mesurées (moins de 2 m), la pression matricielle est toujours restée nettement négative.

### 1.7.3 Conclusion

**Passage d'une vitesse d'infiltration à une conductivité hydraulique**

L'avancée moyenne du tritium lors du traçage par Rozanski, ainsi que l'avancée moyenne de la lame de rechargement en eau de la porosité, par Hodnett, donnent une vitesse microscopique moyenne respectivement de l'eau tritiée ou de l'eau de pluie neuve, qui varie entre 1 et $5.10^{-7}$ m.s$^{-1}$. La vitesse d'infiltration de l'eau lysimétrique est un à deux ordres de grandeur plus élevée. Pour calculer les vitesses de Darcy correspondantes, il faut multiplier par la teneur volumique en eau concernée. Dans le modèle à simple porosité, on suppose un mélange instantané entre l'eau de pluie neuve et l'eau présente, toute l'eau est concernée, sa teneur $\theta$ vaut 0,35 à 0,48 (d'après Hodnett).

Pour déterminer la conductivité hydraulique correspondante, il faut diviser par le gradient de charge hydraulique grad($H$), qui est supérieur à 1 sous la lame d'infiltration de la dernière pluie, où a lieu l'infiltration principale. Ce gradient de charge hydraulique peut atteindre 3 si tous les micropores sont remplis d'eau dans le niveau sous-jacent, ou 30 si seulement la moitié des micropores y sont remplis d'eau (en supposant que ce gradient se répartit sur 0,5 m de haut et qu'à cette distance sous la lame d'eau les méso- et macropores sont remplis d'air).

L'infiltration moyenne (traçage au tritium et rechargement de la porosité) correspond donc à une conductivité hydraulique de 0,3 à $3.10^{-7}$ m.s$^{-1}$ divisé par grad($H$). L'infiltration ponctuelle maximale, qui a lieu lors des pluies suffisamment abondantes pour occasionner le remplissage des lysimètres, correspond à une conductivité hydraulique encore un à deux ordres de grandeur supérieure.

## Compatibilité entre vitesses d'infiltration et teneurs en eau

La conductivité hydraulique correspondant à l'infiltration moyenne est atteinte dans le mètre superficiel du ferralsol quand les pores les plus grands remplis d'eau sont les micropores et une partie des mésopores ($r$ vaut 8 à 40 $\mu$m), d'après la figure p.133. La conductivité hydraulique correspondant à l'infiltration ponctuelle nécessite que soient remplis des mésopores, voire aussi des macropores ($r$ vaut 40 à 200 $\mu$m).

Cependant, avec le modèle de simple porosité, la teneur en eau moyenne dans le sol correspond au remplissage des pores résiduels et des micropores seulement. La teneur en eau maximale correspond au remplissage des pores résiduels, micropores et une partie des mésopores seulement, voire à toute la porosité en cas d'événement exceptionnel (une fois en 3 années d'enregistrement par Hodnett).

Deux phénomènes peuvent expliquer que la vitesse d'infiltration soit ainsi supérieure à celle déduite de la teneur en eau moyenne (moyenne temporelle et/ou spatiale) :

– La teneur en eau connaît une relative variabilité temporelle et spatiale, or la conductivité hydraulique augmente très vite quand la taille maximale des pores remplis d'eau augmente. L'essentiel de l'infiltration résultante a lieu de façon discontinue, après chaque pluie, successivement dans chaque horizon du sol, au fur et à mesure que l'onde d'infiltration de cette pluie se propage vers le bas. Cette explication reste dans le cadre de l'hypothèse d'une hydrodynamique à simple porosité. Elle nécessite cependant de recourir, dans la modélisation maillée, à une discrétisation temporelle et spatiale suffisante. Une telle modélisation pourra être testée et validée à partir des enregistrements complets, assez exhaustifs, de pluviosité, teneur en eau et potentiels matriciels sur le plateau, la pente et le fond de vallée par Hodnett *et al.* [116] [113].

– La taille des pores les plus larges remplis d'eau peut être supérieure à la taille déduite de la teneur en eau et du modèle de simple porosité. Une part de la porosité fine peut être occupée par de l'air piégé. Il s'agit alors de ce qu'on appelle des flux préférentiels, autrement dit la circulation assez rapide d'eau dans des pores assez larges, alors que certains pores plus fins sont encore remplis d'air. Pour modéliser ce phénomène, il faut recourir à un modèle d'hydrodynamique dans une double porosité. Nous étudierons au chapitre 3 l'éventualité de flux préférentiels dans ces sols.

**Cas des sols de versants**

Les mesures de Hodnett et ses collaborateurs montrent que les macropores des sols de versants, durant la période étudiée, restent secs. Il n'y a donc pas de circulation latérale très rapide sur ces versants dans les 2 m superficiels. Le modèle maillé avec une hydrodynamique à un compartiment pourra peut-être déterminer la possibilité de circulations latérales d'eau, plus ou moins rapides, sur les versants, et leur profondeur.

**Cas des épisodes de nappes perchées**

Hodnett *et al.* [113] et Cabral [50] ont observé une période, en fin de saison humide 1991, où la porosité est entièrement remplie d'eau. Cabral a observé cela de la surface du sol jusqu'à 3,5 m de profondeur ainsi qu'autour de 6 m de profondeur. Hodnett et ses collaborateurs l'ont observé entre 1,2 et 2 m de profondeur et n'ont pas mesuré les teneurs en eau en-dessous. Autrement dit, une nappe perchée a été observée au-dessus du niveau le plus argileux peu macroporeux, entre 2 et 5 m de profondeur et une autre vers 6 m de profondeur, au-dessus du niveau des nodules. Dans ces circonstances, la conductivité hydraulique devient très grande, de l'ordre de $2.10^{-6}$ m.s$^{-1}$ (figure p.133).

Les teneurs en eau aux profondeurs 2 à 3,6 m n'ayant pas été enregistrées avant octobre 1991 par Hodnett, on ne sait pas si cet épisode a significativement accéléré le rechargement en eau de la porosité sous-jacente. Quant aux mesures de teneur en eau par Cabral, nous avons émis des réserves sur leur fiabilité. De plus, elles sont postérieures à la dernière mesure de distribution de tritium par Rozanski, et le pic de distribution de tritium se trouvait alors vers 3,5 m de profondeur, hors de ces nappes perchées. On ne sait donc pas si le remplissage ponctuel des macropores aurait occasionné une accélération significative de l'infiltration du pic de distribution du tritium.

Ces nappes perchées s'expliquent peut-être simplement par des pluies suffisamment abondantes, dans le cadre de l'hydrodynamique à simple porosité. Un modèle plus sophistiqué sera cependant peut-être requis pour les expliquer.

**Amélioration du modèle à un compartiment**

Deux phénomènes ne sont pas pris en compte dans le modèle à un compartiment :
- Les flux préférentiels sont des écoulements rapides d'eau dans la porosité large alors que l'équilibrage des pressions n'a pas eu le temps de se faire et qu'une partie de la porosité fine est encore remplie d'air ;
- Le phénomène que j'appellerai le "bouchon aqueux" : la lame d'eau d'infiltration de la dernière grosse pluie est bloquée dans sa descente par l'air piégé dans toute la porosité (fine et large) des horizons situés entre cette lame d'eau et la nappe phréatique.

Le premier phénomène a été invoqué plus haut pour expliquer la rapide circulation de l'eau libre récoltée dans les lysimètres, pour toute pluie abondante, même par exemple en saison sèche où la porosité est loin d'être entièrement remplie d'eau. Le deuxième phénomène favorise l'apparition de nappes perchées temporaires et leur éventuel écoulement par circulations latérales sur les versants. Nous étudierons dans le chapitre 3 le phénomène des flux préférentiels, appliqué aux sols étudiés. Il faut pour cela séparer l'hydrodynamique dans la porosité fine de celle dans la porosité large. Nous n'avons pas étudié ici plus avant le phénomène du "bouchon aqueux".

Un fait indique que les flux préférentiels ont probablement un rôle et une occurrence limités dans ces ferralsols en-dessous de 1,5 m de profondeur. En effet, lors de l'expérience de traçage au tritium par Rozanski (décrite précédemment), un remplissage important de la porosité des 20 premiers cm du sol a eu lieu, artificiellement par arrosage en avril 1990, juste après l'épandage d'eau tritiée. Si le tritium s'était infiltré par les macropores (à $10^{-5}$ m.s$^{-1}$, soit de quelques mètres en quelques jours) au-delà de 1 à 2 m de profondeur, il aurait laissé sur son trajet de l'eau tritiée captée dans la porosité fine par capillarité. Or aucun tritium n'a été relevé en aval du pic principal d'infiltration, qui descendait jusqu'à près de 1,5 m à la première mesure, en juin 90. L'arrosage artificiel ne semble donc pas avoir initié de flux préférentiels significatifs jusqu'à ces profondeurs. Une confirmation aurait nécessité de récolter, durant cette expérience, l'eau lysimétrique éventuelle et de mesurer sa teneur en tritium.

Avant cela, nous nous intéressons à la modélisation hydrodynamique du pompage racinaire.

# Chapitre 2

# Hydrodynamique à deux compartiments : porosité et racines

## 2.1 Loi de Darcy, conservation de la masse d'eau et conditions aux limites

Ce modèle s'inspire largement du modèle précédent. S'y ajoute un pompage racinaire explicitement réparti verticalement, dans les différents horizons du sol.

La loi de Darcy (équation 1.1 p.163) dans la porosité est inchangée.

La conservation de la masse d'eau s'écrit cette fois :

$$\frac{\partial \theta}{\partial t} + \operatorname{div}(\vec{U} + \vec{U}_{pl}) = 0 \qquad (2.1)$$

$\theta$ est la teneur en eau du sol, soit le volume d'eau divisé par le volume total de sol. $\vec{U}_{pl}$ est la vitesse de Darcy de la sève brute dans les racines des plantes (exprimée en m.s$^{-1}$), c'est-à-dire le débit de sève (en m$^3$.s$^{-1}$) divisé par la surface de sol total traversé (en m$^2$).

Le flux global d'eau dans les racines des plantes $\vec{U}_{pl}$ est considéré ici vertical : $U_{pl,x} = U_{pl,y} = 0$ partout.

Pour le calcul de l'hydrodynamique d'un versant (voir figure 1.1 p.166), les conditions aux limites pour $U$ diffèrent en surface du sol et s'y ajoutent

celles sur $U_{pl}$ :
- à la maille A : $H = z$ ; $U_x$ donné par le modèle.
- en surface du sol : $U_{pl,z} = +PR$ pompage racinaire total (vers le haut) ; $U_z = -D$ pluie infiltrée dans le sol (vers le bas) ; $H$ donné par le modèle.
- à la base de la simulation (en $z = 0$) : $U_{pl,z} = U_z = 0$ ; $H$ donné par le modèle.
- aux bords latéraux de la simulation, soit le milieu de plateau ($x = 0$) et sous la rivière ($x = L_x$ sauf la maille A) : $U_x = 0$ ; $H$ donné par le modèle.

## 2.2 Prélèvement racinaire

Pour l'écoulement vertical de sève à l'intérieur des plantes, il est couramment utilisé une expression dérivée de la loi de Darcy : (Whisler *et al.* [228] cité par Chabot *et al.* [54]) :

$$U_{pl,z} = -K_{pl}\frac{\partial H_{pl}}{\partial z} \quad (2.2)$$

On suppose que la conductivité hydraulique dans les plantes est infinie ($K_{pl} = \infty$) et donc que la charge hydraulique dans une même plante est constante ($\partial H_{pl}/\partial z = 0$) [228]. Cette équation laisse donc $U_{pl,z}$ indéterminé. L'écoulement de sève dans la plante n'est donc pas déterminé par la conductivité des canaux de sève mais par les conditions limites aux deux extrémités de cet écoulement : la disponibilité d'eau dans le sol et la perte d'eau par évapotranspiration au niveau des feuilles de la plante.

Le flux d'eau du sol vers les racines peut s'écrire ainsi d'après Whisler *et al.* [228], nous appellerons cela la "loi de pompage racinaire" :

$$\frac{\partial U_{pl,z}}{\partial z} = K.k.S_{rac}\frac{H - H_{pl}}{e_{rac}} \quad \text{si } H > H_{pl} \quad (2.3)$$
$$= 0 \quad \text{sinon} \quad (2.4)$$

$K$ est la conductivité hydraulique horizontale <u>du sol</u> (et non des racines).$(/m.s^{-1})$
$S_{rac}$ est la surface racinaire par volume de sol $(/m2.m^{-3})$. (surface extérieure des racines, à l'interface sol-plante).

$e_{rac}$ est la distance caractéristique racine-sol (/m).

$k$ est un nombre sans dimension qui caractérise le rôle de frein de la membrane racinaire et intègre des corrections géométriques.

La valeur de $H_{pl}$ qui figure dans la loi de pompage racinaire est déterminée par la quantité d'eau perdue par la plante par évapotranspiration. Cette évapotranspiration dépend cependant elle-même aussi de la disponibilité du sol en eau, un calcul itératif est donc proposé ici selon deux modes possibles : le "mode humide" et le "mode sec".

1. Mode humide : On suppose que la forêt ne manque pas d'eau. $H_{pl}$ est déterminé alors par l'équation

$$ET = U_{pl,z} + PI \qquad \text{en surface du sol} \qquad (2.5)$$
$$ET = ETP \qquad \text{toujours} \qquad (2.6)$$

$ETP$ est l'Evapotranspiration Potentielle calculable à partir de la durée et la puissance de l'ensoleillement et l'humidité relative de l'air. Cette hypothèse est validée en fin de calcul, si $H_{pl}$ obtenu n'est pas trop faible. Il faut $H_{pl} > H_1$, avec $H_1$ une valeur seuil correspondant au début de souffrance de la plante par sécheresse.

2. Mode sec : La forêt manque d'eau, les plantes ferment partiellement les pores de leurs feuilles, $ET < ETP$. Il faut alors par itération trouver les valeurs de $ET$ et $H_{pl}$ tels que

$$ET = U_{pl,z} + PI \qquad \text{en surface du sol} \qquad (2.7)$$
$$ET = f(H_{sol}) \qquad f \text{ étant la fonction d'évapotranspiration} \qquad (2.8)$$

$f$ est la fonction d'évapotranspiration donnée à la figure 1.2 p.168.

$H_{sol}$ est la charge hydraulique moyenne des horizons du sol où l'eau est prélevée par les racines, pondérée par la quantité d'eau prélevée dans chaque horizon.

Remarquons que la fonction d'évapotranspiration donnée à la figure 1.2 p.168 inclut le "mode sec" pour $H_{sol} < H_1$ et le "mode humide" pour $H_{sol} > H_1$.

Il y a pompage d'eau par les racines tant que le sol n'est pas trop sec, soit $H_{sol} > H_{lim}$. L'eau s'achemine du sol vers les racines, soit vers les pressions les plus basses, $H_{pl} < H_{sol}$. La sous-pression exercée par la plante pour pomper l'eau est physiquement possible, car $H_{pl} > H_{lim}$. En résumé $H_{lim} < H_{pl} < H_{sol}$.

Tout pompage d'eau cesse lorsque le sol devient trop sec ou que les zones humides restantes sont trop profondes $H_{sol} < H_{lim}$. La plante ne pouvant pas atteindre une charge hydraulique inférieure à $H_{lim}$, on a alors $H_{sol} < H_{lim} = H_{pl}$ et $PR = 0$.

Ce modèle de pompage racinaire "en mode sec" est une généralisation que je fais du modèle de Laio, 2001 [128]. Laio prend une seule couche de sol, peu épaisse, où il suppose $H$ constant. Il n'a donc pas besoin de calculer $H_{sol}$ en faisant une moyenne. Mais à Manaus où les racines s'enfoncent à 10 m de profondeur, $H$ ne peut être considéré constant sur cette épaisseur de sol. $H$ croît avec la profondeur en période sèche, décroît avec la profondeur en période humide, et peut être assez variable avec la profondeur pendant le temps d'équilibrage des pressions après chaque grosse pluie.

Pour des raisons numériques de stabilisation du calcul, Laio a ensuite dû arrondir les angles de la fonction d'évapotranspiration [127]. Il faudra peut-être en faire de même avec la fonction $f(H_{sol})$.

Pour l'implémentation du pompage racinaire sur un maillage par éléments finis, on pourra se reporter à Neuman et al., 1975 [161].

### 2.2.1 Validité de cette modélisation, confrontée à des expérimentations

Cette modélisation effectue une moyenne du pompage racinaire par une forêt, toutes espèces végétales mélangées.

**Conductivité hydraulique des plantes**

La conductivité hydraulique de diverses plantes a été déduite de mesures de flux de sève et de pression de l'eau dans les canaux de sève brute, par Tyree et al. en 1991 (cité dans [217]).

Ces mesures montrent que la conductivité hydraulique des plantes est assez élevée sans être "infinie" comme dans notre modèle. Elle varie d'un facteur 1 à 100, selon les espèces, pour des conducteurs (tige, branche ou tronc) de même diamètre.

Au sein d'une même espèce, un conducteur conduit d'autant mieux la sève brute qu'il est large. En effet, la conductivité hydraulique $k_{pl}$ d'un conducteur est environ proportionnelle non pas à la section de ce conducteur, mais au cube du diamètre $d_{pl}$ de ce conducteur. La pression dans la sève brute diminue notablement du sol aux racines, diminue peu dans les racines larges, les troncs ou les branches, puis diminue de nouveau notablement dans les tiges fines et les feuilles [217].

Les relations approchées suivantes sont déduites des données de Tyree de 1991 (dans [217]) :

$$k_i s_i = \gamma_i \frac{d_i^3}{t_{pl}} \quad \text{avec} \quad 0{,}1 < \gamma_i < 10 \quad \text{et} \quad t_{pl} = 10^3 \text{ s} \tag{2.9a}$$

$$K_{pl} = \frac{4}{\pi t_{pl} S_{sol}} \sum_{S_{sol}} \gamma_i d_i s_i \tag{2.9b}$$

$k_i$ est la conductivité hydraulique d'un élément conducteur de section $s_i$, de diamètre $d_i$, d'espèce $i$ caractérisée par un coefficient conducteur $\gamma_i$

$K_{pl}$ est la conductivité hydraulique résultante verticale de toutes les racines d'un horizon de sol par unité de surface horizontale. Dans la somme donnant $K_{pl}$, figurent les sections $s_i$ des racines traversant l'horizon de sol de surface $S_{sol}$.

Par exemple, pour l'horizon 0-50 cm des ferralsols, les racines fines et grosses occupent environ respectivement 0,6% ou 1,6% de la section du sol. Leurs diamètres moyens valent respectivement 0,3 mm et 25 mm. Leurs conductivités hydrauliques résultantes vaudraient donc, à un facteur 10 près, respectivement $2.10^{-9}$ ou $5.10^{-7}$ m.s$^{-1}$.

Les études de physiologistes (ainsi Simonneau et al. en 1998 [195]) montrent que pour certaines plantes comme le maïs, la conductivité hydraulique d'un élément donné de la plante dépend lui-même de la pression d'eau qui y règne. En effet, une basse pression engendrée par un assèchement provoque une sécrétion d'acide abscissique (ABA) qui diminue la conductivité hydraulique (en diminuant $\gamma_i$).

**Effet d'hystérésis**

Cette modélisation néglige tout effet d'hystérésis. Le pompage racinaire est calculé ici à partir des caractéristiques présentes du sol, des racines, de l'atmosphère et de l'ensoleillement. Il ne dépend pas du vécu immédiat de la plante. A-t-elle ou non manqué d'eau les jours ou heures précédents ?

En réalité, pour une échelle temporelle de quelques heures et une échelle spatiale de quelques millimètres, le pompage racinaire est très hétérogène.

Ces hétérogénéités spatiales et temporelles ont été très bien mises en évidence par Garrigues, 2002 [92] ou [170]. Elle a effectué des photographies de lumière transmise à travers un rhizotron transparent de 0,4 cm d'épaisseur, 50 cm de large, 100 cm de hauteur, rempli d'un sol sableux et colonisé par un système racinaire de lupin et de maïs. Pour les deux plantes, lors d'une imbibition après une période sèche, les quantités d'eau pompées étaient fortement décroissantes du premier au 4ème jour, puis s'annulaient malgré une teneur en eau moyenne encore élevée. La teneur en eau du sol au bout de 4 jours était très hétérogène, une frange de quelques millimètres de large autour de chaque racine étant quasiment à sec, mettant en évidence la limitation du transfert de l'eau à l'interface sol-racine. A ces caractéristiques communes s'ajoutaient des caractéristiques propres à chaque espèce. Le maïs pompait l'eau avec ses racines superficielles le premier jour, puis de plus en plus profondément au fil des jours, tandis que le lupin pompait à partir de toutes ses racines dès le premier jour. La décroissance des quantités pompées était exponentielle pour le maïs et linéaire pour le lupin. La densité de racines était plus élevée pour le maïs que pour le lupin. Le bilan de 4 jours de pompage racinaire donnait une quantité totale pompée similaire pour les deux espèces, et une répartition verticale de l'eau pompée similaire à la répartition verticale des racines.

Ces expériences, qu'il serait intéressant de pratiquer aussi avec d'autres espèces végétales, montrent que la modélisation proposée reste correcte pour donner le bilan moyen de pompage racinaire sur une semaine ou plus, pour une zone de sol de plus d'un décimètre de côté. Il ne faut cependant pas oublier que le pompage racinaire à plus petite échelle spatiale ou temporelle est beaucoup plus hétérogène que ce que prédirait notre modèle.

**Distance sol-plante**

Les expériences de E. Garrigues montrent que la distance caractéristique sol-plante pour le pompage racinaire $e_{rac}$ est inférieure au millimètre. $e_{rac}$ n'est donc pas seulement un paramètre d'ajustement, il est mesurable visuellement. De plus, il doit être similaire au diamètre des extrémités des racines. En effet, d'après Coupin, 1919 [70] et [69], l'absorption d'eau a lieu à l'extrémité des racines et radicelles. Elle a lieu ni par le reste de la paroi racinaire ni par les poils racinaires qui auraient surtout un rôle d'ancrage mais sont encore improprement appelés "poils absorbants", plus de 80 ans après ses travaux!

### 2.2.2 Perspectives d'amélioration de ce modèle

**Loi d'évolution de $H_{pl}$ déterminant l'évapotranspiration**

Dans le modèle présenté ici, la grandeur $H_{pl}$ est déterminée *a posteriori*, telle que l'évapotranspiration résultante soit réaliste. Elle joue donc le rôle d'un paramètre d'ajustement du modèle, comme $k$, et plusieurs couples ($k$,$H_{pl}$) différents peuvent *a priori* donner le même résultat.

Cependant $H_{pl}$ pourrait avoir un sens physique plus explicite. En effet la charge hydraulique $H_{pl}$ dans les canaux de sève de la plante est actuellement mesurable, comme le montre Tyree [217]. La limite inférieure $H_{lim}$ citée plus haut correspond à la limite où l'eau cavite dans les canaux de sève. Peut-on établir une loi $H_{pl}$ en fonction de $H_{sol}$ et de $ETP$? Cette loi quantifierait la succion qu'est capable d'exercer la plante pour pomper l'eau du sol en fonction de la disponibilité de cette eau et de la demande évaporatoire de l'atmosphère.

Les travaux de Tardieu et Simonneau en 1998 [205], montrent que la réaction de la plante à un assèchement du sol et/ou à une augmentation de la demande évaporatoire de l'atmosphère dépend de l'espèce végétale. La réduction d'évapotranspiration ($ET < ETP$) s'accompagne d'une stagnation de $H_{pl}$ chez certaines plantes, ou d'un abaissement de $H_{pl}$ compensé par une diminution de la conductivité hydraulique, chez d'autres plantes.

**Introduction de la conductivité hydraulique des plantes**

Nous avons mentionné plus haut que la conductivité hydraulique dans les plantes n'était pas infinie, loin s'en faut. La pression dans la sève brute $H_{pl}$ n'est pas constante dans la plante. Elle diminue du sol jusqu'aux feuilles.

La conductivité hydraulique verticale résultante de l'ensemble des racines pourrait être renseignée dans chaque maille du modèle, et la pression de la sève brute dans ces racines calculée par la loi de Darcy, comme pour le sol. Cependant, la conductivité hydraulique des racines dépend elle-même de la pression de l'eau dans ces racines. En effet, Simonneau *et al.* en 1998 [195] montrent clairement que pour le maïs, la teneur en acide abscisique (ABA) dans chaque partie des racines est très bien corrélée à la pression de l'eau dans cette partie de racine (et mal corrélée à sa teneur en eau). Or la teneur en ABA détermine la conductivité hydraulique de la racine. Il faut alors établir la loi empirique entre pression dans les racines et conductivité hydraulique dans ces racines.

Pour la partie aérienne des plantes, l'analogie ohmique introduite par van den Honert en 1948 [222] permet de déterminer leur conductivité équivalente, comme combinaison de conductivités hydrauliques en parallèle ou en série.

Cette conductivité équivalente est surtout déterminée par la faible conductivité hydraulique du dernier tronçon, dans les feuilles. Celle-ci dépend du nombre de stomates par surface de feuille, qui varie avec les conditions climatiques. Par ailleurs, l'ouverture de ces stomates détermine le rayon de courbure de l'interface entre eau et air, et donc la pression $H_{pl}$ de la sève en haut de colonne, au niveau de ces stomates. Cette ouverture dépend elle aussi des conditions climatiques.

**Perspectives**

Nous espérons que les mesures actuellement possibles permettront d'établir une loi physiologique globale pour toute une forêt. Cette loi donnera la pression de l'eau au niveau des feuilles $H_{pl}$ et les variations de la conductivité hydraulique moyenne de la partie aérienne de la forêt $K_{pl}$, en fonction de la demande évaporatoire $ETP$ de l'atmosphère. Elle donnera aussi la conductivité hydraulique des racines en fonction de leur diamètre et de la pression dans l'eau de ces racines.

Une telle modélisation aurait plus de pertinence physique que l'ajustement *a posteriori* d'un paramètre $H_{pl}$ en supposant la conductivité hydraulique dans les plantes $K_{pl}$ infinie, à partir d'une évapotranspiration résultante $ET$ empirique.

Pour qu'une modélisation aussi réaliste du pompage racinaire donne des résultats pertinents, il faudrait utiliser deux conductivités hydrauliques racinaires dans chaque maille du sol. Une forte conductivité $K_{rl}$, calculée par analogie ohmique du réseau de racines larges, déterminerait la vitesse d'ascension de l'eau cheminant *dans* les racines. Une faible conductivité hydraulique $K_{rf}$, calculée à partir du réseau de racines fines, contribuerait à déterminer la vitesse de pompage de l'eau *du sol vers les racines*.

Il faudrait prendre dans la loi de pompage racinaire la conductivité équivalente à une longueur $e$ de sol ($K_{sol}$) en série avec une longueur $e_r$ de racine fine (de conductivité hydraulique $K_{rf}$). La longueur $e_r$ étant la longueur moyenne des racines fines avant raccordement aux racines larges. La "pression de l'eau des racines" dans cette maille serait celle des racines larges.

# Chapitre 3

# Hydrodynamique à deux compartiments : porosité fine et large

**Introduction**

Nous avons déjà évoqué le phénomène des "preferential flows" qui est abondamment étudié, mesuré et quantifié depuis quelques années. Ce terme désigne des flux d'eau rapides qui transitent dans la porosité large après une forte pluie avec peu d'interactions avec l'eau de la porosité fine appelée souvent "eau matricielle". Ces flux d'eau dans la porosité large risquent de propager loin et rapidement des solutés indésirables, des polluants... Cette préoccupation explique qu'on cherche activement actuellement à les quantifier.

Deux approches permettent de modéliser ces flux préférentiels.
- L'approche par double porosité, pour les roches fracturées, a été proposée par Barenblatt *et al.* en 1960 [16] ou Warren et Root en 1963 [227]. Cette approche a ensuite été aussi utilisée pour les sols meubles ayant une large gamme de taille de pores, donc une large gamme de vitesse réelle d'écoulement de l'eau dans ces pores (voir la revue faite par Schwarz *et al.* en 2000 [192]).
- La définition de propriétés hydrauliques variables, définies de manière déterministe ou aléatoire, permet elle aussi de rendre compte d'écoulements préférentiels, ainsi par Vogel *et al.* [226] et les auteurs qu'il cite.

La deuxième approche prédit une hétérogénéité spatiale de l'écoulement de l'eau à une échelle supérieure à celle de la maille du modèle. La première approche, à double porosité, situe l'hétérogénéité de l'écoulement à une échelle inférieure à la maille du modèle. Autrement dit, *toute* maille inclut des pores larges où l'eau circule rapidement *et* des pores fins où l'eau circule beaucoup plus lentement. Ce type de modèle semble donc approprié pour rendre compte des hétérogénéités spatiales de l'écoulement dues aux agrégats, ou nodules individuels (taille de quelques dizaines de micromètres à quelques millimètres) rencontrés ici dans les premiers mètres des ferralsols-podzols.

Des hétérogénéités de plus grande taille se rencontrent dans le saprolithe et le substratum des ferralsols-podzols étudiés ici. Dans le substratum, elles sont décimétriques, dues aux alternances verticales de colonnettes blanches-fond rose et aux prismes verticaux de nodules indurés coalescents dans le niveau saprolithe. Dans le substratum, elles sont métriques, dues aux couches ou lentilles subhorizontales de teneur variable en lutite. La thèse qui prolongera ce travail par une modélisation maillée de tout un versant pourrait en tenir compte avec des propriétés hydrauliques variant d'une maille à l'autre. Nous pensons cependant que la définition d'une conductivité hydraulique anisotrope devrait suffire. Ainsi, les écart-types donnés sur la granulosité du matériau (en partie I) permettent de définir avec les fonctions de pédotransfert de la partie II en chaque maille une conductivité hydraulique minimale et une autre maximale. Le saprolithe pourrait avoir sa conductivité hydraulique maximale verticalement et sa conductivité hydraulique minimale horizontalement. Le substratum pourrait avoir sa conductivité hydraulique minimale verticalement et sa conductivité hydraulique maximale horizontalement.

Revenons au modèle de double porosité que nous appliquerons aux niveaux superficiels meubles des ferralsols-podzols. Nous présentons ici la modélisation habituelle qui en est faite, dérivée de la loi de Darcy, et ses limites. Nous proposerons en partie III des pistes pour une nouvelle modélisation.

## 3.1 Modèle de double porosité dérivé de la loi de Darcy

### 3.1.1 Modélisation d'une double porosité

La porosité fine est remplie d'eau et d'air, aux teneurs respectives $\theta_{wf}$ et $\theta_{af}$. La porosité large est remplie d'eau et d'air, aux teneurs respectives $\theta_{wl}$ et $\theta_{al}$. La somme de toutes ces teneurs égale la porosité totale $\theta_{max}$ :

$$\theta_{wf} + \theta_{af} + \theta_{wl} + \theta_{al} = \theta_{max} \tag{3.1a}$$

La séparation entre porosité large et fine est caractérisée par une taille de pores donnée $r_{sep}$, typique d'un sol donné. Notons donc $\theta_f$ la porosité fine totale, et $\theta_l$ la porosité large totale :

$$\theta_f = \theta_{wf} + \theta_{af} \quad \text{et} \quad \theta_l = \theta_{wl} + \theta_{al} \tag{3.1b}$$

On suppose en général que la porosité fine et la porosité large vérifient séparément les hypothèses que nous avions faites pour le modèle de porosité à un compartiment : l'eau y emplit les pores les plus petits et il y règne partout la même pression. Ceci est illustré sur la figure 3.1.

Notons $h_1(\theta)$ ou inversement $\theta_1(r)$ la courbe de porosité établie par désorption d'eau après une imbibition lente et l'accession à l'équilibre. Les potentiels matriciels $h_f$ et $h_l$, ou de façon équivalente, la taille des pores les plus grands remplis d'eau $r_f$ et $r_l$, respectivement dans la porosité fine et large, vérifient alors :

$$h_f = h_1(\theta_{wf}) \quad \text{et} \quad h_l = h_1(\theta_f + \theta_{wl}) \tag{3.1c}$$
$$\theta_{wf} = \theta_1(r_f) \quad \text{et} \quad \theta_{wl} = \theta_1(r_l) - \theta_1(r_{sep}) \tag{3.1d}$$

**Cas limites**

Quand la porosité large est vide d'eau, il n'y a pas lieu de parler de $h_l$. On revient au cas de l'hydrodynamique dans une porosité simple avec $\theta < \theta_f$.

Quand la porosité fine est totalement remplie d'eau, soit $\theta_{wf} = \theta_f$, alors il y a connexion entre l'eau des porosités fine et large. On revient au cas de l'hydrodynamique dans une porosité simple avec $\theta > \theta_f$. La pression matricielle est alors égale à $h_l$ dans les deux porosités.

Ainsi, en fin de remplissage de la porosité fine, la pression matricielle dans la porosité fine $h_f$ passe sans transition de $h_1(\theta_f)$ à $h_1(\theta_f + \theta_{wl})$.

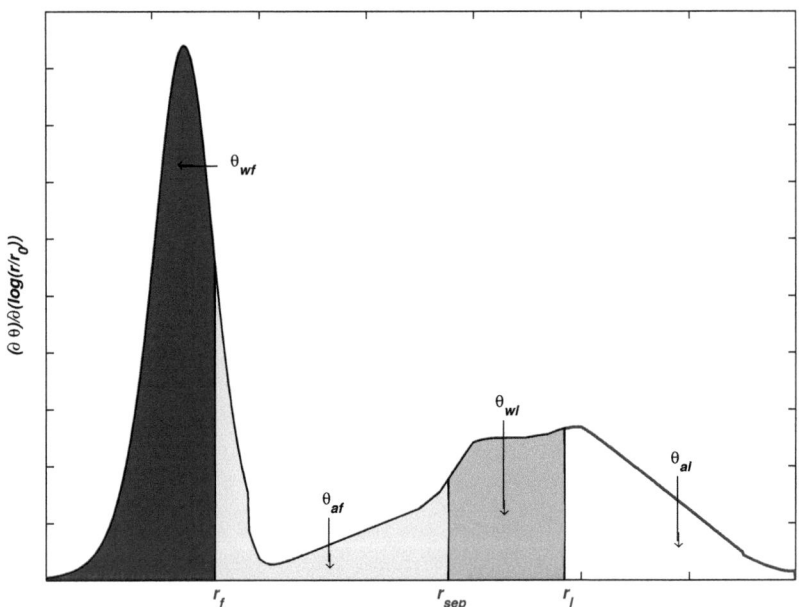

FIG. 3.1 – ***Schématisation du remplissage de la porosité***. *La porosité fine a la teneur en eau $\theta_{wf}$ et la teneur en air $\theta_{af}$. La porosité large a la teneur en eau $\theta_{wl}$ et la teneur en air $\theta_{al}$. Chaque volume $\theta_{wf}$, $\theta_{af}$ $\theta_{wl}$ ou $\theta_{al}$ est proportionnel à la surface coloriée désignée par sa flèche. $r_f$, $r_{sep}$, $r_l$ sont les tailles séparant ces domaines.*

Notons $K_1(\theta)$ la conductivité hydraulique mesurée en laboratoire ou *in situ* à la teneur en eau $\theta$ après une imbibition lente et l'accession à l'équilibre, établie pour le modèle hydrodynamique à un compartiment. Les conductivités hydrauliques $K_f$ et $K_l$ respectivement dans les porosités fine et large valent alors :

$$K_l = K_1(\theta_f + \theta_{wl}) - K_1(\theta_f) \quad \text{et} \quad K_f = K_1(\theta_{wf}) \tag{3.1e}$$

## 3.1.2 Hydrodynamique dans une double porosité

**Loi de Darcy**

La loi de Darcy s'énonce toujours de la même façon (comme l'équation 4.1 p.99 ou l'équation 1.1 p.163), dans chacune des porosités :

$$\overrightarrow{U_f} = -\overline{\overline{K_f}}.\overrightarrow{\text{grad}}(H_f) \quad \text{où} \quad H_f = h_f + z \tag{3.2a}$$

$$\overrightarrow{U_l} = -\overline{\overline{K_l}}.\overrightarrow{\text{grad}}(H_l) \quad \text{où} \quad H_l = h_l + z \tag{3.2b}$$

**Conservation de la masse d'eau**

La conservation de la masse d'eau s'écrit pour l'ensemble de deux porosités :

$$\frac{\partial(\theta_{wf} + \theta_{wl})}{\partial t} + \text{div}(\overrightarrow{U_f} + \overrightarrow{U_l}) = 0 \tag{3.3a}$$

Notons $q_{w,l->f}$ le débit d'eau transitant de la porosité large vers la porosité fine par unité de volume de sol total, exprimé en m$^3$(eau).s$^{-1}$.m$^{-3}$(tot). Les teneurs en eau dans chacune des deux porosités vérifient alors :

$$\frac{\partial(\theta_{wf})}{\partial t} + \text{div}(\overrightarrow{U_f}) - q_{w,l->f} = 0 \quad \text{et} \quad \frac{\partial \theta_{wl}}{\partial t} + \text{div}(\overrightarrow{U_l}) + q_{w,l->f} = 0 \tag{3.3b}$$

**Conditions aux limites**

Les conditions aux limites (entrée de pluie, sortie d'eau vers les racines ou l'exutoire) s'appliquent sur la porosité large, comme pour le modèle à une seule porosité. La porosité fine a des échanges d'eau avec la porosité fine des mailles adjacentes et reçoit de l'eau depuis la porosité large de la même maille.

La loi de transport d'eau entre les deux porosités est dérivée de la loi de Darcy, selon l'hypothèse de Barenblatt et al. [16]. Ainsi, le débit d'eau entre les porosités est proportionnel à la différence de pression ; il dépend aussi de la viscosité du liquide et de caractéristiques géométriques du milieu poreux :

$$q_{w,l->f} = -\alpha(h_l - h_f) \tag{3.4}$$

Le coefficient d'échange $\alpha$, de dimension [L$^{-1}$T$^{-1}$], est donné empiriquement par certains auteurs. D'autres auteurs le déterminent d'après la géométrie de l'espace poral. Donnons ici la formulation de Gerke & van Genuchten [94] et [95] :

$$\alpha = K_{lf} \frac{\beta}{a_e^2} \gamma_w \qquad (3.5a)$$

$K_{lf}$ est la conductivité hydraulique "sur le trajet" de la porosité large remplie d'eau vers la porosité fine remplie d'eau. $\gamma_w$ est un coefficient géométrique sans dimension qui vaudrait 0,4. $a_e$ est la demi-distance caractéristique entre deux pores larges, prise perpendiculairement à la direction générale du flux d'eau libre dans ces pores larges. Cette distance caractéristique apparaît au carré puisque c'est sur cette distance que sont calculées les variations de pression $h$ et celles de la vitesse de Darcy. Autrement dit, le terme $\text{div}(\overrightarrow{\text{grad}}(H))$ de la loi de Darcy combinée avec la loi de conservation de la masse est remplacé par $(h_l - h_f)/a_e^2$.

**Coefficient $\beta$ de la loi d'échange**  $\beta$ est un coefficient géométrique sans dimension qui est défini par Gerke & van Genuchten à partir d'expériences ou de calculs de la diffusion d'un solvant des pores larges vers la matrice pour toute une série de géométries porales simples. Les résultats sont interpolés, on peut donc calculer $\beta$ en fonction d'un paramètre plus facilement calculable $\varsigma$ :

$$\varsigma = S_e a_e \quad \text{et} \qquad (3.5b)$$

$$\beta = \left[0{,}19\ln\left(\frac{32}{\varsigma} - 16\right)\right]^{-2} \quad \text{si} \quad 0{,}02 < \varsigma < 1 \qquad (3.5c)$$

$$\beta = \left[\frac{0{,}65}{0{,}09 + \varsigma}\right]^{-2} \quad \text{si} \quad 1 < \varsigma < 10 \qquad (3.5d)$$

$S_e$ est la surface d'échange entre les pores larges et la matrice, par unité de volume de matrice. La matrice désigne le sol solide et les pores fins.

### 3.1.3 Modification et application de ce modèle

**Remarque sur l'initiation de flux préférentiels**

Avec ce modèle, l'initiation de flux préférentiels a lieu quand la pluie, en surface, est suffisamment abondante pour que dans l'horizon superficiel, l'eau emplisse toute la porosité fine et commence à emplir la porosité large. L'eau dans cette porosité large va alors s'infiltrer plus rapidement que celle dans la porosité fine, il s'agit alors de flux préférentiels. La taille de séparation entre pores fins et larges définit donc le seuil d'initiation de flux préférentiels dont parle Torres en 2002 [212].

Notons également qu'une telle pluie va accélérer les flux dans la porosité fine elle-même. Même si $K_f$ augmente peu, la pression matricielle dans la porosité fine, dans le premier horizon du sol, devient proche de zéro, ce qui augmente fortement les gradients verticaux de charge hydraulique dans la porosité fine. Cela explique la forte augmentation observée du débit d'eau "ancienne", par exemple par Coulomb et Dever [67], lors des fortes pluies, à partir de leurs mesures d'$^{18}$O dans l'eau libre et l'eau matricielle.

D'autres auteurs comme Torres [212], pour expliquer cette augmentation du débit d'eau ancienne lors des pluies, ainsi que l'initiation de ruissellement ou d'instabilités de pentes, compliquent l'approche par double porosité, en y introduisant une non-linéarité supplémentaire. Ils proposent qu'un flux d'eau préférentiel dans la porosité large une fois initié en surface, celui-ci soit ensuite aussi alimenté par l'eau initialement présente dans le sol, dans la porosité plus fine. Autrement dit, une partie de l'eau de la porosité fine irait rejoindre la porosité large, à contre-courant des gradients de pression matricielle. Il n'invoque pas d'autre mécanisme pour cela que le passage, dans cette porosité, d'un mouvement diffusif à un mouvement dispersif. J'ajouterai que la circulation d'eau dans la porosité large peut peut-être, si elle est assez rapide, provoquer une aspiration de l'eau de la porosité plus fine, par effet Venturi. Je ne chercherai cependant pas à modéliser ce phénomène ici.

**Volume de référence**

Par construction des coefficients $\varsigma$ puis $\beta$, ces coefficients se rapportent au volume de matrice. Le débit d'eau de la porosité large vers la porosité fine $q_{w,l->f}$ défini par l'équation 3.3b devrait se rapporter au volume total de sol, qui est supérieur au volume de matrice.

Modifions donc ainsi les équations 3.4 et 3.5a :

$$q_{w,l->f} = (1 - \theta_{max} + \theta_f) K_{lf} \frac{\beta}{a_e^2} \gamma_w \qquad (3.6)$$

### Conductivité hydraulique d'échange $K_{lf}$

L'interprétation physique de la conductivité hydraulique d'échange $K_{lf}$ pose question. Gerke et van Genuchten [94] proposent de prendre $K_{lf} = (K_l + K_f)/2$, où $K_l$ et $K_f$ sont les conductivités hydrauliques respectivement dans la porosité large et fine.

La porosité intermédiaire "à remplir" est sèche. La conductivité hydraulique telle qu'elle est définie dans la loi de Darcy n'a donc aucune signification dans cette porosité intermédiaire. Ou plutôt, dans cette porosité intermédiaire sèche, la conductivité hydraulique est infinie, en ce sens que par capillarité, l'eau libre est davantage susceptible d'être dans cette porosité intermédiaire que dans la porosité large.

Ce qui freine l'arrivée de l'eau dans la porosité intermédiaire, c'est que cette eau provient de la porosité large où elle subit des frottements, et puis qu'une fois dans la porosité intermédiaire ou la porosité fine, son avancée est également freinée par des frottements.

Si on suppose que l'essentiel du chemin parcouru l'est dans la porosité large, il faut prendre $K_{lf} = K_l$.

Selon le raisonnement de Mualem [156], si on suppose que la longueur parcourue respectivement dans la porosité fine et large est proportionnelle à la taille des pores concernés, il faut prendre pour $K_{lf}$ la moyenne logarithmique entre $K_l$ et $K_f$, soit $K_{lf} = \sqrt{K_l K_f}$.

Si on suppose que la longueur parcourue dans la porosité fine égale celle parcourue dans la porosité large, il faut prendre pour $1/K_{lf}$ la moyenne de $1/K_l$ et $1/K_f$, soit $K_{lf} = (2 K_l K_f)/(K_l + K_f)$. Cette moyenne inverse est légèrement supérieure au double du plus petit parmi $K_l$ et $K_f$.

Si on suppose que l'essentiel du chemin est parcouru dans la porosité intermédiaire initialement sèche, il faut prendre pour $K_{lf}$ la conductivité hydraulique moyenne dans la porosité intermédiaire plus ou moins remplie d'eau. Cette moyenne est proche de $\sqrt{K_f K(\theta_f)}$.

Si enfin on suppose que la plupart du chemin parcouru l'est dans la porosité fine, il faut prendre $K_{lf} = K_f$.

Les deux dernières formulations supposent des pores larges assez espacés (soit $a_e \gg r_l$).

Il nous semble plus pertinent d'adopter pour la conductivité hydraulique d'échange $K_{lf}$ la moyenne logarithmique ou inverse entre $K_f$ et $K_l$. Dans l'application qui suit, nous ferons néanmoins les calculs pour différentes formulations de la conductivité hydraulique d'échange.

**Paramètres géométriques déduits de la porosimétrie**

Déterminons les paramètres géométriques $S_e$ et $a_e$ à partir des données de porosimétrie, pour en déduire $\varsigma$ et $\beta$.

**Calcul de la surface d'échange $S_e$** Supposons que tout pore de taille $r$ est un cylindre ou une fente percée dans un milieu homogène de pores plus fins, de teneur $\theta_1(r)$, et de solide de tailles correspondantes, de teneur $\theta_s(r) = (1 - \theta_{max})\theta_1(r)/\theta_{max}$. Cette hypothèse consiste à considérer le sol comme un milieu fractal isotrope. Nous avons bien souligné précédemment (p.193 et suivantes) qu'une telle approximation est grossière et inadaptée à la prédiction de propriétés comme la conductivité hydraulique ou la surface spécifique de ces sols. Mais dans ce paragraphe, cette approximation ne s'applique qu'à la proportion du volume de solide ou de pore croisant un pore de taille donnée, le volume de pore dans chaque classe de taille, utilisé ici pour la définition de la surface d'échange, étant bien $d\theta(r)$ issu de la porosimétrie et non issu de cette approximation fractale.

$S_e$ est la surface d'interface entre pores larges et matrice, par unité de volume de matrice. Notons $S'_e$ la surface des pores larges par unité de volume total. Notons $c_r$ un coefficient géométrique tenant compte des irrégularités des pores réels. On a donc :

$$S'_e = c_r \int_{r=r_{sep}}^{r_{max}} \frac{2d\theta(r)}{r} \quad \text{et} \quad S_e = \frac{c_r}{1-\theta_l} \int_{r=r_{sep}}^{r_{max}} \frac{2d\theta(r)}{r} \frac{\theta_s(r) + \theta_f}{\theta_s(r) + \theta_1(r)} \quad (3.7)$$

Remarquons que $S'_e$ est aussi la surface des minéraux bordant des pores larges, par unité de volume de sol solide. Nous déterminerons le coefficient $c_r$ expérimentalement, p.248, en confrontant les porosimétries au mercure avec les mesures de surface spécifique du sol.

L'expression de $S_e$ peut se simplifier, en prenant pour $1/\theta_1(r)$ sa valeur moyenne entre $r_{sep}$ et $r_{max}$ :

$$S_e = c_r \frac{\gamma_r}{1-\theta_l} \int_{r=r_{sep}}^{r_{max}} \frac{2d\theta(r)}{r} \quad \text{avec} \quad \gamma_r = 1 - \theta_l/2 \quad (3.8)$$

Le coefficient $\gamma_r$ rend compte du fait que les pores larges peuvent croiser d'autres pores larges, ce que nous avons considéré ici, avec une répartition isotrope de pores larges.

Si par contre les pores larges ne se croisent pas, $S_e$ s'exprime de même, avec cette fois $\gamma_r = 1$. Une valeur moyenne de $S_e$, considérant les pores larges dans toutes directions mais préférentiellement orientés dans la direction des flux hydriques les plus courants, sera obtenue avec $\gamma_r = \sqrt{1 - \theta_l/2}$.

Remarquons que la surface d'échange $S_e$ ne dépend pas de la teneur en eau dans la porosité large, ni de celle dans la porosité fine. La conductivité hydraulique d'échange $K_{lf}$ prend déjà en compte l'influence de ces teneurs en eau sur la vitesse de circulation de l'eau. Il en sera de même pour le transport de solutés : le coefficient de diffusion ou de dispersion prend en compte lui-même l'influence de la teneur en eau libre sur la rapidité de ce transport. Il n'y a donc pas lieu d'ajouter le facteur de remplissage de la porosité large ($\theta_{wl}/\theta_l$) dans l'expression de $S_e$, contrairement à ce que proposent Gerke & van Genuchten, 1996 [95].

**Distance caractéristique** $a_e$  La distance caractéristique $a_e$ entre les pores larges et le coeur des éléments de matrice est différente selon que les pores larges sont en forme de cylindre ou de fente. Elle est différente selon que ces pores sont orientés dans toutes les directions de l'espace ou bien préférentiellement dans une ou certaines directions.

Nous choisirons de calculer cette distance en faisant la moyenne des deux cas extrêmes :
• La distance $a_e$ maximale est obtenue quand les pores larges sont des fentes dans toutes les directions de l'espace.
• La distance $a_e$ minimale est obtenue quand les pores larges sont des cylindres parallèles, dans la direction des flux hydriques courants.

Schématisons les éléments de matrice par des cubes empilés de côté $2a$, bordés de pores larges cylindriques sur leurs arêtes verticales ou de pores-fentes sur toutes leurs faces. Ce modèle grossier a l'avantage de réaliser un pavage entier de l'espace. Il respecte le fait que les pores peuvent avoir toutes les orientations, mais sont préférentiellement orientés dans la direction des flux hydriques les plus courants.

Supposons que tous les pores larges ont la même taille $r$ au sens de la porosimétrie. $r$ est donc le rayon du pore cylindrique ou la largeur du pore-fente. Notons $\tau_s(r)$ la tortuosité *stricto sensu* de ces pores, susceptible de varier entre 1 et 3 voire 4 (voir p.358). La longueur en ligne droite d'une arête du cube est $2a$. Sa longueur en suivant les sinuosités est $2\tau_s(r)a$. De même, chaque face a pour surface sinueuse $(2\tau_s(r)a)^2$. Par ailleurs, chacune des 6 faces du cube borde deux cubes adjacents ; chacune des 4 arêtes verticales du cube borde 4 cubes adjacents.

Le rapport des volumes de matrice et de porosité large doit être le même sur le sol réel que sur notre modèle de cubes empilés. On obtient donc :

$$\frac{(2a)^3}{1-\theta_l} = \frac{4}{4}\frac{\pi 2\tau_s(r)ar^2}{\theta_l} \quad \text{(pore large cylindre vertical)} \quad (3.9a)$$

$$\frac{(2a)^3}{1-\theta_l} = \frac{6}{2}\frac{(2\tau_s(r)a)^2 r}{\theta_l \gamma_r} \quad \text{(pore large-fente)} \quad (3.9b)$$

$\gamma_r$ est un coefficient inférieur ou égal à 1 défini à l'équation 3.8. Il indique la part de surface des pores larges bordant la matrice. Le reste correspond à un pore large croisant un autre pore large. $\gamma_r$ vaut 1 pour les pores larges en forme de cylindres parallèles car ils ne se croisent pas.

Pour un modèle d'empilement de prismes hexagonaux ou d'autres formes géométriques empilables, les formulations seraient similaires, à un coefficient multiplicatif près proche de 1.

Appliquons ce raisonnement à l'ensemble des pores larges. Cette fois dans le membre de droite $\theta_l$ est remplacé par $d\theta(r)$ pour chaque taille $r$ de pores larges entre $r_{sep}$ et $r_{max}$ :

$$a_{e,min}^2 = \frac{\pi}{4}(1-\theta_l)\left(\int_{r=r_{sep}}^{r_{max}} \frac{d\theta(r)}{\tau_s(r)r^2}\right)^{-1} \quad \text{(pores larges cylindres parallèles)}$$
$$(3.9c)$$

$$a_{e,max} = \left(\frac{3}{2}\right)\frac{1-\theta_l}{1-\theta_l/2}\left(\int_{r=r_{sep}}^{r_{max}} \frac{d\theta(r)}{\tau_s(r)^2 r}\right)^{-1} \quad \text{(pores larges-fentes)} \quad (3.9d)$$

Pour un sol réel, nous proposons de prendre pour la distance caractéristique $a_e$ la moyenne logarithmique des deux expressions précédentes.

**Coefficient $\varsigma$** Le coefficient $\varsigma$ est le produit de la surface d'entrée $S_e$ (équation 3.8) et de la distance caractéristique $a_e$ (équation 3.9c ou 3.9d).

Donnons l'expression de $\varsigma$ dans deux cas simples, où la tortuosité *stricto sensu* est constante dans l'intervalle entre $r_{sep}$ et $r_{max}$. Le coefficient $\varsigma$

s'écrira :

$$\varsigma = c_r \sqrt{\frac{2\pi\tau_s\theta_l}{(1-\theta_l)\ln\left(\frac{r_{max}}{r_{sep}}\right)\left(\frac{1}{r_{sep}}+\frac{1}{r_{max}}\right)}} \quad \text{(pores larges cylindres //)} \quad (3.10)$$

$$\text{ou bien} \quad \varsigma = 3\tau_s^2 c_r \quad \text{(pores larges-fentes)} \quad (3.11)$$

L'expression 3.10 suppose aussi que le spectre de porosité soit plat sur l'intervalle entre $r_{sep}$ et $r_{max}$.

## 3.2 Surface spécifique du sol

La modélisation hydrodynamique réalisée dans ce chapitre nécessite de connaître la surface d'échange entre porosité fine et large, tandis que la modélisation biogéochimique qui sera faite aux chapitres suivants (p.295 à p.336) nécessite de connaître les surfaces spécifiques des minéraux pour déterminer leur réactivité.

Nous cherchons à déterminer des surfaces spécifiques à partir des nombreuses porosimétries dont nous disposons. Nous déterminerons les coefficients correcteurs nécessaires à partir de la confrontation avec les quelques mesures de surface spécifique au $N_2$ réalisées sur ces mêmes sols.

### 3.2.1 Surface spécifique du sol total déduite de porosimétrie

Nous avons calculé la surface spécifique du sol grâce à la porosimétrie au mercure à partir du modèle de pores en forme de cylindres ou de fentes, avec l'hypothèse fractale adoptée pour le calcul de la surface d'échange entre porosité fine et large p.243 en ce qui concerne la proportion de solide et de pore bordant la surface extérieure d'un pore donné. Ainsi la surface extérieure d'un pore de taille $r$ correspond à une fraction $u(r)$ de pores plus petits et une fraction $f_s(r)$ de solide de tailles correspondantes, avec un rapport constant entre eux. D'où $\frac{f_s(r)}{u(r)} = \frac{1}{e}$ et :

$$S_{tot} = c_r \int_{r=r_0}^{r_{max}} \frac{2du(r)}{r} \frac{f_s(r)}{f_s(r)+u(r)} = \frac{c_r}{1+e} \int_{r=r_0}^{r_{max}} \frac{2du(r)}{r} \quad (3.12)$$

$e$ désigne l'indice de vide total. Le coefficient $c_r$ rend compte des effets de l'écart entre la forme réelle des pores et le modèle de cylindre ou de fente. Nous chercherons à l'expliciter en Partie III, où nous obtiendrons la formulation 1.10

Pour calculer l'intégrale figurant dans cette équation, nous avons effectué une somme discrète à partir des données discrètes de porosimétrie au mercure. Ce calcul a montré que pour les échantillons dont nous disposions, la contribution des pores résiduels à la surface spécifique totale dépasse 80% pour le podzol, 99% pour le sol de transition et 99,8% pour le ferralsol. Il semble donc judicieux de séparer, dans l'intégrale 3.12, la contribution des pores résiduels pour mieux la quantifier :

$$S_{tot} = S_{res} + S_{micmesmac} \quad \text{avec} \quad S_{micmesmac} = \frac{c_r}{1+e} \int_{r=r_1}^{r_{max}} \frac{2du(r)}{r} \quad (3.13)$$

Nous comparerons dans la suite les mesures de $S_{tot}$ avec le calcul de $S_{res}$ déduit de porosimétrie, en lui ajoutant une évaluation de $S_{micmesmac}$ faite avec $c_r = 1$.

### 3.2.2 Surface spécifique des lutites et porosité résiduelle

**Calcul de la surface spécifique des lutites à partir de la porosimétrie**

La surface spécifique correspondant à la porosité résiduelle est vraisemblablement celle des grains de lutite. Le raisonnement précédent s'applique toujours. Cette fois l'hypothèse d'un milieu fractal pour la proportion de pore ou de solide croisant un pore résiduel donné est davantage pertinente car on se limite au domaine des pores résiduels et de la lutite, où le type d'assemblage des grains varie moins que sur toute la gamme de taille des grains minéraux. On peut donc écrire :

$$S_{res} = \frac{c_r}{1+u_{res}/f_{lut}} \int_{r=r_0}^{r_1} \frac{2du(r)}{r} \quad (3.14)$$

Nous avons aussi calculé la surface spécifique de la fraction lutite par

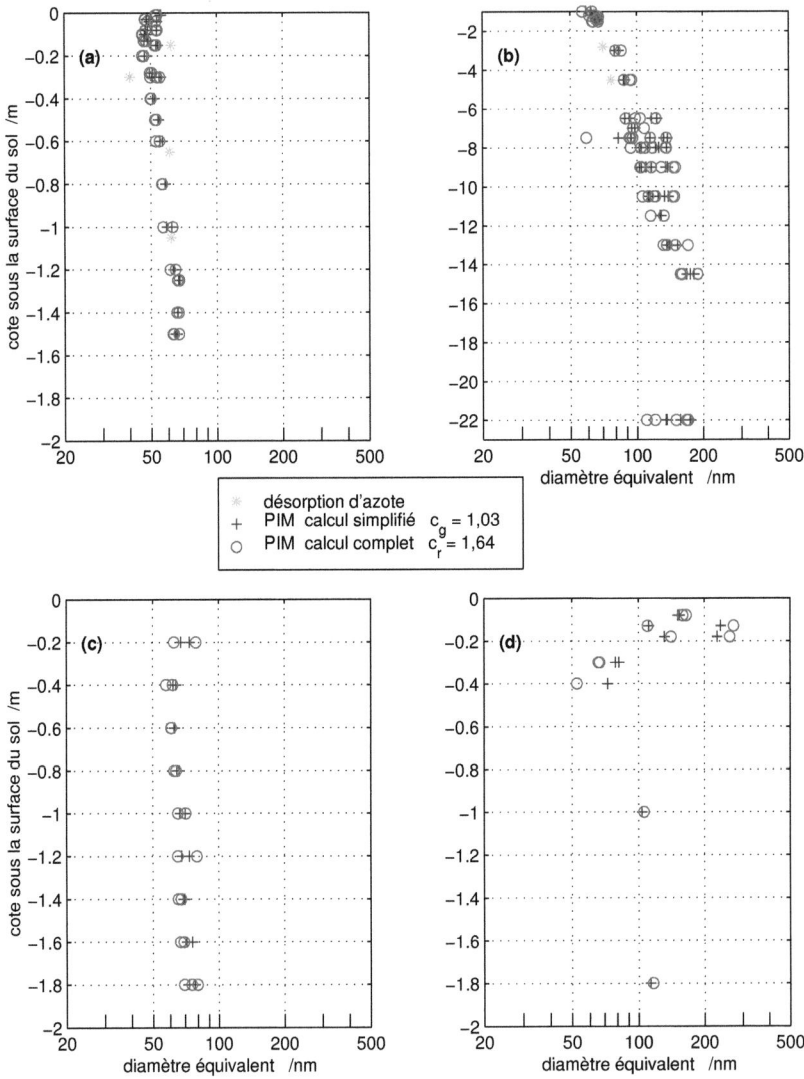

FIG. 3.2 – **Diamètre des sphères ayant même surface spécifique que la lutite des différents sols du profil étudié** selon l'équation 3.16. Ces diamètres sont déduits de mesures de surface spécifique par désorption d'azote selon la méthode dite "BET" par Ph. Quetin (INRA, Orléans) ou de porosimétrie par injection de mercure (PIM) par Grimaldi [106] ou par Chauvel et al. [60]. Le meilleur ajustement aux mesures BET est obtenu avec les coefficients $c_g = 1{,}03$ pour le calcul simplifié selon l'équation 3.15 et $c_r = 1{,}64$ pour le calcul complet selon l'équation 3.14. **(a)** Ferralsol **(b)** substratum sous-jacent. **(c)** sol de transition, **(d)** podzol.

la formule simplifiée habituelle :

$$S_{res,1} = c_g \frac{2u_{res}}{r_{res}} \qquad (3.15)$$

où $r_{res}$ est le rayon log-moyen de la porosité résiduelle et où $c_g$ est un coefficient géométrique correcteur global.

**Taille moyenne des lutites déduite de porosimétrie**

La surface spécifique de la porosité résiduelle, déduite de porosimétrie (équation 3.14 ou 3.15) a été traduite en diamètre de sphère $D_{eq}$ ayant même surface spécifique en suivant la relation :

$$D_{eq} = \frac{6f_{lut}}{S_{res}} \qquad (3.16)$$

Les résultats sont donnés à la figure 3.2, où nous avons utilisé la relation 1.8 p.178 entre le volume de pores résiduels $u_{res}$ et la fraction volumique en lutite $f_{lut}$.

Ces nombreuses porosimétries au mercure permettent de compléter et confirmer les mesures de taille de grains de lutite (données au Tableau p.77).

**Résultats**

**Confrontation entre porosimétrie par injection de mercure et désorption d'azote** La taille des lutites déduite de porosimétrie au mercure a une évolution avec la profondeur qui s'accorde assez bien avec celle des tailles déduites de désorption d'azote. Il semble donc pertinent d'utiliser les porosimétries au mercure pour en déduire la surface spécifique du sol. Cette confrontation a permis de déterminer empiriquement les coefficients correcteurs suivants : $c_r = 1{,}64$ pour le calcul élaboré et $c_g = 1{,}03$ pour le calcul simpliste.

**Confrontation entre les deux calculs à partir de la porosimétrie au mercure** Les deux calculs possibles de surface spécifique à partir de porosimétrie au mercure (équations 3.14 ou 3.15) donnent une évolution avec la profondeur très similaire pour les horizons de ferralsol meuble pour lesquels a eu lieu la calibration avec les mesures de désorption d'azote. Pour les autres horizons, remarquons que moins le spectre de pores résiduels est pointu, plus la taille des lutites déduite du calcul élaboré devient petite devant celle déduite du calcul simplifié. Le rapport de taille est d'environ 1,2 pour le saprolithe (environ 6 à 12 m de profondeur), ainsi que pour le sol de transition et le podzol. Ce rapport de taille devient 1,5 à 2 pour le substratum. L'explication est simple : moins le spectre de pores résiduels est pointu, plus la moyenne logarithmique $r_{res}$ devient grande devant le résultat de l'intégrale de l'équation 3.14 qui réalise une moyenne des inverses de $r$ - pondérés par les teneurs en eau $d\theta(r)$.

**Conclusion** Les coefficients $c_g$ et $c_r$ seront explicités et interprétés plus précisément en partie III, p.356). Dès à présent, nous pouvons souligner que ces résultats sont intéressants aux deux points de vue suivants :

1. Intérêt méthodologique. A partir des profondeurs où nous disposons à la fois de porosimétrie mercure et de mesures de surface spécifique, nous confirmons, comme l'a déjà fait par exemple l'étude de Rootare et Prenzlow [186], la faisabilité de déterminer la surface spécifique d'un sol à partir des porosimétries au mercure et d'une loi de pédotransfert (équation 1.8 p.178) à un coefficient multiplicatif de correction géométrique près.

2. Information sur ces profils. La surface spécifique du podzol déduite de porosimétrie mercure est pertinente, alors que la mesure directe au $N_2$, imprécise lors des faibles valeurs de surface spécifique, avait donné des résultats inconsistants ($D_{eq}$ = 6900 nm). Quel que soit le mode de calcul, ces résultats, concernant les ferralsols, confirment une diminution générale de la taille des kaolinites de la base vers le sommet du profil du ferralsol.

### 3.2.3 Application aux surfaces minérales ou d'échange bordant la porosité large

**Formulation choisie pour calculer la surface spécifique**

Nous venons de déterminer expérimentalement que pour les pores résiduels, on peut déduire la surface spécifique à partir de la porosimétrie avec un coefficient correcteur $c_g$ ou $c_r$ proche de 1. Pour déterminer ces coefficients pour les pores plus larges, il faudrait disposer de données précises de surface spécifique de la porosité large seule.

Les pores plus larges que les pores résiduels ont des tailles qui s'étalent sur 5 ordres de grandeur. Il n'est alors certainement pas valide de faire l'amalgame entre moyenne des inverses et moyenne logarithmique de la taille de ces pores, ce qui interdit d'utiliser une formulation simplifiée comme l'équation 3.15 utilisée pour la porosité résiduelle. En l'absence d'autres données, nous utiliserons pour les pores larges la formulation de l'équation 3.13 avec un coefficient $c_r$ égal à 1.

**Domaine d'application**

La surface bordant les pores larges déduite de porosimétrie permet d'évaluer la surface d'échange entre pores larges et matrice (équation 3.8 avec $c_r = 1$).

Par contre, elle ne permet pas d'en déduire la surface réactive des minéraux grossiers (limons et sables). En effet, parmi les surfaces solides bordant des pores larges, la contribution des minéraux grossiers (limons et sables) est difficilement séparable de l'importante contribution des lutites, agrégées ou non, bordant ces pores larges.

## 3.3 Utilisation du modèle hydrodynamique à double porosité

### 3.3.1 Description du contexte

**Hypothèses**

Utilisons le modèle décrit précédemment pour calculer le temps d'équilibrage des pressions après une pluie sur les ferralsols étudiés ici. Adoptons les hypothèses académiques suivantes, dans une maille donnée du modèle:

- La teneur en eau $\theta_{wl}$ dans la porosité large est constante.
- La teneur en eau $\theta_{wf}$ dans la porosité fine augmente jusqu'à atteindre $\theta_f$.

Ceci suppose que le débit surfacique d'entrée en haut de maille vaille environ $K_l$ car la pluie s'infiltrant dans les pores larges est essentiellement soumise aux forces de gravité. Cela suppose aussi que le débit de sortie en bas de maille soit le même diminué du débit de la porosité large vers la porosité fine, soit $K_l - (q_{l->f}\delta z)$, où $\delta z$ est la hauteur de la maille.

**Cas étudiés**

Nous avons calculé le temps d'équilibrage des pressions pour les deux configurations suivantes :

- La pluie emplit les mésopores d'où l'eau transite ensuite vers les micropores. Autrement dit, la séparation porosité fine/large est entre micro- et mésopores ($r_{sep} = r_2$) ; le sol est initialement très sec ($\theta_{wfi} = \theta_{res}$ soit $r_{fi} = r_1$ où l'indice $i$ signale les valeurs initiales) ; l'eau libre emplit une partie des mésopores ($0 < \theta_{wl} < \theta_{meso}$ soit $r_2 < r_l < r_3$).
- La pluie emplit les macropores d'où l'eau transite ensuite vers les mésopores. Autrement dit, la séparation porosité fine/large est entre méso- et macropores ($r_{sep} = r_3$) ; le sol est initialement humide ($\theta_{wfi} = \theta_{res} + \theta_{micro}$ soit $r_{fi} = r_2$) ; l'eau libre emplit une partie des macropores ($0 < \theta_{wl} < \theta_{macro}$ soit $r_3 < r_l < r_4$).

Nous avons choisi le spectre de porosité moyen rencontré pour les ferralsols entre 0 et 2 m de profondeur. Le spectre de porosité est donc schématisé par les relations 1.4a à 1.4e p.172, avec les valeurs suivantes des volumes poraux : $\theta_{res} = 0{,}38$ ; $\theta_{micro} = 0{,}06$ ; $\theta_{meso} = 0{,}055$ ; $\theta_{macro} = 0{,}075$. La teneur en matière organique a été prise telle que $C = 1\%$.

### 3.3.2 Calcul

L'évolution de la teneur en eau dans la porosité fine $\theta_{wf}$ obéit alors à l'équation différentielle suivante, exprimée en termes de taille de pore $r_l$ ou $r_f$ plutôt qu'en termes de pression matricielle $h_f$ ou $h_l$ :

$$\frac{d\theta_{wf}}{dt} = (1 - \theta_l) K_{lf} \frac{2\gamma_w \beta \sigma}{a_e^2 \rho_w g} \left( \frac{1}{r_f} - \frac{1}{r_l} \right) \qquad (3.17\text{a})$$

Ici $r_l$ est constant. $\theta_l$, $a_e$ et $\beta$ sont constants aussi car ils ne dépendent que de $r_{sep}$. $\theta_{wf}$ et $r_f$ sont variables et sont reliés par la courbe de porosité.

$K_{lf}$ dépend de $r_f$ ou de $r_l$ ou des deux, selon l'expression choisie pour $K_{lf}$ en fonction de $K_l$ et $K_f$ (voir p.242).

Notons donc $t_{wl}$ le paramètre suivant qui ne dépend pas de $r_f$ et a la dimension d'un temps :

$$t_{wl} = \frac{\rho_w g a_e^2}{2\sigma\gamma_w\beta\ln(10)(1-\theta_l)}\frac{r_l}{K_l} \qquad (3.17b)$$

L'équation différentielle 3.17a s'intègre donc ainsi :

$$t = t_{wl}L \quad \text{où} \quad L = \int_{r=r_{fi}}^{r_f} \frac{K_l}{K_{lf}}\frac{\partial\theta}{\partial(\log(r/r_0))}\frac{dr}{r_l-r} \qquad (3.17c)$$

L'expression de $L$ dépendra du spectre de porosité, de la courbe de conductivité hydraulique et de l'expression choisie pour $K_{lf}$ en fonction de $K_l$ et $K_f$.

**Calcul des coefficients géométriques**

La détermination de la distance caractéristique entre pores larges et pores fins $a_e$ nécessite de connaître la tortuosité *stricto sensu* des pores concernés. Nous proposons d'utiliser dans cette thèse la tortuosité issue des calculs de conductivité hydraulique. La tortuosité *stricto sensu* s'en déduit après avoir séparé les autres contributions à la conductivité hydraulique (connectivité des pores et limites de validité des lois de Poiseuille et Laplace, voir p.368). Nous avons supposé que la tortuosité *stricto sensu* variait entre 1,2 et 3,8 ; qu'elle était moyenne pour les pores résiduels, maximale à la limite entre micropores et mésopores (en $r_2$), puis minimale pour les macropores :

$$\tau_s(r) = 1{,}2\left(\frac{r_0}{r_1}\right)^{1/8} \quad \text{pour} \quad r_0 < r < r_1 \qquad (3.18a)$$

$$\tau_s(r) = 1{,}2\left(\frac{r_0}{r}\right)^{1/8} \quad \text{pour} \quad r_1 < r < r_2 \qquad (3.18b)$$

$$\tau_s(r) = 1{,}2\sqrt{\frac{r_3}{r}} \quad \text{pour} \quad r_2 < r < r_3 \qquad (3.18c)$$

$$\tau_s(r) = 1{,}2 \quad \text{pour} \quad r_3 < r < r_4 \qquad (3.18d)$$

Dans ce chapitre nous utiliserons seulement la tortuosité stricto sensu dans les méso- et macropores. Le reste sera utile au chapitre suivant, pour les calculs de transport de soluté.

La distance caractéristique entre pores larges et fins $a_e$ a été choisie égale à la moyenne logarithmique entre les deux cas extrêmes (équations 3.9c et 3.9d p.245). La surface d'échange $S_e$ a été calculée suivant l'équation 3.8 p.243. Les coefficients $\varsigma$ puis $\beta$ s'en déduisent selon la formulation de Gerke & van Genuchten (équations 3.5b à 3.5d p.240). Les expressions analytiques de $a_e$ et $S_e$ concernant les sols étudiés sont à l'annexe E.2.

La figure 3.3 illustre ces résultats, au graphe **(a)** pour $a_e$, ou au graphe **(b)** pour $\varsigma$ et $\beta$.

### Calcul de la conductivité hydraulique

Le calcul de la conductivité hydraulique dans chaque porosité, $K_f$ et $K_l$, a été fait en utilisant les fonctions de pédotransfert moyennes établies ici : équations 1.27a à 1.28 p.209, l'intégrale $J$ étant explicitée à l'annexe D.2, équations D.12b à D.18b.

La conductivité hydraulique dans la porosité fine $K_f = K_1(r_{sep})$ est illustrée à la figure 3.3. La conductivité hydraulique dans la porosité large $K_l$ est illustrée à la figure 3.4.

### Conductivité hydraulique d'échange $K_{lf}$

Suite à la discussion menée p. 242 sur l'interprétation de cette conductivité hydraulique d'échange, nous avons calculé l'intégrale $L$ pour les quatre formulations suivantes :

$$\begin{aligned} K_{lf} &= K_l & \text{Formulation (1)} \\ K_{lf} &= (K_l + K_f)/2 & \text{Formulation (2)} \\ K_{lf} &= \sqrt{K_l K_f} & \text{Formulation (3)} \\ K_{lf} &= K_f & \text{Formulation (4)} \end{aligned} \qquad (3.19)$$

### Calcul des temps de transfert d'eau

Le temps nécessaire pour remplir les pores fins jusqu'à la taille $r_f$ est $t = t_{wl} L$. $L$ est l'intégrale définie à l'équation 3.17c p.253 et $t_{wl}$ est le temps défini à l'équation 3.17b p.253.

**Intégrale $L$** Une intégration numérique permet d'obtenir $L$.

Une formulation explicite approchée $L'$ de $L$ peut aussi être calculée. Son expression analytique est en Annexe E.2. $L'$ utilise un spectre poral

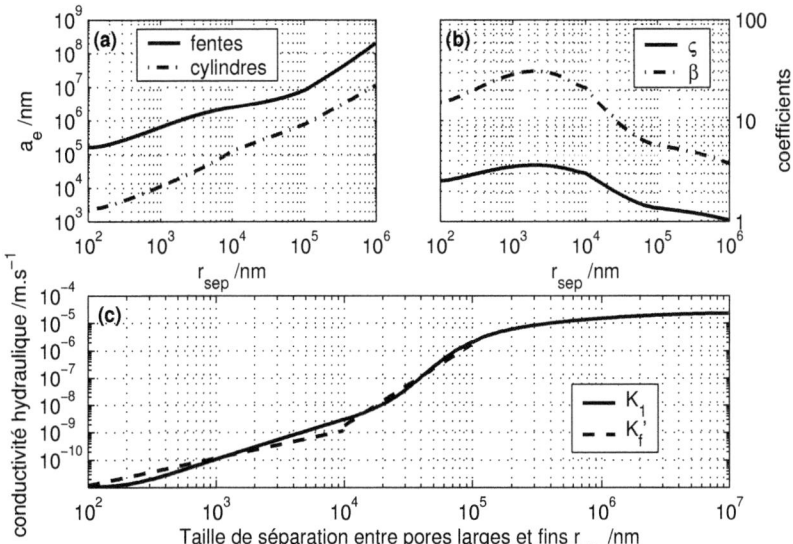

FIG. 3.3 – **Paramètres hydrodynamiques du faciès moyen des ferralsols, pour le modèle à double porosité.** $r_{sep}$ est la taille séparant pores larges et fins. **(a)** Distance caractéristique $a_e$ entre pores larges et coeur des blocs de matrice (équations 3.9d et 3.9c p.245). $a_{e,max}$ pour des pores larges, en forme de fente et dans toutes directions. $a_{e,min}$ pour des pores larges, cylindriques et parallèles. **(b)** Paramètres $\varsigma$ et $\beta$ définis aux équations 3.5b à 3.5d p.240, à partir de la surface d'échange $S_e$ définie à l'équation 3.8 p.243. **(c)** Conductivité hydraulique $K_1$ et son approximation $K'_f$ (tableau 3.2 p.259) dans le domaine des micropores ou des mésopores. $K'_f$ est utilisée dans le calcul de l'intégrale $L'$ pour le temps de remplissage en eau de la porosité fine.

plat entre $r_{fi}$ et $r_{sep}$. $L'$ utilise une formulation $K'_f$ de la conductivité hydraulique dans la porosité fine, sous forme d'une puissance entière de $r_f$. (voir au tableau 3.2 p.259).

**Temps d'équilibrage des pressions** L'équilibrage des pressions est réalisé quand toute la porosité fine est remplie d'eau. Cela a lieu quand $\theta_{wf} = \theta_f$, autrement dit quand $r_f = r_{sep}$. Notons $t_{eq}$ ce temps d'équilibrage. Il vaut $t_{wl}L$, où l'intégrale $L$ est calculée jusqu'à $r_f = r_{sep}$.

**Profondeur de l'écoulement préférentiel**

Nous nous sommes placés dans une maille de sol de hauteur $\delta z$ (p.251). Nous n'avons pas fait intervenir la valeur de $\delta z$ dans le calcul. Mais implicitement, pour que ce calcul soit correct, il faut que la hauteur de maille soit suffisamment petite pour que le débit de sortie en bas de maille soit positif ou nul :

$$K_l - \delta z \frac{d\theta_{wf}}{dt} \geqslant 0 \qquad (3.20a)$$

Autrement dit, il faut que la hauteur de maille $\delta z$ soit inférieure à la profondeur maximale de pénétration des flux préférentiels dans la porosité large. Par "flux préférentiels", on entend des flux d'eau dans la porosité large alors que la porosité fine n'est pas encore entièrement remplie d'eau. Un ordre de grandeur de cette profondeur maximale de pénétration sera donné par :

$$\delta z(\max) = \frac{K_l t_{eq}}{\theta_f - \theta_{wfi}} \qquad (3.20b)$$

### 3.3.3 Résultats

Décrivons ici les résultats rassemblés aux figures 3.3 et 3.4.

**Calcul de valeurs moyennes**

Des valeurs moyennes pour une porosité large plus ou moins remplie d'eau sont calculées ici. Par exemple le temps d'équilibrage moyen $< t_{eq} >$ est défini par :

$$\log\left(\frac{<t_{eq}>}{t_{wl}}\right) = \frac{1}{\log\left(\frac{r_l(\max)}{r_{sep}}\right)} \int_{r_l=r_{sep}}^{r_l(\max)} \log\left(\frac{t_{eq}}{t_{wl}}\right) d\log\left(\frac{r_l}{r_0}\right) \qquad (3.21)$$

L'intégration est effectuée numériquement. Le calcul est fait sur toute la gamme de valeurs de $r_l$, même celles où $r_l$ est très proche de $r_{sep}$. En effet, la moyenne effectuée étant logarithmique, ces valeurs, même très élevées, influencent peu la moyenne obtenue. Les valeurs moyennes des coefficients géométriques et de la conductivité hydraulique sont données au tableau 3.1. Les moyennes concernant les temps d'équilibrage et la profondeur de pénétration des flux préférentiels figurent dans le tableau 3.2.

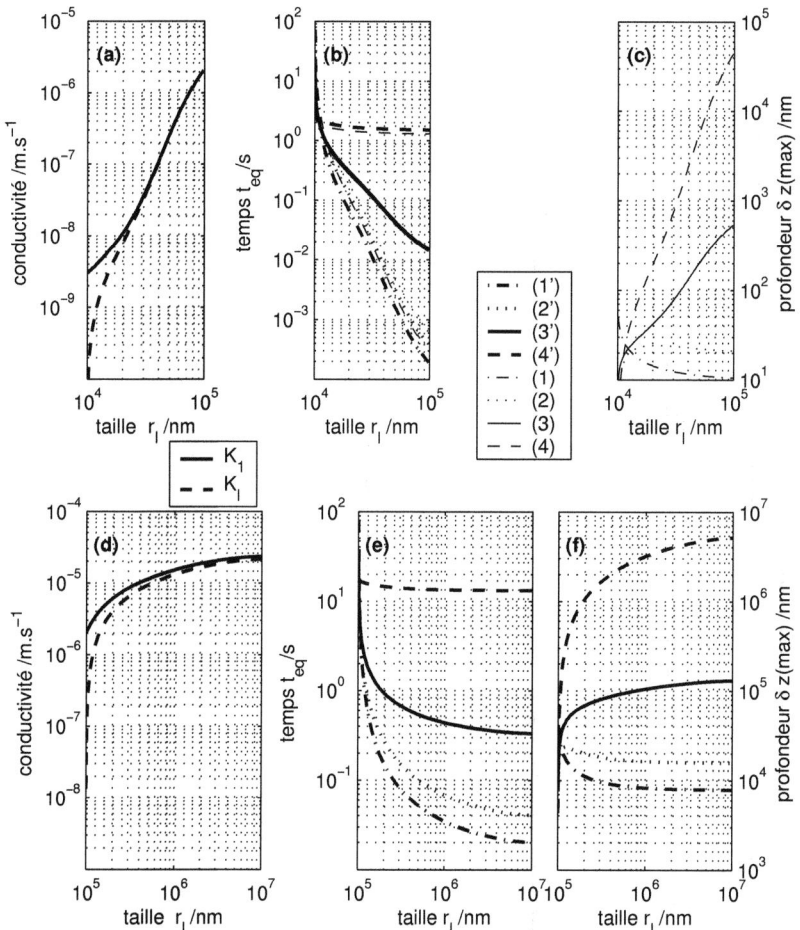

FIG. 3.4 – **Transfert d'eau dans le faciès moyen des ferralsols, avec le modèle à double porosité**. La teneur en eau dans la porosité large, $r_l$, reste constante. La porosité fine se remplit d'eau ; $r_f$ passe de $r_{fi}$ à $r_{sep}$. **(a,b,c)** : remplissage des micropores depuis les mésopores, soit $r_{sep} = r_2 = 10^4$ nm et $r_{fi} = r_1 = 10^2$ nm. **(d,e,f)** : remplissage des mésopores depuis les macropores, soit $r_{sep} = r_3 = 10^5$ nm et $r_{fi} = r_2 = 10^4$ nm. **(a,d)** : conductivité hydraulique $K_l$ dans la porosité large, comparée à $K_1(r)$ pour une porosité simple. **(b,e)** : temps $t_{eq}$ au bout duquel tous les pores fins sont remplis d'eau. **(c,f)** : profondeur caractéristique $\delta z$ (max) d'un écoulement préférentiel d'eau dans la porosité large. **(b,c,e,f)** : Pour (1), (2), (3), (4), la conductivité hydraulique $K_{lf}$ se déduit de $K_f$ et $K_l$ selon les différentes formulations de l'équation 3.19 ; $t_{eq}$ y est calculé par intégration numérique L. Pour (1'), (2'), (3'), (4'), $K_{lf}$ est calculé de même tandis que $t_{eq}$ est calculé par intégration explicite approchée L'.

**Grandeurs utiles au calcul de transfert d'eau**

**Coefficients géométriques** La distance caractéristique entre les porosités $a_e$ est 10 à 100 fois plus grande si les pores larges sont assimilés à des fentes dans toutes directions que s'ils sont assimilés à des cylindres parallèles. Le rapport $a_e/r_{sep}$ décroît de 200 dans les pores résiduels à environ 30 dans les macropores.

Les coefficients $\varsigma$, $\beta$ et $a_e/r_{sep}$ sont plus élevés pour le transfert d'eau vers les pores fins depuis la mésoporosité ($r_{sep} = 10^4$ nm) que depuis la macroporosité ($r_{sep} = 10^5$ nm). Ceci s'explique par une mésoporosité plus tortueuse que la macroporosité.

TAB. 3.1 – *Grandeurs utiles dans le calcul hydrodynamique.*

| grandeur | percolation des mésopores vers les micropores | percolation des macropores vers les mésopores |
|---|---|---|
| $\varsigma$ | 3,0 | 1,4 |
| $\beta$ | 21 | 5,7 |
| $a_{e,min}$ (cylindres //) | 0,13 mm | 0,78 mm |
| $a_{e,max}$ (fentes) | 2,5 mm | 8,1 mm |
| $a_e$ | 0,57 mm | 2,6 mm |
| $<K_f>$ | $9,7.10^{-11}$ m.s$^{-1}$ | $6,0.10^{-8}$ m.s$^{-1}$ |

**Conductivité hydraulique et débit d'entrée** La conductivité hydraulique reconstituée ici avec les fonctions de pédotransfert définies au chapitre précédent est illustrée à la figure 3.3 p.255. Elle correspond bien aux données concernant les ferralsols. Elle augmente assez peu dans le domaine des micropores, beaucoup dans celui des mésopores, puis sa croissance se ralentit dans le domaine des macropores.

A la figure 3.4 p.257, la conductivité hydraulique de la porosité large $K_l$ est très faible pour les faibles teneurs en eau libre, puis elle rejoint la courbe de conductivité hydraulique de porosité simple $K_1$. En effet, quand la teneur en eau libre est suffisante, la conductivité hydraulique du sol n'est quasiment pas diminuée par le fait que la porosité fine soit partiellement ou totalement sèche.

A titre de comparaison, le débit d'entrée moyen à la surface du sol, c'est-à-dire la pluviosité annuelle, vaut 2400 mm/an soit $7,6.10^{-8}$ m.s$^{-1}$. Le calcul fait ici, en excluant les très faibles teneurs en eau libre, correspondrait à des pluies dont le débit s'échelonne entre 1/100ème et 300 fois la pluviosité moyenne annuelle.

### Durée et profondeur des flux préférentiels

Les flux préférentiels dans la porosité large ont lieu quand et là où les pressions entre les deux porosités ne sont pas à l'équilibre. Ensuite, il s'agira d'un flux "classique" d'eau obéissant à la loi de Darcy.

TAB. 3.2 – *Durée et profondeur moyennes des flux préférentiels d'après le modèle de double porosité dérivé de la loi de Darcy.*

| Formulation de $K_{lf}$ | remplissage des micropores depuis les mésopores | | | Remplissage des mésopores depuis les macropores ($L'$) | |
|---|---|---|---|---|---|
| | intégration numérique ($L$) | | intégrale ($L'$) | | |
| | $<t_{eq}>$ | $<\delta z(\max)>$ | $<t_{eq}>$ | $<t_{eq}>$ | $<\delta z(max)>$ |
| $K_l$ | 0,021 s | 0,014 µm | 0,013 s | 0,05 s | 0,009 mm |
| $0{,}5*(K_l+K_f)$ | 0,033 s | 0,021 µm | 0,022 s | 0,10 s | 0,017 mm |
| $\sqrt{K_l*K_f}$ | 0,14 s | 0,090 µm | 0,12 s | 0,55 s | 0,094 mm |
| $K_f$ | 1,44 s | 0,93 µm | 1,67 s | 13,7 s | 2,3 mm |
| $K_{lf}$ est la conductivité hydraulique d'échange entre la porosité large où la conductivité hydraulique vaut $K_l$ et la porosité fine où elle vaut $K_f$. | | | | | |
| $L'$ utilise un spectre de micropores plat et approxime $K_f$ par $<K_f> \left(\frac{r_f}{<r_f>}\right)^b$ où $b$ vaut 1 dans les micropores ou 3 dans les mésopores (voir tableau 1.2 p.362). | | | | | |

**Temps d'équilibrage des pressions** Les temps d'équilibrage des pressions sont très courts. Leur valeur moyenne varie du centième de seconde à une quinzaine de secondes selon la formulation adoptée pour la conductivité hydraulique d'échange $K_{lf}$.

Pour le remplissage en eau des micropores depuis les mésopores, l'intégrale explicite approchée donne quasiment les mêmes résultats que l'intégration numérique.

L'équilibrage des pressions est légèrement plus lent pour le remplissage en eau des pores plus fins depuis les macropores. Ainsi lors du remplissage des mésopores depuis les macropores, la conductivité hydraulique d'échange $K_{lf}$ plus élevée ne compense que partiellement un flux de différence de pression $(h_l - h_f)/a_e^2$ plus petit que lors du remplissage des micropores depuis les mésopores.

L'équilibrage des pressions calculé est du plus rapide au plus lent respectivement pour les formulations $K_{lf} = K_l$, $K_{lf} = 0{,}5*(K_l+ <K_f>)$,

$K_{lf} = \sqrt{K_l * < K_f >}$ puis $K_{lf} = K_f$. Ceci était prévisible. Le calcul avec $K_{lf} = K_f$ est mené ici pour montrer que même avec des valeurs minimales de $K_{lf}$, l'équilibrage des pressions calculé avec ce modèle de double porosité est très rapide.

**Profondeur de l'écoulement préférentiel** Les profondeurs obtenues pour la pénétration des flux préférentiels sont très petites. Ces profondeurs de pénétration sont comprises entre la taille des pores larges et son dixième, pour les macropores, ou entre le deuxième et le millième de leur taille, pour les mésopores.

### 3.3.4 Interprétation

Nous nous intéressons ici à une modélisation ou une interprétation d'observations où l'incrément de temps est toujours supérieur à la minute et où l'échelle spatiale est toujours supérieure au centimètre. Selon ce point de vue, le calcul mené ici montre que le modèle de double porosité dérivé de la loi de Darcy ne prévoit pas de flux d'eau préférentiel dans les ferralsols étudiés.

Il en est bien sûr de même pour les sols de transition ou les podzols étudiés ici. En effet, leur porosité fine peu abondante et regroupée en plus petits agrégats sera encore plus rapidement remplie d'eau depuis leur abondante porosité large.

Le modèle hydrodynamique à simple porosité devrait suffire pour les sols étudiés ici, d'après ces calculs.

**Confrontation modèle - expériences**

Les observations courantes concordent au premier abord avec ce modèle. Ainsi, un sol nu assez sec a une surface terne. Quand on l'arrose par quelques gouttes d'eau, l'eau s'étale instantanément en un film sur la surface du sol qui devient alors brillante. Puis en un temps caractéristique de l'ordre de la seconde, la surface du sol devient terne à nouveau. L'eau du film superficiel a été aspirée par la porosité du sol. Ce qui a lieu ici de la surface du sol vers le premier millimètre de sol aura lieu de même d'un pore large vers le sol environnant.

Mais ce remplissage rapide de la porosité n'obéit souvent pas au modèle précédent, car il reste incomplet : certains pores restent remplis d'air, alors que d'autres pores de plus grande taille sont remplis d'eau. Nous avons expérimenté cela sur des mottes pluridécimétriques des ferralsols étudiés. Une imbibition relativement lente, par en bas, en deux jours, jusqu'à submerger l'échantillon, a laissé 5 à 10% du volume poral encore rempli d'air.

Notre observation concorde avec celle d'expérimentateurs en sciences du sol (P. Bertuzzi et Ph. Quetin, de l'INRA) qui, pour imbiber les cylindres décamétriques destinés à des mesures MEL (voir p.109), réalisent un imbibition encore plus lente, de 3 semaines. Sur des sols assez riches en lutite, une imbibition plus rapide ne réaliserait qu'un remplissage partiel de la porosité.

Nous montrerons en partie III que le modèle de remplissage en eau de la porosité fine selon Darcy dans une double porosité modélise correctement le "premier remplissage", rapide, de la porosité fine. Il est ensuite stoppé quand de l'air se trouve piégé dans la porosité. Des flux préférentiels peuvent alors se propager dans la direction du gradient de charge hydraulique dans la porosité large, tandis que le remplissage de la porosité fine continue, mais très lentement. Pour décrire ce deuxième remplissage et quantifier sa vitesse, nous tiendrons explicitement compte des déplacements de l'autre fluide du sol, à savoir l'air.

# Chapitre 4

# Transport des éléments par l'eau

**Introduction**

**Transport**  Le transport d'un élément chimique en solution a lieu par advection, diffusion et dispersion. Il en est de même pour des particules colloïdales ou solides en suspension.

Intéressons-nous au transport d'un élément, qu'il soit sous forme dissoute, colloïdale ou particulaire. Notons $c_f$ ou $c_l$ sa concentration dans l'eau de la porosité respectivement fine ou large. Notons $h_f$ et $h_l$ les pressions matricielles dans l'eau de la porosité respectivement fine et large. Trois types de modélisations sont possibles :
- modèle à une seule porosité hydrodynamique et une seule concentration (soit $h_f = h_l$ et $c_f = c_l$),
- modèle à une seule porosité hydrodynamique et deux concentrations (soit $h_f = h_l$ et $c_f \neq c_l$),
- modèle à double porosité hydrodynamique et donc forcément deux concentrations (soit $h_f \neq h_l$ et $c_f \neq c_l$),

Pour les éléments en solution $Si$, $Al$ et $Fe$ ou l'ion $H^+$, les données obtenues sur les sols étudiés (citées en partie I) montrent que l'eau de la porosité fine a une concentration nettement différente de celle de la porosité large. La deuxième ou la troisième modélisation sera donc nécessaire ici.

Schwarz *et al.* [192] ont adopté ce que nous avons appelé le modèle de simple porosité à deux concentrations car ils ont supposé une pression égale dans les deux porosités. Ils n'ont pas appuyé cette hypothèse sur la rapidité de l'équilibrage des pressions par remplissage de la porosité fine devant les échanges de solutés étudiés. Ils ont supposé une même pression en amont de leur colonne expérimentale et un même gradient de charge hydraulique (égal à 1) dans la matrice et le réseau des pores larges.

**Sources et puits**  Des échanges de matière ont lieu entre les quatre ensembles suivants :
- éléments en solution,
- colloïdes ou particules en suspension, liquides ou solides, appelés ici "particules mobiles",
- éléments adsorbés sur les surfaces mobiles ou immobiles du sol,
- solides immobiles du sol (minéraux et matière organique immobile).

Ces échanges de matière peuvent être simplement mécaniques, ainsi le blocage d'une particule solide à l'entrée d'un pore trop fin. Ils peuvent aussi être le résultat de réactions physico-chimiques de surface, ainsi la libération d'un ion adsorbé ou l'adsorption d'un ion sur une surface minérale ou encore la précipitation de minéral à partir d'éléments en solution.

Nous ne chercherons pas ici à détailler la modélisation de ces échanges nombreux et complexes. Nous les considérerons simplement globalement sous forme d'un terme "source" ou "puits" dans les équations de transport.

Ces échanges dépendent de la spéciation des éléments en solution, autrement dit de la chimie de la phase aqueuse elle-même. Des modèles numériques sont développés actuellement pour coupler réactions chimiques et transport dans le sol (détaillés p.295). Pour l'instant ils ne tiennent compte ni des particules en suspension ni des colloïdes.

## 4.1  Modèle de transport à deux concentrations dans une porosité simple

### 4.1.1  Modélisation de l'hydrodynamique

Nous reprenons ici exactement les mêmes équations et notations que pour l'hydrodynamique dans une double porosité (p.237), mais cette fois on a toujours égalité des pressions matricielles : $h = h_f = h_l$. De plus, si un pore est rempli d'eau, tout pore plus petit est également rempli d'eau

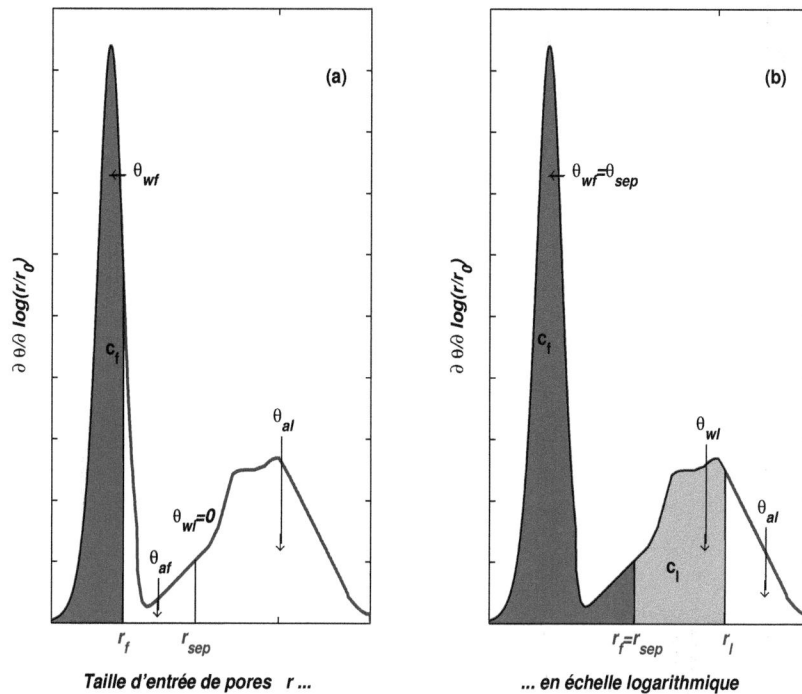

FIG. 4.1 – **Spectre de porosité avec une seule pression matricielle et deux concentrations d'un soluté donné.** Dans la porosité respectivement fine et large, les concentrations en soluté sont $c_f$ et $c_l$. Toute l'eau est à la même pression. **(a)** Si la teneur en eau totale $\theta$ est inférieure au volume des pores fins $\theta_f$, alors la porosité large est sèche : $\theta_{wl} = 0$. **(b)** Si par contre $\theta > \theta_f$, alors la porosité fine est entièrement remplie d'eau : $\theta_{wf} = \theta_f$.

(comme pour l'hydrodynamique dans une porosité simple, p.168), il n'y a donc pas d'air piégé. En conséquence, si la porosité large est partiellement remplie d'eau, alors toute la porosité fine est remplie d'eau. Ceci est illustré sur la figure 4.1.

Ce formalisme permet de dissocier, pour chacune des porosités, le débit d'eau $\overrightarrow{U_f}$ ou $\overrightarrow{U_l}$ responsable de l'advection et la dispersion de l'élément transporté. Notons $\overrightarrow{U}$ la vitesse de Darcy dans la porosité simple définie par la loi de Darcy simple. L'égalité des pressions matricielles dans les deux porosités donne :

$$\vec{U_f} = \frac{K_f}{K_f + K_l}\vec{U} \quad \text{et} \quad \vec{U_l} = \frac{K_l}{K_f + K_l}\vec{U} \quad (4.1)$$

## 4.1.2 Modélisation du transport en solution

Nous nous intéressons ici au transport d'un élément dissous dans l'eau du sol. Nous supposerons qu'il n'y a pas d'autre fluide dans le sol autre que la phase aqueuse et l'air du sol et qu'il n'y a pas de particules mobiles.

**Dans la porosité large**

Cet élément est soumis à la diffusion, dispersion et advection dans la porosité libre. S'y ajoutent plusieurs termes d'échanges, $q_{cl}$ avec la phase gazeuse (l'atmosphère du sol), les phases solides (immobile ou en suspension) et l'interface solide-liquide (immobile ou en suspension) ; $q_{l->f}$ avec l'eau de la porosité fine. Sa concentration $c_l$ dans l'eau libre vérifie donc :

$$\frac{\partial(\theta_{wl}c_l)}{\partial t} = \text{div}\left(\overline{\overline{D_l}}\overrightarrow{\text{grad}}(c_l) - c_l\vec{U_l}\right) + q_{cl} - q_{l->f} \quad (4.2\text{a})$$

Le terme $-\text{div}\left(c_l\vec{U_l}\right)$ traduit l'advection. Le terme contenant $\overline{\overline{D_l}}$ traduit à la fois la diffusion et la dispersion. En effet, il s'écrit :

$$\overline{\overline{D_l}} = \theta_{wl}D_l^o\overline{\overline{I}} + a_l U_l\overline{\overline{I_{\vec{U}}}} - \overline{\overline{D_{num}}} \quad \text{avec} \quad \overline{\overline{I_{\vec{U}}}} = \begin{bmatrix} \alpha_T & 0 & 0 \\ 0 & \alpha_T & 0 \\ 0 & 0 & 1 \end{bmatrix} \quad (4.2\text{b})$$

dans une base orthogonale de vecteurs dont $\vec{U}$ est le dernier vecteur
$\overline{\overline{I}}$ représente simplement le tenseur identité ;
$D_l^o$ est le coefficient de diffusion dans la porosité large ;
$a_l U_l \overline{\overline{I_{\vec{U}}}}$ est le tenseur de dispersion ;
$a_l$ est la distance caractéristique des irrégularités de la vitesse réelle de l'eau dans la porosité large dans la direction des flux hydriques moyens, appelée aussi dispersivité longitudinale ;
$\alpha_T$ est le rapport entre dispersivité transversale et longitudinale ;
$\overline{\overline{D_{num}}}$ est le tenseur de dispersion numérique (dans le cas d'un calcul numérique sur un maillage).

**Expression du coefficient de diffusion** Le coefficient de diffusion $D_l^o$ dépend du solvant, de la température, de la pression, du soluté et de la géométrie de l'espace poral:

$$D_l^o = D^o \frac{D_{conf}}{\tau_s^2} \quad \text{avec} \quad D^o = \frac{RT}{6\mathcal{N}\eta\pi\rho} \qquad (1.2c)$$

$R$ est la constante des gaz parfaits, $T$ la température (en $^oK$), $\mathcal{N}$ est le nombre d'Avogadro, $\rho$ le rayon moyen du soluté, $\eta$ la viscosité du solvant.

L'expression donnant le coefficient de diffusion dans l'eau libre $D^o$ est la loi de Stokes-Einstein. Dans l'eau peu concentrée à 25°C et sous pression atmosphérique, $D^o$ vaut $9.10^{-9}$ m$^2$.s$^{-1}$ pour les ions $H^+$ ou $OH^-$ (selon Li et Gregory [134] cité par Gérard [93]), environ $8.10^{-10}$ m$^2$.s$^{-1}$ pour les ions aluminium ou fer plus ou moins oxydés ou hydroxylés contenant un seul atome métallique et $2,6.10^{-10}$ m$^2$.s$^{-1}$ pour l'ion $H_4SiO_4^o$ (d'après Applin [9] cité par Gérard [93]).

La diffusion est légèrement ralentie ou accélérée par les effets du confinement $\alpha_{conf}$. En effet, quand le mouvement brownien amène un soluté contre la paroi du pore, s'il n'a aucune interaction physico-chimique avec la paroi, il "rebondit" et progresse donc plus vite dans la direction longitudinale du pore que s'il n'y avait pas de parois. Par contre, s'il y a interaction entre ce soluté et la paroi, la diffusion est ralentie. S'il est définitivement adsorbé, la diffusion peut même être stoppée.

Nous avons utilisé les résultats de Almeras et Bocquet [29], et [5] sur le coefficient de diffusion d'un fluide confiné. Appliqué à l'espace poral des sols étudiés ici, la valeur maximale de $\alpha_{conf}$ est 1,1. Vue la faible précision des mesures dont nous disposons, nous ne tiendrons pas compte de ce phénomène.

La diffusion est ralentie par la tortuosité *stricto sensu* $<\tau_s>$ de l'espace poral (définition p.358), d'après Berner [25] cité par Gérard [93]. Tous les pores remplis d'eau, quelle que soit leur taille, participent au transport par diffusion. Il faut donc prendre la tortuosité *stricto sensu* moyenne de tous les pores remplis d'eau. Cette moyenne sera pondérée par le volume de pores de chaque taille. Ainsi pour les pores larges:

$$< \frac{1}{\tau_s^2} > = \frac{1}{\tau_{sl}^2} = \frac{1}{\theta_{wl}} \int_{r_{sep}}^{r_l} \frac{d\theta(r)}{\tau_s^2(r)} \qquad (4.2d)$$

**Expression de la dispersion**  La dispersion longitudinale (parallèlement à $\vec{U}$) est beaucoup plus importante que la dispersion transversale. Ainsi le rapport $\alpha_T$ vaut entre 1/6 et 1/20 d'après Sun [202] cité par Gérard [93].

La dispersivité longitudinale $a_l$ dépend de l'échelle d'observation $a_{obs}$. Un résultat expérimental de Neuman [160] cité par Gérard [93] donne :

$$\log\left(\frac{a_l}{a_0}\right) = -\frac{9}{5} + \frac{7}{5}\log\left(\frac{a_{obs}}{a_0}\right) \quad \text{avec} \quad a_0 = 1 \text{ m} \qquad (4.2e)$$

Dans un calcul numérique sur un maillage, il faut soustraire la dispersion numérique $D_{num}$. Cette dispersion numérique dépend de la taille des mailles dans les différentes directions, de l'incrément de temps et du schéma de calcul (schéma implicite ou explicite, différence centrée ou amont $\cdots$).

**Dans la porosité fine**

Les équations sont similaires à celles dans la porosité large (équations 4.2a à 4.2e) :

$$\frac{\partial(\theta_{wf}c_f)}{\partial t} = \text{div}\left(\overline{\overline{D_f}}\overrightarrow{\text{grad}}(c_f) - c_f\vec{U_f}\right) + q_{cf} + q_{l->f} \qquad (4.3a)$$

$$\text{avec} \quad \overline{\overline{D_f}} = \theta_{wf}D_f^o\overline{\overline{I}} - \overline{\overline{D_{num}}} + a_f U_f \overline{\overline{I_{\vec{U}}}} \qquad (4.3b)$$

$$\text{et} \quad D_f^o = \frac{D^o(\text{ion})}{\tau_{sf}^2} \quad \text{avec} \quad \frac{1}{\tau_{sf}^2} = \frac{1}{\theta_{wf}}\int_{r_0}^{r_f}\frac{d\theta(r)}{\tau_s^2(r)} \qquad (4.3c)$$

$a_f$ est la dispersivité longitudinale et $\tau_{sf}$ est la tortuosité *stricto sensu* moyenne, dans la porosité fine.

**Échange entre porosité large et fine**

Il y a échange entre les deux porosités par mélange advectif et par diffusion et dispersion en phase aqueuse. Cet échange s'exprime comme le flux de la diffusion-dispersion et l'advection de soluté à travers la surface d'échange $S_e$ :

$$q_{l->f} = (1-\theta_l)\oiint_{S_e}\left(\overline{\overline{D_{lf}}}\overrightarrow{\text{grad}}c - (c_l - c_f)\vec{U_{lf}}\right)\vec{ds_e} \qquad (4.4a)$$

$(1 - \theta_l)$ est le volume de matrice rapporté au volume de sol total. $S_e$ est la surface d'échange entre porosité large remplie d'eau et porosité fine, rapporté au volume de matrice.

$\overline{\overline{D_{lf}}}$ est le tenseur de diffusion et dispersion sur la surface d'échange $S_e$.

$\overrightarrow{U_{lf}}$ est le flux croisé de Darcy à travers $S_e$.

Nous désignons ici par flux croisé de Darcy soit le flux d'eau en provenance de la porosité large entrant dans la porosité fine, soit le flux d'eau en provenance de la porosité fine sortant vers la porosité large, selon les orientations respectives de la vitesse de Darcy et de l'élément de surface d'échange $ds_e$.

Le gradient de concentration entre les deux porosités $\overrightarrow{\mathrm{grad}}(c)$ est parallèle à la normale à la surface d'échange $\overrightarrow{ds_e}$.

**Flux croisé de Darcy**  Ce flux croisé a lieu au niveau de la surface d'échange entre les deux porosités.

Le débit total de Darcy se répartit entre $U_f$ et $U_l$ proportionnellement aux conductivités hydrauliques respectives $K_f$ et $K_l$ (équation 4.1 p.266). Il en est de même pour le débit $U_f$ ou $U_l$. Si la vitesse de Darcy entre dans la matrice au niveau d'un élément de surface $ds_e$, le débit $U_{l->f}$ venant de la porosité large entrant vers la porosité fine vaut :

$$\overrightarrow{U_{l->f}} = \frac{K_f}{K_f + K_l}\overrightarrow{U_l} = \frac{K_f K_l}{(K_f + K_l)^2}\overrightarrow{U} \qquad (4.4\mathrm{b})$$

Si la vitesse de Darcy sort de l'élément de matrice au niveau d'un élément de surface $ds_e$, le débit croisé sera $U_{f->l}$ venant de la porosité fine sortant vers la porosité large. Son expression sera la même que ci-dessus, par symétrie. Le flux croisé de Darcy vaut donc :

$$U_{lf} = \frac{U_l U_f}{U_l + U_f} \qquad (4.4\mathrm{c})$$

**Coefficients de diffusion et dispersion à l'interface**  Supposons que par diffusion ou dispersion, le soluté qui est passé d'une porosité dans l'autre a parcouru la moitié du chemin dans l'une puis la moitié du chemin dans l'autre. Les durées de trajet s'ajoutent. C'est donc l'inverse des coefficients de diffusion ou de dispersion qui s'ajoutent. Le coefficient de diffusion ou de dispersion d'échange est alors la moyenne inverse des coefficients dans chaque porosité :

$$\overline{\overline{D_{lf}}} = \frac{2\theta_{wf}D_f^o\theta_{wl}D_l^o}{\theta_{wf}D_f^o + \theta_{wl}D_l^o}\overline{\overline{I}} + \frac{2a_fU_fa_lU_l}{a_fU_f + a_lU_l}\overline{\overline{I_{\vec{U}}}} \qquad (4.4\text{d})$$

Si on suppose une même diffusivité dans les deux porosités ($D_f^o = D_l^o$), on trouve comme Schwarz *et al.* [192] un coefficient de diffusion d'échange proportionnel à la moyenne inverse des teneurs en eau dans les deux porosités, $2\theta_{wf}\theta_{wl}/(\theta_{wf} + \theta_{wl})$.

**Cas simple : pores larges-fentes et agrégat cubique** Nous proposons de calculer le débit de soluté entre les deux porosités dans ce cas simple, déjà utilisé p. 245. L'élément de matrice est un cube de côté $2a$, bordé par des pores larges en forme de fentes sur ses 6 faces, perpendiculaires aux trois axes d'une base orthogonale ($x,y,z$) où $z$ est la cote verticale.

Chacune des faces du cube a pour surface $(2a)^2$ et donc comme surface par unité de volume de matrice $ds_e = (2a)^2/(2a)^3 = 1/(2a)$.

Supposons que la vitesse de Darcy est verticale. Le débit croisé est parallèle aux faces verticales, donc son flux à travers ces faces est nul. Le débit croisé est perpendiculaire aux deux faces horizontales.

L'équation 4.4a devient alors, avec $U_{lf}$ défini par l'équation 4.4c :

$$q_{l->f} = \frac{1-\theta_l}{a}\left[\text{grad}(c)\left(3(\theta D^o)_{lf} + (1+2\alpha_T)(aU)_{lf}\right) + (c_l - c_f)U_{lf}\right]$$
$$\text{avec} \quad (\theta D^o)_{lf} = \frac{2\theta_{wf}D_f^o\theta_{wl}D_l^o}{\theta_{wf}D_f^o + \theta_{wl}D_l^o} \quad \text{et} \quad (aU)_{lf} = \frac{2a_fU_fa_lU_l}{a_fU_f + a_lU_l} \qquad (4.5\text{a})$$

Le coefficient $\varsigma$ défini à l'équation 3.5b p.240 vaut 3 pour cette géométrie de cubes lisses empilés, d'après la relation 3.11 p.246. Remplaçons $3\text{grad}(c)$ par $\beta(c_l - c_f)/a$, selon la formulation de Gerke & van Genuchten [95]. Ce coefficient $\beta$, défini aux équations 3.5c et 3.5d p.240, vaut 3 à 15 fois $\varsigma$. Il tient compte d'une variation de concentration $(c_l - c_f)$ étendue sur une largeur inférieure à la demi-largeur $a$ des agrégats. On obtient donc :

$$q_{l->f} = (1-\theta_l) \left[ \frac{\beta(c_l - c_f)}{a^2} \left( (\theta D^o)_{lf} + \frac{1+2\alpha_T}{3}(aU)_{lf} \right) + S_{e,\vec{U}}(c_l - c_f)U_{lf} \right]$$
(4.5b)

Le coefficient $S_{e,\vec{U}}$ devant le terme d'advection est la surface d'échange vue selon l'axe de la vitesse de Darcy. Cette projection est comptée deux fois car elle est en double épaisseur. Elle vaut ici le tiers de la surface totale d'échange, car nous avons choisi de prendre la vitesse de Darcy perpendiculaire à une des faces des agrégats cubiques :

$$S_{e,\vec{U}} = \frac{1}{a} = \frac{S_e}{3}$$
(4.5c)

**Généralisation à une géométrie quelconque** L'écriture du résultat précédent, à l'équation 4.5b, est assez générale. Les coefficients $\varsigma$ et $\beta$ sont définis pour une géométrie porale quelconque. Il faut remplacer la demi-largeur du cube $a$ par la distance caractéristique $a_e$ entre pores larges remplis d'eau et coeur des blocs de matrice.

Cherchons une valeur moyenne du rapport entre la surface d'échange et sa projection perpendiculairement à la vitesse de Darcy. Si cette surface d'échange présente tous les angles possibles avec la direction de la vitesse de Darcy, ce rapport vaut 2, comme pour la projection d'une sphère.

Nous retiendrons donc :

$$q_{l->f} = (1-\theta_l)(c_l - c_f) \left[ \frac{\beta}{e^2} \left( (\theta D^o)_{lf} + \frac{1+2\alpha_T}{3}(aU)_{lf} \right) + \frac{S_e}{2}U_{lf} \right]$$ (4.5d)

La formulation de l'échange de solutés entre les deux porosités donnée ici est originale. Les auteurs ne donnent en général que le terme de diffusion (soit le premier terme écrit ici). Ils déterminent parfois expérimentalement, à partir d'expériences de circulation d'eau dans une colonne de sol, le coefficient $\beta/a_e^2$, comme le préconise Ilsemann et al. [118]. Nous montrerons plus loin que les termes d'advection et de dispersion sont en effet souvent négligeables devant le terme de diffusion, mais pas toujours.

L'équation 4.5d se simplifie si la teneur en eau libre est faible et si la vitesse de Darcy dans la porosité large est grande :

$$q_{l->f} = (c_l - c_f)(1 - \theta_l) \left[ \frac{\beta}{a_e^2} \left( 2\theta_{wl} D_l^o + \frac{2 + 4\alpha_T}{3} a_f U_f \right) + \frac{S_e}{2} U_f \right]$$
si  $\theta_{wl} \ll \theta_{wf}$  et  $U_l \gg U_f$ \hfill (4.5e)

## 4.2 Modèle à double porosité et deux concentrations

Quand la porosité fine est partiellement remplie d'eau, l'eau des porosités fine et large ne sont pas connexes. Le seul échange de soluté se fait par l'advection d'eau $q_{w,l->f}$ entre les deux porosités, définie à l'équation 3.4 p.239. Le débit d'échange de soluté vaut alors :

$$q_{l->f} = c_l . q_{w,l->f} \quad \text{si} \quad q_{w,l->f} > 0 \qquad (4.6a)$$
$$q_{l->f} = c_f . q_{w,l->f} \quad \text{si} \quad q_{w,l->f} < 0 \qquad (4.6b)$$

Sauf cas particulier (réaction chimique ou thermique augmentant la pression dans la porosité fine par exemple), la pression dans la porosité fine est inférieure à celle dans la porosité large et donc l'advection d'eau a lieu de la porosité large vers la porosité fine ($q_{w,l->f} > 0$).

Dans leur modèle à double porosité, Gerke & van Genuchten ajoutent pourtant le terme de diffusion [95], sans donner de justification physique.

## 4.3 Application aux ferralsols étudiés

Nous allons déterminer en combien de temps la concentration d'un soluté dans les porosités fine et large s'équilibre, par échange entre les deux porosités. Nous allons aussi déterminer l'importance relative de la diffusion, la dispersion et l'advection dans cet échange.

### 4.3.1 Contexte

**Cas étudiés**

Nous étudions ici deux configurations pour lesquelles nous avons des données de composition de l'eau du sol :
- Les horizons superficiels du ferralsol où circulent des flux d'eau dans la porosité large pendant quelques heures après chaque pluie. D'après Cornu [65], il faut se placer dans les 40 premiers centimètres du sol.
- La nappe phréatique dans le substratum, qui s'écoule lentement toute l'année vers la rivière (ou bien en sens inverse en période sèche à proximité d'une rivière importante).

**Solutés étudiés**  Nous faisons les applications numériques pour les deux ions $H^+$ et $H_4SiO_4^o$. En effet, ces deux ions ont respectivement les coefficients de diffusion le plus rapide et le plus lent parmi les solutés auxquels nous nous sommes intéressés dans les eaux des sols étudiés.

**Hypothèses**

Nous admettons que l'équilibrage des pressions entre porosité fine et large est instantané. Cela signifie que nous faisons pour l'instant confiance au modèle hydrodynamique de double porosité dérivé de la loi de Darcy étudié au chapitre 3.

Le soluté étudié est alors transporté selon le modèle décrit plus haut (§4.1), à deux concentrations dans une porosité simple.

Pendant la durée étudiée, la composition de l'eau dans les porosités large ou fine entrant dans l'horizon de sol étudié est supposée constante. Notons-les $c_l^o$ ou $c_f^o$.

La concentration du soluté étudié, en un point de l'horizon étudié, est supposée homogène à tout instant dans la porosité fine, et de même dans la porosité large. Autrement dit, on suppose que l'homogénéisation de la concentration de ce soluté dans chacune de ces porosités est instantané devant l'homogénéisation des concentrations par échange entre les porosités fine et large.

Cette hypothèse ne sera justifiée que si la taille $r_{sep}$ séparant pores larges et fins est placée au "bon endroit", c'est-à-dire là où l'homogénéisation des concentrations entre porosité fine et large est la plus lente. Nous allons conduire les calculs en faisant artificiellement varier $r_{sep}$ de $r_1 = 0{,}1\,\mu$m à $10.r_3 = 1$ mm. Nous retiendrons ensuite comme temps d'homogénéisation des concentrations et comme valeur pertinente de $r_{sep}$ ceux correspondant au temps d'homogénéisation le plus long.

Nous supposerons que le gradient de concentration est parallèle à la vitesse de Darcy et qu'il vaut $(c_l^o - c_l)/\Delta l$ ou $(c_f^o - c_f)/\Delta l$. Nous prenons $\Delta l = 0{,}2$ m pour l'horizon superficiel et $\Delta l = 10$ m pour le substratum.

**Dans la nappe** Toute la porosité est remplie d'eau. Nous étudions l'échange entre pores fins et pores larges pour différentes valeurs de la limite $r_{sep}$ entre pores larges et fins.

Nous supposons que le gradient de charge hydraulique est sub-horizontal et vaut 1/30, soit une perte de charge de 30 m sur une distance d'un kilomètre entre le centre du plateau et la rivière.

**Dans le ferralsol superficiel** Nous faisons les hypothèses simplificatrices suivantes pendant la durée décrite :

⋆ La teneur en eau respectivement dans les porosités fine et large est constante.

⋆ La vitesse de Darcy dans les porosités fine ou large est verticale et constante, elle égale leurs conductivités hydrauliques respectives. Autrement dit, il s'agit d'un écoulement gravitaire, où le gradient de charge hydraulique vaut 1.

Cette fois l'eau des deux porosités est connexe. Nous pouvons alors éviter les valeurs aberrantes calculées dans le cas de très faibles teneurs en eau dans la porosité large.

Nous choisissons ici de prendre une séparation entre pores fins et pores larges qui dépende de la teneur en eau totale dans le sol. Soit $r_l$ la taille des pores les plus grands remplis d'eau. Plaçons à $r_{sep} = r_l/10$ la limite entre "pores larges" et "pores fins". Ce mode de calcul permet, pour toute teneur en eau, d'étudier l'échange de solutés entre la décade de pores les plus grands remplis d'eau et l'ensemble des pores plus fins.

**Domaine de validité** Ces calculs sont valides tant que l'écoulement est laminaire. En cas d'écoulement turbulent, l'homogénéisation des concentrations est accélérée, car l'écoulement réalise un brassage de l'eau. Les mesures de conductivité hydraulique montrent que l'écoulement est susceptible d'être turbulent dans le domaine des macropores, car la tortuosité au sens de Mualem y croît très vite. (voir en Partie III). Ce phénomène de brassage turbulent pourrait être modélisé sous la forme d'une augmentation du transport par dispersion, dans le domaine des macropores.

Nous considérerons que les temps d'homogénéisation calculés ici sont corrects, sauf quand la limite $r_{sep}$ est dans le domaine des macropores, où ces temps sont surévalués.

**Démarche**

Les concentrations $c_f$ et $c_l$ du soluté étudié, respectivement dans la porosité fine et large, obéissent aux équations différentielles couplées 4.2a, 4.3a et 4.5d (p.266 et suivantes). Ce système est soluble, il contient 3 équations linéairement indépendantes, avec trois inconnues $c_l$, $c_f$ et le flux d'échange de soluté $q_{l->f}$. Il fait intervenir les flux de soluté $q_{lc}$ et $q_{fc}$, à déterminer par des mesures ou une modélisation biogéochimique.

Avant de résoudre ces équations différentielles, nous avons calculé les grandeurs suivantes :

• Temps caractéristique d'équilibrage des concentrations
- par transport entre porosité large et fine, $t_e$,
- par transport dans la porosité large, $t_l$,
- par transport dans la porosité fine, $t_f$;

• Part relative de la diffusion, la dispersion et l'advection dans les trois transports listés ci-dessus;

• Valeur des concentrations $c_l$ et $c_f$ quand le régime permanent est atteint.

Ensuite, nous avons résolu ces équations différentielles. Pour cela, nous avons supposé constants les apports de soluté $q_{lc}$ et $q_{fc}$ par réactions biogéochimiques. Cette hypothèse est réaliste dans la nappe phréatique, mais probablement pas pour les ferralsols superficiels. En effet, les réactions biogéophysicochimiques responsables des apports ou retraits de soluté $q_{lc}$ et $q_{fc}$ sont activées par l'arrivée de l'eau de pluie. Dans les ferralsols superficiels, le régime permanent pour les concentrations de soluté ne pourra être atteint qu'après établissement d'un régime permanent pour ces réactions.

### 4.3.2 Calculs

**Equations différentielles**

Les équations différentielles 4.2a, 4.3a et 4.5d (p.266 et suivantes) peuvent s'écrire ici, par projection sur la direction de la vitesse de Darcy :

$$\theta_{wl}\frac{\partial c_l}{\partial t} = \frac{c_l^o - c_l}{t_l} + q_{cl} - q_{l->f} \tag{4.7a}$$

$$\theta_{wf}\frac{\partial c_f}{\partial t} = \frac{c_f^o - c_f}{t_f} + q_{cf} + q_{l->f} \tag{4.7b}$$

$$q_{l->f} = \frac{c_l - c_f}{t_e} \tag{4.7c}$$

où $t_l$, $t_f$ et $t_e$ sont les temps caractéristiques des transports de soluté respectivement entre porosité large et fine, dans la porosité fine et dans la porosité large. Notons $\alpha_e$, $\alpha_f$ et $\alpha_l$ leurs inverses respectifs, qui caractérisent la rapidité de ces transports. Ils sont définis par :

$$\alpha_l = \frac{1}{\Delta l^2}\left(\theta_{wl}D_l^o + a_l U_l\right) + \frac{U_l}{\Delta l} \tag{4.7d}$$

$$\alpha_f = \frac{1}{\Delta l^2}\left(\theta_{wf}D_f^o + a_f U_f\right) + \frac{U_f}{\Delta l} \tag{4.7e}$$

$$\alpha_e = (1 - \theta_l)\left[\frac{\beta}{a_e^2}\left((\theta D^o)_{lf} + \frac{1 + 2\alpha_T}{3}(aU)_{lf}\right) + \frac{S_e}{2}U_{lf}\right] \tag{4.7f}$$

Les notations $(\theta D^o)_{lf}$, $(aU)_{lf}$ et $U_{lf}$ concernent les coefficients d'échange entre les porosités et sont définis aux équations 4.4c et 4.5a, p.269 et suivante.

Chaque rapidité $\alpha_e$, $\alpha_l$ ou $\alpha_f$ est la somme de trois termes. Ces trois termes expriment respectivement la rapidité du transport par diffusion, par dispersion, et par advection.

On obtient donc les deux équations différentielles couplées suivantes :

$$\theta_{wl}\frac{\partial c_l}{\partial t} = \alpha_l(c_l^o - c_l) + q_{cl} - \alpha_e(c_l - c_f) \tag{4.7g}$$

$$\theta_{wf}\frac{\partial c_f}{\partial t} = \alpha_f(c_f^o - c_f) + q_{cf} + \alpha_e(c_l - c_f) \tag{4.7h}$$

**Valeur des concentrations au régime permanent**

Supposons qu'un régime permanent ait le temps de s'établir pendant la durée étudiée. En régime permanent, la concentration dans la porosité fine ou large est constante. Sa valeur $c_f^\infty$ ou $c_l^\infty$ est déterminée par les équations 4.7a à 4.7c en prenant une valeur nulle pour les variations temporelles de $c_l$ et $c_f$ :

$$c_f^\infty = \frac{t_f c_l^o + (t_l + t_e)c_f^o + t_f t_l(q_{cl}^\infty + q_{cf}^\infty) + t_f t_e q_{cf}^\infty}{t_f + t_l + t_e} \quad (4.8a)$$

$$c_l^\infty = \frac{(t_f + t_e)c_l^o + t_l c_f^o + t_f t_l(q_{cl}^\infty + q_{cf}^\infty) + t_l t_e q_{cl}^\infty}{t_f + t_l + t_e} \quad (4.8b)$$

**Découplage des équations différentielles**

Les deux équations différentielles couplées de premier ordre 4.7g et 4.7h se ramènent à deux équations différentielles découplées de deuxième ordre. Ainsi, la concentration $c_l$ dans la porosité large obéit à l'équation différentielle suivante :

$$\frac{\partial^2 c_l}{\partial t^2} + 2\alpha_b \frac{\partial c_l}{\partial t} + \frac{\xi_e}{\theta_{wl}\theta_{wf}} c_l = \frac{\xi_e}{\theta_{wl}\theta_{wf}} c_l^\infty \quad (4.9a)$$

avec $\quad \alpha_b = \dfrac{\alpha_e + \alpha_f}{2\theta_{wf}} + \dfrac{\alpha_e + \alpha_l}{2\theta_{wl}} \quad$ et $\quad \xi_e = \alpha_e \alpha_l + \alpha_l \alpha_f + \alpha_f \alpha_e \quad (4.9b)$

Les paramètres $\alpha_b$ et $\xi_e$ n'ont pas de signification physique particulière, ils sont introduits ici pour simplifier l'écriture des équations suivantes. $\alpha_b$ est l'inverse d'un temps comme les autres paramètres $\alpha$ quantifiant la rapidité des transports de soluté ; $\xi_e$ est le carré de l'inverse d'un temps.

La concentration $c_f$ dans la porosité fine obéit à la même équation différentielle, en échangeant les rôles des indices $l$ et $f$ sauf dans le facteur $(1 - \theta_l)$ de $\alpha_e$. Remarquons qu'en dehors de ce facteur, les coefficients $\alpha_e$, $\alpha_b$, $\xi_e$ et $\theta_{wl}\theta_{wf}$ sont symétriques par rapport aux indices $f$ et $l$. Ils sont donc inchangés.

**Résolution**

La résolution de l'équation 4.9a donne :

$$c_l(t) = c_l^\infty + \left(c_l^o - c_l^1\right) e^{-\alpha_1 t} + \left(c_l^1 - c_l^\infty\right) e^{-\alpha_1 t} \quad (4.10a)$$

où $\alpha_1$ et $\alpha_2$ sont les deux racines positives du polynôme du second degré en $\alpha$ suivant :

$$\alpha^2 - 2\alpha_b\alpha + \frac{\xi_e}{\theta_{wl}\theta_{wf}} = 0 \tag{4.10b}$$

et où $c_l^1$ est une concentration définie par les conditions initiales, d'après l'équation 4.7g :

$$\text{en} \quad t = 0 \quad , \quad \theta_{wl}\frac{\partial c_l}{\partial t} - + q_{cl} - \alpha_e(c_l^o - c_f^o) \tag{4.10c}$$

On a donc :

$$\alpha_1 = \alpha_b + \sqrt{\alpha_b^2 - \frac{\xi_e}{\theta_{wl}\theta_{wf}}} \quad ; \quad \alpha_2 = \alpha_b - \sqrt{\alpha_b^2 - \frac{\xi_e}{\theta_{wl}\theta_{wf}}} \tag{4.10d}$$

$$\text{et} \quad c_l^1 = \frac{1}{\alpha_1 - \alpha_2}\left[\left(\alpha_1 - \frac{\alpha_e}{\theta_{wl}}\right)c_l^o + \frac{\alpha_e}{\theta_{wl}}c_f^o - \alpha_2 c_l^\infty\right] \tag{4.10e}$$

La concentration $c_f$ dans la porosité fine a la même évolution temporelle, en échangeant dans les équations précédentes les rôles des indices $l$ et $f$, sauf en ce qui concerne le facteur $(1 - \theta_l)$ figurant dans $\alpha_e$. Remarquons qu'en dehors de ce facteur, $\alpha_1$ et $\alpha_2$ sont symétriques par rapport aux indices $f$ et $l$. Ils ont pour dimension l'inverse d'un temps. Notons $t_1$ et $t_2$ leurs inverses respectifs.

L'évolution des concentrations sous l'effet combiné des trois transports, entre les deux porosités, dans la porosité fine et dans la porosité large, se fait donc selon deux temps caractéristiques $t_1$ et $t_2$ qui sont les mêmes dans la porosité large ou fine.

**Comparaison des deux concentrations**

Nous cherchons à comparer les concentrations dans la porosité fine ou large, quelles que soient les concentrations initiales $c_l^o$ et $c_f^o$, et quelle que soit la valeur des apports ou retraits de soluté $q_{lc}$ et $q_{fc}$.

Pour cela, écrivons l'évolution des concentrations $c_l(t)$ et $c_f(t)$ sous forme d'une combinaison linéaire des concentrations initiales et des apports ou retraits de solutés :

$$c_l(t) = A_l(t)c_l^o + B_l(t)c_f^o + D_l(t)q_{lc} + E_l(t)q_{fc} \tag{4.11a}$$
$$c_f(t) = A_f(t)c_l^o + B_f(t)c_f^o + D_f(t)q_{lc} + E_f(t)q_{fc} \tag{4.11b}$$

Ces coefficients s'écrivent :

$$A_l(t) = \frac{1}{\alpha_1 - \alpha_2}\left[\left(\alpha_1 - \frac{\alpha_e}{\theta_{wl}}\right)e^{-\alpha_2 t} + \left(\frac{\alpha_e}{\theta_{wl}} - \alpha_2\right)e^{-\alpha_1 t} + \alpha(t)\frac{(\alpha_e + \alpha_f)\alpha_l}{\xi_e}\right] \quad (4.11c)$$

$$B_l(t) = \frac{1}{\alpha_1 - \alpha_2}\left[\left(e^{-\alpha_2 t} - e^{-\alpha_1 t}\right)\frac{\alpha_e}{\theta_{wl}} + \alpha(t)\frac{\alpha_e \alpha_f}{\xi_e}\right] \quad (4.11d)$$

$$D_l(t) = \frac{\alpha(t)(\alpha_e + \alpha_f)}{(\alpha_1 - \alpha_2)\xi_e} \quad (4.11e)$$

$$E_l(t) = \frac{\alpha(t)\alpha_e}{(\alpha_1 - \alpha_2)\xi_e} = E_f(t) \quad (4.11f)$$

avec $\quad \alpha(t) = \alpha_1\left(1 - e^{-\alpha_2 t}\right) - \alpha_2\left(1 - e^{-\alpha_1 t}\right) \quad (4.11g)$

Les coefficients concernant $c_f(t)$ s'écrivent de même, en échangeant les rôles des indices $l$ et $f$.

Pour pouvoir majorer la différence en valeur absolue $|c_l(t) - c_f(t)|$, nous majorons pour un temps $t$ donné et pour chaque valeur de $r_{sep}$, les différences relatives sur les coefficients respectivement de $c_l^o$, $c_f^o$, $q_{lc}$ et $q_{fc}$. Nous calculerons les valeurs maximales $\gamma^o(t)$ et $\gamma_c(t)$ de ces différences relatives, définies par :

$$\text{Pour } c_l^o \text{ et } c_f^o, \gamma^o(t) = \max\left\{\frac{2|A_l(t) - B_f(t)|}{A_l(t) + B_f(t)} \; ; \; \frac{2|A_f(t) - B_l(t)|}{A_f(t) + B_l(t)}\right\} \quad (4.11h)$$

$$\text{Pour } q_{lc} \text{ et } q_{fc}, \gamma_c = \max\left\{\frac{2|D_l - E_f|}{|D_l + E_f|} ; \frac{2|D_f - E_l|}{|D_f + E_l|}\right\}$$
$$= \max\left\{\frac{2(\alpha_e + \alpha_f)}{2\alpha_e + \alpha_f} ; \frac{2(\alpha_e + \alpha_l)}{2\alpha_e + \alpha_l}\right\} \quad (4.11i)$$

Les coefficients $D_l(t)$, $D_f(t)$, $E_l(t)$ et $E_f(t)$ dépendent du temps $t$, mais leur différence relative ne dépend pas du temps. En effet, le facteur $\alpha(t)$ se simplifie, comme le montre l'équation 4.11i. $\gamma_c$ ne dépend donc pas du temps.

### 4.3.3 Application numérique

**Caractéristiques hydrodynamiques**

Les calculs précédents sont conduits pour un faciès moyen des ferralsols superficiels et pour les trois faciès observés du substratum. Leur granulométrie et leurs spectres de porosité sont définis au tableau 4.1.

Les spectres de porosité pour ces quatre faciès sont illustrés au graphe

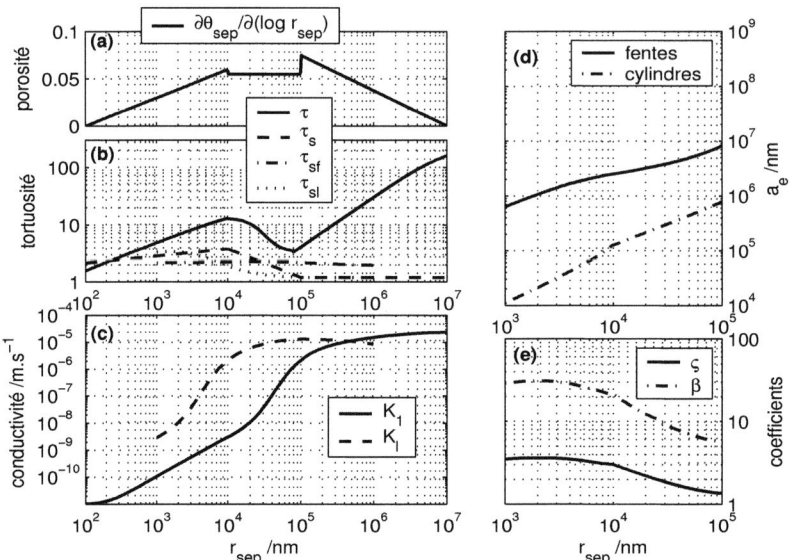

FIG. 4.2 – **Caractéristiques hydrodynamiques du faciès moyen des ferralsols superficiels.** *(a) Spectre de porosité schématisé. (b) Tortuosité $\tau$ déduite selon les fonctions de pédotransfert 1.27a à 1.29g pp.209 et suivantes. Elle permet de calculer la conductivité hydraulique $K_1(r)$ dans une porosité simple. (c) Conductivité hydraulique dans la porosité fine $K_f = K_1(r_{sep})$ et dans la porosité large $K_l(r_{sep}) = K_1(r_l) - K_1(r_{sep})$ avec $r_l = 10.r_{sep}$. (b) Tortuosité stricto sensu $\tau_s$ définie aux équations 3.18b à 3.18c p.253. On déduit de $\tau_s$ la distance caractéristique $a_e$ entre porosité large et fine. On déduit de ses valeurs moyennes, $\tau_{sl}$ et $\tau_{sf}$, le coefficient de diffusion dans la porosité large ou fine. (d). Distance $a_e$ dans le cas des pores larges en forme de cylindres ou de fentes, calculée avec les équations 3.9a et 3.9b p.245. (e) Coefficients $\varsigma$ et $\beta$ définis à partir de $a_e$ et de la surface d'échange $S_e$, selon les équations 3.5b à 3.5d p.240 et 3.8 p.243. Les intégrales pour calculer $K_1$ ou $\tau_{sl}$, $\tau_{sf}$, $a_e$, $S_e$ sont explicitées respectivement en annexe D ou E.*

(a) des figures 4.2 à 4.5.

Les fonctions de pédotransfert définies ici permettent d'en déduire la tortuosité au sens de Burdine $\tau$, au graphe **(d)**, puis la conductivité hydraulique, au graphe **(e)**. Remarquons que la conductivité hydraulique maximale dans le substratum, obtenue par ces fonctions de pédotransfert, est proche de celle mesurée par Lesack *in situ* $(1,5.10^{-5}\,\text{m.s}^{-1})$ [132].

En utilisant la fonction de tortuosité *stricto sensu* $\tau_s$ illustrée au graphe **(d)**, on peut calculer la distance $a_e$ dans le cas de pores larges en forme

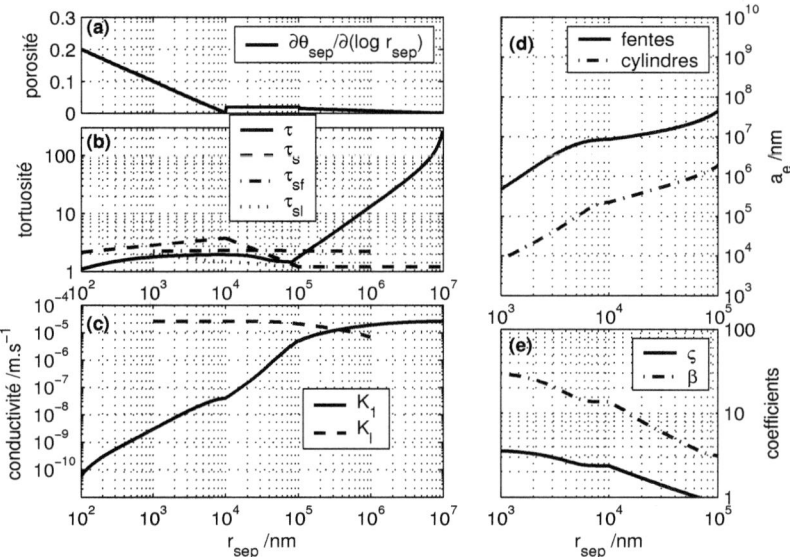

FIG. 4.3 – **Caractéristiques hydrodynamiques du faciès à lutite et limon du substratum**. *Même légende que pour la figure 4.2 sauf qu'ici la porosité est toujours entièrement remplie d'eau, donc $r_l = r_4 = 1$ cm.*

de fente ou de cylindre, illustrée au graphe **(b)**.

TAB. 4.1 – *Granulométrie et spectre de porosité des faciès étudiés pour le transport de solutés.*

| caractéristique | ferralsol lutite majoritaire | substratum lutite et limon | substratum limon majoritaire | substratum sable majoritaire |
|---|---|---|---|---|
| teneur en lutite | 0,87 | 0,46 | 0,35 | 0,23 |
| teneur en limon fin | 0,04 | 0,46 | 0,46 | 0,06 |
| teneur en limon grossier | 0,01 | 0,02 | 0,07 | 0,07 |
| teneur en sable fin | 0,02 | 0,02 | 0,08 | 0,08 |
| teneur en sable grossier | 0,06 | 0,02 | 0,04 | 0,56 |
| pores résiduels $\theta_{res}$ | 0,38 | 0,23 | 0,17 | 0,13 |
| micropores $\theta_{micro}$ | 0,06 | 0,20 | 0,26 | 0,07 |
| forme du spectre de micropores | triangulaire croissant | triangulaire décroissant | triangulaire décroissant | plat |
| mésopores $\theta_{meso}$ | 0,055 | 0,02 | 0,025 | 0,09 |
| macropores $\theta_{macro}$ | 0,075 | 0,015 | 0,03 | 0,10 |
| La forme du spectre de porosité est définie aux équations 1.4a à 1.5b p.172 | | | | |

La surface d'échange $S_e$ déduite du spectre de porosité permet de définir le produit $\varsigma = S_e a_e$ puis le coefficient d'échange $\beta$ (d'après la formulation de Gerke & van Genuchten, [95], illustrés au graphe **(a)**.

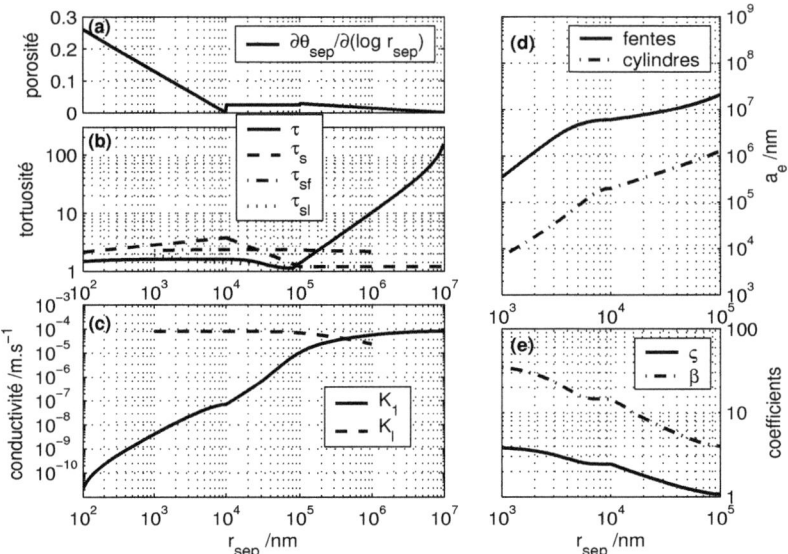

FIG. 4.4 – **Caractéristiques hydrodynamiques du substratum pour le faciès à limon fin majoritaire.** *Même légende que pour la figure 4.3.*

$a_f$ vaut la taille caractéristique des minéraux dont l'agencement primaire crée la porosité fine. Nous verrons plus loin que les pores de taille $r$ sont ménagés ici entre des minéraux de taille $d$ avec $d/r$ valant environ 20. Or l'essentiel de la vitesse de Darcy dans la porosité fine est dû au flux réel d'eau dans la demi-décade de pores les plus grands remplis d'eau, entre $r_{sep}/3$ et $r_{sep}$. Prenons donc $a_f = 20\sqrt{r_{sep}.r_{sep}/3} = 20.r_{sep}\sqrt{3}$.

### 4.3.4 Résultats

**Part de la diffusion, la dispersion et l'advection**

**Valeurs calculées**  Ces résultats sont illustrés aux graphes (**a,b,c**) des figures 4.6 à 4.8.

Le transport par dispersion est légèrement inférieur au transport par advection pour les échanges entre porosité fine et large. Il est inférieur à 1/80 du transport par advection dans la porosité fine ou dans la porosité large.

L'échange de soluté entre les porosités fine et large est essentiellement

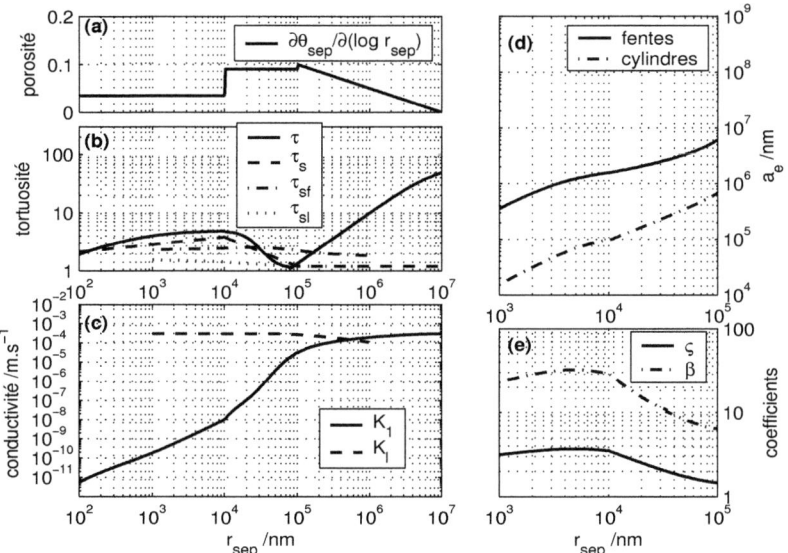

FIG. 4.5 – **Caractéristiques hydrodynamiques du substratum pour le faciès à sable grossier majoritaire.** Même légende que pour la figure 4.3.

dû au phénomène de diffusion. L'advection et/ou la dispersion devient cependant majoritaire entre les pores les plus larges, soit quand la limite entre pores larges et fins est placée au-delà de 30 à 50 $\mu$m pour $H_4SiO_4^o$ ou au-delà de 80 à 200 $\mu$m pour $H^+$.

Le transport dans la porosité large est largement dominé par l'advection ici, où les pores dits "larges" contiennent tous des pores de taille supérieure à 0,1 mm.

Le transport dans la porosité fine est dominé par la diffusion tant qu'ils ne contiennent que des pores de taille inférieure à 0,5 $\mu$m à 15 $\mu$m selon les faciès pour $H^+$ ou de taille inférieure à 0,1 à 1 $\mu$m selon les faciès pour $H_4SiO_4^o$. Puis l'advection devient prépondérante.

**Interprétation** Nous nous sommes placés ici dans la direction du flux hydrique, c'est pourquoi l'advection prime sur la dispersion. La dispersion semble pouvoir être négligée dans chacune des porosités. Cependant, dans les directions transversales, l'advection sera nulle. La dispersion doit être prise en compte car elle prime sur la diffusion pour les pores suffisamment

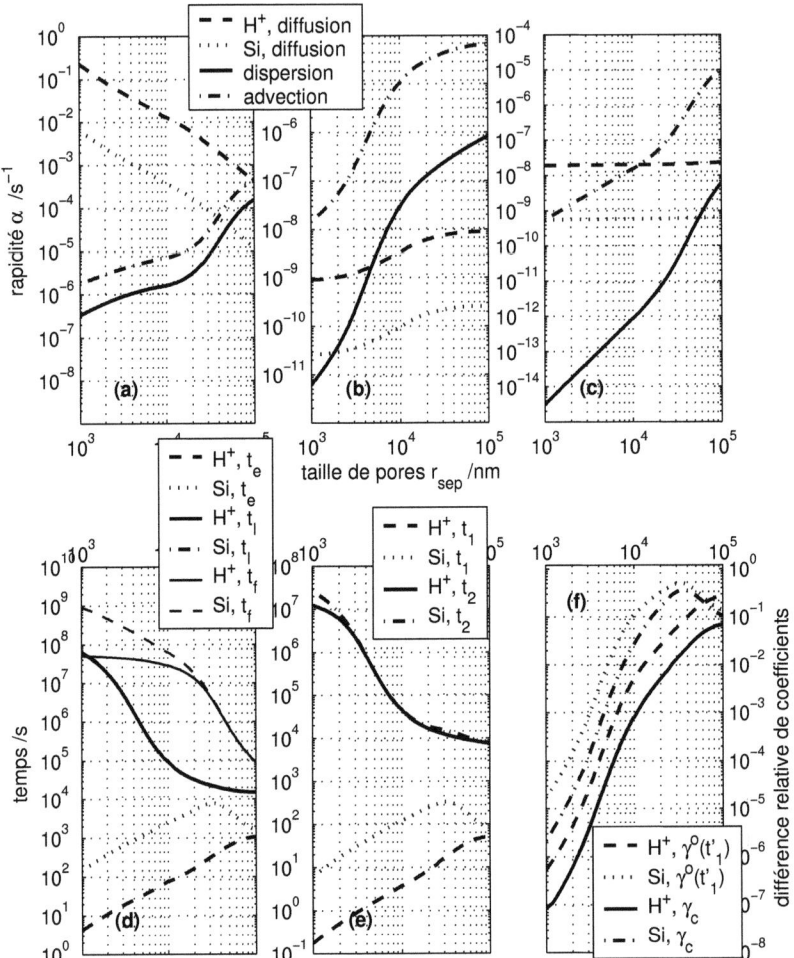

FIG. 4.6 – **Caractéristiques du transport de solutés dans les ferralsols superficiels, pour les ions** $H^+$ **ou** $H_4SiO_4^o$, en fonction de la taille $r_{sep}$ séparant pores fins et larges. **(a,b,c)** Rapidité de la diffusion, la dispersion et l'advection dans les transports **(a)** entre porosité fine et large (équation 4.7f p.276); **(b)** dans la porosité large (équation 4.7d); **(c)** dans la porosité fine (équation 4.7e). **(d)** Temps $t_e$, $t_l$ et $t_f$ caractéristiques pour les 3 transports précédents, définis aux équations 4.7a à 4.7f p.276. Leurs inverses sont respectivement $\alpha_e$, $\alpha_l$ et $\alpha_f$. **(e)** Temps $t_1$ et $t_2$ caractéristiques de l'évolution des concentrations dans la porosité fine et large, définis à l'équation 4.10d p.278. **(f)** Facteurs $\gamma^o$ et $\gamma_c$ définis aux équations 4.11h et 4.11i p.279, déterminent la différence relative des concentrations entre porosité fine et large. $\gamma^o$ est calculé au temps $t'_1$ où il devient inférieur à 0,5 pour tout $r_{sep} < 2.10^5$ nm.

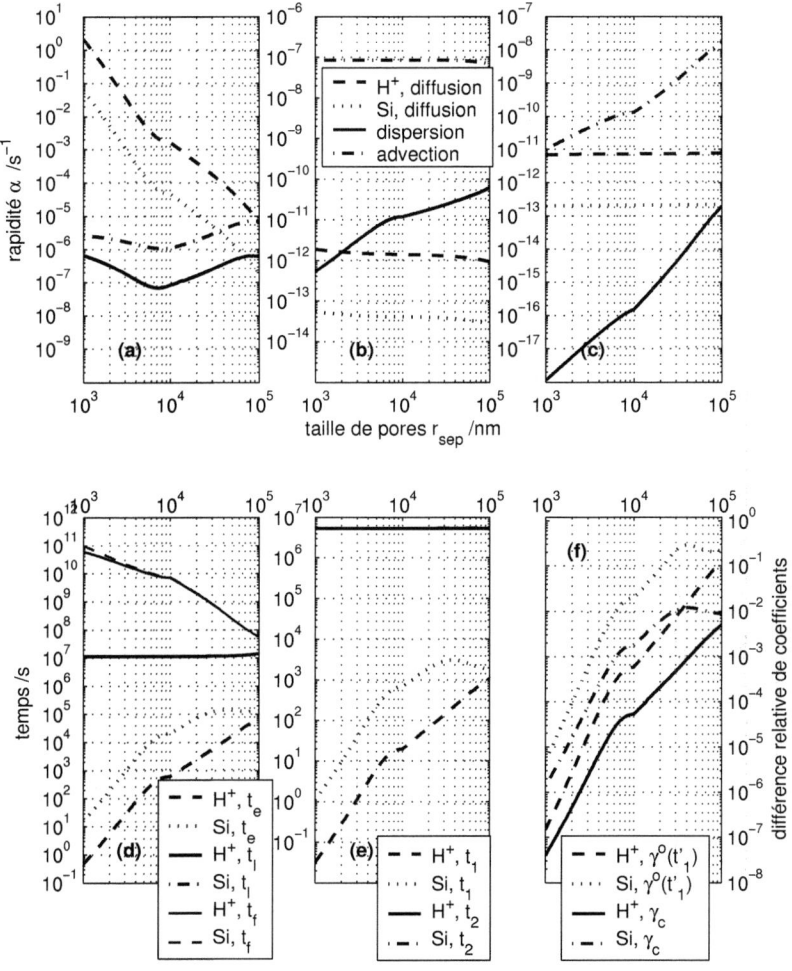

FIG. 4.7 – **Caractéristiques du transport de solutés dans le faciès à lutite et limon du substratum, pour les ions $H^+$ ou $H_4SiO_4^o$.** Même légende que pour la figure 4.6. Les calculs pour le faciès à limon majoritaire ne sont pas illustrés ici ; les résultats sont similaires à cette figure-ci.

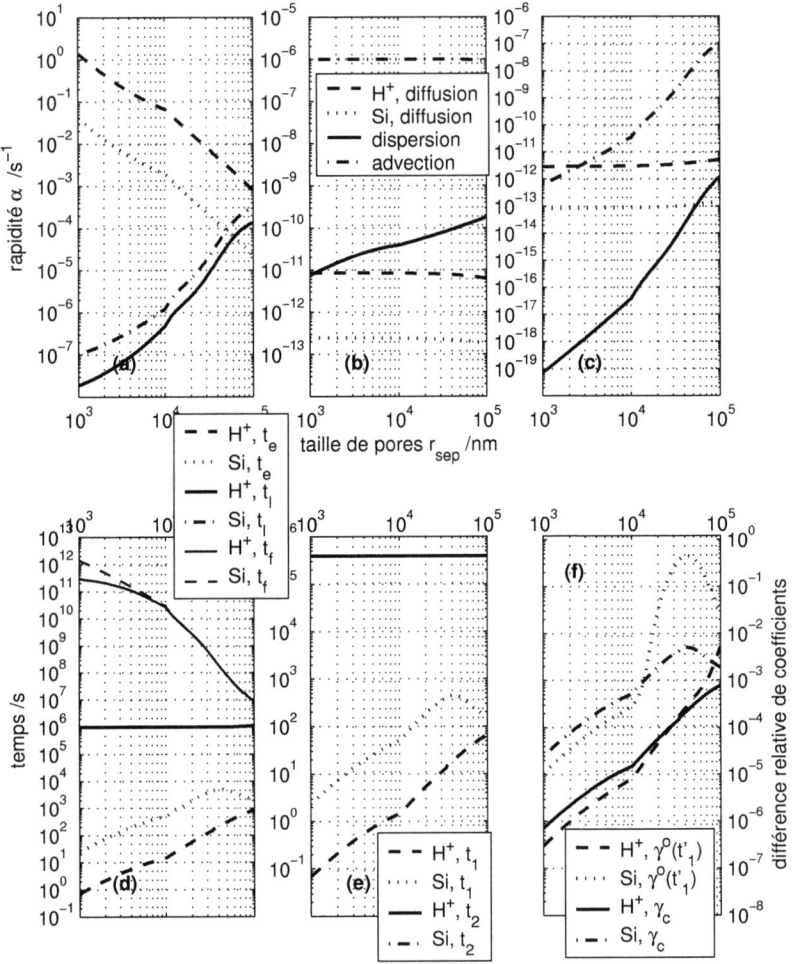

FIG. 4.8 – *Caractéristiques du transport de solutés dans le faciès à sable grossier du substratum, pour les deux ions* $H^+$ *ou* $H_4SiO_4^o$. *Même légende que pour la figure 4.6.*

larges.

Les résultats donnés ici montrent que dans ces sols, les échanges entre pores fins et larges ne se font pas seulement par diffusion, mais aussi par advection et dispersion, quand la limite entre pores fins et larges est à une taille suffisante. La loi d'échange classique, où ne figure que le phénomène de diffusion, sous-estimerait les échanges entre les pores de taille supérieure à 0,04 mm et la matrice du sol. Pour les macropores, s'y ajoute encore le transport de soluté par écoulement turbulent, soit une dispersion renforcée, que nous n'avons pas cherché à quantifier ici.

**Temps caractéristiques des différents transports**

**Résultats** Ces résultats sont illustrés au graphe **(d)** des figures 4.6 p.284 à 4.8.

Le transport entre les pores fins et larges est toujours le plus rapide ici : $t_e < t_l$ et $t_e < t_f$. Il est au moins 100 fois plus rapide dans le substratum sableux, 10 fois plus rapide dans le substratum à dominante fine (lutite et/ou limon), et au moins 3 fois plus rapide dans le ferralsol superficiel moyen.

Le transport dans les pores larges est plus rapide que celui dans les pores fins dès que tous les pores dits larges sont de taille supérieure à 1,2 $\mu$m pour $H^+$ ou 0,1 $\mu$m pour $H_4SiO_4^o$.

**Interprétation** L'échange de solutés entre les deux porosités est plus rapide que les transports de solutés dans chacune des porosités. Ceci provient d'une plus faible distance sur laquelle ont lieu les variations de concentration. On s'attend donc à une homogénéisation relativement rapide des concentrations entre pores fins et larges, que nous allons préciser.

**Domaine de variation de la taille $r_{sep}$ de séparation entre pores larges et fins**

L'analyse chimique de l'eau "des pores larges" donnée en Partie I concerne l'eau recueillie dans des lysimètres après une pluie. On considère que de l'eau lysimétrique est recueillie quand la pression matricielle excède $-30$ kPa ; elle provient donc essentiellement des pores de taille supérieure à $r_{sep} = 10^{3,7}$ nm, soit des méso- et macropores.

Par ailleurs, les temps d'homogénéisation calculés ici pour $r_{sep}$ dans le domaine des macropores sont surestimés car nous n'avons pas quantifié le mélange turbulent de l'eau des macropores.

Nous nous focaliserons donc ici sur les temps d'homogénéisation des concentrations obtenus pour $r_{sep}$ variant de $10^3$ à $2.10^5$ nm. Ces valeurs entourent la limite lysimétrique précitée et excluent les temps surestimés d'homogénéisation de l'eau des macropores.

### Formulation simplifiée de l'évolution des concentrations

**Hypothèse**  Plaçons-nous dans les cas où le temps caractéristique d'échange entre les deux porosités $t_e$ est nettement plus rapide que les temps caractéristiques de transport dans chaque porosité $t_l$ et $t_f$. Autrement dit, l'inverse $\alpha_e$ de $t_e$ est grand devant les inverses $\alpha_l$ ou $\alpha_f$ de $t_l$ ou $t_f$.

**Concentrations au régime permanent**  La différence $|c_l^\infty - c_f^\infty|$ entre les concentrations au régime permanent devient alors petite devant la différence entre ces concentrations d'entrée dans le système $|c_l^o - c_f^o|$, d'après les équations 4.11a à 4.11i p.278.

**Temps $t_1$ et $t_2$**  Les temps $t_1 < t_2$ définis à l'équation 4.10d p.278 déterminent l'évolution des concentrations $c_l(t)$ et $c_f(t)$ donnée à l'équation 4.10a p.277. Ils valent alors :

$$\frac{1}{t_1} = \left(\frac{1}{\theta_{wf}} + \frac{1}{\theta_{wl}}\right)\frac{1}{t_e} \quad \text{et} \quad \frac{1}{t_2} = \frac{1}{\theta_{wf} + \theta_{wl}}\left(\frac{1}{t_l} + \frac{1}{t_f}\right) \qquad (4.12)$$

Ces égalités ont été obtenues en faisant un développement limité en $\alpha_l/\alpha_e$ et $\alpha_f/\alpha_e$ dans les expressions de $\alpha_1$ et $\alpha_2$. $t_1$ est proche du temps $t_e$ multiplié par la plus petite teneur en eau parmi $\theta_{wl}$ et $\theta_{wf}$. $t_2$ est proche du plus petit temps parmi $t_l$ et $t_f$, multiplié par la teneur totale en eau ($\theta_{wl} + \theta_{wf}$).

L'évolution des concentrations $c_l$ et $c_f$ peut alors s'interpréter comme suit. Ces concentrations s'homogénéisent d'abord en un temps $t_1$ par échange entre les deux porosités. Puis elles évoluent conjointement en un temps $t_2$ pour atteindre le régime permanent sous l'effet du transport le plus rapide, dans la porosité fine et/ou dans la porosité large. Si ces deux transports sont aussi rapides, ils s'ajoutent. Si l'un de ces transports est lent, cette lenteur est court-circuitée par le transport dans l'autre porosité puis l'échange rapide entre les porosités.

### Résultats sur les temps d'évolution $t_1$ et $t_2$

Revenons aux résultats numériques des figures 4.6 à 4.8 pp.284 et suivantes. Les temps d'évolution $t_1$ et $t_2$ déterminant l'évolution des concentrations $c_l(t)$ et $c_f(t)$ sont au graphe **(e)**.

Le temps $t_2$ d'établissement du régime permanent est élevé. Il vaut $4.10^5$ à $6.10^6$ s dans le substratum, soit 4,6 à 69 jours. Il vaut $9.10^3$ à $3.10^7$ s dans le ferralsol superficiel, soit de 2 h 30 min à 347 jours, durée supérieure à l'intervalle entre deux pluies consécutives.

Le temps $t_1$ d'échange entre les deux porosités est relativement court. Il est partout nettement inférieur à $t_2$. Il est inférieur à 1 h 20 min.

### Résultats sur les différences relatives maximales $\gamma^o$ et $\gamma_c$

Rappelons que $\gamma_c$ est la différence maximale entre les coefficients des flux ou retraits de soluté dans les expressions de $c_l(t)$ et $c_f(t)$. $\gamma^o(t)$ est cette même différence pour les coefficients des concentrations initiales et entrantes $c_l^o$ et $c_f^o$. Ils sont illustrés aux graphes **(f)** des figures 4.6 à 4.8 pp.284 et suivantes.

$\gamma_c$ est toujours inférieur à $1/2$ dans le ferralsol superficiel et inférieur à $1/50$ dans le substratum.

$\gamma^o$ a été tracé au temps $t'_1$ défini pour que $\gamma^o(t'_1)$ soit toujours inférieur à $1/2$. Les valeurs de $t'_1$ sont récapitulées au tableau 4.2.

Ainsi, à partir du temps $t'_1$, la différence de concentrations est inférieure à la moitié de la moyenne arithmétique de ces concentrations :

$$\text{En } t > t'_1, \quad |c_l(t) - c_f(t)| < \frac{1}{4}(c_l(t) + c_f(t)) \quad (4.13a)$$

Les concentrations, en particulier celle en $H^+$, s'expriment souvent en échelle logarithmique. La propriété précédente s'énonce aussi :

$$\text{En } t > t'_1, \quad \left|\log\left(\frac{[H_4SiO_4^o]_l}{[H_4SiO_4^o]_f}\right)\right| < 0{,}22 \quad \text{ou} \quad |pH_l - pH_f| < 0{,}22 \quad (4.13b)$$

TAB. 4.2 – Temps $t'_1$ d'homogénéisation des concentrations entre pores fins et larges ; taille $r^1_{sep}$ séparant ces pores

| faciès caractéristique | pour $H^+$ | | pour $H_4SiO_4^o$ | | figure |
|---|---|---|---|---|---|
| | $t'_1$ | $r^1_{sep}$ | $t'_1$ | $r^1_{sep}$ | |
| ferralsol superficiel | 11 min | > 0,1 mm | 1 h | 35 µm | 4.6 p.284 |
| substratum lutite limon | 3 h | > 0,1 mm | 4 h 20 | 40 µm | 4.7 p.285 |
| substratum limon maj. | 55 min | > 0,1 mm | 1 h 50 | 35 µm | / |
| substratum sableux | 7 min 30 | > 0,1 mm | 13 min | 40 µm | 4.8 p.286 |

$t_1$ est défini à l'équation 4.10d p.278 ;
son maximum est pour la taille $r^1_{sep}$ séparant pores larges et fins.
$t'_1$ est le plus petit temps pour lequel $\gamma^o(t) < 0,5$ pour tout $r_{sep} \leqslant 0,2$ mm,
où $\gamma^o(t)$ est défini à l'équation 4.11h p.279.

**Temps d'homogénéisation des concentrations** La valeur maximale du temps $t_1$ pour les différentes valeurs de la taille $r_{sep}$ séparant pores fins et larges donne une indication sur la durée de l'homogénéisation des concentrations entre les deux porosités.

Le temps $t'_1$ défini précédemment précise cette durée. Il varie entre 7 minutes et 3 h pour l'ion $H^+$, ou entre 13 minutes et 4 heures 20 pour l'ion $H_4SiO_4^o$.

L'homogénéisation des concentrations entre les pores des différentes tailles dure donc d'une dizaine de minutes à quelques heures.

**Taille pertinente de séparation entre pores larges et fins**

La taille pertinente de séparation entre pores larges et fins se situe où l'homogénéisation des concentrations de part et d'autre de cette taille est la plus lente.

Cette taille est la séparation entre pores larges et fins au sens du transport des solutés. Elle se situe là où $t_1$ est maximum. Elle dépend donc à la fois du sol et de l'ion transporté. Elle varie entre 30 et 40 µm pour $H_4SiO_4$ ici. Pour l'ion $H^+$, $t_1$ est croissant jusqu'à la taille maximale de $r_{sep}$ soit 1 mm, mais atteindrait probablement un maximum local avant, si nous avions quantifié le mélange de soluté dû à l'écoulement turbulent dans les macropores.

Remarquons que pour $H_4SiO_4^o$, $t_1$ est maximum ici à une taille proche de celle où l'échange entre les deux porosités se fait autant par diffusion que par advection-dispersion, quand on compare les graphes **(a)** et **(e)** des figures 4.6 à 4.8 pp.284 et suivantes. Il en serait probablement de même pour $H^+$, vers de 80 à 200 $\mu$m, si on avait quantifié le mélange turbulent dans les macropores.

### 4.3.5 Conclusion

Cette application numérique du modèle de transport de soluté à deux concentrations dans une porosité simple nous permet de dégager les résultats suivants :
- L'homogénéisation des concentrations entre pores fins et larges est relativement rapide ; elle varie entre une dizaine de minutes et quelques heures selon le coefficient de diffusion de l'ion transporté et les caractéristiques hydrodynamiques du sol.
- La séparation entre pores fins et larges au sens du transport de solutés est autour de la limite (100 $\mu$m) entre mésopores et macropores. Elle varie ici entre 30 et environ 200 $\mu$m, en fonction des paramètres listés au tiret précédent.
- L'échange de solutés entre porosité fine et large se fait autant par diffusion que par advection, quand on place la séparation entre pores larges et fins à la limite pertinente précédente. L'introduction, dans cette thèse, des échanges par dispersion et advection est donc utile.

Rappelons que l'équilibrage des pressions par transfert d'eau de la macroporosité vers les pores plus fins, d'après le modèle de double porosité dérivé de Darcy, dure du centième à une quinzaine de secondes. Il est donc bien instantané, par rapport au transport de soluté dans l'eau porale une fois connectée.

Rappelons aussi que l'équilibrage des concentrations dans la porosité ne s'effectuera qu'après établissement d'un régime permanent pour les réactions biogéophysicochimiques apportant ou retirant des solutés depuis la phase solide ou gazeuse ou l'interface solide-liquide du sol.

### 4.3.6 Confrontation à des expériences

**Taille pertinente de séparation pores fins/larges**

La taille de séparation entre pores larges et fins définie par notre calcul, pertinente du point de vue du transport de solutés, est en accord avec les conclusions d'autres auteurs (Schwarz et al., 2000 [192] et ceux qu'il cite en page 154).

Ces auteurs ont montré que tant que les pores de taille supérieure à 0,15 mm restent secs, les expériences de circulation de solution avec traceur non réactif peuvent être modélisées avec un modèle de simple porosité à une seule concentration. Le recours à un modèle à deux concentrations n'améliore pas le calage entre modèle et mesures.

**Comparaison des concentrations dans les deux porosités des ferralsols étudiés**

L'eau libre récoltée dans les lysimètres provient essentiellement des méso-macropores. L'eau matricielle que nous avons extraite avec une marmite à pression provient des micropores (extraction à 15 bars soit 1,5 MPa soit $r \geqslant 0{,}1\,\mu\mathrm{m}$) ou des pores résiduels les plus larges (extraction à 70 bars soit $r \geqslant 20\,\mathrm{nm}$).

Les deux extractions successives d'eau matricielle donnent des compositions très proches sur les figures pp.147 et 146 (sur la figure p.146, les deux eaux extraites successivement pour le sol prélevé à 25 cm de profondeur ont des compositions si proches que, sur la figure, les croix se superposent). Cela est cohérent avec les calculs faits ici, qui donnent un temps d'équilibrage des concentrations très bref entre micropores et pores résiduels.

La composition de l'eau libre et de l'eau matricielle sont nettement différentes, en particulier le pH et la teneur en silicium sont significativement plus élevés dans l'eau matricielle. Le temps de séjour de l'eau libre dans le sol, entre la surface du sol et la récolte dans les lysimètres entre 10 et 150 cm de profondeur, varie entre quelques heures et quelques jours. L'équilibrage des concentrations entre porosité fine et large devrait donc avoir le temps de se faire, surtout celui concernant le pH, selon le modèle développé ici.

Le modèle de transport de solutés dans une porosité simple à deux concentrations surestime donc la vitesse des échanges entre porosité fine et large.

## Mesures sur d'autres sols

La littérature montre de nombreuses évidences de composition différente entre l'eau libre et l'eau matricielle.

L'extraction de la solution aqueuse du sol peut se faire par plaques ou bougies poreuses reliées à un système d'aspiration. La dépression exercée, environ 60 kPa d'après Marquès *et al.* [148], permet d'extraire l'eau des pores de taille supérieure à 0,5 $\mu$m. Il s'agit d'une part importante des micropores, ajoutés aux méso-macropores éventuellement remplis d'eau. La composition de cette eau diffère déjà énormément de celle récoltée dans les lysimètres (sans aspiration), qui ne provient que des méso-macropores, selon la revue de Marques *et al.* [148].

L'extraction de la solution aqueuse des pores plus fins peut s'effectuer dans une marmite à pression, comme nous l'avons fait ici, où nous avons atteint une pression d'extraction de 70 bars, ce qui a permis d'évacuer l'eau des pores de taille supérieure ou égale à 20 nm. De telles extractions sont rares ; on peut cependant signaler par exemple celle de Mizele en 1984 citée par Valles *et al.* [220], qui a atteint 140 bars.

L'extraction d'eau porale peut se faire par distillation : on ne peut pas mesurer alors les teneurs en solutés, mais on peut mesurer les caractéristiques isotopiques de l'oxygène de l'eau.

Ainsi Coulomb *et al.* [68] [67] montrent une teneur en $^{18}O$ significativement différente entre l'eau porale du sol extraite par distillation, qui exclut l'eau des pores les plus larges car elle s'échappe de la motte de sol lors de son prélèvement, et l'eau extraite par bougies poreuses, qui exclut celle des pores les plus fins. Ces deux teneurs diffèrent aussi de celle de l'eau de pluie, ce qui leur permet de quantifier la part d'eau de pluie neuve et d'eau porale ancienne dans l'eau libre circulant juste après une pluie, récoltée dans un drain.

De même Curmi *et al.* [74] rechargent en eau, plus pauvre en $^{18}O$ que la pluie, des parcelles cultivées assez sèches, en octobre. L'eau porale des mottes reste proche de cette composition isotopique, 5 mois plus tard, surtout celle des mottes les moins macroporeuses ; en une telle durée, la diffusion entre porosité large et fine n'a que partiellement réalisé le mélange attendu entre eau porale et eau d'infiltration.

**Conclusion**

Le remplissage en eau de la porosité fine et l'équilibrage des concentrations entre les deux porosités, prédits par les modèles classiques d'échanges entre deux porosités, sont donc beaucoup plus rapides que ce que montrent les observations.

Nous ne remettons pas en cause ici le calcul de transport de solutés, où les phénomènes d'advection-diffusion-dispersion ont soigneusement été pris en compte, y compris les effets induits par la tortuosité du sol. Nous remettons en cause le modèle d'hydrodynamique dans une porosité simple, comme nous l'avons écrit en fin du chapitre précédent.

L'introduction du rôle de la phase gazeuse du sol (en partie III) explique un ralentissement du remplissage en eau complet de la porosité fine. Le ralentissement des échanges de solutés en sera alors une conséquence, l'eau porale restant durablement cloisonnée par la phase gazeuse du sol.

# Chapitre 5

# Biogéochimie : généralités

Nous présentons ici les équilibres et déséquilibres biogéochimiques pour les minéraux, la matière organique et la solution du sol. Nous calculons alors les temps caractéristiques d'équilibrage entre chaque minéral présent et la solution du sol.

Nous interprétons au chapitre suivant, en utilisant ces données thermodynamiques et cinétiques, la composition des eaux en lien avec celle du sol solide à partir des données présentées en partie I.

## 5.1 Modèles numériques de géochimie existants

Nous n'avons pas mené ici de modélisation géochimique. Divers modèles géochimiques ont cependant été examinés avec attention, afin d'examiner la faisabilité d'une telle modélisation ou d'utiliser leur base de données thermodynamiques.

KINDIS est développé par le Centre de Géochimie de la Surface, de l'Université Louis Pasteur de Strasbourg, par l'équipe de B. Fritz, dont B. Madé [145], avec l'assistance technique de A. Clément. KINDIS modélise les réactions chimiques entre solution du sol et de très nombreux minéraux, en particulier de très nombreuses argiles possibles. Il tient compte de la vitesse des réactions lentes (dissolutions et précipitations minérales). Il ne tient pas compte de la matière organique. Il ne modélise pas les réactions entre nitrates et nitrites ; dans ce modèle, N de $NO_3^-$ ou $NO_2^-$ est considéré comme étant un autre élément chimique que N de $NH_3$ ou $NH_4^+$.

Il considère que toute la porosité du sol est remplie d'eau. Une version dynamique, appelée KIRMAT, développée par F. Gérard [93], couple ces réactions chimiques avec du transport selon une direction.

D'autres modèles géochimiques, couplés à un modèle de transport, ont été développés, comme par exemple celui de Lichtner [135] et celui de Ruiz et al. [185], où le transport est dans une seule direction, les phases gazeuses y sont traitées, tandis que la matière organique dissoute n'est pas prise en compte explicitement. Le modèle de Lichtner affine la description des fronts réactifs en introduisant des surfaces de discontinuités. Le modèle de Ruiz et al. comporte, en plus du transport de solutés par advection-dispersion-diffusion et du transport de solvant par la loi de Darcy, un terme de transport de solvant sous l'effet des gradients de concentration en solutés (transport osmotique).

Le modèle VMINTEQ [109], version utilisable sous Windows du logiciel MINTEQA2 [88], introduit actuellement la matière organique en solution. La notice de juin 2001 dit qu'il est possible de l'utiliser pour de la matière organique ayant plusieurs types de sites réactifs, chacun muni d'un pKa différent. J'ai cherché à utiliser cette possibilité pour affiner le calcul de spéciation précédemment effectué par Cornu avec un seul type de site réactif [65], mais sans succès.

## 5.2 Équilibres chimiques dans la solution du sol

Nous nous intéressons ici aux composants majeurs des minéraux présents (aluminium et silicium) et à la matière organique dissoute. Nous supposons les réactions chimiques internes à la solution du sol instantanées devant les réactions à l'interface solution du sol - phase solide du sol.

### 5.2.1 Activité des ions en solution dans la porosité du sol

L'activité chimique de l'eau et des solutés, dans l'eau porale, sont légèrement modifiés. En effet, les forces de capillarité "tendent" l'eau porale et la rendent légèrement moins disponible pour les réactions chimiques, selon Bourrie et Pedro [36] puis Valles *et al.* [220]. Si $a_i$ et $a_i^o$ sont l'activité d'un soluté dans une solution de composition donnée, où il règne respectivement les pressions $P^o$ (eau à pression atmosphérique) ou $P_{eau}$ (eau porale), elles sont reliées ainsi :

$$\frac{a_i}{a_i^o} = \exp\left(\frac{(P^o - P_{eau})(V_i + n_w V_w)}{RT}\right) \quad (5.1)$$

$V_i$ est le volume partiel molaire de l'espèce $i$ ; le terme correspondant traduit la contribution de l'espèce $i$ à l'énergie qu'il faut exercer pour extraire la solution de la porosité. $V_w$ est le volume molaire de l'eau et $n_w$ est le nombre d'hydratation de l'espèce $i$ ; le terme correspondant traduit l'énergie supplémentaire nécessaire à l'espèce $i$ pour s'hydrater du fait que l'eau porale est liée. $R$ est la constante des gaz parfaits et $T$ la température absolue (en $^o$K).

De même, l'activité de l'eau elle-même est modifiée, par le facteur $\exp((P_{eau} - P^o)V_w/(RT))$.

Ces facteurs modifiant les activités chimiques sont significativement différents de 1 seulement sur sol très sec, quand $P_{eau}$ est inférieur à $-1,5$ MPa. Sur sol aussi sec, ils peuvent déplacer les équilibres géochimiques, comme le montrent Tardy, Trolard et Novikoff [213] [206]. Sur les sols étudiés, à saison sèche peu marquée, les pores résiduels restent remplis d'eau, $P_{eau}$ ne s'abaisse jamais autant. La dépendance de l'activité du solvant et des solutés en fonction de la pression régnant dans l'eau du sol est donc négligeable ici.

Par ailleurs, les solutions étudiées restant très diluées, nous remplacerons l'activité des solutés par leur concentration (notée entre crochets), et l'activité de l'eau et des solides par 1.

### 5.2.2 Spéciation du silicium en solution

Les pKa de la silice dissoute sont 9,82 et 12,2. Ainsi, en milieu acide ou neutre (pH< 9) la silice en solution est principalement sous forme $H_4SiO_4$ dissous noté $H_4SiO_4^o$. En milieu plus basique, non rencontré ici, la forme dissoute prépondérante devient $H_3SiO_4^-$ puis $H_2SiO_4^{2-}$.

La silice en solution n'a pas de propriétés oxydo-réductrices. Elle ne se complexe pas avec la matière organique ; ceci est confirmé, pour les eaux de sources et rivières étudiées ici, par les résultats d'Eyrolle présentés en p.152.

## 5.2.3 Spéciation de l'aluminium en solution

L'ion $Al^{3+}$ est un polyacide, de pKa successifs donnés au tableau suivant. Ainsi, en l'absence de ligands organiques, la forme majoritaire d'aluminium monomère en solution sera $Al^{3+}$ pour les pH inférieurs à 4,9 voire 4,5 puis $Al(OH)^{2+}$ ou $Al(OH)_2^+$, selon les auteurs, pour les pH entre 5,1 et 6,2.

TAB. 5.1 – *pKa de l'aluminium en solution selon divers auteurs*

| pKa | $Al^{3+}$ / $Al(OH)^{2+}$ | $Al(OH)^{2+}$ / $Al(OH)_2^+$ | $Al(OH)_2^+$ / $Al(OH)_3^o$ | $Al(OH)_3^o$ / $Al(OH)_4^-$ |
|---|---|---|---|---|
| Bourrié et al. [35] | 5 | 5,6 | 6,3 | 6,9 |
| Castet et al. [53] | 4,6 | 5,7 | 5,2 | 7,2 |
| modèle KINDIS [145] | 5 | 4,8 | 6,45 | 7,06 |
| modèle VMINTEQ [109] | 5 | 5,1 | 6,7 | 5,9 |

Nous venons de parler d'aluminium monomère en solution, car il existe aussi dans les eaux de certains sols de l'aluminium en solution sous forme ionique polymère, à 2, 3 ou souvent 13 atomes d'aluminium, $Al_{13}O_4(OH)_{24}^{7+}$, dit "$Al_{13}$". Cet $Al_{13}$ est en quantité importante dans les eaux de pH 5 à 8 d'après Bourrié [34], ou 4 à 6,5 d'après Masion et al. [150], quand la teneur en ligands organiques est suffisamment faible. Bourrié a décelé de l'$Al_{13}$ pour des teneurs en carbone organique dans l'eau de 0,25 à 0,5 mmol.l$^{-1}$ [35] tandis que Masion et al. montrent que des teneurs en COD de 0,6 mmol.l$^{-1}$ ou supérieurs hydrolysent l'$Al_{13}$ et complexent l'aluminium monomère. Les formes polymères de l'aluminium dissous ne sont pas prises en compte par les logiciels VMINTEQ ou KINDIS cités précédemment.

## 5.2.4 Le fer

Nous n'avons pas dans cette thèse cherché à expliquer la dynamique du fer dans le profil. En effet, cette thèse se focalise sur les constituants principaux du sol, soit le silicium et l'aluminium, dans l'optique d'expliquer et prédire l'évolution morphologique des versants. De plus, nous disposons de données de teneur en fer, mais quasiment pas de données de potentiel d'oxydo-réduction, ce qui ne permet pas de déterminer le degré d'oxydation du fer présent.

Notons seulement qu'aux pH rencontrés dans l'eau du sol, le fer libre en solution est essentiellement sous forme Fe(OH)$^{2+}$, selon Cornu [65].

### 5.2.5 Complexation des métaux par la matière organique dissoute

La réaction de complexation entre aluminium et matière organique en solution peut s'écrire de façon simplifiée ainsi :

$$Al^{3+} \; + \; Ligand^{(3-n)-} \; <-> \; Ligand\text{-}Al^{n+}$$
$$\text{avec} \quad 4 \leqslant \log(K_C) \leqslant 6 \quad \text{et} \quad 0 \leqslant n \leqslant 3 \tag{5.2}$$

## 5.3 Réactions à l'interface solide/liquide du sol

### 5.3.1 Réactions de dissolution/précipitation des minéraux présents

Nous donnons ici les constantes des réactions à pression ambiante et température 25$^o$C [65].

**La silice**

La dissolution/précipitation de silice obéit à la réaction suivante :

$$SiO_2 \; + \; 2H_2O \quad <-> \quad H_4SiO_4^o \tag{5.3}$$

La forme prépondérante de silice rencontrée ici est le quartz. D'autres formes cristallines sont présentes, opale (qui constitue les phytolithes) selon Alexandre *et al.* [4], ainsi que de la silice amorphe dans les horizons Bh des podzols selon Cornu [65]. La forme cristalline allophane n'a pas été mise en évidence dans le sol ; elle est absente en tous cas dans les eaux de source d'après Eyrolle [86].

Pour ces différentes formes de silice, la constante de dissolution/précipitation diffère :

- quartz $pK_D = 4$, valeur usuelle retenue par exemple par C. Grimaldi [104] ou Rimstidt en 1980 [184] ; mais selon Rimstidt en 1997 [183], la solubilité du quartz serait plus grande, avec $pK_D = 3{,}7$.
- silice amorphe $pK_D = 2{,}7$ selon C. Grimaldi [104].
- opale $pK_D = ??$

A pression et température ambiante, le quartz se dissout mais ne cristallise pas, la barrière énergétique de formation du quartz étant trop élevée. Il peut donc y avoir en solution sursaturation par rapport au quartz, jusqu'à atteindre la sursaturation avec un autre minéral (par exemple une autre forme de silice ou de la kaolinite ...) qui peut précipiter.

En milieu acide ou neutre (pH< 9) la silice en solution est principalement sous forme $H_4SiO_4^o$ ; la solubilité des minéraux siliceux ne dépend alors pas du pH. Elle vaut ainsi $10^{-4}$ mol.l$^{-1}$ pour le quartz si on considère son $pK_D$ égal à 4. La solubilité des minéraux siliceux est par ailleurs indépendante du potentiel oxydo-rédox et de la teneur en ligands organiques.

**La kaolinite**

La dissolution/précipitation de la kaolinite pure obéit à la réaction suivante :

$$\frac{1}{2}Si_2Al_2O_5(OH)_4 + 3H^+ \quad <-> \quad H_4SiO_4^o + Al^{3+} + \frac{1}{2}H_2O \quad (5.4)$$

La constante de dissolution vaut $pK_D = -3{,}7$ (valeur moyenne selon C. Grimaldi [105]). La solubilité de la kaolinite augmente avec l'acidité de la solution. La dissolution de kaolinite conduit à une solution où le rapport Si/Al vaut 1.

Par souci de simplicité et parce que la spéciation du fer n'est pas étudiée ici, nous considérons la réaction d'une kaolinite pure, alors que les kaolinites du profil sont substituées à 1,6% en fer, d'après Lucas [137].

Il peut éventuellement y avoir formation d'imogolite (minéral où Si/Al vaut 0,5), dans les horizons Bh des podzols où de la silice amorphe a été détectée.

## La gibbsite

La dissolution/précipitation de gibbsite pure ou de Al(OH)$_3$ amorphe suit la réaction suivante :

$$Al(OH)_3 + 3H^+ \quad <-> \quad Al^{3+} + 3H_2O \quad (5.5)$$

Ces dissolutions sont donc elles aussi favorisées en milieu acide. La constante de dissolution pK$_D$ vaut -8,2 pour la gibbsite selon Trolard et Tardy [213] et -9,9 pour la forme amorphe selon C. Grimaldi [104].

### Récapitulatif des équilibres Silicium-Aluminium en fonction du pH

La figure 5.1 récapitule ces équilibres à température 25$^o$C et pression atmosphérique. Notons que l'équilibre quadruple quartz-kaolinite-gibbsite-solution n'existe pas. Seuls les équilibres triples quartz-kaolinite-solution ou kaolinite-gibbsite-solution existent. La présence conjointe des trois minéraux provoque la dissolution du quartz et de la gibbsite et leur remplacement par de la kaolinite jusqu'à épuisement de l'un d'entre eux. Les autres formes de la silice subissent le même sort que le quartz, tout en se dissolvant plus vite et jusqu'à des solubilités plus grandes.

Le tableau 5.2 donne la part d'Al$^{3+}$ parmi l'aluminium monomère dissous total. Il donne également la solubilité de quelques minéraux, en présence d'une solution diluée. Ces calculs simples ont été réalisés à quelques pH caractéristiques des eaux rencontrées ici, sans tenir compte d'interactions éventuelles entre les différents éléments dissous.

TAB. 5.2 – *Spéciation de l'aluminium et solubilité des gibbsites et kaolinites.*

| pH | 3,5 | 4 | 4,5 | 5 | 6,5 |
|---|---|---|---|---|---|
| rapport $[Al^{3+}]/[Al_{1tot}]$ | 0,97 | 0,90 | 0,73 | 0,40 | $5.10^{-4}$ |
| solubilité gibbsite (/mol.l$^{-1}$) | $10^{-2,3}$ | $10^{-3,8}$ | $10^{-5,16}$ | $10^{-6,8}$ | $10^{-11,3}$ |
| solubilité kaolinite (/mol.l$^{-1}$) | $10^{-3,4}$ | $10^{-4,15}$ | $10^{-4,83}$ | $10^{-5,45}$ | $10^{-6,95}$ |
| $Al_{1tot}$ désigne l'aluminium monomère total dissous. | | | | | |
| Les pKa successifs de l'aluminium monomère en solution utilisés sont : 5 ; 5,3 ; 6,2 ; 6,8. Ils sont issus de la moyenne des différents pKa listés au tableau 5.1. | | | | | |

Nous noterons que la solubilité de la gibbsite et de la kaolinite décroissent quand le pH augmente. La gibbsite a une solubilité respecti-

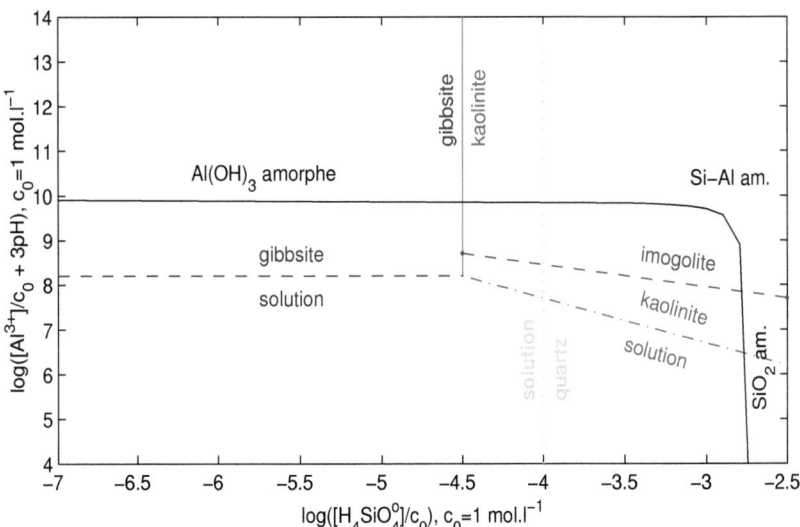

Fig. 5.1 – *Équilibres thermodynamiques pour Al et Si en solution aqueuse*, d'après C. Grimaldi et al. [104].

vement plus grande, égale ou plus petite que la kaolinite, dans les trois domaines de pH croissants limités par les pH 4,5 et 5.

**La goethite et l'hématite**

Les minéraux à base de fer observés dans le profil sont la goethite (FeOOH) et l'hématite ($Fe_2O_3$). Ce sont respectivement un oxy-hydroxyde et un oxyde ferriques. Le fer y est sous le degré d'oxydation III. Aucun minéral ferreux (Fer II) n'a été détecté, mais il peut très bien en exister dans la nappe phréatique. La mise en évidence de minéraux ferreux nécessite de prélever des échantillons de sol à l'abri de l'oxygène de l'air, selon Bourrié et al. [33], protocole qui n'a pas été mis en oeuvre sur ces profils.

## 5.3.2 Vitesse des réactions de dissolution ou précipitation

### Le quartz : synthèse bibliographique

Le quartz se dissout lentement, un à deux ordres de grandeur plus lentement que les autres silicates. Sa vitesse de dissolution dépend du pH, ainsi que de la présence de cations et de matière organique. En effet, le bilan de la réaction de dissolution du quartz ne fait intervenir que de l'eau, mais lors du processus réactif, des étapes intermédiaires peuvent être catalysées ou inhibées par divers solutés.

La vitesse de dissolution est exprimée ainsi :

$$\frac{dn_{Si}}{dt} = -k_D S \left(1 - \frac{Q_D}{K_D}\right) \quad (5.6)$$

$n_{Si}$ est le nombre de moles de Si sous forme de cristal de quartz, $S$ est la surface réactive de quartz présent. $Q_D$ et $K_D$ sont les produits ioniques d'activité de la réaction de dissolution du quartz (équation 5.3 p.299), respectivement en l'état considéré ou à l'équilibre. La solution est sous-saturée par rapport au quartz si et seulement si $Q_D/K_D < 1$ ; la dissolution peut alors avoir lieu.

$k_D$ est la constante cinétique apparente de la réaction de dissolution. Sa valeur dépend de la température et de la composition de la solution aqueuse dans laquelle le quartz est immergé, comme le montre la figure 5.2.

La vitesse de dissolution du quartz augmente avec la température. $\log(k_D)$ est environ proportionnel à $1/T$, où $T$ est la température absolue (en °K), conformément à la loi d'Arrhénius. Rimstidt et Barnes [184] proposent une loi empirique tenant compte de la variation de l'énergie d'activation de la réaction avec la température. Elle est valable en solution très diluée, légèrement acide :

$$\log(k_D/k_0) = 8{,}674 - 2{,}028.10^{-3}\frac{T_0}{T} - 4158\frac{T}{T_0}$$
$$\text{où} \quad T_0 = 1°\text{K} \quad \text{et} \quad k_0 = 1 \text{ mol.m}^{-2}.\text{an}^{-1} \quad (5.7)$$

La figure 5.3 donne la variation de la vitesse de dissolution avec le pH

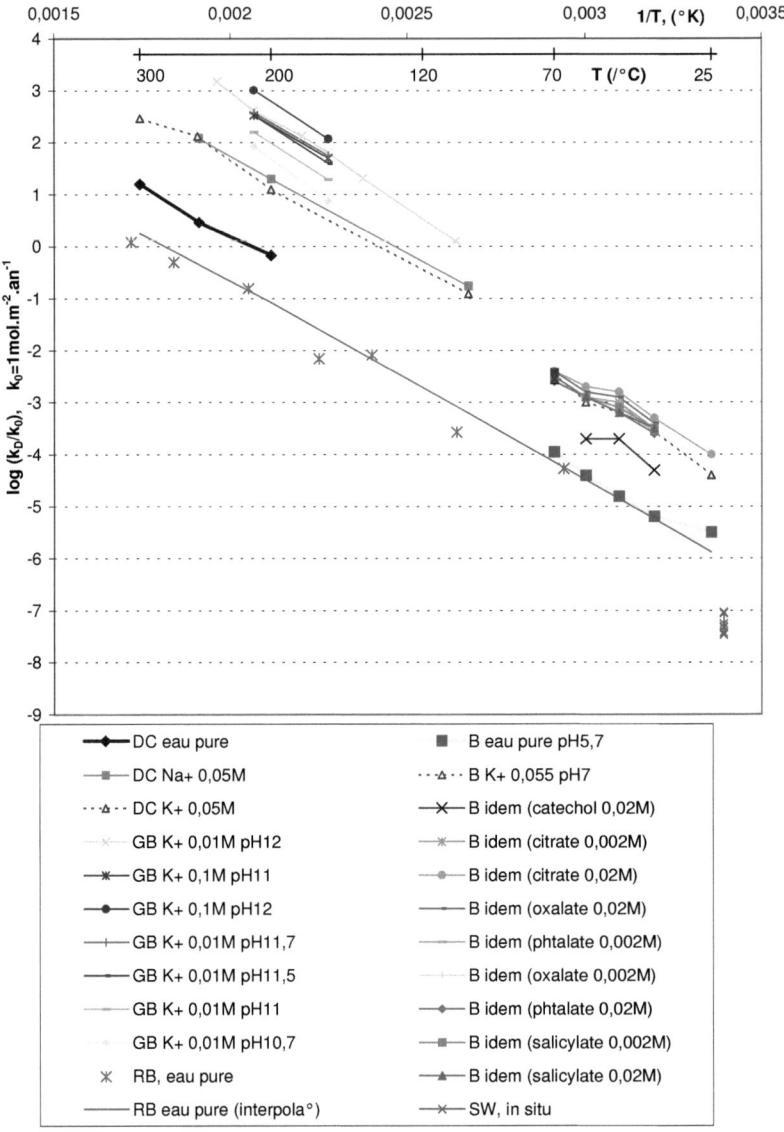

Fig. 5.2 – **Vitesse de dissolution du quartz**, selon divers auteurs GB : Gratz et Bird [102] (une dissolution de $1\,\mu m.h^{-1}$ correspond à $1{,}15.10^{-8}\,mol.m^2.s^{-1}$, sachant que la densité du quartz est $2{,}649$) ; DC : Dove et Crerar [80] ; RB : Rimstidt et Barnes [184] ; B : Benett [21] (attention, les vitesses de réaction y sont en $kmol.m^{-2}.s^{-1}$ et non $\mu mol.m^{-2}.s^{-1}$), [20] ; SW : Schulz et White [191]. $k_D$ est la constante cinétique apparente de la réaction de dissolution.

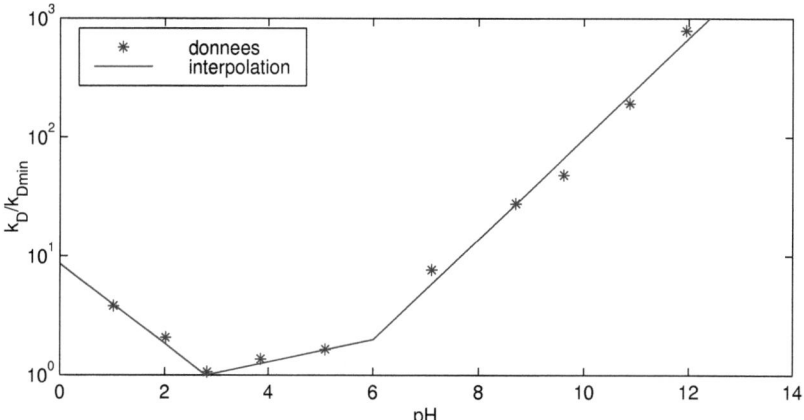

FIG. 5.3 – **Variation relative de la vitesse de dissolution du quartz en fonction du pH**, selon Wollast et Chou [230]. $k_D$ est la constante cinétique apparente de la réaction de dissolution.

selon Wollast et Chou [230]. Cette dépendance avec le pH s'écrit ainsi :

$$k_D = k_{D0} \left(\frac{a_{H^+}}{a_{H^+0}}\right)^n \tag{5.8a}$$

où $n$ est appelé ordre de la réaction vis-à-vis du pH, selon la terminologie utilisée par Gérard [93]. Les données de cette figure s'interpolent ainsi :

$$pH < 2{,}8 \qquad n = 1/3 \quad \text{et} \quad a_{H^+0} = 10^{-2{,}4} \tag{5.8b}$$
$$2{,}8 < pH < 6 \qquad n = -1/12 \quad \text{et} \quad a_{H^+0} = 10^{-2{,}4} \tag{5.8c}$$
$$6 < pH \qquad n = -2/5 \quad \text{et} \quad a_{H^+0} = 10^{-4{,}8} \tag{5.8d}$$

Ainsi, comme pour la plupart des autres silicates, la vitesse de dissolution varie peu en milieu légèrement acide (où $n$ est proche de 0) ; elle augmente vers les pH plus acides ($n > 0$) et vers les pH basiques ($n < 0$).

La présence de cations active la réaction de dissolution, selon Dove et Crerar [80] [79]. Cet effet plafonne pour des concentrations en cations de l'ordre de 50 mmol.l$^{-1}$. La présence de $K^+$, $Na^+$ ou $Ca^{2+}$ augmente la vitesse de dissolution d'un facteur 30 au plus. Cette activation de la dissolution est moindre par $Li^+$ ou $Mg^{2+}$. Cette activation est confirmée par des calculs *ab initio*. Elle peut être modélisée selon le modèle d'adsorption de Langmuir [80], ou bien selon la loi TET modifiée par Gérard [93]. Blake et Walter [28] montrent que les effets activateurs de $Na^+$ et de $Li^+$ se cumulent partiellement : l'ajout de $1\,\text{mol.l}^{-1}$ de $Na^+$ (NaCl) dans une solution contenant $0{,}35\,\text{mol.l}^{-1}$ de $Li^+$ (Li-acétate) y augmente la vitesse de dissolution d'un facteur 1,5.

La présence d'acides organiques peut activer, selon Benett [22] ou ralentir la dissolution du quartz. Ainsi, les fonctions citrate, oxalate, phtalate, salicylate activent la dissolution du quartz. A l'inverse, les fonctions fumarate, tartrate, pyruvate, catéchol, lactate et acétate contrarient la catalyse de la dissolution du quartz par les cations présents. La présence d'acide organique en concentration $2\,\text{mmol.l}^{-1}$ fait varier la vitesse de dissolution d'un facteur 0,8 à 1,3. La présence d'acide organique en concentration $20\,\text{mmol.l}^{-1}$ fait varier la vitesse de dissolution d'un facteur 0,5 à 2. Ces conclusions sont issues des mesures de Benett *et al.* (températures 25 à 70°C) [22] [21] [20], confirmées par celles de Blake et Walter à 70°C [28].

Par contre la variation de solubilité du quartz en présence d'acides organiques et la complexation de la silice en solution [22] [20] sont infirmées par divers auteurs comme Blake et Walter [28].

Poulson *et al.* [173] soulignent que l'effet activateur de l'oxalate est petit devant celui de $Na^+$ à même concentration. Blake et Walter [28] montrent que les effets activateurs de $Na^+$ et des acides oxalate ou citrate se contrarient partiellement au lieu de se cumuler, quand la concentration en $Na^+$ est élevée ($1\,\text{mol.l}^{-1}$).

Benett *et al.* [21] remarquent que les acides organiques qui accélèrent la dissolution du quartz ont deux sites, acide ou alcool, distants de 2,5 à 2,75 Å. Ils suggèrent que ces acides peuvent donc créer une liaison hydrogène avec deux oxygènes reliés au même atome de silicium de la surface hydroxylée du quartz, aidant ce silicium à s'en détacher. Les autres acides ont soit un seul site (comme l'acide acétique), soit plusieurs sites, mais trop distants ou pointant dans deux directions trop éloignées ; ils sont susceptibles de créer une liaison hydrogène avec seulement un oxygène de chaque Si, encombrant localement la surface du cristal, inhibant alors les effets catalyseurs des autres ions en solution.

Les vitesses de réaction citées jusqu'ici sont issues de la dissolution de grains de quartz calibrés, en laboratoire. Cependant, les vitesses mentionnées sur la figure 5.2 calculées par Schulz et White [191], sont déduites de mesures *in situ* : granulométrie des quartz, vitesse de l'eau porale et composition de cette eau, à des profondeurs successives. Nous les commenterons plus loin et les comparerons à nos résultats (p.317).

Notons que pour les mesures en laboratoire, si les grains sont issus d'un broyage, une étape préliminaire (première dissolution ou gravure à l'eau forte) est pratiquée depuis 1961 d'après Petrovich [167] afin d'éliminer les résidus de broyage qui ont une vitesse de dissolution plus rapide que les grains eux-mêmes. Le terme "résidus de broyage" regroupe aussi bien les poussières fines résultant du broyage que les zones superficielles des grains, dont la structure cristalline a été fortement déformée par le broyage. La structure cristalline du quartz influe en effet sur sa vitesse de dissolution, les grains bien cristallisés se dissolvant plus lentement que ceux comportant de nombreux défauts cristallins.

La localisation de la dissolution du quartz renseigne indirectement sur la composition de la solution dans laquelle s'est dissout le quartz, selon Gratz et Bird [103] puis Schulz et White [191]. Quand la solution est peu sous-saturée par rapport au quartz, la dissolution se localise sur toute la surface ; elle dissout donc plus rapidement les parties saillantes qui ont une plus grande surface spécifique, ce qui tend à arrondir les grains. Quand la solution est très sous-saturée par rapport au quartz, la dissolution se localise au niveau des défauts cristallins, en particulier les dislocations, et forme des puits de corrosion. La concentration critique en silice dans la solution, qui sépare ces deux processus, se situerait vers 17 à 81 $\mu$mol.l$^{-1}$, selon le type de défaut cristallin et la valeur estimée de l'énergie interfaciale du quartz [191].

Nous reprendrons ce concept sous le nom de sous-saturation critique dans la suite du texte, au lieu de concentration critique, pour d'autres minéraux dont l'équilibre en solution aqueuse dépend de la concentration en plusieurs solutés.

**Vitesse de dissolution/précipitation de la kaolinite**

Avec le même formalisme que pour le quartz (équation 5.6), le bilan de la dissolution et de la précipitation s'exprime ainsi :

$$\frac{dn_{Si}}{dt} = \frac{dn_{Al}}{dt} = -k_D S \left(1 - \frac{Q_D}{K_D}\right) + k_P S \left(1 - \frac{Q_P}{K_P}\right)$$

$$\text{avec} \quad Q_P = 1/Q_D \quad \text{et} \quad K_P = 1/K_D \tag{5.9}$$

Comme les autres silicates, sa vitesse de dissolution varie peu en conditions neutre à faiblement acide. Elle est assez rapide. $k_D$ vaut entre $10^{-3,5}$ et $10^{-5}$ mol.m$^{-2}$.an$^{-1}$.

Supposons que la précipitation de la kaolinite est d'ordre 1 par rapport à ses deux réactifs, aluminium et silicium dissous. Supposons que vitesse de précipitation et de dissolution sont reliées à la constante d'équilibre $K_D$ de la réaction de dissolution selon le principe de microréversibilité. On obtient alors :

$$k_P = k_{P0}[H_4SiO_4^o][Al^{3+}] = k_D \quad \text{et} \quad k_{P0} = \frac{k_{D0}}{K_D} = \frac{k_D}{K_D[H^+]^3} \tag{5.10}$$

Avec les concentrations médianes rencontrées ici (pH=5, $[Al^{3+}] = 10^{-5}$mol.l$^{-1}$ et $[H_4SiO_4^o] = 3.10^{-5}$mol.l$^{-1}$), la constante de précipitation est de l'ordre de $10^{-3,2}$ à $10^{-1,7}$ mol.m$^{-2}$.an$^{-1}$.

**Vitesse de dissolution/précipitation de la gibbsite**

Elles sont assez rapides, du même ordre que pour la kaolinite.

**Temps caractéristiques de dissolution/précipitations des minéraux des sols étudiés**

Le tableau suivant donne les temps caractéristiques de dissolution de minéraux présents. Ces temps ont été calculés par le quotient de la solubilité par la vitesse de dissolution, prise à mi-saturation ($Q/K = 0,5$). La solubilité du quartz est donnée p.299 et celle des gibbsites et kaolinites au tableau p.301.

TAB. 5.3 – *Temps caractéristiques de dissolution des minéraux.*

| faciès | minéral | taille (/$\mu$m) | teneur (%) | $S$ (/m².l$^{-1}$) | temps caractéristique |
|---|---|---|---|---|---|
| substratum | quartz | 30 | 10 à 70 | 20 à 140 | 0,7 à 5 ans |
|  | kaolinite | 0,1 à 2 | 30 à 90 | 900 à 54 000 | 13 s à 6 h |
| saprolithe | quartz | 15 | 20 | 80 | 1,2 ans |
| (profondeur | kaolinite | 0,13 | 75 | 35 000 | 20 s à 9 min |
| 9 à 12 m) | gibbsite | 0,1 à 10 | 5 | 300 à 3000 | 3 min à 30 h |
| nodulaire | gibbsite | 1 à 100 | 23 | 14 à 1400 | 6 min à 26 j |
| ferralsol | quartz | 10 | 8 | 50 | 2 ans |
|  | kaolinite | 0,06 | 80 | 80 000 | 9 s à 4 min (à pH=5) |
|  |  |  |  |  | 3 min à 1 h 20 (à pH=4) |
|  |  |  |  |  | 0,3 à 7 s (à pH=6,5) |
| (profondeur | gibbsite | 0,1 à 1 | 6 | 360 à 3600 | 2,4 min à 24 h (à pH=5) |
| 0 à 5 m) |  |  |  |  | 16 h à 1,1 an (à pH=4) |
|  |  |  |  |  | 3,6 s à 36 min (à pH=6,5) |
| sol de | kaolinite | 0,1 | 35 | 23 000 | 30 s à 14 min (à pH=5) |
| transition |  |  |  |  | 10 min à 4 h 40 (à pH=4) |
|  |  |  |  |  | 0,8 à 24 s (à pH=6,5) |
| podzol | quartz | 10 | 90 | 600 | 61 jours |
|  | kaolinite | 0,06 | 2 | 2000 | 2 h à 2,2 j (à pH=4) |

Les tailles des minéraux ne correspondent pas à celles issues de granulométrie, mais au diamètre de la sphère de même surface spécifique, pp.74 et suivantes.

Les teneurs volumiques en minéraux sont des moyennes issues du tableau p.71.

$S$ est la surface de minéral par litre de solution aqueuse. Elle est déduite de la taille et la teneur en minéral, en supposant un indice d'eau unitaire, soit un volume d'eau égal au volume de sol solide.

Ce tableau montre que le temps caractéristique d'équilibrage entre quartz et solution du sol par dissolution du quartz est de l'ordre d'une année. Pour la kaolinite, ce temps varie entre la seconde et la journée, en fonction du pH, de la taille et teneur de ces minéraux. Pour la gibbsite, ce temps caractéristique varie encore davantage, de quelques secondes à l'année. Ceci est dû à la forte variation de la solubilité de la gibbsite avec le pH et au grand étalement des tailles des gibbsites rencontrées.

En particulier, dans la porosité fine du ferralsol, au pH=6,5, l'équilibre avec la gibbsite ou la kaolinite par dissolution est très rapide : leurs solubilités sont très faibles donc très vite atteintes. En cas de sursaturation, la précipitation de kaolinite ou de gibbsite sera cependant moins rapide si la sursaturation est élevée.

### 5.3.3 Autres échanges à l'interface solide-solution du sol

**Adsorption/désorption sur les surfaces du sol**

Aussi bien la matière organique solide que les minéraux du sol comportent des sites d'échange cationique. Selon la composition de la solution, ces sites seront occupés par des ions $H^+$, des cations libres ou des complexes métallo-organiques solubles chargés. Cette propriété est quantifiée par la capacité d'échange cationique du sol solide (CEC) et la quantité d'aluminium échangeable. Elle est d'autant plus importante que la surface spécifique du sol est grande et que la densité de sites cationiques sur cette surface d'échange est élevée.

**Piégeage/libération mécanique dans la porosité du sol**

Les molécules dissoutes de grande taille, ou les particules en suspension dans la solution du sol, peuvent être piégées mécaniquement par la porosité du sol, ou remises en mouvement par l'eau du sol qui circule. Cette propriété dépend de la vitesse d'écoulement de l'eau, du volume, de la taille et de la forme des pores du sol. Ainsi pour une vitesse microscopique donnée d'écoulement de l'eau, la porosité piège d'autant plus de matière qu'elle est tortueuse, étroite, peu abondante.

**Mobilisation/immobilisation de matière**

Par le terme immobilisation de matière dissoute, nous désignerons à la fois la cristallisation minérale, l'adsorption sur les surfaces solides du sol ou le piégeage mécanique dans la porosité du sol. Il en est de même pour le phénomène inverse, la mobilisation de matière.

Remarquons que ces phénomènes peuvent aussi avoir lieu successivement. En effet toute croissance minérale, à l'interface minéral-solution, commence par une phase d'adsorption, puis suit la phase de cristallisation *stricto sensu*, puis une phase de désorption de produits dérivés de la réaction, souvent de l'eau. Par ailleurs, les éléments adsorbés peuvent ensuite diffuser dans le minéral et conduire à des substitutions dans ce minéral, voire à un remplacement pseudomorphe de ce minéral par un autre minéral, comme le décrivent Merino *et al.* [151] ; on observe ici des remplacements pseudomorphes de cristaux de quartz par des kaolinites dans le substratum et par des goethites ou gibbsites dans l'horizon nodulaire.

# Chapitre 6

# Evolution biogéochimique des ferralsols-podzols étudiés

## 6.1 Spéciation des éléments en solution

La composition en silicium, aluminium et carbone organique dissous (COD) et pH des eaux analysées est illustrée aux figures pp.145 à 147.

La figure 6.1 p.314 place les eaux analysées dans le diagramme de stabilité Al-Si en solution aqueuse, présenté p.302.

### 6.1.1 Modalités du calcul de spéciation

Pour les données de Cornu [65] représentées ici, à savoir l'eau des transprécipitations ou des litières et l'eau libre des sols entre 0 et 40 cm de profondeur, nous avons figuré l'enveloppe des points calculés par Cornu. Elle a effectué son calcul à partir du logiciel MINTEQA2 [88], en tenant compte de la complexation aluminium-matière organique (voir équation 5.2 p.299). Elle a choisi pour cela comme constante de complexation $pKc = 5$, pour une complexation avec un seul site réactif par aluminium complexé ($n = 1$). Elle a choisi comme réactivité du COD $8\,\text{meq.g}_{COD}^{-1}$ qui est cohérent avec la moyenne calculée ici à partir des données d'Eyrolle, en p.151.

Pour les données d'Eyrolle [86] représentées ici, c'est-à-dire l'eau de

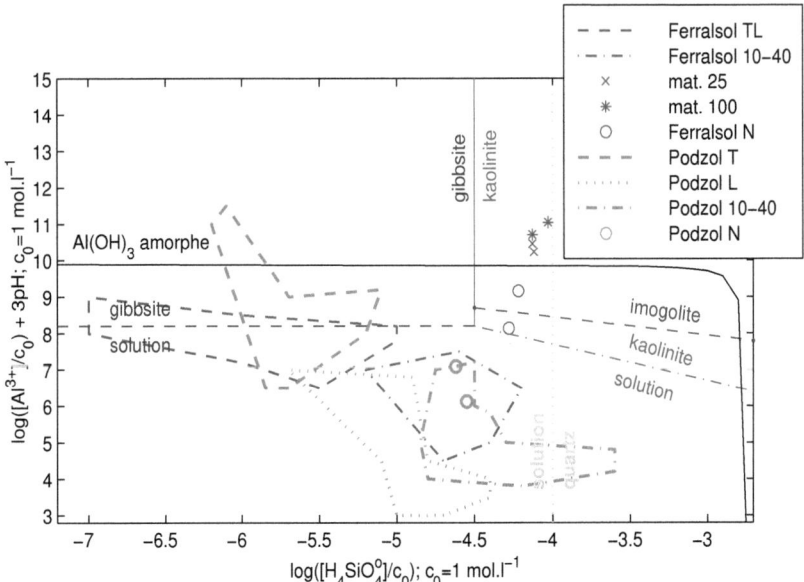

FIG. 6.1 – **Spéciation de l'aluminium et du silicium dans les eaux des ferralsols-podzols.** "T" désigne les transprécipitations, "L" désigne l'eau des litières, "10-40" désigne l'eau lysimétrique récoltée entre 10 et 40 cm de profondeur, "N" signifie l'eau de nappe récoltée au niveau de sources ou rivières, "mat. 25" désigne l'eau matricielle du ferralsol à 25 cm de profondeur et "mat. 100" de même à 100 cm de profondeur. Les données "T, L, 0-40" proviennent de Cornu [65], les données "N" d'Eyrolle [86], tandis que les données "mat." ont été acquises dans le cadre de cette thèse.

source ou de rivière, j'ai refait le calcul de spéciation de l'aluminium. J'ai utilisé les mêmes paramètres que Cornu pour la complexation de l'aluminium, en négligeant la compétition avec les autres cations (Mg, Ca, Fe) pour l'occupation des sites actifs de la MO. Cela se justifie car les teneurs de ces cations sont plus faibles que celles en aluminium total. Néanmoins, la part complexée calculée ainsi sera maximale.

Pour les données acquises dans le cadre de cette thèse, concernant l'eau matricielle du ferralsol, un tel calcul de spéciation est impossible car la teneur en COD n'a pu être mesurée. En effet, cette mesure ne serait pas fiable, l'extraction ayant utilisé une membrane cellulosique au passage de laquelle l'eau extraite a pu se charger en COD[1]. La spéciation de l'alumi-

---

1. Cette éventuelle surcharge en COD due à la membrane cellulosique ne risque pas

nium a donc été effectuée en supposant que tout l'aluminium était monomère non complexé en solution, ce qui peut avoir conduit à surestimer la concentration en $Al^{3+}$.

## 6.1.2 Complexation Aluminium-MO calculée

Cornu trouve que plus de 90% de l'aluminium est sous forme complexée avec la matière organique dissoute, sauf pour les faibles teneurs en COD comme dans les transprécipitations, où ce pourcentage descend jusqu'à 70% [65].

Pour les eaux de source ou de rivière, les calculs faits ici donnent une part maximale d'aluminium complexé qui s'étale, pour les eaux issues du podzol, entre 80 et 93%, et pour les eaux de source du ferralsol, entre 37 et 75%.

**Comparaison avec les données**

Pour les eaux de source et rivières analysées par Eyrolle, le calcul de spéciation fait ici donne une part d'aluminium complexé qui semble supérieure à celle déduite des mesures d'ultrafiltrations présentées p.152.

Pour l'eau porale du ferralsol, le calcul de spéciation fait par Cornu à partir de la composition de l'eau libre donne une part d'aluminium complexé avec la matière organique supérieure à celle déduite des expériences *in situ* avec des résines faites par Bravard (présentées p.152 ou la suivante). Par ailleurs, la faible corrélation entre teneurs en COD et en Al dissous dans l'eau libre du ferralsol et du podzol (présentées à la suite des données de Bravard) indique que la complexation par le COD n'est pas le mécanisme prépondérant dans la mise en solution de l'aluminium.

**Première hypothèse**

Divers phénomènes peuvent expliquer que la complexation calculée soit surestimée.

---

d'avoir modifié profondément la composition chimique de la solution : la cellulose est de la matière organique ayant une réactivité chimique très faible, elle n'a ni modifié le pH, ni complexé de l'aluminium, ni solubilisé les minéraux adjacents. Nous pouvons donc faire confiance aux mesures de pH et de teneur en aluminium total dans l'eau matricielle.

Les paramètres utilisés dans le calcul de spéciation peuvent être mis en cause. Nous avons vu que la densité de sites réactifs et les propriétés complexantes de ces divers sites sont très variables (p.151) ; or le calcul utilise des paramètres moyens qui peuvent traduire imparfaitement la complexation réelle.

De plus, ces calculs supposent qu'un aluminium se complexe sur un seul site réactif du COD ; or l'aluminium monomère en solution est surtout ici sous forme $Al^{3+}$ (tableau 5.2) et se complexe peut-être plutôt avec plusieurs sites réactifs ou des sites réactifs multiples du COD. Ceci limiterait le taux d'aluminium complexé.

Le calcul de spéciation ne prend pas en compte la présence d'aluminium en solution sous la forme ionique polymère : "$Al_{13}$", voir p.298. Sa présence, probable ici dans les eaux de source ou de rivière issues du ferralsol, les moins chargées en COD, peut y expliquer une faible complexation d'aluminium avec la matière organique. Par contre, dans les horizons superficiels des sols, les teneurs en COD inhibent la polymérisation de l'aluminium en $Al_{13}$ et favorisent la complexation Al-MO.

**Deuxième hypothèse**

Deux phénomènes peuvent cependant contribuer à concilier calcul et observations.

Pour l'eau des sols, notons que la complexation de l'aluminium est calculée par Cornu à partir de la composition de l'eau libre alors que les expériences *in situ* par Bravard ont fait baigner les résines pendant 6 à 12 mois dans toute l'eau porale (eau libre et eau matricielle). Cette eau porale, de composition moyenne différente de celle de l'eau libre, peut induire un taux de complexation de l'aluminium différent de celui de l'eau libre.

Pour l'eau des rivières et sources, les mesures d'Eyrolle sont compatibles avec une complexation significative de l'aluminium dissous, à condition que le COD de la fraction d'ultrafiltration la plus fine complexe davantage l'aluminium que le COD des autres fractions. Cette spécificité pourrait être liée d'une part à la beaucoup plus forte occurrence de sites complexants peu stables dans la matière organique dissoute de petite taille (voir §.5.3.3 p.150) et d'autre part à la charge ($Al^{3+}$) de l'aluminium dans l'eau des sources alors que les autres ions sont chargés + ou 2+.

**Autres observations**

Pour le fer, la quantité complexée calculée par Cornu concorde mieux avec les expériences de fixation sur des résines par Bravard. Cette constatation étaye l'hypothèse d'une spécificité de la complexation de l'aluminium liée à sa charge.

D'autres mesures par Grout *et al.* [107] montrent dans un autre contexte une faible complexation Al-MO. En effet, sur divers ultrafiltrats des eaux d'orage en zone urbaine, ils obtiennent aussi une bonne corrélation entre les teneurs en Si et Al et une faible corrélation entre les teneurs en Al et en COD. Il y a cette fois de l'aluminium et du silicium dans les fractions colloïdales. Aluminium et silicium seraient donc transportés sous forme de colloïdes alumino-siliciques, l'aluminium étant peu complexé avec la matière organique.

### 6.1.3 Interprétation de la spéciation des eaux

**Les transprécipitations**

Les transprécipitations du ferralsol et du podzol, ainsi que l'eau des litières du ferralsol, sont au voisinage de l'équilibre gibbsite-solution et sont sous-saturées par rapport à la kaolinite.

La sous-saturation vis-à-vis de la kaolinite s'explique par le faible temps de contact entre la canopée et l'eau de pluie et par la faible teneur en minéraux de la canopée (poussières déposées par le vent ou remontées par la faune).

La saturation avec la gibbsite s'explique par un pH neutre, pour lequel la solubilité de la gibbsite est très faible. Les faibles teneurs en aluminium atteintes après le passage à travers la canopée suffisent donc à atteindre l'équilibre avec la gibbsite.

**L'eau libre des sols**

L'eau libre des sols, ferralsols ou podzols, est sous-saturée par rapport à la kaolinite, la gibbsite et le quartz (sauf quelques échantillons très acides où la saturation avec le quartz est dépassée par dissolution de kaolinite).

Or le temps de résidence de l'eau libre dans le sol avant récolte dans les lysimètres vaut quelques heures à quelques jours. Comparons ce temps avec les temps caractéristiques des minéraux donnés au tableau 5.3. Ce temps de résidence est nettement inférieur à celui nécessaire à l'équilibrage avec le quartz ; il est légèrement inférieur au temps d'équilibrage avec la gibbsite en conditions acides (pH=4) ; il est similaire au temps d'équilibrage avec la kaolinite dans le podzol et il est très grand devant ce temps d'équilibrage dans le ferralsol.

Ainsi, pour le quartz voire la gibbsite, la lenteur de leur dissolution suffit à expliquer la sous-saturation de l'eau libre envers ces minéraux. Mais pour la kaolinite, cette explication ne suffit pas : il faut aussi invoquer le fait que l'eau libre reste peu connectée avec l'eau matricielle et interagit seulement avec les surfaces minérales situées dans la porosité large.

Évaluons le temps caractéristique d'équilibrage entre eau libre et kaolinite, avec l'hypothèse radicale d'une absence d'échanges entre eau libre et eau matricielle. La surface spécifique de la porosité large est 2 à 4 ordres de grandeur inférieure à celle de la porosité totale. Supposons que la proportion de kaolinite, parmi les surfaces de la porosité large, soit la même que la proportion de kaolinite dans le sol total, et que l'eau libre représente 1/10 de l'eau porale totale. Le temps caractéristique d'équilibrage entre eau libre et kaolinites de la porosité large est alors 3 à 5 ordres de grandeur plus élevé que le temps caractéristique calculé pour l'équilibrage de toutes les kaolinites avec toute l'eau porale.

Des échanges réduits entre eau libre et eau matricielle suffisent donc à expliquer la sous-saturation observée de l'eau libre récoltée vis-à-vis de la kaolinite.

**Les eaux de nappe**

Pour le podzol, de la litière à la nappe, les eaux se rapprochent de la saturation avec la gibbsite, la kaolinite et le quartz, sans l'atteindre. La rapide circulation de l'eau libre dans le podzol, la proximité de la nappe et un échange relativement réduit entre l'eau libre majoritaire et le peu d'eau matricielle baignant le peu de lutite expliquent que la saturation avec ces minéraux ne puisse pas être atteinte. Le niveau de la nappe est en effet situé entre quelques décimètres et quelques mètres sous la surface du sol, selon Hodnett [113].

Pour le ferralsol, les eaux de sources récoltées sont légèrement sous-saturées par rapport au quartz et à la gibbsite et légèrement sur-saturées par rapport à la kaolinite.

La saturation avec la kaolinite était attendue. Le temps de résidence de l'eau de nappe dans le sol permet en effet largement d'atteindre cette saturation. La légère sursaturation calculée n'est pas réaliste : toute sursaturation aurait le temps d'être compensée par des précipitations de kaolinite. Il y a donc probablement dans l'eau de source des ferralsols, peu chargée en COD, de l'aluminium dissous sous forme d'$Al_{13}$, rendant la teneur réelle en $Al^{3+}$ inférieure à celle calculée ici. Les points concernés, sur le graphe 6.1, sont à déplacer parallèlement à l'axe des ordonnées vers le bas, jusqu'à atteindre la droite d'équilibre kaolinite-solution.

On s'attend à être à l'équilibre kaolinite-gibbsite-solution si l'eau récoltée provient d'horizons où il reste encore de la gibbsite, car l'équilibrage avec la gibbsite est plus rapide que celui avec le quartz. On s'attend à être à l'équilibre kaolinite-quartz-solution si l'eau récoltée provient du substratum, où la gibbsite est absente.

Nous nous trouvons à mi-chemin entre ces deux équilibres, la solution récoltée étant légèrement sous-saturée par rapport au quartz et à la gibbsite. L'eau récoltée provient donc probablement d'un mélange entre l'eau venant d'horizons contenant de la gibbsite (saprolithe) et l'eau provenant des horizons profonds sans gibbsite (substratum). Un suivi temporel du niveau de la nappe à l'aide du forage de Fucada devrait permettre de confirmer sa position moyenne et de la comparer au niveau de la limite saprolithe-substratum.

Remarquons que la sous-saturation avec la gibbsite n'est pas certaine. Certains auteurs, utilisant des constantes thermodynamiques légèrement différentes de celles utilisées ici, placent la frontière "gibbsite-kaolinite" à $\log(H_4SiO_4^o) = 10^{-4,3}$ mol.l$^{-1}$ au lieu de $10^{-4,5}$ mol.l$^{-1}$. L'eau de source récoltée serait alors à l'équilibre gibbsite-kaolinite-solution et proviendrait surtout d'horizons où il reste de la gibbsite.

Nous interpréterons plus loin la composition de l'eau de nappe en silice en termes de vitesse de dissolution des quartz du profil.

**L'eau matricielle**

L'eau matricielle du ferralsol est sous-saturée par rapport à la gibbsite, très proche de la saturation avec le quartz et sursaturée par rapport à la kaolinite.

Là encore, la sursaturation avec la kaolinite n'est qu'apparente, elle est le résultat du calcul très simplifié fait ici pour la spéciation de l'aluminium. Non seulement l'espèce $Al_{13}$ n'a pas été prise en compte, mais de plus la complexation avec la matière organique n'a pas pu être calculée car la teneur en COD n'a pas été mesurée. Les points "réels" sont vraisemblablement à déplacer comme précédemment le long de l'axe des ordonnées.

Un long temps de résidence de l'eau matricielle, de l'ordre de quelques années, avec de faibles échanges avec l'eau libre, est nécessaire pour atteindre la saturation avec le quartz si c'est par dissolution des quartz eux-mêmes. La dissolution des phytolithes contribue peut-être à l'enrichissement de l'eau matricielle en silice ; cependant ces phytolithes, apportés depuis la litière par pédoturbation, sont vraisemblablement plutôt situés dans les méso-macropores.

La sous-saturation avec la gibbsite est étonnante : en présence de gibbsite, kaolinite et quartz, la dissolution du quartz étant plus lente que celle de la gibbsite, on s'attend à être à l'équilibre gibbsite-kaolinite tant qu'il subsiste encore de la gibbsite. La position des gibbsites, groupées sous forme de reliquats de nodules, peut cependant expliquer ce résultat. On aurait donc une composition variable de l'eau matricielle, à l'équilibre quartz-kaolinite dans le plasma kaolinitique majoritaire, ou à l'équilibre gibbsite-kaolinite dans les reliquats de nodules gibbsitiques. L'eau matricielle extraite provient surtout du plasma kaolinitique.

Cette explication suppose des échanges de solutés réduits au sein de l'eau matricielle, à l'échelle centimétrique, soit la demi-distance entre reliquats de nodules gibbsitiques et quartz du plasma kaolinitique.

## 6.2 Evolution biogéochimique des ferralsols et podzols

Nous nous intéressons ici à l'interprétation conjointe des données disponibles sur les eaux et la phase solide des ferralsols et podzols, dans le mètre superficiel de ces sols.

A la traversée de la canopée et de la litière, l'eau se charge en matière organique et en poussières minérales. La matière organique contient elle-même de l'aluminium et du silicium. Sa minéralisation peut aussi apporter à la solution du sol des éléments dissous comme l'aluminium et le silicium.

## 6.2.1 L'horizon 0 à 20 cm

**Interprétation de la composition de l'eau libre**

La variation de la composition de l'eau libre avec la profondeur (p.148) montre qu'il y a lessivage en Al et Si dans les 10 à 20 cm superficiels de ces sols. La spéciation de la solution du sol montre une sous-saturation de l'eau libre par rapport à la kaolinite, la gibbsite, le quartz et les phytolithes. Par ailleurs, les expériences d'altération de sachets de minéraux enfouis, faites par Cornu [65], montrent que les kaolinites et les gibbsites sont altérées par les eaux d'infiltration dans les horizons supérieurs du sol. Bravard [38] a montré aussi que la solution du sol dans les 40 cm supérieurs du sol était acide et altérante, provoquant l'échange cationique de $Na^+$ sur des vermiculites introduites pendant toute une saison, initialement saturées en $Na^+$.

Il y a donc dissolution des kaolinites, gibbsites et phytolithes en contact avec l'eau libre, dans ce premier horizon du sol. La teneur en COD dans l'eau libre est stable, les apports de COD (par exemple par décomposition de racines mortes) sont donc compensés par la fixation de COD (adsorption ou blocage mécanique dans la porosité) ou sa minéralisation.

Dans cet horizon, l'eau libre a un rapport Si/Al légèrement supérieur à 1 dans le ferralsol et inférieur à 1 dans le podzol. Un rapport Si/Al égal à 1 dans l'eau libre s'explique par la dissolution de kaolinite. Dans le podzol, la teneur plus élevée en aluminium semble liée au lessivage de la canopée et de la litière, et au pompage racinaire (qui pompe davantage de Si que de Al). Dans le ferralsol, la teneur plus élevée en silicium s'explique par la dissolution des phytolithes, la solubilisation de la matière organique et la libération de solutés par la minéralisation de cette matière organique.

**Interprétation de la composition de l'eau matricielle**

Les quartz et gibbsites en contact avec l'eau matricielle du ferralsol se dissolvent lentement, remplacés par de la kaolinite.

**Bilan minéral global**

Dans cet horizon, le bilan global est un appauvrissement de gibbsite et de kaolinite par rapport au quartz. Dans le ferralsol, l'intensité de cet appauvrissement augmente avec la proximité de la surface car la teneur relative en quartz augmente de bas en haut, celle en gibbsite stagne et celle en kaolinite diminue de bas en haut. Dans le podzol, la gibbsite est absente de cet horizon. L'appauvrissement en kaolinite est homogène car la teneur en kaolinite ne varie pas verticalement ; il est limité par la faible quantité de lutite.

### 6.2.2 L'horizon 20 à 40 cm

**Interprétation de l'eau libre**

Dans cet horizon, la teneur de l'eau libre en Si et Al diminue légèrement avec la profondeur, tandis que le pH augmente, que la teneur en COD est stationnaire et que la quantité d'eau libre récoltée diminue. Ceci montre que des dépôts significatifs de Si et Al ont lieu et que l'acidité de l'eau libre est en partie atténuée par le pouvoir tampon du sol. Pourtant, l'eau libre, aussi bien à 20 qu'à 40 cm de profondeur, est sous-saturée par rapport à la gibbsite et à la kaolinite. Quant à la teneur relative des divers minéraux, elle est stable.

Les dépôts d'Al et l'augmentation du pH peuvent être dus à une adsorption sur les surfaces minérales et/ou à des échanges avec la porosité fine. Un blocage mécanique de complexes Al-COD dans la porosité est improbable car la teneur en COD dans l'eau libre ne varie pas.

La diminution de teneur en Si dans l'eau libre ne peut pas être due à un échange avec la porosité fine, plus concentrée en silicium dissous. Le dépôt de Si par précipitation de kaolinite dans la porosité large nécessiterait que l'eau libre ne soit pas sous-saturée par rapport à la kaolinite. Seule une hétérogénéité de la composition de l'eau libre dans ses divers cheminements peut concilier ce paradoxe, de trois façons :

– Cette hétérogénéité peut permettre d'atteindre la sursaturation avec la kaolinite et la précipitation de celle-ci dans certains cheminements, tandis que la solution reste sous-saturée par rapport à la kaolinite et que la dissolution de kaolinite continue dans d'autres cheminements. Le bilan peut alors être une légère précipitation de kaolinite dans la porosité large et une légère baisse des teneurs en Si et Al dans l'eau libre, alors que la composition moyenne de l'eau libre reste sous-saturée par rapport à la kaolinite.

– Cette hétérogénéité peut faire coïncider les domaines où l'eau libre est la plus chargée en silicium avec la proximité des racines. Le pompage racinaire peut alors contribuer à diminuer légèrement la teneur moyenne en silicium dans l'eau libre. L'acidité accrue au voisinage des racines, liée à l'activité racinaire, justifie une telle hypothèse.

– Cette hétérogénéité peut faire coïncider l'eau libre la plus chargée en silicium avec les cheminements les plus lents (pores pas très larges ou plus tortueux), où l'eau se transfère dans la porosité fine entre 20 et 40 cm de profondeur. L'eau récoltée dans les lysimètres à 40 cm proviendrait alors uniquement des cheminements les plus rapides, où l'eau serait la moins chargée en silicium.

La biogéochimie de l'horizon 20-40 cm décrite jusqu'ici, avec léger dépôt de Al et Si dans la porosité large entre 20 et 40 cm de profondeur, est valable aussi bien pour le ferralsol que pour le podzol humique étudiés. Le recours à l'hétérogénéité de la composition de l'eau libre que nous avons dû faire pour expliquer les observations montre la complexité requise de la modélisation capable de reproduire ces phénomènes.

### Interprétation de la composition de l'eau matricielle

L'eau matricielle est comme précédemment le siège du remplacement progressif de quartz et de gibbsite par de la kaolinite. L'eau venant progressivement de la porosité large dilue l'eau matricielle en silicium, ce qui entretient la dissolution du quartz. Elle apporte de plus un surplus d'aluminium, ce qui tempère la dissolution de la gibbsite.

### Minéralogie du podzol

Dans le podzol humique étudié, la profondeur 40 cm correspond à un horizon d'accumulation Bh bien localisé, où se trouve de la kaolinite, de la gibbsite et de la silice amorphe. Ces minéraux sont susceptibles de piéger l'aluminium de l'eau libre par échange cationique, puis d'incorporer cet aluminium. Il est probable que dans d'autres sites de ce podzol, le dépôt de Al et Si se produise à la profondeur du premier Bh rencontré par les eaux d'infiltration, qui ne sera pas nécessairement à cette même profondeur.

La présence conjointe de silice amorphe, de gibbsite et de kaolinite, chacune à des teneurs de quelques pourcents dans l'horizon Bh, montre une situation fortement hors équilibre. Cette situation est possible uniquement parce que la teneur en lutite est très faible, ce qui fait que les agrégats de lutite ne sont pas jointifs. L'eau libre circulant rapidement ne baigne pas suffisamment longuement ces minéraux pour permettre des réactions de précipitation-dissolution. L'eau retenue dans le sol par la porosité fine entre deux pluies est en faible quantité, localisée dans les différents agrégats de lutite qu'elle ne relie pas, donc ne permet pas la réaction de dissolution de silice amorphe et de gibbsite pour former de la kaolinite. Sa composition peut varier d'un agrégat à l'autre. Lors de l'assèchement du sol entre deux pluies, l'évaporation d'eau porale fait augmenter les concentrations des solutés, ce qui explique la précipitation de gibbsite, kaolinite ou silice amorphe.

Là encore, une modélisation macroscopique qui utilise un seul compartiment "porosité fine" ne pourra pas prédire la présence conjointe de silice amorphe et de gibbsite. Une modélisation plus complexe est nécessaire pour prédire de telles observations.

### Minéralogie du ferralsol

Dans le ferralsol, il n'y a pas de variation significative du faciès entre les profondeurs 20 et 40 cm. L'apport de Al et Si provenant de l'eau libre est vraisemblablement progressif et se prolonge peut-être en-dessous de 40 cm. La composition de l'eau libre n'a pas été analysée de façon exhaustive en-dessous de 40 cm d'épaisseur. L'augmentation progressive du pH indique que la compensation de l'acidité de l'eau libre par le pouvoir tampon du sol se continue. Le pH rejoint la valeur de la nappe (4,5 à 5) vers 1,20 m de profondeur.

Étudions le bilan global dans le ferralsol pour chaque minéral, résultant de l'apport de Si et Al par l'eau libre, des départs sous forme dissoute par pompage racinaire et des transformations minérales dans la porosité fine. Pour la gibbsite, la diminution de la taille des reliquats de nodules et leur fragmentation croissante en se rapprochant de la surface indique une dissolution nette. Pour le quartz, il y a forcément lente dissolution nette de bas en haut. Quant à la kaolinite, la teneur en kaolinite vers 40 cm de profondeur est la teneur maximale qui est ensuite constante jusque vers 1 m de profondeur, pour décroître progressivement en-dessous. Il y a donc vraisemblablement précipitation nette de kaolinite à 40 cm de profondeur, dont l'intensité diminue de bas en haut jusqu'à devenir un bilan nul puis une dissolution nette à la surface du sol. La variation verticale des proportions relatives entre quartz, kaolinite et gibbsite prolonge celle de l'horizon 0-20 cm : de bas en haut entre 40 et 20 cm de profondeur, la teneur en kaolinite diminue, celle en gibbsite est stable et celle en quartz augmente.

### 6.2.3 Interprétation des variations avec la saison et la teneur en lutite

**Variations avec la saison**

L'acidité, la teneur en Al et en Si sont maximales lors d'une pluie suivant une période sèche. A l'inverse, la teneur en COD dissous dans l'eau libre est maximale pour les pluies en période très humide.

Une forte acidité suffit à expliquer une mobilisation accrue de Si et Al car l'acidité accroît la solubilisation des minéraux (kaolinite, gibbsite) et provoque l'échange cationique de l'aluminium, complexé ou non, adsorbé sur les surfaces du sol.

La forte acidité de l'eau libre lors d'une pluie après une période sèche est corrélée avec un pic de teneur en $NO_3^-$ (Chauvel *et al.* [58]); il s'agit donc d'une sécrétion biologique d'acide nitrique abondante quand la pluie intervient après une longue période sèche.

Ainsi l'activité acidifiante de la flore et la faune sont maximales lors d'une pluie suivant une période sèche. Par contre, la production de matière organique soluble, issue de sécrétions végétales, animales ou microorganiques, ou issues de la décomposition de matière organique morte, est d'autant plus abondante que le sol est très humide, au coeur de la saison humide.

De plus, en période très humide, les teneurs en carbone organique dissous sont très dispersées à chaque profondeur, comme si elles dépendaient de l'occurrence, assez aléatoire, de matière organique facilement soluble (excrétions micro-organiques, exsudats racinaires, fruits en décomposition, excréments...) sur le trajet parcouru à chaque pluie par l'eau échantillonnée.

**Variations avec la teneur en lutite**

L'acidité de l'eau libre est plus importante dans le podzol que dans le ferralsol et se prolonge plus bas. Par ailleurs, l'abondance de la flore et la faune diminue avec la teneur en lutite, tandis que la décomposition de la MO des litières est plus lente dans le podzol que dans le ferralsol (p.49). Nous reproduisons au paragraphe suivant le raisonnement de d'Acqui *et al.* [75] pour expliquer comment tous ces phénomènes sont liés à la surface spécifique du sol.

L'activité des micro-organismes et des racines produit divers exsudats, souvent acides et parfois toxiques. Sur sol de forte surface spécifique, cette acidité est compensée par le pouvoir tampon du sol et les exsudats toxiques sont immobilisés par adsorption sur les surfaces minérales. Le développement de la microfaune et de la flore est important, limité seulement par des facteurs comme la disponibilité de l'eau, des nutriments, l'ensoleillement (pour les plantes chorophylliennes). Sur sol de faible surface spécifique, les exsudats micro-organiques et racinaires, libérés dans la solution du sol, créent des conditions défavorables à la vie qui limitent le développement de la faune et la flore. La minéralisation de la MO morte par les micro-organismes du sol est alors lente, car ces micro-organismes sont peu nombreux.

C'est ainsi que l'on peut avoir une plus grande acidification des eaux dans le podzol par l'activité racinaire et micro-organique, alors que les plantes et micro-organismes y sont moins nombreux que dans le ferralsol.

### 6.2.4 Mobilité de l'aluminium et du silicium

**Mobilité de l'aluminium par solubilisation**

La mobilité de l'aluminium dans le profil est clairement liée à la biosphère car elle est surtout localisée dans les horizons superficiels du sol. Cependant, cette mobilité est mal corrélée à la teneur en matière organique dissoute dans l'eau libre ; de plus, les expériences ne montrent pas de prépondérance des complexes alumino-organiques.

L'action de la biosphère sur la solubilisation de l'aluminium semble plutôt indirecte, via l'acidification de l'eau d'infiltration par l'activité micro-organique et racinaire. La solubilisation de l'aluminium par complexation avec la matière organique dissoute serait secondaire ; elle serait significative seulement lors de périodes très humides dans les horizons superficiels du ferralsol recouvert de forêt dense, où les teneurs en matière organique dissoute sont maximales et où le pH est le moins acide, l'effet acidifiant de l'activité biologique étant dilué.

**Mobilité du silicium par solubilisation**

La mobilité du silicium dans les premiers horizons du sol est, comme celle de l'aluminium, liée à l'acidification des eaux d'infiltration par la biosphère. En effet, un pH acide augmente la solubilité de la kaolinite. Il n'augmente pas la solubilité des minéraux purement siliceux (quartz, silice biogénésique), mais peut augmenter leur vitesse de dissolution, pour des pH très acides (pH < 3), ou si l'acidification est liée à la présence de certains acides organiques (p.305).

Les phytolithes du sol participent à la mobilité du silicium car leur vitesse de dissolution est plus rapide que celle des quartz. Leur temps de séjour dans le sol est assez long cependant. En effet, connaissant le flux annuel de silice solide (p.51) qui contient surtout des phytolithes et le stock de phytolithes dans le sol (p.70), leur temps caractéristique de séjour dans le sol vaut 400 ans dans le ferralsol sous forêt dense.

## 6.3 Interprétation de la composition des pompages racinaires

La figure p.146 montre clairement que l'eau pompée par les racines à destination des parties aériennes a une forte concentration en Si, proche du maximum atteint dans l'eau libre (lors de pluies sur sol assez sec, en novembre 88), alors que les teneurs en Al sont les teneurs moyennes rencontrées dans l'eau libre. Le rapport des teneurs Si/Al de cette eau pompée est ainsi significativement supérieur à 1 (il vaut 7 à 12).

Les fortes concentrations du pompage racinaire s'expliquent par les mécanismes suivants :

– Discontinuité temporelle du pompage racinaire : il est très important lors des pluies précédées d'une période de sécheresse, la plante ayant un déficit hydrique.

– Hétérogénéité spatiale du pompage racinaire : il a lieu au niveau de la rhizosphère, soit dans le voisinage immédiat de chaque racine, où la composition de l'eau du sol est différente de la composition moyenne de l'eau du sol, sous l'effet des exsudats racinaires, comme le montrent Anoua et al. [8]. Ces exsudats racinaires sont souvent acides, il s'agit de l'excrétion active d'acides organiques ou d'ions $H^+$ permettant l'adsorption active d'autres cations. Cette acidification favorise les dissolutions minérales, susceptibles d'occasionner de fortes teneurs en Al et Si dissous au voisinage des racines.

Les hétérogénéités spatiales et temporelles du pompage racinaire citées ici ont été très bien mises en évidence par E. Garrigues, [92] (voir p.229 ou la suivante).

Un rapport Si/Al supérieur dans l'eau pompée par les racines que dans l'eau libre du sol s'explique par le rôle de filtre exercé par la membrane racinaire lors du pompage :
- absorption préférentielle d'ions nutritifs (Mg2+, Ca2+, K+, $PO_4^{2-}$, $NO_3^-$, ions soufre) ;
- absorption régulée de $H_4SiO_4^o$ ;
- stockage dans l'espace entre les membranes cellulosique et plasmique d'ions indésirables (ions aluminium), comme le décrivent Taylor et al. [207], ce qui limite leur absorption passive ; ou bien excrétion active de ces ions, comme le cite Lucas [138], ce qui compense leur absorption passive.

Ainsi l'eau pompée par les racines est relativement concentrée en Si et en Al, alors que Si est souvent inutile à leur métabolisme (sauf quelques plantes silicophiles) et que Al est toxique pour les plantes, selon la revue de Lucas, [138].

Par ailleurs, l'absorption passive d'aluminium est maximale à pH 4,3 pour la plante étudiée par Taylor et al. [207]. La perméabilité de la membrane extérieure des plantes (membrane cellulosique) dépend du type de plante ; ainsi Masion et Bertsch montrent que parmi les blés, elle diffère selon la variété de blé [149]. $Al^{3+}$ monomère est davantage toxique que $Al_{13}$ [149].

La composition en Si et Al de l'eau pompée par les racines à destination des racines est du même ordre de grandeur que celle destinée aux parties aériennes. Pour le ferralsol, le pompage racinaire le plus concentré est celui à destination des racines, tandis que pour le podzol c'est l'inverse.

L'évaluation faite ici du pompage racinaire à destination des racines semble donc cohérente ; sa valeur exacte ne sera pas interprétée, vu les incertitudes importantes sur son évaluation.

## 6.4 Evolution biogéochimique des horizons profonds

Nous ne connaissons pas la composition de l'eau porale entre le mètre superficiel et la nappe. Nous ne ferons donc pas une description exhaustive du fonctionnement biogéochimique des horizons intermédiaires. Nous rassemblons ici quelques indices de ce fonctionnement basés sur les observations concernant la phase solide du sol.

### 6.4.1 Observations basées sur la composition de l'eau de nappe

Entre l'horizon superficiel déjà décrit et la nappe, on constate une diminution de la teneur en COD et une stagnation du pH. Dans le podzol, la teneur en aluminium diminue tandis que celle en silicium stagne. Dans le ferralsol, la teneur en aluminium diminue en période sèche ou stagne en période très humide, tandis que la teneur en silicium augmente.

La diminution de COD s'explique par l'immobilisation de carbone organique ou sa minéralisation.

La stagnation du pH s'explique par une activité acidifiante racinaire et micro-organique très réduite en-dessous de 1 m de profondeur. L'équilibre avec le dioxyde de carbone n'est cependant pas atteint. Une acidité d'origine minérale persiste, due à la faible alcalinité des minéraux présents.

La diminution de teneur en aluminium s'explique par les précipitations de kaolinite et de gibbsite, l'adsorption d'aluminium ionique sur les surfaces du sol, ou par filtrage mécanique, via la porosité du sol, d'aluminium complexé avec de la matière organique.

L'augmentation de teneur en silice s'explique par la dissolution des quartz, partiellement compensée seulement par les précipitations de kaolinites. Cette augmentation n'a lieu que dans le ferralsol, car la lente dissolution des quartz nécessite de longs temps de séjour de l'eau porale.

### 6.4.2 Interprétation de la morphologie des minéraux

**Morphologie des quartz**

Les observations au microscope par Lucas [139] montrent que les quartz subissent une altération progressive sur toute la hauteur du saprolithe et dans le substratum.

La morphologie des dissolutions des quartz renseigne sur la concentration en silice de l'eau du sol, comme nous l'avons déjà écrit (au § précédant l'équation 5.9 p.308). En deçà d'une certaine concentration critique (17 à 81 $\mu$M de $H_4SiO_4^o$, selon les faces cristallines du quartz), l'érosion est ponctuelle, creusant cavités, fentes, sans diminuer la taille du minéral ; tandis qu'au-delà, l'érosion lisse les grains de quartz.

Ici la teneur en silice de l'eau du sol serait généralement inférieure à la concentration critique, sauf pour le podzol géant car les grains de quartz y sont lisses et arrondis.

Cependant, l'eau matricielle du ferralsol a une concentration en silice supérieure à la concentration critique (elle vaut 74 à 93 $\mu$mol.l$^{-1}$) mais les grains de quartz n'y sont ni lisses ni arrondis. La lente dissolution subie par les quartz enrobés de plasma kaolinitique, dans les horizons superficiels du ferralsol, ne parviendrait donc pas à lisser les cavités héritées d'altérations précédentes en présence d'une concentration inférieure à la concentration critique ?

**Interprétation de la morphologie des kaolinites**

La surface lisse de toutes les kaolinites observées indiquerait que les eaux du sol sont, vis-à-vis de la kaolinite, au-delà de la sous-saturation critique.

Par ailleurs, la taille des kaolinites donne une indication sur la variabilité temporelle de la composition de l'eau du sol. En effet, ces kaolinites sont en équilibre dynamique avec les eaux météoritiques, d'après leur composition en $^{18}O$ mesurée par Giral [99]. Cela signifie qu'à toutes les profondeurs investiguées, des périodes de cristallisation de kaolinite alternent avec des périodes de dissolution de kaolinite, en lien avec les variations de la composition de l'eau du sol. La taille des kaolinites augmente de l'horizon 10 cm jusqu'au substratum, ce qui indique que la variabilité de la composition de l'eau du sol diminue avec la profondeur.

### 6.4.3 Evolution des kaolinites, gibbsites et oxydes métalliques

La présence d'horizons kaolinitiques se maintenant au-dessus d'horizons gibbsitiques ne peut être expliquée par la géochimie abiotique. L'oxydation par les agents atmosphériques des roches mères conduisent à l'altération de ses divers minéraux et leur remplacement par des argiles, puis le remplacement de ceux-ci par des oxydes métalliques, comme le décrivent Merino *et al.* [151]. Lucas [140] montre que le recyclage biologique de silicium peut expliquer le maintien d'un stock de silicium en surface, qui explique la présence de l'horizon kaolinitique supérieur. Les apports biogénésiques de silice au sol se font sous forme dissoute dans les transprécipitations, ainsi que sous forme solide (par les phytolithes).

Les précipitations actuelles de kaolinites sont attestées par une composition en $^{18}O$ des kaolinites proche de celle de l'eau de pluie dans tout le profil. Des précipitations pédologiques, de date inconnue, sont attestées par le remplacement pseudomorphe de quartz par des gibbsites, goethites ou hématites dans l'horizon nodulaire ou par des kaolinites dans le substratum. Le bilan global du silicium et de l'aluminium sont négatifs dans le ferralsol et dans le podzol. Le bilan global du fer est positif dans le ferralsol et nul dans le podzol. On sait donc qu'il y a stockage actuel de fer dans le ferralsol, sans savoir dans quel horizon (saprolithe ou substratum) ni sous quelle forme (goethite, hématite, substitution en fer dans les kaolinites ou fer amorphe). On ne sait pas si des précipitations de gibbsite ont lieu dans les conditions actuelles, le profil se maintenant identique tout en s'enfonçant dans le substratum et s'épaississant, ou bien si la gibbsite présente dans le profil est une relique de conditions climatiques antérieures plus sèches et ne subit actuellement que des dissolutions.

On n'observe pas de gibbsite le long des grands pores interconnectés, mais soit des petits cristaux de gibbsite dans la matrice, soit des macrocristaux de gibbsite en remplacement de cavités de nodules ferrugineux ou de quartz, selon Lucas [139]. La gibbsite est donc présente dans les zones où l'eau circule lentement, très pauvres en COD. De plus, le niveau de grande abondance de gibbsite est le niveau des nodules, qui est juste en-dessous des racines les plus profondes observées. Nous en concluons que :

– S'il y a actuellement des précipitations de gibbsite, leur localisation

semble indiquer que la présence de matière organique joue un rôle inhibiteur dans la nucléation de la gibbsite ;
– S'il n'y a pas actuellement de précipitations de gibbsite, la localisation des gibbsites restantes indique que la présence de matière organique favorise la dissolution de gibbsite.

### 6.4.4 Vitesse observée de dissolution des quartz

Le bilan des quartz est forcément négatif, le quartz ne pouvant pas précipiter dans les conditions de température et de pression atmosphériques.

La silice progressivement libérée sur tout le profil par dissolution des quartz a deux destinations : une part est fixée sur place sous forme de kaolinite, une autre part est évacuée sous forme dissoute dans l'eau des sources. La quantité de kaolinite ainsi formée est limitée par l'apport en aluminium, dont la source principale est la dissolution de la gibbsite du profil. Supposons que ce profil ait subi des remplacements à volume constant, que la vitesse de dissolution du quartz, peu sensible au pH, n'ait pas varié et que la teneur en silicium dans la nappe du ferralsol se soit maintenue constante. Le rapport quartz/kaolinite, qui vaut en moyenne 0,8 dans le substratum, est devenu 0,08 dans le ferralsol superficiel. Si la teneur en silice atteint 65 $\mu$mol.l$^{-1}$ dans la solution à 14 m de profondeur, il faut alors que le quartz ait libéré environ 107 $\mu$mol de silice par litre d'eau porale ayant traversé le profil.

La vitesse de circulation verticale moyenne dans le ferralsol profond vaut $10^{-7}$ m.s$^{-1}$ soit 3 m.an$^{-1}$, d'après l'expérience de traçage au tritium (voir p.216). On obtient alors une vitesse effective de dissolution des quartz du profil trois fois plus lente que celle donnée p.304 pour les mesures de dissolution en conditions contrôlées en laboratoire.

La lenteur apparente de la dissolution des quartz en milieu naturel peut être due à un cloisonnement de l'eau porale. En effet, une circulation très rapide d'eau libre dans les méso-macropores qui court-circuiterait complètement l'eau matricielle semble exclue ici en-dessous de 2 m de profondeur dans les ferralsols (voir fin du chapitre 1, deux pages avant p.225). Cependant un cloisonnement de l'eau peut avoir lieu entre au sein de l'eau matricielle, d'une motte à l'autre ou entre eau des pores résiduels et eau des micropores. La situation des quartz dans la porosité peut être hétérogène. Sur ce sol à longue pédogenèse, les surfaces de quartz les plus exposées sont situées dans la porosité intermédiaire où circule principalement l'eau qui alimente la nappe. Elles ont pu être dissoutes préférentiellement. Les surfaces de quartz subsistantes peuvent être principalement enrobées de plasma kaolinitique fin, baignées d'eau quasi-immobile. Nos calculs de transferts d'eau et de solutés dans une porosité double montrent que l'équilibrage entre l'eau des pores résiduels et celle des micropores est rapide. Mais nous avons mis en doute la pertinence de ces calculs, qui ne prennent pas explicitement en compte le phénomène lent d'évacuation de l'air piégé dans le sol. Cette remise en cause justifie l'hypothèse faite ici.

Sur un autre site, les mesures de Schulz et White [191] *in situ* donnent une vitesse apparente de dissolution des quartz, si on la calcule à partir de leur surface spécifique totale, 1 à 2 ordres de grandeur plus lente que celle mesurée en laboratoire, comme nous l'avons illustré en p.304. Cette observation concorde avec celle que nous faisons ici. Elle est cohérente avec notre hypothèse, à savoir la protection des minéraux, face à l'altération par l'eau porale, due au cloisonnement de cette eau porale.

### 6.4.5 Dynamique de la matière organique solide du sol

Le renouvellement de la MO d'un horizon donné est lié, d'une part, à la translocation de MO d'un horizon à l'autre, par la circulation de l'eau porale ou par pédoturbation "sèche" et, d'autre part, au renouvellement *in situ* : apports par les racines et départs par minéralisation. Nous avons montré que la minéralisation est environ deux fois plus lente pour la litière sur podzol que celle sur ferralsol au tableau p.49 ; il en est probablement de même dans le sol. Les apports par les racines sont également moins abondants sur podzol que sur ferralsol (p.39). Par contre, l'extractibilité de la MO organique du podzol est plus importante (p.67), sa porosité est plus large, la vitesse et la teneur en matière organique de son eau libre sont nettement plus élevées que pour les ferralsols.

Le renouvellement de la MO des podzols étant supérieur à celui des ferralsols (p.67), il serait donc surtout dû à la translocation de MO. Pour le ferralsol, les déplacements par l'eau porale ou par pédoturbation jouent un rôle moins important dans le renouvellement de MO, tandis que les apports par les racines et les départs par minéralisation sont plus importants.

## 6.4.6 Différence entre ferralsol profond et podzol

### Récapitulatif du fonctionnement du ferralsol

Le silicium est mobile jusqu'à une plus grande profondeur dans le profil que l'aluminium et le fer, eux-mêmes plus profondément mobiles que le carbone organique.

En effet, le carbone organique, ainsi que les macromolécules non organiques (silice, fer ou aluminium amorphe) sont progressivement immobilisés par filtrage mécanique dans la porosité du sol. La matière organique immobilise avec elle les métaux qu'elle contient. Le carbone organique peut être minéralisé par décomposition de la matière organique et évacué dans l'atmosphère du sol sous forme de $CO_2$; des microcristaux de silice biogénésique, ainsi que l'aluminium et le fer contenus ou complexés, sont alors libérés.

Progressivement, l'acidité des eaux libres est atténuée par le pouvoir tampon du sol. Le fer et l'aluminium sont immobilisés par adsorption ou recristallisations minérales. Le silicium reste soluble jusqu'à atteindre la saturation avec le quartz, la silice amorphe ou la kaolinite. La dissolution de silice, tout en augmentant les teneurs en silicium dans l'eau porale, provoque la dissolution de gibbsite et la cristallisation de kaolinite.

### Fonctionnement du podzol

Ces étapes sont inachevées dans le podzol, où les eaux ont un faible temps de résidence, où le sol a un plus faible pouvoir tampon, où la porosité constitue un filtre plus large et où les organismes catalysant la décomposition de la matière organique sont moins abondants. Cela explique des teneurs en fer et carbone organique dissous dans les eaux de source légèrement plus élevées, et des teneurs en silicium dissous plus faibles, que pour le ferralsol. Les teneurs en aluminium des sources du ferralsol et du podzol sont similaires, alors que les teneurs en aluminium constitutif dans le podzol (sous forme de kaolinite et de gibbsite) sont devenues beaucoup plus faibles. Il y a donc dans le podzol une mobilisation accrue de l'aluminium.

### La podzolisation : phénomène irréversible

La podzolisation engendre un cercle vicieux qui tend à aggraver cette podzolisation. En effet, la faible surface spécifique des sols podzolisés engendre une acidité plus grande de l'eau porale, par manque de pouvoir tampon du sol. L'activité biologique y est alors réduite, réduisant la minéralisation de la matière organique de la litière. Le recyclage biologique des éléments nutritifs ne fonctionne plus aussi bien que dans le ferralsol : soit la matière organique s'accumule dans la litière, soit elle est exportée sans minéralisation vers les sources, emmenant avec elle des métaux constitutifs du sol (Al, Fe) et des nutriments, car le sol, de par sa large porosité, n'en retient qu'une faible partie. La circulation rapide de l'eau libre, son acidité, la faible quantité de minéraux baignant dans l'eau matricielle et protégés par elle de l'attaque acide par l'eau libre, ainsi que la faible surface spécifique du sol, contribuent à exporter l'aluminium vers les rivières, ce qui diminue encore la teneur en lutite du sol. Grimaldi et Pédro [105] ont en effet montré l'importance de l'hydrolyse acide des minéraux dans le processus de podzolisation.

C'est ainsi qu'à partir d'une légère dépression, d'origine diverse qui peut être tectonique (selon Boulet, d'après ses observations en Guyane [31]), ou à partir d'une zone de sédiments plus grossiers due à l'hétérogénéité du substratum, les flux hydriques dans le sol peuvent se concentrer. La podzolisation s'amorce, éventuellement renforcée par des dépôts alluviaux grossiers, creuse une vallée et s'étend progressivement, au détriment des plateaux ferrallitiques.

## 6.5 Conclusion : rôle de la phase gazeuse dans la protection des minéraux

### 6.5.1 Séparation eau libre/eau matricielle

Deux observations ont démontré clairement ici la lenteur des échanges d'eau et de solutés entre porosité fine et porosité large :
- Le pH dans l'eau matricielle, nettement moins acide que celui de l'eau libre ;
- La vitesse réelle de dissolution des kaolinites en contact avec l'eau libre entre 0 et 20 cm de profondeur, qui montre que ces kaolinites représentent seulement 1/10 à 1/1000 de l'ensemble des kaolinites de cet horizon.

Autrement dit, seuls les minéraux en bordure de la porosité large subissent pleinement l'agression par les eaux d'infiltration, acides et initialement peu concentrées en éléments dissous. Les minéraux baignant dans l'eau matricielle en sont partiellement épargnés. Ce phénomène de protection des minéraux sera d'autant plus important que la porosité fine est abondante.

Ce résultat est capital. Il doit être pris en compte dans les modèles de vitesse d'évolution morphologique d'un profil par dissolution des minéraux du sol.

### 6.5.2 Fragmentation au sein de l'eau matricielle

Par ailleurs, la présence conjointe de minéraux hors équilibre (gibbsite et quartz dans le ferralsol, gibbsite et silice amorphe dans l'horizon Bh du podzol), sachant les temps caractéristiques de transports de solutés et de dissolutions minérales, ne peut être expliquée que par la non-connectivité de l'eau matricielle du sol elle-même.

Pour un sol assez sec, cette non-connectivité peut s'expliquer dans le cadre du modèle hydrodynamique à une seule porosité, par la présence de pores larges remplis d'air qui sillonnent le sol et compartimentent la porosité fine remplie d'eau matricielle. De plus, quelle que soit la teneur en eau du sol, nous verrons en Partie III comment une bulle d'air peut se former ou être piégée dans la porosité puis y rester assez durablement, ce qui compartimente encore l'eau du sol (eau matricielle et eau libre).

# Troisième partie

# Interprétations

# Introduction

Dans un premier chapitre, je propose des interprétations pour les différentes fonctions de pédotransfert définies dans la partie II entre granulosité, pédoturbation (quantifiée par la profondeur et la teneur en matière organique), porosité, conductivité hydraulique, tortuosité.

Dans un deuxième chapitre, je quantifie le phénomène de cavitation dans les sols. Cette quantification permet d'expliquer comment un pore large, rempli d'eau et entouré de pores fins remplis d'eau, va se remplir de phase gazeuse sans avoir de connection avec l'air atmosphérique. Ce phénomène contribue à expliquer une composition de l'eau matricielle hétérogène.

Dans un troisième chapitre, je quantifie la vitesse d'évacuation de l'air piégé. La lenteur obtenue permet d'expliquer la présence prolongée d'air dans des pores assez fins alors que d'autres pores plus larges sont remplis d'eau. Cet air piégé explique la différence de composition entre eau libre et eau matricielle et contribue lui aussi à expliquer une composition hétérogène de l'eau matricielle.

# Chapitre 1

# Interprétation des PDF entre phase solide et espace poral

## 1.1 PDF entre spectres de granulosité et de porosité

Il s'agit d'interpréter les lois de pédotransfert (PDF) établies entre les fractions granulométriques du sol solide et les volumes poraux.

### 1.1.1 Assemblage primaire de particules d'une seule gamme de taille

Sur les sols étudiés, quand les particules solides sont dans une seule gamme de taille, soit pour un sol purement lutitique, limoneux ou sableux, le volume poral de la taille correspondante vaut environ 0,9 fois le volume de solide (équations 1.8 et 1.11 p.178 et suivante). Cela correspond à l'assemblage (*fabric* en anglais) primaire de ces particules.

**Interprétation**

Un calcul d'empilement de cubes identiques séparés par des pores parallélépipédiques montre que pour avoir un indice de vide total $e$, il faut que l'arête des cubes $a$ soit reliée à la largeur des fentes $r'$ entre ces cubes par la relation : $(1+\frac{r'}{a})^3 = 1+e$. Ainsi, pour $e = 0{,}9$, on obtient : $\frac{r'}{a} = 0{,}24$.

De bonnes corrélations entre fractions granulométriques et volumes poraux sont obtenues ici pour une taille d'entrée des pores $r$ et une taille des particules solides $D_f$ reliées par les rapports suivants : $r/D_f$ vaut 0,05 pour les lutites, limons et sable fin et vaut 0,05 à 0,5 pour les sables grossiers. Ce rapport est donc souvent inférieur au rapport $\frac{r'}{a}$ calculé précédemment. Deux explications à cela :

- La taille d'entrée des pores est inférieure à la taille moyenne de ces pores : $r < r'$.
- La taille des particules minérales mesurée par sédimentométrie est leur diamètre de frottement $D_f$. Celui-ci peut être supérieur à la moyenne de la largeur de ces particules dans les différentes directions.

**Cas des lutites**

Les kaolinites de taille lutite ont leur diamètre $D_f < 2\mu$m. Ce diamètre $D_f$ est celui de la sphère subissant le même frottement quand elle sédimente dans de l'eau (granulométrie par sédimentation). Les kaolinites ont environ la forme d'une lentille, de grand diamètre $D$ et de petit diamètre $D/5$. En général, lors d'une mesure par sédimentation en eau calme, les argiles sédimentent "à plat" comme des feuilles mortes. Dans ce cas $D_f$ est proche de $D$. En eau agitée, elles sédimenteraient légèrement plus vite, orientées verticalement, $D_f$ serait proche de $D/3$ (moyenne inverse de $D$ et de $D/5$).

Par ailleurs, le diamètre $D_{eq}$ de la sphère de même surface spécifique vérifie $D = 2{,}73.D_{eq}$ (voir p.76). $D_{eq}$ est aussi l'arête du cube de même surface spécifique. En effet, pour un cube d'arête $a$, la surface spécifique est $6/a$, et pour une sphère de diamètre $D$, sa surface spécifique est $6/D$.

Si on suppose que la taille d'entrée des pores est la moitié de la taille moyenne des pores, on obtient alors le rapport suivant entre le "diamètre de frottement" $D_f$ des ellipsoïdes de kaolinite et la taille d'entrée $r$ des pores ménagés entre eux : $D_f/r = 2*2{,}73/(\gamma_s*0{,}24)$ où $\gamma_s$ vaut entre 1 (sédimentation en eau calme) et 3 (sédimentation en eau agitée), soit $D_f/r = 24$ à 8.

Les bonnes corrélations entre volumes de lutite et de pores résiduels signifient que $D_f/r \approx 20$ et donc que le diamètre de frottement vérifie $D_f \approx 0{,}83D$.

## 1.1.2 Assemblage des lutites en agrégats

Par ailleurs, les lutites peuvent s'organiser en agrégats. Entre les agrégats se situent des pores de taille correspondant à celle des agrégats : des micropores entre les microagrégats, des méso- et macropores entre les macro-agrégats. Cette agrégation est due à la pédogenèse. Les micro- et macroagrégats de lutite sont observés dès 5 m de profondeur d'après Chauvel et al. [61]. Leur origine est à la fois hydrologique, chimique et biologique. En effet l'eau d'infiltration occasionne des dissolutions minérales et des déplacements de particules, ce qui élargit les pores où elle circule préférentiellement et individualise donc des agrégats de lutite entre ces pores élargis. Les galeries creusées par les racines ou la faune jouent le même rôle. Les déjections de la faune qui creuse la terre sont elles-mêmes des agrégats, vraisemblablement plus riches en matière organique que les agrégats précédents.

## 1.1.3 Mélange de particules de deux gammes de taille

Pour les sols composés d'un mélange de deux gammes de taille, de la lutite et des particules plus grossières, divers assemblages sont possibles, qui sont une combinaison des cas simples suivants illustrés à la figure 1.1(**a**) :
- cas 1. Les lutites sont organisées en agrégats de taille similaire à celle des particules plus grossières. La porosité créée par ces agrégats s'ajoute donc à celle créée par les particules grossières. Ces agrégats de lutite peuvent être purement lutitiques ou bien englober des particules grossières.
- cas 2. 3. 4. La lutite est non agrégée ou bien organisée en agrégats de taille significativement inférieure à celle des particules grossières. Trois configurations sont alors possibles :
    - cas 2. Les particules grossières et la lutite s'interpénètrent peu, s'organisent en amas, en colonnes, en couches... La lutite n'obture ni ne crée de pores de taille correspondante à celle des particules grossières.
    - cas 3. Les particules grossières forment une charpente du sol, c'est-à-dire qu'elles s'appuient les unes sur les autres. La lutite remplit des pores de cette charpente.

– cas 4. Les particules grossières sont noyées dans la matrice de lutite. Il n'y a donc aucun pore de taille correspondant à celle des particules grossières.

Les cas 3 et 4 nécessitent une certaine proportion de lutite et de particules grossières. En effet, pour le cas 3, il faut suffisamment peu de lutite pour qu'elle puisse être entièrement située dans les pores ménagés entre les particules grossières. Dans le cas 4, il faut suffisamment de lutite pour pouvoir enrober toutes les particules grossières. La teneur maximale en lutite pour le cas 3 est la même que la teneur minimale en lutite pour le cas 4. Ces deux assemblages sont bien illustrés par Revil & Cattles, 1999 [178].

**Cas du mélange de lutite et sable grossier**

La figure 1.1(**b**) donne l'évolution du volume de méso- et macropores en fonction de la proportion entre sable grossier et lutite selon les différents agencements possibles cités au § précédent. Les équations correspondantes sont alors les suivantes :

$$n_{res} \simeq 0{,}9.f_{lut} \tag{1.1a}$$

cas 1 $\quad n_{meso} + n_{macro} = 0{,}9.(f_{sabg} + f_{lut} + n_{res}) = 1{,}71 - 0{,}81.f_{sabg}$

cas 2 $\quad n_{meso} + n_{macro} = 0{,}9.f_{sabg}$

cas 3° $\quad f_{sabg} > 0{,}68 \quad$ et $\quad n_{meso} + n_{macro} = 2{,}8.f_{sabg} - 1{,}9$

$\qquad$ car $\quad n_{meso} + n_{macro} = 0{,}9.f_{sabg} - f_{lut} - n_{res}$

cas 3' $\quad f_{sabg} > 0{,}68 \quad$ et $\quad n_{meso} + n_{macro} = 2{,}85.f_{sabg} - 1{,}95$

$\qquad$ car $\quad n_{meso} + n_{macro} = 0{,}9.f_{sabg} - f_{lut} - n_{res} - 0{,}05.f_{lut}$

cas 4°, 4' $\quad f_{sabg} < 0{,}68 \quad$ et $\quad n_{meso} + n_{macro} = 0 \tag{1.1b}$

Nous avons considéré ici deux variantes pour les cas 3 et 4. Les cas 3° et 4° ne considèrent aucune microagrégation de lutite. Les cas 3' et 4' prennent en compte la microagrégation partielle de lutite rencontrée pour les ferralsols-podzols ; elle est responsable d'un surcroît de microporosité évalué à $0{,}05.f_{lut}$ d'après la fonction de pédotransfert citée au tableau 1.2 p.175. Cette microagrégation partielle modifie très peu les courbes (voir à la figure 1.1(**b**)).

La limite entre les cas 3. et 4. se situe ici vers 68% de sable grossier et

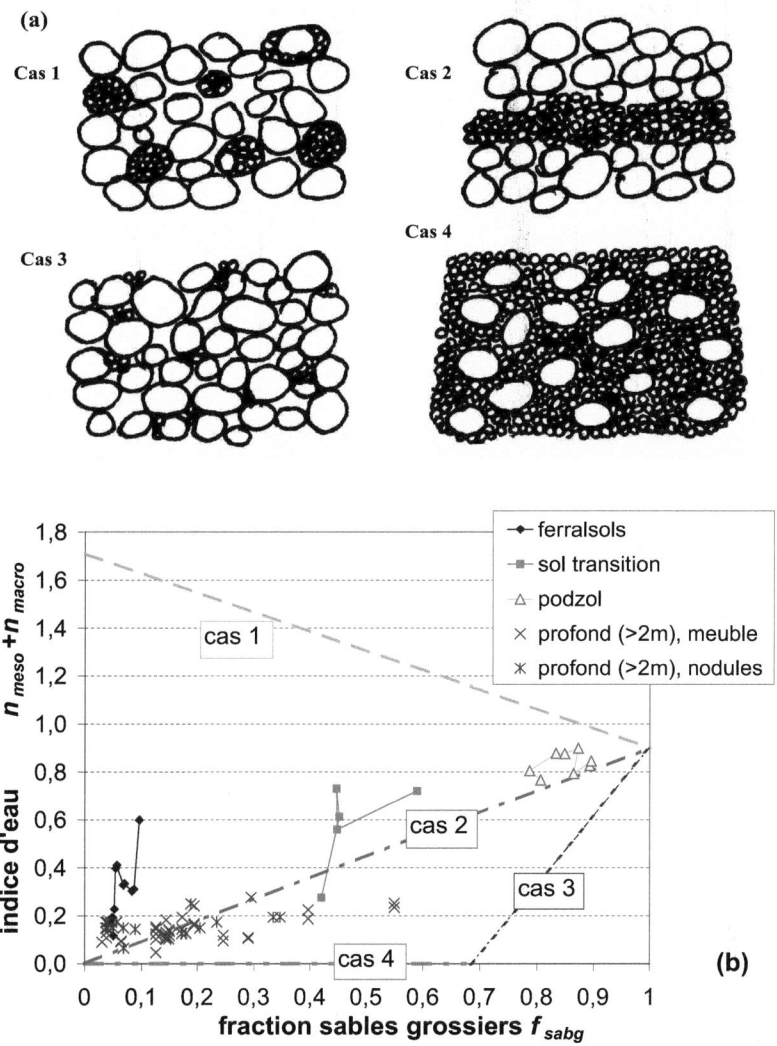

FIG. 1.1 – **Volume de méso- et macropores selon l'assemblage des particules solides, pour le mélange binaire lutite - sable grossier.** (a) : schématisation des différents cas d'assemblage possibles. (b) : volume de méso- et macropores en fonction de la teneur en sable grossier. **cas 1** : lutite entièrement macroagrégée. **cas 2, 3º, 4º** : lutite non agrégée. **cas 3', 4'** : lutite sans macroagrégation et dont la microagrégation crée un indice de micropores supplémentaire de $0{,}05 f_{lut}$. **cas 2** : lutite peu mêlée au sable grossier. **cas 3** : lutite dans les interstices du sable grossier. **cas 4** : sable grossier noyé dans la lutite. Il y a quasi-superposition entre les courbes 3º et 3' d'une part, 4º et 4' d'autre part.

donc 32% de lutite. Cette limite cause des modifications dans les propriétés physiques du sol, couramment observées. Un sol dont la lutite n'est pas macroagrégée et qui contient au moins 1/3 de lutite est connu pour avoir un comportement mécanique similaire à celui de lutite pure. La description précédente permet d'expliquer cette observation macroscopique. Tant que la teneur en lutite est inférieure à 1/3, les particules grossières peuvent être jointives, la résistance du sol au cisaillement, à la compaction, etc... reste celle du sable grossier. Dépassée cette limite, il y des lutites intermédiaires entre les grains de sable grossier, les propriétés mécaniques se rapprochent de celles de la lutite pure.

**Application à la méso- et macroporosité des ferralsols-podzols d'Amazonie**

Les ferralsols-podzols d'Amazonie sont un mélange ternaire lutite, limons et sable fin, sable grossier. Les limons et sable fin sont peu abondants sauf au substratum (profondeur $> 20\,\text{m}$). Ils ne s'agrègent pas mais peuvent être noyés dans des agrégats de lutite, quand $f_{lim} + f_{sabf} < 2.f_{lut}$. Interprétons donc la figure 1.7(a) p.183 à la lumière de la figure 1.1 p.345.

Les horizons profonds des ferralsols ont un volume de méso- et macropores intermédiaire entre les cas 1, 2 et 4. En effet, la méso-macroporosité pour une teneur en sable grossier inférieure à 2/3 vaut :

$$n_{meso} + n_{macro} \simeq 0{,}09 + 0{,}32.f_{sabg} \qquad (1.2)$$

La méso-macroporosité en absence de sable grossier vaut 0,09. Il y a donc une macroagrégation partielle des lutite, limons et sable fin (cas 1) : $(n_{meso} + n_{macro})_{agr} = 0{,}09.(1 - f_{sabg})$. La méso-macroporosité restante est due à l'assemblage des sables grossiers : $(n_{meso} + n_{macro})_{sabg} = 0{,}41.f_{sabg}$. Ce coefficient (0,41) est intermédiaire entre le coefficient nul du cas 4 et le coefficient 0,9 du cas 2. Les lutite, limons et sable fin obturent donc environ la moitié de la porosité ménagée entre les sables grossiers.

L'horizon profond du podzol est légèrement plus méso- et macroporeux que ce que prévoit le cas 2. Ceci peut être dû à une macroagrégation partielle des particules fines (cas 1), compensée en partie par une obturation de la porosité par des particules fines (cas 3). Ceci peut aussi être dû à un assemblage peu compact des sables grossiers eux-mêmes (soit

$(n_{meso} + n_{macro})_{sabg} > 0.9.f_{sabg})$, puisque cet assemblage se compacte au séchage pour les horizons plus profonds que 40 cm.

La limite à 2/3 de sable grossier entre les cas 3 et 4 a été choisie comme point d'inflexion de la courbe reliant les volumes de méso- et macropores des horizons profonds pour toute la gamme de teneurs en sable grossier (Tableau 1.2 p.175).

Les niveaux lâche, compact et superficiel ont une méso- et macroporosité intermédiaire entre les cas 1 et 2. La courbe reliant les volumes de méso- et macropores d'un même niveau pour toute la gamme de teneurs en sable grossier n'est pas rectiligne, mais elle est toujours concave. Cette concavité montre que la part de porosité du sable grossier obturée par des éléments fins (cas 3 puis 4) est nulle ou faible. Cette concavité s'explique par une proportion variable de lutite, limons et sable fin incorporés dans des macroagrégats le long du versant dans un même niveau, comme le montre le tableau 1.1.

TAB. 1.1 – *Proportion de macroagrégation*

| $\alpha$ facteur de macroagrégation | ferralsol | sol de transition | podzol |
|---|---|---|---|
| niveau superficiel | 0,28 | 0,28 | 0,13 |
| niveau compact | 0,14 | 0,17 | 0,08 |
| niveau lâche | 0,21 | 0,37 | 0,12 |
| $\alpha$ provient de : $n_{meso} + n_{macro} = \beta f_{sabg} + 0{,}9\alpha(1 - f_{sabg} + n_{res} + n_{micro})$ avec $\beta = 0{,}9$ sauf pour le podzol sous 40 cm où $\beta = 1$ (structure lâche se tassant au séchage) ||||

## 1.2 PDF entre taille des minéraux et des pores

Il s'agit ici d'interpréter les relations établies en partie II :

- Relation entre **la taille des lutites** et **la taille des pores résiduels secs** (équations 3.14 et 3.16 p.247, avec le coefficient $c_r = 1{,}64$) ;

- Relation entre la taille des pores larges et la taille des agrégats de matrice les séparant (p.3.9a).

Pour cela, il faut expliciter les différents effets de la sinuosité des pores et des surfaces minérales.

## 1.2.1 Taille des lutites et des pores résiduels secs

Relions dans un premier temps la taille des pores avec la surface spécifique du sol. La taille moyenne des grains de lutite pourra se déduire de cette surface spécifique (équation 3.16 p.249).

Notons $S$ la surface spécifique du sol. Notons $s'$ la surface extérieure d'un pore par unité de volume de solide. Supposons comme nous l'avons déjà fait que ce pore est percé dans un milieu homogène de pores de tailles inférieures, de teneur $u$, et de solide des tailles correspondantes, de fraction $f_s$, et que la proportion solide/pore est la même à chaque échelle, en ce qui concerne les lutites et la porosité résiduelle. Cela revient à considérer que l'assemblage primaire des lutites créant la porosité résiduelle est fractal et isotrope. La contribution $s$ de ce pore à la surface spécifique du sol vérifiera alors :

$$s' = \left(\frac{f_s + u}{f_s}\right) s = \left(1 + \frac{u_{res}}{f_{lut}}\right) s \quad \text{car} \quad \frac{f_s}{u} = \frac{f_{lut}}{u_{res}} \quad (1.3)$$

Évaluons la surface extérieure d'un pore dans les cas suivants, du plus schématique au plus réaliste :

- le pore est un cylindre tortueux muni de resserrements et de renflements.
- le pore est une fente tortueuse munie de resserrements et de renflements.
- le pore est une combinaison des deux cas précédents.
- le pore est de section polygonale, il comporte donc des "coins".
- le pore est un pore réel : il est tortueux, muni de resserrements ou renflements arrondis et de coins, il est intermédiaire entre les deux cas précédents.

**Pore cylindrique**

Notons son rayon moyen $r'$, son rayon d'entrée $r$, sa longueur en ligne droite $l$, sa tortuosité $\tau$, sa longueur une fois déplié $l' = \tau l$, sa surface latérale $s'$, son volume $dv$. Un élément de pore correspondant à la longueur $dl'$ est assimilable à une portion de cône de rayon moyen $\rho$ et de demiouverture $\theta$, sa surface $d^2s'$ et son volume $d^2v$ vérifient :

$$d^2s' = 2\pi\rho\frac{dl'}{\cos(\theta)} \quad \text{et} \quad d^2v = \pi\rho^2 dl' \qquad (1.4\text{a})$$

Soit pour le pore entier, en notant $<>$ la valeur moyenne de chaque grandeur :

$$ds' = 2\pi l' < \frac{\rho}{\cos(\theta)} > \approx 2\pi l'r' < \frac{1}{\cos(\theta)} >$$

$$\text{et} \quad dv = \pi < \rho^2 > l' = \pi r'^2 c_c^2 l' \qquad (1.4\text{b})$$

En effet si $r'$ est la valeur moyenne de $\rho$ utile pour calculer $ds'$, alors la valeur moyenne de $\rho^2$ utile pour calculer $dv$ n'est pas $r'^2$, il faut un facteur correctif $c_c$ qui est calculé en annexe p.471 dans le cas d'une distribution lognormale de $\rho$ autour de la valeur $\rho_0 = \xi r$. Ce facteur correctif vérifie : $r' = \xi r c_c$ et $<\rho^2> = \xi^2 r^2 c_c^4$. Le paramètre $\xi$ quantifie ici l'amplitude des resserrements et renflements du pore : $\rho_{min} = r$ et $\rho_{max} = r\xi^2$. La surface spécifique du pore s'écrit donc :

$$\frac{ds'}{dv} = < \frac{1}{\cos(\theta)} > \frac{2}{\xi r c_c^3} \qquad (1.4\text{c})$$

La valeur de $<\frac{1}{\cos(\theta)}>$ dépend non seulement de $\xi$ mais aussi de l'espacement caractéristique entre un resserrement et un renflement. Pour la porosité résiduelle, la surface des kaolinites étant assez lisse et les kaolinites constituant la majorité de la fraction lutite, on peut considérer que l'espacement caractéristique entre deux renflements successifs d'un pore est de l'ordre de $D_{eq}$, le diamètre équivalent des grains de lutite bordant ce pore, d'où :

$$< \frac{1}{\cos(\theta)} > \approx \frac{\sqrt{D_{eq}^2/4 + r^2(\xi^2 - 1)}}{D_{eq}/2} \approx 1 + \frac{2r^2}{D_{eq}^2}(\xi^2 - 1)^2 \qquad (1.4\text{d})$$

**Pore en forme de fente**

Notons son ouverture moyenne $r'$, son ouverture d'entrée $r$, ses longueurs en ligne droite $l_1$ et $l_2$ (dans deux directions orthogonales du plan de la fente), sa tortuosité $\tau$, ses longueurs réelles $l'_1 = \tau l_1$ et $l'_2 = \tau l_2$. On obtient pour un élément de longueurs $dl'_1$ et $dl'_2$ la surface élémentaire $d^2s'$

et le volume élémentaire $d^2v$ suivants :

$$d^2s' = 2\frac{dl'_1}{\cos(\theta_1)}\frac{dl'_2}{\cos(\theta_2)} \quad \text{et} \quad d^2v = \rho dl'_1 dl'_2 \quad (1.5a)$$

Soit pour le pore entier, en notant $<>$ la valeur moyenne de chaque grandeur :

$$ds' = 2l'_1 l'_2 (<\frac{1}{\cos(\theta)}>)^2 \quad \text{et} \quad dv -<\rho> l'_1 l'_2 - r' l'_1 l'_2 \quad (1.5b)$$

$$\text{soit} \quad \frac{ds'}{dv} = <\frac{1}{\cos(\theta)}>^2 \frac{1}{\xi c_c}\frac{2}{r} \quad (1.5c)$$

**Cylindres et fentes**

Déterminons l'ordre de grandeur des divers coefficients géométriques utilisés aux paragraphes précédents. Supposons que l'amplitude et l'espacement des variations de la largeur de chaque pore résiduel soient proportionnels à sa largeur moyenne, ce qui revient à supposer que $\xi$ et $r/D_{eq}$, donc $c_c$ et $<\frac{1}{\cos(\theta)}>$, ne dépendent pas de $r$. En supposant $\xi = 2$, on obtient $c_c \approx 1,1$ (Annexe F.2.1 p.471). En supposant $<\xi r/D_{eq}> = 0,24$ (p.341), on obtient alors $<\frac{1}{\cos(\theta)}> \approx 1,18$. La surface spécifique d'un pore pseudo-cylindre est alors 1,43 fois plus faible que celle d'un pore pseudo-fente. Cette différence provient du fait que nous avons autorisé, pour la fente, des irrégularités (renflements et resserrements) indépendantes dans deux directions pour la fente, alors que pour le cylindre, nous avons considéré des irrégularités à symétrie cylindrique. Multiplions la surface spécifique d'un pore cylindrique (équation 1.4c) par le facteur $<1/cos(\theta)>$ pour la généraliser à un cylindre dont la surface a des resserrements et renflements dans ses deux directions :

$$\frac{ds'}{dv} = <\frac{1}{\cos(\theta)}>^2 \frac{1}{\xi c_c^3}\frac{2}{r} \quad (1.4c')$$

Cette fois la surface spécifique d'un pore pseudo-cylindre est 1,21 fois plus faible que celle d'un pore pseudo-fente.

Considérons un sol dont la porosité résiduelle est un mélange de cylindres et de fentes tortueux avec resserrements et renflements. Notons $V$ le volume solide de ce sol, $dv$ le volume de chaque pore et $du$ ce même volume rapporté au volume de solide du sol : $du = dv/V$. La contribution

$S_{res}$ de la porosité résiduelle à la surface totale solide du sol par unité de volume de solide s'écrit alors à partir de l'équation 1.3 et de la moyenne entre le cas de la fente (équation 1.5c) et celui du cylindre (équation 1.4c') :

$$S_{res} = \frac{c_s}{\xi(1 + u_{res}/f_{lut})} \int_0^{u_{res}} \frac{2du}{r} \quad \text{où} \quad c_s = \frac{1}{c_c^2} < \frac{1}{\cos(\theta)} >^2 \quad (1.6)$$

où $c_s$ est défini avec un développement limité en $(1 - c_c)$ petit devant 1. Avec nos hypothèses ici, $c_s$ vaudrait 1,15.

Nous avons donc utilisé trois paramètres pour quantifier l'écart entre le cylindre parfait ou la fente plane d'avec un cylindre ou une fente tortueux avec resserrements et renflements :

- La tortuosité $\tau$, rapport du chemin dans le pore au chemin en ligne droite.
- L'amplitude de la variabilité des largeurs d'un même pore, quantifiée par $\xi \geqslant 1$, rapport entre largeur log-moyenne et largeur minimale $r$. (Le coefficient $c_c \geqslant 1$, plus petit que $\xi$, s'en déduit).
- La fréquence spatiale de variation de cette largeur locale du pore, quantifiée par $< \frac{1}{\cos(\theta)} >$, $\theta$ étant l'angle local entre chaque surface élémentaire du pore et la ligne de cheminement dans ce pore.

De ces trois paramètres, le premier n'intervient pas dans le calcul de la surface extérieure du pore par unité de volume de solide $S$. En effet un cylindre ou un tore de même rayon et de même volume ont même surface extérieure, quelle que soit la courbure du tore. De même une fente plate ou une fente entre deux cylindres emboîtés ont même surface extérieure si elles ont même volume et même largeur. L'écriture de $d^2s'$ et de $d^2v$ ne dépend pas de la tortuosité. Le deuxième paramètre tend à faire diminuer $S$ car à volume poral et taille d'entrée de pore constants, si la largeur maximale du pore augmente, la surface extérieure totale diminue. Le troisième paramètre tend à faire augmenter $S$, car plus les variations de la largeur du pore sont proches, plus sa surface, à volume égal, augmente.

**Pore réel : intermédiaire entre cylindre et fente ?**

Tout pore réel peut-il être considéré comme un assemblage de cylindres et fentes tortueux avec resserrements et renflements ? Un tel assemblage permet de décrire tout pore de taille d'entrée $r$ remplissant les deux condi-

tions suivantes :
- Sa taille locale $\rho$ est comprise entre $r$ et $\xi^2 r$.
- Son volume $du$ a été déterminé par porosimétrie au mercure ou par désorption d'eau à la pression correspondant à la taille d'entrée $r$.

Précisons la définition de la taille locale d'un pore au sens de la capillarité. Elle correspond à la courbure moyenne locale du ménisque eau/air si celui-ci se situe au niveau de ce pore. Si les surfaces sont sèches, on la déduit des différentes dimensions locales de ce pore. Sinon, il faut réduire ces dimensions de l'épaisseur du film d'eau adsorbé sur les parois du pore (Lionel Mercury, comm. pers.)

Si on appelle $\rho_1$, $\rho_2$ et $\rho_3$ les rayons principaux de l'ellipsoïde maximal inscrit localement dans ce pore, $\rho_{12}$, $\rho_{13}$ et $\rho_{23}$ les moyennes inverses de ces rayons pris deux par deux, la taille locale $\rho$ du pore est la plus petite de ces moyennes, qui est le rayon de courbure minimal de cet ellipsoïde. Le cas de la fente plane correspond à $r = 2\rho_1$ et $\rho_2 = \rho_3 = +\infty$. Le cas du cylindre parfait correspond à $r = \rho_1 = \rho_2$ et $\rho_3 = +\infty$. Si $\rho$ est inférieur à $r$, cela signifie que c'est la "fin" de ce pore et le début d'un autre pore, de taille d'entrée $\rho$. La "fin" du pore est d'ailleurs également atteinte quand la taille locale est supérieure à $r$ et qu'il existe depuis cet endroit un cheminement vers le réseau de macropores le long duquel la taille locale est toujours supérieure à $r$. Quant à $\xi$, il est déterminé tel que $\xi^2 r$ égale la valeur maximale de $\rho$ pour ce pore. La première condition n'est donc pas restrictive.

Examinons la deuxième condition. A la pression correspondant à la taille d'entrée $r$, la porosimétrie détermine le volume du pore recouvrable par des ellipsoïdes de rayon de courbure minimal $r$. Même si la taille locale du pore est supérieure à $r$, une partie de son volume peut être situé dans des coins de courbure locale $\rho$ inférieure à $r$. Ces coins contiennent de l'eau qui ne sera évacuée qu'à une pression moindre. Ces coins peuvent, dans notre terminologie, être simplement considérés comme un ensemble d'autres pores, de tailles variant de $\rho$ à $r$. Cependant, dans le coin d'un pore de taille $r$, le calcul de la surface spécifique du petit pore de taille comprise entre $\rho$ et $\rho + d\rho$ avec $\rho < r$ ne nécessite peut-être pas les mêmes coefficients correctifs que précédemment. C'est ce que nous allons déterminer au paragraphe suivant, à partir de l'étude d'un pore rectiligne à section carrée, triangle équilatéral, puis nous généraliserons à un coin d'ouverture quelconque.

## Pore rectiligne comportant des coins

La surface spécifique d'un pore rectiligne de section carrée de côté $2a$ est $ds'/dv = 2/a$. Notons $l$ la longueur de ce pore. Par porosimétrie, ce pore est mesuré comme un volume $\pi a^2 l$ de pore de taille $a$ et un volume $d^2v(\rho)$ de pores de taille $\rho$ variant entre 0 et $a$. Si on suppose que ces pores sont équivalents à des portions de pores cylindriques de rayon $\rho$, leur longueur $dl(\rho)$ et leur surface extérieure $d^2s(\rho)$ valent :

$$dl(\rho) = \frac{d^2v(\rho)}{\pi \rho^2} \quad \text{et} \quad d^2s(\rho) = 2\pi\rho dl(\rho) = \frac{2d^2v(\rho)}{\rho} \quad (1.7a)$$

Le volume $d^2v(\rho)$ de pore de taille $\rho$ vaut :

$$d^2v(\rho) = (\pi\rho^2 + 4(\rho+d\rho)d\rho + 4\rho d\rho - \pi(\rho+d\rho)^2)l = (8-2\pi)\rho l d\rho \quad (1.7b)$$

au premier ordre en $d\rho$. La surface spécifique du pore carré calculée à partir de la porosimétrie et du modèle de pores cylindriques est donc :

$$\frac{ds'_{cyl}}{dv} = \frac{1}{4a^2l}\left(2\pi a l + \int_0^a d^2s(\rho)\right) = \frac{2}{a}\left(2 - \frac{\pi}{4}\right) \quad (1.7c)$$

Remarquons que le résultat serait identique en utilisant la porosimétrie et le modèle de pores en forme de fentes. Ce calcul de surface spécifique surestime d'un facteur $(2-\pi/4) \approx 1{,}21$ la surface spécifique réelle du pore carré.

Considérons le cas d'un pore de section triangle équilatéral de côté $2a$, donc de surface spécifique $ds'/dv = 2\sqrt{3}/a$. En gardant les notations précédentes, la porosimétrie le considère comme un volume $a^2l/3$ de pore de taille $a/\sqrt{3}$ et un ensemble de pores de volumes $d^2v(\rho)$ de tailles respectives $\rho$ inférieures à $a/\sqrt{3}$. Les équations 1.7a restent valables, l'équation 1.7b devient :

$$d^2v(\rho) = (\pi\rho^2 + 6\rho(\sqrt{3}d\rho - \pi(\rho+d\rho)^2)l = (6\sqrt{3} - 2\pi)\rho l d\rho \quad (1.8a)$$

L'équation 1.7c devient :

$$\frac{ds'_{cyl}}{dv} = \frac{1}{a^2\sqrt{3}} l \left( 2\pi a/\sqrt{3}\, l + \int_0^{a/\sqrt{3}} d^2 s(\rho) \right) = \frac{2\sqrt{3}}{a}\left(2 - \frac{\pi}{3\sqrt{3}}\right) \quad (1.8\text{b})$$

La surface spécifique du pore en forme de triangle équilatéral, calculée à partir des résultats de porosimétrie et du modèle de pores cylindres ou fentes, est donc surestimée d'un facteur $(2 - \pi/(3\sqrt{3})) \approx 1{,}40$.

Considérons le cas général d'un coin de pore, d'angle au sommet $2\beta$, $\beta$ étant compris entre 0 et $\pi/2$. Soit $a$ la largeur de part et d'autre du coin, alors $r = a\tan(\beta)$ est le rayon du cylindre tangent le plus grand inscrit dans ce coin. La surface spécifique est $ds'/dv = 2/(a\tan(\beta))$. L'équation 1.7b devient :

$$\frac{d^2v(\rho)}{l} = \left(\frac{\pi}{2} - \beta\right)\rho^2 + 2\rho\frac{d\rho}{\tan(\beta)} - \left(\frac{\pi}{2} - \beta\right)(\rho + d\rho)^2 = 2\left(\frac{1}{\tan(\beta)} - \frac{\pi}{2} + \beta\right)\rho d\rho \quad (1.9\text{a})$$

L'équation 1.7c devient :

$$\frac{ds'_{cyl}}{dv} = \frac{1}{a^2 l \tan(\beta)}\left[2\left(\frac{\pi}{2} - \beta\right)al\tan(\beta) + \int_0^{a\tan(\beta)} d^2 s(\rho)\right]$$
$$= \frac{2}{a\tan(\beta)}\left[2 + \left(\beta - \frac{\pi}{2}\right)\tan(\beta)\right] \quad (1.9\text{b})$$

La surface spécifique du coin de pore, calculée à partir des résultats de porosimétrie et du modèle de pores cylindres ou fentes, est donc surestimée d'un facteur $2 + (\beta - \pi/2)\tan(\beta)$ qui varie de 2 à 1 quand $\beta$ varie de 0 à $\pi/2$. Autrement dit, la surface spécifique peut se déduire des résultats de porosimétrie et du modèle de pores cylindres ou fentes dans le cas d'un pore en coin d'ouverture $2\beta$, à condition de multiplier le résultat par un facteur correctif $1/(2 + (\beta - \pi/2)\tan(\beta))$ qui varie de 0,5 à 1 quand $\beta$ varie de 0 à $\pi/2$, avec une valeur moyenne de 0,80. Par contre, le volume d'un pore bordé par une surface minérale formant un angle rentrant vers le pore ($\beta$ compris entre $\pi/2$ et $\pi$) a été considéré par porosimétrie comme faisant partie du volume de pore de taille $r$ et ne nécessite pas de coefficient correctif.

## Généralisation à la porosité réelle d'un sol

Les côtés de part et d'autre d'un coin de pore réel sont susceptibles d'avoir des irrégularités dans les deux directions (renflements et resserrements arrondis). Il faut donc multiplier le coefficient correctif dû aux coins par celui dû aux autres irrégularités des pores. Nous obtenons donc l'expression suivante de la contribution de la porosité résiduelle à la surface spécifique d'un sol à partir de données de porosimétrie :

$$S_{res} = \frac{c_r}{(1 + u_{res}/f_{lut})} \int_0^{u_{res}} \frac{2du}{r} \qquad \text{avec} \qquad c_r = \frac{c_s c_\beta}{\xi} \qquad (1.10)$$

Nous revenons donc à la formulation de la surface spécifique donnée à l'équation 3.14 p.247 mais cette fois nous avons explicité le coefficient correcteur $c_r$. $c_r$ se déduit de trois coefficients qui traduisent les différents effets en jeu :

⋆ $c_\beta$ est un coefficient légèrement inférieur à 1 qui traduit le fait que le modèle de pore en forme de cylindre ou fente surestime légèrement la surface spécifique des pores qui sont des coins saillants de pores plus grands. Si on suppose une répartition homogène de l'angle d'ouverture des coins de pore entre 0 et $2\pi$, les angles rentrants ne nécessitant pas ce coefficient correctif, $c_\beta$ vaut 0,9.

⋆ $\xi$ est le rapport entre la taille locale log-moyenne d'un pore et sa taille d'entrée $r$.

⋆ $c_s$ traduit le fait que la surface du pore a des irrégularités (resserrements et renflements arrondis et coins rentrants) dans ses deux directions qui induisent, d'une part, des variations de l'angle entre surface locale du pore et ligne de cheminement central du pore, d'autre part, un décalage entre taille locale moyenne et taille locale log-moyenne et, en troisième lieu, un décalage entre moyenne du carré de la taille locale et carré de la taille locale moyenne.

Nous avons évalué ici que pour la porosité résiduelle, si on suppose $\xi = 2$, $c_s$ vaut entre 1,05 et 1,27. Le produit $c_s c_\beta$ est alors voisin de 1. Le paramètre $c_r$ avoisine alors l'inverse de $\xi$. Pour les pores plus larges que les pores résiduels, les valeurs de $\xi$ et de $c_s$ sont probablement différentes de celles concernant la porosité résiduelle.

## Comparaison avec la formulation simplifiée habituelle

Nous reproduisons ici cette formulation déjà citée p.249 :

$$S_{res,1} = c_g \frac{2u_{res}}{r_{res}} \qquad (1.11)$$

où $r_{res}$ est le rayon log-moyen de la porosité résiduelle et où $c_g$ est un coefficient géométrique correcteur global. Il traduit donc à la fois :
- le fait qu'une partie de la surface des pores résiduels correspond à une intersection entre deux pores et non à une surface minérale (voir équation 1.3 p.348) ;
- le fait que $r_{res}$ est une moyenne logarithmique et non une moyenne des inverses ;
- le fait que les pores réels ne sont ni des cylindres parfaits ni des fentes parfaites, mais comportent renflements, resserrements et/ou coins.

## Interprétation des résultats obtenus

**Résultat sur $c_r$ pour la porosité résiduelle**  En partie II, la comparaison de porosimétrie au mercure avec les mesures de surface spécifique par désorption d'azote donne un coefficient correcteur $c_r = 1{,}64$ alors qu'en suivant le raisonnement fait ici on s'attendait plutôt à un coefficient inférieur à 1.

Nous voyons quelques explications possibles à ce coefficient relativement élevé :
- Nous avons déjà parlé du fait que la porosimétrie au mercure surestime la taille des pores résiduels (voir en 1ère Partie, p.90, ou notre article [81]). Une valeur élevée de $c_r$ peut être requise pour compenser cet artefact sur la porosimétrie par injection de mercure.
- La différence $\xi$ entre taille d'entrée d'un pore donné et taille log-moyenne de ce pore est probablement moins grande que la valeur 2 supposée ici. Le sol meuble permettant de nombreux accès à chaque portion de pore, ce qui est appelé "un pore" au sens de la porosimétrie, c'est-à-dire une portion de porosité accessible depuis le réseau de pores plus larges, peut être relativement court et avoir ainsi une faible variabilité de taille locale.

– L'espacement caractéristique entre les resserrements ou renflements de pore peut avoir été surévalué ici. Un angle $\theta$ moyen plus grand conduirait à une valeur de $<\frac{1}{\cos\theta}>$ supérieure à la valeur 1,18 proposée ici.

**Résultat sur $c_g$ pour la porosité résiduelle** La moyenne logarithmique sur la taille de l'ensemble des pores résiduels $r_{res}$ sur-évalue forcément la moyenne des inverses. On s'attend donc à avoir $c_g$ supérieur à $c_r/(1+u_{res}/f_{lut}) \simeq c_r/1{,}9$, ce qui est bien vérifié ici, où $c_g$ vaut 1,03 et $c_r$ vaut 1,64. $c_g$ devra être d'autant plus grand que le spectre de porosité résiduelle est aplati.

La formulation simplifiée est donc pertinente pour un spectre de porosité résiduelle resserré, où la correction de cet effet de moyenne reste la même.

### 1.2.2 Taille des pores larges et espacement entre eux

L'espacement entre les pores larges à partir de la porosimétrie est évalué en p.245 en tenant compte de la tortuosité *stricto sensu* de ces pores mais pas de leurs autres irrégularités (renflements, coins...). Nous n'avons pas de données (comme des observations en lames minces) pour valider cette évaluation. Réfléchissons ici à sa pertinence.

Ce qui conditionne l'espacement entre les pores d'une taille d'entrée donnée, qui occupent une fraction mesurée du volume du sol, c'est la longueur "en ligne droite" parcourue par ces pores. Ainsi, les variations de l'angle entre surface extérieure du pore et cheminement central du pore n'ont pas d'effet direct sur l'évaluation de l'espacement entre les pores. Par contre, il faut tenir compte de leur tortuosité *strico sensu* et de leur taille moyenne. En effet, tout cheminement tortueux et tout renflement de pore contribue à augmenter le volume mesuré des pores de cette taille sans augmenter la longueur parcourue. Il faudrait donc améliorer les expressions 3.9d et 3.9c p.245 en les multipliant par un coefficient supérieur à 1 dépendant du facteur $\xi$ défini ici. Cela ne modifierait pas les résultats de façon déterminante puisque, comme nous l'avons constaté plus haut, ce coefficient $\xi$ dans ces sols meubles, au moins pour les pores résiduels, semble peu supérieur à 1.

Ainsi, la tortuosité *strico sensu* des pores n'a pas d'effet sur l'évaluation des surfaces bordant ce pore tandis que les variations de l'angle entre parois et cheminement central du pore n'ont pas d'effet sur l'évaluation de leur espacement moyen.

## 1.3 PDF entre spectre de porosité et conductivité hydraulique

### 1.3.1 Signification de la tortuosité au sens de Burdine

La tortuosité au sens de Burdine [49] calculée en partie II (p.202) pour les pores de taille $r$ est la tortuosité moyenne de tous les pores de cette taille. Cette tortuosité exprime simultanément trois réalités physiques :

– Elle exprime la tortuosité *stricto sensu*, c'est-à-dire la longueur parcourue dans des cheminements de taille $r$, divisée par la distance parcourue en ligne droite, pour des distances d'un à plusieurs décimètres.[1]
– Elle exprime la connectivité des pores de taille $r$. En effet, si un pore de taille $r$ n'est connecté à aucun autre pore de taille $r$, sa tortuosité *stricto sensu* est infinie. S'il est connecté aux autres pores de taille $r$ via des pores plus fins, sa tortuosité au sens de Burdine ne sera pas infinie. Elle sera relativement grande à cause du ralentissement du flux d'eau au passage dans ces pores plus fins.[2]
– Elle exprime l'écart entre la vitesse réelle des flux d'eau et la vitesse proportionnelle à $r^2$ déduite du modèle de Poiseuille-Laplace.

La tortuosité déduite d'analyses d'images ou de considérations géométriques sur la forme des minéraux et leur mode d'empilement correspond à ce que nous appelons ici la tortuosité *stricto sensu*. Sa valeur est forcé-

---

1. En effet, la tortuosité, comme toute grandeur macroscopique dans un milieu hétérogène, dépend de la taille caractéristique de l'échantillon où s'effectue la mesure, qui est ici de un à plusieurs décimètres.
2. Par tortuosité des pores de taille $r$, j'entends ici la grandeur notée précédemment $\tau$, qu'on pourrait noter aussi $\tau(r,r)$. Elle est déduite de la conductivité hydraulique quand $r$ est la taille maximale des pores remplis d'eau. Si un pore de taille $r$ est connecté aux autres pores de taille $r$ uniquement via des pores plus grands, sa tortuosité reste infinie, l'eau qu'il contient reste déconnectée de celle dans les autres pores de taille $r$ et elle ne participe pas à la conductivité hydraulique. La tortuosité moyenne des pores de taille $r$ quand les pores sont remplis d'eau jusqu'à la taille $r' > r$ vaudrait d'après Burdine [49] $\tau(r,r') = \tau \frac{\theta^a}{\theta'^a} < \tau$ justement parce que l'eau dans certains pores de taille $r$ cesserait d'être déconnectée de celle des autres pores de taille $r$.

ment supérieure à 1. Elle ne devrait pas dépasser 2 ou 3 pour des pores bien connectés ménagés entre des grains de forme massive, subarrondis et non cémentés. C'est le cas des ferralsols-podzols étudiés ici, à l'exception de l'horizon riche en nodules. Elle pourrait être beaucoup plus grande pour une porosité entre des objets solides aplatis, allongés, ramifiés ou cémentés entre eux, ou une porosité dans un objet fracturé, creusé.

### 1.3.2 Interprétation des résultats de tortuosité au sens de Burdine

Cherchons à interpréter les résultats de la partie II illustrés aux figures pp.205 et 207.

**Pores résiduels les plus larges et première partie des micropores**

Dans ce domaine, autour de la taille $r_1 = 0{,}1\,\mu\text{m}$, la tortuosité est faible. Les données s'étendent de 0,8 à 5 avec une moyenne de 3. Cela signifie probablement que ces pores, principalement des pores d'agencement primaire des kaolinites, y sont peu tortueux, assez bien connectés et que la loi de Poiseuille-Laplace y est bien vérifiée. La tortuosité au sens de Burdine correspond bien à la tortuosité *stricto sensu* 1,5 ou 1,25 calculée respectivement d'après les expressions de Revil et Leroy [180] ou de Vane et Zang [225].

**Deuxième partie des micropores et mésopores**

La plupart des données dont nous disposons sont dans ce domaine. La tortuosité dans ce domaine est assez importante. Elle s'étend de 5 à 13. Elle croît jusqu'à la taille de pore $r_2 = 10^4\,\text{nm}$, puis décroît ensuite. Les valeurs élevées traduisent probablement une mauvaise connectivité de la porosité.

Précisons tout de suite que le petit maximum local de tortuosité vers $\log(\frac{r}{r_0}) = 4{,}6$ n'est qu'un artefact, dû surtout aux données "EL 0,15 m" et dans une moindre mesure, "EL 0,60 m". Cet artefact provient des mesures les plus humides d'évaporation en laboratoire, où la conductivité hydraulique est sous-estimée et donc la tortuosité calculée ici est surestimée.

Les résultats obtenus ici montrent que les pores autour de $r_2 = 10\,\mu\text{m}$ sont particulièrement tortueux ou mal connectés. Ce sont principalement ici des pores ménagés entre les agrégats de lutite. Les pores autour de $r_3 = 100\,\mu$m sont par contre beaucoup moins tortueux ou mieux connectés.

## Dans le domaine des macropores

Les tortuosités obtenues sont croissantes de 3 jusqu'à des valeurs très élevées autour de 50. Cela ne semble pas être dû à un bruit de mesure car elle croissent régulièrement. Cela peut être dû à une mauvaise connectivité des pores les plus larges. Cela doit aussi être dû à un écart entre la vitesse réelle du flux d'eau et celle en $r^2$ prédite par Poiseuille et Laplace, pour deux raisons :
- Le modèle de Poiseuille suppose un écoulement laminaire. Pour les pores les plus larges, la vitesse de l'eau devient élevée et l'écoulement devient probablement turbulent. La vitesse réelle est donc plus faible que celle en $r^2$.
- Le modèle de Laplace et Jurin donne la taille $r$ d'un pore inversement proportionnelle à la pression matricielle $h$ mesurée dans l'eau contenue dans ce pore. Il est valide tant que les forces de capillarité sont prépondérantes devant celles de gravité. Pour les pores les plus larges, ce modèle n'est plus valide.

En effet, dans cette thèse, nous avons préféré utiliser $r$ comme variable principale car elle nous semble plus parlante pour comparer les tailles des minéraux avec celle des pores. Mais gardons à l'esprit que les mesures effectuées portent sur la pression matricielle $h$ et non sur $r$. Par ailleurs, il est bien évident qu'à la surface de la nappe phréatique, la pression matricielle vaut $h = 0$ mCE, mais la taille des pores les plus grands remplis d'eau $r$ n'est pas infinie.

Calculons la taille caractéristique $r_c$ à partir de laquelle la taille $r$ déduite de $h$ par la loi de Laplace ne correspond plus à la taille réelle du pore. D'après la loi de Laplace et Jurin (déjà décrite en p.79, en présence d'eau et d'air à l'équilibre hydrodynamique, si les pores les plus grands remplis d'eau sont de taille $r$, la pression matricielle de l'eau est $h < 0$. $h$ et $r$ sont reliés ainsi : le poids de la colonne d'eau de hauteur $(-h)$ égale la force de capillarité le long de son ménisque supérieur :

$$\rho_w g(-h) = \frac{2\sigma}{r} \qquad (1.12)$$

où $\rho_w$ est la masse volumique de l'eau et $\sigma$ la tension interfaciale eau/air. Ceci est vrai tant que la hauteur de cette colonne d'eau est grande devant la taille du pore : $(-h) \gg r$. La taille $r_c$ est donc la taille où $(-h) = r$, et vaut donc 4 mm, soit $\log(r_c/r_0) = 6{,}6$.

**La taille $r$ déduite de la pression matricielle par la loi de Laplace correspond à la taille réelle d'entrée des pores les plus grands remplis d'eau tant que $r$ est négligeable devant $r_c = 4$ mm. Au-delà, la taille réelle de ces pores est plus petite que $r$.**

Les résultats de tortuosité obtenus ici dans le domaine des macropores sont donc d'un grand intérêt : la taille réelle des pores ne peut plus être prédite de la pression matricielle par la loi de Laplace ; la vitesse de l'eau probablement en écoulement turbulent ne peut plus être prédite par la loi de Poiseuille ; et malgré tout nous avons pu établir que l'on pouvait déduire la conductivité hydraulique à partir de la pression matricielle $h$ et du spectre de porosité. Les équations établissant cela (1.27d, 1.28, 1.29d et 1.29g pp.209 à 211) utilisent comme intermédiaire de calcul la taille $r$ des pores qui ne correspond pas à leur taille réelle mais est définie à partir de la pression matricielle par l'équation 1.12 ci-dessus.

### Remarque de vocabulaire à propos des macropores

Nous avons choisi dans cette thèse de placer assez arbitrairement à $r_3 = 0{,}1$ mm la limite entre mésopores et macropores, à la taille maximale où nous disposions de porosimétries au mercure. D'un auteur à l'autre, la limite inférieure des "macropores" est placée de manière très variable entre 0,06 et 2 mm selon la revue de Buczko [47]. L'étude de la conductivité hydraulique faite ici montre que cette limite n'est pas seulement arbitraire ou technique. Elle correspond à un changement de comportement hydrique. C'est à partir de cette limite (ou plus exactement à partir de $r'_3 = 0{,}08$ mm) que la croissance de la conductivité hydraulique devient très lente. C'est à partir de cette limite (ou plus exactement à partir de 0,4 mm) que la taille des pores déduite de la pression matricielle par la Loi de Laplace devient supérieure à la taille réelle de ces pores.

### Conductivité hydraulique proportionnelle à une puissance de $r$

Les fonctions d'interpolations choisies pour $\tau(r)$ en partie II (p.209) sont des fractions rationnelles de $r$ pour "arrondir" ces fonctions en leurs points de raccordement (en $r_2$ et en $r_3$) et aussi pour faciliter la formulation de l'intégrale $J$ utile au calcul de conductivité hydraulique.

Nous voulons cependant donner ici les fonctions puissance de $r$ interpolant approximativement les variations de tortuosité et de conductivité hydraulique sur les différents intervalles de porosité, pour faciliter la comparaison de ces résultats avec les résultats d'autres études.

TAB. 1.2 – *Fonctions puissance de la taille $r$ des pores approximant la tortuosité (au sens de Burdine généralisé) et la conductivité hydraulique.*

| | | rapport de tortuosités | tortuosité $\tau(r)$ | conductivité hydraulique $K'(r')$ [1] |
|---|---|---|---|---|
| | | | proportionnelle à | |
| Porosité résiduelle | | | $r^{-0,33}$ | $r'^{2,67}$ |
| microporosité | moyenne | $\tau_2/\tau_1 = 6,9$ | $r^{0,42}$ | $r'^{1,16}$ |
| | minimum | 4,5 (ferralsol 0,6 m) | $r^{0,33}$ | $r'^{1,34}$ |
| | maximum | 10 (ferralsol 4 m) | $r^{0,5}$ | $r'^{1,0}$ |
| | Minimum | 0,30 (substratum 22 m) | $r^{-0,26}$ | $r'^{2,52}$ |
| | Maximum | 10 (ferralsol 4 m) | $r^{0,5}$ | $r'^{1,0}$ |
| mésoporosité | moyenne | $\tau_3/\tau_2 = 0,26$ | $r^{-0,65}$ | $r'^{3,30}$ |
| | minimum | 0,23 (ferralsol 0,6 m) | $r^{-0,71}$ | $r'^{3,42}$ |
| | maximum | 0,41 (ferralsol 0,1 m) | $r^{-0,43}$ | $r'^{2,86}$ |
| | Minimum | 0,03 (podzol 2 m) | $r^{-1,69}$ | $r'^{5,38}$ |
| | Maximum | 0,45 (ferralsol 0 m) | $r^{-0,38}$ | $r'^{2,77}$ |
| macroporosité | moyenne | $\tau_4/\tau_3 = 53$ | $r^{0.82}$ | $r'^{0,36}$ |
| | minimum | 35 (ferralsol 0,6 m) | $r^{0,73}$ | $r'^{0,54}$ |
| | maximum | 110 (ferralsol 2 m) | $r^{0.97}$ | $r'^{0,06}$ |
| | Minimum | 36 (podzol 0,3 m) | $r^{0,74}$ | $r'^{0,52}$ |
| | Maximum | 92 (substratum 22 m) | $r^{0,93}$ | $r'^{0,13}$ |

moyenne, minimum et maximum viennent des horizons de ferralsol où la conductivité hydraulique a été mesurée.

Minimum et Maximum concernent l'application des fonctions de pédotransfert (équations 1.27a à 1.29g pp.209 et suivantes) à tous les horizons des ferralsols-podzols où le spectre de porosité a été mesuré.

[1] si le spectre de porosité était plat dans cette gamme de taille de pores. Si ce spectre est triangulaire, $K'(r')$ est proportionnel à la puissance de $r'$ donnée ici multipliée par $\log(r'/r_0) - c$ (triangle croissant) ou par $c - \log(r'/r_0)$ (triangle décroissant), $c$ étant une constante positive.

En effet, si dans un intervalle entre $r_0$ et $r'$, la tortuosité au sens de Burdine généralisé $\tau(r)$ est proportionnelle à $r^b$ et si le spectre de porosité est plat en échelle logarithmique pour $r$, soit $\partial\theta/\partial(\log(r/r_0))$ constant, alors la conductivité hydraulique $K'(r')$ est proportionnelle à $r'^{(2-2b)}$.

Ce tableau met bien en évidence que la conductivité hydraulique croît très rapidement dans le domaine des mésopores et lentement dans le domaine des macropores. Pour les horizons à macroporosité faible (ferralsol à 2 m de profondeur, substratum), la conductivité hydraulique croit à peine plus que proportionnellement au volume de pores car l'exposant de $r$ est faible. Ce résultat rejoint celui fait par les auteurs cités dans la revue de Simunek *et al.* en 2003 [196].[3]

### 1.3.3 Comparaison entre courbe de tortuosité au sens de Burdine et courbe de porosité

**Tortuosité des pores de taille $r$ et volume de ces pores**

On peut se demander si les variations de tortuosité ne traduisent pas tout simplement les variations de volume de pores de chaque taille. En effet, si le volume des pores d'une taille $r$ est faible, ces pores seront peu nombreux et risquent d'être mal connectés entre eux, et donc d'avoir une grande tortuosité au sens de Burdine. Il n'en est rien, comme l'illustre bien la comparaison entre la figure des tortuosités 1.8 p.205 et celle des spectres de porosité 1.9 p.206. Sur ces figures, on voit que vers $r'_3 = 10^{4,9}$nm, la tortuosité admet un minimum local pour tous les horizons. En cette taille, le spectre de porosité admet bien un maximum local sur les graphes (**b,e**), mais il est croissant sur le graphe (**c**) et il est un minimum local sur le graphe (**d**). De même, la tortuosité obtenue pour la première partie des micropores est faible, alors que leur volume poral est faible aussi.

**Tortuosité des pores de taille $r$ et volume des pores de taille inférieure à $r$**

Les fonctions de pédotransfert établies en partie II donnent la tortuosité $\tau(r)$ inversement proportionnelle non pas à la teneur en eau $d\theta(r)$ dans les pores de taille $r$, mais à la teneur en eau dans les deux ou trois décades précédant $r$. Ce résultat est fondamental :

– Ce résultat explique en grande partie les résultats de tortuosité obte-

---

3. Dans le domaine des macropores, Simunek parle d'une "forte augmentation" de la conductivité hydraulique ($K$) en fonction de la teneur en eau, qui correspond cependant bien à la "faible augmentation" observée ici, en parlant de $\log(K)$ en fonction de $\log(r)$.

nus ici. La très faible tortuosité des pores des ferralsols vers la taille $r_1$ s'explique par la forte abondance des pores résiduels. La forte tortuosité des pores autour de la taille $r_2$ s'explique par le faible volume de micropores. La faible tortuosité des pores autour de la taille $r_3$ s'explique par le volume relativement grand de grands micropores et de mésopores.

– Ce résultat unifie et réconcilie de nombreuses formulations empiriques prédisant la tortuosité ou la conductivité hydraulique. Ainsi, la tortuosité de la porosité résiduelle est donnée comme inversement proportionnelle à la porosité résiduelle interconnectée ([180], cité à la p.199). De même, la conductivité hydraulique dans le domaine investigué par mesures d'infiltration *in situ*, soit le domaine des mésopores, est souvent donnée comme une loi puissance de la teneur en eau réduite, avec un exposant proche de 2, ce qui revient à une tortuosité inversement proportionnelle à $\theta - \theta_{res}$. Et enfin, la conductivité hydraulique maximale est souvent donnée comme une loi puissance, avec un exposant proche de 2, de ce qui est appelé la "porosité effective", qui avec nos notations ici s'écrit $\theta_{max} - \theta_{0,44r_2}$.

Interprétons ce résultat. La présence de pores de taille $< r$ ne peut à l'évidence pas diminuer la tortuosité *stricto sensu* des pores de taille $r$. Mais elle peut contribuer à les connecter les uns aux autres.

**Nouvelle formulation de la tortuosité**

On pourrait donc modéliser la tortuosité $\tau(r)$ au sens de Burdine généralisé par : $\tau(r) = \phi(r)/(\theta(r) - \theta(r/A))$ où $A$ vaut 100 à 600. Le facteur $1/(\theta(r) - \theta(r/A))$ traduirait la connectivité des pores de taille $r$. Le facteur $\phi(r)$, moins variable que $\tau(r)$, traduirait les autres contributions à la tortuosité. $\phi(r)$ traduirait donc la tortuosité *stricto sensu* des pores, et la correction aux lois de Laplace et Poiseuille pour les macropores.

En effet, pour les ferralsols-podzols étudiés ici, en dehors des macropores, le rapport entre les valeurs maximale et minimale de $\phi(r)$ interpolé pour un horizon donné vaut 3 selon les équations 1.29b à 1.29d p.211. Ce même rapport pour la tortuosité de Burdine interpolée vaut $(\tau_2/\tau_1)max = 10$ pour les horizons où la conductivité hydraulique a été mesurée ou même $(\tau_2/\tau_3)max = 30$ pour l'utilisation des fonctions d'interpolation aux autres horizons des ferralsols-podzols. (voir au tableau 1.2).

Dans le domaine des macropores, $\phi(r)$ devient rapidement croissant. Il devient proportionnel à $r^b$, avec $b$ proche de 7/8 (d'après le tableau 1.2).

Nous affinerons plus loin ce nouveau modèle de tortuosité, après avoir interprété les résultats obtenus pour la tortuosité au sens de Mualem.

### 1.3.4 Interprétation des résultats de tortuosité au sens de Mualem

**Tortuosité dans les macropores**

Nos calculs montrent une forte augmentation de la tortuosité au sens de Mualem dans le domaine des macropores, environ proportionnelle à la taille $r$ des pores les plus grands remplis d'eau, élevée à la puissance 6/5, encore supérieure à celle obtenue pour la tortuosité au sens de Burdine. Cela correspond à une croissance de la conductivité hydraulique proportionnelle plus lente que la croissance linéaire avec la teneur en eau.

**Prise en compte de la connectivité des pores par Mualem**

La formulation par Mualem de la conductivité hydraulique [156] tient compte explicitement de ce que nous avons appelé ici la connectivité des pores. En effet, Mualem modélise le sol non plus par des cylindres de taille donnée, comme Burdine, mais par des cylindres ayant une portion de taille $r$ et une autre de taille $\rho$, et il montre qu'alors la vitesse de Poiseuille y est proportionnelle à $r\rho$.

On pourrait donc s'attendre à ce que le modèle de Mualem soit nettement meilleur que celui de Burdine, c'est-à-dire que la tortuosité au sens de Mualem calculée ici varie moins que la tortuosité au sens de Burdine. Mais les résultats donnés en partie II (figure 1.11 p.214) montrent le contraire. Pourquoi?

**Comparaison formelle entre le modèle proposé ici et celui de Mualem**

Nous avons vu précédemment que la tortuosité au sens de Burdine $\tau(r)$ est inversement proportionnelle au volume des pores dans la gamme de tailles entre $r$ et $r/A$, $A$ valant entre 100 et 600. Un nouveau modèle de conductivité hydraulique, dérivé de celui de Burdine, pourrait donc

s'écrire :
$$K' = K_0 \int_{r=r_0}^{r'} \frac{r^2}{r_0^2 \phi^2(r)} \left[ \int_{\rho=r/A}^{r} d\theta(\rho) \right]^2 d\theta(r) \qquad (1.13)$$

$K'$ est la conductivité hydraulique quand les pores les plus grands remplis d'eau sont de taille $r'$. $\phi(r)$ désigne les effets de tortuosité non pris en compte par le facteur $\theta(r) - \theta(r/A)$.

Par ailleurs, le modèle de conductivité hydraulique de Mualem généralisé (équation 1.30 p.213) peut s'écrire ainsi :

$$K' = K_0 \int_{r=r_0}^{r'} \frac{r^2}{r_0^2 \tau_M(r)} \left[ \int_{\rho=r_0}^{r'} \frac{\rho}{r \tau_M(\rho)} d\theta(\rho) \right] d\theta(r) \qquad (1.14)$$

Dans ces deux équations, l'intégrale interne (celle où la variable d'intégration est notée $\rho$) exprime la connectivité des pores. Les autres effets de tortuosité sont exprimés respectivement par $\phi^2(r)$ dans la première équation et par $\tau_M(r)\tau_M(\rho)$ dans la deuxième équation. Ces deux formulations comportent des différences. Ces différences ont plus ou moins d'influence sur la conductivité hydraulique résultante :

- L'intégrale interne à l'équation 1.14 va jusqu'à $r'$ alors que celle de l'équation 1.13 va jusqu'à $r$. Hormis le domaine des macropores, ceci a une faible influence sur $K$ car l'essentiel de l'intégrale externe provient alors des valeurs de $r$ proches de $r'$ (Pour les deux formulations, 90% de l'intégrale externe provient de l'intervalle $r'/3 < r < r'$ si le spectre de porosité est plat, si l'intégrale interne est constante et si les coefficients correctifs $\phi(r)$ et $\tau_M(r)$ sont constants).
- Les autres effets de tortuosité sont donnés en fonction de $r$ seulement dans l'équation 1.13 alors qu'ils sont donnés en fonction de $r$ et de $\rho$ dans l'équation 1.14. Ceci a une assez faible influence sur $K$ car dans l'équation 1.14, la contribution principale de l'intégrale interne provient des valeurs de $\rho$ proches de $r$ (90% de l'intégrale interne provient de l'intervalle $r/10 < \rho < r$ si le spectre de porosité est plat et si $\tau_M(\rho)$ est constant).
- Les volumes poraux ayant une influence sur le résultat de l'intégrale interne sont situés dans tout l'intervalle $r/A < \rho < r$ pour l'équation 1.13 alors qu'ils se limitent à l'intervalle $r'/10 < \rho < r'$ pour l'équation 1.14, comme nous venons de l'écrire. Ceci est une différence fondamentale entre ces deux équations. Nous avons vu que la

tortuosité au sens de Burdine généralisé avait un maximum local vers $r_2 = 10\,\mu\text{m}$ qui s'expliquait par un faible volume de micropores, soit le volume poral dans tout l'intervalle $r_2/100 < \rho < r_2$. Nous avons vu aussi que la formulation de Mualem ne tenait pas compte de ce phénomène dans son "intégrale explicitant la connectivité", puisque la tortuosité au sens de Mualem $\tau_M$ avait en $r_2$ un maximum local de même ampleur que la tortuosité au sens de Burdine.

– L'intégrale interne est élevée au carré dans l'équation 1.13 alors qu'elle ne l'est pas dans l'autre équation. La présence ou non de pores de taille inférieure à $r$ a donc une influence sur la conductivité hydraulique $K$ plus importante quand celle-ci est calculée avec l'équation 1.13 qu'avec l'équation 1.14.

Cette comparaison méthodique nous a donc donné une réponse. Le modèle de Mualem [156] quantifie les effets de connectivité des pores de taille $r$ seulement à partir du volume des pores de tailles entre $r/10$ et $r$, alors que notre étude montre que ces effets de connectivité devraient être quantifiés par le carré du volume des pores entre $r/100$ et $r$.

**Différences entre les conditions de l'étude de Mualem et celle des ferralsols faite ici**

Le modèle de Mualem donnait pourtant de bons résultats pour les sols sur lesquels il l'a testé [156]. Mais l'étude faite par Mualem concernait probablement surtout des sols assez jeunes sous climat tempéré, c'est-à-dire soumis à une érosion chimique par les eaux d'infiltration moins intense et moins longue, susceptibles de contenir encore des limons, donc susceptibles d'avoir une microporosité significative. En effet, les ferralsols étudiés ici ont une courbe de porosité très particulière : forte porosité résiduelle, très faible microporosité, méso- et macroporosité moyennes près de la surface. Le creux de porosité très prononcé autour de la taille $r_{creux} = 0{,}25\,\mu\text{m}$ fait de ces sols de très exigeants "tests" pour la pertinence d'un modèle de conductivité hydraulique.

Si le spectre de porosité est assez plat, ou monotone, une partie des effets de tortuosité peuvent être globalement pris en compte par un facteur $r'^b$ ou $\theta'^a$ placé devant l'intégrale. Dans le cas des ferralsols étudiés ici, ce n'est pas possible.

Ainsi, des fonctions de pédotransfert ont été établies sur la base de données de sols européens HYPRES (HYdraulic PRoperties of European Soils). Ces fonctions utilisent la granulométrie, la teneur en matière organique et la porosité totale. Ces fonctions prédisent la conductivité hydraulique selon le modèle de Mualem [156], couplé à une courbe de porosité unimodale (du type van Genuchten [223]). Les résultats (Wösten et al., 2001 [231]) sont acceptables. Nous voyons deux explications à cela. D'une part les sols européens, assez jeunes et sous climat tempéré, ont une distribution granulométrique relativement unimodale. En effet, s'ils contiennent significativement de lutite et de sable, ils contiennent alors aussi des limons. D'autre part le domaine de pression matricielle étudié est réduit (du point de flétrissement à la teneur maximale en eau), ce qui renforce la probabilité d'avoir une courbe de porosité unimodale sur ce domaine.

### 1.3.5 Proposition d'un nouveau modèle de conductivité hydraulique

**Rappel des résultats obtenus**

L'étude faite ici sur les ferralsols d'Amazonie Centrale nous a conduit à formuler un nouveau modèle de conductivité hydraulique, dérivé de celui de Burdine. Dans ce modèle, une partie des effets de tortuosité, probablement ceux dûs à la connectivité des pores d'une taille donnée $r$, est proportionnelle au carré du volume des pores entre les tailles $r/A$ et $r$, avec $A$ valant entre 100 et 600.

Le reste des effets de tortuosité est contenu dans la fonction $\phi(r)$ qui devrait dépendre de la minéralogie et du type d'assemblage des minéraux du sol.

Pour un horizon donné des ferralsols étudiés ici, en dehors des macropores, $\phi(r)$ varie d'un facteur 3 seulement, avec une valeur moyenne pour les pores résiduels, un maximum local en $r_2 = 10\,\mu\text{m}$, un minimum en $r'_3 = 80\,\mu\text{m}$. Ces variations traduisent probablement la tortuosité *stricto sensu* de ces pores.

Puis dans le domaine des macropores, $\phi(r)$ croît très vite, devenant proportionnel à $r^b$ avec $b$ proche de 7/8. Cette rapide augmentation permet de corriger les lois de Laplace et Poiseuille qui ne sont pas valides pour les macropores.

## Reformulation de ce nouveau modèle en s'inspirant du modèle de Mualem

La première formulation du nouveau modèle proposé, à l'équation 1.13, fait une césure brutale à la taille $r/A$. Cette césure semble bien arbitraire. Les pores de taille juste inférieure à $r/A$ n'amélioreraient en rien la connectivité des pores de taille $r$, tandis que les pores de taille juste supérieure à $r/A$ amélioreraient autant cette connectivité que les pores de taille juste inférieure à $r$! Il est bien évident qu'une formulation plus progressive est plus réaliste. Nous proposons donc la formulation suivante de la conductivité hydraulique $K'$ quand les pores les plus grands remplis d'eau sont de taille $r'$. Cette formulation dérive des modèles de Burdine et de Mualem :

$$K' = K_0 \int_{r=r_0}^{r'} \frac{r^2}{r_0^2 \phi^2(r)} \left[ \int_{\rho=r_0}^{r'} \frac{\rho^\eta}{r^\eta} d\theta(\rho) \right]^2 d\theta(r) \qquad (1.15a)$$

L'exposant $\eta$ doit être tel que $(1/100)^\eta$ ne soit pas trop petit devant 1 mais que $(1/1000)^\eta$ soit petit devant 1. Une valeur de $\eta$ entre 0,2 et 0,3 pourrait convenir.

L'application et l'ajustement de ce modèle aux ferralsols de Manaus n'a pas pu se faire faute de temps. Une validation de ce modèle à partir de données de conductivité hydraulique et de porosité sur d'autres sols sera à envisager.

## Interprétation physique du nouveau modèle

Une autre fonction de $\rho/r$ que $(\rho/r)^\eta$ dans l'intégrale interne de l'équation 1.15a serait peut-être plus adaptée. Cependant, la fonction choisie ici a le mérite d'avoir une explication physique similaire à celle du modèle de Mualem. Mettons cela en évidence en réécrivant de manière équivalente l'équation 1.15a :

$$K' = \frac{K_0}{r_0^2} \left( \int_{r=r_0}^{r'} \frac{r^{2-2\eta}}{\phi^2(r)} d\theta(r) \right) \left( \int_{\rho_1=r_0}^{r'} \rho_1^\eta d\theta(\rho_1) \right) \left( \int_{\rho_2=r_0}^{r'} \rho_2^\eta d\theta(\rho_2) \right) \qquad (1.15b)$$

La vitesse $r^{2-2\eta} \rho_1^\eta \rho_2^\eta$ est la vitesse d'écoulement de l'eau d'après Poiseuille dans un pore constitué de trois portions de tailles respectives $r$, $\rho_1$ et $\rho_2$ et dont les longueurs respectives ne sont pas proportionnelles à leur taille (contrairement au modèle de Mualem). C'est un pore de taille $r$ raccordé aux autres pores de taille $r$ par deux petites portions, de tailles respectives $\rho_1$ et $\rho_2$.

Remarquons au passage que l'intégrale interne dans l'équation 1.15a va jusqu'à $r'$, comme dans le modèle de Mualem, et non seulement jusqu'à $r$, comme à l'équation 1.13. Ainsi les raccords de tailles $\rho_1$ et $\rho_2$ peuvent être plus larges que $r$ tout en restant inférieurs à $r'$. Aucune fonction de correction de la tortuosité comme $X'(\theta)$ dans le modèle de Burdine (équation 1.16 p.191) n'est donc nécessaire ici.

# Chapitre 2

# Eau porale à pression négative

Nous expliquons ici la question suivante, apparemment paradoxale : comment, dans l'eau des sols peu humides, peut-il régner une pression négative, sans que cette eau ne cavite, c'est-à-dire se vaporise en masse ?

En effet, comme nous l'avons décrit en première partie (p.79), la loi de Laplace et Jurin indique que la pression dans l'eau d'un sol vaut $P_{eau} = P_{air} - \frac{2cos(\alpha)\sigma}{r}$, $r$ étant la taille d'entrée du pore le plus grand rempli d'eau, $P_{air}$ étant la pression dans l'air de ce sol, $\sigma$ étant la tension de l'interface eau/air. $\alpha$ est l'angle de contact eau/air/surfaces solides ; il est respectivement aigu ou obtus pour des surfaces solides respectivement hydrophiles ou hydrophobes et nul dans le cas de surfaces solides parfaitement hydrophiles. Si l'air du sol est connecté à l'air atmosphérique, $P_{air} \approx 0{,}1$ MPa. Ainsi, si $r < 1{,}5$ $\mu$m, la pression dans l'eau est alors négative. Il s'agit bien d'une pression négative, pouvant atteindre $-7$ MPa, l'eau des dits pores pouvant être chassée quand on élève la pression $P_{air}$ jusqu'à $+7$ MPa (voir Annexe p.447).

Une pression isotrope négative dans un fluide peut paraître choquante. En effet, dans le cas d'un *fluide parfait*, la pression qu'il exerce sur une paroi est toujours positive car elle est due aux chocs de molécules heurtant cette paroi par agitation thermique. Les molécules s'éloignant de la paroi par agitation thermique n'exercent aucune attraction sur la paroi car les molécules d'un fluide parfait n'ont aucune interaction à distance. *Mais l'eau n'est pas un fluide parfait*, les interactions à distance y sont fortes, l'eau se rapproche plutôt du modèle du fluide de van der Waals.

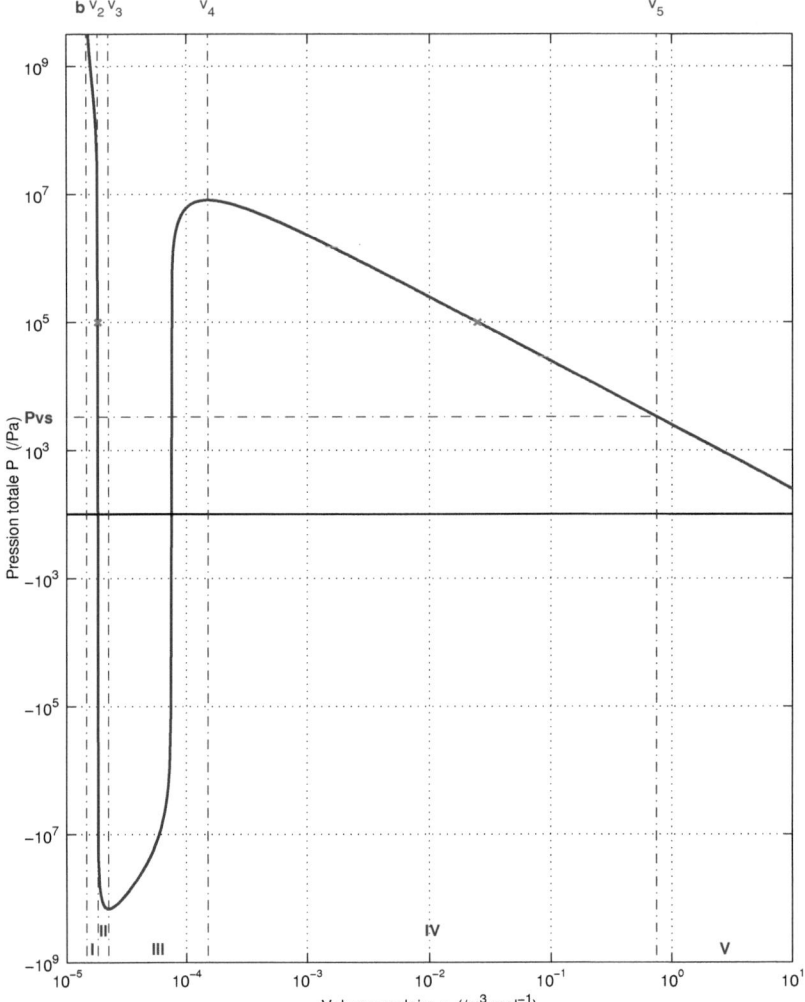

FIG. 2.1 – **Diagramme Pression-Volume molaire de l'eau à température $25^{\circ}C$** si l'eau est un fluide de van der Waals : $(P + \frac{a}{v^2})(v - b) = RT$. Les coefficients $a$ et $b$ ont été déterminés ici sachant qu'à la pression $P^o = 10^5\,Pa$, le volume molaire de l'eau liquide est $v_1 = 18.10^{-6}\,m^3.mol^{-1}$ et son coefficient de compressibilité est $\beta = -\frac{1}{v}\frac{\partial v}{\partial P} = 4{,}524.10^{-10}\,Pa^{-1}$. Ainsi $a = 0{,}228854\,Pa.m^6.mol^{-2}$ et $b = 1{,}44903.10^{-5}\,m^3.mol^{-1}$. Les différentes parties de cette courbe (I, II, III, IV, V) correspondent aux différents états de l'eau, séparés respectivement par les volumes molaires $v_2$, $v_3$, $v_4$ et $v_5$. L'état III est impossible car mécaniquement instable ($\partial P/\partial v > 0$). Une eau de volume molaire compris entre $v_3$ et $v_4$ est un mélange d'eau liquide de volume molaire inférieur à $v_3$ et de vapeur d'eau de volume molaire supérieur à $v_4$.

## 2.1 États de l'eau : liquide ou vapeur

### 2.1.1 Equation d'état de l'eau

L'équation d'état d'un fluide de van der Walls reliant la pression ($P$) au volume molaire ($v$) à température donnée est illustrée à la figure 2.1. Sur ce graphe, la pression est donnée en échelle bi-logarithmique, à savoir une échelle logarithmique pour les pressions positives et une échelle logarithmique en ($-P$) pour les pressions négatives. Le domaine des pressions proches de la pression nulle ($|P| < 10^2$ Pa) n'est pas représenté. L'équation d'état comporte quatre domaines :

- I phase liquide en équilibre stable,
- II phase liquide en équilibre métastable, c'est-à-dire hors équilibre thermodynamique, mais à l'équilibre mécanique ($\partial P/\partial v < 0$).
- III état impossible (hors équilibre),
- IV phase gazeuse en équilibre métastable,
- V phase gazeuse en équilibre stable, assimilable à un gaz parfait.

On peut citer trois formulations de l'équation d'état de l'eau, plus précises que la simple formulation de van der Waals : celle de Pitzer et Sterner en 1994 [171] à partir des données rassemblées par Saul et Wagner en 1989 [190] ; celle choisie par le bureau des standards des USA en 1985, à partir des travaux de Angell *et al.* en 1982 [7] ; enfin la formulation simplifiée de cette dernière par Speedy [199]. Les courbes obtenues à température constante de $25^oC$ ont la même allure que celle de van der Waals, les points caractéristiques étant légèrement déplacés (voir au tableau 2.1).

Les données d'état de l'eau à température ambiante et pression ambiante à négative sont peu nombreuses, les physiciens concentrant leurs efforts sur l'étude du point critique, à température et pressions beaucoup plus élevées ($T_c = 647.067^oK$, $P_c = 22,046.10^6$ Pa). Les équations d'état citées précédemment sont des interpolations de ces données disponibles. A température ambiante, citons les données de pressions les plus négatives atteintes dans l'eau liquide métastable. Briggs, en 1950, [42] a atteint $-27,7$ MPa à $10^oC$ et $-26,5$ MPa à $25^oC$, déduisant directement la pression de la force centrifuge exercée. Zheng et al., en 1991, [232] ont atteint $-140$ MPa ou $-147$ MPa à $42^oC$ ; la mesure de la pression était déduite des mesures de températures en utilisant une équation d'état de l'eau (respectivement celle de Angell [7] ou de Speedy [199]).

TAB. 2.1 – *Points particuliers de l'équation d'état de l'eau à température 25°C.*

| courbe de | van der Waals | | Pitzer et Sterner [171] | |
|---|---|---|---|---|
| | volume molaire $v(/\text{m}^3.\text{mol}^{-1})$ | pression | volume molaire $v\ (/\text{m}^3.\text{mol}^{-1})$ | pression |
| volume molaire minimum | $1{,}44903.10^{-5}$ $(b)$ | $P- > +\infty$ | $< 10^{-6}$ | $> 10^{18}\,\text{Pa}$ |
| quand $P = P^o =$ $10^5$ Pa (liquide) | $1{,}8.10^{-5}$ $(v_1)$ | $P^o$ | $7{,}29.10^{-6}$ $(v_1)$ | $P^o$ |
| quand $P = P_{vs} =$ $3{,}3.10^3$ Pa (liquide) | $1{,}8008.10^{-5}$ $(v_2)$ | $P_{vs}$ | $1{,}844.10^{-5}$ $(v_2)$ | $P_{vs}$ |
| quand $\partial P/\partial v = 0$ et $P$ minimum [1] | $2{,}2177.10^{-5}$ $(v_3)$ | $P_3 =$ $-1{,}43.10^8$ Pa | $2{,}512.10^{-5}$ $(v_3)$ | $P_3 =$ $-7{,}95.10^8$ Pa |
| quand $\partial P/\partial v = 0$ et $P$ max. local | $1{,}5084.10^{-4}$ $(v_4)$ | $P_4 =$ $8{,}13.10^6$ Pa | $1{,}5830.10^{-3}$ $(v_4)$ | $P_4 =$ $7{,}28.10^5$ Pa |
| quand $P = P^o_{vs}$ (vapeur) | $0{,}74672$ $(v_5)$ | $P^o_{vs}$ | $0{,}74672$ $(v_5)$ | $P^o_{vs}$ |
| quand $P = P^o =$ $10^5$ Pa (vapeur) | $2{,}47.10^{-2}$ | $P^o$ | $2{,}37.10^{-2}$ | $P^o$ |
| Les points $v_3$ et $v_4$ et leurs pressions associées diffèrent significativement entre les deux auteurs. Les autres points sont très similaires entre les deux auteurs. | | | | |
| [1] Autres auteurs: $P_3$ vaut $-1{,}45.10^8$ Pa [7] ou $-2{,}10.10^8$ Pa [199]. | | | | |

### 2.1.2 Déstabilisation de l'eau liquide métastable

En conditions usuelles, l'étirement de l'eau (liquide) la fait passer de l'état II sous pression peu inférieure à $P_{vs}$ à l'état V (vapeur d'eau). Par conditions usuelles, nous considérons de l'eau contenant des gaz dissous et/ou de l'eau ayant des hétérogénéités locales de densité. Ces hétérogénéités peuvent être soit dynamiques (simples fluctuations thermiques ou conséquence d'un étirement rapide), soit statiques, induites par la présence d'impuretés ou de parois hydrophobes (angle de contact eau/air/paroi $\alpha >$ 90ř ou non parfaitement hydrophiles (soit un angle de contact eau/air/paroi $\alpha > 0$, selon la remarque de Lionel Mercury).

Nous appellerons "cavitation" ce changement de phase isotherme de l'état liquide à l'état gazeux par étirement ou baisse de pression.

La cavitation nécessite, comme tout changement de phase, un amorçage. Autrement dit, le passage de l'état II à l'état V pour une partie de l'eau diminuerait l'énergie potentielle de l'ensemble, mais il nécessite de passer par un état transitoire encore plus énergétique, lors de la formation d'une bulle. Cet amorçage s'appelle la nucléation. On parle de "nucléation homogène" dans de l'eau très pure, où la bulle est vide ou ne contient que de la vapeur d'eau. On parle de "nucléation hétérogène" quand la bulle contient aussi d'autres gaz. On différencie aussi la "nucléation interne", où une bulle se forme à partir de l'eau et éventuellement des gaz dissous dans l'eau sans autre apport, de la "nucléation externe", où une bulle de gaz est introduite dans l'eau depuis l'extérieur.

La pression de nucléation homogène dans une eau pure immobile ($P_h$) croît avec la température, car la température favorise les fluctuations thermiques de densité. Elle augmente aussi quelque peu avec le temps d'observation, comme tout phénomène aléatoire. Sa prédiction théorique par Fisher [87] vaut environ $-145$ MPa à $25^oC$, $-140$ MPa à $40^oC$ et atteint la pression nulle vers $300^oC$. Elle varie de moins de 5% autour de ces valeurs pour un temps d'observation compris entre $10^{-3}$ et $10^3$ s.

La pression la plus négative accessible par l'eau liquide est la moins basse des pressions entre $P_h$ (limite de nucléation homogène) et $P_3$ (limite de stabilité mécanique de l'eau, où $\partial P/\partial v = 0$). Il s'agirait donc de $-145$ MPa à $25^oC$.

Décrivons ici l'expérience de Zheng et al. [232] citée précédemment. Ils ont utilisé de l'eau très pure incluse dans des cavités fermées d'un cristal de quartz. L'état de l'eau, liquide ou vapeur, peut être déterminé par visée optique. L'eau incluse subit des transformations quasi-isochores ; les variations de volume sont faibles et sont prévisibles connaissant l'évolution de la température et les propriétés de dilatation du quartz. Ils ont observé par refroidissement que l'eau restait liquide jusqu'à $42^oC$ où elle se vaporisait partiellement. Un réchauffement jusqu'à $160^oC$ a ensuite été nécessaire pour que l'eau redevienne entièrement liquide. Cette température de $160^oC$ devait se situer sur la courbe d'évaporation $P = P_{vs}(T)$ de l'eau. Ils en ont déduit la densité de cette eau, 0,91 ; puis sur la courbe de transformation quasi-isochore depuis cette densité, la température $42^oC$ correspond à la pression $-140$ MPa selon l'équation d'état de [7] ou $-147$ MPa selon celle de [199].

### 2.1.3  Eau métastable dans les sols

Nous venons de rappeler qu'une pression négative, jusque vers $-145$ MPa à 25°C, peut régner dans l'eau, quand la rareté des impuretés et hétérogénéités a empêché la nucléation de la cavitation.

Ainsi, dans les pores du sol de taille comprise entre 1 nm et 1,5 $\mu$m, soit plus de trois couches moléculaires d'eau, on peut parler d'eau liquide métastable, sous pression comprise entre $-145$ MPa et $+3,3$ kPa.

Mais dans ces pores, comment se fait-il que l'eau ne cavite pas, alors que l'eau du sol est loin d'être pure, elle contient en particulier de l'air dissous ?

Pour répondre à cette question fondamentale, j'explicite ici le phénomène de cavitation. Pour cela, commençons par rappeler les conditions d'équilibre à l'interface eau-air.

## 2.2  Équilibre à l'interface liquide-gaz

L'échange dynamique entre phase fluide et phase gazeuse sus-jacente aboutit à une situation d'équilibre, pour les trois variables suivantes : pression, température, nombre de moles de chaque constituant dans chaque phase. Nous nous restreignons au cas où la phase liquide est de l'eau incluant des gaz dissous, et la phase gazeuse est un mélange de gaz assimilable à un mélange idéal de gaz parfaits. Nous noterons $P_{air}$ la pression totale de la phase gazeuse, $P_{eau}$ celle de l'eau. Nous noterons $P_v$ la pression partielle en vapeur d'eau dans la phase gazeuse, $P_i$, $X_i$ respectivement la pression partielle du gaz i et sa fraction molaire en solution. Les trois équilibres nommés précédemment donnent :

- Une même température partout notée $T$,
- Les pressions $P_{air}$ et $P_{eau}$ sont reliées par la loi de Laplace et Jurin rappelée au § précédent,
- Pour la vapeur d'eau, $P_v = P_{vs}$; pour les autres gaz, $P_i = \gamma_i X_i$.

où $P_{vs}$ est appelée pression de vapeur saturante et où les $\gamma_i$ sont les coefficients de Henry de chaque gaz. Ces grandeurs dépendent de la température $T$, ne dépendent pas de $P_{air}$, mais dépendent de $P_{eau}$. Les tables thermodynamiques donnent leurs valeurs de référence (notées $^o$) pour la pression $P_{eau} = P^o = 10^5$ Pa et la température $T = T^o = 25°$C. Leur dépendance en fonction de $T$ et de $P_{eau}$ est:

$$P_{vs}(T,P_{eau}) = P_{vs}^o \exp\left(-E_a\left(\frac{1}{RT} - \frac{1}{RT^o}\right)\right) \exp\left(\frac{(P_{eau} - P^o)V}{RT}\right) \quad (2.1a)$$

$$\gamma_i(T,P_{eau}) = \gamma_i^o \exp\left(-E_{ai}\left(\frac{1}{RT} - \frac{1}{RT^o}\right)\right) \exp\left(\frac{(P_{eau} - P^o)V}{RT}\right) \quad (2.1b)$$

où $E_a$ est l'énergie d'activation de la vaporisation, $E_a i$ celle du dégazage de l'eau en chaque gaz i, $R$ la constante des gaz parfaits, $V$ le volume molaire de l'eau. La dépendance en fonction de la pression de l'eau est due à Bourrié et Pedro, 1979 [36] ; il s'agit du potentiel de pression. Dans la suite, nous omettrons de mentionner toute dépendance vis-à-vis de la température car nous nous plaçons à température constante.

La vaporisation de l'eau a lieu à toutes pressions et températures au niveau de l'interface eau/air quand cette interface existe, elle a lieu aussi pour l'eau du sol. Par contre, ce qu'on appelle cavitation est le changement de phase de l'eau liquide vers la vapeur d'eau dans toute la masse d'eau, à partir d'amorces de vaporisation, dans certaines conditions que nous allons expliciter ensuite.

## 2.3 Description de la cavitation de l'eau libre

### 2.3.1 Hypothèses

**Une petite bulle dans un grand volume d'eau**

Je me place dans le cas d'un grand volume d'eau, qui comporte une petite impureté, une petite bulle de gaz (air et/ou vapeur d'eau). La variation de pression et de volume de la bulle est supposée n'avoir aucune influence sur la pression de l'eau $P_{eau}$ qui est supposée constante. La pression de l'eau $P_{eau}$ est déterminée par un phénomène grand à l'échelle de la petite bulle d'air : par exemple $P_{eau}$ élevée pourrait être due à la poussée d'une pale d'hélice de bateau en avant de cette pale, et $P_{eau}$ basse voire très basse pourrait être due à la traction exercée sur l'eau par cette pale en arrière de celle-ci. Il en va de même en avant et en arrière des pales d'une hélice de la pompe d'un forage d'eau.

**La nucléation**

La formation d'une telle bulle est similaire au phénomène de germination d'un cristal : des hétérogénéités dans les concentrations en gaz dissous ou dans la densité locale de l'eau font régulièrement apparaître de minuscules bulles qui peuvent soit se dissoudre soit coalescer pour former une bulle de taille suffisante pour permettre la cavitation. Ici nous ne cherchons pas à décrire la première étape de formation d'une bulle. Nous savons que les eaux naturelles superficielles assurent la nucléation de la cavitation quand elles sont soumises à une baisse de pression pour les mettre en mouvement. En effet, il est connu que tout pompage d'eau naturelle par aspiration est mis en échec dès que la pompe aspirante est à plus de 10 m au-dessus de la surface libre de l'eau, la cavitation faisant désamorcer cette pompe. De même, tout expérimentateur en sciences du sol cherchant à mesurer la pression de l'eau a rencontré le problème de la cavitation dans les tensiomètres si ceux-ci ne sont pas remplis d'eau bien dégazée.

Nous cherchons ici à déterminer à partir de quelle taille et sous quelle pression régnant dans l'eau une telle bulle peut caviter, c'est-à-dire grossir indéfiniment, cette croissance étant souvent accompagnée d'une incorporation de vapeur d'eau[1]. A partir d'une bulle initiale sphérique contenant une certaine quantité d'air sec, nous décrivons l'évolution possible de sa pression et son volume, afin de pouvoir dans la partie suivante déterminer ce qui va être modifié par le fait que l'eau se trouve dans un milieu poreux aux surfaces hydrophiles.

## 2.3.2 Conditions d'équilibre

Notons $\rho$ le rayon de la bulle supposée sphérique, $P_b$ la pression dans la bulle, $P_{wb}$ la pression partielle en vapeur d'eau dans la bulle, $P_{ib}$ la pression partielle dans la bulle en chaque gaz i autre que la vapeur d'eau. Notons $n_a$ le nombre de moles d'air sec, composé de la somme des $n_i$ moles de chaque gaz i, et $n_w$ le nombre de moles de vapeur d'eau dans cette bulle. L'équilibre à l'intérieur de la bulle considérée comme un mélange idéal de

---

[1]. Ceci est un abus de langage, que nous adoptons par souci de concision. A proprement parler, ce n'est pas la bulle qui cavite, c'est l'eau environnante qui cavite grâce à la présence de cette bulle qui a initié sa cavitation.

gaz parfaits donne :

$$P_b = \frac{3(n_w + n_a)RT}{4\pi\rho^3} \tag{2.2a}$$

$$P_{wb} = \frac{n_w}{n_w + n_a}P_b \quad \text{et} \quad P_{ib} = \frac{n_i}{n_w + n_a}P_b \quad \text{pour tous les gaz i} \tag{2.2b}$$

$$n_a \geqslant 0 \quad n_w \geqslant 0 \quad n_a + n_w > 0 \quad \text{et} \quad \rho > 0 \tag{2.2c}$$

Nous considérerons que les relations précédentes sont toujours vérifiées, cet équilibre de la pression à l'intérieur de la phase gazeuse s'établissant instantanément. Par ailleurs, l'équilibre à l'interface entre la bulle et l'eau environnante a lieu quand les relations suivantes sont vérifiées :

$$P_b = P_{eau} + \frac{2\sigma}{\rho} \qquad \text{tension à l'interface bulle/eau,} \tag{2.3a}$$

$$P_{wb} = P_{vs} \qquad \text{échanges eau/vapeur d'eau} \tag{2.3b}$$

$$\text{et} \quad P_{ib} = \gamma_i X_i \qquad \text{échanges gaz i dissous/gaz i} \tag{2.3c}$$

La première relation s'appelle la loi de Laplace et Jurin. Dans la deuxième équation $P_{vs}$ est la pression de vapeur saturante (voir p.376). Dans la troisième équation les $\gamma_i$ sont les coefficients de Henry pour chaque gaz. Notons $P_{as}$ la pression partielle en air sec saturante définie par les relations 2.3c à partir des teneurs en gaz dissous dans l'eau $X_i$. Si l'eau est en équilibre avec l'atmosphère pour les échanges gaz/gaz dissous, $P_{as}$ égale la pression partielle en air sec dans l'atmosphère $P_{air} - P_{w,air}$, proche de $P_{air}$. En utilisant les relations 2.2a à 2.2b, les équations 2.3a à 2.3c s'écrivent :

$$n_a + n_w = \frac{4\pi\rho^3}{3RT}\left(P_{eau} + \frac{2\sigma}{\rho}\right) \qquad \text{tension à l'interface bulle/eau} \tag{2.4a}$$

$$n_w = \frac{4\pi\rho^3}{3RT}P_{vs} \qquad \text{échanges eau/vapeur d'eau} \tag{2.4b}$$

$$n_a = \frac{4\pi\rho^3}{3RT}P_{as} \qquad \text{échanges air dissous/air} \tag{2.4c}$$

Nous noterons dans la suite $c_T = (4\pi)/(3RT)$ pour simplifier l'écriture. Quand les trois égalités précédentes sont vérifiées, la bulle est en équilibre avec l'eau environnante. Quand ces égalités ne sont pas vérifiées, il y a modification de $\rho$, $n_w$ ou $n_a$ de la manière suivante :

– Si l'égalité 2.4a n'est pas vérifiée, il y a modification du rayon $\rho$ de la bulle. Si la bulle est en surpression par rapport à l'eau environnante, soit $P_b > P_{eau} + 2\sigma/\rho$ (autrement dit ici $n_w + n_a > c_T(\rho^3 P_{eau} + 2\sigma\rho^2)$) alors la bulle grossit. Si au contraire la bulle est en sous-pression, elle se contracte. Remarquons que de telles modifications de $\rho$, à $n_w$ inchangé, ne font pas forcément tendre la bulle vers l'équilibre 2.4a quand $P_{eau}$ est négatif.

– Si l'égalité 2.4b n'est pas vérifiée, les échanges eau/vapeur d'eau à l'interface eau/bulle modifient $n_w$ pour tendre vers cette égalité.

– Si l'égalité 2.4c n'est pas vérifiée, les échanges air dissous/air à l'interface eau/bulle modifient $n_a$ pour tendre vers cette égalité.

**Remarque sur la lenteur des échanges air dissous/air**

Remarquons que les variations de $n_a$ par échanges air dissous/air sont beaucoup plus lentes que les variations de $\rho$ sous l'effet de la tension interfaciale ou de $n_w$ par échanges eau/vapeur d'eau à l'interface, à cause de la lente diffusion de l'air dissous dans l'eau. En effet, toute augmentation de $n_a$ pour tendre vers l'équilibre 2.4c diminue la teneur en air dissous dans l'eau environnant la bulle, diminuant la valeur locale $P'_{as}$ de pression partielle en air sec saturante. A l'inverse toute diminution de $n_a$ pour tendre vers l'équilibre 2.4c provoque l'augmentation de $P'_{as}$. Ainsi la bulle atteint l'équilibre local suivant pour une valeur $n_a$ peu modifiée :

$$n_a = c_T \rho^3 P'_{as} \quad \text{échanges locaux air dissous/air} \quad (2.4c')$$

Ensuite la lente diffusion du gaz dissous dans l'eau (quelques jours pour se déplacer de quelques millimètres) homogénéisera la teneur en gaz dissous, faisant tendre $P'_{as}$ vers $P_{as}$, modifiant $n_a$ et donc $n_w$ et $\rho$, permettant peut-être d'atteindre l'équilibre global 2.4c.

Nous étudierons donc l'évolution d'une bulle de teneur en air sec donnée $n_a$. Nous étudierons les modifications rapides de ses caractéristiques (rayon $\rho$ et teneur en vapeur d'eau $n_w$) sous l'effet de la tension interfaciale et des échanges eau/vapeur d'eau, en fonction des paramètres $n_a$, $P_{eau}$ et $P_{vs}$ supposés constants pendant ces modifications. *A priori* trois cas sont possibles :

– La bulle implose.

– La bulle atteint un équilibre stable pour la tension interfaciale (égalité

2.4a) et les échanges eau/vapeur d'eau (égalité 2.4b). Nous désignerons dans la suite cet équilibre sous le vocable "équilibre partiel".
- La bulle croît indéfiniment, c'est la cavitation.

Si un équilibre partiel stable est atteint, nous supposerons alors que l'équilibre local 2.4c' est vérifié, ce qui détermine la valeur de $P'_{as}$ en fonction de $\rho$ et $n_a$. Nous étudierons alors comment les équilibres 2.4a et 2.4b seront lentement déplacés par le retour lent de $P'_{as}$ vers $P_{as}$.

### 2.3.3 Évolution d'une bulle de teneur en air sec donnée

Une bulle contenant une quantité d'air sec donnée $n_a$ sera à l'équilibre partiel, c'est-à-dire à l'équilibre pour la tension interfaciale et les échanges eau/vapeur d'eau, si les équations 2.4a et 2.4b p.379 sont vérifiées. Ceci équivaut à $f(\rho) = 0$ où $f$ est la fonction définie par :

$$f(\rho) = c_T \left[ \rho^3 (P_{eau} - P_{vs}) + 2\sigma\rho^2 \right] - n_a \qquad (2.5)$$

La fonction $f$ ainsi définie a aucune, une ou deux racines positives selon les valeurs de $P_{eau}$ et $n_a$.

1. Quand $P_{eau} \geqslant P_{vs}$, $f(\rho)$ est strictement croissante de $-n_a$ à $+\infty$ quand $\rho$ varie de 0 à $+\infty$. $f$ a donc une et une seule racine positive que nous noterons $\rho_1$. Nous n'expliciterons pas $\rho_1$, nous mentionnons simplement qu'une formulation explicite de $\rho_1$ existe comme racine d'un polynôme du troisième degré (formules de Cardan). Dans le cas particulier où $P_{eau} = P_{vs}$, $\rho_1$ vaut alors $\sqrt{n_a/(2c_T\sigma)}$. Dans la suite, pour simplifier l'écriture, nous noterons $n_{wi}$ la valeur correspondant à $\rho_i$ sur la courbe de l'équilibre de pression de vapeur d'eau :

$$n_{wi} = c_T \rho_i^3 P_{vs} \qquad (2.6)$$

La position d'équilibre ($\rho = \rho_1$ ; $n_w = n_{w1}$) est une position d'équilibre partiel stable : toute variation de $n_w$ et de $\rho$ au voisinage de cette position amène la bulle dans un état où $n_w$ et $\rho$ ont tendance à se modifier pour revenir à cette position d'équilibre (voir graphique 2.2(a) p.382).

2. Étudions le cas où $P_{eau} < P_{vs}$. Quand $\rho$ varie de 0 à une valeur particulière que nous noterons $\rho_2$, $f$ est croissante de $-n_a$ à $f(\rho_2)$. Puis

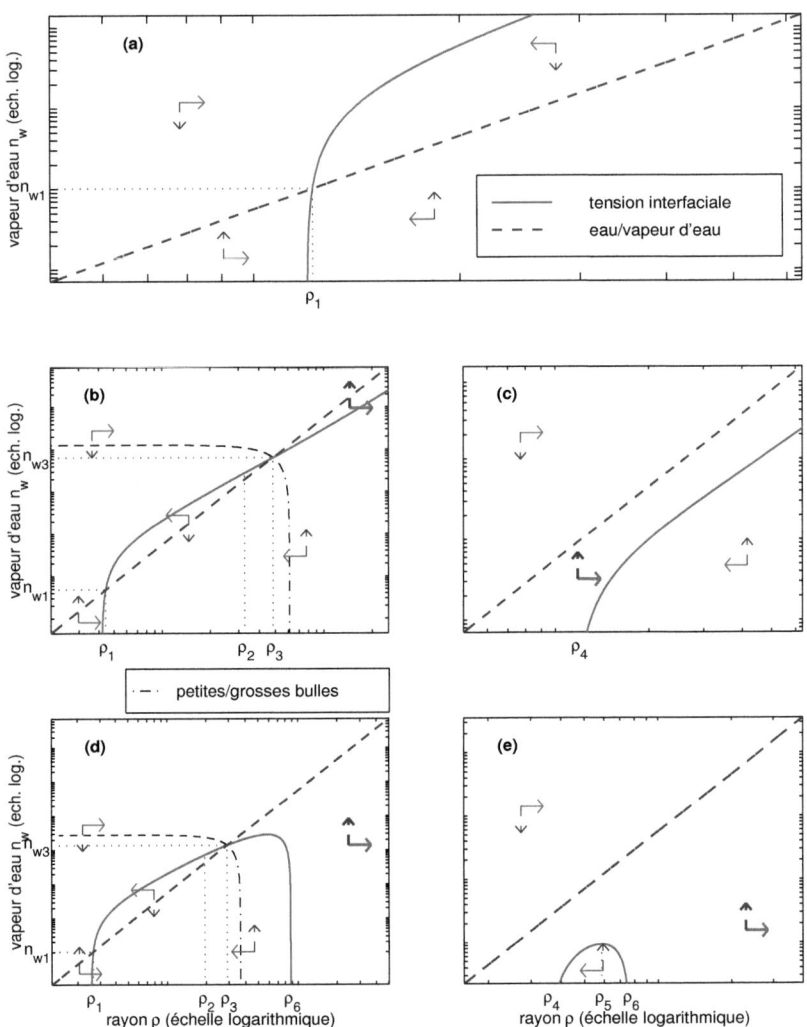

FIG. 2.2 – **Evolution d'une bulle de teneur en air sec donnée $n_a$ dans un grand volume d'eau à pression donnée** $P_{eau}$, selon sa teneur en vapeur d'eau $n_w$ et son rayon $\rho$ initiaux. Soit $P_{vs}$ la pression de vapeur saturante (équation 2.1a p.377) et $n_{a1}$ une teneur limite (équation 2.7 p.383); elles dépendent de $P_{eau}$. **(a)**: $P_{eau} \geqslant P_{vs}$. **(b)**: $0 \leqslant P_{eau} < P_{vs}$ et $n_a < n_{a1}$. **(c)**: $0 \leqslant P_{eau} < P_{vs}$ et $n_{a1} \leqslant n_a$. **(d)**: $P_{eau} < 0$ et $n_a < n_{a1}$. **(e)**: $P_{eau} < 0$ et $n_{a1} \leqslant n_a$. Les lignes d'équilibres pour la tension interfaciale (équation 2.4a p.379) et pour les échanges eau-vapeur d'eau (équation 2.4b p.379) délimitent trois **(c,e)**, quatre **(a)** ou cinq **(b,d)** domaines. Les flèches donnent le sens d'évolution de la bulle dans chacun. Elles sont en gras si la **cavitation** a lieu. Au cas **(b,d)**, la ligne (-.) sépare les "grosses bulles" qui caviteront des "petites bulles" qui se stabiliseront en $(\rho_1 ; n_{w1})$.

quand $\rho$ varie de $\rho_2$ à $+\infty$, $f$ est décroissante de $f(\rho_2)$ à $-\infty$ :

$$\rho_2 = \frac{4\sigma}{3(P_{vs} - P_{eau})} \qquad f(\rho_2) = c_T \frac{2^5 \sigma^3}{3^3 (P_{vs} - P_{eau})^2} - n_a \qquad (2.7)$$

Notons $n_{a1}$ la valeur de $n_a$ pour laquelle $f(\rho_2)$ est nul. Nous avons donc trois cas possibles :

- Quand $P_{eau} < P_{vs}$ et $n_a < n_{a1}$, $f$ a deux racines positives distinctes que nous noterons $\rho_1$ et $\rho_3$, respectivement plus petite et plus grande que $\rho_2$. Les graphiques 2.2(**b, d**) p.382 illustrent que la position ($\rho = \rho_1$ ; $n_w = n_{w1}$) est un équilibre partiel stable. Par contre la position ($\rho = \rho_3$ ; $n_w = n_{w3}$) est un équilibre instable : toute légère augmentation de $n_w$ ou de $\rho$ à partir de cette position amène la bulle à augmenter indéfiniment $\rho$ et $n_w$ ; toute légère diminution de $n_w$ ou de $\rho$ amène la bulle à se contracter jusqu'à rejoindre l'équilibre stable $\rho_1$.
- Quand $P_{eau} < P_{vs}$ et $n_a > n_{a1}$, $f$ n'a pas de racine positive, la cavitation a lieu (voir graphiques 2.2(**c, e**)).
- Quand $P_{eau} < P_{vs}$ et $n_a = n_{a1}$, $f$ a une racine positive double, les courbes des équilibres 2.4a p.379 et 2.4b sont tangentes en $\rho_2$ sans se croiser. Cette position d'équilibre est un équilibre instable. La cavitation a lieu également. Ce cas est donc similaire au cas précédent $n_a > n_{a1}$.

**Récapitulatif**

Nous avons donc montré que sous l'effet de la tension interfaciale et des échanges eau/vapeur d'eau, une bulle contenant une quantité d'air sec $n_a$ donnée peut toujours exister (elle n'implose pas). Son devenir varie en fonction de la pression dans l'eau $P_{eau}$, de sa teneur en air sec $n_a$ et de son état initial (teneur initiale en vapeur d'eau $n_w$ et rayon initial $\rho$). Les figures 2.2 p.382 et 2.3 p.384 illustrent les différents cas récapitulés ci-dessous ; la figure 2.3 donne les valeurs numériques de $P_{vs}$, $\rho_2$ et $n_{a1}$ en fonction de $P_{eau}$ ou de $\rho_1$ et $\rho_3$ en fonction de $P_{eau}$ et $n_a$.

- Quand $P_{eau} \geqslant P_{vs}$ la bulle atteint un équilibre stable ($\rho = \rho_1$ ; $n_w = n_{w1}$). La taille de la bulle en cet équilibre est d'autant plus grande que $P_{eau}$ est faible et que $n_a$ est élevé.

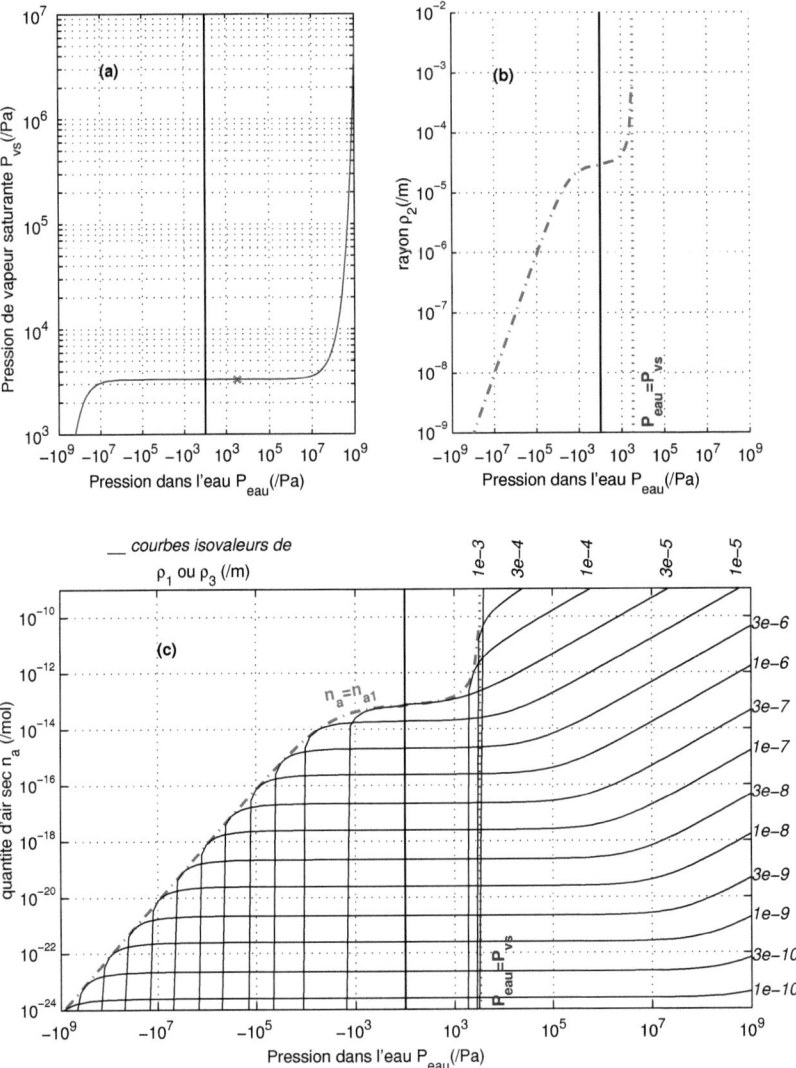

FIG. 2.3 – **Valeur des paramètres utilisés pour décrire l'évolution d'une bulle de teneur en air sec donnée $n_a$ dans un grand volume d'eau à pression donnée $P_{eau}$. (a)**: pression de vapeur saturante $P_{vs}$. La croix indique $P_{eau} = P_{vs} = 3,3.10^3 Pa$. $P_{vs}$ varie peu autour de cette valeur tant que $-10^7 Pa < P_{eau} < 10^7 Pa$. **(b)**: rayon particulier de la bulle $\rho_2$. **(c)**: teneur en air sec particulière $n_{a1}$, courbes isovaleurs des rayons d'équilibre partiel de la bulle $\rho_1$ et $\rho_3$. Il n'y a aucun équilibre partiel quand $P_{eau} < P_{vs}$ et $n_a \geqslant n_{a1}$. En chaque point où $P_{eau} < P_{vs}$ et $n_a < n_{a1}$ passent deux courbes isovaleurs donnant les deux valeurs $\rho_1 < \rho_3$. En chaque point où $P_{eau} \geqslant P_{vs}$, il en passe une, donnant $\rho_1$.

— Quand $P_{eau} < P_{vs}$ et $n_a < n_{a1}$, les bulles initialement petites atteignent une position d'équilibre stable ($\rho = \rho_1$ ; $n_w = n_{w1}$) ; les bulles initialement grandes cavitent. La séparation entre bulles "petites" et "grandes" est une courbe où $n_w$ décroît quand $\rho$ croît et qui passe par le point ($\rho_3$ ; $n_{w3}$). Cette courbe est schématisée sur la figure 2.2 par la ligne (-.).[2]

— Quand $P_{eau} < P_{vs}$ et $n_a \geqslant n_{a1}$, la bulle grossit indéfiniment, la cavitation a lieu.

**Cavitation humide ou sèche**

Remarquons que si $P_{eau} > 0$, une bulle qui cavite voit augmenter infiniment conjointement son rayon et sa quantité de vapeur d'eau (graphiques 2.2(**b, c**)). Nous parlerons de "cavitation humide".

Tandis que si $P_{eau} < 0$, une bulle peut caviter par augmentation infinie de son rayon, avec une quantité de vapeur d'eau invariante (graphiques 2.2(**d, e**)). Nous parlerons alors de "cavitation sèche". Il ne s'agit pas alors à proprement parler de changement de phase de l'eau, mais de remplacement d'un volume initialement rempli d'eau par une phase gazeuse. On pourrait dire que l'eau "se déchire". L'incorporation de vapeur d'eau dans la bulle n'est nécessaire que pour initier la cavitation par formation d'une bulle de taille suffisante.

**Cas d'une bulle sans air sec**

Quand la bulle ne contient pas d'air sec, soit elle implose, soit elle cavite. En effet, quand $n_a = 0$, la taille $\rho_1$ de la bulle à l'équilibre partiel stable est $\rho_1 = 0$. Autrement dit, aucun équilibre partiel stable ne peut exister. Ainsi, en eau dégazée, toute bulle est rapidement instable. Elle cavite si

---

2. La forme exacte de cette courbe n'est pas connue. Son équation est $n_w + c_{wt}\rho = n_{w3} + c_{wt}\rho_3$, où le coefficient positif $c_{wt}$ est la rapidité relative $(\partial n_w/\partial t)/(\partial \rho/\partial t)$ entre la variation de $\rho$ sous l'effet de la tension interfaciale et la variation de $n_w$ par échanges eau/vapeur d'eau. Nous ne cherchons pas à déterminer dans cette thèse la vitesse d'évolution de la bulle, ni la contribution de la tension interfaciale et des échanges eau/vapeur d'eau à cette vitesse. Nous ne cherchons donc pas à déterminer $c_{wt}$ ni ses éventuelles variations en fonction de $\rho$ et $n_w$. Quel que soit $c_{wt}$, remarquons que si $n_w > n_{w3}$ et $\rho > \rho_3$, la bulle est "grande" et la cavitation a lieu.

elle a pu dépasser la taille critique $\rho_3$ qui vaut alors :

$$\rho_3 = \frac{2\sigma}{P_{vs} - P_{eau}} \qquad (2.8)$$

### 2.3.4 Devenir d'une bulle stable sous l'effet de la variation de sa teneur en air sec

Déterminons dans un premier temps à quelles conditions une bulle est à l'équilibre complet, c'est-à-dire à l'équilibre à la fois pour la tension interfaciale (égalité 2.4a p.379), pour les échanges eau/vapeur d'eau (égalité 2.4b) et pour les échanges air dissous/air sec (égalité 2.4c). Nous étudierons ensuite dans un deuxième temps l'influence des échanges air dissous/air sur l'évolution d'une bulle initialement à l'équilibre stable pour les deux premiers phénomènes cités (nommé équilibre partiel).

**Conditions d'équilibre complet**

Pour que l'équilibre 2.4c soit vérifié, le rayon de la bulle doit valoir $\rho_0$ défini par :

$$\rho_0 = \sqrt[3]{c_T \frac{n_a}{P_{as}}} \qquad (2.9)$$

Pour que cette bulle soit à l'équilibre complet, donc également à l'équilibre 2.4a et 2.4b, il faut que $f(\rho_0) = 0$. Deux cas sont alors à distinguer :
- Si $P_{eau} \geqslant P_{vs} + P_{as}$, aucune teneur en air sec $n_a$ positive ou nulle ne permet de vérifier $f(\rho_0) = 0$, donc aucune bulle ne peut être à l'équilibre complet.
- Si $P_{eau} < P_{vs} + P_{as}$, l'équation $f(\rho_0) = 0$ a une et une seule solution pour $n_a$ que nous noterons $n_{a,eq}$, et nous noterons alors $\rho_{eq}$ le rayon de cette bulle à l'équilibre complet :

$$n_{a,eq} = c_T P_{as} \left(\frac{2\sigma}{P_{vs} + P_{as} - P_{eau}}\right)^3 \quad \text{et} \quad \rho_{eq} = \frac{2\sigma}{P_{vs} + P_{as} - P_{eau}} \qquad (2.10)$$

Déterminons ensuite à quelle position d'équilibre partiel 2.4a et 2.4c cette position d'équilibre complet correspond. Deux cas sont encore à considérer :
- Quand $P_{vs} \leqslant P_{eau} < P_{vs} + P_{as}$, $\rho_{eq}$ égale forcément $\rho_1$ car c'est la seule racine positive de l'équation $f(\rho) = 0$.

– Quand $P_{eau} < P_{vs}$, c'est la position relative entre $\rho_{eq}$ et $\rho_2$ qui permet de déterminer si $\rho_{eq}$ correspond à l'équilibre partiel stable $\rho_1$ ou bien à l'équilibre partiel instable $\rho_3$. Le calcul montre que si $P_{vs} - 2P_{as} < P_{eau} < P_{vs}$, alors $\rho_{eq}$ égale $\rho_1$. Par contre si $P_{eau} \leqslant P_{vs} - 2P_{as}$, alors $\rho_{eq}$ égale $\rho_3$.

Nous pouvons donc récapituler ainsi les résultats concernant l'équilibre complet d'une bulle :

– Quand $P_{vs} + P_{as} \leqslant P_{eau}$, il n'y a pas de position d'équilibre complet.
– Quand $P_{vs} - 2P_{as} < P_{eau} < P_{vs} + P_{as}$, il y a une seule position d'équilibre complet ($\rho_{eq}, n_{a,eq}$), qui est un équilibre partiel stable.
– Quand $P_{eau} \leqslant P_{vs} - 2P_{as}$, il y a une seule position d'équilibre complet ($\rho_{eq}, n_{a,eq}$), qui est un équilibre partiel instable.

TAB. 2.2 – *Notations et définitions concernant la cavitation en eau libre*

| | $c_T = (4\pi)/(3RT)$ constante ; $P_{vs}$ est défini à l'équation 2.1a |
|---|---|
| équilibres | $n_{a1} = c_T \dfrac{2^5 \sigma^3}{3^3 (P_{vs} - P_{eau})^2}$  si  $P_{eau} < P_{vs}$  ;  $n_{a1} = +\infty$  sinon |
| tension interfaciale et échanges eau/ | $\rho_1$ est la racine positive de $f(\rho) = c_T[\rho^3(P_{eau} - P_{vs}) + 2\sigma\rho^2] - n_a$ quand $P_{eau} > P_{vs}$.  $\rho_1$ est un équilibre stable |
| | $\rho_2 = \dfrac{4\sigma}{3(P_{vs} - P_{eau})}$  est le max. local positif de  $f(\rho)$  si  $P_{eau} < P_{vs}$ |
| vapeur d'eau | $\rho_1$ et $\rho_3$ sont les racines positives de $f(\rho)$ quand $P_{eau} < P_{vs}$ et $n_a < n_{a1}$ avec $\rho_1 < \rho_2 < \rho_3$ . $\rho_1$ est un équilibre stable, $\rho_3$ un équilibre instable. |
| équilibre air dissous /air | $\rho_0 = \sqrt[3]{\dfrac{n_a}{c_T P_{as}}}$ |
| les trois | $n_{a,eq} = c_T P_{as} \left( \dfrac{2\sigma}{P_{vs} + P_{as} - P_{eau}} \right)^3$   et   $\rho_{eq} = \dfrac{2\sigma}{P_{vs} + P_{as} - P_{eau}}$ |
| équilibres | si $P_{eau} < P_{vs} + P_{as}$  ;   sinon $n_{a,eq}$ et $\rho_{eq}$ valent $+\infty$ |

Dans le cas où un équilibre complet existe, peut-il être atteint à partir d'une bulle à l'équilibre partiel 2.4a et 2.4b p.379 ? Dans le cas où un équilibre complet n'existe pas ou existe mais n'est pas atteint, la bulle implose-t-elle ou cavite-t-elle ? Nous allons le déterminer.

### Équilibre complet : stable ? accessible ?

Considérons une bulle à l'équilibre partiel stable, c'est-à-dire stable pour la tension interfaciale et les échanges eau/vapeur d'eau. Son rayon est $\rho_1$, sa teneur en vapeur d'eau est $n_{w1}$ et sa teneur en air sec est $n_a$. Comme nous l'avons déjà décrit, elle est aussi à l'équilibre local pour les échanges air dissous/air sec. L'équilibre local 2.4c' p.380 définit la pression saturante locale en air $P'_{as}$ à partir de $n_a$ et $\rho_1$. Il y a ensuite lente évolution de l'eau environnant la bulle de $P'_{as}$ vers $P_{as}$ par diffusion de l'air dissous dans l'eau. Deux cas sont possibles :

- Si $P'_{as} > P_{as}$ c'est-à-dire si une surpression partielle en air sec dans la bulle a provoqué une sur-concentration en air dissous autour de la bulle, cet excès d'air dissous va lentement se répartir dans tout le volume d'eau, faisant diminuer $P'_{as}$ vers $P_{as}$ et donc faisant lentement diminuer $n_a$.
- Si à l'inverse $P'_{as} < P_{as}$, la lente homogénéisation des concentrations en air dissous dans l'eau s'accompagnera d'une augmentation de $n_a$.

L'inégalité $P'_{as} > P_{as}$ équivaut à $\rho_0 > \rho_1$. Étudions séparément cette inégalité en fonction de la position relative entre $P_{eau}$ et $P_{vs}$ :

1. Quand $P_{eau} \geqslant P_{vs}$, la fonction $f$ est alors strictement croissante. L'inégalité $P'_{as} > P_{as}$ équivaut alors à $f(\rho_0) > 0$. D'où le résultat, illustré par la figure 2.4 **(a,b)** :

$$\text{Si} \quad P_{eau} \geqslant P_{vs} + P_{as} \quad \text{ou} \quad n_a < n_{a,eq} \quad \text{alors } n_a \text{ diminue.} \tag{2.11a}$$
$$\text{Sinon,} \quad n_a \text{ augmente} \tag{2.11b}$$

Par ailleurs, la taille $\rho_1$ et la teneur en vapeur d'eau $n_{w1}$ à l'équilibre partiel sont des fonctions croissantes de $n_a$. Toute diminution de $n_a$ provoque donc la lente contraction de la bulle. Ainsi quand $P_{eau} > P_{vs} + P_{as}$, la bulle se rétracte lentement. Quand à l'inverse $P_{vs} \leqslant P_{eau} < P_{vs} + P_{as}$, la bulle se rétracte lentement si $n_a < n_{a,eq}$ et se dilate lentement si $n_a > n_{a,eq}$. La position d'équilibre complet $n_{a,eq}$

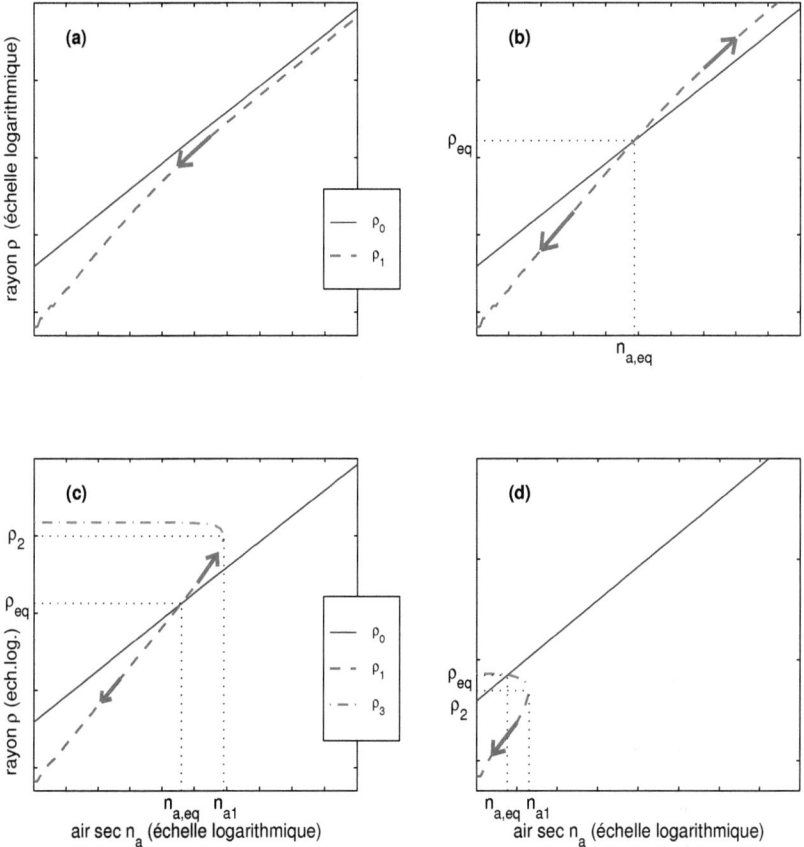

FIG. 2.4 – **Devenir d'une bulle stable (sphère de rayon $\rho_1$) par échanges air/air dissous avec l'eau environnante** en fonction de sa teneur en air sec $n_a$. Soit $P_{as}$ la pression partielle en air sec en équilibre avec les teneurs en air dissous dans l'eau environnante (équations 2.1b et 2.3c pp.377 et suivante). **(a)** : $P_{eau} \geqslant P_{vs} + P_{as}$. **(b)** : $P_{vs} \leqslant P_{eau} < P_{vs} + P_{as}$. **(c)** : $P_{vs} - 2P_{as} \leqslant P_{eau} < P_{vs}$. **(d)** : $P_{eau} < P_{vs} - 2P_{as}$. Dans chaque graphe, les flèches indiquent l'évolution d'une bulle sphérique de rayon $\rho_1$ sous l'effet des échanges air/air dissous avec le milieu environnant. Sa teneur en air sec $n_a$ et son rayon $\rho_1$ sont modifiés en suivant la courbe en pointillés gras **(- -)**. **(a,d)** : la bulle se rétracte jusqu'à s'annuler. **(b,c)** : Si au départ $n_a < n_{a,eq}$, la bulle se rétracte jusqu'à s'annuler. Sinon, la bulle se dilate lentement par incorporation d'air sec et de vapeur d'eau (cavitodégazage). **(c)** : Cette dilatation devient cavitation quand $\rho_1$ atteint $\rho_2$. [Cette figure est tracée avec $P_{as} = P_{air} - P_{vs}/2$ c'est-à-dire en supposant la quantité d'air dissous dans l'eau en équilibre avec l'air atmosphérique d'humidité relative 50%].

est donc un équilibre lentement instable, même si elle correspond ici à un équilibre partiel stable. L'obtention d'une bulle de teneur en air sec $n_a$ inférieure ou égale à $n_{a,eq}$ ne peut donc pas se faire de façon progressive. Elle nécessite une hétérogénéité dans l'eau ou une collision entre deux bulles plus petites elle-mêmes formées de la même manière. Quant aux bulles de teneur en air sec supérieure ou égale à $n_{a,eq}$, leur lente dilatation s'accompagne d'une augmentation conjointe de $n_a$ et $n_{w1}$. Nous pouvons donc appeler cette dilatation un *cavito-dégazage*, car la bulle se dilate par incorporation continue d'air et de vapeur d'eau.

2. Quand $P_{eau} < P_{vs}$, remarquons qu'alors on a toujours $n_{a,eq} \leqslant n_{a1}$. La position relative de $\rho_1$ et $\rho_0$ pour les différentes valeurs de $n_a$ inférieures ou égales à $n_{a1}$ est donnée à la figure 2.4 **(c,d)**. Deux cas sont encore à distinguer :
   - Quand $P_{vs} - 2P_{as} \leqslant P_{eau} < P_{vs}$, $\rho_0$ est supérieur à $\rho_1$ si et seulement si $n_a < n_{a,eq}$. On retrouve donc un schéma similaire au cas précédent. Une bulle contenant peu d'air sec ($n_a < n_{a,eq}$) se rétracte lentement. Une bulle contenant suffisamment d'air sec ($n_{a,eq} < n_a < n_{a1}$) se dilate lentement par cavito-dégazage jusqu'à atteindre la teneur en eau $n_{a1}$ et le rayon $\rho_2$, où la bulle cavite. L'équilibre complet ($n_{a,eq}, \rho_{eq}$) peut être atteint mais est un équilibre lentement instable.
   - Quand $P_{eau} \leqslant P_{vs} - 2P_{as}$, $\rho_0$ est toujours supérieur à $\rho_1$. Toute bulle à l'équilibre partiel stable, de teneur en air sec $n_a < n_{a1}$ et de taille $\rho_1$ se rétracte lentement. L'augmentation de teneur en air sec permettant d'atteindre la teneur de cavitation $n_{a1}$ a cette fois uniquement lieu par collisions de petites bulles ou hétérogénéités dans le fluide, et non par lent cavito-dégazage. L'équilibre complet ($n_{a,eq}, \rho_{eq}$) est cette fois rapidement instable car une bulle ayant ces caractéristiques cavite.

**Récapitulatif**

Nous pouvons donc résumer ainsi le devenir d'une bulle à l'équilibre partiel stable, sous l'effet des échanges air dissous/air :
- Quand $P_{vs} + P_{as} \leqslant P_{eau}$, la bulle se rétracte lentement.

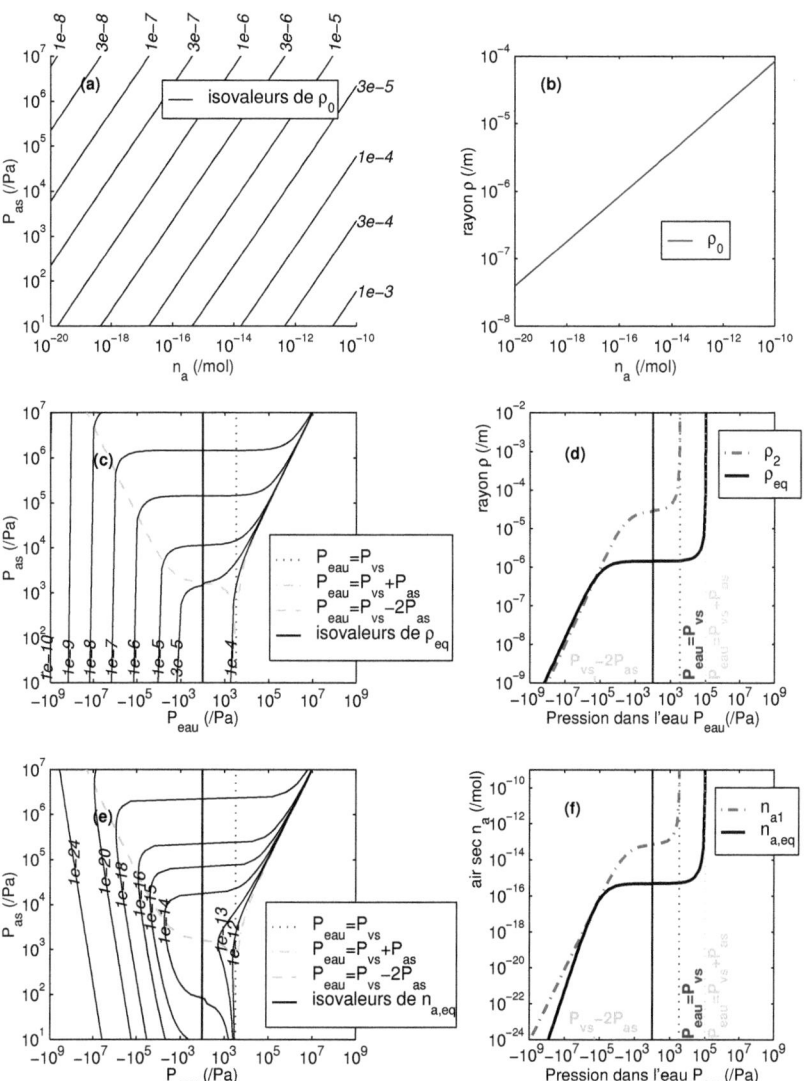

FIG. 2.5 – **Valeur des paramètres utilisés pour décrire l'évolution d'une bulle dans l'eau sous l'effet des lents échanges air/air dissous.** Notations définies au tableau 2.2 p.387. **(a,b)** : $\rho_0$ en fonction de $n_a$. **(c,d)** : $\rho_{eq}$ en fonction de $P_{eau}$. **(e,f)** : $n_{a,eq}$ en fonction de $P_{eau}$. **(a,c,e)** : courbes isovaleurs en fonction de $P_{as}$. **(b,d,f)** : valeurs pour $P_{as} = 10^5 Pa$ c'est-à-dire une eau dont la teneur en air dissous est en équilibre avec l'air atmosphérique. **(d,f)** : Remarquons qu'en $P_{eau} = P_{vs} - 2P_{as}$, les courbes $\rho_2$ et $\rho_{eq}$ sont sécantes, tandis que les courbes $n_{a1}$ et $n_{a,eq}$ y sont tangentes et ne se croisent pas.

– Quand $P_{vs} \leqslant P_{eau} < P_{vs} + P_{as}$, la bulle se rétracte lentement si sa teneur en air sec est inférieure à $n_{a,eq}$; elle se dilate lentement si sa teneur en air sec excède $n_{a,eq}$ (cavito-dégazage).

– Quand $P_{vs} - 2P_{as} < P_{eau} < P_{vs}$, la bulle se rétracte lentement si sa teneur en air sec est inférieure à $n_{a,eq}$; elle se dilate lentement par cavito-dégazage si sa teneur en air sec est comprise entre $n_{a,eq}$ et $n_{a1}$, jusqu'à atteindre la teneur $n_{a1}$ où elle cavite.

– Quand $P_{eau} \leqslant P_{vs} - 2P_{as}$, la bulle se rétracte lentement.

Rappelons que pour les deux premiers cas, toute bulle est concernée, car alors toute bulle atteint l'équilibre partiel stable. Pour les deux derniers cas, seuls les bulles relativement petites sont concernées ($n_a$ inférieur à $n_{a1}$; $n_w$ et $\rho$ initiaux pas trop élevés), les autres ont cavité avant que les échanges air dissous/air à l'interface puissent avoir lieu.

TAB. 2.3 – *Evolution d'une bulle en eau libre en fonction de ses caractéristiques initiales (teneur en air sec $n_a$, en vapeur d'eau $n_w$ et rayon $\rho$), et des caractéristiques de l'eau environnante: pression $P_{eau}$ et teneur en air dissous (définissant $P_{vs}$ et $P_{as}$).*

| $P_{eau} \setminus n_a$ | $n_a \leqslant n_{a,eq}$ | $n_{a,eq} < n_a \leqslant n_{a1}$ | $n_{a1} < n_a$ |
|---|---|---|---|
| $P_{vs} + P_{as} < P_{eau}$ | bulle sphérique ($\rho_1, n_{w1}$) puis se rétracte | | XXX |
| $P_{vs} < P_{eau} < P_{vs} + P_{as}$ | bulle sphérique ($\rho_1, n_{w1}$) | | XXX |
| | puis se rétracte | puis croît (cavito-dégazage) | |
| $0 < P_{eau} < P_{vs}$ et bulle initialement petite ... | bulle sphérique ($\rho_1, n_{w1}$) | | |
| | puis se rétracte | puis croît (cavito-dégazage) jusqu'à $n_a = n_{a1}$ | cavitation |
| ... ou grande | | | humide |
| $P_{vs} - 2P_{as} < P_{eau} < 0$ et bulle initialement petite ... | bulle sphérique ($\rho_1, n_{w1}$) | | |
| | puis se rétracte | puis croît (cavito-dégazage) jusqu'à $n_a = n_{a1}$ | cavitation |
| ... ou grande | | | sèche |
| $P_{eau} < P_{vs} - 2P_{as}$ et bulle initial$^t$ petite... | bulle sphérique ($\rho_1, n_{w1}$) | | |
| | puis se rétracte | | cavitation |
| ... ou grande | | | sèche |
| bulle dite initialement petite quand $n_w + c_{wt}.\rho < n_{w3} + c_{wt}.\rho_3$; bulle dite initialement grande sinon. | | | |
| le signe XXX désigne une case impossible car alors $n_{a1} = +\infty$. | | | |

Nous retiendrons donc que sous l'effet combiné de la tension de surface entre eau et bulle, des échanges eau-vapeur d'eau et gaz- gaz dissous, aucune bulle n'est durablement stable dans l'eau : soit elle se rétracte lentement, soit elle se dilate lentement, soit elle se dilate lentement puis cavite, soit elle cavite directement.

### 2.3.5 Conclusion

**Conditions permettant la cavitation**

Quand on diminue progressivement la pression dans l'eau en étirant celle-ci, la cavitation aura lieu à partir du moment où la pression dans l'eau devient inférieure à la pression de vapeur saturante, s'il existe des bulles de taille suffisante ou contenant suffisamment d'air sec. Si $\rho$ est le rayon d'une bulle supposée sphérique, $n_w$ son nombre de moles de vapeur d'eau et $n_a$ son nombre de moles d'air sec, la cavitation a lieu quand :

$$P_{eau} < P_{vs} \quad \text{et} \quad n_a \geqslant n_{a1} \quad \text{cavitation ab initio} \tag{2.12a}$$

$$\text{ou} \quad P_{eau} < P_{vs} \quad \text{et} \quad n_w + c_{wt}\rho > n_{w3} + c_{wt}\rho_3$$
$$\text{cavitation de grosses bulles préexistantes} \tag{2.12b}$$

où $n_{w3} = c_T \rho_3^3 P_{vs}$ et les autres notations sont définies au tableau 2.2. Le coefficient positif $c_{wt}$ est la rapidité relative entre la variation de $\rho$ sous l'effet de la tension interfaciale et la variation de $n_w$ par échanges eau/vapeur d'eau (voir la note en bas de p.381).

La création d'une bulle de teneur en air sec suffisante pour permettre la cavitation se fait de deux façons :

- De façon discontinue et aléatoire : une hétérogénéité de concentration en air dissous dans l'eau initie une petite bulle, puis la collision de petites bulles en forme une plus grosse.
- De façon continue et déterministe : les échanges air dissous/air à l'interface eau/bulle ont tendance à augmenter la teneur en air sec $n_a$ de la bulle à condition que $P_{vs} - 2P_{as} < P_{eau} < P_{vs}$ et que la bulle contienne déjà suffisamment d'air sec ($n_{a,eq} < n_a < n_{a1}$).

Quand $P_{eau} \leqslant P_{vs} - 2P_{as}$ ou $n_a \leqslant n_{a,eq}$, les échanges air dissous/air à l'interface ont tendance à faire diminuer la teneur en air sec. Dans ce cas, l'incorporation d'air sec dans une bulle a lieu uniquement de la façon discontinue décrite ci-dessus. Il s'agit là de la nucléation hétérogène de la cavitation dont nous parlions précédemment. Elle nécessite de sauter, par des hétérogénéités ou des collisions, une certaine barrière de potentiel.

**Facteurs favorisant la cavitation**

La cavitation est favorisée quand l'eau est sous basse pression car $n_{a1}$, $\rho_3$ et $n_{w3}$ décroissent quand $P_{eau}$ décroît.

La cavitation est favorisée aussi quand la teneur en air dissous dans l'eau est élevée et que l'eau est agitée, car alors la formation d'une bulle contenant suffisamment d'air sec pour caviter est facilitée. En effet, l'augmentation de teneur en air dissous dans l'eau augmente $P_{as}$, élargit le domaine $[P_{vs} - 2P_{as}; P_{vs}]$, diminue $n_{a,eq}$ et ne modifie pas $n_{a1}$.

Elle est également favorisée quand il existe déjà des bulles assez grosses et/ou assez riches en vapeur d'eau ($n_w + c_{wt}\rho > n_{w3} + c_{wt}\rho_3$), car ces bulles peuvent caviter même si elles ne contiennent pas ou peu d'air sec.

**Causes de limitation de la croissance d'une bulle**

La dilatation d'une bulle, qu'elle soit lente, lors du cavito-dégazage, ou rapide, lors de la cavitation, ne se prolonge pas jusqu'à atteindre un rayon infini. Cette dilatation se ralentit voire cesse dès que nos hypothèses initiales ne sont plus vérifiées :
- La taille de la bulle devient non-négligeable devant la distance caractéristique de diffusion de l'air sec et de la vapeur d'eau. Les pressions partielles dans la bulle ne peuvent plus être considérées comme instantanément homogènes. Or la croissance de la bulle est subordonnée à une incorporation continue de vapeur d'eau (pour la cavitation humide), voire aussi d'air sec (pour le cavito-dégazage). Dans ces deux cas, la croissance de la bulle est ralentie par la diffusion des gaz depuis la périphérie de la bulle jusqu'en son centre.
- La taille de la bulle n'est plus négligeable devant celle du domaine où la pression dans l'eau est $P_{eau}$ (par exemple l'arrière d'une pale d'une hélice). La croissance de la bulle peut alors induire une augmentation de pression dans l'eau environnante qui limite cette croissance.
- Dans le cas du cavito-dégazage, la quantité d'air dans la bulle n'est plus négligeable devant celle dans l'eau, les concentrations moyennes

en air sec dans l'eau se mettent à diminuer, diminuant $P_{as}$ et permettant d'atteindre alors de manière stable un équilibre complet avec cette nouvelle valeur de $P_{as}$.
- La bulle atteint la surface supérieure entre eau et air sus-jacent et explose.

## 2.4 Cavitation de l'eau porale

L'eau de la pluie ou de la nappe phréatique est environ à la pression atmosphérique. Sa pression s'abaisse progressivement par effet de capillarité quand elle atteint des zones assez sèches du sol, soit par infiltration pour l'eau de pluie, soit par remontée capillaire en période sèche pour l'eau de la nappe. Ainsi toute eau du sol sous pression négative a vu sa pression s'abaisser progressivement. Par ailleurs cette eau contient de nombreuses impuretés et gaz dissous. A partir du raisonnement précédent, cette eau aurait "dû" totalement caviter quand sa pression est devenue légèrement inférieure à $P_{vs}$.

Cependant, dans le raisonnement précédent, en eau libre, la bulle peut grossir en restant environ sphérique, étant toujours partout entourée d'eau. Mais dans le milieu poral, la taille d'une bulle sphérique est limitée par la largeur des pores.

### 2.4.1 Forme d'une bulle en milieu poral

La pression $P_b$ dans une bulle et sa pression partielle en vapeur d'eau $P_{wb}$ doivent vérifier les équations 2.2a à 2.3c p.379 tant que le rayon $\rho$ de la bulle est inférieur au demi-écartement du pore où se situe cette bulle. Ensuite, si la bulle continue à grossir par incorporation de vapeur d'eau, sa forme ne sera plus sphérique mais épousera la forme du pore, avec deux ménisques en forme de demi-sphères si le pore est en forme de cylindre ou bien un ménisque en forme de demi-tore si le pore est en forme de fente.

Notons $V$ le volume de la bulle et $\rho$ le rayon de la sphère de même volume. Notons $r_p$ la taille locale du pore (définition à la p.351). Notons $V_p$ le volume de la sphère de rayon $r_p$. Le rayon de courbure du ménisque entre la bulle et l'eau du sol est donné dans le tableau suivant :

TAB. 2.4 – *Rayon de courbure moyen d'une bulle d'air dans l'eau du sol en fonction du volume V de la bulle*

| dans un pore cylindrique de rayon $r_p$ | $\rho$ si $\rho < r_p$ | | | $r_p$ si $\rho > r_p$ | |
|---|---|---|---|---|---|
| dans un pore-fente de largeur $r_p$ | $\rho$ si $\rho < \dfrac{r_p}{2}$ | $\dfrac{r_p}{1+\left(\frac{r_p}{2\rho}\right)^{3/2}}$ | transition | $r_p$ si $\rho \gg \dfrac{r_p}{2}$ | |
| En notant $\rho$ le rayon de la sphère de volume $V$ Le rayon de courbure moyen étant défini à partir des deux rayons de courbure principaux $\rho'$ et $\rho''$ par $\frac{1}{2}(\frac{1}{\rho'} + \frac{1}{\rho''})^{-1}$ | | | | | |

Dans le cas d'un pore en forme de fente, ce rayon de courbure moyen passe donc progressivement de $\rho$ à $r_p$ au voisinage de $V = V_p$. Pour simplifier, dans la suite, nous supposerons que cette transition se fait brutalement, en $V = V_p$, comme pour le cas du pore cylindrique.

## 2.4.2 Evolution d'une bulle en milieu poral de teneur en air sec donnée

**Equations définissant cette évolution**

Quand le rayon de courbure moyen de la bulle devient constamment égal à $r_p$, les équations 2.2a et 2.3a sont respectivement remplacées par :

$$P_b = \frac{(n_w + n_a)RT}{V} \qquad (2.2a')$$

$$P_b = P_{eau} + \frac{2\sigma}{r_p} \qquad (2.3a')$$

Par suite, pour $V > V_p$, les équations 2.4a à 2.4c sont respectivement remplacées par :

$$n_w + n_a = \frac{V}{RT}\left(P_{eau} + \frac{2\sigma}{r_p}\right) \qquad (2.4a')$$

$$n_w = \frac{V}{RT}P_{vs} \qquad (2.4b')$$

$$n_a = \frac{V}{RT}P_{as} \qquad (2.4c'')$$

Pour $V > V_p$ la fonction $f(\rho)$ définie précédemment (équation 2.5) est remplacée par la fonction suivante définie par soustraction entre les équations 2.4a' et 2.4b' :

$$g(V) = \frac{V}{RT}\left(P_{eau} - P_{vs} + \frac{2\sigma}{r_p}\right) - n_a \qquad (2.15)$$

Cette fonction est monotone. Elle croît jusque $+\infty$, décroît jusque $-\infty$ ou reste constamment égale à $-n_a$ selon le signe de $P_{eau} - P_{vs} + \frac{2\sigma}{r_p}$.

**Conditions de cavitation en milieu poral**

La cavitation en eau libre est possible quand $f(+\infty) < 0$. La cavitation en milieu poral est possible quand $g(+\infty) < 0$. Par ailleurs, pour une bulle donnée de volume $V > V_p$, si $\rho$ est son rayon quand elle a une forme sphérique (en eau libre), on a $\rho > r_p$ et $f(\rho) < g(V)$. La présence d'un milieu poral défavorise donc la cavitation. Trois cas sont donc *a priori* possibles :

– La bulle n'aurait pas cavité en eau libre et ne cavitera pas non plus en milieu poral.

– La bulle aurait cavité en eau libre mais ne cavitera pas en milieu poral.

– La bulle aurait cavité en eau libre et cavitera aussi en milieu poral.

Explicitons les conditions de cavitation en milieu poral.

– Il faut que la bulle ait pu atteindre le rayon $r_p$. Il peut s'agir d'une bulle initialement assez grosse (gaz piégé dans le sol) ou d'une bulle formée par le mécanisme de cavitation en eau libre déjà décrit.

– Il faut de plus que cette bulle puisse ensuite caviter, c'est-à-dire que $g(V) < 0$ pour $V$ variant de $V_p$ à $+\infty$.

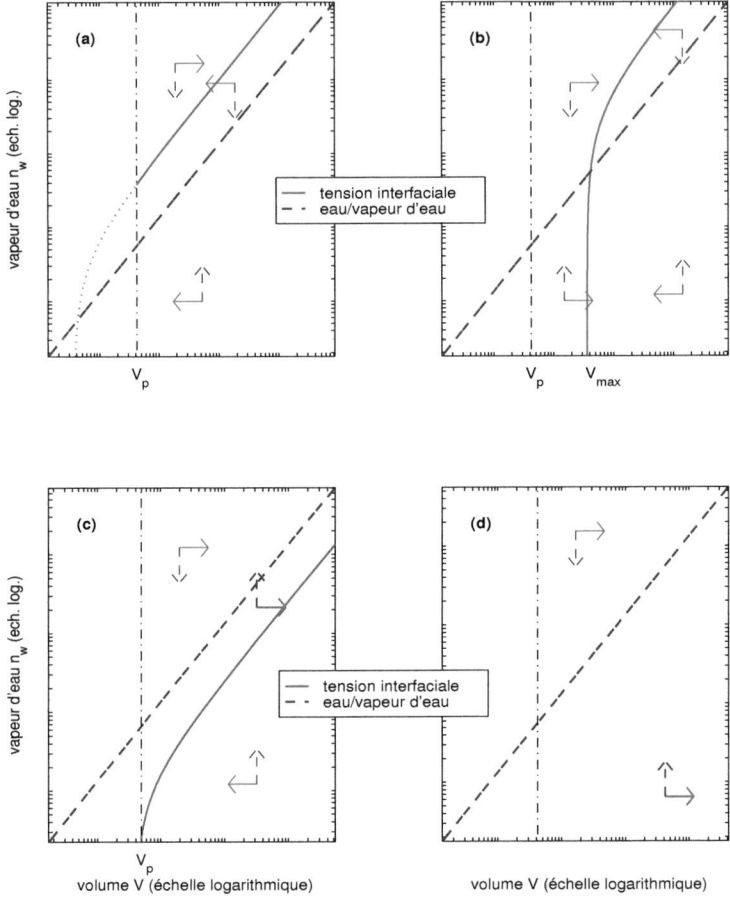

Fig. 2.6 – **Evolution dans l'eau du sol d'une bulle de teneur en air sec donnée $n_a$ qui a atteint la taille du pore** en fonction de la teneur en vapeur d'eau $n_w$ et du volume $V$ initaux de la bulle. Soit $P_{eau}$ la pression dans l'eau du sol, $r_p$ la taille locale du pore et $V_p$ le volume minimal d'une bulle ayant atteint la taille du pore. Soit $n_{a2}$ une teneur en air sec particulière (équation au tableau 2.6 p.401); le signe de $n_{a2} - n_a$ égale celui de $g(V_p)$. **(a)**: $(P_{vs} \leqslant P_{eau}$ ou $r_p < r")$ et $n_a < n_{a2}$. **(b)**: $(P_{vs} \leqslant P_{eau}$ ou $r_p < r")$ et $n_a \geqslant n_{a2}$. **(c)**: soit $(0 < P_{eau} < P_{vs}$ et $r" \leqslant r_p)$, soit $(P_{eau} < 0$ et $r" < r_p < r')$. **(d)**: $P_{eau} < 0$ et $r_p \geqslant r'$. Les lignes d'équilibres pour la tension interfaciale ( **(-)**, équation 2.4a' p.397) ou pour les échanges eau-vapeur d'eau ( **(- -)**, équation 2.4b') partagent le domaine $(V \geqslant V_p ; n_w \geqslant 0)$ en deux **(d)**, trois **(a,c)** ou quatre **(b)** domaines. Dans chacun, les flèches indiquent le sens d'évolution de la bulle. Elles sont en gras si la **cavitation** a lieu. **(a)**: La bulle se rétracte en sphère $\rho_1$. **(b)**: La bulle se stabilise au volume $V_{max}$. **(c)** cavitation humide **(d)** cavitation sèche.

Pour que $g(+\infty) < 0$ il faut et il suffit que :

$$P_{eau} < P_{vs} \quad \text{et} \quad r" < r_p \quad \text{avec} \quad r" = \frac{2\sigma}{P_{vs} - P_{eau}} \qquad (2.16)$$

Dans ce cas la condition $g(V) < 0$ pour $V$ variant de $V_p$ à $+\infty$ est forcément remplie. Pour que la bulle ait pu atteindre la taille $r_p$ par cavitation en eau libre, il faut de plus que la bulle contienne initialement assez d'air sec ($n_a > n_{a1}$) ou bien qu'elle ait une taille et une teneur initiale en vapeur d'eau suffisante ($n_w + c_{wt}\rho > n_{w3} + c_{wt}\rho_3$).

**Cavitation sèche ou cavitation humide** La cavitation est dite sèche si la rapide dilatation de la bulle peut avoir lieu sans incorporation continue de vapeur d'eau au-delà d'un certain volume de la bulle. Il faut pour cela qu'au-delà de ce volume, la courbe d'équilibre pour la tension interfaciale (équation 2.4a' représentée figure 2.6) soit pour $n_w$ une fonction négative ou décroissante de $V$. Il faut donc que $P_{eau} + \frac{2\sigma}{r_p}$ soit négatif et alors cette cavitation sèche peut avoir lieu dès que la bulle a atteint le volume $V_p$. Les conditions requises pour la cavitation sèche en milieu poral sont donc les suivantes, illustrées à la figure 2.6(**d**) :

$$P_{eau} < 0 \quad \text{et} \quad r_p > r' \quad \text{avec} \quad r' = \frac{2\sigma}{(-P_{eau})} \qquad (2.17)$$

La cavitation en milieu poral requiert l'incorporation continue de vapeur d'eau (cavitation humide) dans les autres cas, c'est-à-dire quand les conditions 2.16 sont vérifiées sans que les conditions 2.17 le soient. Les conditions de cavitation humide sont illustrées à la figure 2.6(**c**).

**Comparaison entre la taille de pore permettant la cavitation et courbure des ménisques eau/air préexistants** Comparons $r'$ et $r"$ à la taille locale des pores $r$ où il existe une interface en équilibre entre l'eau et l'air du sol. Notons $P_{air}$ la pression de cet air.

$$P_{eau} = P_{air} - \frac{2\sigma}{r} \qquad (2.18)$$

La pression de l'air du sol est en général supérieure à la pression de vapeur saturante $P_{vs}$, on a $P_{air} > P_{vs}$ et par conséquent $r < r" < r'$.

Ainsi la cavitation est limitée aux renflements de pores de taille locale $r_p$, avec $r < r" \leqslant r_p$, sachant que seuls les pores de taille d'entrée inférieure ou égale à $r$ sont remplis d'eau. *Ainsi la cavitation est possible, mais ne peut pas se propager dans toute l'eau du sol.* Nous parlerons donc de **cavitation locale**. Le tableau 2.5 donne les tailles locales minimales de pore où la cavitation est possible en fonction de $r$, à la température $T = 27{,}5^oC$. Les résultats seraient peu différents à une autre température.

TAB. 2.5 – *Conditions de la cavitation locale de l'eau en milieu poreux. $r"$ ou $r'$ est la taille locale minimale du pore permettant respectivement la cavitation humide ou sèche, en fonction de la taille maximale d'entrée $r$ des pores remplis d'eau.*

| $r$ (/m) | $P_{eau}$ (/Pa) | $P_{vs}$ (/Pa) | $r"$ (/m) | $r'$ (/m) |
|---|---|---|---|---|
| $10^{-9}$ | $-1{,}46.10^8$ | $1{,}38.10^3$ | $1{,}0007.10^{-9}$ | $1{,}0007.10^{-9}$ |
| $10^{-8}$ | $-1{,}45.10^7$ | $3{,}54.10^3$ | $1{,}0067.10^{-8}$ | $1{,}0069.10^{-9}$ |
| $10^{-7}$ | $-1{,}36.10^6$ | $3{,}89.10^3$ | $1{,}070.10^{-7}$ | $1{,}073.10^{-7}$ |
| $10^{-6}$ | $-4{,}60.10^4$ | $3{,}93.10^3$ | $2{,}92.10^{-6}$ | $3{,}17.10^{-6}$ |
| $1{,}4.10^{-6}$ | $-4{,}29.10^3$ | $3{,}93.10^3$ | $1{,}8^{-5}$ | $3{,}4.10^{-5}$ |
| $1{,}459.10^{-6}$ | $-6{,}58.10^1$ | $3{,}93.10^3$ | $3{,}65^{-5}$ | $2{,}13.10^{-3}$ |
| $1{,}46.10^{-6}$ | $6{,}84.10^1$ | $3{,}93.10^3$ | $3{,}78.10^{-5}$ | $+\infty$ |
| $1{,}52.10^{-6}$ | $3{,}88.10^3$ | $3{,}93.10^3$ | $3{,}35.10^{-3}$ | $+\infty$ |
| $10^{-4}$ | $9{,}85.10^4$ | $3{,}93.10^3$ | $+\infty$ | $+\infty$ |
| $10^{-3}$ | $9{,}99.10^4$ | $3{,}93.10^3$ | $+\infty$ | $+\infty$ |
| $10^{-2}$ | $10^5$ | $3{,}93.10^3$ | $+\infty$ | $+\infty$ |
| | Valeur des grandeurs physiques utilisées dans ce calcul | | | |
| grandeur | valeur | unité | description | |
| $T$ | 301 | $^oK$ | température homogène | |
| $R$ | 8,32 | J.mol$^{-1}.^oK^{-1}$ | constante des gaz parfaits | |
| $V$ | $1{,}80.10^{-5}$ | m$^3$.mol$^{-1}$ | volume molaire de l'eau | |
| $P_{air}$ | $1{,}00.10^5$ | Pa | pression atmosphérique | |
| $P^o_{vs}$ | 3927,51 | Pa | pression de vapeur saturante par rapport à de l'eau à la pression $P_{air}$ (eau libre) | |
| $\sigma$ | $7{,}30.10^{-2}$ | N.m$^{-1}$ | tension interfaciale eau/air | |
| $r$ est relié à la pression dans l'eau $P_{eau}$ par l'équation 2.18 p.399. | | | | |
| La pression de vapeur saturante $P_{vs}$ dépend de $P_{eau}$ suivant l'équation 2.1a p.377. | | | | |
| $r"$ et $r'$ sont définies respectivement aux équations 2.16 et 2.17 p.399. | | | | |

**Situation des bulles ne cavitant pas**

Dans le cas où la bulle ne cavite pas en milieu poral, deux possibilités existent :
- La bulle est "libre" dans l'eau de la porosité, elle a une forme sphérique.
- La bulle a atteint ou dépassé le volume $V_p$, sa forme épouse celle du pore, son volume est limité à une certaine valeur que nous noterons $V_{max}$.

Ces deux cas peuvent aussi bien concerner des bulles qui n'auraient pas cavité en eau libre que des bulles qui auraient cavité, comme le montre le tableau récapitulatif suivant 2.6.

TAB. 2.6 – ***Evolution dans une eau en milieu poral d'une bulle de teneur en air sec fixée*** $n_a$. *Evolution donnée en fonction de la pression dans l'eau* $P_{eau}$, *de la taille locale du pore* $r_p$ *et des caractéristiques initiales de la bulle : teneur en vapeur d'eau* $n_w$ *et rayon* $\rho$ *de la sphère ayant même volume initial.*

| Conditions sur $P_{eau}$ et $r_p$ | Conditions sur la bulle ($n_a$, initialement petite [1] ou grosse [2]) | | |
|---|---|---|---|
| | $n_a < n_{a2}$ | $n_{a2} < n_a < n_{a1}$ | $n_{a1} < n_a$ |
| $P_{eau} > P_{vs}$ | bulle sphérique $\rho_1$ | bulle $V_{max}$ | XXXX |
| $P_{eau} < P_{vs}$ et $r_p < \rho_2$ | | bulle $V_{max}$ * | |
| $P_{eau} < P_{vs}$ et $\rho_2 < r_p < r"$ | bulle sphérique $\rho_1$ * | si petite => sphère $\rho_1$ <br> si grosse => $V_{max}$ * | bulle $V_{max}$ ** |
| $(0 < P_{eau} < P_{vs}$ et $r" < r_p)$ ou $(P_{eau} < 0$ et $r" < r_p < r')$ | si petite => sphère $\rho_1$ <br> si grosse => **cavitation** humide * | | **cavitation** humide ** |
| $P_{eau} < 0$ et $r' < r_p$ | si petite => sphère $\rho_1$ <br> si grosse => **cavitation** sèche * | | **cavitation** sèche ** |

[1] petite bulle signifie bulle vérifiant initialement $n_w + c_{wt}\rho < n_{w3} + c_{wt}\rho_3$
[2] grosse bulle a la définition contraire
\* dans ce cas en eau libre une bulle initialement petite aurait été une sphère de rayon $\rho_1$ et une bulle initialement grosse aurait cavité
\*\* dans ce cas en eau libre la bulle aurait cavité

Les notations $\rho_1$, $n_{a1}$, $\rho_2$, $\rho_3$ et $n_{w3}$ ont été introduites lors de l'étude de la cavitation en eau libre, voir au tableau 2.2 p.387.
le signe XXX désigne une case impossible car alors $n_{a1} = +\infty$.

Les notations $V_p$, $r"$, $r'$, $V_{max}$ et $n_{a2}$ sont définies dans le cas du milieu poral :
$V_p$ est le volume de la sphère de rayon $r_p$ ; $r"$, $r'$ et $V_{max}$ sont donnés aux équations 2.16, 2.17 et 2.19 ; $n_{a2} = \max\left[\frac{V_p}{RT}\left(P_{eau} - P_{vs} + \frac{2\sigma}{r_p}\right); 0\right]$
On a toujours $n_{a2} < n_{a1}$ et $\rho_2 < r"$.

Le volume $V_{max}$ précité est déterminé par $g(V_{max}) = 0$, soit :

$$V_{max} = \frac{RT n_a}{P_{eau} - P_{vs} + \frac{2\sigma}{r_p}} \qquad (2.19)$$

Remarquons que les bulles atteignant ainsi la taille du pore sans avoir cavité ne se trouvent que dans des pores de taille $r_p < r"$ (sinon la bulle caviterait) et n'existent pas en absence d'air (il faut $n_a > 0$ pour avoir $V_{max} > 0$). Remarquons aussi qu'une bulle ayant atteint la taille locale du pore sans caviter se trouve dans une situation d'équilibre stable pour la tension interfaciale et les échanges eau-vapeur. En effet, pour $V$ inférieur à $V_{max}$, $g(V)$ est négatif, la bulle a tendance à croître. Inversement, pour $V$ supérieur à $V_{max}$, $g(V)$ est positif, la bulle se rétracte.

Ainsi, une bulle dans un milieu poral ayant une taille insuffisante pour caviter et contenant de l'air sec évolue vers un équilibre partiel stable, atteignant ou non la taille locale du pore.

**Limitation de la cavitation dans un milieu poreux réel**

Nous avons montré que sous l'effet des forces de capillarité et des échanges eau-vapeur, une bulle de teneur en air sec donnée dans un milieu poral pourra caviter si et seulement si les deux conditions suivantes sont réunies : elle aurait pu caviter en eau libre et elle est située dans un renflement de pore, de taille locale $r_p \geqslant r"$, avec $r" > r$, où $r$ est la taille d'entrée maximale des pores remplis d'eau.

Dans ce calcul, nous supposions qu'à l'endroit de développement de la bulle, la taille locale du pore $r_p$ était constante. En pratique, si cette taille est un maximum local, la bulle grossira jusqu'à rencontrer des conditions plus restrictives sur ses bords. Si par contre la taille locale $r_p$ n'est pas un maximum local, la bulle aura tendance à glisser pour se loger à un endroit où le pore, plus large, lui permet d'augmenter le rayon de courbure de son interface avec l'eau.

La cavitation sèche cessera quand la taille locale du pore au niveau des ménisques de la bulle atteindra une valeur $r_p$ égale à $r'$ où la dilatation de la bulle continuera avec incorporation de vapeur d'eau (cavitation humide).

Toute cavitation humide cessera quand la taille locale des pores au niveau des ménisques de la bulle vaut $r"$ si la bulle ne contient pas d'air sec (cavitation avec nucléation homogène). Si la bulle contient de l'air sec,

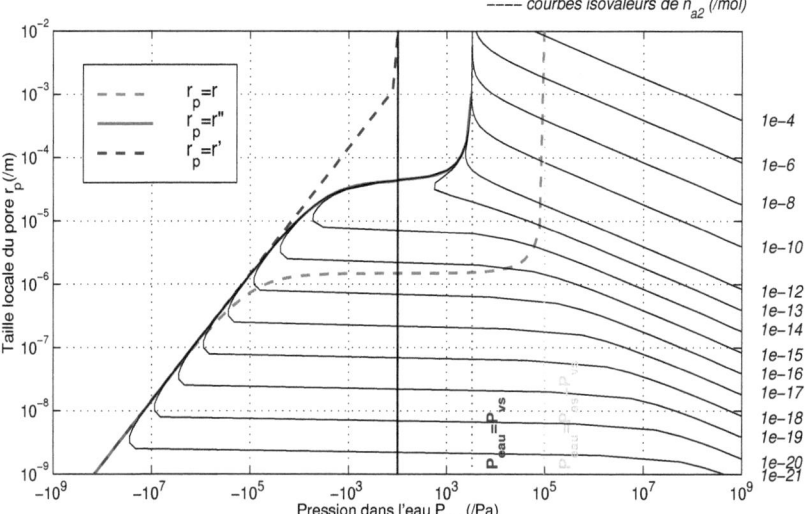

FIG. 2.7 – **Valeur des paramètres utilisés pour décrire l'évolution d'une bulle de teneur en air sec donnée située dans la porosité du sol** en fonction de la pression $P_{eau}$ dans l'eau du sol. $r$ est la taille d'entrée maximale des pores remplis d'eau (équation 2.18). $r"$ est la taille locale minimale des renflements de pores où a lieu la cavitation locale (équation 2.16). $r'$ est la taille locale minimale où cette cavitation peut être sèche (équation 2.17). $n_{a2}$ est la teneur en air sec minimale pour que la bulle puisse atteindre la taille locale $r_p$ du pore, donnée par des courbes isovaleurs en fonction de $r_p$ et de $P_{eau}$. Pour $r_p > r"$, $n_{a2}$ est nulle. [Dans cette figure, la pression dans l'air du sol a été prise égale à la pression atmosphérique, soit $10^5$ Pa.]

la cavitation humide se poursuivra encore jusqu'à ce que la taille locale du pore au niveau des ménisques soit une valeur $r_p$ légèrement inférieure à $r"$ telle que le volume de la bulle soit égal à $V_{max}$ défini à l'équation 2.19.

Ainsi tout bulle initiée par le phénomène de cavitation de l'eau du sol sous basse pression atteint un équilibre partiel stable, où elle est saturée en vapeur d'eau et où ses ménisques ont une courbure inférieure ou égale à $r"$. Il peut s'agir d'une bulle de "début de cavitation" entièrement située dans des pores de taille locale inférieure à $r"$ et dont la croissance s'est arrêtée dès qu'elle a atteint les parois du pore où elle s'est initiée. Il peut aussi s'agir d'une bulle de "cavitation locale" située dans des pores dont certains ont une taille locale supérieure à $r"$.

## 2.4.3 Influence des échanges air dissous-air sur les bulles en milieu poral

Il existe une position d'équilibre complet, où les trois égalités 2.4a' à 2.4c" p.397 sont vérifiées, quand la courbure de l'interface bulle/eau vaut $\rho_{eq} = (2\sigma)/(P_{vs} + P_{as} - P_{eau})$ défini au tableau p.387.

Nous avons vu qu'en eau libre, cette position d'équilibre est instable. Cela s'appliquera donc encore aux bulles en milieu poral restées sphériques car n'ayant pas atteint la taille locale du pore. Ainsi les échanges d'air à l'interface eau/bulle conduiront les bulles sphériques de rayon $\rho_1$ à se rétracter, jusqu'à s'annihiler, ou à se dilater, jusqu'à atteindre la taille locale du pore, selon que $\rho_1$ est respectivement inférieur ou supérieur à $\rho_{eq}$.

Considérons une bulle en milieu poral qui a atteint la taille locale du pore. Nous savons qu'elle est dans une position d'équilibre partiel stable. Elle est délimitée par des ménisques de rayon de courbure égal à la taille locale $r_p$ en ces ménisques, avec $r_p \leqslant r"$. Si elle contient de l'air sec, $r_p < r"$ et son volume total a pu croître jusqu'à atteindre $V_{max} = (RT n_a)/(P_{eau} - P_{vs} + 2\sigma/r_p)$.

Les lents échanges air-air dissous vont pouvoir se faire, la teneur en air sec $n_a$ dans la bulle va pouvoir varier, faisant évoluer la pression partielle en air sec dans la bulle $P'_{as}$ vers la pression partielle d'équilibre $P_{as}$ avec l'ensemble de l'eau.

**Eau en équilibre avec l'atmosphère du sol**

Considérons le cas où l'eau et l'air du sol sont à l'équilibre pour les échanges d'air sec et de vapeur d'eau. L'atmosphère du sol est alors saturé en vapeur d'eau et l'eau du sol est saturée en gaz dissous par rapport à l'atmosphère du sol. La pression $P_{air}$ dans l'air du sol vérifie alors:
$P_{air} = P_{as} + P_{vs}$.

Le rayon de courbure correspondant à l'équilibre complet est alors la taille d'entrée des pores les plus grands remplis d'eau : $\rho_{eq} = r$.

Si la bulle est située dans un renflement local de pore, $r_p > r$ et $P'_{as} < P_{as}$. L'air dissous va diffuser vers la bulle, augmentant $n_a$. Le volume maximal de la bulle croît donc, jusqu'à ce que les ménisques atteignent des pores de taille locale égale à $r$.

Si le rayon de courbure de la bulle est inférieur à $r$, alors l'air de la bulle se dissout dans l'eau environnante, diminuant $n_a$. La taille maximale $V_{max}$ de la bulle diminue. Si la bulle contenait un renflement local de pore, son volume diminuera jusqu'à ce qu'elle n'occupe que ce renflement de pore, les ménisques se situant au niveau de pores de taille locale $r$. Si la bulle était entièrement située dans des pores de taille inférieure à $r$, elle se rétractera lentement jusqu'à s'évanouir.

### Eau partiellement ou totalement dégazée

Si l'eau est partiellement dégazée, on a alors $P_{as} + P_{vs} < P_{air}$. Les échanges d'air à l'interface eau/bulle amènent la bulle à se dilater ou se rétracter jusqu'à ce que son ménisque ait la courbure $\rho_{eq}$. Elle évolue donc jusqu'à occuper tous les renflements de pore de taille locale supérieure à $r_{eq} = \rho_{eq}$ qu'elle contenait ou voisinait. En l'absence de tels renflements, elle s'annihile lentement. Notons qu'alors $r < r_{eq} < r"$, où $r"$ est défini à l'équation 2.16 p.399.

Considérons le cas d'une eau totalement dégazée qui ne peut se recharger en air dissous car elle n'a pas d'interface avec de l'air, par exemple une eau occupant entièrement la porosité d'un milieu poreux dont on abaisse la pression par étirement. Il n'y a alors pas lieu de parler d'échanges air dissous-air. Si une bulle de vapeur, introduite ou formée par nucléation homogène, a pu dépasser le rayon $r"$, elle aura cavité jusqu'à occuper tout le volume accessible où la taille locale des pores est supérieure à $r"$. Elle se trouve alors dans une position d'équilibre stable.

### Conclusion

Nous arrivons donc à la conclusion que pour l'eau dans un sol assez sec, si la nucléation de la cavitation a lieu et si les échanges air dissous-air ont le temps de se faire, tout renflement local de pore de taille supérieure à $r$ sera rempli d'air et de vapeur d'eau, sous même pression et de même composition que le reste de l'atmosphère du sol. $r$ ne sera plus la *taille d'entrée* des pores les plus grands remplis d'eau, mais la *taille* des pores les plus grands remplis d'eau.

Dans le cas d'une eau partiellement ou totalement dégazée occupant tout un milieu poreux et soumise à de basses pressions, par cavitation puis éventuellement par échanges d'air à l'interface entre l'eau et les bulles de cavitation, l'eau occupant les renflements de pore sera remplacée par de la vapeur d'eau et de l'air sec dont la teneur est en équilibre avec la teneur en air dissous dans cette eau. La taille inférieure de ces renflements $r_{eq}$ diminue avec la pression et la teneur en air dissous de cette eau.

Dans tous les cas, la bulle atteint un équilibre stable, quand les ménisques sont situés à des endroits où la taille locale du pore diminue si le volume de la bulle augmente. L'eau qui l'entoure est donc elle aussi dans une position d'équilibre stable. Ainsi, nous avons démontré comment un milieu poreux hydrophile aux pores suffisamment fins peut rendre stable de l'eau à très basse pression, alors que ces pressions correspondent d'ordinaire à un état métastable de l'eau.

### 2.4.4 Remarques

**Différences entre cavitation en eau libre et cavitation en milieu poreux**

Ainsi, en milieu poreux, la géométrie et l'hydrophilie des surfaces minérales crée des conditions particulières pour la cavitation dans l'eau d'un sol assez sec. Par sol assez sec, j'entends ici sol où $P_{eau} < P_{vs}$, ce qui correspond au remplissage en eau des pores de taille d'entrée inférieure à une valeur $r$ avec $r < 1{,}52\,\mu\mathrm{m}$.

En effet quand une bulle, par incorporation de vapeur d'eau, atteint la taille du pore où elle s'est développée, son volume continue à croître *mais le rayon de courbure de son interface avec l'eau ne grandit plus, ce qui fait que sa pression ne diminue plus.* Cette stagnation de la pression de la bulle provoque les modifications suivantes par rapport à la cavitation dans un grand volume d'eau :

- Les bulles atteignent plus vite la pression de vapeur saturante, ce qui bloque leur croissance. Seules les bulles situées dans un renflement local des pores peuvent caviter.
- Certaines bulles qui ne peuvent caviter atteignent néanmoins la taille locale du pore. Elles peuvent donc obturer le pore, nous les appellerons bulles de "début de cavitation".

**Position des bulles ayant atteint la taille locale du pore**

Une bulle qui grossit au delà de la taille locale du pore où elle a été initiée aura tendance à glisser vers des renflements de pore, car alors elle peut augmenter le rayon de courbure de son interface avec l'eau. Ainsi, les bulles qui obstruent un pore se situent généralement au niveau des renflements locaux de ce pore, que ces renflements soient de taille inférieure ou supérieure à $r"$.

Par ailleurs, pour qu'il y ait cavitation au niveau d'un renflement de pore de taille supérieure à $r"$, il n'est pas nécessaire d'avoir sur place la nucléation d'une bulle, il suffit qu'une bulle d'air naisse aux alentours de ce renflement, elle se positionnera ensuite dans ce renflement tout en croissant. Dans un sol, tout renflement de pore de taille locale supérieure à $r"$ est donc susceptible d'être asséché.

Si de plus les échanges air-air dissous ont le temps de se faire, ces bulles occuperont les renflements de taille locale supérieure à $r$, avec une composition en air identique à celle du reste de l'atmosphère du sol.

**Rôle de l'air dissous : cavitation et ébullition**

La présence d'air dans une bulle favorise son expansion par incorporation de vapeur d'eau, pour une bulle sphérique libre (car la taille critique $\rho_3$ où démarre la cavitation diminue quand la teneur en air sec $n_a$ augmente) comme pour une bulle ayant atteint la taille locale du pore (car le volume $V_{max}$ d'une bulle de début de cavitation ou de cavitation locale augmente avec $n_a$).

Les calculs précédents s'appliquent aussi bien pour la cavitation que pour l'ébullition de l'eau. Dans les deux cas, la pression dans l'eau est inférieure à sa pression de vapeur saturante. Dans le premier cas l'eau a subi un abaissement de sa pression à température constante. Dans le deuxième cas, l'eau a subi une élévation de température à pression constante.

## 2.5 Conséquences de cette étude de la cavitation en milieu poral

J'ai mis en évidence ici quatre faits particulièrement intéressants d'un point du vue théorique comme pratique, qui dépassent très largement le cadre de l'étude des sols d'Amazonie Centrale. Le premier résultat concerne tout liquide dans un milieu poreux dont les surfaces solides ont une affinité physico-chimique positive avec lui. Les deux autres résultats concernent tous les sols du monde susceptibles de subir des périodes d'assèchement où l'eau du sol se retrouve à une pression inférieure à $P_{vs}$, ce qui correspond à quasiment tous les sols du monde hors nappe phréatique. Le dernier concerne le pompage racinaire de n'importe quelle plante.

### 2.5.1 Blocage géométrique d'une cavitation pourtant amorcée

Un changement de phase peut être bloqué non pas par absence d'*amorçage* de ce changement de phase (une impureté ou une hétérogénéité), mais par confinement géométrique qui empêche le *développement* de ce changement de phase.

Autrement dit, nous rencontrons, dans tout sol assez sec, de l'eau où règne une pression négative sous l'effet de tension réalisé par l'hydrophilie des surfaces minérales. Cette eau ne se vaporise pas en masse (cavitation). Cette inhibition de la cavitation n'est pas due à un manque d'amorçage, il peut en effet y avoir nucléation de la cavitation par formation de bulles (contenant de la vapeur d'eau et/ou de l'air sec). L'inhibition de la cavitation est due au fait que la faible largeur des pores de ce sol et l'hydrophilie des surfaces minérales stoppent l'incorporation de vapeur d'eau par ces bulles à une taille de bulle donnée. Seuls les renflements de pores de taille suffisante seront le siège d'une cavitation que j'ai appelée pour cette raison *cavitation locale*.

Un tel blocage de la cavitation (où cavitation désigne toute vaporisation en masse par baisse de pression à température constante) a lieu pour tout fluide de Van der Waals situé dans un milieu poreux dont les surfaces ont une affinité physico-chimique positive avec la phase liquide de ce fluide de van der Waals. De même un tel milieu poreux bloque l'ébullition d'un tel fluide (où ébullition désigne la vaporisation en masse par élévation de température à pression constante). Ce fluide se retrouve donc, sous l'effet des forces de capillarité, dans un état *stable* avec des conditions de pression et température correspondant généralement à un état *métastable*.

## 2.5.2 Présence d'air piégé dans les sols

Nous savions, par simple comparaison entre les volumes respectifs d'eau, de solide et de sol total, que la quantité d'air piégé (c'est-à-dire déconnecté de l'air atmosphérique) est importante lors d'une imbibition rapide (5 à 10% du volume poral).

Cette étude montre que dans le cas de sols assez secs, on rencontre également des bulles formées par cavitation locale, ainsi que des bulles de "début de cavitation" dont le volume est limité par $V_{max}$ mais qui jouent un rôle similaire aux bulles de cavitation car elles remplissent elles aussi toute la largeur du pore. Elles seront des amorces de cavitation si la pression de l'eau s'abaisse encore.

Comparons les propriétés de ces deux types de bulles.

**Composition**

Les bulles de cavitation ou de début de cavitation sont saturées en vapeur d'eau. Les bulles d'air piégées par "court-circuit" lors d'une imbibition rapide ont au départ une composition proche de celle de l'air atmosphérique. Si les échanges air dissous-air ont le temps de se faire, ces bulles de différentes origines se rétracteront jusqu'à disparaître si elles ne sont pas situées sur ou à proximité d'un renflement de pore de taille supérieure à $r$. Sinon, elles tendront vers des bulles de même composition que l'atmosphère du sol, saturées en vapeur d'eau, et bordées par des ménisques de rayon de courbure $r$.

**Effet sur l'équilibrage des pressions**

En cas de réhumectation du sol, la pression de l'eau augmentera. Les bulles constituées uniquement de vapeur d'eau s'évanouiront rapidement par condensation de leur vapeur d'eau sur leurs ménisques. Les bulles riches en air sec se résorberont beaucoup plus lentement, leur air sec devant s'évacuer par diffusion en phase dissoute dans l'eau. (voir p.426).

**Effet sur la diffusion des solutés**

La minimisation de la courbure des ménisques a lieu pour toutes ces bulles. Elles auront donc toutes tendance à obstruer le pore où chacune se trouve, et à se positionner préférentiellement au niveau des renflements de pores qui sont souvent aussi des lieux de croisement de pores. Un telle position des bulles a tendance à augmenter significativement la tortuosité dans l'eau du sol, voire à compartimenter cette eau. Notons cependant qu'une bulle n'obstrue totalement un pore que si ses parois sont bien arrondies. Si le pore comporte des "coins" comme le soulignent Tuller et al. [215], ces coins resteront remplis d'eau, ce qui pourra assurer la continuité de la phase liquide.

L'eau d'un sol assez sec (taille d'entrée des pores remplis d'eau $r < 1{,}52\,\mu\mathrm{m}$) est susceptible d'être compartimentée par de nombreuses bulles d'air plus ou moins riches en vapeur d'eau dues à de la cavitation locale. Ceci ralentit les échanges diffusifs de solutés dans l'eau du sol.

### 2.5.3 Hystérésis entre désorption et adsorption d'eau par un sol

L'effet "bouteille d'encre" désigne le phénomène selon lequel, lors d'un assèchement du sol, des pores de taille d'entrée $r$ peuvent contenir de l'eau dans leurs renflements de taille locale supérieure à $r$.

Les calculs précédents montrent que si la nucléation de la cavitation a lieu, cet effet est limité aux renflements dont la taille locale est inférieure à $r$". De plus, si l'assèchement est très lent, permettant aussi les échanges air dissous-air, aucun effet d'hystérésis ne devrait être observé, tout renflement de pore de taille supérieure à $r$ étant alors vide d'eau.

Le tableau 2.5 p.400 montre que la taille $r$" est significativement supérieure à $r$ seulement quand $r > 0{,}1\mu\mathrm{m}$.

Cet effet "bouteille d'encre" est invoqué pour expliquer l'hystérésis observée entre imbibition et désorption d'eau. Les calculs faits ici sur la cavitation en eau du sol montrent que **si la nucléation de la cavitation a lieu, l'effet "bouteille d'encre" ne peut être observé que lors de l'assèchement des pores de taille d'entrée $r > 0{,}1\mu\mathrm{m}$. Elle ne peut pas être observée pour les pores résiduels.** L'éventuelle hystérésis observée pour des pores résiduels devra s'expliquer par d'autres phénomènes : variabilité de l'angle de contact eau/air/sol selon que les surfaces solides du sol sont sèches ou humectées ; modification inélastique de la position relative des minéraux avec le degré d'humectation ; lenteur de la transmission d'une baisse de pression dans l'eau entre portions d'eau non connexes...

### 2.5.4 Cavitation de la sève brute dans les plantes en période sèche

Les plantes ne peuvent pas pomper l'eau d'un sol très sec quand sa pression matricielle est en-dessous du point de flétrissement permanent, souvent défini par $P_{eau} = -1{,}5.10^6$ Pa. Cette limite physiologique est due au phénomène de cavitation comme l'ont montré divers auteurs que nous citerons plus loin. La cavitation désamorce la pompe biologique "passive", comme toute autre pompe fonctionnant par aspiration, ce qui conduit à l'assèchement et à la mort du plant.

## 2.6 Autres études sur la cavitation de l'eau des sols et plantes

La question que j'ai cherché à résoudre ici pourrait s'écrire : "Comment l'eau des sols assez secs peut-elle être dans un état métastable liquide alors qu'elle est loin d'être parfaitement dégazée et que ses déplacements y induisent vraisemblablement des hétérogénéités de densité ?"

Une recherche bibliographique par Yves Lucas nous a montré ensuite que cette question avait déjà été soulevée et en partie résolue depuis quelques années par quelques scientifiques, la plupart américains. Citons Gray et Hassanizadeh, en 1991, [154] qui ont appelé cette question le "paradoxe de la pression négative". Pourtant, Miller avait déjà résolu ce paradoxe dans un article peu connu, en 1973 [153], puis en 1994 [154].

## 2.6.1 Cavitation en eau libre

### Travaux de Miller

Miller [154] étudie l'évolution d'une bulle dans un grand volume d'eau dans le cas particulier suivant. Les pressions partielles initiales dans la bulle en vapeur d'eau et en air sec sont à l'équilibre avec l'eau liquide. Cette eau est en contact avec l'air atmosphérique au niveau d'une paroi poreuse, où les ménisques sont de rayon de courbure $r$. Ce rayon $r$ détermine la pression dans cette eau. Il conclut que la bulle se rétracte si son rayon initial est inférieur à $r$ et qu'elle cavite si son rayon initial est supérieur à $r$.

Cela revient à nos calculs précédents avec $P_{wb} = P_{vs}$ et $P'_{as} = P_{as}$. Il n'y a alors en effet pas d'équilibre partiel stable pour la bulle, car alors $\rho_1 = \rho_3 = r$. La bulle étant saturée en vapeur d'eau, le rayon critique permettant la cavitation est bien $\rho_3$. Ajoutons qu'avec ces hypothèses initiales, une bulle de rayon inférieur à $\rho_3$ se rétractera d'abord rapidement sous l'effet de la tension interfaciale, puis lentement sous l'effet de la dissolution de son air dans l'eau environnante.

Ce cas particulier correspond à une bulle d'air atmosphérique introduite dans l'eau.

### Considérations de Or et Tuller

Or et Tuller, en 2002, [164] étudient l'évolution d'une bulle dans un grand volume d'eau dans un autre cas particulier. Ils supposent que la bulle est vide (ni air, ni vapeur d'eau). Le rayon minimal d'une bulle vide permettant la cavitation est $r' = (2\sigma)/(-P_{eau})$ et cela n'est possible que sous pression d'eau négative ($P_{eau} < 0$).

Cette taille est nettement supérieure à la taille de début de cavitation $\rho_3$ et est légèrement supérieure à la taille où cette cavitation peut continuer en milieu poreux $r''$, que nous avons calculées ici en tenant compte du fait que cette bulle se remplit de vapeur d'eau (et éventuellement aussi d'air sec).

Or et Tuller mentionnent que la présence d'air dissous dans l'eau devrait abaisser la taille critique permettant la cavitation d'une bulle, et que cela reste à quantifier. Nous avons quantifié ici la dépendance de $\rho_3$ avec la teneur en air sec dans la bulle.

**Travaux de Tyree**

La description de la cavitation par Tyree [219] et [217] est la plus complète tout en restant qualitative et parfois imprécise.

Il prend en compte les trois phénomènes en jeu dans la stabilité d'une bulle (tension interfaciale, échanges eau-vapeur, échanges air dissous-air). Il différencie les deux premiers, rapides, et le dernier, plus lent.

Il mentionne que sous l'effet des deux premiers phénomènes cités, une bulle dans de l'eau libre peut être "temporairement stable", si elle est relativement petite, ou bien caviter, si elle a dépassé une taille suffisante. Nous avons calculé ici le rayon $\rho_1$ d'une bulle "temporairement stable", et le point critique (rayon $\rho_3$, teneur en vapeur d'eau $n_{w3}$) à dépasser pour qu'une bulle puisse caviter.

D'après lui, sous l'effet des échanges air dissous-air, une bulle "temporairement stable" se rétracte. Nous avons vu que si la pression de l'eau est dans une certaine gamme et si la bulle contient déjà suffisamment d'air sec, elle se dilate lentement par incorporation conjointe de vapeur d'eau et d'air sec. Nous avons appelé cela un cavito-dégazage. Si la pression de l'eau est inférieure à la pression de vapeur saturante, cette dilatation permet d'atteindre la taille suffisante pour caviter.

## 2.6.2 Cavitation en eau porale

**Travaux de Miller**

Miller [154] prend en compte les trois phénomènes en jeu dans la survie ou le développement d'une bulle (tension interfaciale, échanges eau-vapeur d'eau, et échanges air dissous-air). Il suppose que ces trois phénomènes ont lieu conjointement. Il en déduit donc que si la nucléation de la cavitation a lieu, tous les renflements de pore de taille supérieure à $r$ seront remplis d'atmosphère du sol et que le reste de l'espace poral restera rempli d'eau. Il ne décrit pas le fait que la cavitation, rapidement, pourra assécher les pores de taille supérieure à $r$" avant d'avoir à attendre l'équilibrage des concentrations en air dissous.

Bolt et Miller ont par ailleurs montré que l'adsorption d'eau sur les surfaces minérales y élève localement la pression [30], ce qui explique la stabilité mécanique de l'eau adsorbée en films très fins ou dans des pores très fins (quelques nm d'épaisseur).

**Synthèse de Or et Tuller**

Or et Tuller, en 2002, [164] décrivent théoriquement l'influence de la cavitation sur la désorption d'eau d'un sol. Ils montrent que l'hystérésis entre imbibition et désorption d'eau dans un sol due à l'effet "bouteille d'encre" doit être faible à cause de la cavitation. Autrement dit, l'évacuation de l'eau des pores plus larges que $r$ peut se faire par cavitation, même si ces pores ne sont pas connexes (nous les avons appelé ici des "renflements de pore").

Ils interprètent ainsi la différence observée par Chahal et Yong en 1965 [55] entre les courbes de désorption d'eau obtenues en chassant l'eau par l'application d'une forte surpression d'air "en amont" ou par assèchement de l'air "en aval". Pour une même différence de pression entre eau et air dans ces deux expériences, la pression absolue dans l'eau n'est pas la même. La cavitation pourrait avoir lieu dans le cas d'un assèchement de l'air, alors qu'elle n'a pas eu lieu lors de la surpression d'air. Cependant, dans les expériences de Chahal et Yong, la pression absolue minimale dans l'eau du sol est 0,06 bar, soit supérieure à la pression de vapeur saturante 0,03 bar, donc il ne peut pas y avoir de cavitation. Leurs observations doivent trouver d'autres explications : considérations dynamiques, dilatation de l'air piégé dans le sol...

Or et Tuller, ainsi que Cruiziat *et al.* [72] évoquent, sans les quantifier, des aspects dynamiques de la cavitation. La croissance de la bulle nécessite de repousser l'eau environnante. La viscosité de cette eau ralentit la cavitation, surtout si l'eau occupe de petits pores.

Or et Tuller s'étonnent du très petit nombre d'études sur la cavitation de l'eau du sol comparé au grand nombre d'expériences sur la cavitation de la sève dans les plantes.

### 2.6.3 Cavitation de la sève dans les plantes

Cruiziat *et al.* [72] récapitulent les nombreux travaux théoriques et expérimentaux sur la cavitation dans les plantes.

Les canaux de sève brute dans les plantes lignifiées (arbres et arbustes) sont formés de cellules mortes empilées aux parois rigides. Chacune de ces cellules est appelée "élément conducteur". L'eau transite d'une cellule à l'autre via des petits pores appelés ponctuations. L'eau est mue par les différences de pression dans l'eau. La majeure partie de l'eau de la sève brute transite ainsi des racines jusqu'aux feuilles, où elle s'évapore vers l'atmosphère, ayant apporté à la plante des nutriments. Une partie de cette eau seulement est utilisée pour le métabolisme de la plante (fabrication des tissus et de la sève élaborée).

La différence de pression nécessaire pour élever l'eau de respectivement 10, 20, 30 m est 1, 2, 3 MPa. La surpression osmotique, due à des solutés introduits activement par les racines des plantes dans la sève brute, ne dépasse pas 0,6 MPa. Elle peut expliquer l'ascension capillaire pour des petites plantes mais pas pour les grands arbres. Seule l'énergie solaire et le vent, en évaporant l'eau au niveau des feuilles, peut induire dans leur sève des pressions suffisamment basses pour provoquer l'ascension capillaire plusieurs dizaines de mètres au-dessus du niveau de la nappe phréatique. Ces pressions basses sont difficiles à mesurer directement car introduire un capteur de pression dans le canal de sève y provoque la cavitation. Les mesures effectuées récapitulées par Tyree en 1997 [217] sont donc indirectes, leur minimum est souvent atteint uniquement quelques heures par jour. Il vaut $-1,5$ MPa pour la plupart des plantes, jusqu'à $-2$ MPa pour les céréales, $-4$ MPa pour les espèces adaptées aux zones arides, et jusqu'à $-10$ MPa enregistré sur certaines espèces californiennes. La validité de ces mesures indirectes a été un temps mise en doute par exemple par Zimmermann ([233]). Leur validité a ensuite été confortée, comme le récapitule Steudle en 1995 [201], par les expériences de Pockman *et al.* et de Holbrook *et al.* de la même année ([172], [117]) : dans une branche soumise à centrifugation, la sève pouvait atteindre une pression descendant jusque $-1,2$ à $-3,5$ MPa selon les espèces avant de caviter.

Quand un élément conducteur est asséché, on dit qu'il est embolisé. Cela peut être dû à de la cavitation ou à une rupture accidentelle des parois de cet élément conducteur (vent, broutage par animaux...). Cette embolisation est réversible ou non, selon les espèces.

**Nucléation de la cavitation dans les canaux de sève**

Reprenant les travaux de Zimmermann en 1983 ou Pickard en 1981, Tyree *et al.* [219], [217], donnent quatre mécanismes de nucléation de la cavitation dans les canaux des plantes :

– 1. entrée d'air par une ponctuation depuis un élément conducteur adjacent déjà rempli d'air. Cruiziat *et al.* [72] parlent alors de *germe d'air*.

- 2. formation d'une bulle au sein de la phase fluide de la sève.
- 3. 4. formation d'une bulle le long de la paroi de l'élément conducteur, favorisée par la présence d'une impureté non parfaitement hydrophile collée à cette paroi (3.) ou bien d'une lésion de cette paroi laissant affleurer des composants non parfaitement hydrophiles (4.).

Tyree parle de *nucléation homogène* pour le cas (2.) mais nous préférons conserver la terminologie des physiciens qui réservent ce terme pour une nucléation dans de l'eau pure, sans air dissous, ce qui n'est pas le cas de la sève des plantes. Nous parlerons de *nucléation interne* pour les cas 2. 3. 4. ou de nucléation par germe d'air pour le cas 1.

Les canaux de sève ont un rayon compris entre 5 et 250 $\mu$m [72]. Si la nucléation de la cavitation est interne, il devrait y avoir cavitation dès que la pression dans la sève devient inférieure respectivement à $-2,9.10^4$ Pa ou $-5,8.10^2$ Pa.

Il semble que la cavitation dans les plantes est uniquement nucléée par germe d'air (1.). De nombreuses expériences confirment cela.

Ainsi, des expériences où l'on abaisse la pression de l'eau dans une tige par assèchement de l'air extérieur sont comparées à des expériences où l'on augmente la pression dans l'air extérieur. Tyree cite les expériences de Yount en 1989, de Cochard *et al.* en 1992, de Jarbeau *et al.* en 1995 et de Sperry *et al.* en 1996. La cavitation par germe d'air, ou l'envahissement de l'élément conducteur par l'air atmosphérique, aura lieu pour une même différence de pression entre air et eau, soit une même taille de ponctuation permettant l'entrée d'air dans l'eau. La cavitation par nucléation interne ne pourra se faire que dans le cas de l'abaissement de la pression absolue dans l'eau.

Les résultats montrent que l'occurrence des embolisations est la même dans les deux expériences, à égale différence de pression entre air et eau. Ainsi, la nucléation interne de la cavitation, si elle a lieu, reste d'ampleur négligeable. Jarbeau *et al.* ont confirmé cela en injectant des billes de polystyrène pour mesurer la taille des ponctuations au moment de l'embolisation.

**Conséquence de la cavitation chez les végétaux**

Si l'embolisation gagne de nombreux éléments conducteurs, il peut y avoir rupture de la continuité de la colonne d'eau aspirante. Les parties de la plante en aval de cette embolisation ne seront plus irriguées et peuvent s'atrophier.

Pour survivre, les plantes doivent donc éviter la cavitation de leur sève brute et éviter que l'embolisation d'un élément conducteur ne se propage aux conducteurs voisins. Tyree et Sperry [200], [217], indiquent comment les plantes évitent la propagation de l'embolisation.

En général, les ponctuations sont très petites, percées dans les membranes bien rigides des éléments conducteurs. Leur rayon est inférieur à 100 nm. Elles résistent donc à l'entrée d'air jusqu'à une différence de pression de plus de 1,5 MPa.

Chez les conifères, les ponctuations sont très larges. Les membranes souples autour des ponctuations leur permettent de se fermer dès qu'il existe une différence de pression comprise entre 30 kPa et quelques MPa entre les deux éléments conducteurs adjacents. Au-delà, ce verrou "lâche" et la cavitation se propage.

### 2.6.4 Conséquence pour la cavitation dans les sols et les plantes

Ce résumé des résultats acquis au sujet de la cavitation chez les végétaux va nous permettre de formuler quelques hypothèses et conclusions au sujet de la cavitation dans les plantes et les sols.

**Rareté de la nucléation interne dans les plantes**

Les mesures montrent que la pression dans l'eau s'abaisse notoirement dès le passage entre sol et racines, les membranes racinaires ayant une assez faible conductivité hydraulique comme l'indique Tyree [217]. Or tout abaissement de pression de l'eau, à teneur donnée en air dissous, favorise sa cavitation, comme nous l'avons montré plus haut. En effet, sur la figure 2.3, à teneur en air sec donné $n_a$ dans une bulle, sa taille critique pour caviter, $\rho_3$, diminue quand $P_{eau}$ diminue.

Faisons ici une liste des phénomènes pouvant contribuer à expliquer la rareté de la nucléation interne de la cavitation chez les végétaux.

L'eau des plantes doit se déplacer en général suffisamment lentement pour garder une densité suffisamment homogène pour éviter la nucléation homogène. Rappelons que vers 25°C la nucléation homogène de la cavitation sur une eau parfaitement homogène et dégazée a lieu vers $-140\,\mathrm{MPa}$.

Les canaux de sève sont formés de composants parfaitement hydrophiles, sur leurs parois comme au sein de la sève brute.

Les pressions fortement négatives dans la sève brute des plantes ne sont mesurées que quelques heures par jour. Cette courte durée minimise la probabilité de cavitation.

La surface d'échange entre la sève brute et l'air extérieur est la plus faible possible, tant que les canaux de sève brute sont en bonne santé, minimisant ainsi l'apport d'air dissous supplémentaire pendant l'ascension de la sève.

La plante crée peut-être activement une sous-saturation en air dissous : tri au passage de la membrane racinaire ou bien adsorption d'air par des composants de la sève brute ou de ses parois ?

La sève brute sous basse pression est donc bel et bien dans un état **métastable**, où toute introduction d'une amorce de changement de phase, sous forme de germe d'air, déclenche la cavitation.

Tyree en 2003 [218] avance l'interprétation selon laquelle l'évolution des espèces a privilégié des arbres réalisant un compromis. Leurs canaux de sève sont assez larges pour que les frottements sur les parois ne ralentissent pas trop l'ascension de la sève brute. Mais alors ils sont trop larges pour empêcher sa cavitation avec les forces de capillarité. La cavitation a donc parfois lieu, conduisant à l'embolisation des canaux de sève, mais l'approvisionnement en eau de la cime est maintenu grâce à la multiplicité des conduits de sève. J'ajoute que cette multiplicité des canaux de sève est possible grâce au grand diamètre du tronc, lui-même de toutes façons nécessaire par ailleurs pour la solidité mécanique des grands arbres face au vent ou au poids de leurs hôtes (animaux...).

## Cavitation dans les sols

Nous avons calculé les conditions où la cavitation du sol était *possible*. Le peu d'études expérimentales sur les sols ne nous permet pas d'affirmer pour l'instant que sa nucléation est *réalisée*.

Quand l'eau du sol est à des pressions correspondant généralement à l'état métastable liquide, elle occupe des pores relativement petits (inférieurs à 1,5 $\mu$m, soit ménagés entre des grains de lutite ou de limon fin). Elle se déplace au moins aussi lentement que la sève brute dans les végétaux. On peut donc penser que si la nucléation homogène de la cavitation n'a pas lieu dans les végétaux, elle n'aura pas lieu non plus dans le sol aux pressions correspondantes.

La nucléation hétérogène est plus probable dans les sols que dans les plantes. En effet, l'eau peut y séjourner beaucoup plus longuement à des pressions inférieures à la pression de vapeur saturante, il suffit d'une grosse sécheresse qui sous certains climats peut durer plusieurs jours, mois ou même années. De plus l'eau a une surface d'interaction très importante avec l'atmosphère du sol, l'eau du sol peut donc être saturée en air dissous. La formation spontanée d'une bulle d'air est donc plus probable dans l'eau du sol que dans la sève brute. Elle peut de plus être favorisée par la présence de composés hydrophobes.

La nucléation par germe d'air est relativement probable dans les sols. Elle aura lieu à partir des bulles d'air piégées lors de l'imbibition du sol (par infiltration ou par remontée capillaire). Par ailleurs, il suffit qu'une fluctuation de pression permette à une bulle d'air de pénétrer, depuis l'atmosphère du sol, dans la porosité imbibée, en passant le verrou d'un resserrement local de pore, pour atteindre ensuite un renflement de pore où ce germe d'air cavitera.

Une fois que la cavitation a lieu et vide de leur eau tous les renflements de pore, l'eau qui occupe les pores plus petits que $r$ reste durablement sous forme liquide alors qu'elle est munie de nombreuses interfaces avec de la vapeur d'eau. L'eau porale est alors dans un état **stable**, grâce à la capillarité, alors que ses caractéristiques (pression, température) correspondent à l'état généralement métastable liquide.

**Conclusion**

Ainsi, la cavitation de l'eau du sol est très vraisemblable mais n'a pas été mise en évidence. A-t-elle lieu par germe d'air, comme chez les végétaux ? Ou par nucléation interne à l'eau du sol ? Et si cette nucléation interne a lieu dans le sol, et non chez les végétaux, les explications proposées précédemment sont-elles valides ? Des expériences devraient pouvoir répondre à ces questions.

# Chapitre 3

# Échanges d'eau et d'air entre porosité fine et large

Nous avons montré en partie II que les échanges de solutés entre eau libre et eau matricielle étaient plusieurs ordres de grandeur plus lents que ce que prédit le modèle de transport par advection-diffusion-dispersion classique dans une porosité simple. Nous avons émis l'hypothèse de la persistance d'air piégé au sein de l'eau porale, qui limite ces échanges et permet d'expliquer une composition nettement différente entre eau porale et eau matricielle.

## 3.1 Observation de piégeage d'air

Avant de parler d'évacuation d'air piégé, nous récapitulons ici quelques mises en évidence du mécanisme selon lequel de l'air peut se trouver piégé dans un espace poral.

Mes expériences d'imbibition de mottes décimétriques de ferralsol, progressivement par le bas en deux jours, ont laissé 5 à 10% du volume total encore rempli d'air, d'après des calculs basés sur les volumes et les masses de ces mottes avant et après cette imbibition.

Simunek *et al.* en 2001 [197] ont imbibé une colonne de sol, assez rapidement, par apport d'eau à sa base. Ce sol artificiel agrégé a donc une porosité bimodale. L'évolution des pressions et teneurs en eau enregistrées concorde bien avec leurs équations, avec le coefficient d'échange $\alpha$ défini par la géométrie de l'espace poral dans l'équation 3.4 p.239. Une fois la pression matricielle nulle atteinte, le sol, protégé de toute perte d'eau par évaporation ou écoulement, a vu sa pression matricielle décroître lentement puis se stabiliser au bout d'une semaine seulement. Un ajout d'eau supplémentaire a alors été nécessaire pour atteindre à nouveau la pression matricielle nulle. Ils n'ont pas cherché à modéliser cette deuxième partie de leur expérience. Celui qui présentait leur poster lors du congrès EGS 2001 m'a dit n'avoir pas trouvé d'explication à ce phénomène.

Il me paraît clair que la lente baisse de pression qui a duré une semaine est due à la lente évacuation de l'air qui avait été piégé lors de la première imbibition.

Krafczyk *et al.* [126] ont effectué des simulations numériques d'imbibition d'un cube contenant un empilement désordonné explicite de sphères solides hydrophiles. Ces simulations numériques utilisent des sphères toutes de même taille ou bien de tailles diverses. L'imbibition est simulée par apport d'eau par le bas ou par le haut. A chaque expérience, l'eau emplit la porosité en laissant une part du volume poral rempli d'air. Le volume d'air piégé augmente avec la rapidité de l'imbibition et il est plus important lors d'une imbibition par le haut qu'une imbibition par le bas. Ces simulations numériques montrent que de l'air peut être piégé aussi bien lors de l'infiltration d'une pluie que lors de remontées capillaires d'eau en période sèche (comme dans l'expérience précitée). Elles montrent aussi que le piégeage d'air a lieu aussi bien sur un sol à spectre poral étroit que sur un sol à spectre poral large ou plurimodal. Le piégeage d'air a lieu parce que l'eau cheminant dans un pore légèrement plus large ou plus rectiligne court-circuite le remplissage de la porosité par un autre cheminement légèrement plus fin ou plus tortueux.

Une autre observation met en évidence le piégeage d'air lors d'une imbibition. Il s'agit du phénomène dit des "sables vacuolaires", étudié par exemple par Baltzer *et al.* [15] ou Stepanian pendant sa thèse. Lors de la marée montante, sur plage d'assez faible pente (moins de 10%), toute bosse dans le relief de la plage est susceptible d'être progressivement entourée d'eau avant d'être submergée rapidement par une vague plus haute que les autres. De l'air est alors susceptible d'être piégé dans ces sables. La quantité d'air piégé est d'autant plus importante que les sables contenaient beaucoup d'air : situation en haut de plage, pores pas trop fins pouvant s'assécher pendant la marée basse, sable bien trié et non tassé ménageant donc une importante porosité. Ce piégeage d'air nécessite cependant des pores assez fins pour que l'air ne puisse pas s'évacuer lors du recouvrement par la marée. Une taille des grains avoisinant 0,3 mm est la plus favorable, d'après Kazanci [121], qui permet le piégeage d'air jusqu'à la fin de la marée haute, soit plusieurs heures. Ces sables vacuolaires sont étudiés actuellement à cause de leur très faible cohésion mécanique, qui est un danger pour certaines activités nautiques.

## 3.2 Description des phénomènes

L'imbibition a lieu en deux temps. Le modèle hydrodynamique à double porosité selon une loi de Darcy locale reproduit bien la première imbibition, qui laisse une part d'air piégé. Étudions les différents phénomènes qui vont permettre l'évacuation de cet air piégé pour pouvoir quantifier leur vitesse et en proposer une modélisation.

### 3.2.1 Autres études

Certains auteurs, observant un lent équilibrage des pressions, le modélisent toujours avec la loi de Darcy locale, en adoptant un coefficient empirique $\alpha$ très petit sans aucune justification physique, ou bien une très grande distance caractéristique entre macropores et coeur des éléments de matrice, comme 1 cm par Vogel *et al.* en 2000 [226].

Quelques auteurs se sont intéressés à la dynamique de la ou les phases gazeuses dans la porosité sèche du sol, comme Penman [165]. D'autres ont étudié la dynamique de la vaporisation de l'eau porale comme Bénet et Jouanna [19], ou l'incorporation de gaz par dissolution dans l'eau porale en zone *vadose*, comme Mignard et Bénet [152]. Ils ont montré la lenteur de ces deux derniers phénomènes, ce que nous allons expliciter ici dans le cas de l'évacuation de l'air piégé dans le sol.

## 3.2.2 Positions relatives possibles de l'eau et l'air du sol

En fin de première imbibition, l'eau du sol peut être dans les quatre cas suivants :
- 1. Toute l'eau du sol est à la même pression et tout l'air du sol est à la pression atmosphérique.
- 2. Toute l'eau du sol est à la même pression, mais l'air du sol n'est pas partout à la même pression.
- 3. La pression dans l'eau du sol est hétérogène et tout l'air du sol est à pression atmosphérique.
- 4. La pression dans l'eau du sol est hétérogène et celle dans l'air du sol aussi.

Nous supposons que l'équilibrage des pressions dans une phase donnée connectée est instantané. Si la pression dans l'eau ou l'air du sol est hétérogène, c'est que cet air ou cette eau est compartimenté. A l'inverse, une phase donnée, par exemple l'eau du sol, peut être partout à la même pression tout en étant compartimentée.

Le premier cas correspond à l'équilibre complet. Les pressions respectives dans l'eau et l'air étant homogènes, la courbure des ménisques et la taille locale des pores au niveau de ces ménisques est partout la même. Ce cas est décrit par le modèle hydrique de simple porosité (p.168).

Le deuxième cas a été décrit au chapitre précédent, concernant la cavitation, quand celle-ci est initiée par une bulle d'air piégé (nucléation de la cavitation par germe d'air).

Les trois cas 2. 3. 4. nécessitent de recourir à un modèle hydrique complexe, où parmi les pores d'une taille donnée, certains peuvent être remplis d'eau tandis que d'autres sont remplis d'air.

Le modèle hydrique de double porosité (p.237) est une schématisation simplifiée du dernier cas. Il suppose seulement deux pressions différentes dans l'eau du sol, la pression $P_f$ dans la porosité fine et $P_l$ dans la porosité large. Il suppose aussi seulement deux pressions différentes dans l'air du sol, $P_{af}$ dans la porosité fine (air piégé) et $P_0$ dans la porosité large, connecté à l'air atmosphérique.

Nous allons décrire en général les différents mécanismes d'évacuation d'air piégé, puis les quantifier à partir de ce modèle de double porosité.

### 3.2.3 Phénomènes ayant lieu après piégeage d'air dans l'eau du sol

Si les pressions respectives dans l'eau et l'air du sol sont homogènes (modèle de porosité simple), rien ne se passe. L'air occupe des pores plus larges que ceux occupés par l'eau et certaines masses d'air peuvent être entourées entièrement d'eau, déconnectées de l'air atmosphérique, tout en étant à pression atmosphérique.

Si la pression dans l'air du sol est hétérogène, un phénomène a lieu qui tend à homogénéiser cette pression. L'air sous pression supérieure à la pression atmosphérique ($P_{af}$) tend à se dissoudre dans l'eau environnante, puis à diffuser en phase dissoute dans cette eau environnante. Quand il atteint un ménisque qui relie cette eau environnante à de l'air sous pression atmosphérique, il est évacué de l'eau par dégazage. En effet, la pression forte de l'air piégé ($P_{af}$) induit à son voisinage une solubilité de l'air dans l'eau plus grande qu'au voisinage d'air sous pression atmosphérique. Le transport par diffusion dans l'eau est suscité par le gradient de concentration en air dissous dans l'eau.

Si la pression dans l'eau du sol est hétérogène, un phénomène similaire a lieu qui tend à homogénéiser cette pression : l'eau sous pression la moins basse ($P_l$) s'évapore au niveau de son ménisque, puis la vapeur d'eau diffuse dans l'air du sol. Quand elle rencontre un ménisque plus courbé, d'interface avec de l'eau à pression plus basse ($P_f$), elle se condense sur ce ménisque. En effet, la pression de vapeur saturante au voisinage du ménisque le plus courbé (eau à pression $P_f$) est plus faible que celle au voisinage du ménisque moins courbé (eau à pression $P_l$). Le transport par diffusion en phase gazeuse est là aussi suscité par le gradient de teneur en vapeur d'eau dans l'air du sol.

Notons ici qu'un autre phénomène peut évacuer rapidement l'air piégé si la pression dans l'air du sol est hétérogène et que cet air piégé se trouve dans des pores très larges. Il s'agit de l'évacuation d'air sous forme d'une bulle qui traverse l'eau porale en la déplaçant. Ainsi pour former une bulle d'air de 1 mm de rayon qui pourra s'évacuer par un pore plus large que 1 mm, il faut que la surpression qui régnait dans cet air soit supérieure à 146 Pa, soit le poids d'une colonne d'eau de 15 cm de hauteur. C'est ainsi que les sables vacuolaires dont nous parlions plus haut [15] peuvent perdre leur air piégé quand la hauteur d'eau les recouvrant est suffisante (par exemple si la mer recouvre le sable vacuolaire par 2 m de hauteur d'eau, la surpression fait évacuer, sous forme de bulles, l'air piégé dans des pores de taille supérieure à 70 $\mu$m). Par ailleurs, quand on marche sur ces sables vacuolaires, on provoque l'évacuation de nombreuses petites bulles d'air, non seulement par remaniement du sable, mais aussi par la surpression exercée. (Le pied exerce une surpression qui se transmet en partie à la phase fluide dans la porosité du sable ; une part importante de cette surpression est supportée par les grains solides du sable).

## 3.3 Echanges d'air et d'eau après piégeage d'air dans une double porosité

### 3.3.1 Equations fondamentales

Le formalisme développé pour la quantification des échanges d'eau et de solutés dans une double porosité, développé en partie II, est repris ici pour quantifier les phénomènes précités.

La première équation traduit la diminution de volume d'eau dans la porosité large ($\theta_{wl}$) due au transport de vapeur d'eau, des ménisques peu courbés vers les ménisques courbés. La deuxième équation traduit la diminution de volume d'air piégé ($\theta_{af}$) par transport dissous à travers l'eau de la porosité large.

$$\frac{\partial \theta_{wl}}{\partial t} = -\frac{D_w^o}{\tau_{saf}^2} \frac{S_e}{a_e} \theta_f (1-\theta_l) \frac{1}{c_w RT} \left(P_{vs}^l - P_{vs}^f\right) = -\frac{\partial \theta_{wf}}{\partial t} \qquad (3.1\text{a})$$

$$\frac{\partial \theta_{af}}{\partial t} = \frac{D_a^o}{\tau_{swl}^2} \frac{S_l}{a_l} (\theta_f + \theta_{wl})(1-\theta_{al}) \frac{RT c_w}{\gamma_{al}} \left(\frac{P^o}{P_{af}} - 1\right) = -\frac{\partial \theta_{al}}{\partial t} \qquad (3.1\text{b})$$

De ces variations de volumes découle la variation des limites de remplissage de la porosité suivantes : la taille $r_f$ séparant pores fins remplis d'eau et pores fins remplis d'air ; la taille $r_{sep}$ séparant pores fins remplis d'air et pores larges remplis d'eau ; la taille $r_l$ séparant pores larges remplis d'eau et pores larges remplis d'air.

$D_w^o$ et $D_a^o$ sont les coefficients de diffusion, respectivement de la vapeur d'eau dans l'air et de l'air dissous dans l'eau. $\tau_{saf}$ et $\tau_{swl}$ sont la tortuosité *stricto sensu* moyenne respectivement dans la porosité fine remplie d'air et dans la porosité large remplie d'eau. Ces tortuosités corrigent les coefficients de diffusion précités en prenant en compte la tortuosité de la porosité.

Le coefficient de diffusion dans l'eau diffère selon les gaz composant l'air. Le coefficient de diffusion de l'azote, l'oxygène ou le dioxyde de carbone sont très proches tandis que celui de l'hydrogène est environ trois fois plus élevé. Nous prendrons ici pour $D_a^o$ le coefficient de l'azote car la teneur en hydrogène dans l'air atmosphérique est très faible.

$S_l$ et $S_e$ sont la surface spécifique d'échange, par unité de volume total de sol, à travers les pores de tailles respectives $r_l$ ou $r_{sep}$. $a_l$ et $a_e$ sont les demi-distances caractéristiques entre deux pores de tailles respectives $r_l$ et $r_{sep}$.

$\theta_f$ est le volume de la porosité fine (pores de taille inférieure à $r_{sep}$) et $\theta_l$ est le volume des pores larges, par unité de volume de sol total.

$c_w$ est la concentration de l'eau liquide (en mol.m$^{-3}$), $R$ est la constante des gaz parfaits et $T$ la température absolue (en $^o$K).

$\gamma_{al}$ est le coefficient de la Loi de Henry pour l'air quand la pression dans l'eau vaut $P_l$ (voir p.377). Il est le coefficient de proportionnalité, à l'équilibre, entre concentration d'air dissous dans l'eau et pression de l'air au voisinage de cette eau. A proprement parler, il existe un coefficient de Henry différent pour chaque gaz composant l'air. Le coefficient de Henry pour l'azote, l'oxygène et l'hydrogène sont proches. Le dioxyde de carbone est par contre beaucoup plus soluble que les autres constituants principaux de l'air. Son évacuation sera donc plus rapide. Nous avons utilisé dans le calcul le coefficient de Henry pour l'azote, qui constitue plus de 80% de l'air atmosphérique.

$P_{vs}^l$ ou $P_{vs}^f$ sont les pressions de vapeur saturante, à l'interface avec de l'eau à pressions respectives $P_l$ ou $P_f$. (voir p.377).

Les équations présentées ici supposent que les phénomènes de surface au niveau des ménisques sont instantanés (évaporation ou condensation d'eau, dissolution ou dégazage d'air). Elles explicitent le déroulement du transport par diffusion.

L'évacuation d'air piégé sera terminée soit parce qu'il n'y a plus d'air piégé ($\theta_{af}$ nul, soit $r_f = r_{sep}$), ce qui permet la connexion entre eau des pores fins et eau des pores larges ; soit parce qu'il n'y a plus d'eau dans la porosité large ($\theta_{wl}$ nul, soit $r_{sep} = r_l$), ce qui permet la connexion entre air anciennement piégé et air sous pression atmosphérique.

Dans le premier cas, c'est la diffusion d'air piégé qui aura été la plus rapide ; dans le deuxième cas, c'est la diffusion de vapeur d'eau qui aura été la plus rapide. La vitesse relative entre ces deux phénomènes dépend des différences de pressions en jeu : $P^o - P_{af}$ pour la diffusion d'air dissous ; $P_l - P_f$ pour la diffusion de vapeur d'eau. Elle dépend aussi des volumes d'eau ou d'air à faire circuler par diffusion.

### 3.3.2 Application numérique

Nous avons considéré un sol initialement à l'équilibre, ayant donc tous les pores de taille inférieure à une taille donnée ($r_{fi}$) remplis d'eau, et tous les pores plus grands remplis d'air. Une imbibition a lieu, qui introduit une certaine teneur en eau supplémentaire $\theta_{wl}$ dans les pores anciennement remplis d'air. L'eau nouvellement introduite va emplir les pores de tailles comprises entre $r_{sepi}$ et $r_{li}$. Au cours de l'évacuation d'air piégé, les trois tailles $r_f$, $r_{sep}$ et $r_l$ varient. Le calcul donne la durée de cette évacuation.

Pour une taille maximale donnée de pores fins remplis d'eau initialement $r_{fi}$, nous avons fait la moyenne logarithmique des durées d'évacuation de l'air de la porosité intermédiaire pour toute une gamme de valeurs de $r_{li}$ (et donc de $r_{sepi}$). Nous avons ainsi voulu traduire dans ce calcul le fait que l'eau nouvellement introduite va piéger plus ou moins d'air dans les divers cheminements qu'elle va emprunter. Le tableau suivant récapitule les résultats obtenus, en termes de temps moyen d'évacuation d'air piégé (et de remplissage en eau) de la porosité intermédiaire dans ces divers cheminements.

TAB. 3.1 – *Temps d'évacuation de l'air piégé*

| $r_{fi}$ | $\theta_{wl}$ | $r_{li}$ | temps moyen | diffusion la plus rapide |
|---|---|---|---|---|
| 100 nm | 0,03 | 3 μm à 3 mm | 4 jours | diffusion air si $r_{li} < 40\,\mu\text{m}$ ; vapeur sinon |
| 1 μm | 0,03 | 3 μm à 3 mm | 10 jours | diffusion air si $r_{li} < 150\,\mu\text{m}$ ; vapeur sinon |
| 1 μm | 0,06 | 3 μm à 3 mm | 21,6 j | diffusion air si $r_{li} < 450\,\mu\text{m}$ ; vapeur sinon |
| $\theta_{wl}$ est la teneur en eau nouvelle. $r_{fi}$ ou $r_{li}$ est la taille initiale des pores les plus grands remplis respectivement d'eau matricielle ou d'eau nouvellement infiltrée. | | | | |

La courbe de porosité utilisée est la courbe moyenne des ferralsols superficiels étudiés ici, avec les définitions des paramètres géométriques $S_e$,

$S_l$, $a_e$, $a_l$ et les tortuosités *stricto sensu* moyennes données en partie II.

Les paramètres de diffusion utilisés sont $D_w^o = 0{,}26.10^{-4}\,\mathrm{m^2.s^{-1}}$ et $D_a^o = 0{,}26.10^{-8}\,\mathrm{m^2.s^{-1}}$. $c_w$ est l'inverse du volume molaire de l'eau, qui vaut $18.10^{-6}\,\mathrm{m^3.mol^{-1}}$. Le coefficient de Henry de l'azote pour une pression dans l'eau de référence ($10^5$ Pa) est pris égal à $8{,}146.10^9$ Pa.

Nous constatons donc que l'évacuation de l'air piégé dure typiquement une dizaine de jours, ce qui est conforme aux observations.

Cette évacuation d'air piégé est d'autant plus rapide que l'air est piégé dans des pores fins. En effet, les différences de pression, $P^o - P_{af}$ qui induit la diffusion d'air dissous et $P_l - P_f$ qui induit la diffusion de vapeur d'eau, sont plus grandes si l'air piégé et l'eau nouvellement introduite sont dans des petits pores, à volume égal d'air piégé et d'eau nouvelle. De plus, l'espacement caractéristique $a_e$ entre deux pores dits "larges" est d'autant plus faible que la taille inférieure $r_{sep}$ de ces pores larges est faible.

Les deux phénomènes, diffusion d'air dissous et diffusion de vapeur d'eau, agissent conjointement. L'un ou l'autre est prépondérant en fonction du rapport entre volume d'air piégé et volume d'eau nouvelle.

## 3.4 Conclusion

Les échanges d'eau, d'air et de solutés à l'intérieur de la porosité, entre porosité fine et porosité large ou même entre différents pores d'une même taille, sont un domaine d'étude où beaucoup reste à faire. La quantification faite ici de la vitesse de diffusion de l'air dissous en phase liquide et de l'eau en phase vapeur dans un milieu poreux est un axe prometteur.

**Remarque sur l'équilibrage des pressions**

Dans le calcul précédent, nous avons supposé que, tant que de l'air piégé se trouvait dans la porosité intermédiaire, il y avait deux pressions distinctes pour l'eau ($P_f < P_l$) et de même pour l'air ($P_{af} > P^o$). Ceci obéit au modèle de double porosité adopté ici.

Remarquons cependant que l'air et l'eau ne sont pas dans une position symétrique dans la porosité du sol, à cause du caractère hydrophile des surfaces minérales. La connection entre eau libre et eau matricielle, par exemple via les coins de pores, est plus rapide et probable que celle entre air piégé et air connecté à l'air atmosphérique.

Dès qu'il y a connection entre eau libre et eau matricielle, les pressions dans ces deux eaux s'équilibrent. L'air piégé résiduel continuera à s'évacuer lentement par dissolution - diffusion - dégazage, selon l'équation 3.1b mais le remplissage en eau de la porosité intermédiaire ne pourra plus se faire par le phénomène de vaporisation - diffusion - condensation (équation 3.1a), car la différence de pression $P_l - P_f$ sera devenue nulle. Les temps d'évacuation de l'air piégé calculés ici sont donc des minima.

**Effet de l'humectation des surfaces minérales**

L'humectation des surfaces minérales sèches joue peut-être elle aussi un rôle retardateur lors de l'imbibition. Le temps d'équilibrage serait alors proportionnel à la quantité de surfaces minérales initialement sèches.

# Chapitre 4

# Bilan et Perspectives

Cet ouvrage est le résultat d'un travail de recherche qui aura comporté des mesures et leur analyse, ainsi que de nombreux calculs et interprétations.

Il en résulte une importante synthèse de mesures antérieures sur la granulosité, la minéralogie, la porosité et la composition des eaux des ferralsols-podzols d'Amazonie Centrale (en Première Partie), ainsi qu'une revue des différents modèles actuellement utilisés en dynamique de l'eau et des solutés dans le sol (aux quatre premiers chapitres de la deuxième Partie).

Ce travail apporte aussi des résultats nouveaux, sur plusieurs plans que nous énumérons ici et que nous détaillerons davantage aux paragraphes suivants :

- des résultats sur les propriétés hydrodynamiques des ferralsols-podzols étudiés, directement applicables pour mettre en oeuvre une modélisation sur un profil maillé ;
- une validation d'une méthode peu utilisée d'extraction d'eau matricielle avec une marmite à pression, ainsi qu'une avancée méthodologique pour la mesure de conductivité hydraulique en laboratoire ;
- plusieurs avancées conceptuelles, concernant aussi bien la modélisation du pompage racinaire, l'évolution de la teneur en matière organique dans le sol, la prédiction de la conductivité hydraulique, la modélisation des échanges d'eau et de solutés entre porosité fine et large, que le rôle de la phase gazeuse dans la statique et la dynamique de l'eau et des solutés du sol.

## 4.1 Résultats concernant les ferralsols-podzols

J'ai établi, calibré et validé sur ces sols des fonctions de pédotransfert opérationnelles nécessitant de connaître les données suivantes relativement simples à mesurer, pour chaque horizon du sol :
- La granulosité de cet horizon quantifiée par la taille moyenne des lutites et par les 3 fractions granulométriques suivantes : lutite, limons et sable fin, puis sable grossier ;
- L'intensité de la pédoturbation du sol quantifiée par la profondeur de cet horizon et sa teneur massique en carbone organique.

La mesure de taille moyenne des lutites n'étant pas très aisée, il est souvent plus fiable d'effectuer une porosimétrie par injection de mercure (PIM) et de déduire cette taille moyenne des lutites à partir du spectre de porosité résiduelle obtenu (p.247).

A partir de ces données, les fonctions de pédotransfert établies ici permettent de déduire, pour un très large domaine de pressions matricielles (de $-150\,\text{MPa}$ à $+0{,}1\,\text{MPa}$), les grandeurs suivantes :
- Les volumes de pore dans chaque classe de taille, autrement dit le spectre de porosité (pp.172 et suivantes) ;
- La tortuosité au sens de Burdine généralisé (pp.209 et suivantes) qui permet, conjointement avec le spectre de porosité, de prédire la courbe de conductivité hydraulique.
- Les paramètres hydrodynamiques ou géométriques utiles au calcul de transport d'eau et de solutés entre porosité fine et large : conductivité hydraulique d'échange, tortuosité *stricto sensu* corrigeant le coefficient de diffusion, espacement des pores larges, surface d'échange entre la matrice et la porosité large (pp.253 et 281).

## 4.2 Résultats de méthodologie en sciences du sol

### 4.2.1 Extraction d'eau matricielle

L'extraction d'eau matricielle effectuée dans le cadre de cette thèse, au moyen d'une marmite à pression (p.447), n'est pas nouvelle mais elle est encore rarement pratiquée. Le dispositif utilisé, mis au point par Yves Lucas, avait fait l'objet d'essais concluants mais n'avait encore jamais été utilisé pour extraire puis faire analyser l'eau matricielle d'un sol. Soulignons encore ici l'avantage de cette méthode qui ne modifie pas la composition chimique de l'eau matricielle extraite.

### Mesure de conductivité hydraulique en laboratoire

J'ai proposé deux modifications importantes pour améliorer le traitement des données de conductivité hydrauliques acquises par l'INRA selon leur procédé de mesure par évaporation, sur cylindres de sol non remanié, en laboratoire. Ces améliorations sont détaillées pp.120 et suivantes :
- Recalibrage des flux hydriques à partir de la mesure du flux hydrique global en haut d'échantillon (qui est déduite de la pesée en continu) ;
- Récapitulatif des conductivités hydrauliques ponctuelles obtenues par la **valeur médiane** à chaque teneur en eau.

## 4.3 Avancées conceptuelles en sciences du sol

J'ai formalisé ici une modélisation de l'évolution temporelle du stock de matière organique solide dans le sol, selon que la matière organique y transite ou y est piégée (p.439).

J'ai proposé une amélioration du modèle de pompage racinaire proposé par Laio, pour tenir compte d'un profond enfouissement des racines (p.225).

### 4.3.1 Nouveau modèle de conductivité hydraulique

L'inversion des porosimétries et des mesures de conductivité hydraulique m'a permis de calculer des tortuosités empiriques sur ces sols, au sens de la conductivité hydraulique.

Les résultats montrent que le débit de l'eau dans des pores d'une taille donnée $r$ est augmenté non seulement par l'abondance de ces pores et leur rectitude (soit une faible tortuosité *stricto sensu*), mais aussi par l'abondance de pores entre cette taille $r$ et la taille quelques centaines de fois plus petite. L'abondance de pores de tailles justes inférieures à $r$ permet vraisemblablement une bonne **connectivité** des pores de taille $r$.

Cette constatation m'a conduit à proposer une nouvelle prédiction de la conductivité hydraulique à partir du spectre de porosité (p.369).

### 4.3.2 Echanges de solutés entre porosité fine et large

Par analogie avec la modélisation habituelle du transport de soluté dans un milieu poreux, j'ai choisi ici de formuler le transport de solutés entre porosité fine et large par trois termes : diffusion, dispersion et advection (pp.268 et suivantes), alors que les modèles usuels n'utilisent que le terme de diffusion.

J'ai calculé la rapidité de ces trois phénomènes en appliquant cette modélisation aux ferralsols d'Amazonie ; ces calculs montrent que si la taille de pores séparant "pores fins" et "pores larges" excède environ 0,1 mm, l'advection devient prépondérante et la dispersion, significative, devant la diffusion (pp.284 et suivantes).

### 4.3.3 Rôle de la phase gazeuse dans la statique et la dynamique de l'eau et des solutés du sol

Diverses interrogations se sont présentées : pourquoi l'eau des sols assez secs et la sève brute des plantes ne cavitent-t-elles pas quand leur pression devient très basse ? Pourquoi l'air piégé lors d'une imbibition met-il tant de temps à s'évacuer ? Pourquoi la composition de l'eau matricielle est-elle si différente de celle de l'eau libre ? Pourquoi dans les ferralsols étudiés a-t-on coexistence de quartz et de gibbsite sur un bonne dizaine de mètres d'épaisseur alors que la dissolution de quartz et de gibbsite pour donner de la kaolinite n'est pas lente devant le temps de résidence de l'eau dans cette épaisseur ?

**Etude statique sur l'état de l'eau dans le sol**

Cette étude, décrite au deuxième chapitre de la troisième partie (p.371), m'a conduit à démontrer que l'eau des sols soumise à de basses pressions (inférieures à la pression de vapeur saturante soit environ 4 kPa) est sujette à cavitation. Cette cavitation est favorisée par la présence d'air dissous dans l'eau. A cause de l'hydrophilie des surfaces minérales, la cavitation reste locale, elle ne peut s'étendre qu'aux endroits où la taille locale de la porosité est plus grande que la courbure $r$ des ménisques des interfaces eau/air du sol en équilibre. Les pores vidés d'eau par cavitation pourront ensuite lentement se remplir d'air par dégazage depuis l'eau du sol.

Cette étude statique apporte les corollaires novateurs suivants.

- Le confinement capillaire par la porosité du sol, en empêchant le développement de la cavitation, stabilise l'eau des sols, dans des conditions de pression et température correspondant généralement à un état métastable, malgré la présence conjointe de l'atmosphère du sol.

- L'assèchement par cavitation de toute portion de pore de taille suffisante, qu'il soit ou non directement connecté à d'autres pores de même taille, rend l'eau des sols assez secs très compartimentée. La composition de l'eau matricielle peut être différente d'un agrégat à l'autre, ce qui explique la coexistence durable de minéraux hors équilibre à des distances millimétriques.

- L'assèchement par cavitation précité contrecarre l'effet d'hytérésis dit "bouteille d'encre", lors des cycles de sorption-désorption, dans le domaine de la porosité résiduelle (pores de taille inférieure à 0,1 $\mu$m).

- La sève brute des plantes, elle, est métastable quand elle atteint de basses pressions. Elle n'est pas maintenue liquide par confinement capillaire car les canaux de sève sont trop larges.

## Modélisation des échanges d'air et d'eau

Cette deuxième étude, dynamique, (troisième chapitre de la troisième partie) s'applique à une porosité où l'air et l'eau ne sont pas à l'équilibre des pressions, autrement dit où tout pore rempli d'eau n'est pas plus petit que tout pore rempli d'air. Un tel déséquilibre a lieu par exemple lors de l'imbibition rapide du sol par une pluie, où l'air nouvellement piégé par l'entrée d'eau s'ajoute aux bulles d'air préexistantes au sein de l'eau matricielle initiées par cavitation. La modélisation proposée ici prédit alors un temps d'évacuation de l'air piégé de l'ordre d'une dizaine de jours.

Cette lenteur explique la différence souvent observée entre la composition de l'eau libre et celle de l'eau matricielle. L'air piégé joue ainsi un rôle protecteur des minéraux baignés d'eau matricielle vis-à-vis des eaux météoritiques corrosives car souvent acides et peu chargées en solutés.

## 4.4 Perspectives

Les fonctions de pédotransfert établies ici, ainsi que le modèle hydrodynamique de porosité simple ou double, avec pompage racinaire, seront appliqués aux sols étudiés, dans le cadre d'une modélisation sur un profil maillé, en lui adjoignant une modélisation biogéochimique. Il serait par ailleurs intéressant de tester par des mesures l'adéquation des fonctions de pédotransfert pour d'autres sols de composition minérale similaire, ou bien d'appliquer la démarche suivie ici à l'étude de la porosité et l'hydrodynamique d'autres sols.

Les différentes avancées conceptuelles faites ici invitent à effectuer des expériences pour permettre leur validation.

# Quatrième partie

# Annexes

# Annexe A

# Interprétation des mesures de $^{14}C$

## A.1 Système fermé

Dans ce cas, un stock de MO en équilibre avec le $CO_2$ atmosphérique stoppe tout échange avec l'extérieur à partir du temps $t = 0$. Le $^{14}C$ se désintègre radioactivement en $^{12}C$ au taux $\lambda = 1/(5730\,\text{an})$. La MO s'immobilise : elle subit uniquement des transformations chimiques en phase solide, tous les produits des réactions restant sur place. Si on note $c_{14}$ la quantité de carbone $^{14}C$ et $c_{12}$ la quantité de $^{12}C$, on a les équations différentielles suivantes :

$$\frac{dc_{14}}{dt} = -\lambda c_{14} \quad \text{et} \quad \frac{dc_{12}}{dt} = +\lambda c_{14} \tag{A.1}$$

sachant qu'à la fermeture du système (en $t = 0$), le rapport $\alpha$ (grand devant 1) entre $c_{12}$ et $c_{14}$ est celui du $CO_2$ atmosphérique en $t = 0$ :

$$c_{14}(t=0) = c_0 \quad \text{et} \quad c_{12}(t=0) = \alpha.c_0 \tag{A.2}$$

La solution est donc :

$$c_{14}(t) = c_0.e^{-\lambda t} \quad \text{et} \quad c_{12}(t) = c_0(\alpha - e^{-\lambda t}) \approx \alpha.c_0 \tag{A.3}$$

Le rapport $\Delta^{14}C$ vaut donc :

$$\Delta^{14}C = \frac{\alpha c_{14} - c_{12}}{c_{12}} \quad \text{par définition, soit} \quad \Delta^{14}C = e^{-\lambda t} - 1 \tag{A.4}$$

L'équation A.4 permet de calculer l'âge d'un système fermé où $\Delta^{14}C$ a été mesuré. Remarquons que dans ce cas toute la MO présente a le même âge. Quand le système n'est pas fermé, on calcule parfois avec cette équation un âge dit "âge apparent". Nous allons comparer cet âge apparent à l'âge réel d'un système ouvert en entrée (système accumulatif) ou d'un système ouvert en entrée et sortie (système transitoire).

## A.2 Système accumulatif

Si la MO est apportée selon un débit constant ($q$ pour $c_{14}$) à un endroit où elle s'immobilise, au sens donné au §.A.1, les équations deviennent :

$$\frac{dc_{14}}{dt} = -\lambda c_{14} + q \quad \text{et} \quad \frac{dc_{12}}{dt} = +\lambda c_{14} + \alpha q \approx \alpha q \quad (A.5)$$

sachant qu'en début d'accumulation (en $t = 0$) : $c_{14}(t=0) = c_{12}(t=0) = 0$. La solution est donc :

$$c_{14}(t) = \frac{q}{\lambda}\left(1 - e^{-\lambda t}\right) \quad \text{et} \quad c_{12}(t) = \alpha q t \quad (A.6)$$

Ici on suppose que les apports de $^{12}C$ et de $^{14}C$ ne varient pas dans le temps (voir § A.5 pour une prise en compte des variations historiques de $\alpha$). Ainsi $c_{14}(t)$ donné par l'équation A.6 vaut à la fois la quantité totale de $^{14}C$ au temps $t$ et aussi la quantité de $^{14}C$ d'âge inférieur à $t$ à tous les temps $t' > t$. Il en va de même pour $c_{12}$. Quant à $\Delta^{14}C$ :

$$\Delta^{14}C = \frac{1 - e^{-\lambda t} - \lambda t}{\lambda t} \quad (A.7)$$

L'équation A.7 permet de calculer l'âge $t$ depuis le début d'accumulation de MO, à partir de la mesure de $\Delta^{14}C$. L'âge moyen de la MO présente est $t_m = \frac{t}{2}$.

## A.3 Système transitoire

Si la MO est apportée selon un débit constant ($q$ pour $c_{14}$) à un endroit où elle est partiellement exportée (minéralisation en $CO_2$, départs sous forme dissoute ou particulaire avec l'eau porale circulant), les équations deviennent :

$$\frac{dc_{14}}{dt} = -(\lambda + \mu)c_{14} + q \quad \text{et} \quad \frac{dc_{12}}{dt} = +\lambda c_{14} + \alpha q - \mu c_{12} \approx \alpha q - \mu c_{12} \quad (A.8)$$

où le taux d'exportation de matière $\mu$ est supposé identique quel que soit l'âge de la MO, sachant qu'en début d'apport de MO (en $t = 0$): $c_{14}(t=0) = c_{12}(t=$

$0) = 0$. La solution est donc :

$$c_{14}(t) = \frac{q}{\lambda + \mu}\left(1 - e^{-(\lambda+\mu)t}\right) \quad \text{et} \quad c_{12}(t) = \frac{\alpha q}{\mu}\left(1 - e^{-\mu t}\right) \tag{A.9}$$

L'apport et l'exportation de $^{14}C$ et de $^{12}C$ au sol ne varient pas dans le temps, la remarque sur la signification de l'équation A.6 reste valable pour l'équation A.9. Quant à $\Delta^{14}C$ :

$$\Delta^{14}C = \frac{-\lambda(1 - e^{-\lambda t}) + \mu e^{-\mu t}(1 - e^{-\lambda t})}{(\lambda + \mu)(1 - e^{-\mu t})} \tag{A.10}$$

L'équation A.10 permet de calculer l'âge depuis le début d'apport de MO, $t$, d'un système transitoire où $\Delta^{14}C$ a été mesuré, si le taux d'exportation $\mu$ est connu, ou plutôt de déterminer le taux de turn-over $\mu$ si l'âge $t$ est connu par ailleurs. L'âge moyen de la MO présente est $t_m$ défini par $c_{12}(t_m) = 0{,}5.c_{12}(t)$ à partir de l'équation A.9.

## A.4 Système transitoire puis accumulatif

La MO jeune est en pratique beaucoup plus réactive, moins liée aux surfaces minérales du sol, et donc beaucoup plus sujette à être exportée que la MO vieille. Pour traduire cela, il est possible d'écrire que l'exportation concerne uniquement la MO d'âge inférieur à un âge limite $t_0$ :

$$\frac{dc_{14}}{dt}(t) = -\lambda c_{14}(t) - \mu c_{14}(t_1) + q \quad \text{où} \quad t_1 = \min(t, t_0)$$
$$\text{et} \quad \frac{dc_{12}}{dt} = +\lambda c_{14}(t) + \alpha q - \mu c_{12}(t_1) \approx \alpha q - \mu c_{12}(t_1) \tag{A.11a}$$

La solution est donnée par l'équation A.9 pour $t \leq t_0$ et se déduit ainsi de l'équation A.6 pour $t > t_0$ :

$$c_{14}(t) = c_{14}(t_0) + \frac{q}{\lambda}e^{-(\lambda+\mu)t_0}\left(1 - e^{-\lambda(t-t_0)}\right) \quad \text{et} \quad c_{12}(t) = c_{12}(t_0) + \alpha q e^{-\mu t_0}(t - t_0) \tag{A.12}$$

Les apports de $^{14}C$ et de $^{12}C$ au sol ne varient pas, toute MO nouvellement apportée est sujette à exportation puis est immobilisée, selon une chronologie immuable, la remarque sur la signification de l'équation A.6 reste valable pour l'équation A.12. Quant à $\Delta^{14}C$ :

$$\Delta^{14}C = \frac{\frac{1-e^{-(\lambda+\mu)t_0}}{\lambda+\mu} + \frac{1-e^{-\lambda(t-t_0)}}{\lambda}e^{-(\lambda+\mu)t_0} - \frac{1-e^{-\mu t_0}}{\mu} - (t-t_0)e^{-\mu t_0}}{\frac{1-e^{-\mu t_0}}{\mu} + (t-t_0)e^{-\mu t_0}} \quad \text{pour} \quad t > t_0 \tag{A.13}$$

L'équation A.13 permet de déterminer le taux de turn-over $\mu$ si l'âge depuis le début des apports de MO, $t$, est connu par ailleurs, pour différentes évaluations de l'âge limite de labilité $t_0$. L'âge moyen $t_m$ de la MO présente à l'instant $t$ se calcule comme au § A.3.

## A.5 Composition isotopique variable du $CO_2$ atmosphérique

Les calculs faits jusqu'ici considèrent que le rapport $^{12}C/^{14}C$ dans le $CO_2$ atmosphérique est resté constamment égal à $\alpha$ depuis 40000 ans. En réalité, la teneur en $^{14}C$ du $CO_2$ atmosphérique a varié. Des études de dendrochronologie ont pu la déterminer pour les dernières centaines d'années. Ceci complique la résolution des équations précédentes, et fait que la quantité de $^{14}C$ à une date $t$ devient différente de la quantité de $^{14}C$ d'âge inférieur à $t$ aux dates $t' > t$. Ici nous considérerons que la teneur en $^{14}C$ du $CO_2$ atmosphérique a peu varié jusqu'en 1950 après Jésus-Christ, puis qu'il a augmenté d'un facteur 1,12 après, suite aux essais thermonucléaires au-dessus du sol, comme l'indique Trumbore [214]. Les teneurs en $^{12}C$ sont inchangées. Les teneurs en $^{14}C$ sont modifiées mais gardent une expression explicite. Ainsi les teneurs actuelles (au temps $t$ depuis le début des apports de MO, en notant $\Delta t$ la durée entre 1950 et la date de mesure), sont respectivement pour le système fermé :

$$c_{14}(t) = \beta c_0 e^{-\lambda t} \quad \text{avec} \quad \beta = 1{,}12 \ \text{si} \ t < \Delta t \quad \text{et} \quad \beta = 1 \ \text{si} \ t > \Delta t \quad \text{(A.14)}$$

et le système transitoire puis accumulatif :

$$c_{14}(t) = \frac{1{,}12 q}{\lambda + \mu}\left(1 - e^{-(\lambda+\mu)t}\right) \qquad \text{si } t \leq \Delta t \quad \text{(A.15a)}$$

$$c_{14}(t) = c_{14}(\Delta t) + \frac{q}{\lambda + \mu}\left(e^{-(\lambda+\mu)\Delta t} - e^{-(\lambda+\mu)t}\right) \quad \text{si } \Delta t \leq t \leq t_0, \quad \text{(A.15b)}$$

$$c_{14}(t) = c_{14}(t_0) + \frac{q}{\lambda} e^{-(\lambda+\mu)t_0}\left(1 - e^{-\lambda(t-t_0)}\right) \qquad \text{si } t_0 \leq t \quad \text{(A.15c)}$$

# Annexe B

# Mesures de volume total de sol

## B.1 Méthode

Les méthodes de désorption d'eau ou de porosimétrie par injection de mercure (PIM) ne déterminent pas le volume des pores les plus larges (macropores), drainés en quelques secondes quand on sort d'un fluide un échantillon immergé, ou remplis de mercure en même temps que le reste de la cavité de l'appareil lors d'une PIM. Nous avons mesuré le volume total de sol pour pouvoir, par différence, estimer le volume de macropores.

Le volume total de sol a été mesuré sur échantillon non remanié, cylindre ou motte d'environ 100 cm$^3$, saturé en eau ou séché à l'air puis à l'étuve à 105°C, par mesure au pied à coulisse des dimensions du cylindre et/ou par mesure de poussée d'Archimède dans l'eau après enrobage par de la paraffine (paraffine "Vahiné", densité 0,89+/-0.01) [2].

Des mesures de poussée d'Archimède dans l'eau ou le kérosène ("Kadé rouge" alcanes C11 à C15, densité variant linéairement de 0,765 à 19,5°C, à 0,760 à 27°C), sur le même échantillon avant enrobage de paraffine, après imbition d'eau ou de kérosène [1] ont permis de vérifier la cohérence des résultats; elles donnent un volume total légèrement inférieur car des macropores drainés en quelques secondes échappent à cette mesure. Les pesées ont été effectuées avec une balance de précision 1 pour mille.

## B.2 Précautions et détails pratiques

Pour éviter le morcellement de la terre complètement imbibée d'eau ou de kérosène, nous avons enveloppé les mottes ou cylindres dans des bas de nylon. Pour éviter que de la terre ne reste sur les doigts lors des manipulations, nous avons entouré mottes et cylindres de fil de nylon ou de laiton pour manipuler la terre sans la toucher. La masse des cylindres métalliques, des fils, des bas a été pesée sèche, humectée d'eau ou de kérosène pour effectuer les corrections nécessaires. La masse de terre perdue malgré les précautions précédentes à chaque étape, pendant l'imbibition, l'égouttage rapide, la pesée par immersion ou la pesée directe, a été pesée après séchage, pour effectuer les corrections nécessaires.

L'enrobage de paraffine avait lieu avec une paraffine au point de fusion (vers $65^oC$), car au-delà la paraffine, trop fluide, pénètre aussi dans les pores $< 1$ mm. Les mesures de volume de sol humide ont eu lieu sur des échantillons n'ayant encore jamais été séchés depuis leur prélèvement, car un séchage complet provoque des déformations irréversibles sur le sol. Les échantillons humides enrobés de paraffine ont été séchés très lentement (3 mois à l'air et 20 jours à l'étuve à $60^oC$) avant d'effectuer la pesée de référence sur sol sec, pour éviter toute perte de paraffine par évaporation.

## B.3 Résultats

A partir de la densité réelle du sol mesurée par Grimaldi [106] ou Cornu [65], du volume total de sol et de sa masse sèche, nous en avons déduit l'indice total de fluide, reporté dans le tableau suivant.

Nous avons retenu comme valeur de volume total de pores sur échantillon humide, noté $e_{humid}$, celle issue de la mesure du cylindre quand elle avait été faite ou bien $1{,}04.e_{humid,eau,ker}$ dans le cas contraire. Nous avons retenu comme valeur de volume total de pores sur échantillon sec $e_{sec}$ la moyenne entre la mesure du cylindre et la mesure à la paraffine. Pour le ferralsol, la comparaison avec les données de porosimétrie mercure et de désorption d'eau donne les résultats suivants, concernant le volume de macropores (voir figure 3.2, **(e)**) :

$$n_{macro} = 0{,}92.(e_{sec} - e_{sec,ker}) - 0{,}9.C \pm 0{,}04 \qquad \text{(B.1a)}$$

$$u_{macro} \simeq 0{,}5.(e_{sec} - e_{sec,ker}) + 10.C \qquad \text{(B.1b)}$$

$$n_{macro} \simeq e_{humid} - n_{max} \qquad \text{(B.1c)}$$

où $C$ désigne la teneur massique du sol sec en carbone organique.

TAB. B.1 – *Mesures de volume total de sol sur échantillons de sol meuble (podzol de 0 à 1 m de profondeur, ferralsol de 0 à 4,5 m de profondeur).*

| Podzol humique 1 à 5% de lutite | cylindres de 100 cm³ de volume | | | |
|---|---|---|---|---|
| profondeur /m | 0,10 | 0,2 | 0,4 | 1 |
| densité de solide [65] | 2,63 | 2,64 | 2,62 | 2,64 |
| $e_{humid}$ | 1,05 | 0,87 | 0,88 | 0,83 |
| $e_{sec}$ | 1,03 | 0,83 | 0,79 | 0,76 |
| $n_{max}$ | 0,91 | 0,68 | 0,66 | 0,66 |
| $n_{max}$ désigne le volume maximal d'eau contenu dans l'échantillon. La différence avec $e_{humid}$ provient de l'air résiduel et des macropores les plus grands dont l'eau s'est vidée en sortant l'échantillon de l'eau pour le peser. | | | | |

| Ferralsol | cylindres de 100 cm³ de volume | | | | | | | |
|---|---|---|---|---|---|---|---|---|
| profondeur /m | 0,03 | 0,03 | 0,04 | 0,08 | 0,08 | 0,13 | 0,18 | 0,30 |
| densité de solide [106] | 2,57 | 2,57 | 2,58 | 2,62 | 2,62 | 2,61 | 2,62 | 2,63 |
| $e_{humid}$ (mesure cylindre) | 1,51 | 1,90 | 1,88 | 1,27 | 1,74 | 1,49 | 1,16 | 1,13 |
| $e_{humid}$ (mesure eau ou kérosène) | 1,45 | 1,76 | 1,78 | 1,23 | 1,69 | 1,45 | 1,10 | 1,09 |
| $e_{sec}$ (mesure cylindre) | 1,27 | 1,71 | 1,75 | 1,16 | 1,52 | 1,32 | 1,07 | 1,04 |
| $e_{sec}$ (mesure kérosène) | 1,05 | 1,25 | 1,16 | 1,01 | 1,27 | 1,12 | 0,83 | 0,86 |
| $e_{sec}$ (mesure paraffine) | 1,29 | 1,76 | 1,71 | 1,23 | 1,52 | 1,45 | 1,01 | 1,03 |
| $n_{max}$ | 1,22 | | 1,52 | 1,01 | 1,29 | 1,15 | 0,99 | 0,96 |

| Ferralsol | cylindres | | mottes de 60 à 100 cm³ | | | | cylindre |
|---|---|---|---|---|---|---|---|
| profondeur /m | 0,48 | 0,60 | 0,60 | 0,80 | 1,05 | 1,50 | 4,50 |
| densité de solide [106] | 2,64 | 2,64 | 2,64 | 2,65 | 2,65 | 2,65 | 2,61 |
| $e_{humid}$ (mesure cylindre) | 1,13 | 1,18 | | | | | 1,06 |
| $e_{humid}$ (mesure eau ou kérosène) | 1,07 | 1,16 | 1,05 | 1,09 | 1,17 | 0,94 | 1,01 |
| $e_{sec}$ (mesure cylindre) | 1,09 | 1,11 | | | | 0,92 | 1,04 |
| $e_{sec}$ (mesure kérosène) | 0,93 | 0,89 | 1,02 | 0,94 | 1,02 | 0,86 | 0,96 |
| $e_{sec}$ (mesure paraffine) | 1,09 | 1,12 | | 1,10 | | 1,02 | 1,05 |
| $n_{max}$ | | 0,98 | | | | | 0,95 |

Les équations B.1a et B.1b ont un intérêt pratique :
- les mesures ($e_{sec}$ et $e_{sec,ker}$ sont faciles à réaliser car elles sont sur échantillon sec (contrairement à $n_{macro}$),
- leur différence est fiable car les deux mesures peuvent être réalisées sur le même échantillon (contrairement à $u_{macro}$, évalué ici par différence entre les mesures ci-dessus et la porosimétrie au mercure sur d'autres mottes).

L'équation B.1c ne s'applique pas au podzol pour lequel elle sous-estimerait largement le volume de macropores.

TAB. B.4 – *Mesures de volume total de sol sur mottes de ferralsol profond (6,5 à 7m de profondeur)*.

| Ferralsol profond | | |
|---|---|---|
| nombre de mottes | 3 sèches, 2 humides | 2 sèches, 1 humide |
| taille des mottes | 200 à 300 cm$^3$ | 400 à 800 cm$^3$ |
| profondeur /m | 6,5 | 7,0 |
| densité de solide [106], [137] | 2,61 | 2,57 |
| $e_{humid}$ (mesure paraffine) | 1,07 +/- 0,05 | 1,00 |
| $e_{humid}$ (mesure eau ou kérosène) | 1,0 +/- 0,02 | 0,93 |
| $e_{sec}$ (mesure paraffine) | 0,96 +/- 0,12 | 0,85 +/- 0,02 |
| $e_{sec}$ (mesure kérosène) | 0,91 +/- 0,02 | 0,75 +/- 0,02 |
| $n_{max}$ | 0,90 +/- 0,02 | 0,86 |
| Surestimation du volume total de pores connectés, évaluée à partir de la porosité des nodules [106] et de la géométrie du réseau induré de nodules | | |
| (i) à cause des fissures de prélèvement | < 0,01 | |
| (ii) air résiduel pores non connectés nodules ferrugineux | < 0,025 | |

La présence de nodules à ces profondeurs nous a conduit à prélever de grands blocs de sol, pour avoir une bonne estimation de la porosité moyenne, et pour minimiser la création artificielle de fissures autour des nodules. La paraffine remplit les pores > 1 mm, l'incidence des pores créés par le prélèvement (i) reste donc négligeable ici sur les mesures de $e$. La présence de pores éventuellement non connectés au sein des nodules (ii) explique une partie de la différence entre $n_{max}$ et $e_{humid}$. Ces pores font partie de $e$ mais ne sont pas à prendre en compte dans les calculs de rétention en eau du sol et de conductivité hydraulique. Leur volume est faible, comparable aux incertitudes sur la mesure de $e$.

La contraction du volume total de sol par séchage est étonnamment importante à ces profondeurs : 6 à 8%, similaire à celle du podzol profond. L'utilisation des équations B.1a donne un volume de macropores connectés non négligeable à ces profondeurs : $u_{macro}$ =0,03 à 0,06 ; $n_{macro}$=0,05 à 0,09.

# Annexe C

# Extraction d'eau résiduelle par marmite à pression

## C.1  Dispositif expérimental

Le dispositif expérimental utilisé, mis au point par Yves Lucas, est décrit à la figure C.1(a). Il suit le principe d'extraction d'eau sous pression, avec une membrane microporeuse, décrit par Richards [181]. Il permet d'extraire l'eau interstitielle du sol de manière mécanique, donc en modifiant le moins possible sa composition chimique. Pour assurer l'étanchéité de la marmite, les joints doivent être humectés avant serrage. Avec ce dispositif, nous avons pu atteindre 70 bars (soit 7 MPa) de pression d'azote. Au-delà, les joints toriques se sont mis à fuir. Notons que par mesure de sécurité, la pièce où se trouve la marmite est évacuée à chaque modification de la pression d'azote, au cas où une explosion de celle-ci occasionnerait des projectiles. Pour cette raison, les vannes de commande d'entrée d'azote sous pression sont à l'extérieur du bâtiment où se trouve la marmite à pression.

Avant extraction, nous avons, sur une part de la terre de chaque sac, mesuré la teneur en eau par pesée différentielle avant et après séchage à l'étuve. Pendant l'extraction, nous avons mesuré sous diverses pressions d'azote :
– le débit d'eau extraite
– le pH dès extraction

L'eau extraite pour chaque échantillon et chaque pression d'azote a été pesée et conservée en y ajoutant 200 $\mu$l/l d'acide nitrique très pur (à 70%), pour des analyses ultérieures de teneur en Si, Al, Fe. Après extraction, nous avons mesuré

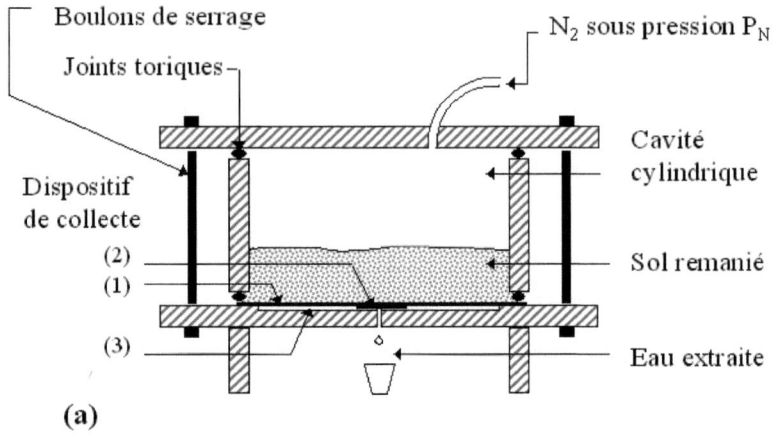

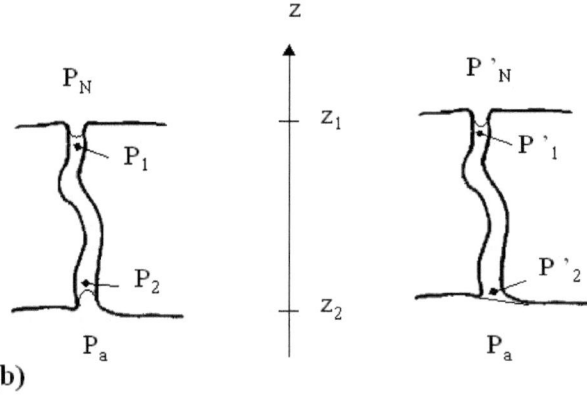

Fig. C.1 – **Dispositif d'extraction d'eau résiduelle par marmite à pression.** *(a) : Dispositif expérimental utilisé, mis au point par Yves Lucas à l'INPA (Saõ Paolo, Brésil). La cavité de la marmite est un cylindre de 24,7 cm de diamètre et environ 20 cm de hauteur. Le dispositif de collecte de l'eau résiduelle en bas de marmite est constitué, en allant du sol remanié vers l'extérieur, (1) d'une membrane microporeuse en cellulose à usage unique, (2) d'une céramique microporeuse de diamètre environ 5 cm encastrée dans une plaque (3) en PVC rainurée radialement sur sa face supérieure et percée en son centre.* **(b) : Schématisation d'un pore fin du sol** *rempli d'eau. A gauche, la pression d'azote est faible, il n'y a pas d'écoulement. A droite, la surpression d'azote provoque l'écoulement d'eau. $P_N$ désigne la pression dans la cavité de la marmite, $P_a$ la pression atmosphérique. $P_1$ et $P_2$ sont les pressions dans l'eau du sol, respectivement en haut (en $z_1$) et en bas (en $z_2$).*

la teneur en eau du sol ayant subi cette extraction : soit la teneur moyenne, soit celle en haut de marmite et celle en bas de marmite.

## C.2 Résultats sur les teneurs en eau

TAB. C.1 – *Quantités d'eau extraites par marmite à pression*

| profondeur d'échantillon *in situ* | | 0,25 m | 1 m |
|---|---|---|---|
| épaisseur de terre dans la marmite | | 8 cm | 4 cm |
| masse de terre dans la marmite | | $\sim 7$ kg | $\sim 3,5$ kg |
| Indices d'eau $n = \frac{V_{eau}}{V_{solid}}$ | $n_{initial}$ mesuré [1] | 0,853 | n.d. |
| | $n_{final}$ mesuré [1] | haut de marmite : 0,862  bas de marmite : 0,828 | moyen : 0,835 |
| | $n_{initial}$ déduit [2] | 0,857 | 0,853 |
| eau extraite | forte pression | 13,8 g sous 15 à 16 bars | 13,33 g (16 à 17 b) |
| | très forte pression | 14,41 g sous 30 à 60 bars | 4,48 g (27 à 45 b) |

[1] par pesée avant et après une semaine d'étuvage à 105°C
[2] par addition entre $n_{final}$ et eau extraite

Les teneurs en eau mesurées sont cohérentes : la différence de teneur en eau du sol entre début et fin d'extraction correspond bien à la quantité d'eau extraite. Pour l'échantillon issu du ferralsol à 25 cm de profondeur, la partie haute de la marmite (environ les 4 cm supérieurs) n'a quasiment pas perdu d'eau, et semble avoir simplement transmis la surpression à la partie basse de la marmite (environ les 4 cm inférieurs) où a eu lieu l'essentiel de l'extraction d'eau.

## C.3 Résultats sur les débits d'eau

La figure C.1(b) représente un pore rempli d'eau de taille maximale $r$ pour une teneur en eau donnée du sol, donc pour une différence de pression entre eau et air $\Delta P_m$ donnée. A gauche, l'eau ne s'écoule pas, à droite, il y a écoulement. Dans les deux cas, le ménisque du haut (en $z_1$) est hémisphérique. Les pores plus larges (non représentés) sont vides. Les pores plus fins (non représentés) sont pleins d'eau, il y règne à même altitude la même pression que dans le pore schématisé, la courbure des ménisques est la même, mais ces ménisques entrent moins vers l'intérieur du pore puisque son rayon est plus petit. Ce schéma est très simplifié : dans le sol, tous pores de toutes tailles sont interconnectés. La loi de Laplace au niveau du ménisque du haut s'énonce :

$$P_1 = P_N + \Delta P_m \quad \text{et} \quad \Delta P_m = -\frac{2\sigma}{r} \qquad (C.1)$$

où $\sigma$ est la tension interfaciale eau/azote. En l'absence d'écoulement (schéma de gauche) la colonne d'eau entre $z_1$ et $z_2$ est en équilibre hydrostatique ; en présence d'écoulement (schéma de droite), la pression de l'eau en $z_2$ égale la pression atmosphérique :

$$P_2 = P_1 + \rho_w g(z_1 - z_2) \quad \text{et} \quad P_2 < P_a \quad \text{sans écoulement} \qquad (C.2a)$$
$$P_2 < P_1 + \rho_w g(z_1 - z_2) \quad \text{et} \quad P_2 = P_a \quad \text{avec écoulement} \qquad (C.2b)$$

Le débit d'extraction $q$ mesuré permet d'en déduire la vitesse de Darcy $U$ dans le sol, si on suppose que l'extraction se fait de manière homogène dans chaque section horizontale $S$ de la marmite. Par ailleurs, la différence de pression entre $z_1$ et $z_2$ donne une estimation du gradient vertical de charge hydraulique $H$. La conductivité hydraulique $K$ peut donc être ainsi évaluée :

$$K = \frac{-U}{\frac{\partial H}{\partial z}} \simeq -U \frac{\rho_w g \delta z}{P_1 - P_2 + \rho_w g \delta z} = -\frac{q}{S} \cdot \frac{\rho_w g \delta z}{P_N + \Delta P_m - P_a + \rho_w g \delta z} \qquad (C.3)$$

où $\Delta P_m$ est la pression matricielle du sol en $z_1$, et où $\delta z = z_1 - z_2$.

TAB. C.2 – *Débits et estimation de conductivité hydraulique lors d'une extraction d'eau en marmite à pression*

|  | débit $q$ /g.min$^{-1}$ | indice d'eau $n$ | pression d'azote $P_N$ /MPa | potentiel matriciel $\Delta P_m$ /MPa | conductivité hydraulique $K$ /m.s$^{-1}$ |
|---|---|---|---|---|---|
| échantillon ferralsol 1 m | 0,0256 | 0,853 | 1,65 | -1,1 à -1,65 | $2{,}29.10^{-11}$ |
|  | 0,0115 | 0,84 | 3,7 | -1,65 à -2,2 | $9{,}18.10^{-13}$ |
|  | 0,0055 | 0,84 | 2,7 | -1,65 à -2,2 | $1{,}09.10^{-12}$ |
| échantillon ferralsol 0,25 m | 0,0293 | 0,857 | 1,55 | -1,1 à -1,55 | $3{,}93.10^{-11}$ |
|  | 0,0520 | 0,843 | 4 | -1,55 à -2,2 | $3{,}46.10^{-12}$ |
|  | 0,0217 | 0,834 | 4,5 | -1,7 à -2,5 | $1{,}27.10^{-12}$ |
|  | 0,0350 | 0,834 | 6 | -1,7 à -2,5 | $1{,}24.10^{-12}$ |
|  | 0,0279 | 0,83 | 6 | -2 à -3 | $1{,}10.10^{-12}$ |
| Hypothèse : l'extraction d'eau a lieu dans les deux cas sur les 4 cm de sol en fond de marmite, soit $\delta z = 4$ cm. $n$ déduit de $n_{initial}$ et de l'eau extraite, $\Delta P_m$ déduit de $n$ et des courbes de désorption d'eau. $K$ calculé selon l'équation C.3, avec un $\Delta P_m$ moyen, sachant la section de la marmite : $S = 0{,}0487$ m$^2$. ||||||

Les conductivités hydrauliques estimées ainsi (voir tableau C.2) sont déterminées à un facteur 4 près : un facteur 2 pour la pression matricielle en haut d'écoulement $\Delta P_m$ et un facteur 2 pour l'épaisseur de sol où se localisent la variation de pression et l'écoulement d'eau.

## C.4 Résultats sur la chimie de l'eau extraite : pH, teneurs en Si, Al, Fe

TAB. C.3 – *Composition de l'eau extraite du ferralsol sous forêt par marmite à pression.*

| concentrations<br>méthode de mesure | Si<br>/$\mu$mol.l$^{-1}$<br>ICP | Al<br>/$\mu$mol.l$^{-1}$<br>AA | Fe<br>/$\mu$mol.l$^{-1}$<br>AA | pH<br>papier pH |
|---|---|---|---|---|
| témoin H$_2$O dé-ionisée | 30,3 | 1,34 | 0,65 | 4,5 |
| ferralsol 0,25 m $P_N < 1,7$ MPa | 57,7 | 1,33 | 0,25 | 6,8 |
| ferralsol 0,25 m $P_N > 3$ MPa | 69,9 | 1,33 | 0,64 | 6,5 |
| ferralsol 1 m $P_N < 1,7$ MPa | 56,8 | 2,42 | 1,02 | 6,5 |
| ferralsol 1 m $P_N > 3$ MPa | 86,4 | 6,60 | 2,61 | 7 |
| ICP (Inductively Coupled Plasma) désigne une mesure par AES (Atomic Emission Spectroscopy) où la vaporisation et l'excitation de l'échantillon se font dans un plasma réalisé par induction électromagnétique. AA désigne des mesures par Absorption Atomique au four graphite. Ces mesures ont des précisions relatives 4 à 5% ; elles ont été faites au CEREGE (Centre Européen d'Etudes en Géosciences de l'Environnement) par MO Trenz. ||||
| pH mesuré avec papier pH pendant l'extraction d'eau, à +/-0,25 unité pH près. ||||

# Annexe D

# Intégrales pour le calcul de la conductivité hydraulique

## D.1 Intégrale I utile pour le calcul de la tortuosité

Voici l'intégrale à calculer, sur l'intervalle $[\theta"\ \theta']$ pour les teneurs en eau, qui correspond à l'intervalle $[r"\ r']$ pour les tailles de pores :

$$I = \int_{r"}^{r'} \left(\frac{r}{r_0}\right)^2 d\theta(r) \qquad (D.1)$$

L'expression de $d\theta(r)$ en fonction de $dr$ dépend de la courbe de porosité. Pour les sols étudiés ici, nous avons choisi une expression analytique différente pour décrire la courbe de porosité dans le domaine des pores résiduels, des micropores, des mésopores ou des macropores, donnée aux équations 1.4a à 1.4d p.172. L'expression de $I$ dépendra donc de la position de l'intervalle $[r"\ r']$.

**Intégrale $G$**

Parmi les intégrales explicitées dans cette annexe et dans l'annexe E, nombreuses ont la forme de l'intégrale $G$ suivante :

$$G(R,r",r',n) = \int_{r"}^{r'} \left(\frac{r}{R}\right)^n \log\left(\frac{r}{R}\right) \frac{dr}{r\ln(10)} \qquad (D.2a)$$

Pour une variable sans dimension $x$, la fonction $x^{n-1}\ln(x)$ a pour primitive $x^n[\ln(x) - 1/n]/n$ quand $n$ est non nul. La fonction $\ln(x)/x$ a pour primitive $(\ln(x))^2/2$. Par ailleurs, le logarithme décimal se déduit du logarithme népérien ainsi : $\log(x) = \ln(x)/\ln(10)$. Donnons une fois pour toutes le résultat de l'intégrale $G$ :

$$G(R,r",r',n) = \frac{1}{n^2(\ln(10))^2} \left[ \frac{r'^n}{R^n}\left(n\ln\left(\frac{r'}{R}\right) - 1\right) + \frac{r"^n}{R^n}\left(1 - n\ln\left(\frac{r"}{R}\right)\right) \right] \tag{D.2b}$$

$$\text{pour} \quad n \neq 0 \quad \text{et} \quad G(R,r",r',0) = \frac{1}{2}\left[\left(\log\left(\frac{r'}{R}\right)\right)^2 - \left(\log\left(\frac{r"}{R}\right)\right)^2\right] \tag{D.2c}$$

Remarquons que $G(R,r",r',n)$ est positif quand $R \leqslant r" < r'$ ou $R \geqslant r" > r'$.

## D.1.1  Intégrale $I$ entre deux données très proches

Entre deux données très proches, on peut supposer le spectre de porosité constant :

$$\frac{\partial \theta}{\partial(\log(\frac{r}{r_0}))} = \frac{\theta' - \theta"}{\log\left(\frac{r'}{r"}\right)} \tag{D.3a}$$

Par ailleurs, on a toujours :

$$d\theta = \frac{\partial \theta}{\partial(\log(\frac{r}{r_0}))} \cdot \frac{dr}{r\ln(10)} \tag{D.3b}$$

L'intégrale $I$ devient alors :

$$I = \int_{r"}^{r'} \frac{\theta' - \theta"}{\log\left(\frac{r'}{r"}\right)} \cdot \frac{rdr}{r_0^2 \ln(10)} = \frac{\theta' - \theta"}{\log\left(\frac{r'}{r"}\right)} \cdot \frac{r'^2 - r"^2}{2r_0^2 \ln(10)} \tag{D.3c}$$

Un premier calcul de la tortuosité a utilisé cette expression de $I$ quand il s'agissait de deux données proches. Puis un deuxième calcul de la tortuosité a utilisé toujours les expressions de $I$ données aux paragraphes suivants. Entre ces deux calculs, la courbe de tortuosité moyenne est quasiment inchangée, mais le premier calcul donne des tortuosités légèrement plus dispersées. La figure 1.8 p.205 donne les tortuosités issues du deuxième calcul. Ce deuxième calcul opère en quelque sorte un lissage de la courbe de porosité. La tortuosité au sens de Mualem, à la figure 1.11 p.214, a également été calculée avec ce lissage de la courbe de porosité.

## D.1.2  Dans les pores résiduels

L'intégrale $I$ n'est pas explicitable. Nous avons utilisé l'équation D.3c pour les petits intervalles entre deux données, faisant comme si le spectre de porosité était plat sur ce petit intervalle. Quant au grand intervalle $[r_0\ r']$ dans le domaine des pores résiduels, nous avons effectué l'intégration numérique avec comme intervalle élémentaire $\delta = 0{,}05$ en échelle logarithmique sur $r$. Cette intégration numérique s'écrit ainsi :

$$\theta = \theta_{res}\frac{f(r)}{f(r_1)} \quad \text{avec} \quad f(r) = \left[1 + \left(\frac{r_{m1}}{r}\right)^{\nu_{m1}}\right]^{-1} \tag{D.4a}$$

$$I = \sum_{k=1}^{k_r} \frac{\theta_{res}\nu_{m1}}{f(r_1)}\left(\frac{r_{m1}}{r_k}\right)^{\nu_{m1}}\left(\frac{r_k}{r_0}\right)^2 f^2(r_k)\ln(10)\delta$$

avec $\quad k_r\ $ partie entière de $\ \left(\dfrac{\log(r'/r_0)}{\delta}\right)\quad$ et $\quad r_k = r'10^{-(k+1/2)\delta}\quad$ (D.4b)

## D.1.3  Dans les micropores

Le spectre de porosité est constamment croissant pour les ferralsols :

$$\frac{\partial \theta}{\partial(\log(\frac{r}{r_0}))} = \frac{\theta_{micro}}{2}\cdot \log\left(\frac{r}{r_1}\right) \tag{D.5a}$$

L'intégrale $I$ devient alors :

$$I = \int_{r"}^{r'} \frac{\theta_{micro}}{2\ln(10)}\log\left(\frac{r}{r_1}\right)\cdot\frac{rdr}{r_0^2} \quad \text{soit} \quad I = \frac{\theta_{micro}r_1^2}{2r_0^2}G(r_1,r",r',2) \tag{D.5b}$$

où la fonction $G$ est donnée à l'équation D.2b.

## D.1.4  Dans les mésopores

Le spectre de porosité est constant :

$$\frac{\partial \theta}{\partial(\log(\frac{r}{r_0}))} = \theta_{meso} \tag{D.6a}$$

L'intégrale $I$ devient alors :

$$I = \int_{r"}^{r'} \theta_{meso}\frac{rdr}{r_0^2\ln(10)} \quad \text{soit} \quad I = \frac{\theta_{meso}}{\ln(10)}\frac{r'^2 - r"^2}{2r_0^2} \tag{D.6b}$$

## D.1.5 Dans les macropores

Le spectre de porosité est constamment décroissant :

$$\frac{\partial \theta}{\partial(\log(\frac{r}{r_0}))} = \frac{\theta_{macro}}{2} \log\left(\frac{r_4}{r}\right) \quad \text{(D.7a)}$$

L'intégrale $I$ devient alors :

$$I = \int_{r''}^{r'} \frac{\theta_{macro}}{2\ln(10)} \frac{r}{r_0^2} \left(-\log\left(\frac{r}{r_4}\right)\right) dr \quad \text{soit} \quad I = \frac{\theta_{macro} r_4^2}{2 r_0^2} G(r_4, r', r'', 2) \quad \text{(D.7b)}$$

où la fonction $G$ est donnée à l'équation D.2b.

# D.2 Intégrale J utile pour le calcul de la conductivité hydraulique

Voici l'intégrale à calculer, jusqu'à la taille de pores $r'$ qui correspond à la teneur en eau $\theta'$ :

$$J = \int_{r_0}^{r'} \left(\frac{r}{r_0 \tau(r)}\right)^2 d\theta(r) \quad \text{(D.8a)}$$

Cette intégrale se décompose en une somme d'intégrales, sur chacun des intervalles où une fonction analytique définit la courbe de porosité $\theta(r)$ (p.172, équations 1.4a à 1.4e) et la tortuosité $\tau(r)$ (p.209, équations 1.27a à 1.27d). La tortuosité $\tau$ dépend de la teneur en matière organique. Cette correction ne dépendant pas de $r$ peut être mise en facteur devant l'intégrale :

$$J = \left(\frac{1 + 30C}{0{,}5 + 105C}\right)^2 J' \quad \text{avec} \quad J' = \int_{r_0}^{r'} \left(\frac{r}{r_0 \tau_{moy}(r)}\right)^2 d\theta(r) \quad \text{(D.8b)}$$

Les paragraphes suivants donnent la formulation de $J'$ sur les différents intervalles de porosité.

## D.2.1 Pour les pores résiduels

La conductivité hydraulique de la porosité résiduelle n'est pas mesurée avec précision ici et contribue peu aux déplacements de l'eau dans le sol. Elle peut donc être calculée de manière grossière, par exemple en faisant l'approximation que le lobe de porosité résiduelle est formé de deux triangles juxtaposés. Ceci permet d'avoir une formulation explicite de $J'$.

Les deux triangles formant le spectre de porosité résiduelle sont situés de part et d'autre de la taille $r_{m1}$ qui est la taille log-moyenne du premier lobe de porosité, où le spectre vaut $\partial n/\partial \log(\frac{r}{r_0}) = n_{res}$, soit de manière équivalente $\partial \theta/\partial \log(\frac{r}{r_0}) = \theta_{res}$.

Par ailleurs, pour la porosité résiduelle, soit pour $r < r_1$, la tortuosité moyenne s'écrit :

$$\tau_{moy}(r) = \tau_1 \left(\frac{r}{r_1}\right)^{-1/3} \tag{D.9}$$

La tortuosité $\tau_1$ ne dépend pas de $r$. Son expression en fonction du volume de porosité résiduelle est donnée à l'équation 1.29b p.211.

**Première partie des pores résiduels** Dans le premier triangle, soit pour $r < r_{m1}$, le spectre de porosité s'écrit :

$$\frac{\partial \theta}{\partial \log(\frac{r}{r_0})} = \theta_{res} \left[ \log\left(\frac{r}{r_0}\right) \Big/ \log\left(\frac{r_{m1}}{r_0}\right) \right] \tag{D.10a}$$

L'intégrale $J'$ devient donc :

$$J' = \int_{r_0}^{r'} \frac{r^2 r^{2/3} \theta_{res} \log\left(\frac{r}{r_0}\right)}{r_0^2 \tau_1^2 r_1^{2/3} \log\left(\frac{r_{m1}}{r_0}\right)} \cdot \frac{dr}{r \ln(10)} = \frac{r_0^{2/3} \theta_{res}}{r_1^{2/3} \tau_1^2 \log\left(\frac{r_{m1}}{r_0}\right)} G\left(r_0, r_0, r', \frac{8}{3}\right) \tag{D.10b}$$

où la fonction $G$ est donnée à l'équation D.2b.

L'intégrale $J'$ pour le premier triangle des pores résiduels entier s'obtient en posant $r' = r_{m1}$ dans l'expression précédente.

**Deuxième partie des pores résiduels** Le principe de calcul est le même que précédemment. Donnons ici simplement l'expression du spectre de porosité dans ce domaine et l'intégrale $J'$ résultante entre $r_{m1}$ et $r'$ :

$$\frac{\partial \theta}{\partial \log(\frac{r}{r_0})} = \theta_{res} \log\left(\frac{r}{r_1}\right) \Big/ \log\left(\frac{r_{m1}}{r_1}\right) \tag{D.11a}$$

$$J' = \frac{r_1^2 \theta_{res}}{r_0^2 \tau_1^2 \log\left(\frac{r_{m1}}{r_1}\right)} G\left(r_1, r_{m1}, r', \frac{8}{3}\right) \tag{D.11b}$$

où la fonction $G$ est donnée à l'équation D.2b.

L'intégrale $J'$ pour le deuxième triangle des pores résiduels en entier s'obtient en posant $r' = r_1$ dans l'expression précédente.

## D.2.2 Pour les micropores

**Pour les ferralsols-podzols**

Là encore le spectre de porosité est triangulaire. La tortuosité s'écrit :

$$\tau_{moy}(r) = \tau_2 \Big/ \sqrt{\left(\frac{\tau_2^2}{\tau_1^2} - 1\right)\frac{r_1}{r} + \left(1 - \frac{\tau_2^2 r_1}{\tau_1^2 r_2}\right)} \qquad (D.12a)$$

La valeur de $\tau_2$ est donnée à l'équation 1.29c p.211 et ne dépend pas de $r$. On obtient donc :

$$\frac{\partial \theta}{\partial \log(\frac{r}{r_0})} = \frac{\theta_{micro}}{2} \log\left(\frac{r}{r_1}\right) \qquad \text{d'où}$$

$$J' = \frac{r_1^2 \theta_{micro}}{2 r_0^2 \tau_2^2} \left[ \left(1 - \frac{\tau_2^2 r_1}{\tau_1^2 r_2}\right) G(r_1, r_1, r', 1) + \left(\frac{\tau_2^2}{\tau_1^2} - 1\right) G(r_1, r_1, r', 2) \right] \qquad (D.12b)$$

où la fonction $G$ est donnée à l'équation D.2b.

L'intégrale $J'$ pour la microporosité entière s'obtient en posant $r' = r_2$ dans l'expression précédente.

**Pour le substratum**

Pour les horizons sableux du substratum (H.S.), le spectre de microporosité est plat. Pour les horizons argileux (H.A.), il est triangulaire décroissant. L'intégrale $J'$ s'écrit alors :

$$J'_{HS} = \frac{r_1^2 \theta_{micro}}{2 r_0^2 \tau_2^2 \ln(10)} \left\{ \left(1 - \frac{\tau_2^2 r_1}{\tau_1^2 r_2}\right) \left[\frac{r'^2}{r_1^2} - 1\right] + \left(\frac{\tau_2^2}{\tau_1^2} - 1\right)\left[\frac{r'}{r_1} - 1\right] \right\} \qquad (D.13a)$$

$$J'_{HA} = \frac{r_2^2 \theta_{micro}}{2 r_0^2 \tau_2^2} \left[ \left(1 - \frac{\tau_2^2 r_1}{\tau_1^2 r_2}\right) G(r_2, r_1, r', 2) + \left(\frac{\tau_2^2}{\tau_1^2} - 1\right)\frac{r_1}{r_2} G(r_2, r_1, r', 2) \right] \qquad (D.13b)$$

où la fonction $G$ est donnée à l'équation D.2b.

L'intégrale $J'$ pour la microporosité entière s'obtient en posant $r' = r_2$ dans l'expression précédente.

### D.2.3 Pour les mésopores

Cette fois le spectre de porosité est constant : $\partial\theta/\partial\log(\frac{r}{r_0}) = \theta_{meso}$. L'expression de la tortuosité varie sur cet intervalle :

$$r_2 < r < r'_3 \quad \text{alors} \quad \tau_{moy}(r) = \tau_2 \sqrt{\frac{1 + \frac{\tau_3}{100\tau_2}\left(\frac{r}{r_2}\right)^4}{1 + \frac{\tau_2}{100\tau_3}\left(\frac{r}{r_2}\right)^4}} \tag{D.14a}$$

$$r'_3 < r < r_4 \quad \text{alors} \quad \tau_{moy}(r) = \tau_3 \sqrt{\frac{1 - \left(\frac{r'_3}{r_4}\right)^\beta}{\left(1 - \frac{\tau_3^2}{\tau_4^2}\right)\left(\frac{r'_3}{r}\right)^\beta + \frac{\tau_3^2}{\tau_4^2} - \left(\frac{r'_3}{r_4}\right)^\beta}} \tag{D.14b}$$

Où $\beta = 7/4$, $r'_3 = 10^{4,9} r_0$ et où $\tau_2$, $\tau_3$ et $\tau_4$ sont définis aux équations 1.29c à 1.29g, p.211.

**Première partie des mésopores** Calculons d'abord l'intégrale $J'$ sur le premier intervalle de mésopores. Effectuons le changement de variable de $r$ à $x = t_3 \left(\frac{r}{r_2}\right)^2$, avec $t_3 = \sqrt{\tau_3/\tau_2}/10$. On obtient alors :

$$J' = j_1 \int_{t_3}^{t_3(r'/r_2)^2} \frac{1 + (\frac{\tau_2^2}{\tau_3^2})x^2}{1 + x^2} \frac{dx}{t_3} \quad \text{avec} \quad j_1 = \frac{r_2^2 \theta_{meso}}{2r_0^2 \tau_2^2 \ln(10)} \tag{D.15}$$

Décomposons la fraction rationnelle en pôles principaux : $(1 + bx^2)/(1 + x^2) = b + (1-b)/(1+x^2)$. La fonction $1/(1+x^2)$ de la variable $x$ a pour primitive la fonction arc-tangente de $x$. L'intégrale $J'$ s'écrit donc :

$$J' = j_1 \left\{ \frac{\tau_2^2}{\tau_3^2} \left(\frac{r'^2}{r_2^2} - 1\right) + \frac{1}{t_3}\left(1 - \frac{\tau_2^2}{\tau_3^2}\right)\left[\arctan\left(t_3 \frac{r'^2}{r_2^2}\right) - \arctan(t_3)\right] \right\} \tag{D.16}$$

L'intégrale $J'$ pour cet intervalle entier s'obtient en posant $r' = r'_3$ dans l'expression précédente.

**Deuxième partie des mésopores** Cette fois il s'agit de l'intervalle $r'_3 < r < r_3$. La fonction à intégrer est du type $ar^2 + br^{2-\beta}$, $r$ étant la variable, $a$ et $b$ des constantes. Le résultat est donc immédiat :

$$J' = \frac{\theta_{meso}}{\tau_3^2 \left(1 - \frac{r'^\beta_3}{r_4^\beta}\right)} \left[ \left(1 - \frac{\tau_3^2}{\tau_4^2}\right) \frac{r'^\beta_3}{r_0^\beta}.B + \left(\frac{\tau_3^2}{\tau_4^2} - \frac{r'^\beta_3}{r_4^\beta}\right) \frac{r'^2 - r'^2_3}{2\ln(10)r_0^2}\right] \quad \text{avec}$$

$$B = \frac{r'^{(2-\beta)} - r_3'^{(2-\beta)}}{(2-\beta)\ln(10)r_0^{(2-\beta)}} \quad \text{si} \quad \beta \neq 2 \quad \text{et} \quad B = \log\left(\frac{r'}{r'_3}\right) \quad \text{sinon} \tag{D.17}$$

L'intégrale $J'$ pour cet intervalle entier s'obtient en posant $r' = r_3$ dans l'expression précédente.

### D.2.4  Pour les macropores

L'expression de la tortuosité est la même que pour la deuxième partie des mésopores. Le spectre de porosité est triangulaire.

$$\frac{\partial \theta}{\partial \log(\frac{r}{r_0})} = \frac{\theta_{macro}}{2} \log\left(\frac{r_4}{r}\right) \tag{D.18a}$$

$$J' = \frac{r_4^2 \theta_{macro}}{2r_0^2 \tau_3^2 \left(1 - \frac{r_3^\beta}{r_4^\beta}\right)} \left[\frac{r_3'^\beta}{r_4^\beta}\left(1 - \frac{\tau_3^2}{\tau_4^2}\right) G(r_4, r', r_3, 2 - \beta) + \left(\frac{\tau_3^2}{\tau_4^2} - \frac{r_3'^\beta}{r_4^\beta}\right) G(r_4, r', r_3, 2)\right] \tag{D.18b}$$

où la fonction $G$ est donnée à l'équation D.2b ou D.2c.

Cette expression est valable pour $r' \leqslant r_4$, où $r_4 = 1\,\text{cm}$. Au-delà, l'intégrale $J'$ n'augmente plus, elle reste à sa valeur pour $r' = r_4$.

# Annexe E

# Calculs d'intégrales pour les échanges entre deux porosités

## E.1 Coefficients géométriques

### E.1.1 Distance $a_e$

La formulation de la distance caractéristique $a_e$ entre pores larges remplis d'eau et pores fins dépend de la forme des pores larges : cylindres ou fentes (équation 3.9c ou 3.9d, p.245). Reformulons ces équations ici :

$$a_{e,min} = \sqrt{\frac{\pi(1-\theta_l)}{4E(r_{sep},r_{max})}} \quad \text{avec} \quad E(r_{sep},r_{max}) = \int_{r=r_{sep}}^{r_{max}} \frac{d\theta(r)}{r^2 \tau_s(r)} \quad \text{(cylindres)} \tag{E.1a}$$

$$a_{e,max} = \frac{3(1-\theta_l)}{2\left(1-\frac{\theta_l}{2}\right)F(r_{sep},r_{max})} \quad \text{avec} \quad F(r_{sep},r_{max}) = \int_{r=r_{sep}}^{r_{max}} \frac{d\theta(r)}{r\tau_s(r)^2} \quad \text{(fentes)} \tag{E.1b}$$

L'expression de la tortuosité *stricto sensu* $\tau_s$ en fonction de la taille des pores est donnée aux équations 3.18b à 3.18d p.253.

Nous allons donner dans la suite l'expression des intégrales $E$ et $F$ dans les différents domaines du spectre de porosité. Si l'intervalle entre $r_{sep}$ et $r_{max}$ chevauche plusieurs domaines, il faudra faire la somme des différentes contributions à $E$ ou $F$.

La valeur moyenne de la distance $a_e$ est la moyenne logarithmique entre les deux cas extrêmes précités :

$$a_e = \sqrt{a_{e,min} \cdot a_{e,max}} \tag{E.2}$$

## E.1.2  Intégrales $E$ et $F$ pour calculer $a_e$

**Dans les micropores des ferralsols-podzols**

Dans les micropores, le spectre de porosité est triangulaire croissant et la tortuosité *stricto sensu* $\tau_s$ a été prise croissante :

$$\frac{\partial \theta}{\partial \log(r/r0)} = \frac{\theta_{micro}}{2} \log\left(\frac{r}{r_1}\right) \quad \text{et} \quad \tau_s(r) = \tau_s \left(\frac{r_0}{r}\right)^{1/8} \quad \text{avec} \quad \tau_s = 1{,}2 \tag{E.3a}$$

Les intégrales $E$ et $F$ sont calculables explicitement :

$$E(r",r') = \frac{r_0^{\frac{1}{8}} \theta_{micro}}{2 * \tau_s r_1^{\frac{17}{8}}} G\left(r_1, r", r', -\frac{17}{8}\right) \tag{E.3b}$$

$$F(r",r') = \frac{r_0^{\frac{1}{4}} \theta_{micro}}{2 * \tau_s^2 r_1^{\frac{5}{4}}} G\left(r_1, r", r', -\frac{5}{4}\right) \tag{E.3c}$$

où la fonction $G$ est donnée à l'équation D.2b.

**Dans les micropores du substratum**

Le spectre de porosité est cette fois plat pour les horizons sableux ou triangulaire décroissant pour les horizons argileux.

$$\frac{\partial \theta}{\partial \log(r/r0)} = \frac{\theta_{micro}}{2} \quad \text{ou bien} \quad \frac{\partial \theta}{\partial \log(r/r0)} = \frac{\theta_{micro}}{2} \log\left(\frac{r_2}{r}\right) \tag{E.4a}$$

Les intégrales $E$ et $F$ pour les horizons sableux valent :

$$E(r",r') = \frac{8\theta_{micro}}{2 * 17\tau_s \ln(10) r_0^2} \left[\left(\frac{r_0}{r"}\right)^{\frac{17}{8}} - \left(\frac{r_0}{r'}\right)^{\frac{17}{8}}\right] \tag{E.4b}$$

$$F(r",r') = \frac{4\theta_{micro}}{2 * 5\tau_s^2 \ln(10) r_0} \left[\left(\frac{r_0}{r"}\right)^{\frac{5}{4}} - \left(\frac{r_0}{r'}\right)^{\frac{5}{4}}\right] \tag{E.4c}$$

Pour les horizons argileux, les intégrales $E$ et $F$ s'écrivent selon les équations E.3b et E.3c en remplaçant $r_1$ par $r_2$ et en multipliant le résultat par (-1).

**Dans les mésopores**

Dans les mésopores, le spectre de porosité est plat et la tortuosité *stricto sensu* $\tau_s$ a été prise décroissante :

$$\frac{\partial \theta}{\partial \log(r/r0)} = \theta_{meso} \quad \text{et} \quad \tau_s(r) = \tau_s\sqrt{\frac{r_3}{r}} \quad \text{avec} \quad \tau_s = 1{,}2 \tag{E.5a}$$

Les intégrales $E$ et $F$ sont calculables explicitement :

$$E(r",r') = \frac{2\theta_{meso}}{3\tau_s \ln(10) r_3^2} \left[ \left(\frac{r_3}{r"}\right)^{\frac{3}{2}} - \left(\frac{r_3}{r'}\right)^{\frac{3}{2}} \right] \tag{E.5b}$$

$$F(r",r') = \frac{\theta_{meso}}{\tau_s^2 r_3} \log\left(\frac{r'}{r"}\right) \tag{E.5c}$$

**Dans les macropores**

Dans les macropores, le spectre de porosité est décroissant et la tortuosité *stricto sensu* $\tau_s$ a été prise constante :

$$\frac{\partial \theta}{\partial \log(r/r0)} = \frac{\theta_{macro}}{2} \log\left(\frac{r_4}{r}\right) \quad \text{et} \quad \tau_s(r) = \tau_s = 1{,}2 \tag{E.6a}$$

Les intégrales $E$ et $F$ sont calculables explicitement :

$$E(r",r') = \frac{\theta_{macro}}{2\tau_s r_4^2} G(r_4, r', r", -2) \tag{E.6b}$$

$$F(r",r') = \frac{\theta_{macro}}{2\tau_s^2 r_4} G(r_4, r', r", -1) \tag{E.6c}$$

où la fonction $G$ est donnée à l'équation D.2b.

### E.1.3 Surface volumique $S_e$

$S_e$ est la surface des pores larges remplis d'eau par unité de volume de matrice. La matrice désigne le sol solide + les pores fins. Recopions ici son expression en fonction de la porosimétrie, selon l'équation 3.8 avec $c_s = 1$ d'après le § 3.2.3 p.250 :

$$S_e = \frac{2\gamma_r}{1 - \theta_l} S(r_{sep}, r_{max}) \quad \text{avec} \quad S(r_{sep}, r_{max}) = \int_{r=r_{sep}}^{r_{max}} \frac{2 d\theta(r)}{r} \tag{E.7}$$

Le coefficient $\gamma_r$ vaut 1 pour des pores larges qui ne se croisent pas, comme par exemple les cylindres parallèles. Il vaut $1 - \theta_l/2$ sinon.

Si l'intervalle entre $r_{sep}$ et $r_l$ s'étend sur plusieurs domaines du spectre de porosité, il faudra sommer les différentes contributions à l'intégrale $S$.

L'intégrale $S$ s'écrit :

$$S(r",r') = \frac{\theta_{micro}}{2} G(r_1,r",r',-1) \quad \text{micropores des ferralsols-podzols} \tag{E.8a}$$

$$S(r",r') = \frac{\theta_{micro}}{2\ln(10)} \left[\frac{1}{r"} - \frac{1}{r'}\right] \quad \text{micropores du substratum sableux} \tag{E.8b}$$

$$S(r",r') = \frac{\theta_{micro}}{2} G(r_2,r',r",-1) \quad \text{micropores du substratum argileux} \tag{E.8c}$$

$$S(r",r') = \frac{\theta_{meso}}{\ln(10)} \left[\frac{1}{r"} - \frac{1}{r'}\right] \quad \text{mésopores} \tag{E.8d}$$

$$S(r",r') = \frac{\theta_{macro}}{2} G(r_4,r',r",-1) \quad \text{macropores} \tag{E.8e}$$

où la fonction $G$ est donnée à l'équation D.2b.

### E.1.4 Tortuosité *stricto sensu* moyenne pour le calcul du coefficient de diffusion

Le coefficient de diffusion dans l'eau porale dépend de la tortuosité *stricto sensu* moyenne dans les pores remplis d'eau. Cette tortuosité moyenne est définie aux équations 4.2d et 4.3c p.267. Le calcul de ces moyennes nécessite d'expliciter l'intégrale $T$ suivante :

$$T(r",r') = \int_{r"}^{r'} \frac{d\theta(r)}{\tau_s^2(r)} \tag{E.9}$$

Nous prendrons ici la fonction de tortuosité *stricto sensu* définie aux équations 3.18a à 3.18d p.253, avec $\tau_s = 1,2$.

L'intégrale $T$ vaut alors :

$$T(r",r') = \frac{\theta(r') - \theta(r")}{\tau_s^2} \left(\frac{r_0}{r_1}\right)^{\frac{1}{4}} \quad \text{pour les pores résiduels} \tag{E.10a}$$

$$T(r",r') = \frac{\theta_{micro}}{2\tau_s^2} \left(\frac{r_0}{r_1}\right)^{\frac{1}{4}} G\left(r_1,r",r',-\frac{1}{4}\right) \quad \text{micropores, ferralsols-podzols} \tag{E.10b}$$

$$T(r",r') = \frac{4\theta_{micro} r_0^{\frac{1}{4}}}{2\tau_s^2 \ln(10)} \left[(r")^{-\frac{1}{4}} - (r")^{-\frac{1}{4}}\right] \quad \text{micropores, substratum sableux} \tag{E.10c}$$

$$T(r",r') = \frac{\theta_{micro}}{2\tau_s^2} \left(\frac{r_0}{r_2}\right)^{\frac{1}{4}} G\left(r_2,r',r",-\frac{1}{4}\right) \quad \text{micropores, substratum argileux} \tag{E.10d}$$

$$T(r",r') = \frac{\theta_{meso}(r'-r")}{\tau_s^2 \ln(10)r_3} \quad \text{pour les mésopores} \tag{E.10e}$$

$$T(r",r') = \frac{\theta_{macro}}{2\tau_s^2} G(r_4,r',r",0) \quad \text{pour les mésopores} \tag{E.10f}$$

$$\tag{E.10g}$$

où la fonction $G$ est donnée à l'équation D.2b ou D.2c.

## E.2 Intégrale $L$ pour le calcul du temps de transfert d'eau

Recopions ici la définition de l'intégrale $L$ donnée à l'équation 3.17c p.253. Elle est utile pour le calcul du temps de remplissage en eau des pores fins depuis les pores larges.

$$L = \int_{r=r_{fi}}^{r_f} \frac{K_l}{K_{lf}} \frac{\partial \theta}{\partial (\log(r/r_0))} \frac{dr}{r_l - r} \tag{E.11}$$

Calculons cette intégrale pour les 4 formulations suivantes de la conductivité hydraulique d'échange $K_{lf}$ en fonction des conductivité hydraulique $K_l$ et $K_f$ dans les porosités large ou fine:

- Formulation (1): $K_{lf} = K_l$
- Formulation (2): $K_{lf} = 0{,}5 * (K_l + K_f)$
- Formulation (3): $K_{lf} = \sqrt{K_l + K_f}$
- Formulation (4): $K_{lf} = K_f$

### E.2.1 Remplissage des micropores depuis les mésopores

L'intégrale $L$ s'étend donc de $r_{fi} = r_1$ à $r_f$, avec $r_f$ dans le domaine des micropores ($r_1 < r_f < r_2$).

Le spectre de porosité des ferralsols dans le domaine des micropores est croissant (équation D.5a p.455). Quelle que soit la formulation de $K_{lf}$, l'intégrale obtenue contient des fonctions du type $log(x)/(x-a)$ de la variable $x$ qui ne sont pas intégrables explicitement.

Nous avons donc opté pour une intégration numérique de $L$. A titre de vérification de ces calculs, nous avons aussi effectué une intégration explicite d'une intégrale $L'$ proche de $L$.

**Intégrale $L$ numérique**

Effectuons l'intégration de $L$ sur un incrément $\delta$ de $r$ en échelle logarithmique :

Formulation (1) $\quad L = \dfrac{\theta_{micro}}{2} \displaystyle\sum_{k=0}^{k_r-1} \dfrac{\ln(10) 10^{(k+0,5)\delta}(k+0,5)\delta^2}{\frac{r_l}{r_1} - 10^{(k+0,5)\delta}}$ \hfill (E.12a)

Formulation (2) $\quad L = \dfrac{\theta_{micro}}{2} \displaystyle\sum_{k=0}^{k_r-1} \dfrac{2\ln(10) 10^{(k+0,5)\delta}(k+0,5)\delta^2}{\left(\frac{r_l}{r_1} - 10^{(k+0,5)\delta}\right)\left(1 + \frac{K_f}{K_l}\right)}$ \hfill (E.12b)

Formulation (3) $\quad L = \dfrac{\theta_{micro}}{2} \displaystyle\sum_{k=0}^{k_r-1} \dfrac{\ln(10) 10^{(k+0,5)\delta}(k+0,5)\delta^2}{\left(\frac{r_l}{r_1} - 10^{(k+0,5)\delta}\right)} \sqrt{\dfrac{K_l}{K_f}}$ \hfill (E.12c)

Formulation (4) $\quad L = \dfrac{\theta_{micro}}{2} \displaystyle\sum_{k=0}^{k_r-1} \dfrac{\ln(10) 10^{(k+0,5)\delta}(k+0,5)\delta^2}{\left(\frac{r_l}{r_1} - 10^{(k+0,5)\delta}\right)} \dfrac{K_l}{K_f}$ \hfill (E.12d)

Le nombre de termes $k_r$ dans la somme est le nombre entier le plus proche de $\frac{1}{\delta}\log(r_2/r_1)$.

**Intégrale $L'$ explicite approchée**

Cette intégrale est calculée en prenant un spectre de microporosité plat et une conductivité hydraulique dans les pores résiduels $K'_f$ proportionnelle à une puissance entière de $r_f$ :

$$\dfrac{\partial \theta}{\partial(\log(r/r_0))} = \dfrac{\theta_{micro}}{2} \quad \text{et} \quad K'_f = <K_{micro}> \dfrac{r_f}{\sqrt{r_1 r_2}} \qquad \text{(E.13a)}$$

Les résultats sont les suivants :

Formulation (1) $\quad L' = \dfrac{\theta_{micro}}{2} \ln\left(\dfrac{r_l - r_1}{r_l - r_f}\right)$ \hfill (E.13b)

Formulation (2) $\quad L' = \dfrac{\theta_{micro}}{1+a} \ln\left(\dfrac{(r_l + ar_f)(r_l - r_1)}{(r_l + ar_1)(r_l - r_f)}\right)$

$\qquad$ avec $\quad a = (<K_{meso}> r_l)/(K_l \sqrt{r_1 r_2})$ \hfill (E.13c)

Formulation (3) $\quad L' = \dfrac{\theta_{micro}}{2} \sqrt{\dfrac{K_l \sqrt{r_1 r_2}}{<K_{micro}> r_l}} \ln\left(\dfrac{(\sqrt{r_l} + \sqrt{r_f})(\sqrt{r_l} - \sqrt{r_1})}{(\sqrt{r_l} - \sqrt{r_f})(\sqrt{r_l} + \sqrt{r_1})}\right)$

\hfill (E.13d)

Formulation (4) $\quad L' = \dfrac{\theta_{micro}}{2} \dfrac{K_l \sqrt{r_1 r_2}}{<K_{micro}> r_l} \ln\left(\dfrac{r_f(r_l - r_1)}{r_1(r_l - r_f)}\right)$ \hfill (E.13e)

## E.2.2 Remplissage des mésopores depuis les macropores

Pour le remplissage des micropores, nous avons constaté que l'intégrale explicite approchée $L'$ donne des résultats très proches de l'intégrale numérique $L$. Pour le remplissage des mésopores, nous avons uniquement calculé une intégrale explicite approchée $L'$.

Le spectre de mésopores est déjà considéré comme constant ici. La conductivité hydraulique dans les mésopores sera approchée par la fonction puissance suivante :

$$\frac{\partial \theta}{\partial (\log(r/r_0))} = \theta_{meso} \quad \text{et} \quad K'_f = <K_{meso}> \left(\frac{r_f}{\sqrt{r_1 r_2}}\right)^3 \tag{E.14a}$$

Cette fois l'intégration se fait de $r_{fi} = r_2$ à $r_f$ dans le domaine des mésopores, soit $r_2 < r_f < r_3$. Les résultats sont les suivants :

Formulation (1) $\quad L' = \theta_{meso} \ln\left(\dfrac{r_l - r_2}{r_l - r_f}\right)$ \hfill (E.14b)

Formulation (2) $\quad L' = 2\theta_{meso} \left[\dfrac{1}{3(1+a)} \ln\left(\dfrac{r_l + ar_f}{r_l + ar_2}\right) + \dfrac{1}{1+a^3} \ln\left(\dfrac{r_l - r_2}{r_l - r_f}\right)\right] \ldots$

$+ \dfrac{8a\theta_{meso}}{3\sqrt{3}(1 - a + a^2)} \left[\arctan\left(\dfrac{ar_f \sqrt{3}}{2r_l} - \dfrac{\sqrt{3}}{4}\right) \arctan\left(\dfrac{ar_2 \sqrt{3}}{2r_l} - \dfrac{\sqrt{3}}{4}\right)\right] \ldots$

$+ \dfrac{(2 + a - a^2)\theta_{meso}}{3(1 + a^3)} \ln\left(\dfrac{r_l^2 - ar_l r_f + a^2 r_f^2}{r_l^2 - ar_l r_2 + a^2 r_2^2}\right) \quad \text{avec} \quad a = \dfrac{<K_{meso}>^{1/3} r_l}{K_l^{1/3} \sqrt{r_2 r_3}}$

(E.14c)

Formulation (3)

$$L' = \theta_{meso} \sqrt{\frac{K_l (r_1 r_2)^{3/4}}{<K_{meso}> r_l^{3/2}}} \left[2\sqrt{\frac{r_l}{r_2}} - 2\sqrt{\frac{r_l}{r_f}} + \ln\left(\frac{(\sqrt{r_l} + \sqrt{r_f})(\sqrt{r_l} - \sqrt{r_2})}{(\sqrt{r_l} - \sqrt{r_f})(\sqrt{r_l} + \sqrt{r_2})}\right)\right]$$

(E.14d)

Formulation (4)

$$L' = \theta_{meso} \frac{K_l (r_1 r_2)^{3/2}}{<K_{micro}> r_l^3} \left[\frac{r_l^2}{2r_2^2} - \frac{r_l^2}{2r_f^2} + \frac{r_l}{r_2} - \frac{r_l}{r_f} \ln\left(\frac{r_f(r_l - r_2)}{r_2(r_l - r_f)}\right)\right]$$

(E.14e)

L'intégration pour la formulation (2) a nécessité d'effectuer le changement de variable $y = ar/r_l$ puis de faire la décomposition en pôles principaux de la fraction rationnelle dans l'intégrale :

$$\frac{2dy}{(1+y^3)(a-y)} = \frac{2dy}{3(1+a)(1+y)} + \frac{2dy}{(1+a^3)(a-y)}\ldots$$
$$+ \frac{2*(2+a-a^2)y + 2*(-1+a+2a^2)}{3(1+a^3)(1-y+y^2)}dy \qquad \text{(E.15a)}$$

Ce troisième terme est un pôle du second degré sans racine réelle. Il s'écrit aussi :

$$\frac{(2+a-a^2)y + (-1+a+2a^2)}{3(1+a^3)(1-y+y^2)}dy = \frac{a_1(2y-1)}{1-y+y^2}dy + \frac{a_2}{1-y+y^2}dy \qquad \text{(E.15b)}$$

où $a_1$ et $a_2$ sont des fractions rationnelles de $a$. Le premier terme égale $a_1 du/u$ avec $u = 1 - y + y^2$. Il admet comme primitive $a_1 \ln(u)$. Le deuxième terme est de la forme $a_3 dz/(1+z^2)$ où $a_3$ est une fraction rationnelle de $a$ et où $z = \frac{\sqrt{3}}{2}(y - \frac{1}{2})$. Il admet comme primitive $a_3 \arctan(z)$.

# Annexe F

# Calculs sur les volumes et surfaces des pores et minéraux

## F.1 Surface spécifique d'un ellipsoïde de révolution

Dans un repère (O,x,y,z) orthonormé, soit un ellipsoïde de révolution de centre O, de rayons principaux $R$ selon les axes (Ox) et (Oy) et $\alpha R$ selon l'axe (Oz). Les coordonnées (x,y,z) de tout point M de cet ellipsoïde de révolution vérifient :

$$x = R\cos(\phi)\sin(\theta)\,;\ y = R\sin(\phi)\sin(\theta)\,;\ z = \alpha R\cos(\theta) \qquad \text{(F.1a)}$$

Les angles $\phi$ et $\theta$ étant les angles en coordonnées cylindriques du projeté de M sur la sphère de centre O et de rayon $R$, parallèlement à l'axe (Oz). Une longueur élémentaire $dl$ sur cet ellipsoïde de révolution dans le plan (xOz) vaut :

$$dl = \sqrt{dx^2 + dy^2} = Rd\theta\sqrt{\cos^2(\theta) + \alpha\sin^2(\theta)} \qquad \text{(F.2)}$$

La surface totale de l'ellipsoïde s'exprime ainsi :

$$S = 2\int_{\theta=0}^{\pi/2} 2\pi R\sin(\theta)dl \qquad \text{(F.3)}$$

Si l'ellipsoïde de révolution est en forme de lentille, c'est-à-dire que $\alpha < 1$, il faut effectuer les changements de variables successifs : $u = \cos(\alpha)$ puis $v = \frac{\sqrt{1-\alpha^2}}{\alpha}u$

puis $t = \mathrm{argsh}(v)$. En notant $\beta = \mathrm{argsh}(\frac{\sqrt{1-\alpha^2}}{\alpha})$, on obtient :

$$S = 4\pi R^2 \alpha \int_0^1 du \sqrt{u^2 + \alpha^2(1-u^2)} = 4\pi R^2 \frac{\alpha^2}{\sqrt{1-\alpha^2}} \int_0^\beta \cosh^2(t) dt$$

soit $\quad S = 4\pi R^2 \left( \frac{1}{2} + \frac{\alpha^2}{2\sqrt{1-\alpha^2}} \mathrm{argsh}(\frac{\sqrt{1-\alpha^2}}{\alpha}) \right)$ \hfill (F.4a)

On retrouve bien les valeurs attendues de la surface de la sphère de rayon $R$ quand $\alpha$ égale 1 : $S = 4\pi R^2$, et du double disque de rayon $R$ quand la lentille est très écrasée : $S = 2\pi R^2$ pour $\alpha = 0$.

Si l'ellipsoïde de révolution est en forme de cigare, c'est-à-dire que $\alpha > 1$, le calcul est légèrement différent. Après le changement de variable $u = \cos(\alpha)$, il faut effectuer le changement de variable $v = \frac{\sqrt{\alpha^2-1}}{\alpha} u$ puis $t = \arccos(v)$. En notant $\beta = \arccos(\frac{\sqrt{\alpha^2-1}}{\alpha})$, on obtient :

$$S = 4\pi R^2 \frac{\alpha^2}{\sqrt{\alpha^2-1}} \int_{\pi/2}^\beta \sin^2(t) dt = 4\pi R^2 \left( \frac{1}{2} + \frac{\alpha^2}{2\sqrt{\alpha^2-1}} \arcsin(\frac{\sqrt{\alpha^2-1}}{\alpha}) \right)$$
\hfill (F.5)

Que l'ellipsoïde soit en forme de lentille ou de cigare, nous noterons $\gamma$ le rapport entre sa surface et celle de la sphère de rayon $R$, ce qui donne : $S = 4\pi R^2 \gamma$.

Le volume $V$ de cet ellipsoïde de révolution se déduit directement du volume de la sphère de rayon $R$ par affinité de rapport $\alpha$ selon l'axe $(Oz)$ :

$$V = \frac{4}{3}\pi R^3 \quad (F.6)$$

La surface spécifique, que nous noterons $S_v$, s'obtient par le rapport entre surface et volume. La surface spécifique d'un ellipsoïde de révolution vaut donc : $S_v = \frac{S}{V} = \frac{3\gamma}{R\alpha}$. Elle sera donc égale à la surface spécifique d'une sphère de rayon $R_{eq}$, avec $R_{eq} = \frac{\gamma}{\alpha}R$.

Dans le cas des lentilles de kaolinite observées ici pour lesquelles $\alpha \approx 0{,}2$, $\gamma = 0{,}55$ et $R_{eq} = 0{,}37R$.

# F.2 Largeur moyenne d'un pore et de ses différentes puissances

Nous noterons $\rho$ les différentes valeurs prises par la largeur d'un pore donné ou d'un ensemble de pores munis de resserrements et de renflements. Si ce pore est environ cylindrique, $\rho$ désigne ses rayons, s'il est en forme de fente, $\rho$ désigne les distances entre les deux parois.

## F.2.1 Cas d'une distribution lognormale de largeurs

Soit une variable $\rho$ de distribution lognormale. Le calcul qui suit est valable pour toute variable de distribution lognormale. La variable $x = \log(\rho)$ est alors une variable normale. Nous noterons respectivement $x_0$ sa moyenne et $\sigma$ son écart-type. La probabilité que la largeur du pore à un endroit donné soit comprise entre $\rho$ et $\rho + d\rho$ vaut :

$$p(\rho)d\rho = p(x)dx = \frac{\exp(-\frac{(x-x_0)^2}{2\sigma^2})}{\sqrt{2\pi}\sigma}dx \tag{F.7}$$

La valeur moyenne de $\rho^a$, pour tout $a$ réel, s'écrit alors :

$$<\rho^a> = \int_{-\infty}^{+\infty} 10^{ax} p(x) dx = \frac{1}{\sqrt{2\pi}\sigma} \int_{-\infty}^{+\infty} \exp\left(ax\ln(10) - \frac{(x-x_0)^2}{2\sigma^2}\right) dx \tag{F.8}$$

L'argument de l'exponentielle peut s'écrire sous la forme d'une somme de deux termes : $-\frac{(x-x_1)^2}{2\sigma^2} + x_2$, où $x_1$ et $x_2$ ne dépendent pas de $x$. L'intégrale de l'exponentielle du premier terme vaut $\sqrt{2\pi}\sigma$. Il reste donc :

$$<\rho^a> = \exp(x_2) = \exp\left(ax_0\ln(10) + \frac{(a\sigma\ln(10))^2}{2}\right)$$
$$= \rho_0^a \exp\left(\frac{1}{2}(a\sigma\ln(10))^2\right) = \rho_0^a c_c^{a^2} \tag{F.9}$$

où $\rho_0$ est la moyenne logarithmique des $\rho$ : $\log(\rho_0) = <\log(\rho)> = x_0 = <x>$ ; et où $c_c$ est le coefficient correcteur défini par : $c_c = \exp((\sigma\ln(10))^2/2)$. On a donc obtenu une relation entre les valeurs moyennes de diverses puissances d'une variable $\rho$ de distribution lognormale : $<\rho^a> = <\rho>^a c_c^{a^2-a}$, pour tout $a$. Ce résultat peut être utilisé dans les calculs de surface extérieure ou de volume du pore. Pour un pore environ cylindrique, sa surface extérieure fait intervenir $<\rho>$ et son volume fait intervenir $<\rho>^2$. Pour un pore en forme de fente, son volume fait intervenir $<\rho>$. Quant à la surface spécifique d'un sol, elle fait intervenir $<r^{-1}>$.

## F.2.2 Cas d'une distribution réelle de largeurs de pore

Le spectre de porosité avec $\log(r)$ en abscisse est constitué de la somme de lobes concaves plus ou moins symétriques (voir fin du p.85). Pour un pore seul, il se conçoit que la répartition de ses largeurs soit, en échelle logarithmique, symétrique autour de la valeur logarithmique moyenne. Nous supposerons aussi que cette répartition se rapproche d'une répartition gaussienne. Cependant, les largeurs d'un pore réel ne se distribuent pas de 0 à $+\infty$, mais sont bornées par une taille minimale (notée $r$ dans cette thèse, taille d'entrée de pore) et une taille maximale $r_{max}$. Pour un pore réel, nous utiliserons les relations précédentes établies pour une distribution lognormale de pores ayant une quantité négligeable ($\epsilon \ll 1$) de pores plus petits que $r$ ou plus grands que $r_{max}$. La taille log-moyenne $\rho_0$ et l'écart-type $\sigma$ seront donc établis ainsi :

$$\int_0^r p(\rho)d\rho = \int_{r_{max}}^{+\infty} p(\rho)d\rho = \epsilon/2 \tag{F.10a}$$

$$\text{alors } \rho_0 = \xi r \quad \text{et} \quad \sigma = \frac{\log(\xi)}{\text{erf}^{-1}(1-\epsilon)} \tag{F.10b}$$

si on note $\xi$ tel que $r_{max} = \xi^2 r$.

Appliquons alors ce résultat aux calculs de taille moyenne du paragraphe précédent. Le coefficient correcteur $c_c$ vaut alors :

$$c_c = \exp\left(\frac{(\ln(\xi))^2}{4\text{erf}^{-1}(1-\epsilon)}\right) \tag{F.11}$$

La largeur moyenne $<\rho>$ et la moyenne de son carré $<\rho^2>$ valent alors :

$$<\rho> = \xi r c_c = \rho_0 c_c \quad \text{et} \quad <\rho^2> = \xi^2 r^2 c_c^4 = \rho_0^2 c_c^4 = <\rho>^2 c_c^2 \tag{F.12}$$

Application numérique : Si on prend $\epsilon = 0{,}1$ et $\xi = 2$, on obtient $c_c = 1{,}109$. Si on prend $\epsilon = 0{,}05$ et $\xi = 2$, on obtient $c_c = 1{,}091$. La valeur $\xi = 2$ semble correcte voire surévaluée pour décrire la distribution des tailles locales d'un pore résiduel donné. Pour l'ensemble des pores résiduels, dont la taille s'étend de 4 nm à 100 nm, il semble correct de prendre $\xi = \sqrt{100/4} = 5$ avec $\epsilon = 0{,}02$. On obtiendra alors $c_c = 1{,}48$.

# Bibliographie

[1] Méthode de détermination du volume apparent et du contenu en eau des mottes. In *Qualité des sols. Méthodes d'analyses. Recueil de normes françaises, 3è édition.*, pages 373–384. AFNOR, 1996.

[2] Méthodes physiques - détermination de la masse volumique de mottes. Méthode par enrobage à la paraffine. In *Qualité des sols. Méthodes d'analyses. Recueil de normes françaises, 3è édition*, pages 437–444. AFNOR, 1996.

[3] I.R. Ahuja, J.W. Naney, R.E. Green, and D.R. Nielsen. Macroporosity to characterize spatial variability of hydraulic conductivity and effects of land management. *Soil Science Soc. Am. J.*, 49:1100–1105, 1984.

[4] A. Alexandre, F. Colin, and J.D. Meunier. Les phytolithes, indicateurs du cycle biogéochimique du silicium en forêt équatoriale. *C.R. Acad. Sci. Paris (II)*, 319:453–458, 1994.

[5] Yannick Almeras, Jean-Louis Barras, and Lyderic Bocquet. Influence of wetting properties on diffusion in a confined fluid. *Proc. "Dynamics in confinment" www.ill.fr/Events/confit.html*, pages 1–5, 2000.

[6] A. B. Anderson. *Aspectos floristicos e fitogeograficos de campinas e campinaranas na Amazônia central*. Magister scientiae do Instituto National de Pesquisas da Amazônia e Universidade do Amazonas, Manaus, 1978.

[7] C.A. Angell, M. Oguni, and W.J. Sichina. Heat capacity of water at extremes of supercooling and superheating. *J. Phys. Chem.*, 86:998–1002, 1982.

[8] M. Anoua, B. Jaillard, T. Riuz, J.C. Bénet, and B. Cousin. Couplage entre transfert de matière et réactions chimiques dans un sol. Partie II : application à la modélisation des transferts de matière dans la rhizosphère. *Entropy*, 207:13–24, 1997.

[9] K. Applin. The diffusion of dissolved silica in dilute aqueous solution. *Geochimica Cosmochimica Acta*, 51:2147–2151, 1987.

[10] F.B. Arruda, J.Jr. Julio, and J.B. Oliveira. Parametros de solo para calculo de agua disponivel com base na textura do solo. *Rev.Bras.Cienc.Solo*, 11:11–15, 1987.

[11] A. Arunachalam, H. N. Pandey, R. S. Tripati, and K. Maithani. Biomass and production of fine and coarse roots during regrowth of a disturbed humid forest in north-east India. *Vegetatio*, 123:73–80, 1996.

[12] S.F. Averjanov. *About permeability of subsurface soils in case of incomplete saturation*, volume 7. Eng. Collect., 1950.

[13] Jörg Bachmann and Rienk R. van der Ploeg. A review on recent developments in soil water retention theory: interfacial tension and temperature effects. *J. Plant Nutr. Soil Sci.*, 165:468–478, 2002.

[14] Luiz Carlos Balbino, Ary Bruand, Michel Brossard, and Maria de Fatima Guimarães. Comportement de la phase argileuse lors de la dessication dans des ferralsols microagrégés du brésil: rôle de la microstructure et de la matière organique. *C. R. Acad Sci Paris Sciences de la terre et des Planètes*, 332:673–680, 2001.

[15] A. Baltzer, A. Stepanian, J. Owono, B. Tessier, and E. Chaumillon. Identification comparée des sables vacuolaires à terre et en mer. In *VIIèmes Journées Nationales Génie côtier-Génie civil*, volume 1, pages 249–258. Anglet, 2002.

[16] G.I. Barenblatt, Iu.P. Zheltov, and I.N. Kochina. Basic concepts in the theory of seepage of homogeneous liquids in fissured rocks. *Prikl. Mat. Mekh.*, 24:852–864, 1960.

[17] Eleusa Barros, M. Grimaldi, T. Desjardins, M. Sarrazin, A. Chauvel, and P. Lavelle. Conversion of forest into pastures in Amazonia: effects on soil macrofaunal diversity and soil water dynamics. Symposium $n^o$ 11, poster $n^o$ 609. Montpellier, France, 1998. Congrès Mondial de Sciences du Sol, août 1998.

[18] G. Bastet. *Estimation des propriétés de rétention en eau des sols à l'aide de fonctions de pédotransfert: développement de nouvelles approches*. Thèse de doctorat, Université d'Orléans, 1999.

[19] J.C. Bénet and P. Jouanna. Phenomenological relation of phase change of water in a porous medium: experimental verification and measurement of the phenomenological coefficient. *Int. J. Heat Mass Transfer*, 25:1747–1754, 1982.

[20] Philip C. Benett. Quartz dissolution in organic-rich aqueous systems. *Geochimica et Cosmochimica Acta*, 55:1781–1797, 1991.

[21] Philip C. Benett, M.E. Melcer, D.I. Siegel, and J.P. Hassett. The dissolution of quartz in dilute aqueous solutions of organic acids at $25^oC$. *Geochimica et Cosmochimica Acta*, 52:1521–1530, 1988.

[22] Philip C. Benett and D.I. Siegel. Increased solubility of quartz in water due to complexing by organic compounds. *Nature*, 326:684–686, 1987.

[23] M.B. Benke, A.R. Mermut, and H. Shariatmadari. Retention of dissolved organic carbon from vinasse by a tropical soil, kaolinite, and Fe-oxides. *Geoderma*, pages 47–63, 1999.

[24] Y. Bernabe and A. Revil. Pore-scale heterogeneity, energy dissipation and the transport properties of rocks. *Geophysical Research Letters*, 22(12):1529–1532, 1995.

[25] R.A. Berner. *Early diagenesis: a theoretical approach*. Princeton Series in Geochemistry. H.D. Holland, 1980.

[26] P. E. L. Bezerra. Geologia. In *Geographia do Brazil*, volume 3, pages 27–46. Fundacaõ Instituto Brasileiro de Geographia e Estatistica (IBGE)., Rio de Janeiro, 1989.

[27] François Bigorre, Daniel Tessier, and Georges Pedro. Contribution des argiles et des matières organiques à la rétention de l'eau dans les sols. Signification et rôle fondamental de la capacité d'échange en cations. *C. R. Acad. Sci. Paris. Sciences de la Terre et des Planètes*, 330:245–250, 2000.

[28] R.E. Blake and L.M. Walter. Kinetics of feldspar and quartz dissolution at $70$-$80^oC$ and near-neutral pH: effect of organic acids and NaCl. *Geochimica et Cosmochimica Acta*, 63(13/14):2043–2059, 1999.

[29] Lyderic Bocquet and Jean-Louis Barrat. Diffusive motion in confined fluids: mode-coupling results and molecular-dynamics calculations. *Europhysics letters*, 31:455–460, 1995.

[30] G.H. Bolt and R.D. Miller. Calculation of total and component potentials of water in soil. *Eos Trans., AGU*, 39:917–928, 1958.

[31] R. Boulet, J.M. Brugière, and F.X. Humbel. Relation entre organisation des sols et dynamique de l'eau en Guyane septentrionale: conséquences agronomiques d'une évolution déterminée par un déséquilibre d'origine principalement tectonique. *Sci. du Sol*, 1:3–18, 1979.

[32] René Boulet, A. Chauvel, F. X. Humbel, and Y. Lucas. Analyse structurale et cartographie en pédologie. I- Prise en compte de l'organisation bidimensionnelle de la couverture pédologique: les études de toposéquences et leurs principaux apports à la connaissance des sols. *Cah.ORSTOM, sér.Pédol.*, XIX, 4:309–321, 1982.

[33] G. Bourrié, F. Trolard, J.-M. Robert Génin, A. Jaffrezic, V. Maître, and M. Abdelmoula. Iron control by equilibria between hydroxy-green rusts and solutions in hydromorphic soils. *Geoch. et Cosmoch. Acta*, 63(19-20):3417–3427, 1999.

[34] Guilhem Bourrié. Deux voies de formation des hydroxydes alumineux en fonction du comportement des complexes polynucléaires d'aluminium: voie

lixiviée à gibbsite et boehmite et voie confinée à gels et bayérite. *C.R. Acad. Sci. Paris*, 310,II:1221–1226, 1990.

[35] Guilhem Bourrié, C. Grimaldi, and A. Régeard. Monomeric versus mixed monomeric-polymeric models for aqueous aluminium species: constraints from low-temperature natural waters in equilibrium with gibbsite under temperate and tropical climate. *Chemical Geology*, 76(3/4):403–417, 1989.

[36] Guilhem Bourrié and G Pedro. La notion de pF, sa signification physicochimique et ses implications pédogénétiques. *Science du Sol*, 4:313–322, 1979.

[37] Susan L. Brantley and Nathan P. Melott. Surface area and porosity of primary silicate minerals. *American Mineralogist*, 85:1767–1783, 2000.

[38] S. Bravard. *Podzolisation en Amazonie brésilienne. Etude d'une séquence sols ferrallitiques - podzols de la région du nord de Manaus*. Thèse de doctorat, n°187, Université de Poitiers, 1988.

[39] Sylvie Bravard and D. Righi. Podzols in Amazonia. *Catena*, pages 461–475, 1990.

[40] Sylvie Bravard and D. Righi. Characterization of fulvic and humic acids from an oxisol-spodosol toposequence of Amazonia, Brazil. *Geoderma*, pages 151–162, 1991.

[41] Radam Brazil. *Projeto Radam Brazil. Levantamento de recursas Naturais. Folha SA-20 Manaus*. Ministério das Minas e Energia. Departamento Nacional da Produçaõ Mineral., Rio de Janeiro, 1976.

[42] Lyman J. Briggs. Limiting negative pressure of water. *Journal of Applied Physics - letter*, 21:721–722, 1950.

[43] Ary Bruand. Improved prediction of water-retention properties of clayey soils by pedological stratification. *Journal of Soil Science*, 41:491–497, 1990.

[44] Ary Bruand and R. Prost. Effect of water content on the fabric of a soil material: an experimental approach. *Journal of Soil Science*, 38:461–472, 1987.

[45] L. A. Bruijnzeel. *Hydrology of Moist Tropical Forests and Effects of Conversion: a State of Knowledge Review*. International Hydrological Program of UNESCO and Vrije Universiteit, Paris - Amsterdam, 1990.

[46] W. Brutsaert. Some methods of calculating unsaturated permeability. *Trans ASAE*, 10:400–404, 1967.

[47] U. Buczko, E. Hangen, O. Bens, and R. F. Hüttl. Infiltration and macroporosity of a silt loam soil under two contrasting tillage systems. soumis à Geoderma en février 2001, 2001.

[48] E.N. Bui, A.R. Mermut, and M.C.D. Santos. Microscopic and ultramicroscopic porosity of an oxisol as determined by image analysis and water retention. *Soil Sci. Am. J.*, 53:661–665, 1989.

[49] N.T. Burdine. Relative permeability calculations from pore size distribution data. *Petroleum Transactions, AIME*, 198:71–78, 1953.

[50] 0. Cabral. *Armazenagem de água num solo com floresta de terra firme e com seringal implantado*. Dissertaçao de mestrado, INPE, Brazil, 1991.

[51] M. V. Caputo, R. Rodrigues, and D. N. N. de Vasconcelos. Nomenclatura estratigráfica da bacia do Amazonas. In *Historicó e atualizaçaõ. Anais do XXVI Congresso Brazileiro de Geologia.*, pages 35–46, 1972.

[52] P.C. Carman. Fluid flow through a granular bed. *Transactions of the Institution of Chemical Engineers*, 15:150–167, 1937.

[53] S. Castet, J.-L. Dandurand, J. Schott, and R. Gout. Boehmite solubility and aqueous aluminium speciation in hydrothermal solutions (90-350°C): experimental study and modeling. *Geoch. et Cosmoch. Acta*, 57:4869–4884, 1993.

[54] Rosanne Chabot, Sami Bouarfa, Daniel Zimmer, Cédric Chaumont, and Cédric Duprez. Sugarcane transpiration with shallow water-table: sap flow measurements and modelling. *Agricultural Water Management*, 54:17–36, 2002.

[55] R.S. Chahal and R.N. Yong. Validity of the soil water characteristics determined with the pressure apparatus. *Soil Science*, 99:98–103, 1965.

[56] J. Q. Chambers, Niro Higuchi, and J.P. Schimel. Ancient trees in Amazonia. *Nature*, 391:135–136, 1998.

[57] A. Chauvel. Contribuiçâo para o estudo da evoluçâo dos latossolos amarelos, distroficos, argilosos na borda do platô, na regiâo de Manaus: mecanismos da gibbsitizaçâo. *Acta Amazonica*, 11, (2):227–245, 1981.

[58] Armand Chauvel, F. Andreux, C.C. Cerri, and Y. Lucas. Superficial evolution of Amazonian bauxite deposits. In *Travaux ICSOBA*, volume 19, pages 45–53. 1989.

[59] Armand Chauvel, Michel Grimaldi, Eleusa Barros, Eric Blanchart, Thierry Desjardins, Max Sarrazin, and Patrick Lavelle. Pasture damage by an Amazonian earthworm. *Nature*, 398:32–33, 1999.

[60] Armand Chauvel, Michel Grimaldi, and D. Tessier. Changes in soil porespace distribution following deforestation and revegetation: an example from the Central Amazon Basin, Brazil. *Forest Ecology and Management*, 38:259–271, 1991.

[61] Armand Chauvel, J. L. Guillaumet, and H. O. R. Schubart. Importance et distribution des racines et des êtres vivants dans un latosol argileux sous forêt amazonienne. *Rev. Ecol. Biol. du Sol*, 24:19–48, 1987.

[62] Armand Chauvel, A.R.T. Vital, Y. Lucas, T. Desjardins, W. K. Franken, and F. J. Luizaõ. The role of the roots in the hydrological cycle of the Amazonian rain forest. In *Comm. VII Cong. Bras. Meteorologia, Saõ Paulo, 28/09-02/10 1993*, 1993.

[63] Armand Chauvel, A.R.T. Vital, Y. Lucas, T. Desjardins, W. K. Franken, F. J. Luizaõ, L.A. Araguas, K. Rozanski, and A.P. Bedmar. O papel das raizes no ciclo hidrologico da floresta amazonica. In *Anaïs do VIIe Cong. Brasileiro Meteorologia, micrometeorologia da floresta, Saõ Paõlo*, pages 298–302, 1992.

[64] Namhyun Chung and Martin Alexander. Relationship between nanoporosity and other properties of soil. *Soil Science*, 164(10):726–730, 1999.

[65] Sophie Cornu. *Cycles biogéochimiques du Silicium, du Fer et de l'Aluminium en forêt amazonienne*. Thèse, CEREGE URA 132 CNRS - Université d'Aix-Marseille III, 1995.

[66] J. C. Correa. Caracteristicas fisico hidricas dos solos latossolo amarello, podzolico vermelho-amarello e podzol hidromorfico do estado do Amazonas. *Pesquisa Agropecuaria Brasileira*, 19:347–360, 1984.

[67] Christine Coulomb and Laurent Dever. Evolution saisonnière des modalités de transfert d'eau et de solutés dans un sol argileux drainé : étude isotopique et chimique. *Hydrological Sciences - Journal des Sciences Hydrologiques*, 39(3):217–233, 1994.

[68] Christine Coulomb, Pierre Vacher, and Laurent Dever. Utilisation de l'oxygène-18 comme traceur *in situ* de l'infiltration : cas d'un sol argileux drainé. *C.R. Acad. Sci. Paris*, 317(II):49–55, 1993.

[69] Henri Coupin. Sur le lieu d'absorption de l'eau par la racine. *C. R. Acad. Sci.*, mai:1005–1008, 1919.

[70] Henri Coupin. Sur le pouvoir absorbant du sommet des racines. *C. R. Acad. Sci.*, mars:519–522, 1919.

[71] J.W. Crawford. The relationship between structure and the hydraulic conductivity of soil. *European Journal of Soil Science*, 45:493–502, 1994.

[72] Pierre Cruiziat, Thierry Améglio, and Hervé Cochard. La cavitation : un mécanisme perturbant la circulation de l'eau chez les végétaux. *Mec. Ind.*, 2:289–298, 2001.

[73] E. Cuevas, S. Brown, and A. E. Lugo. Above- and belowground organic matter storage and production in a tropical pine plantation and a paired broadleaf secondary forest. *Plant and Soil*, 135:257–268, 1991.

[74] P. Curmi, P. Mérot, J. Roger-Estrade, and J. Caneill. Use of environmental isotopes for field study of water infiltration in the ploughed soil layer. *Geoderma*, 72:203–217, 1996.

[75] L.P. d'Acqui, E. Daniele, F. Fornassier, R. Radaelli, and G.G. Ristori. Interaction between clay microstructure, decomposition of plant residues and humification. *European Journal of Soil Science*, 49:579–587, 1998.

[76] R. Daemon. Contribuiçaõ à dataçaõ da formaçaõ Alter-do-Chaõ, bacia do Amazonas. *Revista Brasileira de Geociências*, 5:78–84, 1975.

[77] A. Dall'Olio. *A composiçaõ isotòpica das precipitaçaos do Brazil: modelos isotérmicos e a influencia da evapotranspiraçaõ na Bacia Amazônicas.* rapport de DEA, ESALQ-USP de Piracicaba (Brazil), 1976.

[78] T. Desjardins, A. Chauvel, and Y. Lucas. *Distribution des racines dans les latossols argileux de rio urubu.* ORSTOM, Manaus, 1991.

[79] Patricia M. Dove. The dissolution kinetics of quartz in aqueous mixed cation solutions. *Geochimica et Cosmochimica Acta*, 63:3715–3727, 1999.

[80] Patricia M. Dove and David A. Crerar. Kinetics of quartz dissolution in electrolyte solutions using a hydrothermal mixed flow reactor. *Geochimica et Cosmochimica Acta*, 54:955–969, 1990.

[81] Béryl du Gardin, M. Grimaldi, and Y. Lucas. Effets de la déshydratation sur les sols du système ferralsol-podzol d'Amazonie centrale. Reconstitution de la courbe de désorption d'eau à partir de la porosimétrie au mercure. *Bulletin de la Société Géologique de France*, 173(2):113–128, 2002.

[82] P. Duchaufour. *Pédologie. 1. Pédogenèse et classification.* Masson, Paris, 1983.

[83] W. Durner. Hydraulic conductivity estimation for soils with heterogeneous pore structure. *Water Resources Research*, 30:211–223, 1994.

[84] J.C. Echeverría, M.T. Morera, C. Mazkiarán, and J.J. Garrido. Characterization of the porous structure of soils: adsorption of nitrogen (77k) and carbon dioxide (273k) and mercury porosimetry. *European Journal of Soil Science*, 50:497–503, 1999.

[85] Serge Elmi and Claude Babin. *Histoire de la Terre, 3ème édition.* Masson, Paris, 1996.

[86] Frédérique Eyrolle. *La fraction colloïdale organique dans les processus de transport des métaux dans les eaux de surface: application aux systèmes d'altération en milieu tropical (Brésil).* Thèse de doctorat, Université de Droit d'Economie et des Sciences d'Aix-Marseille III, 1994.

[87] J.C. Fisher. The fracture of liquids. *J. Appl. Phys.*, 19:1062–1067, 1948.

[88] CEAM Center for Exposure Assessment Modeling. *MINTEQA2: software used for calculation of equilibrium composition of aqueous solutions, such as*

soil solutions, groundwater and lake waters. US Environmental Protection Agency., http://www.epa.gov/ceampubl/mmedia/minteq, 2000.

[89] W. Franken and P. R. Leopoldo. Hydrology of catchment areas of Central-Amazonian forest streams. In *The Amazon: limnology and landscape ecology of a mighty tropical river and its basin. Monographiae Biologicae, 56*, pages 501–519. 1984.

[90] W. Franken, P. R. Leopoldo, E. Matsui, and M. N. Goes Ribeiro. Estudo da interceptaçào do agua de chuva em cubertura florestal amazônica do tipo terra firme. *Acta Amazonica*, 12 (2):327–331, 1992.

[91] K. Furch. Water chemistry of the Amazon basin: the distribution of chemical elements among freshwaters. In H. Sroli, editor, *The Amazon: limnology and landscape ecology of a mighty tropical river and its basin*, Monographiae Biologicae 56, chapter 6, pages 167–199. W. Junk, 1984.

[92] Emmanuelle Garrigues. *Prélèvements hydriques par une architecture racinaire; imagerie quantitative et modélisation des transferts d'eau dans le système sol-plante*. PhD thesis, Thèse de l'Institut National Agronomique de Paris Grignon, INRA-Avignon, 2002.

[93] Frédéric Gérard. *Modélisation géochimique thermodynamique et cinétique avec prise en compte des phénomènes de transport de masse en milieu poreux saturé*. Thèse, Université Louis Pasteur, Institut de géologie de Strasbourg, 1996.

[94] Horst H. Gerke and M. Th. van Genuchten. Evaluation of a first-order water transfer term for variably-saturated dual-porosity models. *Water Resources Research*, 29:1225–1238, 1993.

[95] Horst H. Gerke and M. Th. van Genuchten. Macroscopic representation of structural geometry for simulating water and solute movement in dual-porosity media. *Advances in Water Resources*, 19:343–357, 1996.

[96] P.F. Germann and K. Beven. Kinematic wave approximation to infiltration into soils with sorbing macropores. *Water Resources Research*, 21(7):990–996, 1985.

[97] Richard A. Gill and Robert B. Jackson. Global patterns of root turnover for terrestrial ecosystems. *New Phytol.*, 147:13–31, 2000.

[98] Sylvie Giral. *Variations des rapports isotopiques $^{18}O/^{16}O$ des kaolinites de deux profils latéritiques amazoniens: signification pour la pédologie et la paléoclimatologie*. Thèse, CEREGE - Université d'Aix-Marseille III, 1994.

[99] Sylvie Giral, D. Nahon, J. P. Girard, and S. Savin. Variation in 18o/16o ratios of kaolinites within a lateritic profile: their significance for laterite genesis and isotopes paleoclimatology. *GSA Abstract*, 24, 7:A70–A70, 1992.

[100] V. Gomendy, F. Bartoli, B. Pechard-Presson, H. Vivier, V. Petit, N. Bird, S. Niquet, E. Perrier, J.J. Royer, and T. Leviandier. Fractals, théorie de la percolation et structures des sols : une approche physique unifiée pour la modélisation des courbes de rétention d'eau et des transferts? *Journées du progr. Envir., Vie et Sociétés : "Tendances nouvelles en modélisation pour l'environnement"*, pages 1–6, 1996.

[101] J.F. Gouyet. *Physique et structures fractales*. Masson, Paris, 1992.

[102] Andrew J. Gratz and Peter Bird. Quartz dissolution : negative crystal experiment and a rate law. *Geoch. et Cosmoch. Acta*, 57:965–976, 1993.

[103] Andrew J. Gratz and Peter Bird. Quartz dissolution : theory of rough and smooth surfaces. *Geoch. et Cosmoch. Acta*, 57:977–989, 1993.

[104] Catherine Grimaldi. Origine de la composition chimique des eaux superficielles en milieu tropical humide. Exemple de deux petits bassins versants sous forêt en Guyane française. *Sci. Géol. Bull.*, 41:247–262, 1988.

[105] Catherine Grimaldi and Georges Pédro. Importance de l'hydrolyse acide dans les systèmes pédologiques des régions tropicales humides. *C.R. Acad. Sci. Paris*, 323:483–492, 1996.

[106] M. Grimaldi. Contribution à l'étude d'une couverture pédologique sur formation sédimentaire de la région nord de Manaus. rapport ORSTOM. 1987.

[107] H. Grout, M.R. Wiesner, and J.-Y. Bottero. Analysis of colloidal phases in urban stormwater runoff. *Environ. Sci. Technol.*, 33:831–839, 1999.

[108] J. L. Guillaumet. Some structural and floristic aspects of the forest. *Experientia*, 43, (3):241–251, 1987.

[109] Jon Peter Gustafsson. *VMINTEQ: a MINTEQ version with a Windows interface*. KTH., Sweden, http://www.lwr.kth.se/english/OurSoftWare/vminteq, 2001.

[110] P.D. Hallett, N.R.A Bird, A.R. Dexter, and J.P.K. Seville. Investigation into the fractal scaling of the structure and strength of soil aggregates. *European Journal of Soil Science*, 49(2):203–211, 1998.

[111] F. Hallé, R. A. A. Oldeman, and P. B. Tomlison. *Tropical trees and forests. An architectural analysis*. Springer-Verlag, New-York, 1978.

[112] A. T. Hjelmfelt. Amazon Basin hydrometeorology. *J.Hydraul.Div.Am.Soc.Civ.Eng.*, 104:887–897, 1978.

[113] M. G. Hodnett, I. Vendrame, A. d. O. Marquès Filho, M. D. Oyama, and J. Tomasella. Soil water storage and groundwater behaviour in a catenary sequence beneath forest in central Amazonia : I. Comparisons between plateau, slope and valley floor. *Hydrology and Earth System Sciences*, 1 (2):265–277, 1997.

[114] M. G. Hodnett, I. Vendrame, A. d. O. Marquès Filho, M. D. Oyama, and J. Tomasella. Soil water storage and groundwater behaviour in a catenary sequence beneath forest in central Amazonia: II. Floodplain water table behaviour and implications for streamflow generation. *Hydrology and Earth System Sciences*, 1 (2):279–290, 1997.

[115] M.G. Hodnett, L. Pimentel da Silva, H.R. da Rocha, and R. Cruz Senna. Seasonal soil water storage changes beneath central Amazonian rainforest and pasture. *Journal of Hydrology*, 170:233–254, 1995.

[116] M.G. Hodnett, M.D. Oyama, J. Tomasella, and A. de O. Marques Filho. Comparisons of long-term soil water storage behaviour under pasture and forest in three areas of Amazonia. In J. H. C. Gash, C. A. Nobre, J. M. Roberts, and R. L. Victoria, editors, *Amazonian deforestation and climate*, pages 57–77. Institute of Hydrology, 1996.

[117] N. M. Holbrook, M. J. Burns, and C. B. Field. Negative xylem pressures in plants: a test of the balancing pressure technique. *Science*, 270:1193–1194, 1995.

[118] Jan Ilsemann, Rienk R. van der Ploeg, Robert Horton, and Jörg Bachmann. Laboratory method for determining immobile soil water content and mass exchange coefficient. *J. Plant Nutr. Soil. Sci.*, 165:332–338, 2002.

[119] S. Irmay. On the hydraulic conductivity of unsaturated soils. *Eos. Trans. AGU*, 35:463–467, 1954.

[120] P. H. Jipp, D. C. Nepstad, D. K. Cassel, and C. R. de Carvalho. Deep soil moisture storage and transpiration in forests and pastures of seasonally-dry Amazonia. *Climatic Change*, 39:395–412, 1998.

[121] N. Kazanci, O. Ilero, B. Varol, and M. Ergin. On the significance of small scale and short live air escape structures for the destruction of primary sedimentary lamination on the Colakly beach deposits, Gulf of Antalaya, 'Turkey (Eastern Mediterranean). *Estuarine Coastal and Shelf Science*, 47:181–190, 1998.

[122] H. Klinge. Litter production in an area of Amazonian terra firme forest. Part I. Litter-fall, organic carbon and total nitrogen contents of litter. *Amazoniana*, 1, 4:287–302, 1968.

[123] H. Klinge. Root mass estimation in lowland tropical forest of central Amazonia, Brazil. I. Fine root masses of a pale yellow latosol and a giant humus podzol. *Trop. Ecol.*, 14 (1):29–38, 1973.

[124] H. Klinge. Preliminary data on nutrient release from decomposing leaf litter in a neotropical rain forest. *Amazoniana*, VI (2):193–202, 1977.

[125] J. Kozeny. Über Kapillare Leitung des Wassers im Boden. *Sitzungsber.*, 136:271–306, 1927.

[126] M. Krafczyk, P. Lehmann, and A. Gygi. Predicting water and air distribution based on geometrical properties. In *European Geophysical Society, XXVI General Assembly*, page 124, Nice, 2001.

[127] F. Laio, A. Porporato, L. Ridolfi, and I. Rodriguez-Iturbe. Seasonal control on the unsteady dynamics of mean soil moisture. In *European Geophysical Society, XXVI General Assembly*, page 125, Nice, 2001.

[128] F. Laio, A. Porporato, L. Ridolfi, and I. Rodroguez-Iturbe. Plants in water-controlled ecosystems: active role in hydrologic processes and response to water stress. II probabilistic soil moisture dynamics. *Advances in Water Resources*, 2001.

[129] J. Lehmann, T. Muraoka, and W. Zech. Root activity pattern in an Amazonian agroforest with fruit trees determined by $^{32}$P, $^{33}$P and $^{15}$N applications. *Agroforestry Systems*, 52:185–197, 2001.

[130] P. Lehmann, M. Stähli, A. Papritz, A. Gygi, and H. Flühler. A fractal approach to model soil structure and to calculate thermal conductivity of soils. *Transport in Porous Media*, 52:313–332, 2003.

[131] P. R. Leopoldo, W. Franken, E. Matsui, and E. Salati. Estimativa de evapotranspiração de floresta amazônica de terra firme. *Supl. Acta Amazonica*, 12 (3):23–28, 1982.

[132] Lance F. Lesack. Water balance and hydrologic characteristics of a rain forest catchment in the Central Amazon Basin. *Water Resources Research*, 29:759–773, 1993.

[133] Lance F. Lesack and L. M. Melack. The decomposition, composition and potential sources of major ionic solutes in rain of the central Amazon Basin. *Water Resources Research*, 27:2953–2978, 1991.

[134] Y.H. Li and S. Gregory. Diffusion of ions in sea water and in deep-sea sediments. *Geochimica Cosmochimica Acta*, 38:703–714, 1974.

[135] Peter C. Lichtner. Continuum model for simultaneous chemical reactions and mass transport in hydrothermal systems. *Geochimica Cosmochimica Acta*, 49:779–800, 1985.

[136] J. Lozet and C. Mathieu. *Dictionnaire de Sciences du Sol, 2ème édition*. Coll. Technique et Documentation. Lavoisier, Paris, 1990.

[137] Yves Lucas. *Systèmes pédologiques en Amazonie brésilienne. Equilibres, déséquilibres et transformations*. Thèse n°211, Université de Poitiers, 1989.

[138] Yves Lucas. The role of plants in weathering. *Annu. Rev. Earth. Planet. Sci.*, 29:135–163, 2001.

[139] Yves Lucas, R. Boulet, and L. Veillon. Systèmes sols ferrallitiques - podzols en région amazonienne. In D. Righi and A. Chauvel, editors, *Podzols et Podzolisation*, pages 53–65. AFES (Plaisir) - INRA (Paris), 1987.

[140] Yves Lucas, F.J. Luizão, A. Chauvel, J. Rouiller, and D. Nahon. The relation between biological activity of the rain forest and mineral composition of soils. *Science*, 260:521–523, 1993.

[141] F. J. Luizão. Litter production and mineral element input to the forest floor in a central Amazonian forest. *GeoJournal*, 19, 4:407–417, 1989.

[142] F. J. Luizão. Masse des racines et des apports de litière en campinarana, en 1992. pp.140 et 205 de la thèse de S. Cornu, 1995.

[143] F. J. Luizão, R. C. C. Luizão, and A. Chauvel. Premiers résultats sur la dynamique des biomasses racinaires et microbiennes dans un latossol d'Amazonie Centrale, sous forêt et sous pâturage. *Cah.ORSTOM, sér.Pédol.*, XXVII:69–79, 1992.

[144] R. J. Luxmoore. Micro-, meso-, and macroporosity of soil. *Soil Sci.Soc.Am.J.*, 45:671–672, 1981.

[145] Benoit Madé. *Modélisation thermodynamique et cinétique des réactions chimiques dans les interactions eau-roche*. Thèse, Université Louis Pasteur, Institut de Géologie de Strasbourg, 1991.

[146] D. Magaldi, M. Giammatteo, and P. Smart. Soil micromorphology of clayey hill slopes, central italy. *Bull. Eng. Geol. Env.*, 61:357–362, 2002.

[147] J. Marques, J. M. dos Santos, N. A. Villa Nova, and E. Salati. Precepitable water and water vapour flux between Belem and Manaus. *Acta Amazonica*, 7 (3):355–363, 1977.

[148] R. Marques, J. Ranger, D. Gelhaye, B. Pollier, Q. Ponette, and O. Goedert. Comparison of chemical composition of soil solutions collected by zero-plate lysimeters with those from ceramic-cup lysimeters in a forest soil. *European Journal of Soil Science*, 47:407–417, 1996.

[149] A. Masion and P.M. Bertsch. Aluminium speciation in the presence of wheat root cell walls. *Plant, cell and Environment*, 20(4):504–512, 1997.

[150] A. Masion, A. Vilgé-Ritter, Jérôme Rose, W.E. Stone, B.J. Teppen, D. Rybacki, and J.-Y. Bottero. Coagulation-flocculation of natural organic matter with Al salts : speciation and structure of the aggregates. *Environ.Sci. Technol.*, 34:3242–3246, 2000.

[151] Enrique Merino, Daniel Nahon, and Yifeng Wang. Kinetics and mass transfer of pseudomorphic replacement : application to replacement of parent minerals and kaolinite by Al, Fe and Mn oxides during weathering. *American Journal of Science*, 293:135–155, 1993.

[152] E. Mignard and J.C. Bénet. Vérification expérimentale de la relation phénoménologique de dissolution d'un gaz dans l'eau d'un milieu poreux non saturé. Modèle de relation entre la phase gazeuse et la solution d'un sol non saturé. *C.R.Acad. Sci. Paris*, 302(II 6), 1986.

[153] R.D. Miller. The porous phase barrier and cristallization. *Separation Science*, 8:521–535, 1973.

[154] R.D. Miller. Comment on "paradoxes and realities in unsaturated flow theory" by W.G. Gray and S.M. Hassanizadeh. *Water Resources Research*, 30:1623–1624, 1994.

[155] Dalila Mohrath, L. Bruckler, P Bertuzzi, J. C. Gaudu, and M Bourlet. Error analysis of an evaporation method for determining hydrodynamic properties in unsaturated soil. *Soil Science Society American Journal*, 61:725–735, 1997.

[156] Yechezkel Mualem. A new model for predicting the hydraulic conductivity of unsaturated porous media. *Water Resources Research*, 12:513–522, 1976.

[157] J. Muller and J.L. MacCaulay. Implication of fractal geometry for fluid flow properties of sedimentary rocks. *Transport in Porous Media*, 8:133–147, 1992.

[158] D. C. Nepstad, F. H. Bormann, and C. Uhl. Deep roots in Amazonian ecosystems. preprint. 1990.

[159] D. C. Nepstad, C. R. de Carvalho, E. A. Davidson, P. H. Jipp, P. A. Lefebvre, G. H. Negreiros, E. D. da Silva, T. A. Stone, S. E. Trumbore, and S. Vieira. The role of deep roots in the hydrological and carbon cycles of Amazonian forests and pastures. *Nature*, 372:666–669, 1994.

[160] S.P. Neuman. Universal scaling of hydraulic conductivities and dispersivities in geologic media. *Water Resources Research*, 26:1749–1758, 1990.

[161] S.P. Neuman, Reinder A. Feddes, and Eshel Bresler. Finite element analysis of two-dimensional flow in soils considering water uptake by roots: I. Theory. *Soil Sci. Soc. Amer. Proc.*, 39:224–230, 1975.

[162] E. Nimer. Climatologia da regiaõ norte. In *Climatologia do Brasil*, pages 363–392. IBGE, Rio de Janeiro, second edition, 1989.

[163] Dani Or and Markus Tuller. Liquid retention and interfacial area in variably saturated porous media: upscaling from single-pore to sample-scale model. *Water Resources Research*, 35(12):3291–3605, 1999.

[164] Dani Or and Markus Tuller. Cavitation during desaturation of porous media under tension - technical note. *Water Resources Research*, 38:19.1–19.4, 2002.

[165] H.L. Penman. Gas and vapour movement in soil, the diffusion of vapour through porous solids. *J. Agric. Sci.*, 30:437–462, 1940.

[166] E. Perrier, N. Brid, and M. Rieu. Generalizing the fractal model of soil structure: the pore-solid fractal approach. *Geoderma*, 88:137–164, 1999.

[167] Radomir Petrovich. Kinetics of dissolution of mechanically comminuted rock- forming oxides and silicates. I Deformation and dissolution of quartz under laboratory conditions. *Geoch. et Cosmoch. Acta*, 45:1665–1674, 1981.

[168] S. G. Philander. *El Niño, La Niña and the Southern Oscillation*. Academic Press, San Diego, 1990.

[169] M.C. Piccolo, F. Andreux, and C.C. Cerri. Hydrochemistry of soil solution collected with tension-free lysimeters in a native and cut-and-burned tropical rain forest in central amazônia. *Geochem. Brasil.*, 8:51–63, 1994.

[170] A. Pierret, C. Doussan, E. Garrigues, and J.Mc Kirby. Observing plant roots in their environment : current imaging options and specific contribution of two-dimensional approaches. *Agronomie*, 23:471–479, 2003.

[171] Kenneth S. Pitzer and S. Michael Sterner. Equations of state valid continuously from zero to extreme pressures for $H_2O$ and $CO_2$. *J. Chem. Phys.*, 101:3111–3116, 1994.

[172] Willian T. Pockman, John S. Sperry, and James W. O'Leary. Sustained and significant negative pressure in xylem. *Nature*, 378:715–716, 1995.

[173] Simon R. Poulson, James I. Drever, and Lisa L. Stillings. Aqueous si-oxalate complexing, oxalate adsorption onto quartz, and the effect of oxalate upon quartz dissolution rates. *Chemical Geology*, 140:1–7, 1997.

[174] G. T. Prance. American tropical forest. In H. Lieth and M. J. A. Werger, editors, *Tropical rain forest Ecosystems*, pages 99–132. 1989.

[175] H. Putzer. The geological evolution of the Amazon basin and its mineral resources. In H. Sioli, editor, *The Amazon : limnology and landscape ecology of a mighty tropical river and its basin. Monographiae Biologicae, 56*, pages 15–46. 1984.

[176] G. Ranzani. Identificacaõ e caracterizacaõ de alguns solos da estacaõ experimental de silvicultura tropical do INPA. *Acta Amazonica*, 10:7–41, 1980.

[177] P.A. Raymond and J.E. Bauer. Riverine export of aged terrestrial organic matter to the North Atlantic Ocean. *Nature*, 409:497–500, 2001.

[178] André Revil and L.M. Cathles III. Permeability of shaly sands. *Water Resources Research*, 35:651–662, 1999.

[179] André Revil, L.M. Cathles III, S. Losh, and J.A. Nunn. Electrical conductivity in shaly sands with geophysical applications. *Journal of Geophysical Research*, 103(B10):23925–23936, 1998.

[180] André Revil and P. Leroy. Hydroelectric coupling in a clayey material. *Geophysical Research Letters*, 28:1643–1646, 2001.

[181] L.A. Richards. A pressure membrane extraction apparatus for soil solution. *Soil Science*, 51:377–386, 1941.

[182] M. Rieu and G. Sposito. Fractal fragmentation, soil porosity and soil water properties: I Theory. *Soil Sci. Soc. Am. J.*, 55:1231–1238, 1991.

[183] J.D. Rimstidt. Quartz solubility at low temperatures. *Geoch. et Cosmoch. Acta*, 61:2552–2558, 1997.

[184] J.D. Rimstidt and H.L. Barnes. The kinetics of silica-water reactions. *Geoch. et Cosmoch. Acta*, 44:1683–1699, 1980.

[185] T. Riuz, M. Anoua, J.C. Bénet, B. Jaillard, B. Cousin, and E. Mignard. Couplage entre transfert de matière et réactions chimiques dans un sol. Partie I: modélisation mathématique. *Entropy*, 207:3–12, 1997.

[186] H.M. Rootare and C.F. Prenzlow. Surface areas from mercury porosimeter measurements. *The Journal of Physical Chemistry*, 71(8):2733–2736, 1967.

[187] K. Rozanski, L. Araguas-Araguas, A.P. Bedmar, W. Franken, A.C. Tancredi, and A.R.T. Vital. Water movement in the Amazon soil traced by means of hydrogen isotopes. In *Proc. Inter. Symp. on Use of Stable Isotopes in Plant Nutrition. Soil Fertility and Environmental Studies*, page SM 313, IAEA, Viena, 1991.

[188] V. K. Sah, A. K. Saxena, and V. Singh. Seasonal variation in plant biomass and net productivity of grazinglands in the forest zone of Garhwal Himalaya. *Trop.Ecol.*, 35:115–131, 1994.

[189] E. Salati and J. Marques. Climatology of the Amazon region. In H. Sioli, editor, *The Amazon: limnology and landscape ecology of a mighty tropical river and its basin. Monographiae Biologicae, 56*, pages 85–126. Junk,W. , Kluwer Academic, Boston, 1984.

[190] A. Saul and W. Wagner. A fundamental equation for water covering the range from the melting line to $1273°K$ at pressures up to 25 000 MPa. *J. Phys. Chem. Ref. Data*, 18(4):1537–1564, 1989.

[191] Marjorie S. Schulz and Art F. White. Chemical weathering in a tropical watershed, Luquillo mountains, Puerto Rico III: Quartz dissolution rates. *Geoch. et Cosmoch. Acta*, 63(3/4):337–350, 1999.

[192] R.C. Schwarz, A.S.R. Juo, and K.J. McInnes. Estimating parameters for a dual-porosity model to describe non-equilibrium, reactive transport in a fine-textured soil. *Journal of Hydrology*, 229:149–167, 2000.

[193] W. J. Shuttleworth. Evaporation from Amazonian rainforest. In *Proc.R.Soc.London Ser. B*, volume 233, pages 321–346, 1988.

[194] Whendee L. Silver, Jason Neff, Megan McGroddy, Ed Veldkamp, Michael Keller, and Raimundo Cosme. Effects of soil texture on belowground carbon and nutrient storage in a lowland Amazonian forest ecosystem. *Ecosystems*, 3:193–209, 2000.

[195] T. Simonneau, P. Barrieu, and F. Tardieu. Accumulation rate of ABA in detached maize roots correlates with root water potential regardless of age and branching order. *Plant, Cell and Environment*, 21:1113–1122, 1998.

[196] Jirka Simůnek, Nick J. Jarvis, M.Th. van Genuchten, and Annemieke Gärdenäs. Review and comparison of models for describing non-equilibrium and preferential flow and transport in the vadose zone. *Journal of Hydrology*, 272:14–35, 2003.

[197] Jirka Simůnek, O. Wendroth, N. Wypler, and M.Th. van Genuchten. Characterization of non-equilibrium water flow using upward infiltration experiments. *EGS General Assembly, Nice, France*, XXVI:Poster HS026, 2001.

[198] V. Snyder. Statistical hydraulic conductivity models and scaling of capillary phenomena in porous media. *Soil Sci. Soc. Am. J.*, 60:771–774, 1996.

[199] R.J. Speedy. Stability-limit conjecture. an interpretation of properties of water. *J. Phys. Chem.*, 86:982–991, 1982.

[200] J.S. Sperry and Melvin T. Tyree. Water-stress-induced xylem embolism in three species of conifers. *Plant, Cell and Environment*, 13:427–436, 1990.

[201] Ernst Steudle. Trees under tension. *Nature*, 378:663–664, 1995.

[202] N.Z. Sun. *Mathematical modeling of groundwater pollution*. Springer, 1995.

[203] S. M. Sundarapandian and P. S. Swamy. Fine root biomass distribution and productivity patterns under open and closed canopies of tropical forest ecosystems at Kodayar in Western Ghats, South India. *Forest Ecology and Management*, 86:181–192, 1996.

[204] S. Tamari, L. Bruckler, J. Halbertsma, and J. Chadoeuf. A simple method for determining soil hydraulic properties in the laboratory. *Soil Science Society American Journal*, 57:642–651, 1993.

[205] François Tardieu and Thierry Simonneau. Variability among species of stomatal control under fluctuating soil water status and evaporative demand : modelling isohydric and anisohydric behaviours. *Journal of Experimental Botany*, 49:419–432, 1998.

[206] Yves Tardy and A. Novikoff. Activité de l'eau et déplacement des équilibres gibbsite- kaolinite dans les profils latéritiques. *Comptes-Rendus de l'Académie de Sciences, Paris*, 306, II:39–44, 1988.

[207] G.J. Taylor, J.L. McDonald-Stephens, D.B. Hunter, P.M. Bertsch, D. Elmore, Z. Rengel, and R.J. Reid. Direct measurements of Al uptake and distribution in single cells of chara corallina. *Plant Physiology*, 123, III:987–996, 2000.

[208] P.G. Toledo, R.A. Novy, H.D. Davis, and L.E. Scriven. Hydraulic conductivity of porous media at low water content. *Soil Sci. Soc. Am. J.*, 54:673–679, 1990.

[209] Javier Tomasella and M. G. Hodnett. Soil hydraulic properties and van Genuchten parameters for an oxisol under pasture in central Amazonia. In J. H. C. Gash, C. A. Nobre, J. M. Roberts, and R. L. Victoria, editors, *Amazonian deforestation and climate*, pages 101–125. Institute of Hydrology, 1996.

[210] Javier Tomasella, M. G. Hodnett, and L. Rossato. Pedotransfer functions for the estimation of soil water retention in Brazilian soils. *Soil Sci.Soc.Am.J.,*, 64:327–338, 2000.

[211] Javier Tomasella and Martin G. Hodnett. Estimating unsaturated hydraulic conductivity of Brazilian soils using soil-water retention data. *Soil Science - technical articles*, 162(10):703–712, 1997.

[212] Raymond Torres. A threshold condition for soil-water transport. *Hydrological Processes*, 16:2703–2706, 2002.

[213] Fabienne Trolard and Yves Tardy. The stabilities of gibbsite, boehmite, aluminous goethites and aluminous hematites in bauxites, ferricretes and laterites as a function of water activity, temperature and particle size. *Geochimica and Cosmochimica Acta*, 51:945–957, 1987.

[214] S. E. Trumbore. Belowground cycling of carbon in forests and pastures of eastern Amazonia. *Global Biogeochem. Cycl.*, 7:275–290, 1993.

[215] M. Tuller, D. Or, and L. M. Dudley. Adsorption and capillary condensation in porous media: liquid retention and interfacial configuration in angular pores. *Water Resources Research*, 35:1949–1964, 1999.

[216] Markus Tuller and Dani Or. Hydraulic conductivity of variably-saturated porous media: film and corner flow in angular pore space. *Water Resources Research*, 37:1257–1276, 2001.

[217] Melvin T. Tyree. The cohesion- tension theory of sap ascent: current controversies. *Journal of Experimental Botany*, 48:1753–1765, 1997.

[218] Melvin T. Tyree. The ascent of water. *Nature*, 423:923, 2003.

[219] Melvin T. Tyree, S.D. Davis, and H. Cochard. Biophysical perspectives of xylem evolution: is there a trade of hydraulic efficiency for vulnerability to dysfunction. *IAWA Bulletin*, 15:335–360, 1994.

[220] Vincent Valles, A-.M. Valles, and Y. Tardy. Géochimie de milieux poreux. II Modélisation de la répartition d'éléments dissous dans les pores d'une poudre minérale. *Science du Sol*, 2:149–160, 1990.

[221] M. van den Berg, E. Klamt, L.P. Van Reeuwijk, and W.G. Sombroek. Pedotransfer functions for the estimation of moisture retention characteristics of ferralsols and related soils. *Geoderma*, 78:161–180, 1997.

[222] T.H. van den Honert. Water transport in plants as a catenary process. *Discussion of the Faraday Society*, 3:146–153, 1948.

[223] M. Th. van Genuchten. A closed-form equation for predicting the hydraulic conductivity of unsaturated soils. *Soil Sci.Soc.Am.J.*, 44:892–898, 1980.

[224] M. Th. van Genuchten and D. R. Nielsen. On describing and predicting the hydraulic properties of unsaturated soils. *Annales Geophysicae*, 3:615–628, 1985.

[225] Leland M. Vane and Gwen M. Zang. Effect of aqueous phase properties on clay particle zeta potential and electro-osmotic permeability: implications for electro-kinetic soil remediation processes. *Journal of Hazardous Materials*, 55:1–22, 1997.

[226] T. Vogel, H.H. Gerke, R. Zhang, and M.Th. van Genuchten. Modeling flow and transport in a two-dimensional dual-permeability system with spatially variable hydraulic properties. *Journal of Hydrology*, 238:78–89, 2000.

[227] J. Warren and P. Root. The behavior of naturally fractured reservoirs. *Trans. AIME*, 228:245–255, 1963.

[228] F.D. Whisler and A.K.R.J. Millington. Analysis of steady-state evapotranspiration from a soil column. *Soil Sci. Soc. Am. Proc.*, 32:167–174, 1968.

[229] G. P. Wind. Capillary conductivity data estimated by a simple method. In P. E. Rijtema and H. Wassink, editors, *Water in the unsaturated zone*, Proceedings of the Wagening Symposium, Wageningen, the Netherlands, June 1966., pages 181–191. Inst. Assoc. of Scientific Hydrology., Gentbrugge, Belgium / UNESCO Paris, 1969.

[230] Roland Wollast and Lei Chou. Rate control of weathering of silicate minerals at room temperature and pressure. In A. Lerman and M. Meybeck, editors, *Physical and Chemical Weathering in geochemical cycles*, pages 11–32. Kluwer Academic Publishers, 1988.

[231] J.H.M. Wösten, Ya.A.Pachepsky, and W.J.Rawls. Pedotransfer functions: bridging the gap between available basic data and missing soil hydraulic characteristics. *Journal of Hydrology*, 251:123–150, 2001.

[232] Q. Zheng, D.J. Durben, G.H. Wolf, and C.A. Angell. Liquids at large negative pressures: water at the homogeneous nucleation limit. *Science*, 254:829–832, 1991.

[233] Ulrich Zimmermann, Frederick Meinzer, and Friedrich-Wilhelm Bentrup. How does water ascend in tall trees and other vascular plants? *Annals of Botany*, 76:545–551, 1995.

# I want morebooks!

Buy your books fast and straightforward online - at one of world's fastest growing online book stores! Environmentally sound due to Print-on-Demand technologies.

Buy your books online at
**www.morebooks.shop**

Achetez vos livres en ligne, vite et bien, sur l'une des librairies en ligne les plus performantes au monde!
En protégeant nos ressources et notre environnement grâce à l'impression à la demande.

La librairie en ligne pour acheter plus vite
**www.morebooks.shop**

info@omniscriptum.com
www.omniscriptum.com

Printed by Books on Demand GmbH, Norderstedt / Germany